国家出版基金项目
NATIONAL PUBLICATION FOUNDATION

ZHONGGUO GUDAI
FANGZHI YINRAN
GONGCHENG JISHU SHI

中国古代纺织印染工程技术史

黄赞雄　赵翰生 / 著

山西出版传媒集团
山西教育出版社

总　序

"工程技术"活动是人类最为基本的社会实践之一。现代工程技术主要表现为以科学发现引导技术创新，并应用于生产；又围绕生产过程对技术实行集成，并以理论的形态，形成诸多独立的学科，起到联结科学与生产的桥梁作用。工程技术是在人类利用和改造自然的实践过程中逐渐产生并发展起来的。在古代，人们只有有限且不太系统的科学知识；科学与生产的联系也不像今天这样直接和紧密。古代工程技术，主要表现为累积了世代经验的生产手段和方法，这些手段和方法，有的经过了一定的总结和概括，有的就蕴含于生产过程之中。当然，由于目的及所采用的手段和方法的不同，古代工程技术也形成了许多门类。就中国古代工程技术而言，最为主要的有以下内容：采矿技术、冶铸技术、机械技术、建筑技术、水利技术、纺织和印染技术、造纸和印刷技术、陶瓷技术、军事技术、日用化工技术等。这些门类，也就是《中国古代工程技术史大系》所要包括的内容。

在科学技术突飞猛进的现代，来研究中国古代工程技术史，我觉得不能不思考三个问题，一是中国古代工程技术发展的特点或规律，二是中国古代工程技术实践的历史意义，三是中国古代工程技术实践的现实价值。我是学现代工程技术的，近些年因工作关系，与科学史界有较多接触，这次《中国古代工程技术史大系》编委会要我担任主编，也促使我有意识地对这些问题进行了思考，借此机会，谨将一些初步的认识梳理罗列于下，以与海内外科学史界的朋友交流、讨论。

（1）中国古代工程技术发展的主要特点

根植于中华农业文明，发展进程具有连续性、渐进性和相对独立性。

国家因素起着重大作用，具有强大组织功能的中央集权制国家机器推动产生了一系列规模宏大的工程技术实践。

独特的环境、独特的资源和独特的历史，孕育了诸多独特的发明创造。

辽阔与各具特点的地域，既孕育了丰富多样的技术成果，也导致了技术发展的地区差异。

（2）中国古代工程技术实践的历史意义

与中国古代农业技术相结合，共同构成了中华农业文明体系的技术基础。

以富有特色的大量发明创造，形成了世界古代工程技术的独特体系。

以一系列独具匠心的发明，对人类文明进步和近代世界发展做出了贡献。

凝聚了中国古代对于自然以及人与自然关系的丰富而独到的认识。

（3）中国古代工程技术实践的现实价值

当前我们正面临一个全球化的时代，现代化和全球化不能以失落传统为代价，未来世界应当是一个高度发达，同时又保有多样文化传统的多彩世界，中国古代工程技术实践的成果结晶既是中华民族文化传统的有机组成部分，也是人类科学技术传统的重要组成部分。

基于"敬天悯人"的意识，中国先贤一直以"顺天而动""因时制宜""乘势利导""节约民力"为工程技术活动的重要原则，由于多种因素的交互作用，既有成功，也有失败，这部"悲欣交集"的历史长卷，对于今天的工程技术实践乃至整个人类的活动，仍有丰富的启迪意义。历史的经验和教训从来都是一笔宝贵的财富，后来者要善于以史为鉴、服务当今、创造未来。

以上诸点，只是粗线条的概括性认识。我相信，本书各卷的撰著者，必然都从各自的领域和角度对这些问题进行了深入的思考，并以大量的资料进行论证，从而得出自己独立的见解，为读者展现出丰富而生动的学术成果。

中国科技史研究以往存在重数理而轻技术的现象，我希望这次通过编纂《中国古代工程技术史大系》，能够集中全国各方面专家学者的力量，对中国古代工程技术实践进行系统的整理和研究，力求科学地理解中国古代工程技术发展的历史，并对以往有关中国古代工程技术史的研究进行一次总结。

目　录

Preface

前　　言

　　中国科学院主持编写的《中国古代工程技术史大系》丛书,是我国当代学术界很有意义的一件事,它对当代和未来都将产生多方面的积极影响。《中国古代纺织印染工程技术史》是"大系"丛书中的一本,我们作为这本书的撰稿人,限于自身的学术修养,深感任务相当艰巨。这是因为我国古代纺织印染技术是我国古代工程技术史中的重要组成部分,不但历史悠久,技术成就瞩目,同时它对我国古代其他一些工程技术乃至中外文明的进步都曾产生或多或少的影响。所有这些内容都必须在本书中如实反映,要做到这一点,困难是比较大的。原因是它涉及面相当广,而我国古代文献有关纺织印染技术方面的记载却比较零散,虽然有前人和今人作了不少研究,但仍存在不少欠缺。上述情况当然给我们编撰本书时增加了不少困难和压力,但如果能克服困难,保质保量地完成任务,也算填补了一项古代工程技术史的学术空白,对继承和弘扬我国传统优秀文化是有积极作用的,对弘扬丝绸之路文化及发展中外文化、科技、经济交流亦有现实意义和促进作用。为此,我们尽最大努力克服了困难,完成了初稿。经审稿后,又进行了大量修改,最终完成了此书。

　　《中国古代纺织印染工程技术史》按技术通史体例撰写,全书内容包括中国古代纺织印染技术的发明、发展及其原因以及中国古代纺织印染技术对中华文明和世界文明的重要影响。这些内容的时间范围上自原始社会,下至清代,但其中第八章所反映的传统纺织染绣技术内容的时间下限,延长至现代。

　　本书各项纺织技术内容的阐述,采用史论结合的方法,即通过研究史料后提出观点,再用史料来佐证。引用的资料包括古代文献资料、考古文物资料、民族学资料、现存传统纺织染绣技术资料以及一些学者的研究成果资料,书中的插图也均采自上述这些资料。

　　概括地说,本书是从三方面阐述我国古代纺织工程技术的。

　　一是从纵向方面。撰写我国纺织印染技术的萌芽、各个历史时期的技术推广和新发明,以及古代传统纺织印染技术体系的逐步完善及其原因,以此阐明我国纺织印染技术历史之悠久,技术成就之巨大,不少技术处于领先地位,并从中使人领会、了解我国古代纺织印染技术发展的一些规律。

　　二是从横向方面。撰写我国古代纺织印染技术对我国其他一些技术和对国外相关技术以及对中外文明进步的积极影响,在以此说明我国纺织印染技术具有的重要历史地位的前提下,彰显出其对弘扬丝绸之路文化、中国古代科技文明及发展中外文化、科技、经济交流的现实意义和促进作用。

三是重视至今仍保持和使用的一些传统纺织印染技术。将这一部分的内容单列一章写出,目的是把它们当作我国古代纺织印染技术的有力旁证,同时也为继续开发利用传统纺织印染技术提供有益的参考资料。

书中第一至第七章中的原料及加工、纺纱工艺及机具、练染工艺、与纺织有关的重要书籍等部分由赵翰生撰写;第一至第七章中的织造工艺及机具、织物组织和纺织品种等部分、第八章以及结语的全部内容由黄赞雄撰写。

本书稿由纺织史专家赵承泽先生审稿,赵先生的审稿意见对提高本书的质量有非常大的帮助。此外,在撰写本书的过程中,还始终得到中国古代工程技术史大系编委会的关照和指导,尤其是何堂坤先生给我们提出了许多宝贵的建设性建议。而黄赞雄撰写的那部分文稿,由浙江理工大学查利平老师帮助录入和打印;赵翰生撰写的那部分文稿中,有5万余字的内容由北京电子科技职业学院田方老师提供,在此我们一并表示诚挚的谢意。

尽管我们已尽最大努力完成此书,初稿完成后又根据审稿意见进行了认真的修改,但限于我们的水平,本书仍难免有许多不足之处,敬请专家和读者批评指正。

第 一 章

原始社会的纺织及着色技术

我国进入文明社会以前的历史，属于原始社会的历史。这个历史时期可以追溯到很遥远的年代，直至夏代建立才告终结。

原始社会可分为前期和后期，前期称为母系氏族社会，后期称为父系氏族社会。由于原始社会使用的生产工具绝大部分都是由石头制成的，所以考古学上把原始社会称为石器时代；因为原始社会前期主要使用打制石器工具，原始社会后期主要使用磨制石器工具，所以在考古学上又把原始社会前期称为旧石器时代，把原始社会后期称为新石器时代。

根据现在掌握的史料进行分析，在旧石器时代没有出现纺织，只呈现出一些纺织因素的萌芽。人们为御寒，防晒，蔽体之需，对野生纤维进行简单的劈、绩、搓、编。选用原料都是就地采集的一切可以利用的野生植物纤维和可能得到的各种动物毛毳。选择某种植物纤维或动物毛毳，常常是因为容易得到，而不是因为更适合。搓合、编结时也基本不用工具或是仅利用极简单的石制工具，加工出的产品极其粗糙。到新石器时代，出现了原始的纺织技术。人们蔽体使用的原料虽然仍是野生动植物纤维，但已逐渐集中选用少数具有良好纺织特性的动植物品种，如葛藤、大麻、苎麻、蚕丝、羊毛等，有些品种甚至已开始了人工种植。加工纤维已广泛采用简单的工具，如纺坠、引纬器等，但这些工具尚不具备传动结构，都是靠人手来完成动作，而且未形成体系，不是各工序都有可资利用的工具。加工出的产品较以前精细了许多，有些织品上还出现了花纹和色彩。不过总体来说，由于当时使用的生产工具基本上都是简陋的石制工具，认识水平和实践经验也很有限，因此技术的发展很缓慢。

第一节　纺织原料的采集和人工培育的开始

旧石器时代早期，人们主要从事狩猎、采集活动，只会打制极其粗糙、简单的石器和骨器，过着茹毛饮血的生活。人们用来御寒取暖的东西，就如《太平御览》卷六八九"服章六·衣"引孔子所云："昔先王未有大化，食草木之实，鸟兽之肉，饮其血，茹其毛。未有丝麻，衣其羽皮。"皆是狩猎所得的兽皮、羽毛或采集所得的树叶、树皮、茅草。旧石器时代中期时，出现了初具雏形的绳索和网具。1974 年，山西阳高许家窑一处遗址中，出土了多种类型的石球 1059 个，最重的达 1500 克，最轻的不足 100 克，其中一些是作为飞石索之用[1]。经轴系法测定，该遗址含化石的地层距今 12.5 万—10 万年[2]，说明当时狩猎已使用飞石索。另据《易·系辞下》载：相传"古者庖牺氏之王天下……作结绳而为罔罟，以佃以渔"。可知传说中的庖牺氏时罔罟已是狩猎和捕鱼的重要工具。飞石索及罔罟系编结物，它们的出现说明人们掌握了劈绩、搓合植物纤维的技能。到旧石器时代晚期，出现了缝纫技术。1930 年，在北京周口店山顶洞人遗址中，发现了一枚保存基本完好的骨针和一堆赤铁矿粉末以及用赤铁矿粉末涂成红色的石珠、鱼骨、兽牙等装饰品。骨针针尖圆锐，针孔是用尖状器挖制而成，针身圆滑略弯，长 82 毫米，直径 3.1 ~ 3.3 毫米，系刮削和磨制而成。据 20 世纪 80 年代的一次同位素碳 14 测定，山顶洞文化上层距今为 2.7 万年，下层达 3.4 万年[3]。1983 年，在年代稍早于山顶洞文化的辽宁海城小孤山遗址，发现三枚保存较为完整的骨针，其中最长的一枚为 6.58 厘米，孔径 0.3 ~ 0.34 厘米，针孔圆滑，针身较直，通身留有纵向划痕[4]。骨针的出现，证明旧石器时代晚期的人已能用兽皮缝制衣服。此外，山顶洞人遗址中出土的系带孔，有很多都呈红色，学者据此推测，系带也被赤铁矿粉涂过颜色。既然系带能被涂色，因此不能排除山顶洞人也有可能用它涂绘御寒遮盖的兽皮或树皮。飞石索、罔罟、骨针和涂色饰物的出现，预示着纺织染色技术的萌芽正蓄势待发。及至新石器时代中晚期，原始纺织技术终于破土而出。在现今的黄河流域、长江流域中下游新石器遗址中，曾发掘出大麻种子、蚕茧和大麻、苎麻、葛、丝纺织品以及纺轮、骨针、骨锥、织机部件等原始纺织和缝纫工具，说明我们的祖先在这一阶段业已完成从单纯采集一切可以利用的野生原料，到逐步优选定型和人工培育原料的进步；从不用或仅利用极简单的工具进行搓、绩、编、结，到利用工具纺纱织布的进步。（图 1 - 1）

图 1 - 1 北京周口店山顶洞人的骨针和装饰品

一、植物纤维原料

我国原始社会早期用于纺织的植物纤维原料，主要是人们随意采集的野生植物茎皮纤维。到了新石器时代中期，随着原始农作、畜牧技巧和手工技巧的出现，人们对蔽体御寒有了更高的质量要求，进而产生了对野生植物纤维的原始优选和人工种植的需求，逐步更多地选用或种植某些优良品种，作为主要的植物纤维纺织原料。一些考古出土文物提供了这方面的佐证。

从考古资料和文献记载看，我国早期纺织植物纤维原料主要有葛藤、大麻、苎麻、苘麻等植物茎皮纤维。

例如，1975 年在浙江余姚县河姆渡一处 7000 年以前规模相当大的新石器时代文化遗址中，发现苎麻绳和苘麻绳以及一些无法详细鉴定其科属的某些野生植物纤维制成的绳头和草绳[5]。1981—1987 年，在郑州荥阳青台仰韶文化遗址中，发现麻纱、麻布和麻绳，据同层位木炭的同位素碳 14 测定，距今约 5225 ± 130 ~ 5160 ± 120 年[6]。又如，1958 年在浙江吴兴钱山漾良渚文化遗址中，发现用苎麻材料搓成的双股和三股的粗细麻绳[7]，据同位素碳14测定，遗址距今约4700±100年，树轮校正为距今5228±135年。这三处文化遗址出土的用植物韧皮制成的绳索，说明我国在新石器时代，人们选用的制绳原料仍是比较容易采集到的各种野生植物的茎皮纤维。但这个时期的植物衣着原料，已开始大量选用葛藤、大麻、苎麻等植物茎皮纤维。

葛藤属豆科藤本植物，枝长可达8米，其茎皮中含有约40%的纤维，纤维长5～12毫米。我国很多地区都有葛藤生长，它的茎皮纤维是古代最早采用的大宗纺织原材料之一，其大量使用可追溯到新石器时代末期。《韩非子·五蠹》中有关于传说中远古时代部落联盟首领尧"冬日麑裘，夏日葛衣"的记载，《史记·五帝本纪》中"尧乃赐舜絺衣"的记载，说明葛织物在当时是一种比较高级的衣料。（按：葛布有良好的吸湿散热性，穿起来既舒适凉爽又挺括。古代细葛布称之为絺，粗葛布称之为绤。）1972年江苏吴县草鞋山遗址出土有3片炭化了的织物残片，经鉴定为野生的葛纤维，距今6300—6000年[8]，印证了这时期确已大量使用葛纤维纺织这一事实。

大麻又称火麻、疏麻、浅麻等，属于桑科雌雄异株的一年生草本植物。雌株花序呈球状或短穗状，麻茎粗壮，成熟较晚，韧皮纤维质劣且产量低；雄株花序呈复总状，麻茎细长，成熟较早，韧皮纤维质佳且产量高；麻子含有一定的油量，可以食用。大麻单纤维长度约150～255毫米，强力约42克，呈淡灰黄色，质虽坚韧，但粗硬、弹性差、不易上色，只能纺粗布。大麻在我国绝大部分地区都有分布。河南郑州大河村公元前3000多年仰韶晚期遗址出土的大麻种籽[9]，以及甘肃东乡林家公元前3000年左右马家窑文化马家窑类型遗址8号房址出土的雌麻种籽[10]，证明当时不但利用大麻纺织，还可能已经开始人工种植大麻。

苎麻是我国特有的属于荨麻科的多年生草本植物，茎直立，高可达2米多，叶子互生，呈卵圆形状，叶底遍生白绒毛，夏秋间开淡绿色小花，单性，雌雄同株，喜生长于比较温暖和雨量充沛的山坡、阴湿地、山沟等处，主要分布于南方各地和黄河流域中下游地区。苎麻茎皮纤维细长坚韧，平滑而有光泽，拉力、耐热力、吸湿性、散热性以及上染牢度均佳，是古代主要的纺织原料之一。苎麻纤维织成的布有质轻、凉爽、挺括、不黏身、透气性好等特点，是深受人们欢迎的夏季衣着用料。浙江河姆渡文化遗址出土的完整的苎麻叶和苎麻绳[11]，浙江吴兴钱山漾遗址出土的苎麻织物残片[12]，表明当时苎麻使用是比较多的。

用于纺纱的植物纤维，均位于植物的茎皮层内。而植物韧皮层又是由纤维素、木质素、胶质及其他一些杂质组成。纺纱前须将可纺纤维与布满它周围的胶质等杂质分离并提取出来。

最初是采用直接剥取的方法，即用手或器物剥落植物枝茎的表皮，揭取出韧皮纤维，粗略整理，不脱胶，直接利用。河姆渡出土的部分绳头，在显微镜下观察，发现纤维均呈片状，没有脱胶痕迹，说明就是利用这种方法制取的。剥取用的器物在考古发掘中也曾发现。在距今4500—10000年的台湾大坌坑文化遗址中，就出土过敲砸植物制取纤维的石质器物——打棒[13]。直接剥取的植物纤维，因没有脱胶，粗脆易断。

在新石器时代，沤渍脱胶技术出现，河南荥阳县青台村仰韶文化遗址出土的麻织品纤维和浙江吴兴钱山漾出土的苎麻织品纤维，经观察，都有脱胶痕迹，说明纤维很可能是经过沤渍的。用沤渍法分离和提取纤维的过程，即是现代纺织工艺中的"脱胶"。其原理是：茎皮在水中长时间浸泡过程中，分解出各种碳水化合物，这些碳水化合物成为水中一些微生物生长繁殖的养分，而微生物在生长繁殖过程中又分泌出大量生物酶，逐步地将结构远比纤维素松散的半纤维素和胶质分解掉一部分，使茎皮中的表皮层与韧皮层分开，纤维松解分离出来。经沤渍的植物纤维，用于纺织时较之直接剥取的纤维柔软、耐用。据推测，沤渍技术的出现是人们受客观现象的启发，即倒伏在低洼潮湿地方的植物腐烂后纤维自然分离出来之现象，才开始了有意识地将植物茎皮放入水中，通过一段时间的沤渍，使纤维分离出来。通过观察自然现象，进而仿效自然现象发明的沤渍植物制取纤维的方法，推动了纺织技术的进步。沤渍法既简单又有效，自新石器时代出现起一直沿用到近代。

二、动物纤维原料

在新石器时代，人们使用的动物纤维原料有蚕丝和各种动物毛毳两大类。蚕丝是蚕老熟时吐出的丝状纤维，是由丝素和丝胶组成的物质。动物毛毳则是动物身上的被毛或绒毛。最初采集动物纤维原料的过程，与采集植物纤维原料的过程相似，也是随意采集野生动物毛毳和野蚕丝，后来才逐渐学会饲养相关的动物，以获取可供纺织之用的动物纤维。

（一）野生蚕丝的采集和饲养家蚕的开始

根据考古资料可知，我国的蚕业生产即是从新石器时代开始的。在迄今发掘的各地新石器遗址中，不仅发现了很多蚕形纹饰，而且还有蚕茧和丝织品实物出土。

出土过蚕形纹饰的遗址有：

1921年，在辽宁省沙锅屯仰韶文化遗址中，曾发掘到一个长数厘米的大理石制作的虫形饰。其上的虫形被学者确认为蚕[14]。

1960年，在山西省芮城西王村仰韶文化晚期遗址中，出土过一个长1.8厘米，宽0.8厘米，由6个节体组成的陶制蚕蛹形装饰[15]。

1963年，在江苏省吴江梅堰良渚文化遗址中，出土过一个绘有两个蚕形纹的黑陶[16]。

1971年，在江西省清江县筑卫城遗址（距今约4500年）出土的陶器上，曾发现蚕纹和丝绞纹[17]。

1977 年，在浙江省余姚河姆渡遗址中
（距今约 7000 年），出土过一个骨盅。此盅
口沿处有两个对称的小圆孔，孔壁有清晰可
见的罗纹，腹部外壁刻有编织纹和 4 条蠕动
的虫形纹。虫纹的身节数与蚕相同，结合同
时出土的大量蝶蛾形器物，学者认为虫形纹
是蚕纹[18]。（图 1 - 2 浙江余姚河姆渡出土
的盅形骨器上的蚕纹）

图 1 - 2　浙江余姚河姆渡出土的盅形骨器
上的蚕纹

另外，在河北正定南杨庄和山西的仰韶
文化遗址中出土的陶蚕，据其形状，鉴定为
家蚕[19]；甘肃省临洮县冯家坪遗址和安徽
省蚌埠市郊吴郢遗址出土的陶罐壁上，亦均
出现蚕的图案[20]。

出土过蚕茧和丝织品实物的遗址有：

1926 年，在距今约 5600—6000 年的山
西夏县西阴村居民遗址中，出土过一个半截
蚕茧。此茧残长约 1.36 厘米，最宽处约为
0.71 厘米，曾被利刃所截[21]。（图 1 - 3 山
西夏县西阴村居民遗址出土的半截蚕茧）

1958 年，在距今 4700 年左右的浙江省
钱山漾新石器时代遗址中，出土过一些纺织
品。经鉴定，这些纺织品中有丝、麻两类。
丝织品有绸片、丝线和丝带，绸片尚未完全
炭化，呈黄褐色，长 2.4 厘米，宽 1 厘米，
属长丝制品。丝纤维截面积为 40 平方微米，

图 1 - 3　山西夏县西阴村居民遗址出土的
半截蚕茧

丝素截面呈三角形，全部出于家蚕蛾科的蚕[22]。这是长江流域迄今发现最早、最
完整的丝织品。（图 1 - 4 钱山漾新石器时代遗址出土的绸片）

图 1 - 4　钱山漾新石器时代遗址出土的绸片

1984 年，在河南省荥阳县青台村一处仰韶文化遗址中，出土过一些丝、麻纺
织品。其中丝织品除平纹织物外，还有组织十分稀疏的罗织物[23]。这是黄河流域

迄今发现最早、最确切的实物。

大量蚕形纹饰的出土，既说明蚕与人们日常生活关系之密切，又表明当时可能已出现了蚕神崇拜。而丝织物实物的出土，则证明在距今 5000 年之前，黄河流域和长江流域地区已开始人工饲养蚕，有了蚕业生产。也就是说，我国蚕业丝绸的源头，至少可以定在新石器时代晚期。

关于蚕业的起源，古文献中也有所反映。其中较为重要的有，《绎史》卷五引《黄帝内传》所载："黄帝斩蚩尤，蚕神献丝，乃称织纴之功。"《史记·五帝本纪》所载，黄帝"时播百谷草木，淳化鸟兽虫蛾"。《通鉴外记》"前编·外记"所载："西陵氏之女嫘祖为黄帝元妃，始教民育蚕，治丝以供衣服，而天下无皲瘃之患，后世祀为先蚕。"据上述的考古发现，这些记载，就我国养蚕取丝的时间而言，有一定的可信性，因为黄帝时代相当于仰韶时代晚期到龙山文化初期，当时人工养蚕是完全可能的。据推测，人类对蚕的利用，可能是经历了一个由"吃"到"穿"的变化。其过程，大概是这样：原始社会，生产力不发达，食物极度匮乏，凡是可以充饥的东西都是人类觅集的目标。蚕蛹含有高蛋白，既可以充饥，又可以增强体力，因此人们尽可能多的采集食用。蚕蛹被蚕茧包裹着，取食蚕蛹需将蚕茧剥开。最初是利用利器逐个剥取（山西夏县西阴村遗址出土被利刃所截的半截蚕茧即印证了这点），费力费时。后来发现将蚕茧放在水中浸煮，蚕茧会自然松散，可以较为容易地一次就得到大量蚕蛹，而煮熟后的蚕蛹又易于消化，于是舍弃利器，采用煮茧取蛹。茧煮过后，蚕丝呈松散状态。最初，人们吃过蚕蛹后即将蚕丝丢弃，当丢弃的蚕丝聚集多了后，借鉴利用韧皮纤维的经验，尝试着加以利用。经过一段时间的实践，发现蚕丝的纤维纤长、光滑，其韧性和光泽是其他任何天然纤维无法比拟的，具有良好的纺织性能，遂开始大量利用。

在所有天然纺织纤维中，蚕丝最为独特，系长丝纤维。一个茧的纤维全长可达 1000 余米，且具有良好的韧性、弹性、纤细度、柔软、光滑等许多优良纺织特性，是一种十分理想、贵重、高级的纺织原料。利用蚕丝纺织，是我国在这个时期一项极为重要的发明，影响十分久远，对人类文明的贡献不逊于后起的四大发明。

（二）蚕丝的制取方法

蚕丝的主要成分是丝素和丝胶。丝素是蚕丝的主体，可用于纺织。丝胶则是包裹在丝素外表的黏性物质。丝素不溶于水，丝胶溶于一定温度的水，而且温度越高，溶解度越大。缫丝的原理是利用丝素和丝胶的这一差异，经煮茧、索绪、集绪等工序把蚕丝从煮茧锅中抽引出来，并经络丝、并丝、加捻使之成为可以织造丝织品的丝线。

原始的利用热水缫丝的技术即是出现在新石器时代。当时人们逐渐意识到水温对蚕茧的舒解作用，对不同温度下水中蚕茧的舒解程度也有一定了解，并且知道水温易高不易低，以及将丝抽出的方法。在浙江钱山漾新石器时代遗址中，曾同时出土过绢片和两把索绪用的小帚。绢片在显微镜下观察，系长丝织品，而且丝纤维表面光滑均匀，经纬纱皆未加捻，约由 20 个蚕茧缫制而成，蚕丝的横断面三角形呈分离状，表面的丝胶剥落，非常像是经热水缫取的。小帚与后来的缫丝工具"索绪帚"很相像，是用麻绳捆扎草茎做成的，用它可以比较容易地从热水中捞出丝绪。小帚和丝织品同时出土，表明将我国原始缫丝技术的出现时间定在7 000年前，应该是没有疑义的。（图1－5 钱山漾出土的索绪帚）

图1－5 钱山漾出土的索绪帚

（三）野生动物毛纤维的采集和人工饲养动物的开始

可以想象，最初人们只是将狩猎获得的带毛兽皮，不经加工或仅经简单加工，直接用于人体的防寒遮体，后来随着实践经验的积累，学会了将兽毛从兽皮上取下进行原始的纺纱织布。

在夏以前，人们使用的动物毛茸种类应是比较多的，可能凡是能够得到的各种禽畜的毛茸，皆在采用之列。由于毛纤维易腐蚀，在地下很难长久保存，在历年的考古发掘中，早期的实物尚未发现，当时究竟使用过哪些动物毛茸，我们无法判定，不过就采集的难易程度而言，较多利用当时已被人类驯化的动物毛茸，似乎是最容易的。所有的纤维在纺纱前都要进行一些准备工作，动物毛茸也不例外，但较之植物纤维要简单得多，无须劈分、脱胶，仅进行清洁和理顺纤维即可，当时能做到这点应该是没有疑问的。

古代所谓的"六畜"，即马、牛、羊、鸡、犬、猪，其驯养历史远远超过传说中黄帝"淳化鸟兽虫蛾"的年代[24]。当时被人类驯化的动物中不乏一些毛茸具有良好纺织性能的动物，如羊、牦牛等。据考古资料，北方的遗址中发现的家羊遗存较南方为多，因为羊一直是北方居民的主要肉食对象。山西临汾尧都区旧石器时代晚期至中石器时代的遗址曾出土很多羊骨。甑皮岩、裴李岗、磁山、大地湾等新石器时代遗址也曾出土大量的羊、猪、狗的骨骼，其中河南省新郑县裴李岗遗址出土过一件陶羊头[25]；陕西省临潼县姜寨遗址出土过一件呈羊头状的陶塑器盖把纽[26]；西安市半坡遗址出土过羊骨骼[27]；河北武安磁山出土的羊骨，经研究是家养绵羊[28]。在南方，最早的发现是浙江省余姚市河姆渡遗址的陶羊，其形态属于家羊。看来，至少在7000年前，羊的驯化已经成功。宁夏中卫县钻洞子沟有一人牧三羊的岩画，展现了原始先民养羊的场景[29]。家养羊骨头和岩画的发现，说明我国驯化绵羊的历史至少已有8000年。青海海南藏族自治州贵南县拉乙亥新石器时代遗址曾出土过一块牦牛骨。关于牦牛被驯化的时间，有学者研究得出这样的结论：世界上驯化牦牛最早的是西藏，在公元前2500年就已存在[30]。

上述资料证明，人们是从随意采集动物毛纤维做纺织原料开始的，以后才逐渐过渡到从所饲养的动物中采集动物毛制取纺织原料。

第二节 原始纺纱方法和工具的发明运用

原始的纺纱技术非常简单，先用手将采集的纤维劈分、绩接、搓合成长缕，再将长缕用纺坠捻合牵伸成可用于织布的纱线。

一、劈分、绩接、搓合方法

劈分是将采集的束状纤维，用手指或借助某种尖、薄器物，进一步劈分成纤维条。

绩接是将劈分好的纤维条，一段段绩接起来。《淮南子·氾论训》所云"伯余之初作衣也，緂麻索缕，手经指挂，其成犹网罗"中的"緂麻索缕"，就是指绩接。方法是用手指把纤维的一端劈分成两绺，其中一绺先与另一根要续接的纤维，用手并合搓捻在一起，然后再把另一绺也搓合进去。为使绩接的纤维牢固，搓捻时须注意方向，即先顺着原来的捻向搓，再向相反方向搓。由于葛麻类纤维都不太长，因此绩接是葛麻纤维制纱时不可缺少的一道工序。

搓合是将几根纤维搓扭成股线。方法是把纤维放在两掌中向同方向搓转，利用搓转时产生的力偶，使纤维扭转抱合成单股纱。如制股线或绳，则是将几股单纱并在一起合搓。合搓时的搓扭方向一定要与单股纱的搓扭方向相反。

各地新石器时代文化遗址曾出土大量的骨针，反映当时劈分、绩接、搓合方法不但已经出现，而且已经达到一定的技术水平。出土骨针的遗址有：甘肃秦安大地湾[31]、甘肃天水西山坪[32]、陕西临潼白家村[33]、陕西西安半坡[34]、河北武安磁山[35]、山东宁阳大汶口[36]、河南辉县裴李岗[37]、江西万年仙人洞[38]、广西桂林甑皮岩[39]等。其中大汶口出土骨针39枚，磁山第一、第二文化层共出土骨针39枚，半坡遗址曾一次同时出土多达281枚。出土的这些骨针，大部分的表面均很圆润，横截面均呈圆形或椭圆形，针身长度、直径和针鼻径相差悬殊，显然或是作连缀之用，或是作编结之用。如半坡所出，最长的超过16厘米，最细的直径不到2毫米，最小的针鼻径约0.5毫米。大汶口所出，细的只有1.0毫米，针鼻小者约与今纳鞋针相当。就0.5毫米孔径来说，所用缝线，不是一般动植物的单根皮条和枝茎，很可能是经过仔细劈分的植物纤维捻合而成的单纱或股线，否则是穿不过去的。如果劈分和搓合没达到一定的技术水平，是制作不出如此细的缝线的。0.5毫米孔径应是当时制作的专供缝纫和编织的单纱或股线所能达到的细度[40]。

二、纺坠的发明及其使用方法

纺坠，古时又叫瓦、纺塼、线垛、旋锥等，是我国最早用于纺纱的工具，也是夏以前主要的纺纱工具。它的结构非常简单，由纺轮和捻杆组成，形状有单面插杆和串心插杆两种。（图1-6单面插杆和串心插杆纺坠示意图）

（一）纺坠的出现及演变

纺坠的主要部分——纺轮，在迄今我国已发掘的7000年以前人类遗址中多有发现，如河南

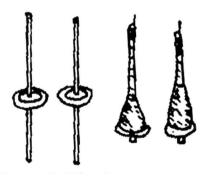

图1-6 单面插杆和串心插杆纺坠示意图

裴李岗遗址[41]、河南舞阳贾湖遗址[42]、河北磁山遗址[43]、甘肃秦安大地湾遗址[44]都曾出土过数量不等的纺轮，说明它的出现时间至少可追溯到新石器时代早期。而在新石器时代中晚期的一些遗址中更有大量发现，如浙江河姆渡遗址、陕西半坡遗址、河南唐河芳草寺遗址、河北唐山大城山遗址、青海柳湾遗址、湖北宣城曹家楼遗址、江西清江营盘里遗址等。这些遗址出土的纺轮，少者几件，多者几百件。如福建福清县东张遗址出土陶纺轮达300多件，大连郭家村遗址出土纺轮达200多件[45]，青海柳湾遗址出土纺轮达100多件[46]。如此多的出土实物，证明纺坠已是那时纺纱必不可少的工具了。不仅如此，在这些遗址出土的各类殉葬品中还有三个现象颇值得注意：其一，有些遗址出土的陶制生产工具只有纺轮一种，如山东曲阜西夏侯T101第四层遗址、福建闽侯溪头遗址下层遗址、湖南澧县梦溪三元宫遗址等。其二，在出土的各类生产工具中纺轮所占比重较大，如大连郭家村遗址下层出土各种工具764件，其中陶纺轮142件，上层遗址出土各种工具587件，其中陶纺轮109件；湖北宣城曹家楼遗址一期出土工具29件，其中陶纺轮15件，二期出土工具72件，其中陶纺轮57件[47]。其三，有些地区墓葬中的随葬器物安放有一定规律，即随葬品中有纺轮的墓，一般还会有石刀、石麻盘和陶器，没有石镞；随葬品中有石镞的墓，还会有石斧、石锛和陶器，没有纺轮。这三个现象，不仅反映出在早期的人类遗存中纺坠所占的重要地位，还表明当时纺织生产已分化成一种专门的生产活动和当时男子已主要从事狩猎及农耕、女子已主要从事家务及纺织的明确劳动分工。由此可见，纺坠的出现不仅给原始社会的纺织生产带来了巨大变革，对早期人们社会生活的影响亦极为深远。

制作纺轮的材料有陶质、石质、骨质和玉质等，形状有圆形、球形、锥形、台形、算珠形、齿轮形等。新石器早期的纺轮，大多是用石片和陶片打磨而成，外形厚重不规整，制作粗糙，大多是根据所选用材料，稍加切割打磨而成。如河南裴李岗遗址出土的2件纺轮，系陶片改成，呈不规整圆形，直径2.7厘米，孔径0.5厘米。河北磁山遗址出土的11件纺轮，也均系陶片改成，呈圆饼形，每件轮径和厚重皆不相同，相差很大。晚期的，大多是用黏土专门烧制，外形规整且趋于轻薄，侧面呈扁平或梭子的形状。其变化原因与纺坠的工作原理和所加工的纤维有关。

纺坠的工作原理是利用其自身重量和旋转时产生的力偶做功，因而纺坠的作功能力与纺轮的外径和重量密切相关。外径和重量大的，旋转速度快，转动惯量大，可纺粗硬、刚度大的纤维；轮径适中，重量较轻，可纺较柔软、刚度小的纤维。早期要捻纺的纤维，都是一些只经过简单加工处理，没有经过很好脱胶的植物纤维，刚度较大；而后期，因分解、劈绩、脱胶技术的提高，要捻纺的纤维刚度变小。故早期的纺轮较厚重，后期的纺轮较轻薄，这可从出土的不同时期纺轮和织物比照中得到印证。早期的纺轮，最重的达150余克，最小的不足50克，平均为80克；晚期的纺轮，最大者重约60克，最小者重约18.4克[48]。纺轮外形由厚重变轻薄的现象，在同一地方出土的不同时期的纺轮中也得到反映，如湖北京山县屈家岭新石器时代遗址，早、晚文化层都有出土的纺轮。早期的平均重量为38.2克；晚期一的平均重量为21.7克；晚期二的平均重量仅为14.7克[49]。在距今约 6000 年的西安半坡遗址出土陶器上的麻织物印痕，经纬密度仅为每厘米 10 根；而在距今 4700 年浙江钱山漾遗址出土麻布，经纬密度已分别达到每厘米 30.4 根和 20.5 根，纱线细度相差了 3 倍。

（二）纺坠的使用方法

纺坠的捻杆则多为木质，由于不易保存，新石器时代遗址中发现的几乎都是不带捻杆的纺轮。1986 年，余杭瑶山良渚文化祭坛遗址出土了一件玉质纺坠，这是最早的一件捻杆和纺轮俱全的纺坠实物。纺轮质为白玉，轮径为 4.3 厘米，厚度为 0.9 厘米，中间孔径为 0.6 厘米。捻杆质为青玉，杆长 16.4 厘米，上尖下粗，截面呈圆形。捻杆固定纺轮的位置约在杆底 3 厘米处。捻杆尖部有一小孔，应是贯穿一短棍作定捻装置用。这件实物非常珍贵，可以帮助我们了解纺坠的使用方法。根据民族学资料以及近代各地农村使用纺坠的情况，纺坠操作方式可分为悬空式和搓转式两种。

单面插杆纺坠的使用大多采用悬空式。纺纱时先将要纺的散乱纤维团放在高处或用一手握住，从中抽捻出一段，缠在轮杆上端。用另一手拇指、食指捻动轮杆后，放开纺坠，让纺坠在空中不停地向左或右旋转，同时用手不断地从纤维团中再抽引出一些纤维，纤维在纺坠的旋转和下降过程中得到牵身和加捻。锭子在下垂旋转摆动时，锭盘作为保持自旋的重量。待纺到一定程度，把纺坠提起，用手把已纺好的纱缠在轮杆上。如此反复，直到纱缠满轮杆为止。

串心插杆纺坠的使用大多采用搓转式。因串心插杆纺坠的轮杆较长，纺轮又位于轮杆中部，使用时可将纺坠倾斜倚放在腿上，从握于手中或堆放一旁的纤维团中抽捻出一段，缠在轮杆上后，用另一手在腿上搓转轮杆，使之作功。待纺到一定程度，用手把已纺好的纱缠在轮杆上。这种纺坠的出现应早于单面插杆纺坠，从它的操作中很容易看出它是如何发展为单面插杆的。

第三节　原始织造工具

根据出土的同时期文物，我国在新石器时代已开始发明骨针、骨梭、骨匕以及网坠这些织造工具及其操作技术，并已经发明出平铺式和吊挂式两种编织技术。

一、骨针、骨梭、骨匕、网坠的使用

在河姆渡新石器遗址第一期发掘出 15 枚骨针和 12 枚管状针以及各种大小不同的骨匕[50]。在全国其他地方的一些新石器时代遗址中，也都发现有骨针、骨匕和骨梭。河姆渡遗址发现的骨针是用兽骨磨制而成，形状精巧，长的有 15.7 厘米，直径 0.4 厘米。管状针是用鸟类肢骨制成的，中空，一端磨成锋，尾端有穿孔。这些器具都是可以用作编织的工具。

运用上述工具，采用平铺式的编织方法，就可以编织出织物。它的操作方法是：把两根以上处于平行状态的纱线，平铺在地上，一端固定在一根横木上，利用骨针或骨梭在经线上一根根地穿织，编完一条，用骨匕沿着编织者的方向，把编入的纱线打紧，编织者可以根据自己的意图，编织出织物的织纹。对半坡遗址出土陶片上的编织印痕进行分析可以看出，这种编织物是用平铺式方法编织成的[51]。

在我国一些新石器文化遗址里，出土有石制或陶制的网坠，有的网坠较大较重，有的网坠较小较轻。较大较重的网坠，是装大鱼网上作捕鱼用的。而较轻较小的网坠，是用作吊挂式编织织物时系在纱线下端的。采用吊挂式的方法编织织物时，把准备织作的纱线垂吊在横杆或圆形物体上，每根纱线下端系一个网坠，这个网坠相当于重锤，通过它的悬垂作用，使经向纱线张紧，织作时，甩动相邻或有固定间隔的网坠，使纱线相互纠缠，形成绞结，逐根编织，这样不但织作时便于操作，而且利用网坠甩动时产生的力，加快织作过程，提高产量。在近代，还可看到这种吊挂式编织法继续运用。1958 年考古学者在钱山漾新石器时代遗址里发掘出绸片、丝线、丝带、苎麻布等文物[52]。其中的丝带，可以用吊挂式编织法织制。

根据对古文献和民俗学资料进行分析研究，可以看出，我国最先发明的制作织物的技术是编结技术，它是从编结捕鱼捕鸟的网罗的技术中得到启发后才发明出来的。在古文献《易·系辞下》中曾云："伏羲……作结绳而为网罟，以佃以渔。"《淮南子·氾论训》中云："伯余之始作衣也，缘麻索缕，手经指挂，其成犹网罗。"最初制作织物，是像编结网罗那样，没有采用工具，而是靠手经指挂的方法编结而成，编成的织物比较稀疏，用它制成衣服只能称作"网衣"，夏天穿很凉快，但秋天和冬天穿就不理想了。另外，用手经指挂编结织物，不但效率很低，而且由于柔软的纱线极易绞缠，使操作变得困难。因此，人们强烈地希望改进这些不足之处。经过不断地研究思考、实践、积累和总结经验，终于逐渐发明了骨针、骨梭、骨匕、网坠及其操作技术，发明了平铺式编织技术和吊挂式编织技术，这应该是技术进步的表现。

二、原始织机的发明及其操作技术

(一) 原始织机的发明

从出土文物进行分析研究可以证明，我国在新石器时代晚期出现了原始织机。

考古工作者在 1975 年到 1978 年两次发掘河姆渡新石器时代遗址时，出土的纺织部件多达 70 余件。其中有一件是一把用硬木制成的木刀，长 430 厘米，背部平直，厚 8 厘米，刃部比较薄，呈圆弧形；另有一件是一根折断的木棍，残存部位长 17 厘米，一端有经过削制的圆头，直径 1.5 厘米，内有一个规则的凹槽，另一端已残（图 1-7 河姆渡新石器时代遗址出土的纺织部件）；还有 18 件用硬木制成的圆棒，长的有 40 厘米，直径约 1.5 厘米。经过把上述出土的木器跟云南省和海南省少数民族现在用的腰机进行对照，它们分别跟少数民族所用的腰机上的卷布棍、打纬刀和提综木杆相似。这就证明河姆渡新石器时代的人已经发明了原始腰机。

考古工作者在 1972 年发掘江苏吴县草鞋山新石器时代遗址时，出土了三块菱纹葛布[53]，经上海纺织科学研究院对它们进行分析研究，证明它们是用原始织机织制的。经过对钱山漾新石器时代遗址出土的织物进行分析研究，也证明这些织品是由原始织机织制而成。这些都为我国新石器时代晚期已发明原始织机提供了有力的佐证。

原始织机的发明，是我国新石器时代在纺织技术领域的重要成就之一，是我国纺织技术史水平第一次飞跃的重要标志。原始织机安装有综杆、分经棍和打纬刀，使它具有了机械的功能。综杆能使需要吊起的经纱同时起落，纬纱一次引入，打纬刀能把纬纱打紧，使织造出的织物紧密均匀；原始织机安装有提综杆后，不但使生产效率提高，而且为织纹的发展开拓了广阔的前景。总之，原始织机的发明，不但能提高织造织物的产量和质量，而且为织物品种和纹样的发展创造了条件。

（二）原始织机的结构及其操作技术

根据河姆渡新石器时代出土的纺织工具零部件进行分析，并参照我国目前一些少数民族仍使用的原始腰机的结构及其操作方法进行对比研究，可以看出新石器时代的原始织机的结构及其操作方法，跟我国台湾省高山族和海南省黎族等少数民族目前仍使用的腰机的结构及其操作技术相似（图1-7）。

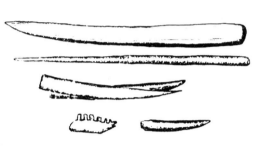

图1-7　河姆渡新石器时代遗址出土的纺织部件

早期的原始织机是一种原始腰机，没有机架，它的主要结构是：前后有两根横木，它们相当于现代织机上的卷布轴和经轴；机子还配备一把打纬刀、一个纡子、一根比较粗的分经棍和一根比较细的综杆。织造时，织工用分经棍把奇偶数经纱分成上下两层，经纱的一端系于木柱之上，另一端系于织工的腰部，织工席地而坐，利用分经棍形成一个自然梭口后，用纡子引纬，用打纬刀打纬。在织第二梭时，提起综杆，下层经纱提起，形成第二梭口，把打纬刀放进梭口后，立起打纬刀固定梭口，用纡子引纬，用打纬刀打纬。这样交替织造，不断循环。织造时，经纱张力完全靠织工的腰脊来控制。

到了新石器时代晚期，原始腰机已配有简单的机架。钱山漾出土的绢片，经浙江丝绸工学院和浙江省博物馆的研究鉴定，确认它是长丝产品，经纬向丝线至少由二十多个茧缫制而成，没有加捻；股线平均直径为167微米，丝缕平直；它属于平纹组织，表面细致、平整、光洁；经密为每厘米52.7根，纬密为每厘米48根，和现代生产的EIIII53电力纺的规格很接近。要织造这样细密的绢，织造时必须经常保持一定的经丝张力，否则容易引起纠缠，因此使用的腰机只有配有简单的机架才能保证有良好的织造效果。由此可以证明，在新石器时代晚期，已出现配有简单机架的腰机。

第四节　原始着色技术的出现

追求自身美和显示自身在社会群体中的位置，是人类的天性，所以从出现用于御寒蔽体的织物起，先民就开始尝试用不同色彩、不同图案的织物来表达自己的爱好、思想以及社会地位。虽然直到现在，还未曾见到或还不能完全确认新石器时代的着色织物有几种颜色，但根据出土的同时期的着色器物，不难推断，当时给器物着色的原料，同样也用于织物。从出土的新石器彩陶，可以知道当时已出现赤、黄、黑、白、褐等几种颜色[54][55]。

当时的着色原料应是一些容易得到、不经过复杂处理就可直接使用的着色物质，如某些矿物、植物和动物血。赤铁矿、朱砂是应用最早的两种红色矿物颜料。赤铁矿又称赭石，在自然界分布较广，主要化学成分为三氧化二铁（Fe_2O_3），呈棕红色或棕橙色，用其涂绘，稳定持久，但色光黯淡。在北京周口店山顶洞人遗址中曾发现赤铁矿粉末和用赤铁矿着色的饰物，说明赤铁矿在旧石器时代晚期就已被利用。新石器时代遗址出土用于涂饰的赤铁矿石的还有：江苏邳县四户镇大湾子青莲岗文化和马家浜文化遗址[56]、甘肃兰州花寨子半山类型墓[57]。其中江苏邳县出土的赤铁矿呈碎石片状，表面有研磨痕迹，装在陶罐和陶瓶内。朱砂，又称辰砂或丹、丹砂等，主要化学成分为硫化汞（HgS），具有纯正、浓艳、鲜红的色泽和较好的光照牢度。原始人除用它涂绘饰物外，还出于对太阳、火或血液的崇拜，将它作为殉葬物放于墓中，青海乐都柳湾马家窑文化墓地一具男尸下就撒有朱砂[58]。

利用矿物颜料着色，需先将矿石粉碎，研磨成粉，再用水调和成黏糊状后方可涂绘在准备着色的器物上。研磨的愈细，附着力、覆盖力就愈好。当时的研磨工具亦有不少出土，如：山西夏县西阴村遗址出土过一个下凹的石臼和一个下端被红颜料沁浸了的石杵[59]；陕西临潼姜寨遗址出土过一块石砚和数块黑色氧化锰颜料，该砚上面有石盖，掀开石盖，砚面凹处有一石质磨棒[60]；兰州白道沟坪马厂期的陶窑遗址出土有研磨用的石板和配色用的陶碟，值得注意的是陶碟中尚存有已配得的紫红色颜料，说明当时已掌握了用不同颜色的颜料混合，调制出不同色彩的技巧[61]。在河南荥阳青台村一处仰韶文化遗址中，曾出土过一小片浅绛色罗织品。虽然因实物残片太小，又呈炭化状态，无法判定它是如何着色加工的，但这是目前我国出土的惟一一件新石器时期的着色织物，非常珍贵[62]。

植物染料的染色之术，传说远始于轩辕氏之世，在许多古文献中都载有：黄帝制定玄冠黄裳，以草木之汁，染成文采。参考矿物颜料的使用情况，当时似乎确已开始使用植物染料染色，选用的植物，应该是一些可以直接上染，属直接染料的植物，种类不会很多。因没有考古资料作佐证，这只能作为推测。何况植物染料来源丰富，容易得到，着色牢度又好，人们不可能不注意和利用它。

第五节 原始社会的织物组织和纺织品品种

从已发现的文物来看，我国原始社会的织物组织大多是平纹，也出现绞纱织物。纺织品种有丝绸、麻布和葛布。

前面已提到，在钱山漾新石器时代遗址里发掘出绢片、丝线和丝带，该遗址还同时出现苎麻布，绢片和苎麻布都是平纹织物。

1984年，考古工作者在河南省荥阳县青台村一处属于仰韶文化的遗址中发掘出公元前3500年前的丝、麻纺织品，这些织品除了平纹以外，还有浅绛色罗，组织十分稀疏。

在西安半坡遗址发现的陶器底部的布纹印痕，经分析研究，确定是作为当时制陶的铺垫织物，都属于平纹织物，纱线比较粗，但匀度很好，织物的经纬向纱线排列很均匀。

在吴县草鞋山新石器时代遗址发现的三块织品，经分析研究，确定是一种简单的绞纱织物。出土时织品已炭化，在残片的一头有山形和菱形花纹。在花纹处的纬纱曲折变化，罗纹部经纱是上下绞结。经纱为双股，S 捻，经密约每厘米 10 根，纬密罗纹部约为每厘米 26 到 28 根。

参 考 文 献

［1］贾兰坡等：《阳高许家窑旧石器时代文化遗址》，《考古学报》1976 年第 3 期；《许家窑旧石器时代文化遗址 1976 年发掘报告》，《古脊椎动物与古人类》1979 年第 4 期。

［2］陈铁梅等：《铀系法测定骨化石年龄的可靠性研究及华北地区主要旧石器地点的铀系年代序列》，《人类学学报》1984 年第 3 期。

［3］陈铁梅：《山顶洞文化年代的最新测定》，《中国文物报》1993 年 1 月 1 日。

［4］贾兰坡：《山顶洞人》第 60 页，龙门联合书局出版，1953 年；《中国文物报》1998 年 1 月 11 日第三版"骨针"。

［5］浙江省文物管理委员会、浙江省博物馆：《河姆渡遗址第一期发掘报告》，《考古学报》1978 年第 1 期。

［6］郑州市文物研究所：《荥阳青台遗址出土纺织物的报告》，《中原文物》1999 年第 3 期。张松林、高汉玉：《荥阳青台遗址出土丝麻织品观察与研究》，《中原文物》1999 年第 3 期。

［7］浙江省文物管理委员会：《吴兴钱山漾遗址第一、二次发掘报告》，《考古学报》1960 年第 2 期。

［8］南京博物院：《江苏吴县草鞋山遗址》，《文物资料丛刊》1980 年第 3 期。

［9］郑州市博物馆：《郑州大河村遗址发掘报告》，《考古学报》1979 年第 3 期。

［10］西北师范学院植物研究所、甘肃省博物馆：《甘肃东乡林家马家窑文化遗址出土的稷和大麻》，《考古》1984 年第 7 期。

［11］浙江省文物管理委员会、浙江省博物馆：《河姆渡遗址第一期发掘报告》，《考古学报》1978 年第 1 期。

［12］浙江省文物管理委员会：《吴兴钱山漾遗址第一、二次发掘报告》，《考古学报》1960 年第 2 期。

［13］陈国强、林嘉煌：《高山族文化》，学林出版社，1988 年。

［14］（日）石田英一郎：《蚕桑起源》，见《石田英一郎全集》第六卷。

［15］中国科学院考古研究所山西队：《山西芮城东庄村和西王村遗址的发掘》，《考古学报》1973 年第 1 期。

［16］江苏省文物工作队：《江苏吴江梅堰新石器时代遗址》，《考古》1963 年第 6 期。

［17］蒋猷龙等：《世界蚕丝业科技大事注释（起源—18 世纪)》，《农业考古》1990 年第 1 期。

［18］浙江省文物管理委员会、浙江省博物馆：《河姆渡遗址第一期发掘报告》，《考古学报》1978 年第 1 期。

［19］唐云明：《我国育蚕织绸起源时代初探》，《农业考古》1985 年第 2 期。

［20］蒋猷龙：《家蚕的起源和分化》，江苏科技出版社，1982 年。

［21］李济：《西阴村史前遗址》，见《清华学校研究院丛书》，1927 年。

［22］陈维稷主编：《中国纺织科学技术史（古代部分)》，科学出版社，1984 年。

［23］唐云明：《我国育蚕织绸起源时代初探》，《农业考古》1985 年第 2 期。

［24］陈文华：《中国原始农业的起源和发展》，《农业考古》2005 年第 1 期。

［25］中国社会科学院考古研究所河南一队：《1979 年裴李岗遗址发掘报告》，《考古学报》1984 年第 1 期。

［26］陕西省半坡博物馆等:《姜寨——新石器时代遗址发掘报告》，文物出版社，1988 年。

［27］中国科学院考古研究所、陕西省半坡博物馆：《西安半坡》，文物出版社，1963 年。

［28］河北省文物管理处等：《河北武安磁山遗址》，《考古学报》1981 年第 3 期。

［29］赵伯陶：《生肖说羊》，《读书》2002 年第 9 期。

［30］陈炳应：《中国少数民族科学技术史丛书纺织卷》第 37 页，广西科学技术出版社，1996 年。

［31］甘肃省博物馆等：《1980 年秦安大地湾一期文化遗址》，《考古与文物》1982 年第 2 期。

［32］中国社会科学院考古研究所甘肃工作队：《甘肃省天水市西山坪早期新石器时代发掘简报》，《考古》1988 年第 5 期。

［33］中国社会科学院考古研究所陕西六队：《陕西临潼白家村新石器时代遗址发掘简报》，《考古》1984 年第 11 期。

［34］中国科学院考古研究所、陕西省半坡博物馆：《西安半坡》，文物出版社，1963 年。

［35］河北省文物管理处等：《河北武安磁山遗址》，《考古学报》1981 年第 3 期。

［36］山东省文物管理处等：《大汶口：新石器时代墓葬发掘报告》，文物出版社，1974 年。

［37］中国社会科学院考古研究所河南一队：《1979 年裴李岗遗址发掘报告》，《考古学报》1984 年第 1 期。

［38］江西省文物管理委员会：《江西万年大源仙人洞洞穴遗址试掘》，《考古学报》1963 年第 1 期。

［39］广西壮族自治区文物工作队：《广西桂林甑皮岩的洞穴遗址试掘》，《考古》1976 年第 3 期。

［40］陈维稷：《中国纺织科学技术史》第 16 页，科学出版社，1984 年。

［41］中国社会科学院考古研究所河南一队：《1979 年裴李岗遗址发掘报告》，《考古学报》1984 年第 1 期。

［42］河南文物研究所:《河南舞阳贾湖新石器时代遗址第二至六次发掘简报》，

《文物》1989 年第 1 期。

　　［43］邯郸市文物保管所等：《河北磁山新石器遗址试掘》，《考古》1977 年第 6 期。

　　［44］甘肃省博物馆、秦安县文化馆大地湾发掘小组：《甘肃大地湾新石器时代早期遗存》，《文物》1981 年第 4 期。

　　［45］辽宁省博物馆等：《大连市郭家村新石器时代遗址》，《考古学报》1984 年第 3 期。

　　［46］青海省文物管理处考古队等：《青海乐都柳湾原始社会墓葬第一次发掘的初步收获》，《文物》1976 年第 1 期。

　　［47］陈炳应：《中国少数民族科学技术史丛书·纺坠卷》第 41 页，广西科学技术出版社，1996 年。

　　［48］陈维稷：《中国纺织科学技术史（古代部分）》第 18 页，科学出版社，1984 年。

　　［49］中国科学院考古研究所：《京山屈家岭》，科学出版社，1965 年。

　　［50］浙江省文物管理委员会、浙江省博物馆：《河姆渡遗址第一期发掘报告》，《考古学报》1978 年第 1 期。

　　［51］中国社会科学院考古研究所等：《西安半坡》，文物出版社，1963 年。

　　［52］浙江省文物管理委员会、浙江省博物馆：《河姆渡遗址第一期发掘报告》，《考古学报》1978 年第 1 期。

　　［53］南京博物院：《江苏草鞋山遗址》，《文物资料丛刊》第 3 期。

　　［54］中国科学院考古研究所、陕西省半坡博物馆：《西安半坡》，文物出版社，1963 年。

　　［55］中国科学院考古研究所：《京山屈家岭》，科学出版社，1965 年。

　　［56］南京博物院：《江苏邳县四户镇大湾子遗址深掘报告》第 27 页，《考古学报》1964 年第 2 期。

　　［57］甘肃博物馆等：《兰州花寨子半山类型墓葬》，《考古学报》1980 年第 2 期。

　　［58］青海省文物管理处考古队、中国社会科学院考古研究所：《青海柳湾——乐都柳湾原始社会墓地》，文物出版社，1984 年。

　　［59］李济：　《西阴村史前遗址》第 20 页，见《清华学校研究院丛书》，1927 年。

　　［60］王兆麟：《临潼姜寨遗址发掘有重要收获》，《人民日报》1980 年 5 月 27 日第 4 版。

　　［61］陈维稷：《中国纺织科学技术史（古代部分）》第 57 页，科学出版社，1984 年。

　　［62］张松林、高汉玉：《荥阳青台遗址出土丝麻织品观察与研究》，《中原文物》1999 年第 3 期。

第 二 章

夏商周时期的纺织印染技术

在新石器时代晚期，人们使用的工具有了一些变化，即除了石器工具外，还用少量铜器工具，使生产力和生产效率得到了提高，社会劳动成果除了能维持社会全体成员的生活外，还有一些剩余被储存下来，这就为私有观念的产生提供了物质条件，随着私有财产的逐渐积累，从而导致原始社会的瓦解和奴隶社会的产生。

我国从夏代开始进入奴隶社会。夏代于公元前 2070 年开始建立，至公元前 1600 年灭亡。取代夏代的商代，使我国的奴隶社会进一步发展。取代商代的周代，史学家把它分为两个时期。从公元前 1046 年周代取代商代起，至公元前 771 年，史称西周；公元前 771 年至周代灭亡，史称东周。东周的前半期，诸侯争相称霸，持续了两百多年，称为"春秋时代"。春秋之后，也就是东周的后半期，进入了七国争雄的时代，在西汉末年刘向编著的《战国策》中记载了这一时期，所以人们称之为战国。《史记·六国年表》记载，战国始于前 475 年（周元王元年），或者从韩赵魏三家分晋（公元前 403 年）开始算起，至前 221 年（秦始皇二十六年），秦始皇统一六国止。西周是我国奴隶社会的晚期，从这个时期起，我国开始了从奴隶社会向封建社会的过渡。战国时我国开始进入封建社会。在夏商周时期，生产工具得到进一步发展。从出土的生产工具进行分析研究得知，夏代和商代虽然仍然主要使用石器和木器工具，但已使用铜器工具。在西周，使用青铜器工具已比较普遍。到春秋战国时，铁器工具逐渐取代了石器工具和青铜器工具。随着生产工具的进步，社会生产力相应地提高，纺织印染技术也得到相应的提高和发展，一些重要的纺织印染技术应运而生。

这一时期，手工纺织得到迅速发展，成为社会生产的一个主要行业。其时，纤维培育、加工、纺、织、染等全套纺织工艺逐渐形成，多种手工纺织机具相继出世，并配套成具有传动结构的机械体系。原料和加工方面：大麻、苎麻、葛藤、蚕丝成为主要纺织原料，植物纤维加工已普遍采用沤渍和水煮；缫丝方面：建立了煮茧、索绪、集绪和络丝、并丝、加捻等一整套缫丝工艺，并开始使用简单的缫车；纺纱方面：纺坠被普遍利用，并已能根据所纺纤维品质即纱线用途，选用不同重量和形状的纺轮，有些地方可能已开始使用成型的纺车纺纱；织造方面：已具备杼、轴、综、蹑、支架等部件的完整织机；印染方面：印染技术逐渐形成完整的工艺体系，而且在官办纺织手工业中，对染料的生产、加工以及各种染色工艺都制定了一定的规范标准，已能满足统治者对服装美化及服装性能方面的明确具体的要求；织品和织纹方面：品种大增，仅丝织物品种就有绡、纱、缟、縠、纨、绨、绮、罗、锦等 10 多种，有些织物不仅具有实用价值，还兼具艺术性。

第一节　纺织原料的增加及人工培育技术的提高

夏商周时期，纺织原料的利用较之以前有了很大进步。植物纤维原料从大量采集野生纤维原料，逐步过渡到大量人工种植纤维原料，葛麻栽培技术更是有了质的提高，福建地区可能还开始利用实类植物纤维——棉花。动物纤维原料从广泛采集各种动物毛毳，过渡到以蚕丝和羊毛为主的几种动物纤维。

一、植物纤维原料

（一）茎皮类植物纤维原料

用于纺织的茎皮类植物纤维品种繁多，有大麻、苎麻、苘麻、葛、菅、蒯等多种。其中大麻、苎麻、葛用量最大，被普遍种植。苘麻、菅、蒯用量相对较少，很少有人工种植，基本都是采集野生的。

1. 大麻

大麻纤维是用量最多的植物纤维之一，它的人工种植在黄河中下游地区最为普遍。大麻（图 2 - 1）雌雄异株，当时的人对这种现象已有较深的认识，而且能较好地区别雌株和雄株，这可在文献中得到印证。《诗经》、《尚书》、《周礼》、《仪礼》、《尔雅》中所说的：麻、枲、苴、蕡等均与大麻有关。麻是雌麻、雄麻的总称。枲是雄麻，《仪礼·丧服》："牡麻者，枲麻也。"但有时也和麻通用。苴是雌麻；蕡是麻籽。蕡可以食用，是古代的九谷之一。《仪礼·丧服》："苴绖者，麻之有蕡者也。"孙氏注云："蕡，麻子也。"这些书能将大麻如此细分，亦说明当时对大麻雌雄纤维的纺织性能、麻籽的功用都有了较深的认识。并且也了解雄麻纤维的纺织性能优于雌麻，知道用质量好的雄麻纤维织较细的布，

图 2 - 1　大麻

质量差的雌麻纤维织较粗的布。周代还专门设有一"典枲"的官吏负责大麻生产。《周礼·天官》："典枲。下士二人，府二人，史二人，徒二十人。"另外根据《诗经·齐风·南山》"蓺麻如之何？衡从其亩"的记载，说明当时种麻是纵横成行的，似乎已了解播种的疏密可影响麻皮和麻籽的质量。出土的这时期实物较多，河南安阳殷墟、洛阳东郊摆驾路和下窑村殷墓、河北藁城台西村商代遗址[1]、福建崇安武夷山白岩崖商代洞墓船棺中[2]均有大麻布出土。

2. 苎麻

苎麻（图 2 - 2）主要分布在长江流域和黄河中下游地区。当时称之为"纻"，战国以后才开始用"苎"。在《禹贡》、《周礼》、《诗经》、《礼记》、《左传》等古籍中，都可以找到它的踪迹。《禹贡》说纻是豫州主要贡品之一，谓：豫州"厥贡

漆、枲、绤、纻"。《周礼·天官·冢宰下》将纻纳入"典枲"官的管辖，作为颁功受赏之物，谓："典枲，掌布、缌、缕、纻之麻草之物，以待颁功而受赏。"这时期的苎麻织品已制织得非常精致，有的甚至可与丝绸等价。吴国和郑国大臣就曾以本国之特产纻衣和丝缟互赠。《春秋左传》记载：襄公二十九年吴季礼"聘于郑，见子产，如旧相识，与之缟带，子产献纻衣焉"。杜预注："吴地贵缟，郑地贵纻，各献己所贵，示损己而不为彼货利。"孔颖达疏："缟是中国所有，纻是南边之物。非土所有，各是其贵。"福建商代武夷山船棺中、陕西宝鸡西周墓中、长沙战国楚墓中、河北战国中山国墓中都有一些苎麻布出土，其中有的苎织品之精细可与现代棉布相比。像长沙战国墓出土的苎织品[3]，经密为每厘米 28 根，纬密为每厘米 24 根，细密程度超过了十五升布。

图 2 - 2 苎麻

3. 葛

夏到春秋期间，葛（图 2 - 3）的利用非常普遍，据统计，仅《诗经》三百篇中谈及葛的地方就有 40 多处。细葛布是高档的夏季服装，《墨子·节用》中云："古者圣王制为衣服之法，曰：冬服绀緅之衣，轻且暖。夏服绤绤之衣，轻且清。"不少地方都将它作为贡品，《史记·夏本纪》中有青州"厥贡盐、绤"的记载。《禹贡》说豫州："厥贡漆、枲、绤、纻。"细葛布可以织制得很稀疏，以致不能不加罩衣而入公门，必须外加罩衣，故《礼记·曲礼》有"袗绤绤，不入公门"；《论语·乡党》有"袗绤绤，必表而出之"之说。葛的种植和纺织是当时重要的生产活动之一，周代设有专门的"掌葛"官吏负责管理，《周礼·地官》

图 2 - 3 葛藤

记载，掌葛"掌以时征绤、绤之材于山农，凡葛征，征草贡之材于泽民"。当时所用葛纤维有野生的，也有人工种植的。《诗经·唐风·葛生》："葛生蒙楚，蔹蔓于野。……葛生蒙棘，蔹蔓于域。"《诗经·周南·葛覃》："葛之覃兮，施于中谷。"都是说野葛。春秋以降，葛的种植及利用日趋兴盛。《越绝书·外传》记载："葛山者，勾践罢吴，种葛。使越女织治葛布，献于吴王夫差，去县七里。"真实反映了其地人工种植葛藤的情况。《吴越春秋·勾践归国外传第八》卷五则有大规模采集野葛的记载："越王曰：吴王好服之离体。吾欲采葛，使女工织细布，献之，以求吴王之心，于子如何？群臣曰：善。乃使国中男女入山采葛，以作黄丝之布。……越王乃使大夫种索葛布十万。"动用国中男女，织出葛布十万，可见当时葛的生产规模之大，亦可见当时种葛技术有了提高。

4. 苘麻

苘麻（图2-4）是一年生草本植物，茎皮多纤维，叶子大，密生柔毛，麻质略粗，属重要纤维植物之一，产于我国的大部分地区。苘麻在新石器时期就已被利用，河姆渡出土的绳索中，发现有用苘麻纤维搓制的，经分析，其纤维截面呈多角形，与现在的苘麻完全相同[4]。在古代，苘麻又写作枲、絧、檾、颎，被归为草类，《周礼·天官》："典枲，掌布、缌、绹之麻、草之物。"郑玄注："草，葛苘之属。"春秋时，苘麻位列用量最多的"五麻"之中，《管子集校》引王绍兰注《管子·地员第五十八》中"五麻"为枲麻、苴麻、胡麻、苎麻、苘麻。苘麻纤维的纺织性能不

图2-4　苘麻

如大麻和苎麻，主要用于制作绳索，用它的纤维织成的布非常粗糙，以前多作为丧服或下层劳动者服装用料。

5. 菅和蒯

菅是多年生草本植物，叶子长而尖，植株高可达3米。蒯也是多年生草本植物，生长在水边或阴湿的地方。据《诗经·陈风·东门之池》："东门之池，可以沤菅"；《左传》："虽有丝麻，无弃菅蒯"；陆玑《毛诗草木鸟兽虫鱼疏》："菅似茅而滑泽，无毛根，下五寸中有白粉者，柔韧宜为索，沤及曝尤善也"；朱鹤龄《读左日钞》："蒯与菅连，亦菅之类。丧服疏履者"；徐元太《喻林》："传曰：蘙、蒯之菲也，可以为履，明胁如菅，并可代丝麻之乏"的记载来看，商周时期无疑曾将它们的纤维作为纺织和制绳用料。

6. 楮和薜

楮，属于桑科落叶乔木，又名榖，亦写作构。楮皮纤维细而柔软，坚韧有拉力，单纤维长达24毫米，平均强力约12克，古代常常作为造纸原料使用。《尚书·咸有一德》中有商代大戊时桑榖共生于朝的记述，《诗经·鸿雁之什·鹤鸣》中有"乐彼之园，爰有树檀，其下维榖"的诗句，表明人们当时对楮的特性已有所了解，很可能已将它作为一种纺织原料来利用。

薜，亦叫山麻，关于薜是何种植物，文献记载中的说法不一。《尔雅·释草》及郭璞注，认为薜"似人家麻，生山中"，也就是说薜是一种野生的大麻。而《通志·昆虫草·木略》则认为薜是一种野生的苎麻。由于薜作为纺织原料使用的历史很短，文献中又没有详细记载其植物特征，因此直至今日，学术界仍不能确定薜属于何种植物，只能肯定周代曾利用薜这种植物的纤维作纺织原料。

（二）实类植物纤维原料

可用于纺织的实类植物纤维是棉花。棉花属锦葵科，有一年生草本和多年生灌木两大类。南方另有一种落叶乔木攀枝花（亦叫木棉），与多年生棉花的花实相似，但它不是棉花的一种，纺织价值也不高。我国利用棉纤维的历史远远晚于葛

麻类纤维，迄今可见最早的出土实物，是1979年福建崇安县武夷山白岩崖洞墓船形棺中发现的一块棉布残片[5]。据同位素碳14年代测定，约属公元前1420±80年，树轮校正为距今3620±130年[6]，相当于夏末商初时期。这块棉织物纤维纵向宽约20微米，表面呈扁平带状，无纹节，有明显沟槽，纤维每厘米约有10个天然卷曲，纤维管壁较厚，中腔狭小，纤维成熟度较高[7]；从其纤维结构看，既非乔木型，亦非草棉，而与多年生灌木型棉花的结构非常相似，当属联核型棉花[8]。除福建出土的这块棉织品外，同时期的实物尚未有其他发现，这时期的文献中也没有关于棉花的确凿记载。因此对当时棉花的利用情况不是很清楚，不过就这块棉织品而言，应已具备了最初级的棉纤维加工技术。需要指出的是对武夷山棉布的断代，学术界是持有不同看法的，并非全都认同。

尽管这时期的文献中没有关于棉花的确凿记载，但对《禹贡》中的一则记载："扬州厥贡……岛夷卉服，厥篚织贝"。历来有不同的解释。有人认为其中的"卉服"，是葛或木棉织品，如宋人蔡沈注："卉服，葛及木棉之属。"有人认为"卉"即是草，卉服应是草服，"岛夷卉服"是岛民以草为服，如明邝露《赤雅》卷一云："南草木，可衣者曰卉服"；也有人认为是棉织品，而且是岛夷的贡品，根据是麻、葛织品在当时已不稀罕，只有棉织品才是岛夷的特产，才有可能作为贡品，所以"《禹贡》书中的卉服很可能是用棉织品缝制的，其上织有岛夷生活地区习见的海贝纹"[9]。根据《周礼·天官》郑玄注"草，葛苘之属"以及上引明邝露《赤雅》卷一所云，我们比较倾向"卉服"是草服的观点，但因缺乏更多的材料加以佐证，不能特别肯定，暂且存疑。

二、动物纤维原料

夏商周期间，动物纤维原料主要是蚕丝和以羊毛为主的各种动物毛毳。其时，在动物纤维原料利用上的最重要的成就，便是对蚕生长过程中的几种形态有了一定的认识和了解，并能将这种认识运用到养蚕的生产实践中。

（一）蚕桑培育技术

在此期间，种桑养蚕在各地得到蓬勃发展，据《禹贡》云：在全国冀、兖、青、徐、扬、荆、豫、梁、雍九个州中，有兖、青、徐、扬、荆、豫六个州的贡品中有丝织品。而在《诗经》中的"邶风"、"卫风"、"郑风"、"魏风"、"唐风"、"秦风"、"曹风"、"豳风"以及"大雅"、"小雅"、"周颂"、"鲁颂"诸篇里，也都提到与蚕桑生产有关的事情，全国范围内栽桑和养蚕的地域，有相当于现在的陕西、山西、河北、河南、山东、湖北等省区。种桑养蚕已是当时最重要的农事活动，统治者亦给予了特别的重视。据统计，商武丁时的卜辞中，见于呼人省察蚕事的记载有9次之多[10]。（图2-5甲骨文上有关蚕事的完整卜辞）周代时建立了公桑蚕室制度。《礼记·祭令》载："古者天子诸侯必有公桑蚕室。近川而为之，筑宫仞有三尺，棘墙而外闭之。及大昕之朝，君皮弁素积，卜三宫之夫人、世妇之吉者，使入蚕于蚕室，奉种浴于川，桑于公桑，风戾而食之。"所谓公桑蚕室，就是统治者专公用的桑园和养蚕场，每临近养蚕季节，天子诸侯都要带着"三宫之夫人"和"世妇之吉者"到公桑蚕室来采桑养蚕，以示表率。因蚕桑事业关系国计民生，这一制度被历代统治者效法。

图 2 - 5　甲骨文上有关蚕事的完整卜辞

蚕以桑为本，养蚕必先种桑。商周时期，随着养蚕业的迅猛发展，野生桑树已不能满足需要，开始人工栽桑。周代规定宅地周围须种植桑麻，否则要接受处罚[11]。为保证桑树的正常生长，以确保养蚕季节有足够的桑叶，西周时又制定了保护桑树的措施，严禁滥伐桑柘[12]。

桑树有两大类型，一是树型高大的乔木桑，采桑人需架梯或攀登于上采摘；另一种是树型低矮与成人身高相仿的低干桑，采桑人无须架梯或攀登，站在地上即可采摘。《左传》僖公二十三年所载，晋国公子与其随从"谋于桑下"；《诗经·郑风·将仲子》所云"无折我树桑"，其中的"桑"即乔木。《诗经·豳风·七月》："猗彼女桑"中的"女桑"，即低干桑。在故宫博物院所藏公元前 5 世纪铜器"宴乐射猎采桑纹壶"和"渔猎功战图"上，曾出现采摘乔木桑桑叶的造型。（图2 - 6 战国宴乐射猎桑铜壶上妇女采桑图）

图 2 - 6　战国宴乐射猎桑铜壶上妇女采桑图

从古至今，采收桑叶都是根据具体情况分别采用直接采叶和伐条采叶两种方式。《诗经》中有以采叶为题材的诗歌，《豳风·七月》："女执懿筐，遵彼微行，爰求柔桑。……蚕月条桑，取彼斧斨，以伐远扬，猗彼女桑。"提着篮筐显然是直接采收桑叶，拿着斧头显然是伐条采收桑叶。需要指出的是尽管当时人工栽桑已非常普遍，但似乎桑叶的主要来源仍是野生桑树。人工栽桑仅局限于宅旁田间，多者亦不过如《诗经·魏风·十亩之间》所云十余亩，皆是为弥补野生桑树之不足。上引诗中"女执懿筐，遵彼微行"，其意是女子提筐结伴去采桑。既然结伴而行，桑林一定距住地较远，当是去野桑林。实可作为上述观点之佐证。

殷商、西周时期，野生蚕为多化性，经驯化后的原始家蚕虽也为多化性，但很快便演变为二化性蚕和一化性蚕。到西周时，则已主要养一化性蚕，不多养甚至不养二化性蚕。一化性蚕自发蚁后，一般经 20 几天就可以结茧。在辽宁朝阳和陕西岐山的西周墓里曾出土过一些丝织品，经鉴定，丝纤维横断面接近三角形，系家蚕丝。不过出土的两处丝纤维，纤度都比较细，三角形的个体也小于现代的蚕丝，而朝阳的尤其显著。岐山的，约等于现代的70%左右；朝阳的，约等于现代的40%左右。其原因是西周蚕的驯化和培育时间均短于现代的蚕，故所吐的丝亦较现代的为细[13]。为保证桑树正常生长和蚕茧质量，当时已认识到禁养多化性蚕的重要。《礼记·月令》有"禁原蚕者"的记载，《淮南子·泰族训》有"原蚕一岁再收，非不利也，然王者法禁之，为其残桑也"的解释。能够施行禁养措施，一年只养一茬，前提是人们对蚕生长过程中的几种形态：蚕种、出蚁、化蛹、结茧、化蛾，已有了一定的了解，并掌握了控制化蛾的手段。如不了解蚕生长过程中的几种形态和采取相应的方法，任蚕在自然环境条件下生育，就不可能做到禁养。此时，养蚕已成为农妇每年三月开始的主要生产任务之一。《周礼·内宰》载"中春，诏后帅外内命妇，始蚕于北郊"；《礼记·月令》载，季春之月"后妃斋戒，亲东乡躬桑"。

战国时期，人们对蚕生理、生态的认识较之以前又有了很大进步，并有人尝试对养蚕经验进行理论上的概括。《荀子·赋篇》有"蚕赋"一文，云："此夫身女好而头马首与？屡化而不寿者与？善壮而拙老者与？有父母而无牝牡者与？冬伏而夏游，食桑而吐丝，前乱而后治，夏生而恶暑，喜湿而恶雨。蛹以为母，蛾以为父。三伏三起，事乃大矣。"从生理角度概括了蚕的特点、习性和化育过程。总结出蚕怕高温，恶雨，喜欢一定的湿度，却又不能过湿等一整套养蚕时需注意的要素。"三伏三起"中的"伏"即"眠"，指蚕生长到一定阶段，便不吃不动，待蜕去旧皮、换上新皮后，再爬动觅食的一个生理过程。"三伏三起"的蚕系三眠蚕，说明当时养的蚕多是三眠蚕。此类蚕大约经历二十一二日便可作茧，故《春秋考异》有，蚕"阳物，火，恶水，故吞食而不饮，阳，立于三春，故盉二变而后消。死于七，三七二十一，故二十一日而茧"的说法。"有父母而无牝牡者与？"是荀况针对养蚕者所认为的蚕无雌雄、只有蛾才有性别之分看法的质疑。关于蚕是否有雌雄之分，直到近代生物学界才有结论。

养蚕先要建蚕室，制好丝须选优良蚕种，蚕顺利生长离不开洁净桑叶。前引《礼记·祭仪》说，为保证蚕室内空气新鲜，蚕室应"近川而为之"；为保证蚕室内温度、湿度尽可能不变以及避免与养蚕无关的人擅自闯入，应"棘墙而外闭之"；为防止因喂食不鲜洁的桑叶，应不采摘带露水的桑叶，即使不得已而采之，也要将桑叶清洗阴干或风干后再去喂蚕，即"风戾而食之"。另据《礼记·月令》记载，当时养蚕的专用工具有"曲、植、蓬、筐"。曲，即蚕箔，多以崔苇编制而成。植即槌，安放蚕箔的木架。蓬，即粗席，置于箔内，蚕放于上饲养。筐，方形竹制器，供养蚁蚕之用。

（二）动物毛纤维的优选

夏商周期间，动物毛纤维在纺织原料中占有相当大的比例。根据《列女传》所载春秋时楚国人老莱子之妻所云"鸟兽之解毛，可绩而衣之"来看，当时选用的动物毛纤维种类仍比较多，可能凡是能够得到的较细动物毛氄皆在选用之列。古时称毛织物为织皮，先秦史料中相关的记载颇多。如《禹贡》"雍州"条说："西戎昆仑、析支、渠搜，西戎即叙。"孔传云："织皮，毛布。"孔颖达疏："四国皆衣皮毛，故以织皮冠之。"亦就是说这四国皆服"织皮"。毛织品有粗细之分，细者曰毲布，粗者曰褐。毲布是毲毛织成的精细毛织品。毲毛，《周礼·天官·掌皮》郑弦注："毛细褥者。"西周时期铸成的青铜器"守宫尊"上所记"毲布"，即此类毛织物。许慎在其《说文》的"糸部"和"毛部"中引《三家诗》时说："毲衣如䌽"、"毲衣如璊"①，并说毲衣是以毲为䌽。䌽即"毲布"，即毛布②，也就是说是用细毛布裁制成的吉服。褐是用较粗的毛纤维织成的毛织物，是下层劳动者借以御寒的主要服装。《诗经·豳风·七月》云："七月流火，九月授衣，……无衣无褐，何以卒岁？"郑笺云："褐，毛布也。……贵者无衣，贱者无褐，将何以终岁乎？"另据《孟子·滕文公上》载，以不辞辛苦、躬亲劳作为治学行事之宗旨的许行，"其徒数十人，皆衣褐，捆屦，织席以为食"。许行是"农家"，所以他与其徒皆以褐为衣。

当时毛纤维除用来织布外，还被广泛用于制毡。《周礼·天官·掌皮》记载："共其毲毛为毡。"毡是利用毛纤维外表的鳞片层，遇热膨胀软化，经加压加温搓揉，使鳞片相互嵌合而成的无纺毛织物，可用于遮风挡寒、铺地防潮之用。由于毛纤维易腐蚀，在地下很难长久保存，在历年的考古发掘中，发现的不是很多。商周时期的毛织品，出土地点都是在气候特别干燥的地区。如距今 3800 年的新疆罗布泊古墓沟和罗布泊北端铁板河一号墓出土的毛织品及毛毡帽[14]；相当于商代末期的新疆哈密五堡遗址出土的素色和彩色毛织品[15]；相当于周代早期的青海都兰县诺木洪古遗址出土的毛织品[16]。这些墓葬中出土的毛纤维，据分析，除大多为绵羊毛，有黑花毛、青海细羊毛、西藏羊毛外，还有山羊绒、牦牛毛（绒）、驼毛绒等。商周毛织品的出土，印证了动物毛纤维在当时的纺织原料中已占有相当大的比例，并说明已开始更多的选用羊毛等纺织性能较好的毛纤维之趋势。

第二节　植物纤维原料初加工技术的提高

商周期间，植物纤维原料的初加工有了很大进步，掌握了不同原料的沤渍技术。加工方法除继续沿用直接剥取法和沤渍法外，又出现了水煮法。人工沤渍制取植物纤维成为最普遍的手段。

沤渍法的关键是"沤"。其时，对于利用"沤"来去除植物茎皮中杂质的认识，具有了一定水准。《诗经·陈风·东门之池》云"东门之池，可以沤麻"，"东门之池，可以沤苎"，"东门之池，可以沤菅"。孔颖达疏曰："东门之外有池水，此水可以沤柔麻、草。使可缉绩，以作衣服。"这显然是有关沤渍的长期实践经验的总结。利用池水沤麻是有一定科学道理的：池面一般不会很大，水也不会很深，池水基本不流动（即使流动也很缓慢）。在阳光长时间照射下，水温会提高，促进了水中微生物的繁殖，而微生物在繁殖过程中又会大量吸收沤在水中的植物胶质，

---

① 许慎引用的这两句诗，在今毛诗中作"毲衣如䌽，毲衣如璊"。《毛传》的解说也有所不同。
② 《说文·系部》："䌽，西胡毲布也。"又《说文·毛部》："璊，以毲为䌽。"

促进了植物纤维的进一步分解，使纤维变得柔软。另外，各种植物纤维的长度及胶质的含量均不相同，采用的沤渍时间自然亦是不同，《诗经》将大麻、苎麻、菅草的沤渍分开描述，可见当时对不同纤维的沤渍时间和脱胶效果的认识是相当深刻的。

水煮法的关键是"煮"，利用"煮"的高温将植物茎皮中的胶质脱掉。水煮比之沤渍，时间和温度可以人为控制，纤维脱胶程度易掌控。最早大概是用在葛纤维的制取上，由于葛的单纤维比较短，一般在1厘米左右，如果完全脱胶，各个纤维呈单纤维的分散状态，而在此状态下的葛纤维太短，纺纱价值不高，因此只能采用半脱胶的办法，取其束纤维进行纺纱。水煮的时间和温度可以人为控制，比之沤渍，纤维脱胶均匀，只要控制好水温和时间，就能很好地掌握脱胶程度。水煮脱胶的方法在西周就已被广泛使用起来。《诗经·周南·葛覃》："葛之覃兮，施于中谷，维叶莫莫。是刈是濩，为绤为绤，服之无斁。""濩"字也写作"镬"或"穫"，历来解释大都类同，作煮讲。《毛传》有，濩，"煮之也"。孔颖达疏解释为："于是刈取之，于是濩煮之，煮治已讫，乃缉绩之，为绤为绤。"虽然现在尚未发现同时期其他纤维的制取亦用水煮法的资料，但从当时葛藤的种植规模、加工水平以及水煮较沤渍可大大缩短纤维脱胶时间的特点来看，水煮法可能不仅只限于加工葛藤。

第三节　缫、纺工具的发展和技术的进步

商周时期，纺织手工业得到了迅速发展，以妇女为主的纺织生产被称为"妇功"，与王公、士大夫、百工、商旅、农夫等并列，《考工记》将其合称为"国之六职"。纺织品不但是国家赋税的主要来源，而且还被广泛用于商品交换。《管子·轻重篇》中有一段记载说，商代初年有人以"女工文绣，纂组一纯，得粟百钟于桀之国"。周代青铜器"曶鼎"记载说，贵族曶用"匹马束丝"交换了"五夫"。用于商品交换的纺织品需执行统一的规定。周代制定了布帛的长宽和粗细标准，《韩非子·内储说上》所载兵家吴起休妻的原因，便是因为"其妻织组，而幅狭于度"。纺织品标准的出现，表明当时已能娴熟地掌控纱线粗细程度，而这与其时缫、纺工具的发展和技术的进步是分不开的。

一、缫、纺工具的发展

商周时期普遍使用的缫丝工具是"Ｉ"形或"Ｘ"形的绕丝器。"Ｉ"形绕丝器的启用时间可追溯到出现象形文字之始，因为甲骨文中有一"Ｉ"字，金文中写作"壬"，被释作"壬"讲。壬即纴或轩的本字。此外，甲骨文中还发现"🈲"字，金文写作"🈲"字。据学者考证，表示妇女用壬操作之形，其上部的"〰"是手的形状，表示用手清理乱丝，"⊢"位于幺字中间，像是用器收丝之

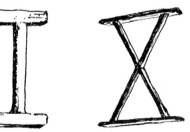

图2-7　江西贵溪崖墓出土的"Ｉ"型和"Ｘ"型绕丝架图

形[17]。它的后起字是"矞"字，中国古代常用来代表治丝的"乱"字，即从"矞"。"I"形绕丝架子一直沿用到春秋战国。1979 年，江西贵溪崖墓出土了一批纺织工具，其中就有三件"I"形、一件"X"形绕丝架。据同位素碳 14 测定，距今 2595 ±75 年，树轮校正后距今 2650 ±125 年，系春秋晚期。出土的"I"形绕丝器均系整块木料制成，通长 63～72 厘米，表面较为光滑。"X"形绕丝器中间交叉处用竹钉钉住，两头用榫头嵌入，长 36.7 厘米，制作得十分讲究，这种绕丝器开始使用的时间应较"I"形要晚[18]。近年在甘肃、湘西等地区也找到了用"I"形绕丝器进行缫丝的实物。[19]（图 2 - 7 江西贵溪崖墓出土的"I"形和"X"形绕丝架图）

　　另据学者推测，在商代时可能已出现缫车的雏形。因为曾发现一件铭有和甹两字的商代青铜甗。"甗"是一种由甑和鬲结合而成的蒸食器，鬲为三足如袋，下可烧火加热，内可盛水；甑为蒸具，其底有孔。这种甗就是用来煮茧兼作缫丝锅的热水容器。而缫丝工具的型制，则可从铭文中看出，甹是丝籰的象形表示，一般应为手摇，甹可释为茧，它是对缫丝架的形象描绘，这种架子相当于后世脚踏缫车上的"牌楼"，架上应有鼓轮，缫丝时两绪同时进行，茧丝自甗中抽

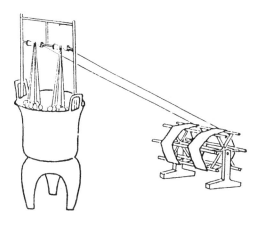

图 2 - 8
根据商代青铜甗铭文复原的商代缫丝工具

绪后合成生丝，经鼓轮而后到达丝籰[20]。不过这种最原始的手摇缫车似乎没有得到推广。（图 2 - 8 根据商代青铜甗铭文复原的商代缫丝工具）

　　这一期间的主要纺纱工具仍是纺坠，《诗经·小雅·斯干》"乃生女子"，"载弄之瓦"。此"瓦"即纺坠。不过有些地方可能已开始使用纺车。依据有四：其一，1973 年河北藁城商代遗址出土了一枚直径 31 毫米、厚 24 毫米的陶制滑轮，其形制与后世手摇纺车的锭盘相近，有学者认为它是手摇纺车上的零件[21]。其二，藁城出土铜器上所附的丝织品，丝纤维捻度高达 2500～3000 捻。纺坠的加捻作用来自于人手搓揉坠杆，人手每次搓揉坠杆的路程很短，如此高的捻度，单凭人手来回搓揉是很难实现的。其三，周代制织麻布的纱线，投影宽度在 0.5 毫米以下的已非罕见。1952 年长沙战国墓出土的麻布，比现在市售的细布还要精细，估计纱线直径在 0.2 毫米以下[22]。这样细的纱线，纺坠很难纺制。其四，当时已出现了制绳用的绳车，而纺车纺线的原理与绳车很接近。综上四点，说纺车出现在商代，似非妄谈。

二、缫、纺技术的进步

（一）缫丝技术

为保证缫丝顺利进行，提高缫丝生产效率和生丝质量，缫丝以前需要选茧和

剥茧。选茧是将烂茧、霉茧、残茧等质量不佳的茧剔除，并按照茧形、茧色等不同类型分茧。剥茧是将蚕茧外层表面不适于织作的松乱茧衣剥掉，使茧壳完整地裸露出来，以便缫丝时索绪。我国至迟在商周即已开始有目的地选茧，《礼记·祭仪》中有"岁既单矣，世妇卒蚕，奉茧以示于君，遂献茧于夫人。夫人曰：此所以为君服。……服既成矣，君服以祀先王"的记载，《周礼·月令》中有"分茧称丝效功，以供郊庙之服"的记载。献茧备礼，必择其精；分茧称丝，必求达标，表明当时已了解茧质与丝质的关系以及选茧的必要性。选茧一般是依据蚕茧的外观和重量来判断蚕丝质量。挑选出的光润而坚洁者，制作细丝；粗糙而浮松者，制作粗丝；最不好的茧制绵。如果将好茧、粗茧不分，不但制作不出精细之丝，很有可能连好茧亦成绵筋，这样不仅浪费优质茧料，抽出的丝也不见得多。剥茧所剥之松乱茧衣亦可用于制绵。《礼记·玉藻》云："纩为茧，缊为袍。"郑玄注："茧、袍，衣有著之异名也。纩，今之新绵也。缊，今之纩及旧絮也。"辽宁朝阳西周墓曾有丝绵袍出土。

在缫丝工艺中，有煮茧、索绪、集绪几道工序，其中尤以煮茧最为关键。煮茧的温度和时间，直接影响缫丝质量和效率。

商周时期热水缫丝已经普及，同时期的文献中多有反映。《礼记·祭义》载："及良日，夫人缫，三盆手。遂步于三宫夫人世妇之吉者，使缫。"郑玄注："三盆手者，三淹也。凡缫，每淹大总而手振之，以出绪也。""三淹"表明当时可能尚未掌握煮茧的最佳水温，为避免煮茧程度不足或过度，影响蚕丝质量，需多次将茧从热水中取出观察，直到热水均匀渗透茧壳，丝胶完全溶解为止。"手振之"是说煮茧时不停地搅动水面，让溶解出来的丝绪浮游在水面上，以便顺利索绪。

当时所缫之丝的粗细是依茧粒数而定。用于织帛的丝，茧粒数多为 10~21 粒；用于缝纫或刺绣的丝，茧粒数可高达 50 粒左右。陕西岐山出土的西周丝织物经纬丝茧粒数分别为 14、18、21[23]。据陈大章《诗传名物集览》记载，古时蚕丝粗细标准是：蚕之所吐为忽，十忽为丝，五丝为缝，十丝为升，二十丝为缄，四十丝为纪，八十丝为緵。"忽"是我国古代极小的细度计量单位，据换算，直径为 1 忽的蚕丝细度，相当于 0.07 特（0.8 旦）。

20 世纪出土的商周时期丝织品，反映了当时缫丝技术的水平。河北藁城台西村商代遗址出土的丝织物，其平均投影宽度经丝为 0.2 毫米，纬丝为 0.34 毫米[24]；陕西岐山和辽宁朝阳西周遗址出土的丝织品，其平均投影宽度经丝约为 0.22 毫米，纬丝约为 0.24 毫米[25]。

（二）纺麻技术

纺麻纱，古代也称之为"绩"或"缉"。麻、葛经过沤煮后，一般仍是粘连成片的，需要用指甲进一步劈分，然后才能进行绩纺。对此过程文献中有明确描述，例如，《诗经·豳风·七月》诗句："七月鸣䴗，八月载绩。"《诗经·陈风·东门之枌》诗句："不绩其麻，市也婆娑。"再如《说文·系部》对"绩"的解释，谓："绩，缉也"；"缉，绩也"。段玉裁注："析其皮如丝而捻之，而剿之，而续之。而后为缕。"显然此"绩"，即是纺麻纤维成纱之意。此外，从《诗经·小雅·斯干》诗句"乃生之女……载弄之瓦"，孔颖达疏所云"乃生女子矣……则玩弄之以纺塼，习其所有事也",可以推断当时所谓的"绩",不但是指那种首尾捻合相续的操作,也包括用纺坠纺纱。

能否娴熟地掌控纱线粗细,是衡量纺纱技术水平的重要标志之一。文献和考古资料显示,此期间,麻织品粗细程度的差别是非常显著的。

《诗经·周南·葛覃》明确地把葛织物的精粗不同区分为"絺"和"绤",表明当时已能在劈分和绩纺过程中有效地控制纱线的粗细。

河北藁城出土的商代麻布片,经纱投影宽度为 0.8~1.0 毫米,纬纱投影宽度为 0.41 毫米[26],经密约为每厘米 14~16 根。福建商代武夷山船棺中出土的 3 块麻布,经密为每厘米 20~25 根,纬密为每厘米 15~15.5 根[27]。北京平谷刘家河商墓出土的几块麻布,经纱投影宽度为 0.5~1.0 毫米,纬纱投影宽度为 0.8~1.2 毫米[28]。江西贵溪春秋战国崖墓出土的两块麻布,一块经密为每厘米 10 根,纬密为 14(双根)/厘米;另一块经密为每厘米 14 根,纬密为每厘米 12 根[29]。

1985—1991 年,北京市文物研究所山戎文化考古队在北京郊区先后挖掘清理了 570 多座山戎文化墓葬,出土了大量麻类纤维织物,为我们探讨春秋战国时期山戎人纺织纤维的利用情况提供了实物依据,同时有助于我们了解当时的纺纱技术水平。

山戎墓葬出土的麻织品均为平纹织物,纱支条干均为 S 捻,且很均匀,有的支数还较高。在放大镜下观察,经纱投影宽度为 0.5~0.8 毫米,纬纱为 0.7~0.8 毫米,经纱稍细于纬纱;经密为每厘米 14~18 根,纬密为每厘米 10~14 根,经密稍大于纬密(见表一)。这些麻织物的经纬密度、纱线宽度与北京平谷刘家河商墓出土麻织物很接近(见表二)。尽管前者比后者晚了几百年。另外,《史记·匈奴列传》有"山戎越燕伐齐"及"山戎病燕"的记载,说明山戎人经常来内地骚扰、抢掠。入葬的铜器用布帛包裹或衬垫的做法也与内地相同,亦表明山戎人与内地的交往是较为密切的,他们当时所具有的麻纺织技术与汉族地区接近也是完全可能的。

表一　北京郊区山戎墓葬出土麻布分析

标本名称	组织	密度(根/厘米)		投影宽度(毫米)		捻向
		经	纬	经	纬	
双耳铜敦外层包裹布	平纹	16	11	0.6	0.8	S
双耳铜敦内层包裹布	平纹	15	14	0.5	0.7	S
铜罍外层包裹布	平纹	14	10	0.8	0.8	S
铜罍内层包裹布	平纹	16	12	0.5	0.8	S
铜坠包裹布	平纹	18	14	0.5	0.7	S

表二　北京平谷刘家河商墓出土麻布分析[30]

标本号	组　织	密度（根/厘米）		投影宽度（毫米）		捻向
		经	纬	经	纬	
1	平纹	14	12	0.5	0.8	S
1	平纹	10	10	0.8	0.8	S
2	平纹	14	10	0.7	0.8	S
2	平纹	18	14	0.6	0.8	S
2	平纹	12	10	0.6~0.8	0.8	S
3	平纹	8	6	10	12	Z
4	平纹	20	14	0.5	0.8	S

　　上引出土文物的分析数据，表明当时麻纤维的纺前处理和掌控成纱粗细的水平已具相当高的水准。周代出现了布帛的标准，便是基于这种高水准的纺纱技术。《礼记·王制》记载："布帛精粗不中数，幅广狭不中量，不粥于市。"所有的织工在织造时都须严格遵守，故《左传·襄工二十八年》中有这样的说法："且夫富如布帛之有幅焉，为之制度，使之无迁也。"布帛的长度，据《周礼·内宰·质人》载："一匹布广二尺二寸，长四十丈。"一匹这样的布帛，正好裁制一件"深衣"。布帛的粗细则是以"升"来表示，《仪礼·丧服》郑注云："布，八十缕为升。"即80根经纱为1升，在2尺2寸幅宽内，升数越大，经线愈细，织品也细一些。当时的朝服一般为十五升布，即在二尺二寸幅内有1200根纱，密度约为每厘米23.7根。小功布约九升，密度约为每厘米14根。用于制冕的布最细，可达30升，密度约为每厘米47.4根。江西贵溪出土的经密为每厘米14根的麻布，约为九升布；武夷山船棺中出土的3块麻布，相当于12~15升布。细布因制作难度大，加工成本高，价格不仅堪比丝帛，甚至超过丝帛。《论语·子罕》载："子曰：'麻冕礼也，今也纯俭，吾从众。'"何晏注："冕，缁布冠也。古者绩麻三十升布以为之。纯，丝也。丝易成，故从俭。"

　　（三）络、并、捻技术

　　缫、纺之后得到的纱缕往往含有一些诸如黏连、不匀、断头等影响上机的疵点，必须经络纱整理，消除这些疵点后，纱缕才符合上机要求。络纱的过程就是把缫、纺后的纱缕倒到篗子上，并在这个倒纱的过程中，整理、去除发现的各种疵点。而不同的织物，对经纬线的粗细、有捻无捻、捻度大小等也有不同的要求，这就需要在络纱之后，进行并线和加捻。络、并、捻是纱缕上机织造前必不可少的加工工序。在当时，络、并、捻技术已具一定水准，并有一些结构简单的专用机具。如《易经》中就有关于络丝架的记载："系于金柅，柔道牵也。"柅即络丝架，形制是四根垂直于地面的木条或竹竿。络丝时，将从丝框上脱下的丝绞张开套在络丝架上，丝缕通过架上悬钩绕在丝篗上，转动丝篗即行络丝。今藏于瑞典远东博物馆的一件商代铜钺上，有两种商代丝织品遗迹。其中一为平纹绢，另一为菱形花纹织物。平纹绢系单股无捻丝织成，菱形花纹织物系双股弱捻丝织成，反映了当时依据纱线不同的并捻程度制织高、低档产品的熟练水平。河北藁城出土的几块丝织物，经纱投影宽度为0.1～0.3毫米，纬纱投影宽度为0.1～0.5毫米，则反映出当时已能较好地利用并捻技术生产多种规格的纱线。

第四节　织造机具的发展和织造技术的进步

夏商周是我国织造机具发展的一个非常重要的时期。其时，各种类型的织机相继问世，如商代早期出现的综版式织机以及由地综、花综、绞棍、导线棍、绕经线棍、打纬刀、卷布棍等构件组成的多综提花腰机；春秋时期出现的具有机架、定幅筘、经轴等完整织机结构的素织机；战国时期出现的可以脚踏提综的综蹑机和用于织造大花纹循环的束综提花机。可以说后世沿用的各种织机，大多是在上述织机的基础上予以完善和定型的。

一、织造机具的发展

（一）原始织机的改进和推广

在新石器时代发明的原始织机，到夏商周时期仍在使用，并出现经过改进的原始织机，改进后的原始织机得到了推广。我们从出土文物中，可以找到这方面的证据。

1978年，考古工作者在江西贵溪仙水岩墓中出土了一些织造机具零件，其中有经轴（滕子）1件，长80厘米；2副夹布辊（卷轴），分别长64.4厘米和23.8厘米；1件分经杆，长69.8厘米；2件提综杆，长23.8厘米，高2.5厘米；6件开口纹杆，用小山竹制成，杆长46.5、36.5（残）、66.4、73.8厘米不等；一件杼梭，形状扁平，宽29厘米，杼头开口，纬线嵌入叉口内引纬过杼[31]。这是一台典型的经过改进后的原始织机，是在原始织机的基础上增添了部件，织造时挑花后可根据经浮花组织穿入多根纹杆，依次循环反复，形成花纹。这种织机显然比新石器时代的原始织机有了明显进步，它所处的时代是春秋战国时期。

考古工作者在云南江川李家山春秋末期古墓中，也出土一些织机零件，计有：44.4厘米长的平头卷经杆；48.4厘米长的叉头卷经杆；梭口布面撑弓，铜制弓状条，残长28厘米，中段比较宽，两端逐渐细，顶端各有一条用以系绳的凹槽[32]。

在安阳殷墟遗址和台西村藁城商代遗址中，考古工作者也发现有原始织机的零部件。

上述这些考古发现的文物充分证明，直到战国时期，我国许多地方仍在使用原始织机；有的地方使用的原始织机没有改进，有的地方使用的织机有了改进。当时改进的织机，在地处南方的江西崖墓中发现，足以证明经过改进的原始织机已得到推广。因为夏商周时期，我国的政治、经济中心是在北方，长江以南被视为落后地区，而视为落后地区的江南当时已使用改进的织机了，按此推论，先进的北方许多地方理应更多地使用改进的织机了，也就是说我国在夏商周时不少地方已经推广使用经改进后的织机了。

（二）综版式织机的发明

从出土文物进行分析研究可以看出，我国在商代早期，发明了一种类似编织的织带用的综版式织机。

1972 年春，考古工作者在辽宁省北票丰下商代早期遗址中发现的一小片织物，经北京纺织科学研究所进行研究分析，确认该织物的结构是上下绞转，纵截面呈椭圆形，圈内残存有纬线。经与我国西藏民间还广泛用于织制带子的综版式织机织出的带子对照研究分析后，可以认定辽宁省北票丰下商代早期遗址中发现的那小片织物，是由综版式织机织制成的。根据民间仍使用的综版织机进行对照研究分析可知，综版式织机与其他织机的最大区别是利用综版起开口。所配的综版，根据所织的织物的不同而有差异。有的只配几片正方形或六角形皮版组成，有的综版却由几十片正方形或六角形皮版组成（图2－9）。正方形皮版外形尺寸也各有差异，有的约 7 厘米，有的约 9 厘米；厚度亦有差异，有的厚约 2 毫米，有的厚约 3 毫米。皮版数由所织的织物的厚度来决定。在每张皮版上都打有孔，孔径约 2 毫米。每孔所穿的经纱数，视所织的织物的要求来确定，有的每孔只穿一根经纱，有的每孔需穿多根经纱。用综版式织机织造织物，可织出单层的织物，也可织出双层的织物。

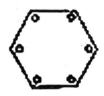

图2－9　出土综版示意图

1976 年，考古工作者在山东临淄郎家庄一号东周殉人墓中，发现两件结构相同的丝织物，经研究分析，它们也是由综版式织机织成的[33]。这个发现说明，商代早期发明的综版式织机得到了推广，直到东周仍在使用。

使用综版式织机织造织物时，除了上述的综版外，还需配备一根横木，把它系在织工腰部作卷布棍；另外，还需配备一把打纬砍刀和一个纡子。所以，综版式织机的结构除了综版以外，还包括卷布棍（横木）、打纬砍刀和纡子这几个零部件。

综版式织机的发明，跟商代贵族对丝带需求量的剧增有很大的关系。甲骨文中多次出现"衣"字，商代遗址出土的铜戈等文物上有绢帛痕迹，甲骨文中有丝、帛等字。根据文献和出土文物进行综合分析，发现商代贵族已普遍穿着丝绸衣服，衣服上喜欢使用丝带来做装饰，这就对丝带量的要求增加，对丝带的质量要求也在提高。商代以前的丝带是用手工编织法编织的，上述谈到的钱山漾出土丝带就是采用吊挂式编织法编织出来的。用编织法编织丝带，不但生产效率低，而且编织成的丝带的质量也不稳定。因此，继续采用编织法来编织丝带，很难满足商代贵族对丝带的消费需求和质量的要求，这就要求采用比较先进的方法来生产丝带。技术史上的任何发明，都是现实有了需要，提出亟待解决的新问题后，再加以研究解决而出现的。解决了一个新的技术难题，就产生了一个新的技术发明。在当时，丝绸生产的发展也为综版式织机的发明提供了技术基础，创造了有利条件。在商代，已有了官办机构组织生产丝绸，生产规模已比较大，并有着比较明确的分工。这为专门研究某一方面的技术创造了条件，也就是说可以让专门的人才集中时间和精力研究发明新的织丝带方法。他们经过总结和吸取自己或他人的生产技术经验后，刻苦地钻研，不断地开拓思路，最终发明出综版式织机。

（三）素织机的发明

素织机是指专门用于织平纹素织物（没有花纹的平纹织物）的织机，它的结构比原始织机复杂，是织机的一个进步。

根据对古文献的有关记载进行分析研究，可以确定至迟在春秋时期我国已发明了素织机。

在汉代刘向所撰写的《列女传·鲁季敬姜传》里，曾有这样的记述：文伯相鲁，敬姜谓之曰："吾语汝，治国之要，尽在经矣。夫幅者，所以正曲枉也，不可不强，故幅可以为将。画者，所以均不均，服不服也，故画可以为正。物者，所以治芜与莫也，故物可以为都大夫。持交而不失，出入而不绝者，梱也。梱可以为大行人也。推而往，引而来者，综也。综可以为关内之师。主多少之数者，构也。构可以为内史。服重任，行道远，正直而固者，轴也。轴可以为相。舒而无穷者，摘也。摘可以为三公。"

这段文字，是记述文伯受教的故事。鲁季敬姜是文伯的母亲，她用一台织机来比喻一个国家，把对经丝的处理来比喻治理国家，把织机的各部件功用比作国家对各级官吏的职守和要求。鲁季敬姜所处的时代是春秋时期，她所说的织机，应该是春秋时期用的织机。根据现代的观点来解释，鲁季敬姜所说的织机有如下的构件：

织机上有经纱或经面，即文中所提到的"经"。

有用以保持织物面平挺的幅撑，即文中所提到的"幅"。

有用作清理经纱上疵点的工具，它还有便于寻找断头的作用，即文中所提到的"物"。

有用作引纬和打纬的工具，即文中所提到的"梱"。

有卷布轴，即文中所提到的"轴"。

有经轴，即文中所提到的"摘"。

另外，文中所提到的"画"，是指织物的边线，在织造过程中边线必须绷紧，使整个经丝保持均匀整齐；文中提到的"综"，是指用手提起的单叶上开口综，没有综框，上面有一根木棍，下连用细绳绕制成的综丝，提起时便形成梭口；文中所提到的"构"，是指定幅箝，像梳形，它起到控制经纱密度和梳理经纱的作用。

从上面的描述和诠释中可以看出，我国在春秋时期已经发明了素织机，它是在原始织机的基础上加以改进后创造发明出来的，它除了原始织机有的部件外，增加了机架、定幅箝、经轴，发展成一部比较完整的织机，这是我国织造机具的又一个大进步。

（四）多综提花腰机的发明

根据对出土文物的分析研究和参照少数民族现仍沿用的传统织机进行对比，可以确定在商代已发明多综提花机。这种织机是在原始织机的基础上不断改进以后创造发明的，它分别由地综、花综、绞棍、导线棍、绕经线棍、打纬刀、卷布棍等构件组成（图2-10）。我国海南省的黎族和云南省的傣族、景颇族等少数民族地区，现仍使用这种传统的多综提花腰机进行织造。这种多综提花机，是在原始腰机的基础上，增添提花综等构件，组合成一种提花机具，这是我国最早的配有提花装置的织机。使用这种多综提花机织造织物，可以织出花纹。

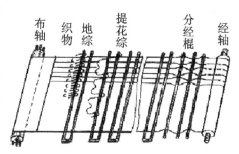

图 2 - 10　多综提花机示意图

从目前掌握的资料进行分析研究可知，我国最迟在商代已能织出有花纹的织物。在文献记述里，可以找到这方面的证据。例如在谈论商纣王时，《帝王世纪》说纣"多发美女，以充倾宫之室，妇女衣绫纨者三百余人"[34]。这里所说的绫就是一种有花纹的丝织品。在河南省安阳侯家庄殷墟墓出土的青铜钺上残留的布痕，经分析是用来包青铜钺的丝绸，是有回纹、菱纹等花纹的丝织品，是在平纹地上起出花纹。这种组织结构可称为商代花绮。这些商绮，应该是用多综提花腰机织制的。因为无论是原始织机，还是素织机，都没有配备提花装置，它们都不能织制有花纹的织物。而从商代开始，奴隶主统治阶级就开始制订"冕服制度"，国王及上层奴隶主贵族和命妇（贵妇）穿的衣服很讲究花纹装饰，最初是用手绘的方法绘出花纹，但很容易褪色变样，所以强烈要求改进，要求织机能织出有花纹的织物。为了解决问题，开始是用原始腰机配合挑花（用挑花刀）技艺织出有花纹的织物。随后，经不断积累经验和不断开拓思路，不断进行技术改革，最后才发明出多综提花腰机。

多综提花机的发明，是我国织造技术史上的重大成就，是一次新的技术水平的飞跃，为我国织物纹样和织物品种的大发展提供了技术基础，极大地提高了我国纺织品的产量和质量。这一技术发明，不但对我国的纺织技术的发展有重大的积极影响，而且这种影响走出了我国的国境，后来传到欧洲，对欧洲的纺织业和社会制度都产生了深远的影响。

（五）综蹑机的发明

从目前掌握的资料进行分析研究，可以看出最迟在战国时期我国已发明综蹑机。从织机结构的角度进行分析，综蹑机是在多综提花机的基础上，加以改进后发明出来的。

在《列子·汤问》所记载纪昌学射故事中有这样一句："偃卧其妻之机下，以目承牵挺。"文中的"牵挺"，据考证是踏板。由此可知，我国在战国时已出现有踏板的织机。据此可确定综蹑机是在多综提花机的基础上加上踏板而成的新式织机，"蹑"就是踏板。因此证明在战国时期我国确实已发明了综蹑机。

从对出土文物的研究分析中，也可以找到我国在战国时期已发明综蹑机的证据。

周代初期，我国就能织锦。锦是一种组织结构比较复杂的提花丝织品，需要有比较先进的提花装置的织机才能织造，尤其是到了周代后期的战国时期，生产的锦不但数量大增，而且质量也大大提高，这些锦应该是用有比较先进的提花装置的织机才能织造出来。考古工作者在一些战国墓或战国遗址中，曾出土不少锦文物。例如，1957 年考古工作者在长沙左家塘战国墓出土一批质地保存较好、颜色仍然鲜艳的丝织品，其中大多是组织结构和饰纹复杂的锦，有深棕地红黄色菱纹锦、褐地矩纹锦、褐地红黄矩纹锦、朱条暗花对龙对凤纹锦、褐地双色方格纹锦、褐地几何填花燕纹锦等[35]。又如，1982 年考古工作者在湖北江陵马山一号楚墓发掘出大批丝织品和一双麻鞋，出土的丝织品种类几乎包括先秦时期的全部丝织品种，有绢、绨、纱、罗、绮、锦、绦、组八大类，其中锦的纹样多达 10 余种，尤其是以舞人动物纹锦衾的纹样最复杂[36]。战国时期出土的锦，还不止上述两处，在这里不一一列出。仅从上述两处出土的锦，就足以证明我国战国时期已大批生产结构复杂的提花织物锦了。如果采用多综提花腰机来织造，很难织制出纹样复杂的那类锦；另外，由于使用多综提花机时，织工必须用手提综，织工的手除了提综，还要用来投纬和打纬，不但容易出差错影响质量，而且影响织造速度，生产率低、产量低。因此，使用多综提花机很难织制出大批结构复杂、种类相当多的锦，也很难提高织锦的产量。如果使用原始腰机配挑花技艺来织锦，更加难以生产出战国时期那样多、结构那样复杂的锦，因为用原始腰机配挑花技术来织锦，无论是织造机具还是织造技术，都比用多综提花机来织锦落后，既然用多综提花机无法织造战国时期那样多、结构那样复杂的锦，比多综提花机落后的原始腰机配挑花技艺更加无法织出战国时那么多、结构那么复杂的锦了。只有使用比多综提花机先进的织机，才能织出战国那么多、结构那么复杂的锦。正由于战国时期社会对织物的需求，尤其是对丝织品的需求，不但数量剧增，而且要求质量更高，而原有的织造机具已无法满足这种需求，改进织造机具和发明新式织机的问题便摆在当时人们的面前，于是便有人去思考、研究并不断地在实践中总结经验教训，最终发明出比多综提花机先进的综蹑机。发明的人一定会想到如果能用其他东西代替用手提综的话，织工的手就可以从提综中解脱出来，手就可以专门从事投纬和打纬，这样不但可以提高生产效率，而且可以保证织物质量的稳定和提高。因此，最终就想出在多综提花机上配备蹑（脚踏杆），这样就可以用脚踏提综来代替用手提综，使手从提综中解脱出来而专门从事投纬和打纬，这样就发明出新式织机——综蹑机。脚踏提综技术发明后，为了适应要织制大量的复杂结构的锦等高级织品，很快就会很自然地想到利用多根踏杆来提沉多片综框，这就产生出一种新式的多综多蹑织机。关于多综多蹑机的形状和结构图，至今未见出土，也未在有关战国时期的文献中找到。但在近代文献中记载有近代的花绫、花锦、花边等织品仍采用多综多蹑机织造。另外，人们发现在四川成都附近的双流县还保存有原始的多综多蹑织机，因为它的脚踏板上布满了竹钉，其形状犹似四川乡下常见的一个个在河面上依次排列的过河石墩"丁桥"，故把它取名为"丁桥织机"（图 2-11）。四川成都及其附近是古代著名的蜀锦产地，因此传统的多综多蹑机能保留至今。据说丁桥织机的使用年代很久很长，用它可以织造五色葵花、水波、万字、龟纹、桂花等花绫、花锦等十多个品种，以及凤眼、潮水、散花、冰梅、大博古等几十种花边。丁桥织机的发现，为战国时期发明综蹑机提供了有力的旁证。

（六）束综提花机的发明

从出土文物进行的分析研究中，可以看出我国在战国时期已发明束综提花机。

考古工作者 1982 年在湖北江陵马山一号楚墓出土的一块舞人动物锦衾，是我国发现最早的经线显花的三色经锦，其经密为每厘米156 根，纬密为每厘米 52 根，幅宽为 50.5 厘米，幅边为 0.7 厘米；其经线有深红、深黄和棕色 3 色，纬线为棕色。其纹样横向布局，即完整花纹循环是由纬向排列的上下 7 组不同的图案组成，横贯全幅。各组小图案以拱形宽条纹隔开，拱形宽条中填以龙纹和几何纹。图案的母题是对称的舞人动物纹，旁饰各类几何纹，自右向左，第 1 组是对龙纹，第 2 组是一对舞人，第 3 组是对凤纹，第 4 组是两对对龙

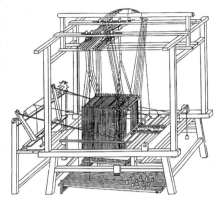

图 2 - 11　丁桥织机示意图

纹，第 5 组是对麒麟，第 6 组是对凤纹，第 7 组是对龙纹等。中国苏州丝绸博物馆曾对这块舞人动物锦进行复制，在复制时实测数据是：经密为每厘米 144 根，纬密为每厘米 48～54 根，花幅为 50.5 厘米，独幅花；花回为 9.8～11 厘米，合 528梭；总经根数为 7488 根，内经为 7272 根，甲、乙、丙三色经各为 2424 根，边经左右各 108 根。假如用多综多蹑机来织制，其综片数应为 528/4 片花综，加 2 片顺穿素综，共 134 片。按 3 色经锦的特点，计算出 132 片花综的综线密度为每厘米144/3 = 48 根。132 片综要求升降自如，134 根蹑要求能在 52 厘米左右范围内排列得下，并能操作自如，要求在 1 厘米内打下 48 只综环，并能经得起丝线的频繁冲击和摩擦（综线密度不能超过每厘米 25 根，否则综线太细易断）。很显然，这是多综多蹑机无法解决的技术难题，也就是说使用多综多蹑机无法织出这块舞人动物锦。另外，还可以找到这块舞人动物锦不是使用多综多蹑机织制出来的另一个证据：在这块舞人动物锦上，有一段较大面积的错接花，这块锦左边约占全门幅 1/8 面积，与其余门幅接不通。如果使用多综多蹑机进行织制，不可能发生这种疵点（错花）。这也说明，这块舞人动物锦，确实不是使用多综多蹑机织制的。从这个错花进行分析判断，可以看出这块舞人动物锦是用束综提花机织制的。可以这样判断：织工在织制时，束综提花机上的花楼工把左端的1/8 花本搞乱了，于是选择了中间的第 4 组的双对龙纹，造成了幅面错接花的后果[37]。

原物

纹样复原图

图 2 - 12　湖北江陵马山一号楚墓出土的舞人动物锦及纹样复原图

由此可见，我国在战国时期确实已发明束综提花机。（图 2 - 12 湖北江陵马山一号楚墓出土的舞人动物锦及纹样复原图）

　　束综提花机的发明，跟战国时期社会对织物质量的要求越来越高以及对高级

织品需求越来越多有关系，这种需求迫使人们去改进织造机具和发明新式织机。虽然当时发明的多综多蹑机比多综提花腰机先进，但多综多蹑机也有不足之处，如果使用它来织制组织复杂的三色锦或多色锦，是比较困难的；多综多蹑机是一经穿多综、一纬提一综的穿经和提综的织花方法，经线必须克服重重线综环的夹持阻碍，才能上下运动，这容易造成开口不清，甚至断丝；另外，在密排的综片中寻找断头和穿综接头很困难。综片越多，经线和综环越密，这种情况就越严重。脚踩踏杆上参差排列的"丁桥"，也容易踩错而造成疵花。所以，要求发明一种可以克服多综多蹑机的这些缺陷的新式织机。经过织工巧匠的努力探讨，束综提花机应运而生。

束综提花机克服了多综多蹑机不能织制大花纹高级织品的局限，克服了多综多蹑机在结构原理上的弊端，而且克服了多综多蹑机因提综繁杂不能保证织品质量稳定的缺陷。多综多蹑机使用的是"综合"的方法，而束综提花机使用的是"分治"的方法。束综提花机有效地将经丝从综环的束缚中解脱出来，它将每根经线只用一根综线提升，每织一纬，将相同浮沉的花经归纳成一把综线，用竹片或横线将提与不提的综线分隔开，而竹片或横线是与下面要织造的交织纬线一一对应。原来平列在经面上的综杆转移到了经面上方，在垂直方向叠加起米，称为"提花束综"。长长的综线就是提花线，提花线受"花本"控制。束综花本的经线叫脚子线，纬线叫耳子线，移传到机子上后，花本的纬线叫过线，花本的经线就是提花纤线。机上的束综提花线分为四节。头节为纤线，双线成环，下套几个三

五寸长的小环，叫栅栏子，每个小环按花纹数套几根中衢线，经线即穿在中衢线的环内。中衢线环内又套一个下衢线环，下衢线下吊一根叫衢脚的小竹棍，使衢线和经线稳定地升降。又用小竹竿编成的衢盘分隔衢线，使衢线有条不紊，减小其摩擦晃动。这种束综提花机，又称小花楼织机，据今人研究，其提花装置如图 2 - 13 所示。

湖北江陵马山一号楚墓的年代为距今已有 2400 多年的战国中期，从该墓中出土的舞人动物锦实物证明那时我国已发明束综提花机。这种束综提花机，不但是我国战国时期最先进的织机，而且也是当时全世界最先进的织机，因为它的机械结构和提花的工艺已相当成熟，这是当时国内

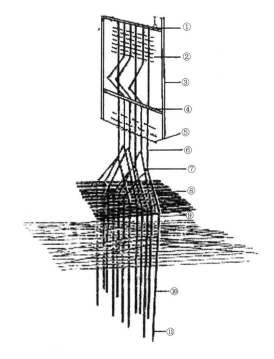

1—千斤筒 2—过线 3—花楼柱 4—花鸡（文轴子）
5—过线（已提） 6—纤线 7—栅栏子 8—衢盘
9—中衢线 10—下衢线 11—衢脚

图 2 - 13 束综提花装置示意图

外其他类型的织机都难以达到的水平高度。

（七）罗机的发明

罗是一种采用绞纱技术织制的织物。我国的绞纱技术在新石器时代已经发明，距今5500年前的江苏草鞋山新石器时代遗址出土的菱纱葛布，经分析研究确认它是一种纬向绞纱织物，可称为葛罗布，是用绞纱技术织造的。在商代妇好墓出土的青铜器上，也发现有绞纱类织物痕迹。在战国时期，有绞纱织物出土。春秋战国时期，罗已被用作夏装，风靡上层宫廷，当时罗的产量应是相当可观的，生产如此多的罗，肯定使用罗机了。因此，最迟在春秋战国时期，我国已发明罗机。这种织机还不是完善的罗机，还不是专门用来织制罗织物的罗织机，而是一种在带有支架的普通腰机上增加使用特殊的起绞装置的织机，可称它为简单罗机。这种罗机织造时，是在带有支架的普通腰机上，织地纹综片前，加一两片起绞装置，就可以织制绞纱织品，这种简单罗机，与湖南浏阳至今还在使用的传统夏布织机相似。

（八）整经工具的发明

整经是织造准备工序中的重要工艺。整经是指将规定长度和根数的经纱，按某种规律平行卷绕在织轴上。

将出土文物与民族学资料对照进行分析研究，有学者认为我国原始的整经是直接在织机上进行或通过地桩进行。我国彝族地区近代仍保留直接上机整经工艺和地桩整经工艺，有的学者认为河姆渡新石器时代的整经工艺与此相似，以地桩整经工艺为主[38]。到了春秋时期，地桩整经工艺发展成经耙式整经工艺，这可以在出土文物中找到证据。在江西贵溪仙水岩春秋战国崖墓中发现的文物里，有残断齿耙3件，横断面呈"L"形，耙面为一排小竹钉，相距2厘米；其中编号M6的墓出土的一件长234厘米，宽7.6厘米；编号M3的墓出土的齿耙，底版上有两个浅凹槽，现长113厘米；另有经轴一件，与齿耙外形相近，轴面两侧各有一椭圆孔，中间是长方形浅槽，现长80厘米；如图2-14所示。另外，该墓还出土经梳。经分析研究，这些出土文物器具，都是用作整经的工具[39]。由此可以证明，我国在春秋时期已经发明经耙式整经工具及经耙式整经工艺技术。

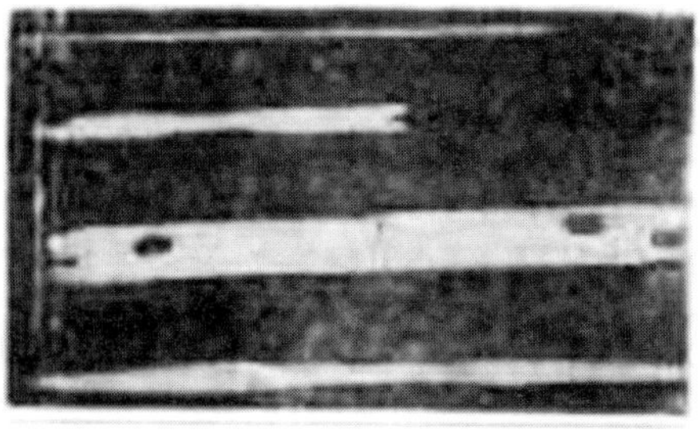

图2-14 江西贵溪仙水岩春秋战国崖墓出土残断齿耙

二、织造技术的提高

织造技术是指织造织物时使用的方法或操作技巧。最初的织造技术是一种"手经指挂"的方法，用这种方法来编织出织物，可以说这是最初的织造技术发明，它没有使用织造机具。随后发明了原始织机和操作原始织机的方法，织造技术有了第一次飞跃的进步。严格地说，发明了原始织机和操作原始织机的方法，才真正算是开始发明织造技术。随着工具的改进和社会生产力的发展，织造工具也相应地得到革新，并能发明新的先进的织造机具以及新的先进的织造技法，这些先进的织造技法集中表现在各种新式机具的操作方法上。在夏商周时期，一大批新型的先进的织造机具的发明，使操作这些先进织造机具的技法随之也发明出来，它们充分体现夏商周时期我国的织造技术有了很大的提高。

（一）综版式织机的织造技术

使用综版式织机织造织物的方法，根据对出土文物的分析和参照少数民族至今仍使用的类似的织机的织造技术，可以看出其织造方法非常简单。

织造时，综纱顺序穿入综版，一端系在木柱上，另一端系在织工的腰部，织工手拿皮版，同时顺时针旋转半周或逆时针旋转半周，形成一个梭口，然后引纬，用打纬刀打纬。以后，又拿皮版旋转半周，形成一个新的梭口，再引纬、打纬，如此不断循环形成织物。等转至一定次数后，必须以同样次数向后反转，这样做是为了避免经纱扭结。我国西藏地区民间至今仍可见到藏民使用综版式织机织制带子，织造方法基本如同以上所述。我们在前面提及的辽宁省北票丰下商代早期遗址中发现的那小片织物和山东临淄郎家庄一号东周殉人墓中发现的两块丝织品，都是用综版式织机织制的。它们都是单层织物，织造时，两根经纱为一组，每织一纬，上下交换一次位置。使用综版式织机不但可以织制单层织物，还可织制双层织物。

（二）素织机的操作技术

素织机是在原始腰机的基础上加以改进后发明出来的新式腰机，在原始腰机的基本结构上，增加了机架、定幅扣和经轴，用它可以织制麻织品、毛织品和丝织品。织布时，织工坐在坐板上，用腰带把卷布轴系在腰际；织工一手拿综，提起奇数经纱或偶数经纱，形成一个梭口，另一手拿起梭从梭口中穿过，引进纬纱；然后放下综，靠分纱棍形成自然梭口，把梭放入梭口，将上一次引进的纬纱打紧，同时穿过梭口引进纬纱。如此循环织下去，直至织成织物。织造时的经纱张力是靠腰际来控制，织成一段，转动一下摘上的羊角，放出经纱，把织成的布卷在轴上。这种织造技术跟原始腰机的织造技术比起来，不但劳动强度大大减轻，而且生产效率有很大提高，织出的织物的质量也有很大的提高，因此显然比原始腰机的织造技术有很大的进步。

（三）多综提花腰机的操作技术

提花机起花的基本原理是按花纹要求以一定的程序起花。多综提花腰机的起花技术是原始的提花技术，方法简单，但它已揭示出提花机起花的基本原理。这种简单巧妙的起花方法，能织出纹样复杂多变、色彩鲜艳、对比强烈的几何纹样，现仍被我国海南省的黎族和云南省的傣族、景颇族等少数民族用来织造极富民族特色的筒裙、花边和头巾。商周时期出土的丝织品花纹的复杂程度，与上述少数民族的织品相近；例如商周出土的各种回纹和菱纹，其纹样的复杂程度与上述少数民族织品没有多少差异。从上述少数民族所使用的织机织制织品的情况，我们可以推测出多综提花腰机的操作技术。

使用多综提花腰机进行织造时，把它展开，织工席地而坐，系上腰带，两脚踩上绕经纱棍。经纱张力大小，靠腰脊来调节。当手提起综时，张力逐渐减小；打纬时，经纱紧张。开口顺序，是一梭地、一梭花交替进行。第一纬，织工手提织地综形成第一梭口，放入打纬砍刀，立起砍刀固定梭口，加大张力使梭口清晰，纡也引纬，落综，放平砍刀，双手握紧砍刀打纬，然后抽出砍刀。第二纬，织工手提第一叶提花综形成第二梭口，用砍刀同样固定梭口，手拿丝线引纬、打纬等操作方法与织第一纬时相同。起花梭口中，引入不同彩色丝线，构成彩色花纹图案。第三纬，提起第二叶地综，形成第三梭口……第四纬，提起第二叶提花综……第五纬，提起第一叶地综……如此顺序地一梭地、一梭花（提花综顺序是一、二、三、四……十五，再由十四、十三……三、二、一），不断循环，直至一个花纹循环完，又重新开始。

多综提花腰机的提花织造技术，虽然仍很原始，操作起来也比较吃力，效率比较低，但比起不能织制花纹的原始织机和素织机的织造技术，仍应视为技术上的提高和进步。因为使用多综提花腰机的织造技术，毕竟能织制出几何纹、回纹、菱纹、云纹等提花织物，这些织物结构比较复杂，比原始织机和素织机出的平纹织物高级。

（四）综蹑机的操作技术

综蹑机的特点是机上有多少综片，就有与之相应数量的脚踏杆，一蹑（踏杆）控制一综。加挂的综片和踏杆的数量多少，由所织制的织品的品种花纹的复杂程度来确定。综片为两种，一种是专管地经运动的伏综，又称为占子；另一种是专管纹经运动的花综，又称为范子。占子开口传动如图2－15所示：踏下踏杆，通过横桥拉动占子的下边框下沉，使地经丝随之下沉；松开踏杆，机顶弓蓬弹力拉动占子恢复原位，使地经丝也随之恢复原位。范子开口传动如图2－16所示：踏下脚杆（丁桥），木雕拉动范子提升，使纹经丝随之上升；松开踏杆，综片靠自身重量和经纱张力恢复原位。织工进行织造时，按照这种原理来控制开口，进行引纬和打纬，织出织品。

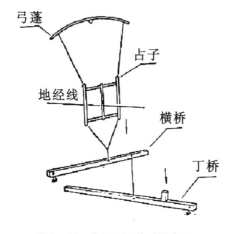
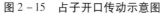
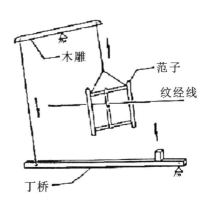

图2－15　占子开口传动示意图　　　图2－16　范子开口传动示意图

使用综蹑机织造织品，用脚踏杆提综来代替用手提综，将织工的双手从提综动作中解脱出来，让他们能专门从事投纬和打纬，从而大大地提高了生产率。因此，综蹑机提花技术显得比多综提花腰机的提花技术进步。

（五）束综提花机的操作技术

使用束综提花机织制织品时，一般需要一个织花工和一个挽花工互相配合来完成。挽花工坐在花楼上负责提花，由其牵动过线，拉纤提经；织花工负责踏动素综，投梭打纬；两人协调配合进行织造。如果织造复杂花纹的织品，还要增加1人在旁边负责理经、起绞、纳纬，由3个人一起协调配合进行织造，才能织制出织品。

束综提花机的提花技术，不但比综蹑机提花技术能提高生产效率，而且能提高织品质量，能织制综蹑机不能织制的绚丽璀璨的大花纹织品，因此不难看出，束综提花机的提花技术比综蹑机的提花技术的水平高。

（六）罗机的操作技术

东周时期的罗机是一种在带有支架的腰机上配置起绞装置组合而成的织机，它的起绞装置的结构是在机架的两侧各吊一根环形的皮条（或绳子），在皮条环中各穿一块竹制"冂"形板，每块"冂"形板两边各有一个小孔，两两对应，吊两根平行的木棍，每一根木棍绕有综绳，供吊综用。前后木棍上的综绳，两根为一组，同时套吊一根经纱，前一综绳是从旁边一根经纱下面绕过，供起绞用。起绞综片上的综绳只吊单数（或双数）经纱，当"冂"形板向前滑动时，前吊综木棍下降，综绳放松，后吊综绳上升，把经纱带回正常位置，然后提起织地纹综片形成梭口，就可以引纬、打纬；当"冂"形板向后滑动时，后吊综棍下降，综绳放松，前吊综棍上升，提起经纱，经纱从相邻一根经纱下绕过提起，呈组绞状态，形成梭口，就可以引纬、打纬。两块"冂"形板、吊装的两根木棍和上面的综绳，组成起绞装置，它相当于现代织绞纱织机中的半综，按上述原理进行操作，可以织制出简单的素罗织物。

（七）挑花技术

我国的挑花技术在很早即已经发明。方法是在原始织机结构上再添加一把挑花刀，用它将预制的花纹挑出织造。这种挑花刀在河姆渡新石器时代出土的织机部件中曾有发现，它是一把硬木制的木刀，是织布用的打纬刀，又称砍刀，兼有挑花的功能。

到了夏商周时期，挑花技术得到很大的发展。它发展的原因跟织物组织结构和纹样图案的发展有关。出土的一些商周时期的纺织品结构比较复杂，有的大花纹丝织品，纬纱循环达136根，有的图案很复杂，使用多综提花腰机也难以织制出来。因为腰机提花的图案花纹，纬度纱循环数一般在30根以内。为了解决这个问题，当时有人从原始挑花技术中得到启示，觉得把挑花技术配合腰机织造，就可织制出较复杂较大的花纹图案。经过织工长期的操作和经验积累，逐渐总结出一套挑花技术的规律，把原来比较复杂的挑花技术过程加以简化，加快了速度，并且使用腰机挑花技术能织制花纹循环数达数百根的织物，大大发展了挑花技术。

腰机挑花工具仍然比较原始，腰机挑花的上机也比较简单，织地只采用一片上开口综，综线只吊单数（或双数）经纱，综后有一根分绞棍，把经纱按单、双数分成上、下两层，为了便于挑花，在综后、导纱棍前巧妙地加装上、下两根分纱片，它们把梭口中的上、下层经纱按一定规律又分成上、下两层，即成了四层，其排列规律根据花纹的要求而定。腰机挑花对织工的技术要求很高，无论是花纹的构思、设计，还是织物的上机和织作过程，都由织工独立完成。这种腰机挑花技术，我国海南省黎族地区的一些黎族同胞如今还在使用。我国商周出土的一些有复杂美丽的几何纹和鸟兽花纹织品，都是用腰机挑花织制出来的。

第五节 练、染技术的提高和印花技术的出现

练是染色之前必要的一道工序。甲骨文中出现的有关练、染的文字[40]，表明在商代练、染即已结合在一起。而一些出土文物和文献记载则证明，在周代，练、染技术体系基本形成，并成为一个专门的手工产业。《周礼·天官》说染人："掌染丝帛。凡染，春暴练、夏纁玄、秋染夏、冬献功。"明确地把练和染联系在一起。当时练、染技术的进步，各色织品的出现，不仅满足了人们对服装美化方面的需求，还衍生出标志社会等级的服冠颜色制度，有些颜色或图案更是被赋予了宗教色彩或被给予了具有哲理的解释。基于色彩的这些衍生含义，周代统治者对染色生产非常重视。在《周礼》一书中，先后提到过七种与印染有关的职官或工种，如在"天官冢宰"下属中负责染丝、染帛的"染人"；在"地官司徒"下属中负责征敛植物染料的"掌染草"；在"冬官"下所设画、缋、钟、筐、㡛之"设色工五"；以及为数众多的诸如"掌蜃"、"掌碳"、"职金"等负责提供染绘工艺所需物料的官职。如此明确细致的分工管理，展示了当时练、染专业化之程度和产业之规模。周代练、染的专业化、规模化为后世练、染工艺技术的进一步发展奠定了基础。

一、丝、麻精练技术

丝、麻等纺织纤维在缫丝和初加工过程中虽会去除一些共生物和杂质，但不是很彻底，直接用于织造和染色，纤维良好的纺织特性往往不能表现出来，着色牢度和色彩鲜艳度也不是很好，因此需要进一步精练。古时称"精练"为"练"或"湅"。以蚕丝为例，蚕丝除含有丝素和丝胶外，还含有油脂、蜡质、碳水化合物、色素和无机物等。缫丝过程中，由于水温和时间的关系，只有部分丝胶溶解在水中，大部分丝胶仍保留在丝上。这种丝手感粗硬，被称为生丝，用它制织的绸，称为生坯绸。生丝和生坯绸与我们对丝之光润柔软之印象相距甚远，只有经过精练处理，生丝纤维上的丝胶和杂质被去除，生丝变成熟丝后，再经染色，丝纤维才会呈现出轻盈柔软、润泽光滑、飘逸悬垂、色彩绚丽等优雅的品质和特色。精练技术发明于何时，学术界尚无定论，不过在商周时期，这项技术已被广泛使用，《仪礼》、《礼记》、《周礼》中多次出现"炼"字，以及一些出土实物，便是佐证。其时采用的方法是水练和灰练。

（一）丝纤维的精练

丝纤维的精练工艺可分为练丝和练帛两类。两者就脱胶原理来说是相同的，区别仅表现在工艺条件和操作上。其原因是帛系已织就的织物，与丝绞相比，有一定的紧密度，在精练时，练液不易渗透均匀，需反复浸泡、漂洗，才能彻底脱胶，远较练丝费时、费工。而丝胶由一根根单丝组成，比较松散，练液易渗透，

工艺较练帛温和。就成品丝的质量而言，其上残存丝胶过多，不仅影响品质，也不利于以后的染色，但一点丝胶也没有，又不可避免丝纤维在以后的织造过程中因摩擦而受损。因此，对于以后无须染色的丝，练丝时不进行彻底的脱胶，往往还在丝纤维上适当地残留一些丝胶，以起到保护丝纤维的作用。可见采用不同的练丝和练帛工艺是基于一定的工艺要求而定的。先秦文献《周礼·考工记》中有关于丝、帛精练工艺较丰富而完整的记载。

关于练丝，《考工记·慌氏》载："涑丝以涗水，沤其丝七日。去地尺暴之。昼暴诸日，夜宿诸井。七日七夜，是谓水涑。"这段文字包含了灰练和水练两种生丝精练的工艺。

"以涗水，沤其丝七日。去地尺暴之。"是为灰练。

具体意思是将生丝放在草木灰溶液中，浸渍 7 日，然后将湿丝置于距地面一尺处接受日光照射。其工艺流程概括如下：

生丝 ——浸练—— 草木灰水浸渍 7 日 ——日光脱水—— 置于距地面一尺处晒之 熟丝

文中未提及灰练使用何种灰剂，不过"涗水"二字有玄机。对此，东汉以来便有不同解释。《周礼·考工记·慌氏》条，唐贾公彦疏："故书涗作湎。郑司农（东汉郑众）云：涗水，温水也。玄（东汉郑玄）谓：涗水，以灰所沘水也"。郑众的说法显然缺乏实践依据。据现代科学分析，丝胶能溶于水、酸性和碱性液体中。在清水中的溶解度与水温高低关系很大。水温 60℃ 以下时，丝胶溶解度极小。水温大于 60℃ 以后，愈高溶解度愈好。而在 100℃ 沸水中，蚕丝 10 小时即可完全脱胶。而在呈酸性或碱性的液体中，常温下丝胶就有一定的溶解度。郑玄所注的"以灰所沘水也"之"灰"，系草木灰，《周礼·掌炭》："掌灰物、炭物之征令，以时入之。"郑玄注："灰炭皆山泽之农所出也，灰给浣练。"草木灰中含氧化钾、氧化钠等成分，其水溶液呈碱性，故而，郑玄的解释是正确的。文中强调的"去地一尺暴之"这一工艺细节，是有其科学道理的。在日光暴晒下，丝胶吸收紫外线被氧化，色素亦被分解，而离地一尺的丝素不会很快被风干，可以在一段时间内保持湿润，使日光的氧化分解作用缓缓进行，避免了因暴晒而导致的丝纤维损伤。

"昼暴诸日，夜宿诸井。七日七夜。"是为水练。

具体意思是：白天将生丝放在阳光下暴晒，夜晚将生丝放在井水中浸渍，如是交替 7 天 7 夜，便可得到熟丝。其工艺流程概括如下：

生丝 ——昼晒夜泡—— 7 昼 7 夜 ——晾干—— 熟丝

水练的工艺原理是：一是利用日光中所含紫外线照射，使得丝纤维中含有的丝胶熔融，色素降解，起到脱胶、漂白作用；二是利用昼夜温差和日光、水洗的反复交替产生的热胀冷缩，使丝纤维中残留的色素、丝胶和其他一些杂质析出并溶于水中。使用井水清洗，是因为井水的水质、所含矿物质成分和微生物活动相对稳定，有利于丝胶、色素等杂质的分解，有利于提高丝纤维的白度和纯净度。

关于练帛，《周礼·考工记·慌氏》载："练帛。以楝为灰，渥淳其帛，实诸泽器，淫之以蜃。清其灰而盘之，而挥之，而沃之，而盘之，而涂之，而宿之。

明日，沃而盝之。昼暴诸日，夜宿诸井。七日七夜，是谓水湅。"

具体意思是：以楝木灰制成浓度较大的灰水，用其将整匹丝帛浸透。再放置于盛有蜃灰液（浓度较低）的光滑容器内充分浸泡后，清除沉淀物，过滤灰水。再浸泡、再沉淀、再涂蜃灰后放置，第二日再浸湿，再脱水。经以上工序后，胶质基本脱净。而后，水练七日七夜，练帛即告完成。其工艺流程概括如下：

丝帛 —— 初练 ——楝木灰、蜃灰浸渍—— 水洗 ——挥之，沃之，盝之—— 复练 ——蜃灰涂之放置一宿——

水洗 ——沃之，盝之—— 昼晒夜泡 ——7昼7夜—— 晾干 —— 熟帛

"帛"为丝织品总称，其时已有纱、绡、缟、纨等生帛。"泽器"为表面光滑之器皿。"蜃灰"是由毛蚶、牡蛎、蛤蜊等蚌壳烧制成的灰，主要化学成分为氧化钙，其水溶液呈碱性。根据《周礼·考工记·慌氏》所载，练帛工艺实际是灰练和水练结合在一起，即先经过两次灰练，再水练。亦即先利用浓度较大呈较强碱性的楝木灰水，使丝胶迅速膨胀、溶解，再利用浓度较小碱性稍弱的蜃灰水浸渍。蜃灰水的作用，一是把丝胶洗下，二是使碱剂均匀渗透到丝纤维内，再行脱胶。最后利用水练缓和碱的作用，缓缓脱胶（在这里，水练兼有精练和水洗的双重作用）。其过程犹如从猛烈，至中烈，再至温和。这套工艺过程，可避免出现因脱胶不匀匹帛各部位生熟不一的现象。为便于反复操作，防止丝帛在灰练的过程中刮伤，器皿一定要选用"泽器"。

这时期的精练丝绸在考古中多有发现。在斯德哥尔摩远东博物馆藏商代青铜钺上附有两块丝织品，经瑞典学者西尔凡（Sylwan）观察和分析，其中一块平纹绸片未曾漂练；另一块平纹地上显斜纹花的绸片，丝纤维十分柔软，是经过漂练的。判定生丝和熟丝，既可以根据它们物化指标或外观质感，也可以根据它们的截面形状。我们知道，单丝是由若干个茧丝依靠丝胶粘连抱合在一起组成的，在显微镜下，一般呈团状胶结状态。而经过精练的丝纤，因脱去丝胶，单丝呈均匀分布，团状结构不明显。陕西省岐山县贺家墓地西周墓出土的丝织物，从其截面照片可以看出，同一丝纤内的丝绪分布相当均匀，很明显是经过精练的。日本学者布目顺郎曾研究过战国时代的丝织品，并有下述三个发现：首先不同用途的丝织品精练深度是不同的；其次为了保持其强度，诸如帽带、竹器上的带子、剑柄上的编结带等皆不需精练脱胶；三是帛书、头巾、包裹绸等皆经过良好精练。布目顺郎研究的虽是战国丝织品，但其所反映的精练水平绝不是一时一日可以取得的，当时在这之前即已出现。所以说早在春秋时期，我国工匠就已能根据织品不同用途和质量要求，制定不同的练漂工艺，以获得不同精练程度的熟丝或熟帛，似不为过。

（二）麻纤维的精练

经剥皮、刮青、沤泡等初加工手段获得的麻类韧皮纤维，在成纱或织物以后，于染色之前都还要进一步脱胶。这道脱胶工序，亦即精练，古时称之为"治"，主要采用水洗、碱煮和机械搓揉处理。有关商周时期麻纤维精练的详细文献记载，

迄今尚无发现，只能从《仪礼》中的一些规定窥之一二。

《仪礼·丧服》依据死者和服丧者的亲疏、长幼、尊卑，对丧服规定了五个等级，即斩衰、齐衰、大功、小功、缌麻，此"五服"，纤维从粗至细。据其中的一段记载"大功布衰裳，牡麻经。"郑玄注："大功布者其锻治之功粗治之。"贾公彦疏："言大功者，斩衰章。"传云："冠六升，不加灰。则此七升，言锻治，可加灰矣，但粗沽而已。"可知斩衰、齐衰这两种丧服纤维无须精练，仅经过水洗和椎击加工，而大功、小功、缌麻这三种丧服纤维都需要经过精练加工。"衰裳"即丧服，"牡麻经"为雄麻纤维制成的麻带，服丧时束在头上或腰间。"锻"则是指椎击。

"大功"是相对"小功"而言，两者加工方法是有区别的。

大功布较粗劣，加工时用灰水洗，同时加以椎击（据上引文献）。

小功布则不然。据《仪礼·丧服》记载："小功布衰裳，澡麻带经。"郑玄注："澡者，治去莩垢，不绝其本也，谓麻皮之污垢，濯治之，使略洁白也。"贾公彦疏："小功是用功细小精密者也。……谓以枲麻又治去莩垢，使之滑净以其入轻竟故也。"可知小功加工时虽然也用灰水，但为使之洁白又不伤纤维，处理时间远较大功时间长，加工亦比较精细。

缌麻是更细的一种麻布，纤维的纤度与当时的麻布朝服相同。《仪礼·丧服》郑玄注："缌，治其缕，细如丝。"《礼记·杂记上》云："朝服十五升，去其半而缌，加灰锡也。"郑玄注："缌精细与朝服同而疏也。"加工这种麻布比较复杂，须水洗、灰沤并结合日晒交替进行。

1973年，在河北发现了迄今所见最早的精练麻织物实物。河北藁城台西村商代中期遗址曾出土过一块大麻布[41]，经分析，这块大麻布的纤维呈单纤维分离状态，说明其在沤渍、绩绩后还作了进一步脱胶，毫无疑问系精练麻织物。在陕西西高泉春秋墓葬中也曾出土过一块苎麻布[42]，经显微镜下观察，这块苎麻布的纤维几乎都是分散为单纤维状态，纤维表面光滑，没有胶块、碎屑等夹杂物，如果没有经碱性药剂的煮练，是很难得到这样好的效果的。水洗、灰沤等精练技术的应用，使当时麻织品之精美，堪与丝绸媲美，《诗经·曹风·蜉蝣》中有这样的赞美诗句："蜉蝣之羽，衣裳楚楚。……蜉蝣之翼，采采衣服。……蜉蝣掘阅，麻衣如雪。"

二、石染和草染技术

在古代，用矿物颜料给织物着色称之为石染，用植物染料给织物着色称之为草染。石染是用黏合剂将研磨成粉末状的矿物颜料涂于织物上，颜料不与织物纤维发生化学反应，只是黏附在其表面和缝隙间。而草染是通过植物染料所含色素与织物纤维的分子结合使之着色。虽然在新石器时代即已出现使用植物染料的迹象，但夏商之际的植物染色技术还是很原始的，使用也不普遍，给织物着色的主要材料仍是各类矿物颜料。及至周代，植物染色出现一套比较完整的工艺后，才逐渐成为主要的染色方法，并发展成一个独立的手工专业。正是由于植物染色技术的大发展，可供选择的色谱大增，色彩便成了区分等级的标志，并出现了五方正色、五方间色之说。将色彩分为正色和间色，使其具备了宗法和哲学寓意。五方正色为青、赤、白、黑、黄，相应代表东、南、西、北、中或木、火、金、水、土。五方间色则是这五种颜色的中间色，青黄之间是绿，赤白之间是红，青白之间是碧，赤黑之间是紫，黄黑之间是骊黄。"五色"后又被冠以"五彩"而受到推崇。传说中虞舜时代的冕服十二章纹就是以黄、青、赤、白、黑"五彩相杂"而绘绣的。当时的服饰制度非常严格，《礼记·玉藻》云："衣正色，裳间色，非列采不入公门。"孔子亦有"君子不以绀緅饰，红紫不以为亵服"之语。

（一）石染颜料的种类

商周时期，除继续使用已有的矿物颜料外，还发现了很多可用于石染的矿物新品种，周代设有一个称为"职金"的官吏，其职权就包括负责矿物颜料的征收和发放。《周礼·秋官》载："职金，掌凡金、玉、锡、丹、青之戒令。"当时用于石染的矿物颜料主要有赭石、朱砂、石黄、空青、胡粉、蜃灰、石炭等。

1. 赭石。这种最容易得到、利用时间最早的赤铁矿颜料，因其色泽黯淡，这时期的使用远不如以前广泛，基本只局限于染制犯人的囚衣。《荀子·正论篇》说："杀赭衣而不纯。"杨倞注云："以赤土染衣，故曰赭衣。纯，缘也。杀之所以异于常人之服也。"后来称因犯为赭衣，即缘于此。

2. 朱砂。这种很早就被利用的红色矿物颜料，因其色泽浓艳又不易得到，被视为颜料珍品，只用于王室或贵族所享用的高档织物的着色。迄今发现的先秦时期用朱砂涂染或涂绘过的实物较多。如殷墟出土的甲骨文中有很多是以丹砂涂刻的；在故宫博物院收藏的商代玉戈表面残留的织纹上渗有朱砂[43]；在陕西岐山贺家村西周墓出土的丝织物和陕西宝鸡茹家庄西周墓出土的丝织物上，亦都发现朱砂的痕迹[44]。朱砂除用于给织物着色外，还用于绘画和书写。《范子计然》卷二九载："范子曰：'尧舜禹汤皆有预见之明，虽有凶年而民不穷。'王曰：'善。'以丹书帛，置之枕中，以为国宝。"范子即春秋时越国大夫范蠡，"丹"即朱砂。人们出于对朱砂鲜艳颜色的喜爱，还常常用它来形容人的美貌，《诗经·终南》中赞美秦襄公的容颜像丹砂一样红润的诗句："颜如渥丹，其君也哉"，便是一例。

朱砂的加工，采用先研后漂的方法，即先把辰砂矿石粉碎，研磨成粉，然后经过水漂，再加胶漂洗。在水中，辰砂由于重力差异而分为三层，上层发黄，下层发暗，中间呈朱红。尤以中间的色光和质量为佳。陕西宝鸡茹家庄出土的朱砂恰为朱红色，说明西周已掌握了朱砂的制作技术。由于朱砂的研磨和提纯加工过程，费时费力，致使产量很低，远远满足不了需要，西南少数民族便以朱砂作为贡品，进献给中原王朝，故《汲冢周书》有"方人以孔鸟，濮人以丹砂"来贡的记载。

3. 石黄。一种色相纯正，色牢度稳定，呈橙黄色，有胭脂光泽的黄色矿物颜料。制取方法是：先将天然石黄水浸，再经多次蒸发换水，然后调胶用或研用。换水目的是为了尽量使有害成分砷气化挥发，以减少对人体的损害。在陕西宝鸡茹家庄西周墓出土的刺绣品上曾发现石黄，说明至迟西周时已用石黄涂染织物。关于石黄，因成分为二硫化二砷（As_2S_2）的雄黄在古代也叫石黄，所以有关染色的著作一般都认为古代大量使用的黄色颜料是用它制成的。实则不然，当时用于石染的石黄，应该主要是制造铬黄原料的属于铬化合物的赤铅矿（Crocoite），即铬酸铅（$PbCrO_4$）。主要依据有二：一是石黄和雄黄是两种不同矿物，有许多材料可以为证。在《经史证类本草》和《本草品汇精要》两书里，就有很具体的反映。两书在介绍"石药"时，都把石黄和雄黄当作两种药，分别收录。《经史证类本草》以石黄入卷三，雄黄入卷四。《本草品汇精要》以石黄入卷一，雄黄入卷三。二者分列，即表明它们不相同。特别是《本草品汇精要》卷三雄黄条，在论述雄黄真赝的文字里还着重指出，有人以石黄伪为雄黄，明确地把石黄和雄黄分开。在宋应星《天工开物》中也能看出一些端倪。其书卷下《丹青篇》石黄条："石黄，中黄色，外紫色，皮内黄。一名石中黄子。"也说明它们不同。二是唐以前石黄的产量远大于雄黄。雄黄一词始见于《山海经》，后来，也不断地在各家《本草》里出现，但始终都被认为是一种十分神秘的宝物。如《太平御览》卷九八八引《典术》："天地之宝，藏于中极，命曰雌黄。雌黄千年，化为雄黄。"有的人甚至认为它是一种是一经服食，即可飞升的仙药[45]。因为产地只限于武都宕昌和敦煌等几个地方，所出有限，往往与黄金等价。特别是一遇特殊情况，便无从寻觅。陶弘景《本草经注》雄黄条载："晋末来，（武都）氐羌中纷扰，此物（雄黄）绝不复通。人间时有三五两，其价如金。……始以齐初，凉州互市，微有所得。将下至都。余最先见于使人陈典签处，检获，见十余斤。伊辈不识此物是何等。见有挟？雄黄，或谓是丹砂。吾乃示语，并更属觅。于是渐渐而来。……敦煌在凉州西数千里（亦有是物）。所出者，未尝得来。江东不知云何。"[46]其珍异可以想见。石黄在历代的生产情况和雄黄不同。比较起来，前者产量是大得多的，很容易得到。这也有比较明确的记载。同前书，陶弘景在说了上面的一段话之后，又说："晋末来，（以）此物（雄黄）绝不复通……合丸皆用天门始兴石黄之好者耳。"因为出产的多，所以才有人能随意地以之假冒雄黄。商周时期雄黄和石黄的产量，史料未见明文记载，应大概和晋唐两代差不多，即雄黄远比石黄珍贵而难觅。而历来用做涂料的东西，消耗量都比较大，大多是容易采集和价格便宜的。商周时期的雄黄既较石黄昂贵稀少，用以充当涂料的可能性，当亦不如石黄为大。

4. 石绿。又名青丹蒦、空青，因其矿物呈天然翠绿色而又得名孔雀石，成分是含有结晶水的碱式碳酸铜（$CuCO_3 \cdot Cu(OH)_2$），可以用之染蓝绿色。石绿结构疏松，研磨容易，色泽翠绿，色光稳定。《周礼·秋官》所载："职金，掌凡金、玉、锡、丹、青之戒令。"说明它是和朱砂一样重要的矿物颜料。

5. 铅白。又名胡粉、糊粉，化学成分为碱式碳酸铅（$(PbCO_3)_2 \cdot Pb(OH)_2$）。这是我国最早人工合成的颜料。明李时珍《本草纲目·金石部·粉锡》引《墨子》佚文和《博物志》中有"禹造粉"及"纣烧铅锡作粉"之说。这两书所云禹、纣制粉的说法虽然缺乏依据，但谓周代时已制得此物是比较可信的，因为在《楚辞·大招》中有用它化妆的描述："粉白黛黑，施芳泽只。"此"粉"即铅白，说明早在春秋时，铅白已是妇女常用的化妆品。其俗名胡（糊）粉之由来，也是这个缘故。古代传统制取铅白的方法是先以铅与醋反应生成碱性醋酸铅，再在空气中逐渐吸收二氧化碳，转化为碱性碳酸铅，最后通过水洗澄清，除去残余的醋酸铅即成。

6. 蜃灰。即前文所述，用于丝麻精练脱胶，主要化学成分为氧化钙，由毛蚶、牡蛎、蛤蜊等外壳烧制成的灰。蜃灰也作为白色涂料使用，《周礼·地官》载："（掌蜃）敛互物蜃物，以供闉圹之蜃；祭祀共蜃器之蜃；共白盛之蜃。"郑玄注云："敛五物者，以其互物是蜃之类。"注引郑司农云："蜃可以白器，令色白。"可见古人不仅用它涂绘织物，还用于涂饰器物和宗庙的墙壁。

7. 石墨。亦称石炭，即天然结晶型煤炭，既可用之书写，也可当作黑色颜料。李时珍《本草纲目》云："石炭，上古以书字，谓之石墨。"周代有在犯人额上刺字并以墨着色的墨刑，《尚书·商书遗训》中有"臣下不匡，其刑墨"之说。1975年在陕西宝鸡茹家庄两座西周昭穆时期（公元前1000年—公元前921年）的大墓中曾发现一批煤雕制品，亦说明周人对煤已有相当的了解。

（二）草染染料的种类

虽然用植物染色在周以前即已出现，但就技术发展历程而言，周以前的植物染色非常原始，尚处于萌芽期。植物染色的快速发展，技术上的长足进步，是从周代开始的。其时，无论是在染料品种、数量，还是在染色技术上，较之以前均有质的飞跃。为此，周代专门设置了管理机构。《周礼·地官》记载了"掌染草"之官员的职责："掌染草，掌以春秋敛染草之物，以权量授之，以待时而颁之。"郑玄注："染草，茅蒐、橐芦、豕首、紫茢之属。"贾公颜疏："染草，蓝、蒨、象斗等众多，故以之属兼之也。"孙诒让《周礼·正义》说："掌染草者，凡染有石染、有草染。此官掌敛染色之草木，以供草染。"春秋晚期时，植物染色基本取代了石染。可以推测当初试染的染料植物种类一定是相当多的，一些要么失传不被人知，要么在试用一段时间后因性能不理想被淘汰。现有据可考证用量较大的植物染料有：蓝草、茜草、紫草、荩草、皂斗等。

1. 蓝草

从蓝草叶中提取的染料——靛蓝，是古代应用最广的蓝色植物染料。蓝草的品种很多，用于造靛的品种主要是蓼蓝、马蓝、菘蓝、木蓝和青蓝。其中蓼蓝和马蓝利用最广泛，时间最早（图2–17）。

蓼蓝（Polygonum tinctorium），又叫蓝靛草，蓼科一年生草本。一般在二三月间下种，六七月成熟，即可第

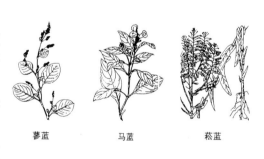

蓼蓝　　马蓝　　菘蓝

图2–17　蓝草

一次采摘草叶，待随发新叶九十月又熟时，可第二次采摘。周代已对蓝草生长特性有了一定认识，成书于东周后期的《夏小正》曾有这样的记载："五月，启灌蓼蓝。"据最早为这本书作注的《夏小正传》解释："启者，别也，陶而疏之也。灌也者，聚生者也，记时也。"明人张尔岐注云："盖种蓝之法，先莳于畦，生五六寸许，乃分别栽之，所谓启也。"就是说，在夏历五月蓼蓝发棵时，要趁时节分棵栽种。又据《礼记·月令》记载："仲夏月令民毋刈蓝以染。"孔颖达《正义》云："别种蓝之体初必丛生，若及早栽移则有所伤损，此月蓝既长大，始可分移布散。"按仲夏月即夏历五月，正是蓝草发棵的季节，这时如果收采，会影响蓝草的生长。

《礼记》所述与《夏小正》的记载是一致的，充分说明先秦时期人们对蓝草生长规律认识之深刻，使用之广泛。

马蓝（Strobilanthes cusia），又叫葳、大叶冬蓝、山蓝，爵床科多年生灌木。《尔雅·释草》中有马蓝的记载："葳，马蓝。"郭璞注："今大叶冬蓝也。"

蓝草染色原理是：蓝草叶中含有靛质（$C_{14}H_{17}O_6N$），当蓝草在水中浸渍（约一天）后，靛质发酵分解出可溶于水的原靛素，此时的浸出液呈黄绿色。而原靛素在水中生物酶作用下，进一步分解成在植物组织细胞中以糖甙形式存的吲哚酚（吲羟、吲哚醇）。吲哚酚又经空气氧化，生成不溶于水的靛蓝素（$C_{16}H_{10}N_2O_3$）析出。靛蓝是典型的还原染料，有较好的水洗和日晒坚牢度。原靛素和靛蓝素结构式如下：

原靛素　　　　　　　　　靛蓝素

最初用蓝草染色，采用的便是鲜蓝草叶发酵法，即直接把蓝草叶和织物揉在一起，揉碎蓝草叶，让液汁浸透织物；或者把织物浸入蓝草叶发酵后的溶液里，然后再把吸附了原靛素的织物取出晾放在空气中，使吲哚酚转化为靛蓝，沉积固着在纤维上。其科学原理如上述。

2. 茜草

茜草（Rubia cordifolia），是茜草科多年生攀缘草本植物（图2-18）。古代使用最广泛的红色染料，有茹藘、茅蒐、蒨草、地血、牛蔓等40余种。《尔雅·释草》谓："茹藘，茅蒐。"晋郭璞注云："今之蒨也，可以染绛。"邢昺疏曰："今染绛蒨也，一名茹藘，一名茅蒐。……陆玑云一名地血，齐人谓之牛蔓。"在春秋两季均可采挖（春季所采茜草，因成熟度不够，质量远不如秋季所采），以根部粗壮呈深红色者为佳。鲜茜草可直接用于染色，也可晒干贮存，用时切成碎片，以温汤抽提茜素。茜草所染织物，红色泽中略带黄光，娇艳瑰丽，而且染色牢度较佳，是春秋期间最受妇女偏爱的颜色之一。《诗经》中有多处提到茜草

图2-18　茜草

和其所染服装，如《诗经·郑风·东门之墠》歌曰："东门之墠，茹藘在阪。"《诗经·郑风·出其东门》歌曰："缟衣茹藘，聊可与娱。"

茜草根部含有多种蒽醌类化合物，其中主要色素成分是茜素、茜紫素，它们

结构式如下：

茜素   茜紫素

将织物直接浸泡在纯茜草液中虽然也可使之着色，但由于茜草中的色素成分几乎全是以葡萄糖或木糖甙的形式存于植物体内，葡萄糖的大分子结构使色素缺乏染着力，效果不是很好，只能得到单一的浅黄色。所以染色时须先将茜草发酵水解，令其甙键断裂，再施以铝、铁、铜等不同的金属媒染剂，便会得到从浅至深的十分丰富的红色色调。其中尤以铝媒染剂所得色泽最为鲜艳。商周时期，征收和发放茜草是《周礼·地官》中所记"掌染草"官员的职责之一，而在深浅差异颇大的公服、祭服、军服中，红色又应用较广，说明具有丰富色调的茜草是当时主要的红色染料，染茜工艺也较为成熟。20世纪80年代，在新疆且末县扎洪鲁克一座断代为公元前1000—前800年的墓葬中，曾出土过一些呈红色深浅不一的毛织物，经分析，这些红色毛织物，染料成分均含有茜素和茜紫素，显然都是用茜草染成[47]。印证了先秦时期染茜工艺所达到的水准。

3. 紫草

紫草（Lithospermum erythrorhizon），是紫草科多年生草本植物（图2-19）。古代又名茈、藐、紫丹、紫荆等。《尔雅·释草》谓："藐，茈草。"晋郭璞注："可以染紫，一名茈㦸。"宋邢昺疏："一名茈草，根可以染紫之草。"早在春秋时期，紫草染色便在山东兴盛起来。《管子·轻重丁》记载："昔莱人善染练，茈之于莱纯缁。"茈即紫草，莱即古齐国东部地方，这段话的意思是齐人擅长于染练工艺，用紫草染"纯缁"。齐人工于染紫，是由于齐君好紫。《韩非子·外储说左上》说："齐桓公服紫，一国尽服紫。当是时也，五素不得一紫。"紫色系五方间色，对齐君这种有悖于周礼规定的颜色嗜好，儒家深恶痛绝，其代表人物孔子有"恶紫之夺朱"、孟子也有"红紫乱朱"的言论。

图2-19　紫草

紫草是典型的媒染染料，其色素主要存在于植物根部，采挖紫草根一般是在八九月间茎叶枯萎时。色素的主要化学成分是萘醌衍生物类的紫草醌和乙酰紫草醌，其结构式为：

紫草醌   乙酰紫草醌

这两种紫草醌水溶性都不太好，染色时若不用媒染剂，丝、麻、毛纤维均不能着色，因此必须靠椿木灰、明矾等媒染剂助染，才能得到紫色或紫红色。

4. 荩草

荩草（Arthraxon hispidus），是禾本科一年生细柔草本植物（图2-20），叶片卵状披针形，近似竹叶，生长在草坡或阴湿地。茎叶可药用，茎叶液可作黄、绿色染料。古代又名菉（绿）竹、王刍、戾草等。《诗经·卫风·淇奥》谓："瞻彼淇奥，绿竹猗猗。"疏曰："菉似竹，高五六尺，淇水侧人谓之菉竹。"在《楚辞》"离骚""招魂"中有"薋菉葹以盈室兮，判独离而不服"、"菉蘋齐叶兮"之歌句。《尔雅·释草》中有"菉，王刍"、《说文解字》中有"戾，草也，可以染留黄"之解释。除上引内容外，《诗经》中还有多处与荩草有关的诗句。如《诗经·豳风·七月》："八月载绩，载玄载黄。"《诗经·邶风·绿衣》："绿兮衣兮，绿衣黄里。""绿兮衣兮，绿衣黄裳。"《诗经·小雅·采绿》："终朝采绿，不盈一匊。"这些内容，一方面说明春秋时期利用荩草

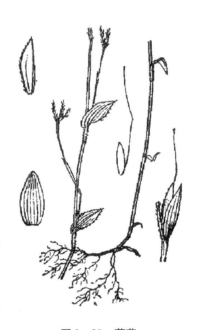

图2-20 荩草

染黄或绿的技术已十分成熟；另一方面则说明当时荩草没有人工种植，由于使用量非常大，采集荩草的人太多，以致一人早晨所采还不够双手一捧。

荩草色素成分为荩草素，属黄酮类衍生物，在化学结构4位上有－OH供电子基团，可以产生深色效应而发色。其分子结构式为：

荩草素

黄酮类化合物可直接浸染织物使之着色，亦可在染液中加媒染剂后使织物着色。荩草液直接浸染丝、毛纤维可得鲜艳的黄色，与靛蓝复染可得绿色。从荩草又名绿来看，古代多用它与靛蓝复染。

5. 皂斗

壳斗科植物麻栎的果实，古代主要的黑色染料植物。麻栎（Quercus acutissima）系多年生高大落叶乔木（图 2-21），又名柞树、柞栎、栩、橡、栎、象斗橡栎、橡子树、青㭴等。皂，亦写作皁。《尔雅·释木》谓："栩，杼。"又谓："栎，其实棣。"晋郭璞注曰："柞树。"三国陆玑疏云："今柞，栎也，徐州人谓栎为杼，或谓之栩，其子为皂或言皂斗，其壳为汁可以染皂，今京洛及河内言杼斗。"因黑色是五方正色之一，皂斗又是主要黑色染料，所以需求量非常大，《周礼·地官·大司徒》在谈及诸如山林、川泽、丘陵等五种不同自然环境的地物时，特别指出："山林……其植物宜皂物。"汉郑司农注："植物，根生之属；皂物，柞栗之属。

图 2-21　麻栎

今世间谓柞实为皂斗。"《诗经》中有多处诗句提到皂斗，如《唐风·鸨羽》："肃肃鸨羽，集于苞栩。"《秦风·晨风》："山有苞栎，隰有六驳。"《小雅·四牡》："翩翩者雎，载飞载下，集于苞栩。"征收和发放皂斗（象斗）也是《周礼·地官》中所记"掌染草"官员的职责之一。

麻栎的果实皂斗和树皮中含多种鞣质，属于没食子鞣质与六羟基二苯酸的酯化产物，又称"并没食子鞣质（Ellagitannin）"。鞣质又称丹宁，在空气中易氧化聚合，也容易络合各类金属离子，是一种结构十分复杂、具有多元酚基和羧基可水解的有机化合物。鞣质的可水解性使它非常容易提取，方法是将壳和树皮破碎后，用热水浸泡，使其溶出。水温以 40~50℃ 为宜，过高，鞣质易分解；过低，则浸出时间太长。其染色机理是在已浸出鞣质的染液中加入铁盐媒染，鞣质先与铁盐生成无色的鞣酸亚铁，再经空气氧化生成不溶性的鞣酸高铁。因鞣酸高铁是沉淀色料，沉积在纤维上后牢度非常好。

（三）石染技术

由于在涂绘织物过程中矿物颜料没有发生化学反应，只是附着在织物表面或渗入织物缝隙间，颜料与纤维之间没有亲和力，因此为加强涂绘牢度，往往要借助一些诸如淀粉、树胶、虫胶类的黏合剂，使颜料更好地附着在纤维上。石染的一般方法是：先把矿物颜料研磨成极细粉末后，掺入黏合剂，再根据用途加水调成稠浆或稀浆状。稠浆是以涂刮的方式涂附在织物上，稀浆是以浸泡的方式附着在织物上。其工艺流程如下：

制颜料浆──→涂附或浸泡织物──→晾干──→着色织物

在《考工记·钟氏》中有一段记载，不少人认为是关于朱砂染色的描述，原文如下："钟氏染羽，以朱湛丹秫，三月而炽之，淳而渍之。"

对于这段内容，古代和今天均有许多不同的解释，且互相矛盾，其中最大的分歧是"朱"、"丹秫"各为何物？有人认为朱是朱砂，丹秫是黏性谷物；有人认为朱是朱草，丹秫才是朱砂。现将今人就这个问题的主要两种论证摘录于下：

第一种，认为朱是朱砂，丹秫是黏性谷物[48]。依据有三：

其一，根据汉以前朱砂用作服装或其他物品的着色材料比较多见，而且很多出土文物上都沾有朱砂的痕迹，因此，将朱解释为朱砂。

其二，根据《尔雅·释草》："众，秫。"郭璞注："谓粘粟也。"许慎《说文·禾部》："秫，稷之黏者。"崔豹《古今注》："稻之黏者为秫。"程瑶田《九谷考》："稷，北方谓之高粱，或谓之红粱，其黏者，黄白两种，所谓秫也。秫为黏稷。"把"丹秫"解释为红色的黏性谷物，即红色的黏谷子或黏高粱。

其三，据上述两点，认为这句话的大意是把朱砂与黏性谷物一起浸泡三个月，通过发酵作用，使谷物分散成极细的淀粉粒子，然后炊炽之，淀粉又转化为浆糊，显出很大的黏性，于是朱砂颗粒便黏附在羽毛上了，干燥后生成有色淀粉膜，短时间的水淋也不会脱落。

第二种，认为朱是朱草，丹秫才是朱砂[49]。依据有五：

其一，贾公彦在解释"钟氏染羽"中的多次复染"三入为纁"时明确说："三入为之纁……此三者皆以丹秫染之。"丹秫显然是红色染料或颜料，怎么可能是谷物。

其二，"以朱湛丹秫"，按语意，"朱"应是红色液体，才能去浸渍丹秫，不应是固体朱砂。"朱"是朱草，可能是茜草类植物。

其三，在先秦时，"丹砂"尚无"朱砂"的别名，梁代陶弘景《本草经集注》谓："丹砂……即是今朱砂也。"所以"朱砂"一词的出现当在魏晋以后。将"朱"解释为"丹砂"理由不充分。

其四，根据郑玄注："丹秫，赤粟。"郭璞注："细丹砂如粟也。"认为"赤粟"即是"丹粟"，而丹粟是春秋战国时期丹砂的别名，仅《山海经》中提到产丹粟的地区就有10处。

其五，谷物的黏性是由于其中的淀粉经糖化或加热后，水解出糊精。但这类多糖类物质在暑热之季又很快发酵水解变酸或发霉而失去黏性，所以经过三个月后，肯定已经无黏性而腐臭了。

我们对这两种说法都有存疑。根据就是矿物颜料与纤维之间没有亲和力，必须借助黏合剂，而茜草液不具黏合作用。借鉴后世颜料印花中用干性油类作黏合剂，朱砂与麻籽油、艾草茸炼合制造印泥以及与亚麻仁油或桐油炼合制造印刷用红墨的工艺原理，推测这句话假如真是用朱砂着色，该染液中应含有油性物质，但该物质究竟是什么需待考。因此《考工记·钟氏》这段话的意思应是：将研磨得极细的丹砂，放入某种含有油性的植物液中浸泡，三个月后，用火加热炼合，待颜料液变得稠厚了，再浸渍羽毛。1974年长沙发现的战国经二重组织纹锦，经分析，两组经纱中的一组经纱就是用朱砂染成的，与其紧靠在一起的另一组淡褐色经纱则是用植物染料染成的，两组经纱上下交织，彼此很少有沾染现象[50]。纱线如此纠缠扭绞在一起，彼此又很少沾污，显然使用的不会是淀粉类黏合剂，只有用干性油类黏合剂才能得到这种效果。这件文物的发现，对我们进一步破解"钟氏染羽"的真正含义是十分重要的。

（四）草染技术

在周代，随着草染的兴起，各种具有良好染色性能的染料植物相继发现，复染、套染、媒染等不同染色工艺的问世，既极大地提升了草染的技术含量，又成功地促进了对草染本质认识的深化以及各种颜色的染制。据统计，仅"糸"旁的色彩文字便有：红、紫、绛、绀、纁、绯、缥、缁、缇、缎、綦等 10 余个。色谱的丰富对特定颜色的命名，意味着当时已经掌握复染、套染、媒染技术，染色操作也趋向规范化，并已出现色泽标准。

所谓复染，就是把纺织纤维或已制织成的织物，用同一种染液反复多次着色，使颜色逐渐加深。这是因为植物染料虽能和纤维发生染色反应，但受限于彼此间亲和力的高低，浸染一次只有少量色素复着在纤维上，得色不深，欲得理想浓厚色彩，须反复多次浸染。而且在前后两次浸染之间，取出的纤维织物不能拧水，直接晾干，以便后一次浸染能进一步更多地吸附色素。《墨子·所染第三》中有织物颜色、染料颜色与浸染次数之关系的论述，谓："子墨子言，见染丝者而叹曰：染于苍则苍，染于黄则黄，所入者变，其色亦变，五入必，而已必为无色矣。"《尔雅·释器》中有关于复染的记载："一染谓之缟，再染谓之赪，三染谓之缥。"缟是黄赤色，赪是浅红色，缥是绛（深红）色，色泽从浅至深。需要指出的是，关于缟，古人有两种解释。《说文解字》云："黄赤色。"《仪礼·既夕礼》郑玄注："一染谓之缟，今红也。"解释出现歧义，原因便是"一染至三染"这句话，实是包含了石染和草染两种方法。黄赤色可能是植物染料所染，红色则为矿物颜料丹砂所染。该植物染料中含有一些黄色素，受其影响，染色时会有黄色色调出现，初染谓之黄赤色是对的。而丹砂中没有黄色色调，谓之红色也没有错。

所谓套染，工艺原理与复染基本相同，也是多次浸染织物，只不过是多次浸入两种或两种以上不同的染液中交替或混合染色，以获取中间色。先秦时期，绿色是最常见的服装流行色彩之一，很多人以身着"绿衣黄里"或"绿衣黄裳"为美。其时染制绿色的方法，很可能采用的就是荩草和靛蓝套染。主要依据：一是古代染绿基本都是以黄色染料与靛蓝套染而实现的，实例如宋应星《天工开物》所载染绿法；二是直到晋代才发现可以直接染绿的染料鼠李，郭义恭《广志》载："鼠李，朱李，可以染。"唐宋以后才广泛利用；三是有人做过栀子染色试验，发现无论是直接染，还是加铝盐或铜盐媒染，所得色泽皆为黄色（加铝盐略含绿色），而荩草染色性能与栀子相同[51]；四是有学者曾将新疆且末县扎洪鲁克出土的两件绿色毛织物作了 X 射线分析，发现将草绿色样品中的蓝色素提出后，其反射光谱曲线与黄色样品十分接近，认为绿色毛织物很可能是黄色和蓝色染料套染而成[52]。可见运用套染工艺，只选择几种有限的染料，便得到更为广泛的色彩。套染出现使染色色谱得到极大丰富。

所谓媒染，则是借助某种媒介物质使染料中的色素附着在织物上。在染料中，除栀子、郁金、姜黄等少数几种外，绝大多数都对纤维不具有强烈的上染性，不能直接染色，但大多数染料均含有媒染基因，可用媒染工艺染色。这是因为媒染染料的分子结构与直接染料不同，媒染染料分子上含有一种能和金属离子反应生成络合物的特殊结构，必须经媒染剂处理后，方能在织物上沉淀出不溶性的有色沉淀。媒染染料较之其他染料的上色率、耐光性、耐酸碱性以及上色牢度要好得多，它的染色过程也比其他染法复杂。媒染剂如使用稍微不当，染出的色泽就会大大地偏离原定标准，而且难以改染。必须正确地使用，才能达到目的。周代茜草、荩草、紫草、皂斗广为使用，这几种染料植物如不用助染剂，茜草只能染黄赤色，紫草基本不能使纤维着色，皂斗只能染灰色。只有加铝盐或铁盐媒染剂后，它们才能分别染出红色、紫色和黑色，媒染剂是必不可少的工艺条件（附表）。

染料植物与金属媒染剂色相关系表

染料 媒染剂	茜草	荩草	紫草	皂斗
不用金属盐	浅黄赤色	黄色	不上色	灰色
铝盐	浅橙红至深红	艳黄色	红紫	无效果
铁盐	黄综色	黝黄色	紫褐	黑色

　　当时所用铝盐媒染剂是什么？古籍中没有明确记载，但秦以后多用明矾助染的事实却是不容置疑的，据此推测，那时也用明矾作媒染剂是完全可能的。明矾又名白矾，系硫酸钾和硫酸铝的复盐，分子式是 $K_2SO_4 \cdot AL_2 (SO_4)_3 \cdot 24H_2O$，入水即水解，生成氢氧化铝胶状物。在自然界中并无明矾，它是人工焙烧白矾石的产物。我国开始焙制明矾的时间，有籍可查的，至少可追溯到汉代，在大约成书于西汉后期的《太清金液神气经》中的丹方里曾明确提到使用明矾。

　　当时所用铁媒染剂则为以黄铁矿煤石煅烧生成的绿矾。绿矾又名青矾或皂矾，化学组成为 $FeSO_4 \cdot 7H_2O$，易溶于水，可在空气中逐渐氧化成硫酸铁，其铁离子能与媒染染料中的配位基团络合。在中国古代众多应用矾中，这种矾的制造工艺是最早出现的，而它的出现很有可能与染皂有关，因为"那时生产的绿矾实际上主要就是利用它来媒染皂黑"[53]。《周礼》贾公彦疏云："纁若入赤汁，则为朱；若不入赤而入黑汁，则为绀矣。若更以此绀入黑，则为緅。"所谓"黑汁"，即是加入绿矾作媒染剂的皂斗染液。为什么这么说呢？在古代，黑泥浆或经研磨后的煤浆称为涅，也作黑色染料用，但如果单纯用它们染色，在纤维上的附着力不理想，遇水易脱落，即使复染多次或许能达到《淮南子·俶真训》所云"今以涅染缁，则黑于涅"的效果，但此"涅"真的就是泥浆或经研磨后的煤浆吗？高绣注此"涅"曰："矾石也。"矾石亦叫石涅，《山海经·中山经》："女儿之山，其上多石涅。""风雨之山……其下多石涅。"郭璞注："石涅即矾石也，楚人名为涅石，秦名为羽涅也，《本草经》亦谓之石涅也。"而所谓的石涅也就是石墨，因为涅、墨也是一音之转，故亦可通用，如《尚书》吕刑篇述墨刑云："刻其额而涅之，曰墨。"《御览》卷六四八引《白虎通》则作墨，"墨其额也"，太玄云："化白于泥缁"，《盐铁论》非鞅篇则云："缟素不能自分于缁墨。"（涅、泥双声字）即是其例。后世之所以把煤叫煤，也是由于石涅、石墨通假转变来的，声有缓急而已。

《本草纲目》石炭条曾论石墨与石炭的关系云:"石墨今呼为煤炭,煤墨音相近也。"可见古人所谓的"涅",有时是特指含黄铁的煤石。结合汉以后利用黄铁煤矿焙烧绿矾以及用绿矾作丹宁类染料媒染剂之事实,《淮南子·俶真训》所云之"涅"可能包含三层意思:一是黄铁煤矿石的浆液;二是用黄铁煤矿石焙烧的绿矾;三是绿矾作媒染剂的皂斗染液。不过分析"涅染"之语句,得到"黑于涅"之效果,只可能是第三种意思。

(五)染色与季节

言先秦染色技术,不能不谈及染色与季节的关系。

先秦时期,初兴的染色技术在许多技术环节还存在着巨大缺陷,其中最主要的是染色受季节的影响非常大。《周礼·天官·冢宰》有这样的记载:"凡染,春暴练,夏纁玄,秋染夏,冬献功。"表明练染有其明确的季节性。

关于"春暴练":贾公彦疏云:"凡染,春暴练者,以春阳时阳气燥达,故暴晒其练。"这是比较容易理解的,因为春天气候温和,适宜各种户外生产,此时进行丝、麻的漂练,不会因气温过低影响生产和操作,也不会因日照太强损伤纤维品质。

关于"夏纁玄",郑玄注云:"纁玄者,天地之色,以为祭服。"贾公彦疏云:"夏玄纁者,夏暑热润之时,以湛丹秫,易和释,故夏染纁玄,而为祭服也。"玄、纁二色除作祭服外,帝王、诸侯、卿大夫的六冕之服,即大裘冕、衮冕、鷩冕、毳冕、希冕、玄冕,皆为玄上纁下,这两色系国之重色,需求量最大,在漂练完成后应首先生产。

关于"秋染夏":郑玄注曰:"染夏者,染五色谓之夏者,其色以夏狄为饰。"贾公彦疏曰:"秋染夏者,夏谓五色。至秋气凉,可以染色也。""夏狄"即"夏翟",特指羽毛五色的野鸡,也是各种不同颜色野鸡的统称。"秋染夏"的意思可引申为在完成玄、纁二色生产后,在秋高气爽的季节里染制其他五颜六色的织物。

将染色定在夏秋两季是有一定道理的,一则可以与漂练较好地衔接,二则更主要是与植物的成熟、采集季节密切相关。如茜草根可在5~9月挖掘,与夏天染纁是一致的,蓝草叶应在7~8月采收,而其他染草大多也是在夏秋两季采集。再者,因为当时还不具备植物染料的提纯和储存技术,染料植物采收下来以后,为防止色素丢失、染液霉变影响染色效果,要及时染色。而染料植物的生长、采收是有时限的。《诗经·豳风·七月》所歌:"八月载绩,载玄载黄。"《礼记·月令》所记:"季夏之月……命妇官染采,黼黻文章,必以法故,无或差贷。"都说明了这一点。战国以后,随着植物染料保鲜、提纯技术的进步,染色受季节的影响越来越小,在染色工艺中就不再强调季节了。

把染事分成四季,各有重点,看似刻板、教条,实为中国古代因势利导克服技术缺陷的一个典范。

(六)织物色谱

商周时期,我国的织物色谱得到迅速扩展,出现了红、绿、紫、绛、绀、绯、缁、缇、纁、绌、綦、皂、褐等数十种色谱。织物色谱之所以能如此丰富多彩,是多种因素促成的,其中一个重要因素是冠服制度的建立。

在古人的色彩观中，色彩有尊卑之分。正色为尊，间色为卑。何谓正色？代表东、南、西、北、中五个方位的青、赤、黄、白、黑，为"五方正色"。何谓间色？相间正色调配出的绿、红、碧、紫、骝黄（硫磺），为"五方间色"。商周时期的冠服制度中，特别重视正色和间色的使用和搭配，规定衣为正色，裳为间色，并将服装的颜色和花纹分出等级，天子、诸侯、士大夫在祭祀、上朝、婚丧、见客、外出等不同场合，须穿用不同的服装和颜色。《春秋左传·昭公二十五年》记载了子大叔与赵简子的一段对话："夫礼，天之经地，地之义也，民之行也。……生其六气，用其五行，气为五味，发为五色，章为五章……九文、六彩，五章以奉五色。"从这段话可以看出，服装色彩和花纹是"礼"的重要内容之一。《礼记·玉藻》记载了社会各阶层冠饰颜色和式样，谓："玄冠朱组缨，天子之冠也，缁布冠缋**綏**，诸侯之冠也，玄冠丹组缨，诸侯之齐（祭）冠也，玄冠綦组缨，士之齐冠也，缟冠玄武，子姓之冠也。"从这段话可以看出，服装色彩和花纹也是和政治联系在一起的，也就是说不同阶层的人不得服用超越自己身份的服色和饰物，否则就是僭越。春秋期间，孔子有感于当时礼崩乐坏，特别强调："君子不以绀（泛红光的深紫色）、緅（绛黑色）饰，红紫不以为亵服。"[54] 拿现代的话说就是绀、緅、红紫都是间色，君子不以之为祭服和朝服的颜色。对当时齐桓公好服紫，一国尽服紫的现象，孔子有"恶紫之夺朱"[55]的抨击，孟子有"正涂壅底，仁义荒怠，佞伪驰骋，红紫乱朱"[56]的议论。

严格的冠服制度是建立在精准的色泽标准基础之上，如果各种色彩没有特定的名称和色泽标准，正色和间色就很容易互相混淆。据《周礼·考工记》"染人"记文郑玄注："染五色谓之夏者，其色以夏翟为饰。《禹贡》曰：羽畎夏翟，其毛羽五色皆备成章，染者拟以为深浅之度。"周代是用夏翟（五色雉）的羽毛作为染色的色泽标准。这说明当时的染色工匠不但能提供较多的色谱，而且能熟练自如地掌握染色过程终端的色泽，使它符合规定的标准。这在媒染燃料染色操作过程中是很难掌握的。因为一旦染坏，难以改变。由此亦可以说，严格的冠服制度反过来又推动了织物色谱的扩展，是当时织物色谱增加的重要促进因素之一。

织物色谱的增加，除了上面谈到的促进因素外，还有其他一些因素也起到促进作用。据有关学者研究，我国的酿造、油漆技术以及本草学的发展很早，积累了丰富的化学知识和操作经验[57]，它们也为我国织物染色技术中创造较多的色谱提供了条件。

三、画缋技艺和印花技术

画缋实际上是两种性质相近给织物局部变换颜色的工艺，一般多用于绘制天子、诸侯以及不同等级官员的服饰图案。画不难理解，为在服饰上以笔描绘图案。缋则为用绣或类似方法修饰图案和衣服边缘，1974年陕西宝鸡茹家庄西周墓出土锁绣辫子股刺绣（花纹图案边缘便是用刺绣绣出）（图2-22）[58]。《汉书·食货志下》所云："乃以白

图2-22 陕西宝鸡茹家庄西周墓出土锁绣辫子股刺绣

鹿皮方尺，缘以缋，为皮币。"颜师古注："缋，绣也，绘五彩而为之。"皆可为佐证。在周代，画缋之事由内司服负责管理，《周礼·天官·内司服》载："掌王后之六服，袆衣、揄狄、阙狄……"郑司农云："袆衣，画衣也。""揄狄、阙狄，画羽饰。"可见王后之六服，皆以画缋方式成纹。另据《周礼·考工记》载，画、缋系"百工"中"设色之工五"里的两个工种，他们的工作内容是："画缋之事，杂五色。东方谓之青，南方谓之赤……五彩备谓之绣。土以黄，其象方，天时变，火以圜，山以章，水以龙、鸟、兽、蛇。杂四时五色之位以章之，谓之巧。凡画缋之事，后素功。"陕西出土的西周锁绣辫子股刺绣，绣地和绣线系植物染色，绣线内图案颜色，红色是用朱砂涂染，黄色是用石黄涂染，纹、地色彩界限分明，表明当时的工匠已熟练掌握了"凡画缋之事，后素工"之原则。按所谓"后素工"，《周礼·八佾》谓："绘事后素"方能"素以为绚"，郑玄注："素，白彩也。后布之，为其易渍污也。"意思是各种重彩布完后，再以白彩勾勒衬托，既显示出众彩的绚丽，又可以防止白色渍污。从染色的角度而言，画缋涵容了草染和石染，这种"草石并用"的工艺，很可能就是印花敷彩工艺的先声。

1979 年，在江西贵溪春秋战国墓中出土了几块织物地色呈深棕色、双面有银白色花纹的苎麻织物，同时出土的还有 3 块木质刮浆薄板。经鉴定，花纹彩料是含硅的化合物，刮浆板呈平面长方形，长 25 厘米，宽 20 厘米，其断面为楔形。有人认为这是迄今所发现的最早的印花织物，但因出土实物太小，无法判断所采用的型版和印制工艺[59]。也有人对此提出质疑，认为它不是印花而是涂绘的。我们认为印花技术发明于先秦的可能性是存在的，主要依据是：①画缋工艺广为应用，彩色浆料的制作已颇为娴熟；②在古代，一项技术从出现到完善，需要很长时间，西汉时印花技术高度发达，甚至彩色套印也已具备相当高的水平；③当时已出现了很多功能类似于印花花版的器物，如用于在陶器上印花的陶拍，刻有文字和图案的青铜器铸造模具。在有了着色浆料的前提条件下，借鉴这些器物，印花花版的发明似乎是水到渠成的事了，因为它们在技术思想上是相通的。

第六节　织物组织的发展和织物品种的增加

织物的基本组织包括平纹组织、斜纹组织和缎纹组织。这三种组织称为"三原组织"，大多数复杂组织都由其变化、联合而成。从出土文物可以看出，我国在原始社会已发明简单的平纹组织和绞纱组织。到商周时期，我国的织物组织有了较大的发展，出现了斜纹、平纹和斜纹的变化组织、联合组织、绞纱组织以及经二重和纬二重、提花等复杂组织。这些完整和复杂组织的发明，使当时的纺织品品种多样化，同时表明我国在夏商周时期的织造技术水平有了较大的提高。

一、织物组织的发展

按照织物组织学所下的定义，织物组织是指经纬纱线按一定的规律相互浮沉交织形成织物的交织规律。它决定织物的品种、物理性能和外观风格以及标志织造技术水平的高低。

（一）平纹组织的发展和平纹变化组织的出现

平纹组织是三原组织之一，是最基本、最简单的组织，它是由两根经纱和两根纬纱交叉组成一个完全组织。平纹组织织法简单、交织点多，结构紧密，织物紧牢平整。

商周时期，平纹组织结构上有很大的发展，平纹织物设计水平有了很大提高，工艺水平也有了很大提高，并发明了平纹变化组织，从纱支、密度、捻度的变化来改变织物的结构，织制成各种风格与质地的平纹组织织物。例如，这一时期出现的纱、縠、纨、缟、绨、缦、绡等丝织品，就属于平纹组织的丝织品，它们是当时根据丝线的粗细、捻度以及织物的密度、厚薄和加工工艺的不同，来加以区分和命名的。纱的结构稀疏，丝线纤细，质地轻盈。在辽宁省朝阳西周墓中有平纹组织的纱出土，其经纬密度为每厘米 20 根[60]。绡的质地与纱相似，是一种轻薄的生丝织品。《礼记·玉藻》中曾提到"玄绡衣以褐"，可见当时生产的绡已用作衣料。縠的质地略比纱重，《汉书·江充传》注中说："轻者为纱，绉者为縠。"这说明縠是一种比纱略重的轻薄型起绉丝织品。在《嘉泰会稽志》中，曾有这样的记述："縠，首见于越国。"由此可见，在春秋战国时期，我国已能生产縠这种平纹丝织品。縠的经纬丝均加强捻，捻向相反，外观呈现细鳞状的绉纹。生产縠时，先由生丝织成，再经漂练处理，使加强捻的丝线在其内应力的作用下退捻、收缩、弯曲，在织物表面形成绉折状。缟是生织而成，它的特点是洁白、精细、轻薄。《诗经·郑风》中有"缟衣綦巾"的诗句，《韩非子·说林上》中，有这样的记述："鲁人善织屦，妻善织缟，而徙于越。"这说明鲁国善于织缟，并且这种织缟技术传到了越国。这些文献的记述表明，在春秋战国时期我国许多地方都能生产缟这种平纹丝织品。纨是先织后经漂练的平纹丝织品，它的特点是洁白、精细、轻薄和光泽柔和。最后一个特点，使它区别于缟。纨的柔和光泽，是通过漂练后产生的。在古文献《列子·周穆王》中，曾有"齐纨殷敬顺"的记述，这说明齐国已能生产纨这种平纹丝织品。缦是一种没有花纹的丝织品。在《管子·霸形》中，有这样的记载："令诸侯以缦帛鹿皮报。"由此可见，当时许多地方都已生产和使用缦这种丝织品了。绨是一种光泽较好的丝织品，它的质地比较厚重。在《管子·轻重戊》中，曾说"鲁梁之民俗为绨"。这是当时已能生产绨这个平纹丝织物的一个证据。当时发明的平纹变化组织，主要是纬重平组织。例如，考古工作者 1984 年在河南信阳的春秋早期黄君孟夫妇墓中出土了 5 块丝织品残片，其中有 3 块经鉴定被确认为纬重平组织，即由两根经丝为一组与一根纬线交织。从该丝织物的组织结构来看，该丝织物属于后世所记载的"并丝而织"的缣织物[61]。

（二）斜纹组织及斜纹变化组织和联合组织的出现

我国在商代已发明斜纹组织的织物。斜纹组织的特点是交织点连续而成斜向纹路，至少由 3 根经纬纱组成一个完全组织。斜纹浮线比平纹长，花纹突出，富有光泽。在古文献中，可以找到这方面的记述。例如《易·系辞上》有这样的记述："叁伍以变，错综其数，通其变遂成天地之文。"正义曰："叁，三也，伍，五也。"三或五交错变化，无疑是斜纹组织。

根据对现在掌握的出土文物进行分析，我国当时发明的斜纹组织，还不是在织品中单独出现的斜纹组织，而只是出现在织物的回纹、云纹、菱纹等几何图案中，同时又以变化的斜纹出现。例如，1937 年瑞典学者西尔凡在对远东博物馆收藏的中国商代的青铜觯和钺上黏附着的丝织品进行分析研究时，发现有菱形花纹的丝织品，其地部分组织为平纹，花部组织为斜纹变化组织，它是一下一上、一下三上为基础，图形只留下一部分，从残留部分可以看出，一个花纹的经纬纱循环是很大的，它属于绮类丝织物。又如，在我国故宫博物院收藏的商代玉刀和铜钺柄上，也发现有黏附着丝织物（图 2 - 23）。在玉刀正面把部，还存留着清晰的雷纹绮的痕迹，其他部分为平纹组织，花部则是用 4 枚异向斜纹显花。在铜钺柄上，有两处留存绮的残痕，一处是平纹地上起 4 枚斜纹花，另一处是平纹地上起 6 枚斜纹花[62]。在平纹地上，加入另一种组织形成花纹，是两种组织组成的联合组织。商周出土的绮类丝织品中的回

图 2 - 23　北京故宫博物院藏商代玉刀及其上织纹示意图

纹、云纹、菱纹大多是平纹、斜纹和变化斜纹组成的联合组织。在陕西省宝鸡茹家庄西周墓出土了一块丝织品上的花纹，是一个新的联合组织，由 5 枚假纱组织组成一个个"井"字花纹，九个"井"字组成一个菱形，每个"井"都有透孔，形成均匀的菱形透孔花纹[63]。这个新的联合组织，是联合组织的重大发展。

（三）复杂组织的出现

从现在掌握的资料表明，我国在周代已发明复杂组织。

在陕西省宝鸡茹家庄西周墓出土的铜剑柄上黏附着一块纬二重丝织品的残片，纬丝表里换层，纬浮最长 3～4 毫米，经丝显示菱形花纹。把这残片复原后的花纹，纬丝循环为 42 根，这是至今我国发现最早的纬丝起花的丝织品[64]。在周代出土的丝织品中，还出现经二重、纬二重组织和三重经组织，这些都属于复杂组织，是由二组经纱一组纬纱、一组经纱二组纬纱、三组经纱二组纬纱、二组经纱二组纬纱交织而成的。

在辽宁朝阳西周墓出土的 20 多层丝织品中，有多层丝织品属于经二重组织的丝织品，其正反面的组织均为三上一下经重平组织。

对出土文物进行分析得知，周代出土的锦，都是采用复杂组织制织而成的。我国出土的周代的锦是不少的，例如前面叙述过的湖北江陵楚墓出土的大批锦等丝织物。

在许多古文献中，也有关于周代锦的记载。例如《仪礼·聘礼》曾有这样的记述："上介奉束锦，士介四人，皆奉玉锦束请觌。"在《左传》中有"重锦"的字样，杜预注云："重锦，锦之熟细者。"从《左传》的这一句话中，可知锦是一种熟丝织品。

在周代的复杂组织的织品中，锦的数量是比较多的，这无论是在出土文物中，还是在古文献记载里，都能找到证据。

（四）绞纱组织的发展

我国在夏代以前，已发明原始的绞纱组织的原始纱罗织物。到商周时，绞纱组织已被运用到纤细的丝织品上，出现了绞纱丝织品，这表明在商周时绞纱组织有了较大发展。

绞纱组织是由绞经和地经形成的织物组织，扭绞处的纬纱间有较大的空隙，称为"纱孔"，因此它又称为纱罗组织。

考古工作者在河北藁城台西村出土的商朝铜觚上的丝织品的残留痕迹，经分析研究，确认该丝织品属于纱罗组织的丝织品[65]，这是商代已有纱罗组织的丝织物的证据。

二、织物品种的增加

夏商周时期，由于手工纺织生产技术的发展以及织造机具的进步，我国的纺织品种有了很大的发展，无论是葛织物，还是麻织物，或是丝织物或毛织物，都增加了许多品种，其中尤以丝织物品种增加最为显著。

（一）丝织品

在夏商周时期，我国丝绸生产不但数量相当可观，而且涌现出不少新品种。

在河南殷墟和其他商代遗址中，出土的丝织品印痕和残片相当多[66]。在殷墟出土的甲骨文中，已破译出桑、蚕、帛等100多个与纺织有关的字。这些足以证明我国在商代已大量生产丝绸，并发明了一些丝绸新品种。

我国在周代的丝绸生产，比商代有了较大的发展，发明的新品种也比较多。这可以在文献记载和出土文物中找到证据。

这个时期的许多文献，都曾记述有丝织品，例如，我们在前面论及织物组织时谈到《礼记·玉藻》等古文献，都有丝织品种的记述。《诗经》中有关蚕桑、纺织的描写甚多，这反映周代的丝绸生产相当发达，品种增加。《禹贡》是战国时成书的我国最早的一部经济地理书，是关于夏代禹时全国各地物产的记录。在书中谈到的全国九个州中，有养蚕和丝织物产的有六个州，它们分别是兖州：桑土既蚕……厥贡漆丝，厥篚织文（锦的一种）；青州：岱畎丝枲……厥篚丝（据考证是今之柞蚕丝）；徐州：厥篚玄纤、缟；荆州：厥篚玄纁、玑、组（丝带）；豫州：厥篚纤、纩（丝绵）；扬州：厥篚织贝（锦的一种）。此书的内容，有的是战国时的人追述的，不一定全是反映夏代禹时的情况，但说是反映夏至战国的情况应是站得住脚的，也是可信的。从文献记载的情况来看，夏商周时期我国已能生产绡、纱、纺、縠、缟、纨、绨、罗、绮、锦、绢等大类的丝织品。而每大类丝织品又各有多种花色品种，可以说花色品种繁多。

夏商周时期，已重视丝绸新品种的开发和创新，已能按照丝织品的粗细、厚薄、疏密、织纹和生熟来分类命名，丝织品的名称代表其织物组织结构、制造工艺、产品风格和用途等。甲骨文中有"帛"这个字，它是当时丝绸的总称。《周礼·地官》云："闾师……任滨以女事，贡布帛。"可见，周代的丝绸的总称仍称为帛。

考古工作者在考古中发现的商周出土文物数量较多，经分析研究，商周出土的丝绸品种，基本与文献中记载的夏商周的丝绸品种的种类相符。

1982年发掘的江陵马山一号楚墓出土了一批保存完好的丝绸衣衾，数量很多，用来做这些衣衾的丝绸品种有绢、纱、罗、绮、锦、绦、组、绨、刺绣等9大类，几乎包括先秦文献中记载的所有的丝绸品种。

此墓出土的衣物中，以绢为衣料的最多，共有55件衣服用绢作衣料，一般用作衣服的里料、面料、衣领、衣缘和绣地。这些绢的经纬线组织点是一上一下，组织循环经纬纱数等于2。它们的稀密程度各有差别。其中有9件衣物的绢的经线密度为每厘米60根以下；有29件衣物的绢的经线密度为每厘米60~100根；有12件衣物的绢的经线密度为每厘米101根至120根；有6件衣服的绢的经线密度为每厘米120根以上。这些绢的纬线比经线稀，有14件衣服的绢的纬密为经密的三分之一至二分之一；有20件衣服的绢的纬密为经密的三分之一左右；有21件衣服的绢的纬密为经密的二分之一以上。

此墓出土的纱，数量不多，大多保存不完整。有些纱的经密度为每厘米17~46根，纬密度为每厘米12~30根，厚度为0.02~0.15毫米。保存较好的是做巾的深褐色纱，幅宽23.2厘米，幅边密度为每平方厘米16~34根。另有一种深褐色纱，在方孔纱上面附着一层半透明的胶状物，使纱孔变成圆形。

此墓出土的绮是彩条纹绮，以黑、深红、土黄几种不同颜色的丝为经线，以棕色丝为纬线，顺颜色条带分带分区，相间织制，外观为顺经方向排列的深红、黑、土黄三色相间的窄长条，每条宽1.3~1.5厘米。黑色条区只有一种粗经线，组织点是一上一下，显然是继承商代的那种类似斜纹组织（底地平织而显花处是经斜纹）的传统织法。深红和土黄色条区的经线有粗细两种，作一比一相间配置，细经线的组织点是一上一下，粗经线则在织物表面有浮长线。相邻的两根粗经线的组织点相同。浮长部分的组织点为三上一下。此外其他部位的组织点则为一上一下。相邻的两根粗经线的浮长线部位，又以两根纬线相下错开，构成品字形纹。经纬密度为每平方厘米88×19根。

此墓出土的罗是素罗，左右两根经线（绞经和地经）有规律地交替向左右绞转，每相邻的四根经线形成近似六边形的网孔，每织入四根纬线完成一个组织循环。经线较粗，投影宽为0.15毫米，纬线较细，投影宽度为0.05毫米。经纬线均加S向捻，捻度为每米3000~3500次。经密度为每厘米40根，纬密度为每厘米42根，厚度为0.17毫米。从单衣的拼幅上直接量得幅宽在43.5~46.5厘米之间。边维宽0.35厘米，是上下的平组织，经密为每厘米142根，纬密为每厘米34根。

此墓出土的锦，数量仅次于出土的绢，数量也比较多，大多被用来做衣衾的面和衣物的缘，它们均是平纹地经线提花织物，有二色锦和三色锦两大类。二色锦在两种不同颜色的经线中各取一根成为一副，其中一根作为表经，另一根作为里经，织造时，为了配色和构图的需要，同一根经线有时作表经，有时作里经，这样，织物表面呈现出由二色线组成的各种图案。而为了表现三种或更多的色彩，则用分区配色的方法，将图案分作若干区，每一区中只使用两种颜色的经线。三色锦是从三种不同颜色的经线中各取一根形成一副，一根用作地色，另外两根用作显示花纹，织造时，其中一根作为表经，另一根作里经，基本组织与二色锦相同。二色锦和三色锦都属二重组织。经密度往往是纬密度的三倍或更多，纬密一般是每厘米24~54根之间，经密在每厘米84~156根之间。二色锦包括塔形纹锦、凤鸟凫几何纹锦、凤鸟菱形纹锦、条纹锦、小菱形纹锦、十字菱形纹锦6种。三色锦包括大菱形纹锦、几何纹锦和舞人动物纹锦3种。

此墓出土的绦有两种，一种是纬线起花绦，另一种是针织绦。绦是一种用丝线编织的窄带织物，可用来装饰衣物，也可以单独使用。此墓出土的纬线起花绦，分为A、B两种类型，A型采用抛梭法织入花纬，B型采用穿绕法织入花纬，纹饰有田猎纹、龙凤纹、六边形纹、菱形纹、花卉纹等，幅宽在2.3～6.8厘米之间，如出土的龙凤人物车马纹绦即属此类（图2－24）。针织绦是把丝线弯曲成线圈并串起来而成的绦带，属纬编织物。根据绦带组织结构的不同，亦可分为A、B两种类型，A型横向连接组织绦，是用紫红、淡黄两色丝线轮流进行编织组成线圈横列，正面形成彩色条纹。B型复合组织绦由横向连接组织和单面提花组织合成，花纹的主题一般属单面纬编提花组织，各个花纹主题之间以红棕、深棕、土黄色段相隔，属横向连接组织，织纹有动物纹、十字形纹和星点纹。针织绦幅面比较窄，仅有0.33～1.7厘米。此墓出土的针织绦，是目前世界上发现绦所处时代最早的针织品。

此墓出土的组均为双层，成筒状。组是一种只有经线交叉编织的带状织物。此墓用作衣领、缘的组用较粗的丝线编织，都是单色；用作带饰的组大多是单色，少数是二色或三色的，一般是交错排列，并不组织纹饰，只有编号为8－5B的帽，系用紫、土黄两色丝线编成，交替编织出三角纹、雷纹和横带纹。

图2－24　江陵马山一号楚墓出土的龙凤人物车马纹绦

此墓出土的绨为土黄色，外观经线密集，呈明显的纬向凸条，光泽好，有正反两面相同的效果。绨是一种比绢厚的平纹织物。此墓出土的绨，其组织结构与绢相同，但比绢厚实得多，经线由双股合成，加S捻，纬密仅及经密的八分之一，因此形成纬向凸条。

在其他地方也有商周时期出土的丝织品，有的地方出土的丝织品的数量和花色品种还比较多。

1977年，考古工作者在湖北省随县擂鼓墩战国墓的出土文物中，发现其中有一些丝织物残片。经分析研究，这些出土丝织物绝大部分是平素织物，也有花纹织物，品种有纨、绨、锦等。该墓出土的纨，经北京纺织研究所分析，结构精致细密，丝也极为均匀，织造技术极为精湛。出土的绨，经密为每厘米24根，纬密为每厘米21根，经纬丝投影宽0.3×0.5毫米。出土的锦的基本组织是平纹变化经二重组织，其所用的经纬原料均是桑蚕丝。经丝略有捻度，S捻向，纬丝无捻。单根经丝的投影宽度为0.07～0.13毫米；单根纬丝的投影宽度为0.1～0.17毫米。所含茧丝均为20～22根。经丝密度为每厘米50×2根，纬丝密度为每厘米19.5×2根，因它是采用的经面组织，所以经密远大于纬密。它的组织结构是用两种颜色的两组经线，同仅有一色的一种纬线交织。所有的经线均按其颜色差别，作一间一的排列，利用平纹变化组织互相搭配。当其一色经丝起三上一下平纹变化组织时，另一色经丝则起一上三下平纹变化组织，使相邻的两根经丝形成"卜"字形单元，并导致正反两面均呈现相同的结果。同时，又因其一色的超越三根纬丝的经长浮线，掩盖了另一色的仅超越一根纬丝的经组织点，所以在织物表面只呈现为一种颜色，而在其反面则呈现另一种颜色。无论花部或地部，从织物表面看，都是三上一下的经面组织；不同的，只是花部和地部交换使用不同的经丝织作，利用两种颜色的交换形成花纹。它的纬丝没有颜色的差别，虽只一种，但亦可按其在织物组织中所起作用不同而分为单、双数两种，以一间一的方式排列。单数为交织纬，专织地纹。双数为夹纬，夹藏于两重经丝，亦即两种不同颜色的经丝之间，不暴露于织物的两面。它的花纹组织的配置方式，具有明显的规律。残存的图案，是四方连续的变形几何图案，其艺术设计手法，与商代和西周时期的花纹设计艺术手法相比，已有发展；是在商代和西周的图案设计手法的基础上，向复杂多变的方向发展。商代的丝织纹样，都是简单的菱纹和回纹等几何图案。西周时期的丝织纹样，也以菱形和回纹为主，间或也有雷纹和小散点花纹。商代和西周的丝织纹样严格地遵守上下对称、左右对称的原则，以凝重严谨见长。此墓出土锦残片的图案结构，与商代和西周的丝织图案有相似之处，也以菱形做骨架，用斜线条勾勒成四方连续的花纹；不同之处是在中空部分添加上长短不一的横线条，部分地超越了绝对对称的规范，使图案增加变化和产生花地有虚有实、虚实分明的效果。另外，其花回循环比较大，每花纬丝的完全循环数为 136 根，经丝的完全循环数为 480 根，纹样的全宽达 4.6 厘米。而据对现存的一件商代回纹丝织物的印痕分析，每个回纹纬丝的完全循环数仅为 28 根；另一件现存的商代云雷丝织物印痕经分析，其云雷纹纬丝的完全循环数也只有 36 根。相比之下，可看出此墓出土的这种锦的织造技巧，已比商代和西周的织锦技艺进步。通过对此锦进行分析，可以看出它的菱形边的斜度，都是由三根经线的宽度和四根纬线的高度形成的，亦即其菱形边引申时，每上升四根纬线，即定向地过渡三根经线。综合对此锦的织物组织、纹样大小和花地交界线的状况进行分析，可以确定它的花纹不是用挑花的方法，而是用提花的方法织制的，所使用的织机是综蹑机[67]。

1957 年，考古工作者在长沙左家塘楚墓中出土一批数量比较多的丝织品，有纱、縠、锦等品种。出土的一块藕色纱手帕，属于平纹组织，织品长 28 厘米，宽 24 厘米，有稀疏的方孔，经纬丝投影宽为 80 微米，约是十个茧缫成的丝缕，透孔率为百分之七十，是相当轻薄的。出土的一块浅棕色绉纱手帕，经纬丝密度为每平方厘米 38×30 根，经纬丝都加强捻，纬丝捻向 S，经丝有 S 捻 Z 捻两种，相隔排列，其轻薄程度相当于现代的真丝乔其纱，说明它的织造技巧相当精巧。出土的大量的锦残片的纹样，相当复杂，花纹细致、复杂、古雅、色彩斑斓。其品种有深棕色地红黄色菱纹锦、褐地矩形锦、褐地红黄矩形锦、朱条暗花对龙对凤锦、褐地双色方格锦、褐地几何填花燕纹锦等。这些锦，都是采用经二重、经三重组织，经、纬丝的色彩主要有朱、棕、橘、土黄、褐等，纹样和色彩的配置非常和谐，有很高的艺术性，例如朱条暗花对龙对凤纹锦，在紧靠幅边，还有占宽 0.8 厘米的深棕色三上一下对称菱形斜纹组织的暗花条，显得分外雅致。又如：褐地双色方格纹锦，是三重组织，中心加特殊的挂经，挂经只在菱形细格中心几何花部位有四上一下的浮点，填充中心花[68]，以加强花纹的层次。

1970 年，考古工作者在辽宁省朝阳西周墓中出土一些丝织物，品种有纱、锦等，出土的丝绸物达二十多层，数量相当可观。出土的一块经纬密为每平方厘米 20×20 根的方孔纱，纱孔均匀整齐，属平纹组织，这种纱孔不如绞纱稳定。出土的二十多层丝织物中，经北京纺织科学研究所分析鉴定，有多层丝织物属经二重丝织品，呈黑褐色，经密为每厘米 26×2 根，纬密为每厘米 14 根，正反面都是采用三上一下的经重平组织，表面的经纬浮点都呈现出斜纹效果。这种组织的织品，最初是在汉墓出土，因此被称为"汉锦组织"。此墓出土的这些所谓用"汉锦组织"，表明这种组织并不是在汉代才有，最迟也是在西周就有了。这些出土丝织品的丝的三角形截面完全分散，证明它们是经过练丝的熟丝织品[69]。

1955 年，考古工作者在陕西宝鸡茹家庄西周早期墓葬中发现一把铜剑柄部有一块平纹地上五枚假纱组织形成的菱形花纹绮，由于纱线成束集聚，在花纹处形成均匀的透孔，使组成花纹的纱线凹凸不平，具有立体感（图 2 - 25）。这种由五枚假纱组成的绮，花纹比斜纹组成的花纹更具特色。在此墓中，还出土有经、纬丝显花、纬二重、纬丝里表交换的菱纹丝织品，它黏附在铜剑上，实物长 0.8 厘米，宽 1.5 厘米，经密为每厘米 70 根，纬密为每厘米 20×2 根，残存的花纹复原的纬丝循环达 42 根，显花纬丝浮长 3～4 毫米[70]。

图 2 - 25　茹家庄西周墓出土假纱织物组织图

在河北省藁城商墓中，考古工作者也发现铜觚上黏附有丝织品残片，经分析研究，其中有縠、纨等品种。縠的经纬丝都加强捻，外观绉纱摺，并显示出疏松的孔眼，属于一种绉纱织物。此墓出土的纨，经、纬密为每厘米 45×30 根、24×21 根，经、纬投影宽度为 0.2、0.4 毫米和 0.3、0.5 毫米，属于平纹织物。这种丝织品在其他商周墓中出土比较多，综合分析研究后发现它不断地发展，到战国时期发现的纨的质量，比商代的纨提高了许多。在殷墟出土的铜器钺上，也黏附有纨，其经密为每厘米 72 根，纬密为每厘米 35 根[71]。

（二）葛织品

在新石器时代，我国已能生产葛布。在古文献《韩非子·五蠹》中曾有尧"冬日麑裘，夏日葛衣"的记载，说明那时葛布已被用来做夏天的衣服。葛纤维有良好的吸湿、散湿性，葛织物挺括、凉爽、舒适，用葛布做夏季衣服的衣料，是很有道理的。在江苏吴县草鞋山新石器时代遗址中，出土三块葛布残片，比较粗糙，说明我国新石器时代的织葛技术还比较低，产量不会很高，品种也不会多。

到了夏商周时期，我国的织葛技术有了较大的发展，产量和品种都有增加，产品的质量也提高了。

在《禹贡》中，曾有"豫州贡漆、枲、絺、纻"的记述。《说文·糸部》云："絺，细葛也。绤，粗葛也。"《诗经·鄘风·君子偕老》中有"蒙彼绉絺"的诗句。毛传云："絺之靡者为绉。"《说文·糸部》云："绉，絺之细者也。"由此可见，当时已能生产三类粗细各不相同的葛织品，粗葛布称为绤，细葛布称为絺，比絺更细的葛布称为绉。当时豫州所贡的絺应是一种细葛布，被当作贡品，应是一种高级葛织品。据尹在积所著的《禹贡集解》的解释，当时的豫州是今河南省大部、山东省西部和湖北的北部，属于黄河流域中游的中原地区，说明当时这些地区生产的葛布已属于名产。

夏商周时期，已制定出"冕衣制度"，规定穿衣礼仪，用衣饰来区分社会成员的身份地位。贵族、国王、奴隶主、上层人士所穿的衣服的衣料不是丝绸就是细麻布和细葛布，这些高级布料平民（自由民，未当官的又不是奴隶的人）和奴隶是不能用的，只能用粗葛布和粗麻布作为衣料。而平民和奴隶的人数占社会成员的大多数，所以他们用于做衣服的葛布或麻布应该是数量相当多的，也就是说，当时的葛布生产应该是比较发达的，葛布的产量应是比较多的。在古文献中，我们可以找到这方面的证据。

周代统治者对葛布的生产相当重视，专门设立"掌葛"的官吏来管理葛的种植和纺织，说明当时官办葛纺织手工场规模已相当大，葛织品的产量和质量应有较大的提高，葛织品的品种相应的亦有了新发展。

《诗经》中涉及葛的种植和纺织内容的，竟有40多处。这表明当时葛的种植和纺织生产活动已相当普遍，同时葛的种植和纺织与社会生活已密切相关，所以才引起那么多的诗人关注和赞美葛的种植和葛布的织造。在《诗经·周南·葛覃》中，有"为絺为绤"的诗句，是说人们剥取松软的葛纤维，纺织成粗细不同的葛布；有"是刈是濩"诗句，说的是把葛藤收割回来，放在沸水中煮练；有"葛之覃兮，施于中谷"的诗句，生动地描述人们把葛的种子撒在山谷之中。从利用野生葛藤纺织葛布，到利用人工种植的葛藤纺织葛布，不但表明当时人们已发明人工种植葛藤技术，也说明人工种植葛藤后使纺织葛布不但有原料保证供应，而且葛藤质量也提高了，从而使葛布的产量和质量能得到提高，葛布品种能得到发展。

当时，不但黄河流域许多地方的葛布生产相当发达，长江流域许多地方的葛布生产水平也很高，尤其是地处东南的越国更加突出。在《吴越春秋》卷五《越王勾践归国外传第八》中，有这样的描述："越王曰：吴王好服之离体。吾欲采葛，使女工织细布献之，以求吴王之心，于子何如？群臣曰：善！乃使国中男女入山采葛，以作黄丝之布。……越王乃使大夫种索葛布十万、甘蜜九党、文笋七枚、狐皮五双、晋竹十瘦，以复封礼。"这段史料叙述越王勾践为了复国复仇而给吴王送礼以便使吴王放松警惕，达到他复国复仇的目的。所以越国生产和送给吴王的十万葛布，不但数量惊人，而且质量挺好。这说明当时越国的葛布生产不但规模大、产量多，而且葛布的质量也相当高。

在战国墓葬中也曾经有葛布出土。1952年考古工作者发掘长沙五里牌406号战国墓时，曾发现该墓内棺的外面用葛布来封缄，该葛布宽约0.14米，并用漆涂过，保存完好。

（三）麻织品

我国在新石器时代已发明麻纺织技术。钱山漾遗址出土的几块苎麻布，其纤维细度和经纬密度已与今天的粗布差不多。到了夏商周时代，麻布生产技术水平又有了较大的提高，麻布产量和质量都有比较明显的变化，品种也有了发展。在古文献中，有关这方面的情况记述相当多，在考古中也相继出土了这个时期的麻布文物。到商周时期，我国的麻布品种已有苘麻布、大麻布和苎麻布三大类品种。

在《诗经·卫风·硕人》中，有"衣锦褧衣"的诗句，褧衣是一种襌衣，是用苘麻布作的衣服。由于苘麻纤维粗，没有其他麻类纤维坚韧，织成的苘麻布比较粗糙，不能做高级衣服的衣料，但可作为罩衣。当时的上层人物为表示简朴，往往在锦衣之外，加服这种罩衣。苘麻纤维纺织性能的缺陷，导致它在商周时期虽有生产，但远不如大麻布和苎麻布那样受重视，以致后来很少用它来织布，而只用来做绳索之类的物品。

夏商周时期，大麻布的生产得到比较大的发展，产品的产量和质量都有明显的提高，受到统治者的高度重视。周代专门设有管理麻布生产的官吏，官办织布手工场规模应相当大，主要是生产大麻布和苎麻布。《诗经》涉及麻布生产的内容多达几十处，这也为当时麻布生产提供了证据，证明当时麻布生产确实有较大的发展。在周代的官办手工场里，对麻布的质量标准已有明确的规定，在《礼记·王制》中曾有这方面的记述："布帛精粗不中数，幅广狭不中量，不鬻于市"。文中的"布"是指麻布和葛布，因当时没有生产棉布；"帛"是指丝绸。当时，衡量麻布的精细程度是用布幅内经纱的多少来表示的，单位为"升"。那时布幅规定为2尺2寸（合现今1.5尺）。规定布幅内有80根经纱，为一升布。周代的冕服制度十分严格，规定按不同地位的人穿相应的衣服，按此规定奴隶和罪犯只能穿7升到9升的粗布做成的衣服，一般平民可以穿10升到14升的麻布做成的衣服，15升以上的细麻布专供社会上层身份地位高的人做衣料，丝绸也是专门供这些人用作衣饰。由于麻布是供全社会的人穿用的，所以社会所需的麻布是相当多的，产量应该是不少的，包括大麻布在内的所有麻布品种，在当时都得到较大的发展。在《诗经·曹风》中，有"蜉蝣掘阅，麻衣如雪"的诗句，郑玄笺："麻衣，深衣。"它是一种朝服，是诸侯上班穿的礼服。据《仪礼·士冠礼》郑玄注："朝服者，十五升布之而素裳也。""深衣者，用十五升布，全般濯灰治，纯之以采。"这种麻布经纱密度每厘米约24缕，相当于现代绢的密度的一半，是比较精细的。最精细的30升大麻布，曾被用来做诸侯的弁冕（一种官员礼帽），这在文献中有记载。例如，《仪礼·士冠礼》爵弁服，郑玄注："爵弁服，冕之……其布三十升。"《禹贡》里所提到的豫州贡麻布，应是30升的精细品种的麻布。

当时大麻布的生产情况，不但有文献记载作为佐证，也有出土大麻布文物作佐证，出土大麻布文物的地方，有以下三处：

1978年，在福建武夷山白岩崖洞墓船棺中，发现距今约3445年的三块大麻布残片，属平纹组织，经密为每厘米20～25根，纬密为每厘米15～15.5根，相当于12～15升布，是比较细的大麻布品种[72]。

1973 年，在河北藁城台西村商代遗址和墓葬中出土两块大麻平纹织品，其中一块经密为每厘米 14～16 根，纬密为每厘米 9～10 根；另一块经密为每厘米 18～20根，纬密为每厘米6～8 根，相当于 10 升布。

1978 年，在江西省贵溪县鱼塘乡的崖墓中，发现有春秋时代的三块大麻布残片，有黄褐、深棕、浅棕三色，经密为每厘米 8～10 根，纬密为每厘米 8～14 根。

上述几处遗址出土的大麻布文物证明，当时我国无论北方还是南方，都有大麻布生产。

当时的苎麻布的生产，也很发达。苎麻纤维洁白、纤细、强韧、柔软，因此苎麻纤维性能在所有麻类纤维中质量最佳，织成的苎麻布在所有麻布类中质量最好。《禹贡》所提到的豫州贡麻布没有指明麻布的品种，但既是贡品应是最精细的质量好的麻布，所以豫州贡的麻布除了精细的大麻布外，应该还有精细的苎麻布。

我国是苎麻的原产地，夏商周时已大量种植苎麻和生产苎麻布，不但产量多，而且质量高。《周礼·天官冢宰第一》郑玄注："白而细疏曰纻。"纻是指苎麻和苎麻布两个含义，这里应是指苎麻布，苎麻布是一种精细的麻布。商周的官办纺织麻布手工场所生产的麻布，是供官府消费的，应是生产精细的麻布，所以其中必然会比较重视苎麻布的生产。

在《春秋左传·襄公二十九年》有这样的记述："吴季扎聘于郑，见子产，如旧相识，与之缟带，子产献纻衣为报。"这是记述两人互赠礼物的事，既是礼物，应是名贵之物，从中可以看出缟是吴国的名产，纻衣是郑国的名产。纻衣是由苎麻织成的苎麻布做成的衣服，这说明当时郑国以盛产苎麻织品而闻名于世。

关于这个时期苎麻布生产的情况，也可以从出土的苎麻布文物找到佐证。

在福建商代武夷山船棺中，曾发现一块经、纬密为每厘米 20×15 根的棕色平纹苎麻布。

在陕西宝鸡西高泉一号墓葬中发现有麻织品，经北京纺织科学研究院分析鉴定，确认是苎麻织品，经密为每厘米 14 根，纬密为每厘米 6 根。

在长沙战国墓出土的苎麻织物，经密为每厘米 28 根，纬密为每厘米 24 根[73]。

1978 年，在河北省定县战国时期中山国墓葬中出土的器皿盖下保存有洁白如新的苎麻布，经北京纺织科学研究院分析，该苎麻布经纬密度为每厘米20×12根。

（四）毛织品

我国的毛织品生产，历史很悠久。1960 年，考古工作者在青海省都兰县一个新石器时代的遗址中，出土了几块毛织物，证明当时我国已能织制毛织物了。

到了夏商周时代，我国的毛纺织生产有了一定的发展。

在《禹贡》中，有这样的记载："梁州、雍州贡织皮。"孔传：织皮，毛布。梁州、雍州是今之陕甘地区，说明当时这些地区的毛纺织生产已很发达，生产的毛布已闻名全国。

在《诗经》中，有"毳衣如菼，毳衣如璊"的诗句，意思是说这种毛纺织品做的衣裳，有青白色的，有鲜红色的，表明那时人们已能用天然染料将毛织品染出各种美丽的颜色。

在《周礼·天官·掌皮》里，有这样的记载："共其毳毛为毡。"这说明当时已能生产毛毡。参照民族学和纺织学资料进行分析,可知毛毡是属于无纺织布中的一个品种。毡是利用毛纤维的良好弹性,毛外表的鳞片,遇热软化膨胀,经过加压加温搓揉,使鳞片相互嵌合而成。毛纤维的这种性能,称为缩绒性。从周代设置专门负责管理毛毡生产的官吏来分析,当时制毡应有一定的规模,产量应不少。我国周代生产的毡是世界上出现最早的无纺织毛布。

制毡技术的发明,可能是人们看到用毛铺垫受潮后挤压引起缩绒现象而得到启发后发明的。据《新疆图志》的记述,居住在新疆的兄弟民族做毡的方法是这样的:把洗净的羊毛摊在芨芨草做的帘子上,手持柳条将羊毛拍均匀,并浇上开水,然后将铺上羊毛的帘子紧紧地卷起来,或是用驴、马拖着石头滚子在上面滚压。夏商周的制毡方法,可能与此相似。

商周的毛织品在考古发掘中多有发现。

1979 年,考古工作者在新疆哈密发现相当于商代末期的毛织品,其中还有彩色的毛纺织品。

1957 年,考古工作者在青海柴达木盆地南部的诺木洪发掘和收集了大量的毛制品[74]。据考古研究所实验室分析鉴定,确认这些毛制品的生产距今 2795 ± 115 年,相当于西周初期。毛织品大多属于平纹织品,有黄褐或红黄两色相间的条纹的织品,也有染色的素织品,一般经密比纬密大。例如,其中有一块毛织品的纬密为每厘米 6 根,经密为每厘米 13 根,其经密比纬密大一倍多,织物表面覆盖着经纱,细密光滑,保暖防风,适合于风沙较大的高原地区做服装。在这些出土的织品中,有一块纬重平织物,纱线粗,捻度小,经密纬密小,质地松软,保暖性好。这些纺织品,纱线均匀,织作平整,各具风格。

上述出土的毛织品表明,我国商周时期毛织品不但产地广,而且生产技术已达到较高的水平,品种亦有了发展。

（五）刺绣

我国的刺绣历史悠久,《尚书·虞书》有关于帝舜命禹做衣服的故事,"予欲观古人之象,日、月、星辰、山龙、华虫、作会、宗彝、藻、火、粉、米、黼、黻、绨绣（刺绣）,以五彩彰施于五色作服（衣服）"。这表明刺绣出现之早。

刺绣是在纺织品上按图案设计的要求穿刺,通过运针将线组织成各种图案与色彩的物品。到夏商周时期,我国的刺绣已得到较大的发展。在古文献中有这方面的记述,从出土文物中也找到了佐证。

在《诗经》中,有"黼衣绣裳"、"衮衣绣裳"、"素衣朱绣"等诗句,这都是描述刺绣运用到衣服上的。由于夏商周制定了"冕服制度",礼服上大量运用刺绣,以刺绣衣服为高贵服饰,在上层人士中成了风尚,所以刺绣被广泛运用到衣服上,促进了刺绣的发展。在《荀子·赋篇》中的《箴（针）赋》还总结了刺绣技术,当时已用铁针代替竹针,采用锁绣法能绣出各种复杂精致的花纹。这些文献的记述,证明当时我国北方的刺绣已有较大的发展。

我国南方的刺绣当时也得到较大的发展,尤其是楚国的刺绣发展更快,成就更大,这可从出土文物中得到有力的证据,从文献记述中也可找到佐证。

在《史记·滑稽列传》里,有这样的记述:"楚庄王之时,有所爱马,衣以文绣。"楚庄王竟让马披上刺绣品,这说明在春秋中期楚国王室已普遍使用刺绣品,证明楚国当时的刺绣生产已相当发达。

到了战国时期,楚国的刺绣比以前又有了较大的发展,从出土文物中可以找到充足的证据。

在属于楚文化系统的战国早期曾侯乙墓,曾出土棕色绢地两身龙纹绣一幅,较完整,坯料是绢,针法是锁绣。在战国中期的江陵望山二号墓中,出土较为完好的卷曲纹绣一块,坯料为绢,针法是锁绣。绣地为浅黄色,绣花为褐色。在战国中期湖南烈士公园三号木椁墓中出土2件刺绣,它们粘贴在外棺内壁东端当板与南边壁板上,绣龙凤纹,坯料为绢,针法是锁绣。另外,该墓出土的丝被面上绣有花纹,纹样不详。在战国长沙406号墓中,出土用作衣服料的残绣片一块,坯料为绢,针法是锁绣,纹样不详。在战国中晚期的前苏联阿尔泰山区巴泽雷克五号墓中,出土有凤鸟草纹刺绣鞍褥面1件,针法是锁绣;该墓出土的刺绣花纹风格是战国中晚期楚国刺绣花纹的典型风格,应是楚国刺绣外销的证据。在战国中晚期的江陵马山一号墓中,出土绣品12件,主题花纹为龙凤纹,坯料是罗的有1件,坯料是绢的有20件,针法是锁绣,这些绣品主要用于衣衾及其他物件的面和缘[75]。这些精美的出土绣品,展示了我国战国时期刺绣工艺的高度成就。

参 考 文 献

［1］河北省文物研究所：《藁城台西村商代遗址》，文物出版社，1977 年。

［2］福建省博物馆、崇安县博物馆：《福建崇安武夷山白岩崖洞墓清理简报》，《文物》1980 年第 6 期。

［3］中国科学院考古研究所：《长沙发掘报告》科学出版社，1957 年。

［4］陈维稷：《中国纺织科学技术史（古代部分）》第 8 页，科学出版社，1984 年。

［5］福建省博物馆等：《福建崇安武夷山白岩崖洞清理简报》，《福建文博》1980 年第 2 期。

［6］曾凡等：《关于武夷山船棺的调查和初步研究》，《文物》1980 年第 6 期。

［7］陈维稷：《中国纺织科学技术史（古代部分）》第 147 页，科学出版社，1984 年。

［8］林忠干等：《福建古代纺织史略》，《丝绸史研究》1986 年第 1 期。

［9］陈炳应主编：《中国少数民族科学技术史丛书·纺织卷》第 22 页，广西科学技术出版社，1996 年。

［10］胡厚宣：《殷代的蚕桑和丝织》，《文物》1972 年第 10 期。

［11］《周礼·地宫·司徒》。

［12］《礼记·月令》："命野虞无罚桑柘。"

［13］赵承泽等：《关于西周丝织品（岐山和朝阳出土）的初步探讨》，《北京纺织》1979 年第 2 期。

［14］王裕中等：《中国毛纺织发展简史——中国羊毛纺织渊源再探》，《中国纺织科技史资料》第 15 集，北京纺织科学研究所，1983 年。

［15］新疆维吾尔自治区文化厅文物处等：《新疆哈密焉不拉克墓地》，《考古学报》1989 年第 3 期。

［16］青海省文物管理委员会等：《青海都兰县诺木洪搭里他里哈遗址调查与试掘》，《考古学报》1963 年第 1 期。

［17］康殷：《文字源流浅说》，荣宝斋，1979 年。

［18］程应林等：《江西贵溪崖墓发现的一批纺织品和纺织工具》，《中国纺织科技史资料》第 3 集。

［19］蒋猷农：《石桥古缫丝工具初探》，《中国纺织科技史资料》第 16 集。

［20］何堂坤、赵丰：《中华文化通志·纺织与矿冶志》第 53 页，上海人民出版社，1998 年。

［21］王若愚：《浅述河北纺织业上的几项考古发现》，《中国纺织科技史资料》第 5 集。

［22］中国科学院考古研究所：《长沙发掘报告》第 64 页，科学出版社，1957 年。

［23］赵承泽等：《关于西周丝织品（岐山和朝阳出土）的初步探讨》，《北京纺织》1979 年第 2 期。

［24］高汉玉等：《台西村商代遗址出土的纺织品》，《文物》1979 年第 6 期。

［25］赵承泽等：《关于西周丝织品（岐山和朝阳出土）的初步探讨》，《北京纺织》1979 年第 2 期。

［26］高汉玉等：《藁城台西村商代遗址出土的纺织品研究》，《文物》1979 年第 6 期。

［27］福建省博物馆等：《福建崇安武夷山白岩崖洞墓清理报告》第 20 页，《文物》1980 年第 2 期。

［28］北京市文物管理处：《北京市平谷县发现商代墓葬》，《文物》1977 年第 11 期。

［29］江西省博物馆等：《江西贵溪崖墓发掘》，《文物》1980 年第 11 期。

［30］北京市文物管理处：《北京市平谷县发现商代墓葬》《文物》1977 年第 11 期。

［31］高汉玉：《贵溪崖墓出土的纺织品和机具（鉴定报告）》，江西省博物馆，1979 年。

［32］云南省博物馆：《云南江川李家山古墓群发掘报告》，《考古学报》1975 年第 2 期。

［33］山东省博物馆：《临淄郎家庄一号东周殉人墓》，《考古学报》1977 年第 1 期。

［34］《后汉书·桓帝纪》注引《帝王世纪》。

［35］熊传新：《长沙新发现的战国丝织品》，《文物》1975 年第 2 期。

［36］荆州地区博物馆：《湖北江陵马山砖厂一号墓出土大批战国丝织品》，《文物》1982 年第 10 期。

［37］任月杨：《丝绸文物的复制方法》，《江苏丝绸》，1991 年。

［38］何堂坤、赵丰：《中华文化通志·纺织与矿冶志》，上海人民出版社，1998 年。

［39］李科友等：《试论东周时期于越族的纺织技术》，《中国少数民族科技史研究》第 6 辑。

［40］温少峰等：《殷墟卜磁研究》，四川省社会科学院出版社，1983 年。

［41］河北省文物研究所：《藁城台西村商代遗址》，文物出版社，1977 年。

［42］宝鸡市博物馆等：《宝鸡县西高泉村春秋秦墓发掘记》，《文物》1980 年第 9 期。

［43］陈娟娟：《两件有丝织品花纹印痕的商代文物》，《文物》1979 年第 12 期。

［44］赵承泽等：《关于西周丝织品（岐山和朝阳出土）的初步探讨》，《北京纺织》1979 年第 2 期；李也贞等：《有关西周丝织物和刺绣的重要发现》，《文物》1976 年第 4 期。

［45］葛洪：《抱朴子内篇·仙药篇》，北京燕山出版社，2009 年。

［46］《新修本草》卷四雄黄条注引陶弘景。

［47］解玉林等:《周—汉毛织品上红色染料主要成分的鉴定》,《文物保护和考古科学》2001 年第 1 期。

［48］陈维稷:《中国纺织科学技术史》第 84 ~85 页,科学出版社,1984 年。

［49］赵匡华、周嘉华:《中国科学技术史·化学卷》第 628 页,科学出版社,1998 年。

［50］陈维稷:《中国纺织科学技术史》第 85 页,科学出版社,1984 年。

［51］杜燕孙:《国产植物染料染色法》第 189 页和第 218 页,商务印书馆,1950 年。

［52］解玉林等:《周—汉毛织品上红色染料主要成分的鉴定》,《文物保护和考古科学》2001 年第 1 期。

［53］赵匡华、周嘉华:《中国科学技术史·化学卷》第 627 页,科学出版社,1998 年。

［54］《论语·乡党》。

［55］《论语·国货》。

［56］《论语·国货》,《孟子注疏·赵岐·题辞》。

［57］化学发展简史编写组:《化学发展简史》,科学出版社,1980 年。

［58］李也贞等:《有关西周丝织和刺绣的重要发现》,《文物》1976 年第 4 期。

［59］陈维稷:《中国纺织科学技术史》第 87 页,科学出版社,1984 年。

［60］辽宁省博物馆文物工作队:《辽宁朝阳魏营子西周墓和古遗址》,《考古》1977 年第 5 期。

［61］河南信阳地区文管会等:《春秋早期黄君孟夫妇墓发掘报告》,《考古》1984 年第 4 期;戴亮:《古代和近代的丝织品种——缣》,《丝绸》1987 年第 6 期。

［62］陈娟娟:《两件有丝织品花纹印痕的商代文物》,《文物》1979 第 12 期。

［63］刘伯茂:《我国西周丝织品的生产技术》,《中国纺织科技史资料》第 2 集。

［64］赵承泽等:《关于西周丝织品（岐山和朝阳出土）的初步探讨》,《北京纺织》1979 年第 2 期。

［65］高汉玉等:《台西村商代遗址出土的纺织品》,《文物》1979 年第 6 期。

［66］胡厚宣:《殷代的蚕桑和丝织》,《文物》1972 年第 10 期。

［67］北京《纺织史》编写组:《关于播鼓墩战国墓出土的提花织物》,《中国纺织科技史资料》第 2 集。

［68］熊传新:《长沙新发现的战国丝织品》,《文物》1975 年第 2 期。

［69］辽宁省博物馆文物工作队:《辽宁朝阳魏营子西周墓和古遗址》,《考古》1977 年第 5 期。

［70］刘伯茂:《我国西周丝织品的生产技术》,《中国纺织科技史资料》第 2 集。

［71］高汉玉等:《台西村商代遗址出土的纺织品》,《文物》1979 年第 6 期;西尔凡:《殷商的丝绸》,《远东博物馆馆刊》1937 年第 9 期。

［72］福建省博物馆等:《福建崇安武夷山白岩崖洞墓清理报告》,《文物》

1980 年第 2 期。

　　[73] 中国科学院考古研究所:《长沙发掘报告》,科学出版社,1957 年。

　　[74] 青海省文物管理委员会、中国科学院考古研究所青海队:《青海都兰县诺木洪塔里他里哈遗址调查与发掘》,《考古学报》1992 年第 1 期。

　　[75] 袁建平:《楚绣艺术浅论》,《丝绸史研究》1992 年第 2 期。

第 三 章

秦汉时期的纺织印染技术

公元前221年，秦始皇嬴政统一中国后，为巩固政权，在政治、经济、文化等领域制定了一系列严格的行政措施，实行统一法律、统一文字、统一度量衡、置郡县、修驰道等，促进了社会生产力的发展，社会经济曾呈现一段短暂的繁荣景象。秦碣石《石刻辞》所云："男乐其畴（田亩），女修其业（纺织）。"虽有歌功颂德之嫌，但确也是当时社会生产方式的真实写照。秦末战乱，生产遭到极大破坏，百业凋敝，但汉王朝建立后，初期即推行"休养生息"的政策，不但轻徭薄赋，而且提倡发展农桑生产，同时还鼓励人口增殖和开垦荒地，以及兴修水利。这些措施的推行，为经济的发展和纺织印染技术的发展提供了有利条件，并很快就收到了成效。

汉代纺织手工业的迅速恢复也得益于发达的官营纺织手工作坊。据《汉书·食货志下》记载，汉武帝有一次"北至朔方，东封泰山，巡海上，旁北边以归，所过赏赐，用帛百余万匹"。这里所指的"帛"，是当时丝织品的总称。可见赏赐的丝绸的数量相当多。又据《汉书·匈奴传》记载：汉宣帝甘露三年（公元前53年）正月，呼韩邪单于朝天子于甘泉宫，赐锦绣绮縠杂帛八千匹；又明年（公元前52年）呼韩邪单于复入朝，礼赐加锦帛九千匹；又河平四年（公元前25年）入朝，加赐锦绣缯帛二万匹。皇帝赏赐群臣和少数民族首领的丝绸，不但数量大，而且所赏赐的丝绸大多是高级丝织品。为了满足这些消费，汉代设有庞大的官营纺织手工作坊来从事纺织印染生产。官营手工作坊里的织工，被迫提高生产率和改进技术来满足统治者的消费需求，从而在客观上促进了纺织印染技术的改进和提高。

汉代统治者不但自己消费大量高级丝织品和将大量的丝绸赏赐给群臣及少数民族首领，而且还将大批纺织品用作外贸的商品，尤其是自汉武帝时期开通丝绸之路以后，用于外贸的纺织品数量剧增。考古工作者在丝绸之路上发现的大量纺织品文物，印证了汉代繁荣的商品外贸交易对纺织业迅速发展的促进作用。

秦汉时期的上述因素，都为这一时期纺织印染技术的进步提供了有利条件。因此在秦汉时期，不但纺织品产量大幅增长，前代的纺织印染机具和生产技艺也得到改进和推广，而且在纺织印染机具方面又有不少发明创造，生产技艺、织物组织和织物品种方面更是不断创新。如产量方面，仅武帝元封年间（公元前110—公元前105），民间每年即"均输帛五百万匹"，相当于2400万平方米左右（汉尺），而当时全国人口至多不过五六千万[1]；工具方面，缫车、纺车、踏板织机、多综多蹑织机等机具的结构都已趋于完善，而且出现了束综提花机；印染方面，出现了多色套版印花工艺和蜡染工艺。

第一节 纤维原料的生产技术

秦汉时期，植物韧皮类纤维应用十分广泛，人们对这类纤维的形态、用途的认识较之前代有了很大提高，而且为提高产量，栽培技术也愈来愈被重视。有关利用实类植物纤维棉花纺织的情况也开始见于记载。

一、韧皮类纤维原料的生产

（一）大麻纤维

秦汉时期，大麻是必种的农产品之一。《汉书·食货志》说："种谷必杂五种，以备灾害。"其"五种"即黍、稷、麻、麦、豆，而且种植大麻成为可以获取可观经济收益的生产活动。《史记·货殖列传》载："齐鲁千亩桑麻……此其人与千户侯等。"种植区域除传统产麻地区外，湖南、四川、内蒙古、新疆等地也都成为主要大麻产地。湖南所产大麻，纤维质量已相当出色，长沙马王堆一号汉墓曾出土几块大麻布，经分析鉴定，编号为 N29－2 的大麻布，纤维投影宽度约 22 微米，截面面积 153 平方微米，断裂强度为 4 克强，断裂伸长为 7%。上述指标，除断裂强度稍差外，均与现代大麻纤维相近[2]，说明当时的选种和栽培技术已达到相当高的水平。四川所产大麻布，以品质佳享誉各地。《盐铁论》中有"齐阿之缣，蜀汉之布"之赞美。内蒙古草原土地丰饶，但汉以前没有大麻种植，崔寔出任五原太守后，看到民众冬月无衣，为取暖，积细草而卧其中，见官时则裹草而出，深感震惊。于是筹集资金购买纺织机具，教民引种大麻和纺绩，解除了民众的寒冻之苦[3]，从此大麻的种植和纺绩也在内蒙古草原扎下了根基。新疆地区大麻的种植非常普遍，《后汉书·西域传》记载："伊吾地，宜五谷桑麻葡萄"。

西汉时期，大麻的栽培技术有了很大提高，已遵循"趣时、和土、务粪泽、旱锄、早获"的原则，而且雄株和雌株是分开单独栽种的。《氾胜之书》分别介绍了栽种枲麻和苴麻的方法。谓种枲：春冻解，耕治其土。春草生，布粪田。选择的播种时间，既不能太早，也不能过晚。太早则麻茎刚坚、厚皮、多结。过晚则皮不坚。不过宁失于早，不失于晚。当穗上花粉放散如灰末状时就要拔起来。谓种苴：二月下旬、三月上旬，傍雨种之。麻生叶后要除草，麻秆高一尺左右，要施蚕屎粪之，如无蚕屎，也可以用熟粪粪之。天旱时，要用流水浇之，无流水可改用井水，但一定要将井水暴晒一下，杀其寒气再浇之。雨季时勿浇。采用这种方法，良田每亩可收 50～100 石，薄田至少 30 石。《四民月令》还将一年中每月与麻有关的农事活动作了归纳，谓：正月"粪田畴（麻田）"。二月"可种植禾、大豆、苴麻、胡麻（芝麻）"。三月"时雨时，可种稻秔及植禾、苴麻、胡豆、胡麻"。五月"可种禾及牡麻"。十月"可折麻趣绩布缕"。为提高农田利用率，有些地区还采取麻、麦轮种的方式[4]。

（二）苎麻纤维

中国是苎麻的原产地，先秦的文献《诗经》《周礼》《左传》等，都将其称之为"纻"，直到秦汉之际才开始用"苎"字。

北纬 19～30 度之间的区域，气候温暖湿润，最适宜苎麻生长，现今我国苎麻产区即分布在这一区域。而在唐以前，苎麻的分布区域极为广阔，黄河和长江流域都可看到它的踪迹。秦汉时期，有据可考的苎麻产地有河南、山东、山西、湖北、湖南、广西、云南、海南岛等。其中，海南所产苎布主要供当地民众作衣料[5]。河南、湖北所产苎布较为精细，是当地的主要贡品之一[6]。云南哀牢山区少数民族所产苎布最具特色。《后汉书·西南夷传》载：“哀牢……土地沃美，宜五谷、蚕桑，知染采文绣，罽毲、帛叠、兰干细布，织成文章如绫锦。”“兰干细布”，即细苎麻布，可与绫锦媲美。汉代苎麻布实物，在湖北江陵凤凰山汉墓和湖南长沙马王堆一号汉墓曾有出土。马王堆一号汉墓出土编号为 N26－10 和 N27－3 的苎麻布，经鉴定，纤维截面形态较佳，未成熟的呈带状纤维的不多，表明西汉初期人们对于苎麻的生长规律已有相当的掌握，积累了丰富的栽培和收割的经验。编号为 N26－10 和 N27－3 的苎麻纤维与现代苎麻纤维的物理机械性能比照见下表[7]。

出土麻纤维和现代麻纤维的物理机械性能比较表

纤 维 种 类		测 试 项 目					
		投影宽度（微米）	截面积（平方微米）	支数（公支）	断 裂 强 度		断裂伸长（％）
					克/旦	不匀率（％）	
出土麻	N26－10（苎麻）	35.15	455.28	1487	2.16	49.41	6.74
	N27－3（苎麻）	29.68	277.27	2388	1.20	44.12	7.04
	N27－2（苎麻）	24.03	280.70	2359	2.15	38.59	6.42
	N29－2（大麻）	21.83	153.01		4.46	40.28	6.72
现代麻	苎麻	27.00	345.25	1918	5.08	40.74	7.08
		31.65	512.18	1293	3.94	35.53	5.56
	大麻	15.87	188.76		13.60	39.33	5.02

注：出土大麻 N29－2 和现代大麻的断裂强度以单根纤维强力克表示。

（三）葛纤维

据文献记载，在汉代葛纤维的使用似乎远不如以前，但在北方的豫州和青州（今河南、山东）等地，南方的吴越（今江苏、浙江）等地，都还有高质量葛织物的生产[8]，而番禺（今广东）则是一个较有影响的葛布集散地[9]。越地生产的葛布，深受皇室偏爱，《后汉书·独行列传》载：“（陆续）祖父闳……喜着越布单衣，光武见而好之，自是常敕会稽郡献越布。”马皇后也曾一次就赏赐诸贵人“白越三千端”[10]。因生产量大幅度萎缩，挺括、凉爽、舒适的夏季服装衣料——葛布，已是奢侈品，只有有钱人才能享用。东汉王符在《潜夫论》中就曾以葛织物为例，贬责京城的浮侈之风，云："今京城贵戚，衣服饮食，车舆文饰，庐舍皆过王制，潜上甚矣。从奴、仆、妾，皆服葛子升布"。

（四）其他纤维

秦汉时期使用的麻类纤维还有苘麻和蕉葛。由于苘麻的纺织性能远不如大麻和苎麻，这时已基本不用它作衣着原料，仅以它制作绳索。在长沙马王堆一号汉墓中，捆扎存放衣物竹筒的绳索，即是由苘麻制作。蕉葛是指我国南方生长的属芭蕉科多年生的蕉类植物。一些种类蕉的叶鞘中含有63%的全纤维素，有纺织价值，如芭蕉（图3-1）和苷蕉（图3-2），我国古代曾用它们绩纺成布，统称蕉布。文献记载表明，广东、广西一带利用蕉的茎皮纤维纺织的历史，至迟在汉代即已开始。东汉杨孚《异物志》记载："茎如芋，取濩而煮之，则如丝，可纺绩……则今交阯葛也。"

图3-1　芭蕉

图3-2　苷蕉

二、蚕桑生产及技术

秦汉时期，朝廷非常重视农桑生产。以汉室为例，汉皇室沿袭前代做法，每年必由皇后亲自举行养蚕仪式，《三辅黄图》说皇后每年的亲蚕之地，都是在上林苑所设的蚕馆举行。汉代设有专职蚕官，《汉旧仪》云，置"蚕官令丞"，为管理养蚕业的官员。除此以外，许多地方官吏也非常重视蚕桑生产，常常劝令所辖百姓栽桑养蚕，《后汉书·卫飒传》载，建武中桂阳太守茨充"教民种植蚕柘麻苎之属，劝令养蚕织履"。

官府的倡导和重视，不仅使蚕桑业呈现出一派兴盛景象，而且还推动了蚕桑生产区域的扩大。当时栽桑养蚕的主要地区有山东、河南、湖北、陕西、浙江、江苏、安徽、四川等，甚至云南、海南岛等边远地区也有蚕桑生产。在蚕桑业发达地区，养蚕季节为方便蚕农采桑，很多城镇都不关城门，汉《张迁碑》文："蚕月之务，不闭四门"，便是其真实写照。当时南北边远之地也都先后出现了蚕桑业。

山东地区蚕桑生产之盛，在当时许多文献中均有描述。据《史记·货殖列传》载："'齐带山海'膏壤千里，宜桑麻，人民多文彩布帛鱼盐。"当时齐郡的临淄是全国蚕织业中心之一，民间蚕织生产相当普遍。而战国时期鲁国所管辖的区域，到汉代时亦"颇有桑麻之业"，这是《史记》对这一区域桑麻生产的记述。另据《盐铁论·本议》以及《流沙坠简考释》所言，汉代时的定陶（今山东定陶）、东阿（今山东阳谷）和亢父（今山东济宁），生产的缣名闻全国，产量非常多，也从侧面反映出上述这几个地区的蚕桑生产规模是比较大的。

汉代时，河南陈留郡的襄邑，所产织锦和刺绣非常有名。《说文》里有这样的记述："锦，襄邑织文也。"类似的记述在《范子计然》中也曾出现，谓"大丈出陈留"。织锦业如此发达，使用的蚕丝一定比较多，蚕桑生产当然也会相当兴旺。

在当时河北所产的丝织品种，以缣最为有名。据《初学记》卷二九引《晋会》载，巨鹿、赵郡（今河北高邑）、中山（今河北定县）、常山（今河北正定）等地，均出产缣。另据《太平御览》卷八一八引《东观汉记》载，东汉初年，巨鹿生产的缣甚佳，统治者曾经用它作为赏赐品犒赏边境立功的将士。到东汉后期，河北不少地方都在大力发展绢的生产，蚕桑生产亦持续呈兴旺发达之势。

陕西蚕桑生产情况，亦可从它发达的丝织业窥出一二。据《范子计然》载，西汉朝廷在京城长安设有东西织室，从事丝织生产。京城长安周边三辅出产的白素质量，甚至比亢父出产的缣还好。这表明，陕西地区至少在西安一带，丝织生产和蚕桑生产均相当发达。

汉代时的湖北、浙江、安徽等地的蚕桑生产，也均比前代兴盛。湖北战国时属于楚国统治区域之一，江陵马山出土的大量丝绸文物，反映出战国时期湖北的丝织业即已相当发达，至汉代时，丝织业在原有基础上又有所发展，蚕桑生产的情况与其丝织业情况是一样的。浙江蚕桑生产情况，可从东汉王充所著《论衡》中了解个大概。在《论衡》中，王充有蚕吐丝、结茧、化蛾等形态转变之描述，有"桑有蝎"是"灾变之情"，"恒女之手，纺绩织（经）纴，如或其能，织锦刺绣，名曰卓殊，不复与恒女科矣"之观点。王充之所以在《论衡》中以蚕桑为例，作为他破除"天人感应"和鬼神妖异之说的论证提出，与王充家族以"农桑为业"，王充从小就耳濡目染蚕桑，熟悉植桑养蚕技术有关。由此亦可知王充家乡绍兴一带民间蚕桑生产之普遍。当时浙江除绍兴一带蚕桑生产比较发达外，杭州一带也很可能有蚕桑生产活动，1958年在杭州古荡发掘的一座汉墓中曾发现丝麻织物做成的被子，杭州离绍兴距离不远。安徽地区蚕桑生产情况，可从下述一些文献记载了解到。据《东观汉记》载，东汉章帝"建初八年，王景为庐江太守，教民种桑"。东汉时的庐江地区，即今之安徽的合肥市、安庆、六安、巢湖地区的部分县，由于太守号召民众种桑，当时当地的蚕桑生产应有所发展。另外从刘安《淮南子》记述的大量蚕桑知识来看，也可知当时刘安封地内的蚕桑生产是相当活跃的，所以《淮南子》中才能出现如此多的蚕桑生产经验。

汉代时的广东、云南、内蒙古、河西走廊等地，亦有蚕桑生产活动。南部边疆的蚕桑生产情况见之于史书。《汉书·地理志》载，儋耳珠崖郡（今海南岛）"男子耕种禾稻，女子蚕桑织绩"；《后汉书·循吏列传》记载，建武二十五年（49年），汉代桂阳郡（今广东建县）太守"善其政，教民种植桑柘麻纻之属，劝令养蚕织履"；《后汉书·南蛮西南夷传》载，云南哀牢夷（今云南保山、德宏、西双版纳一带）"土地沃美，宜五谷蚕桑，知染采文绣"。西北地区的蚕桑生产情况则在出土文物中得到反映。1971 年秋天，考古工作者在内蒙古呼和浩特市南的和林格尔县，发现一座汉代壁画墓，在该墓后室南壁上画有一幅庄园图，该图的左上部画了一大片桑林，有女子采桑和一些筐箔之类器物的图形[11]；1972 年，考古工作者在嘉峪关市东面 20 公里处的戈壁滩上东汉晚期砖墓内，发现大量有关蚕桑、丝绢的彩绘壁画和画像砖，画面中有采桑女在树下采桑，有童子在桑园内扬杆羿赶飞落桑林的鸟雀，有装有蚕茧的高足盘，有丝束、绢帛和相关丝绸生产工具[12]。

蚕桑产地的扩大和产量的迅速增加，除朝廷重视农桑的政策因素外，亦是与蚕桑技术的进步分不开的。当时蚕桑技术的进步主要表现在大面积栽种低干桑和对养蚕方法的总结两个方面。

栽桑方面。虽然战国时低干桑即已有种植，但大面积栽种是始于汉代。其时，无论在南方北方，只要是养蚕地区都可看到这种桑的踪影。出土的汉代画像翔实反映了这一史实，如嘉峪关东汉晚期砖墓中发现的"采桑图"和"桑园驱鸟图"里的桑树形状，便是低干桑（图 3 - 3）；成都和德阳发现的"桑园"图砖中的桑树形状[13]，也是低干桑。这种桑，树型低矮易于采摘，而且枝嫩叶润，桑叶产量也高，特别适宜养蚕。汉代农书《氾胜之书》专门记述了桑树的培植方法，云："五月取椹著水中，即以手溃之，以水灌洗，取子阴干。治肥田十亩，荒田久不耕者尤善，好耕治之。每亩以黍、椹子各三升合种之。黍、桑当俱生，锄之。桑令稀疏调适。黍熟获之。桑生正与黍高平，因以利镰摩地刈之，曝令燥。后有风调，放火烧之，常逆风起火。桑至春生，一亩食三箔蚕"。桑黍混作，待黍成熟割去黍穗后，利用枯萎

采桑

驱鸟护桑

图 3 - 3 嘉峪关东汉晚期砖墓中发现的"采桑图"和"桑园驱鸟图"

的黍秆引火燃烧桑苗，是有一定科学道理的。因为黍苗的锄土，有助于桑苗顶出土面；黍长高后更有给桑苗遮阴的作用。而引燃黍秆烧苗所得的灰烬对桑苗有保暖作用，既可保证其安全过冬，同时也起到了施肥的效果，并且或多或少消灭了一些潜伏过冬的害虫和病菌，有利于明春萌发繁茂的春枝。

养蚕方面。从《易林》所云"秋蚕不成，冬蚕不生"来分析，饲养二化和多化性蚕的地区有所增加，但汉官府为保护桑树和确保养蚕业的正常发展，仍反对过多的饲养二化和多化性蚕，因此《淮南子·泰族训》中有"原蚕一岁再收，非不利也，然王者法禁之，为其残桑也"的记载[14]。崔寔在《四民月令》中对当时的养蚕方法和工具作了记述，谓："清明节，命蚕妾治蚕室，涂巢穴，具槌、栀、箔、笼。"文中"涂巢穴"的意思是涂塞蚕室的缝隙，其目的一是防止鼠患，二是便于控制蚕室温度。槌、栀、箔、笼则是养蚕的专用工具，与后世所用基本相同，说明中国传统的养蚕工具在汉代已大致齐备。为避免鲜茧因缫丝不及而化蛾采用的杀

蛹方法，据《淮南子·谬称训》载，是"寝关曝纩"，即采用震茧和晒茧的方法进行处理。

此外，生长在柞、槲、栎、柘、椿等野生林中的野蚕也得到了人们的重视。《中华古今注》中有对野蚕生长形态和用途的描述，云："元帝永元四年（公元前40年），东莱郡东牟山，有野蚕为茧。茧生蛾，蛾生卵。卵着石，收得万余石。民以为蚕絮"。《后汉书·光武帝纪》则记载了野蚕在自然环境中大面积结茧情况，谓："建武二年（26年）……野蚕成茧，被于山阜，人收其利焉"。

三、棉花的利用

考古发掘证明，尽管我国在商代时福建地区就已开始利用棉花纺织，但秦汉时期棉织物在内地几乎难得见到，相关的记载更是寥寥无几，而且因为那时内地没有棉花，传闻以为是梧桐木或桐木，致使一些记述不太清楚，以致后人对其所记看法迥异。现均摘录于下，并一一说明。

司马迁《史记·货殖列传》载："通邑大都，酤一岁千酿……帛絮细布千钧，文采千匹，榻布皮革千石。"《汉书》《后汉书》里也有类似的记载，但文中的"榻布"写作"荅布"。榻布或荅布为何种纤维织物？古今一直有两种解释。一是从《汉书》颜师古注："粗厚之布。其价贱，故与皮革同其量尔，非白叠也。荅者，厚重之貌，而读者妄为榻音，非也。"另一是从《汉书》三国孟康注："荅布，白叠也。"肯定了荅布即棉布。刘宋裴骃《史记集解》："徐广曰榻音吐合反，骃案《汉书音义》曰：榻布，白叠也。"现有学者根据《东观汉记》所载："（公孙述）为援制荅布单衣。"《后汉书·马援传》所载："援素与述同里闬相善……述盛陈陛卫以延援入，交拜礼毕，使出就馆，更为援制都布单衣。"认为公孙述称帝后为向来访的小同乡炫耀，能排出隆重的仪仗队欢迎，给小同乡缝制的衣服自然也要用最华贵罕见的衣料。在当时棉布是稀罕物，所以进一步认为"都布"就是榻布或荅布，三者是异名同物，都是棉布。并据"禅"即"单"，《说文》："禅，衣不重也。"谓价贱粗厚，与皮革同其重的布料如何能制单衣？[15]驳颜师古之说。两种说法看似都有一定道理，但就整个社会棉花生产的背景而言，仅南北边疆少数民族地区有棉花生产，同时期其他地区未见所产，确是事实，因此在交通发达的大都市，棉花年交易量不可能达到千石。另外，太史公罗列之物，皆为大众耳熟能详的日常生活物资，文中语句是"帛絮"与"细布"同列，"文"与"采"同列，"榻布"与"皮革"同列。榻布如是棉布，应如丝麻一样被人熟知，应如丝麻一样广为生产，不可能仅局限于边疆。此外，古文献中的"叠"字除指棉花、棉织品外，有时还指毛织品。如《广志》云："叠，毛织也。"所以榻布极有可能是老百姓日常服用的粗毛或粗麻织品，故我们更倾向于榻布不是棉布之说。

当时边陲少数民族地区使用棉纤维的史实，见于记载的主要有两则：

东汉杨孚《异物志》载："木绵树高大，其实如酒杯，皮薄，中有如丝绵者，色正白，破一实得数斤。广州、日南、交趾、合浦皆有之。"关于这则文献，有人根据"树高大"，认为是攀枝花。我们认为所言是多年生树棉。因为《异物志》是谈及各地异物的书，文字难免有夸大，如"破一实得数斤"，即便是攀枝花的果实也不可能如是，而纤维色正白，朔果皮薄，符合多年生棉花特点。

《后汉书·西南夷传》载："哀牢人……知染采文绣，罽毲、帛叠、兰干细布，织成文章如绫锦。有梧桐木华，绩以为布。幅广五尺，洁白不受垢污。先以覆亡人，然后服之。"哀牢人可能是傣族人的祖先，生活在交州永昌，即今云南保山一带。今人对这段记载中的"帛叠"即是棉布没有任何疑义，但有人依据"梧桐木华"四个字，认为是攀枝花絮。这种看法似乎太过牵强。因为攀枝花絮纤维不仅长度短，而且性脆拉力差，不易搓纺，与棉纤维一样均系短纤维，但它光滑直挺，不像棉纤维那样有自然卷曲，纺纱时攀枝花絮纤维相互纠缠勾连抱团性非常差，即使手工搓绩捻成连续不断的纱，支数也一定很低，制织的织物亦非常粗糙。广幅布是精致棉织品，系当时南方特产，这可从《后汉书·南蛮传》所载得到佐证："武帝末，珠崖太守孙幸调广幅布献之，蛮不堪役，遂攻郡杀幸"。如果广幅布是用攀枝花絮纤维制织的粗布，孙幸不可能大量征调此物献给皇帝，以致激起民愤被杀。另外，攀枝花絮纤维吸水性基本为零，即使是采用淹渍的方法也不能改变纤维的性状，现在用它做救生圈和救生衣填料亦说明了这一点。据此，基本就可以这样说，当时南部边疆的少数民族纺织水平较为落后，只能采取绩或缉的方式将棉纤维制成纱线。

《异物志》和《后汉书》的记载表明我国的南部边疆在汉代已开始利用棉花。

除南部边疆外，汉代新疆地区也出现了棉织品。1959 年民丰东汉葬墓出土了蓝白印花棉布、棉手帕等各式各样的棉织品，而且有一合葬墓中的男女尸体所着衣物亦为棉布[16]。经分析，其中一块蜡染布经密为每厘米 18 根，纬密为每厘米 13 根。需要指出的是，在迄今发掘的同时期新疆地区其他墓葬中均没有发现棉织品，这些棉织品完全有可能是从外地流入的，如夏鼐先生就认为它们是印度输入品[17]，即便是当地所产，棉织品在当时亦系珍稀物，棉花的种植更是极其有限的。

四、动物毛纤维的利用

可用于纺织的动物毛纤维有很多种，其中用量最大的是从绵羊身上采剪下来的羊毛。绵羊毛的品质与羊的品种、养羊所在地的气候、土壤地质、喂养饲料、喂养方式密切相关。我国古代饲养的绵羊有三大品种，即蒙古种、西藏种、哈萨克种。蒙古种原产于蒙古草原，后广布于内蒙、东北、华北、西北等地，是我国饲养最多的一个品种，其体形特征是多肥尾，无角或小角，长面多髯；西藏种是原产于西藏的藏羊，后广布于青海、甘肃、四川、贵州等地，其体形特征是短瘦尾呈锥形，外撇的大弯角；哈萨克种原产于亚洲西南，后广布于新疆、甘肃、青海等地，其体形特征是臀肥尾大，脂肪层厚。由于各个地区的自然条件、牧养条件不同，在各地又有许多亚种出现。不同品种、不同产地的绵羊毛质量有些差异。西藏种、哈萨克种绵羊的毛，在细度、长度、强度、弹性等方面都比较好，可制织精细的毛织物。蒙古种绵羊的毛比较粗硬，可制织比较粗厚的织物或毛毯。而江南产吴羊、太湖产湖羊、同华产同羊、秦中产夏羊，虽体形近似蒙古种绵羊，但经所在地的长期饲养、培育，其羊毛质量与西藏种相近。

秦汉时期，羊毛纤维已成为最主要的动物毛纤维原料，羊的饲养数量更是不计其数。《汉书·匈奴传》记载，汉武帝元朔二年（公元前 127 年），卫青"击胡之楼烦白羊王于河南（指黄河以南，今河套地区），得胡首虏数千，羊百万余"。

一次战争就获得"百余万"只羊，可想见楼烦之地（今雁门关北）养羊数量之多。当时一户豪门的饲养数量就可达数千头。《史记·货殖列传》载，边塞的开拓，使一个叫桥姚的人得以经营牧业，他有"马千匹，牛倍之，羊万头，粟以万钟计"。《汉书·叙传》载，秦朝末年，班壹避难于楼烦，开始牧养马、牛、羊。至汉孝惠高后时，班壹饲养的这三种牲畜达数千群，成为当地的首富，史书说他"以财雄边，出入戈猎，旌旗鼓吹"。《后汉书·马援传》载，马援私自释放有重罪的囚犯，怕朝廷追究责任，遂弃官亡命北地。遇赦后，便留在当地牧畜，"至有牛、马、羊数千头，谷数万斛"。像桥姚、班壹、马援这样的富户人家，他们每年的畜牧收入甚至超过千户侯[18]。

随着牧羊规模的扩大，牧羊技术有了进一步提高，对所饲养的羊的品种也越来越重视。《史记·平准书》中记载了卜式养羊经验，云："以时起居，恶者辄斥去，毋令败群。""以时起居"是说应根据四季寒暖和牧草生长的情况来安排牧放的方式及时间，这条经验一直被后代牧人所遵循。表明当时人们对羊的饲养繁育已经有了一定的认识。《尔雅·释畜》中有对羊的品种和羊角不同形状的介绍。谓："羊，牡'羒'，牝'牂'。夏羊，牡'羭'，牝'羖'。角不齐，'犌'。角三觠，'羷'。羳羊黄腹。""羊"即绵羊，古代也叫白羊、吴羊。郭璞注："谓吴羊白羝。"刑昺曰："云谓白羊也。其牡者名羒，即白羝也。"郝懿行曰："羝，牡羊也。吴羊，白羊也。""夏羊"即山羊，亦称黑羊或羖羝羊。郭璞注："黑羖羝。"刑昺曰："云夏羊者，黑羖羝也。"羳羊即黄羊。邵晋涵曰："羊之腹下黄色者名羳羊，后世所谓黄羊也，状如羊而瘦小，细筋纤耳，角似羖羊，生野草间而善群。又有尾黑者，有尾似獐鹿者，有黑脊斑文者，皆其别种也。"可见羒、牂、羭、羖分别是绵羊和山羊雄雌的称谓。犌是羊角一长一短者的称谓。羷是羊角卷三匝者的称谓。

20世纪的考古发掘中，多次发现汉代毛织物实物。1930年英国人斯坦因在新疆古楼兰遗址发现了一件东汉缂毛织物，这块织物采用通经迴纬的方法制织，用深浅不同的红、黄、绿、紫、棕等色缂织出生动的奔马和细腻的卷草花纹。斯坦因说它"很奇异地反映出中国同西方美术混合的影响，显然是中亚出品。在这里边缘部分的装饰风格，明明白白是希腊罗马式，此外还有一匹有翼的马，这是中国汉代雕刻中所常见的"（图3-4）[19]。1959年新疆民丰东汉古墓群出土了大量毛织物，其中的人兽葡萄纹罽、龟甲四瓣花纹罽、毛罗和紫罽，皆系羊毛纤维织成。羊毛来源有土种羊、新疆羊以及河西羊。纤维宽度为21.73～32.83微米；纤维支数为942～2170公支[20]。1984年新疆和田地区相当于战国至东汉的古墓群中出土大量毛织物，计有彩色条纹或方格毛布外衣、毛布裤、毛纱或毛罗内衣、彩色人首马身缂毛、毡袜、毡靴、毛毯等[21]。1994年吐鲁番交河故城出土西汉早期平纹、斜纹、绞罗毛织物13件[22]。

图 3-4　斯坦因在新疆古楼兰遗址发现的东汉缂毛织物

五、韧皮类纤维原料的初加工技术

秦汉时期，葛、麻类纤维初加工的脱胶工艺普遍采用的是沤渍、煮练和灰治三种方法。

沤渍、煮练沿袭已有的工艺方法，其法前文已有介绍，不再赘述。

灰治法是在沤渍或煮练过程中加入石灰或草木灰以加快脱胶速度和提高脱胶质量。湖北江陵西汉古墓出土的麻絮，经用金属光谱分析，发现纤维表面附有大量钙、镁离子，与现代化学脱胶的苎麻绒分析结果相似；长沙马王堆一号汉墓出土的丝织物精细程度相当于现代府绸的23′升苎麻布，经分析，发现绝大多数纤维都呈单纤维分离状态。从这些出土实物看，如仅采用沤渍和煮练，纤维不可能加工得如此精细，纤维上也不可能残留有金属离子，只有采用灰治脱胶，才能达到如此高的脱胶质量[23]。而且当时已注意到沤渍开始的时间对纤维质量的影响，西汉《氾胜之书》曾明确指出："夏至后二十日沤枲，枲和如丝。"这是十分值得称道的论断。因为此时温度高，水中微生物繁殖多，加速了生物酶的分泌，便于分解纤维上的胶质和半纤维素，加工出的纤维也十分柔韧。

第二节　缫、纺技术的发展

秦汉时期，缫、纺技术得到较大发展。缫丝中已普遍采用热水煮茧，缫丝工具除继续沿用绕丝器外，还普遍使用一种辘轳式的缫丝軖。比纺坠效率高得多的手摇纺车在全国各地得到普及和推广，并出现了能够进一步提高纺纱速度和在纺纱过程中双手都能从事控制纤维运动的脚踏纺车。

一、缫丝技术

缫丝技术方面。热水煮茧得到普遍应用，相关的记载已十分详尽。如《韩诗外传》卷五载："茧之性为丝，弗得女工燔以沸汤，抽其统理，不能成丝。"《春秋繁露》卷十载："茧待缫以涫汤而后能成丝。"煮茧的最佳温度应是略低于100摄氏度，虽上述两文均未言明缫丝时水的温度，但根据"沸"和"涫"二字，估计水温不会太低。

缫丝机具方面。缫丝工具除继续沿用"工"形或"X"形的绕丝器外，辘轳式的缫丝軖得到推广。1952年山东滕县龙阳店曾出土一块汉画像石，上面刻有络丝机具、纺车和织机等图像[24]。根据其上的络丝图像，可知当时的络丝方法是将缫丝軖上的丝绞脱下，箍张在置于地面的丝架上，再将丝通过栀上的悬钩，引至手中的丝篗上。值得注意的是，该图中的丝绞直径较大，且丝是垂直于丝绞方向退出的，所以可以推断缫丝軖上可能已具备了脱绞和横动导丝机构，丝绞是分层卷绕在缫丝軖上的。如若不然，如此直径的丝绞从軖上卸脱将会非常麻烦，丝绞垂直退绕时也往往会因各匝丝缕互相嵌入而不能顺利进行。这种辘轳式的缫丝軖，无疑是手摇缫车的前身（图 3 - 5）。

图 3 - 5　山东滕县龙阳店出土的汉画像石

二、手摇纺车的普及和脚踏纺车的出现

纺车是一种可用于纺纱、并线、捻线、络纬及牵伸的机具，在古代也被称为軖车、繀车、篗车或轨车，这些称谓主要与上述不同的用途有关。

纺车比之纺坠，纺纱质量和效率大为提高。用纺坠纺纱，由于人手每次搓捻轮杆的力量有大有小，使得纺坠的旋转速度时快时慢，纺出的纱线均匀度也不是很好。而且用手指捻搓轮杆的力量有限，每一次捻搓，纺坠只能运转很短的一段时间，纺出很短的一段纱，生产效率很低。用纺车纺纱，通常绳轮转动一周，锭子可转动 50 ~ 80 转，按 1 分钟轮轴转 30 转计算，锭子 1 分钟的转数可多达 1500 ~ 2400 转。用手搓捻纺坠，每搓一次，最多不超过 20 转。二者相比，纺车锭子的转速比纺坠快 10 ~ 16 倍，而且用纺车卷绕纱线也要比纺坠快得多，故其总的生产能力比纺坠高 15 ~ 20 倍[25]。同时纺车的锭子因靠绳轮带动，转速较均匀，速率易控制，不似纺坠初始转速与末转速相差那样大，故纺出纱的均匀度较好，且可根据不同用途纱线的工艺要求，较轻松地进行强捻或弱捻的加工。

春秋战国时有些地区虽然可能已使用纺车，但直到汉代文献中才出现对纺车的记载，此外早期的纺车的形制图像也是发现在汉代画像石上，所以纺车的真正普及和推广应是在秦汉时期。汉代有关纺车的记载见于《说文解字》，是书释軖车为："軖。纺车也。"段注云："纺者，纺丝也，凡丝必纺之而后可织。纺车曰軖。"释繀车为："著丝于篗车也。"《通俗文》谓："织纤谓之繀，受纬曰篗。"《方言》则云："赵魏之间谓之轺辘车，东齐海岱之间谓之道轨，今又谓之繀车。"汉代纺车的形制图像在山东滕县龙阳店、滕县宏道院、江苏铜山青山泉、铜山洪楼、泗洪县曹庄等地出土或收藏的汉代画像石上都可看到。此外，在 1976 年山东临沂银雀山西汉墓出土的一块帛画上也绘有纺车图像。上述汉代纺车图像除江苏泗洪县曹庄外，皆为手摇纺车。

手摇纺车大致系由车架、锭子、大绳轮、小绳轮、曲柄和纡管等部件组成。曲柄装在绳轮的轮轴一端，绳轮和锭子则是靠绳弦相连，纡管则套插在锭子上。锭子大多置于纺车的底架上，远低于大绳轮轮轴的水平高度，这样设置是有一定道理的。因为手摇纺车除用于并合加捻外，主要作用是对短纤维进行牵伸，也就是将纤维条抽长拉细纺成均匀的纱。短纤维不同丝纤维，上纺车前只是一团散乱的纤维团，不可能直接用于织造，只有用纺车牵伸拉细纺成纱后才行。而丝纤维在上纺车前已被加工成可直接供织造之用的单股纱缕了，再用纺车进一步加工，目的是将单股纱并合加捻成双股或多股的纱线。利用曲柄转动纺车是纺纱机具的一大进步，李约瑟说："在一切机械发明中，曲柄的发明可能是最重要的，因为它使人有可能最简单地实现旋转运动和往复运动的相互变换。"[26]

纺纱操作时，纺工坐在小凳上，一手转动曲柄，使绳轮带动锭子旋转，一手引导纡管上的纱线。具体操作如下述：纤维团放在地上，先用手从纤维团中捻出一段纱缕，将纱头缠绕在锭子上后，摇动纺车，锭子回转，使纱缕得到牵伸和加捻，待纺到一定长度，就停止片刻，握持已纺好的一段纱线，反绕到套在锭端的纱管上，如此反复。由此过程也可知牵拉纱缕的工作是靠手和锭子，一小段一小段相互拉扯完成的。如果纺车上的纺锭位置偏高，纺妇牵拉纱缕的手将提起很大一团不参与牵伸的纤维团一起摆动，这势必会影响纺妇的操作，故有牵伸之用的纺车，其纺锭位置都很低。金雀山汉墓出土帛画上所绘的手摇纺车便是纺丝絮用的（图3－6）。原图上虽未画出锭子，但纺车底部有一团丝絮，而丝絮不可能离锭子太远，由此可以推测出锭子位置当在纺车底部，丝絮将锭子遮挡，才使图中没有反映出来。另外，从江苏铜山洪楼东汉画像石中可以看到，图中纺车上方悬挂着2只篗子，而且2只篗子上的纱线是并在一起与纡管相连，无疑正

图3－6　金雀山汉墓出土帛画上所绘手摇纺车

在并线加捻。但从纱线的走向看，纡管当是安置在纺车的底架上，所以这架纺车亦属于可用于纺短纤维的纺车（图3－7）。

江苏泗洪县曹庄东汉画像石上的纺车，形制较为别样（图3－8）。从该纺车图来看，纺轮是置放在一低矮平台框架上，纺轮的回转轴上似有一偏心凸块，而平台上又有一横木，其一端与偏心凸块联结，另一端穿入平台上的托孔中。图上是否绘有锭子，看不清楚。对这架纺车究竟是手摇还是脚踏，过去曾有不同看法，但该纺

图3－7　江苏铜山洪楼东汉画像石

车平台框架上横木的安置方式与后世脚踏纺车的踏板极为相近，联想汉代脚踏织机普遍使用的情况，因此现在一般认为它应是脚踏纺车。纺车上部还挂着5个丝篗，似乎正在用它并线加捻。曹庄画像石是现在能看到的有关脚踏纺车的最早图像资料，它的发现说明脚踏纺车至迟在东汉即已出现，并被广泛运用在丝的加捻合线中。

图3-8　江苏泗洪县曹庄东汉画像石

脚踏纺车的结构可分为纺纱和脚踏两部分。纺纱机构由绳轮、锭子和绳弦等机件组成。这些机件的安装方式与《女孝经图》所画手摇纺车相同，绳轮安装在机架的立木上，锭子则安装在绳轮上方的托架上。脚踏机构有两种类型。一类结构是由踏杆、曲柄、凸钉三部分组成。曲柄置于轮轴上，末端由一短连杆与踏杆相连，而凸钉则置于机架上，顶端支撑踏杆。为避免操作中踏杆从凸钉上滑落，踏杆在与凸钉衔接处有一凹槽。这种结构运用了杠杆原理。纺纱时，纺妇的两脚分别踩在凸钉支撑点两侧的踏板上。当双足交替踏动踏板后，以凸钉支撑点为分界的踏杆两边便沿相反方向作圆锥形轨迹转动，并通过曲柄带动绳轮和锭子转动。另一类结构则没有利用曲柄。踏杆一端是被直接安放在绳轮上的一个轮辐孔中，轮辐孔较大，踏杆可在孔中来回抽伸。踏杆另一端也架放在车后的一个托架或凸钉上。采用这种脚踏结构的纺车，绳轮必须制作得重一些，以加大绳轮的转动惯量。纺纱时，纺妇也不需用双足踏动踏杆，只需用一足踏动，利用绳轮转动时产生的惯性，使其连续不断地旋转。

操作手摇纺车时，因需一手摇动纺车，一手从事纺纱工作，难以很好地控制细短纤维，为避免纤维相互扭结，成纱粗细不匀，操作中只能以牺牲纺纱速度为代价，时刻小心以防止这种情况出现。而操作脚踏纺车则没有这种顾虑，在整个纺纱过程中，纺工的双手都能从事控制纤维运动的工作。据现有资料看，在纺车上以脚替代手，可能是受脚踏升降综片织机的启发，但将脚踏往复运动转变成绳轮圆周运动的机械结构，却是首先始于脚踏纺车，这是汉代机械制造上一个颇为重要的发明。

我国从汉代即已普及的纺车，欧洲直到13世纪末才出现。迄今所知，欧洲关于纺车的最早介绍，是在1280年左右出版的德国斯佩那尔一个行会章程，其中间接提到了纺车。李约瑟认为，在欧洲纺车以及与纺织品有关的其他机械，是元代由从中国归来的意大利人传入的[27]。

第三节　织造机具和织造技术的发展

由于汉朝统治者对纺织品尤其是对高级丝织品的需求日益增多，兼之丝绸之路开通后，对丝织品的需求更甚。为了满足这种需求，统治者不但设置规模相当大的官营纺织手工作坊，而且要求提高产量和质量，以满足统治者对高级纺织品的消费和丝绸外贸的需要。在这样的社会背景下，前代发明的一些织机得到了更大范围的推广，同时也迫使织工们对已有的纺织印染技术进行改革和创新，从而使汉代的织造机具较前有了一些新的变化。

一、前代织机的推广和发展

根据对有关的资料进行分析可知，前代发明的一些织机，在秦汉时期仍在使用，并得到了推广。

1975 年考古工作者在四川省成都土桥曾家包汉墓出土的大型浮雕石的中部，发现刻有两架织机图[28]，其中左边那架织机的结构比较简单，是属于素织机的机型。这说明在汉代时期，成都一带仍在使用素织机织造纺织品。

汉代使用多综多蹑花机织造纺织品的情况，也屡见不鲜，文献记载或出土纺织品实物中都可找到这方面的例证。据《西京杂记》记载，在汉宣帝时，"霍光妻遗淳于衍，蒲桃锦二十四匹，散花绫二十五匹，绫出巨鹿陈宝光家。宝光妻传其法，霍显召入其第，使作之。机用一百二十蹑[29]，六十日成一匹，匹值万钱。"从这段史料可看出，宝光妻用作织散花绫的织机是属于多综多蹑花机的机型[30]，而且综蹑数量已发展到了 120 片综，120 根蹑。考古工作者于 1972 年在湖南长沙马王堆一号汉墓发现的茱萸纹绵、鸣凤纹锦、孔雀纹锦，以及在三号西汉墓发现的夔龙纹锦和游豹纹锦等多种织锦，经分析均由多综多蹑花机织造。另外，在全国其他一些地方先后出土的东汉时期的绫锦丝织文物，经分析，其中有不少绫锦品种也是用多综多蹑花机织造的[31]。

束综提花机在汉代的使用也相当广泛。当时丝织品的纹样图案繁多，仅在湖南长沙马王堆汉墓出土的绮和锦的提花纹样中，就可见到有花卉纹、卷草纹、矩纹、几何纹以及对鸟纹、朱龙纹、夔龙纹等动物变形纹。其中一些织品的纹样图案比较复杂，很难用多综多蹑花机织制，只有用束综提花机才可能织造出来。例如，马王堆一号汉墓出土的编号 N6-1 几何纹绒圈锦以及同墓出土的绀地绛红鸣鸟锦，经分析，均被认为只有用束综提花机才能织制成功[32]。关于文献记述汉代使用束综提花机的情况，在东汉王逸的《机妇赋》里，有比较全面的形象化的描述："胜复回转，剋象乾形。大匡淡泊，拟则川平。光为日月，盖取昭明。三轴列布，上法台星。两骥齐首，俨若将征。方员绮错，极妙穷奇，虫禽品兽，物有其宜。兔耳跧伏，若安若危；猛犬相守，窜身匿蹄。高楼双峙，下临清池，游鱼衔饵，瀺灂其陂。鹿卢并起，纤缴俱垂，宛若星图，屈伸推移。一往一来，匪劳匪疲"。经分析考证，文中描述的即是织妇使用束综提花机织造提花织物的情形。此机已具有经轴、卷轴、豁丝木、花楼、衢线、衢脚、提综马头和打纬等机件，整个机架和经面均呈水平状，织造时以束综提花配以单综进行[33]。

需要指出的是上引《西京杂记》的这段记载，现主要有几种不同看法：

一种认为古代没有出现过 120 蹑或 50、60 蹑织机，推断脚踏杆达到 50 或 60 根后，织工无法工作，脚踏杆提综不可能多到如此地步，不同意"蹑"是脚踏杆，认为"蹑"可能是织机上的某种部件，但是什么，待考[34]。

另一种认为按《西京杂记》所载蒲桃锦和散花绫的品种来说，基本上是属于花幅和花回都比较小的对称重复分布的小花纹单元纹样，制织此类织物不需要 120 根踏杆的循环来完成花纹的织造。"蹑"可能是挑花或提花用的金属片或竹片，而且用120综、120蹑织机来织锦，在工艺技术上是很难实现的[35]。

第三种认为"蹑"为脚踏杆，并根据近代四川农村使用30综、30根脚踏杆的"丁桥织机"制织花边织物以及老织工所言：曾用加挂72综、72根踏杆的这种织机制织过织物的情况，推断古代不但出现过50、60蹑织机，而且认为古代确实出现过120蹑织机[36]。

第四种认为《西京杂记》一书属文人"杂记"，所记120蹑织机的内容不一定可靠。

这几种看法皆是在谈论其他问题时顺便提出，未见提出者深入的探讨和分析。

我们赞同古代确实出现过120蹑织机的观点。依据如下：

首先，肯定"蹑"是脚踏杆。为什么会出现认为蹑不是脚踏杆的看法？或许与古籍中的不同写法有关。古籍与织作有关的材料中出现的蹑字，写法计有：蹑、锬、簚、缑，其中锬、簚最易引起误解。锬，训取物之铜锬，或簪端的垂饰；而在马总《意林》卷五中，裴松之所记马钧的那段话，"马先生，绫机先生，名钧，字衡，天下之名巧也。绫机本五十综五十簚，六十综六十簚，先生乃易二簚，奇文异变，因感而作，自能成阴阳无穷也"。"蹑"字，则均写作"簚"。簚，训竹筐，乃竹撑。锬、簚按字意，似乎与织机脚踏板没有关系，于是乎便有了"可能是挑花或提花用的金属片或竹片"以及"织机待考部件"的看法。挑花和提花工艺大家都比较熟悉，织作中的挑花，仅使用少量挑针，从无同时使用60或120根的；提花中更不可能使用铜锬或竹锬，何况多至60或120个。实质上锬、簚、缑都是蹑之假字，蹑在《说文解字》中有明确的解释："蹑，踏也"，而且古籍中与织作有关材料中出现的蹑字，都是说织机的脚踏杆，这在六朝和唐代一些以妇女织作为素材的很多诗词中可以得到印证。如：刘孝标《寄妇诗》："度梭环玉动，踏蹑珮珠明。"徐陵《织妇诗》："振蹑开交缕，停梭续断丝。"梁简文帝《中妇织流黄诗》："调丝时绕腕，易蹑乍牵衣。"萧诠《赋婀娜当轩织》："绫中转蹑成离鹄，锦上廻文作别诗。""踏蹑"、"振蹑"是谓以足踏动蹑杆。"易蹑"、"转蹑"是谓织作时双足不断变换更踏蹑杆。另外，还有许多，不具体引了。既然这些材料均证明蹑是脚踏板，那么《西京杂记》所云，"一百二十蹑"无疑是120根脚踏杆。

其次，肯定《西京杂记》所载的可信性。《西京杂记》的作者，乾隆刻本36名校勘者认为是西汉刘歆；《四库全书总目提要》据其后序之署名，认为是西晋末年葛洪所作；段成式《酉阳杂俎》认为出自南朝梁吴钧之手。究竟是谁迄无定说，但其书为六朝人杂缀，似无疑问。书中所记各事，虽不无夸张之处，但亦多有来源，并非都是不实之谈，故历来言考据者，多援以为证。而前文所引该书这段话的后面，还有如下内容："又与走珠一排，绿绫百端，钱百万，黄金百两，为起第宅，奴婢不可胜数。衍犹怨曰，吾为尔成功而报我若是哉"[37]。讲述的是霍显与淳于衍的授受之事。这件事的缘由在《汉书·外戚传》里也有记载，《西京杂记》所记显然是对《汉书》所载这一事件的补充。既然这段话中所记其人其事，皆实有之，那么这个120蹑织机，当然也会实有其物，不必质疑。

第三，用120综、120蹑织机来织锦，在工艺技术上是能够实现的。因为织机在工艺上的可操作性主要表现在两个过程：其一是能否连续顺利地踏蹑起综形成清晰梭口；其二是开口后综框能否顺利复位。120 蹑织机因其综蹑数量较多，导致踏杆排列宽度过大，开口高度过高，看似很难顺利完成这两个过程，仔细分析，发现实则不然。

最简单的方法是将多综多蹑织机整体加长和加宽，开口高度过高、排列宽度过大的问题就能解决，大型花楼提花机的机身尺寸就是最好的实例。传世的 60 蹑织机约 3 米多长，经计算 120 蹑织机只要加长至 4 米多，就能保证正常开口。而 60 蹑织机的踏杆排列总宽度约 75 厘米，考虑 120 蹑织机后面几十片综的踏杆较前面要长，为避免在脚踏提升综片的过程中因用力而变形，每根踏板的宽度亦要较前面宽一些，但 120 根踏板的排列总宽度不会超过 160 厘米。织工坐姿双脚能用上力且灵活的操作距离是 80 厘米左右，操作近 160 厘米宽的踏杆，一个织工肯定不行，只有二个甚至三个织工同时操作才行。虽然多个织工同时操作的织机，古文献的记载仅见于花楼提花机，二个织工同时操作综蹑织机未见明确记载，但根据当时的生产力状况，这是完全有可能的。

根据一：《西京杂记》所云是西汉间的事，当时皇亲国戚为得到他们喜爱的复杂大花纹高档织品，往往不计工本。汉代布帛幅宽为二尺二寸，匹长为四丈。善织素、缣系平纹织物者的日产量，据《玉台新泳·上山采蘼芜》记载："织缣日一匹，织素五丈余"。当时每匹素、缣的市场价格，据《九章算术》卷三记载："素一匹六百二十五。缣一丈一百二十八"。《西京杂记》所云"六十日一匹"的散花绫，日产量仅为 0.67 尺，其"万钱"的价格是素的 16 倍、缣的 20.8 倍。文献中西汉纺织品生产效率和纺织品价格的记载，印证了《西京杂记》所载用 120 蹑织机制织花绫的困难程度和价值。

根据二：需两人同时操作的综蹑织机，其踪迹在文献中还可以找到。《后汉书·西南夷传》："哀牢人……有梧桐木华，绩以为布，幅广五尺，洁白不受垢污。"这种制织"幅广五尺"织物的织机，很可能就是并排挂两列综，由两个人同时操作的综蹑机。

根据三：浙江省中国丝绸博物馆曾成功复制出汉锦，据研究复原者介绍，所用织机便是加挂 58 片综的古代多综多蹑织机，制织过程中需两人同时操作织机。既然操作 58 片综织机有时就需两人，操作 120 片综织机用两人或三人亦就不为过了。

二、织造机具的创新

（一）斜织机的出现

我们对考古工作者发现的汉代画像石上的织机图分析研究后得知，在汉代确实已经出现并比较普遍使用斜织机。

我们在前文曾提到考古工作者于 1975 年在成都土桥曾家包汉墓出土的大型浮雕石中部刻有两架织机图，其中右边那架织机结构比较复杂，它的主要部分是一架木制的机台，有四根机脚，前脚稍长，下有两根踏木。机架是一个长方形的木框，斜置在机台上，背后立有一根撑柱，机架的顶端有安置卷经的圆形木轴——滕子；机架的下端也有一根可以转动的木轴，即缠裹丝织物的"怀辊"（它已被织工身体遮住）。机架中部两立颊上各安"立叉子"一个，"马头"向外伸，一根豁丝木贯穿在两者之间，其作用一是分经，二是作为"马头"的中轴。"马头"前端，用绳悬挂综统，织工脚踏踏木，牵动"马头"一俯一仰，带动综统，操纵经线沉浮。织工右手扬起，左手执舟形的梭子，正在织造。类似这样的汉代画像石织机图，在山东和江苏等地也有发现。有关学者对此进行过研究，并进行斜织机的复原工作，复原出汉代斜织机图（图3-9）[38]。上述情况说明，在汉代不但已出现了斜织机，而且当时在四川、江苏、山东等地已得到普遍使用。

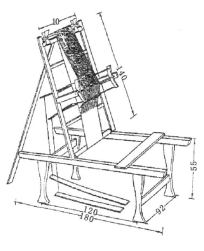

图3-9　汉代斜织机复原图

斜织机与平织机相比，有不少优点。使用斜织机织造织物时，织工坐着操作可一目了然地看到开口后经面是否平整、经纱有无断头。它的经面位置线有了一个倾角，用经纱导辊和织口卷布导辊能绷紧经纱，经纱的张力比较均匀，就能使织物获得平整丰满的布面，使织工比较省力。另外，斜织机采用踏脚板（蹑）提综开口，这是织机发展史上的一项重大发明。由于斜织机有上述那些优点，所以用它织造织物不但可以提高产量，而且可以提高质量。

（二）地毯织机的出现

根据现在掌握的资料可知，我国最迟在东汉时期已使用织机织制地毯。1959年考古工作者在新疆民丰县尼雅东汉遗址出土的毛织彩色地毯残片，残长30厘米，宽21厘米，表面可见用橙黄、朱红、翠绿等色线起毛绒组成花纹，使用的毛线比较粗壮，质地非常厚实，经分析，是用地毯织机织造的[39]。因为这种织机的经纱平面是垂直于地面的，形成的织物是竖起来的，所以它有别于其他类型的织机。后世出现的立织机，可能就是从这种织机演变而来的。有关立织机的结构，将在后面章节中加以阐述。

（三）花罗机的出现

早期的罗织物皆为素罗，织造素罗的织机称为素罗机。到了汉代时，由于统治阶级对纺织品的消费和外销需求的增多，对纺织品的花色品种和质量的期望很大，所以这时出现了不少新的花色品种，其中就有花罗。发现的汉代花罗，属于罗地起出花纹图案的丝织物，如考古工作者在长沙马王堆一、三号汉墓中发现用作衣服、手套、帷幔等生活用品的花罗13件，花色品种有烟色菱纹罗、朱红菱纹罗、耳杯菱纹罗、皂色几何纹罗等多种。用作衣服的花罗，大多比较细密，每厘米经丝一般为100~120根，纬丝为35~40根。其中的耳杯菱纹罗的花纹图案为纵向的瘦长菱形，两则各附加一个不完整（不对称）的较小菱形，其形似轪侯夫人"君辛"耳杯形的酒器；花纹大小显隐两行相间排列，全幅杯形显纹11~14个单元，隐纹11~13个单元。每单元长7厘米左右，宽3.7厘米左右；其组织循环经丝数为323根，纬丝数为204根，经丝中地经和绞经各占一半，二者均为166根，按1:1排列相间；在166根地经中有81根是左右对称组织（在显粗花纹中间），需

41 个动作，余下 85 根地经均系非对称性的单一动作，共需 126 个单独提升动作控制地经。另外 166 根绞经可由绞经综架统一动作控制提沉；耳杯菱纹罗要提花束综装置和纹经装置配合织造，才能织制出来。长沙马王堆一、三号汉墓发现的其他花罗品种，也是用这样的机具和这样的方法才可织制成功。从这可以看出，用来织造这些花罗的机具，是属于花罗机的机型[40]。上述资料说明，我国最迟在汉代已出现和使用花罗机。

花罗机跟素罗机比较，前者显然比素罗机的技术含量高，比素罗机先进。花罗机的出现，说明我国汉代时期的纺织机具有了进一步发展，它的出现对发展汉代的纺织品种也起到了促进作用。不过迄今为止，只发现了汉代花罗实物，没有发现其他有关花罗机的资料，因此很难了解汉代花罗机的结构。关于花罗机的结构，我们将在以后的有关章节结合掌握的资料进行探讨阐述。

（四）梭的出现

梭是织造时使用的一种引纬工具，根据现在掌握的资料进行分析研究，可以认为我国最迟在汉代已出现了梭。

在梭出现以前，织工在织造时，曾先后使用小木棒和打纬刀来作为引纬工具。如最初利用原始腰机织造时，使用的引纬工具便是上面缠绕着纱线的小木棒，织造时用手将它推进织口让其通过经线。用这种方法来引纬，有很多时候会因磕磕绊绊而难以在织口中顺利通行，对提高织造效率和织造质量影响很大。汉代时织工们通过长期的织造实践和不断的观察思考，终于发现光滑宽扁的打纬刀能在织口中来去自如，由此得到了启发，从而想到：如能在打纬刀上刻出一长条槽子，将绕着纬纱的筘嵌进槽内，就可以一举两得，用它既可引纬又可打纬。这种经过改革后的打纬刀，被今人称为刀杼。

刀杼是梭的前身，梭是在刀杼的基础上进行革新后出现的。古籍中往往认为杼就是梭，到了东汉服虔著的《通俗文》中已将梭与杼区分开了。这些文献资料表明，梭确实是在杼的基础上加以革新发展而来的，当梭刚出现时，人们还习惯地沿用它的前身"杼"的名称来称呼它[41]，以后才逐渐把它的名称改称为"梭"，因为人们发现这两者之间不但形状有差异，而且它们的功能亦有差异。杼是兼有引纬和打纬两种功能的织造工具，而梭则是专用来引纬的织造工具。在考古文物中，也可以找到这方面的证据。我们在前面提及的"江苏曹庄出土汉画像石刻"图中的摇纡车的下部，画有两头尖中间空的梭子，就是把摇好的纡子纳入梭内进行引纬，其梭子和纡子的形状如图所示（图 3 - 10）。这个文物资料证明，当时我国确已出现了梭。梭的出现，是我国古代人民在纺织技

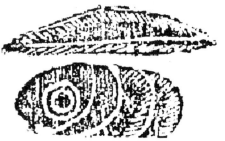

图 3 - 10　江苏曹庄出土汉画像石中出现的梭子

术史上重大的创新成就之一。梭与杼相比，有明显的优点，梭在引纬时，不会有障碍，能在梭口（织口）里来往自如，从而提高了织造效率；另外，由于筘纳入梭腔里，引出时对纬线施以一定的退解张力，使织物表面比较平静丰满，从而提

高了织物的质量。

（五）筘的发展

当出现梭专门用来引纬以后，就面临另一个问题：必须寻找一种能代替杼原来所承担的打纬任务的新的打纬工具。古代的织工们经过反复地观察和思考，终于想到可以利用定幅筘来代替杼承担打纬的工具，这时的筘既可用作定幅又兼作打纬了，这种情况最迟在汉代已经出现。

早在西周时期，我国对纺织品的长度和宽度就已有严格规定的标准。据《汉书·食货志》记载，在周初，太公建立货币制度，规定"黄金方寸而重一斤；钱圆函方，轻重以铢；布帛广二尺二寸为幅，长四丈为匹"。在《礼记·王制篇》里有这样的记述："布帛精粗不中数，幅广狭不中量，不鬻于市。"这两段文献资料表明，在西周时，国家对纺织品的轻重长阔已有严格规定的标准，凡不符合规定标准的纺织品，都不能用它纳贡，也不准拿它上市销售。

国家对纺织品的宽度和长度既然有严格规定的标准，那就要求织工们在织造纺织品时，采用有效的工具和方法，来保证织出的纺织品的幅宽尺寸符合国家规定的标准，这真是一项技术难题。我国古代织工在解决这个技术难题时，显然是受到木梳篦的启发，因为从筘的外形看，跟木梳篦相似。发明筘的织工从中得到启示，进而想到可以将经纱依次穿入梳齿，并且这种木梳的大小应与国家规定的纺织品宽度尺寸相符，能使经纱排列限制在一定宽度范围内，布幅就基本可以稳定。也就是说，这种形似大木梳的被称为筘的工具，起到了定幅作用，故又被称为定幅筘。从上面引述的《汉书·食货志》的文献资料里，虽然只谈及西周时期国家对纺织品的宽度和长度有严格规定的标准，没有直接提到汉代时国家对纺织品是否有严格规定的标准，但该文献重视这种标准才会在文中记述。这从侧面表明汉代时国家也重视对纺织品标准的规定。另外，从汉代出土的纺织品中，发现有纺织品的布幅与上述《汉书·食货志》里谈及的布帛幅宽规格相同，表明汉代时对纺织品确实亦有严格的长度和宽度的规定标准，同时说明汉代时存在定幅筘这个纺织机具。

汉代用筘打纬技术的出现，在文献资料和出土文物中均可找到证据。

刘熙《释名》中"释采帛条"有这样的叙述："苓辟，经丝贯杼中，一间并，一间疏。疏者苓苓然，并者历辟而密也。"这段文字的语意是说经丝贯（穿）在筘（杼）中间，使织轴上经丝一格疏，一格密，疏处有空隙，密处经丝密接，织物表面形成了疏密的条状纹路。假如不用竹筘来排列经纱，不在同一筘齿间穿入几根经纱，这种织物的疏密效果就很难达到。文中谈及的内容，涉及用筘打纬。在长沙马王堆一号汉墓出土的绢纱类织物中，就发现有上述疏密感的效果，并且还发现有明显的筘路痕迹。这就表明，文献资料和出土织物互为佐证，说明在汉代确实已出现打纬筘技术和使用打纬筘技术。汉代在用筘打纬的同时，旧式嵌着篅管的刀杼仍在使用，这时刀杼的功能仍旧是既用作引纬又用作打纬。当时打纬的工具除了筘和刀杼以外，还有其他的打纬工具。例如1959年考古工作者在新疆民丰东汉墓出土羊毛地毯实物的同时，还发现一个木掌（齿耙），这个木掌用硬木制成，上面刻有五齿，长155毫米，宽100毫米，厚45毫米，齿间光洁磨损，这种磨损显然是使用后留下的痕迹。这个木掌（齿耙）和地毯同在一个墓中出土，说明这个木掌（齿耙）是用作织造地毯的打纬工具。因为地毯用手工织马蹄形或"8"字形绒纬，同时又要间隔织入粗纬和细纬，因此一般不宜用竹筘打纬。所以当织工分段分区织入纬绒时，需要用木掌插入经线随织随打，由于打纬的面积比较小，因此木掌要有一定的重量，才能打紧纬线。我们在近代的手工地毯织机上，还可见到它的打纬掌，只是近代手工地毯织机的打纬掌（齿耙）都是用铁制成，没有见到木制的打纬掌（齿耙）。这种铁制的打纬掌比木制的打纬掌有重量，更能打紧纬线，有利于提高织造地毯的质量。汉代在织造缂丝时，也不采用竹筘打纬，而是采用竹制的齿耙打纬。据斯坦因的《西域考古记》称，在我国新疆古楼兰遗址的汉墓中曾出土10多种丝织缂丝和缂毛织物，缂毛织物上有奔腾的飞马和细腻的卷草纹样图案，有着极具鲜明的汉代民族风格。由于缂丝的织造方法是通经断纬，织造时要按照花纹图案采用多色纬线分段分区织制，因此织造缂丝时不能用竹筘一次打纬，一般用竹制的齿耙来打纬。我们在近代还看到织造缂丝时仍然采用竹制的齿耙来打纬，竹制的缂丝打纬齿耙长70毫米，宽12毫米，厚6毫米，一端有细而薄的七个齿，另一端有三个齿，也有五齿式的。要视所织造的缂丝经密程度来使用相应的齿耙来打纬。当经密稀疏时，用三齿耙或五齿耙来打纬；经密大时，一般用七齿式的齿耙来打纬[42]。

三、织造技术的发展

汉代织造技术的发展，概括起来可归纳为下面三个方面：一是随着一些新的织造机具的出现，相应地出现了操作这些新织具的技术；二是织造技艺水平大幅提高，织物品种不但数量增加，而且质量提高，出现一批新的高级纺织品；三是挑花技术和显花技术的进步。

（一）新型织造机具的操作技术

1. 斜织机的操作技术

在前面阐述斜织机出现时，我们曾引用出土的汉代画像石和一些文献资料作为佐证。我们在探讨斜织机的操作技术时，仍然结合对这些汉代画像石和有关的文献资料的分析来进行阐述。

这9块汉代画像石，分别在山东滕县的宏道院和龙阳店、山东嘉祥县武梁祠、山东肥城西北孝山郭巨祠、山东济宁晋阳山慈云寺、江苏沛县留城镇、江苏铜山县洪楼地区、江苏泗洪县曹庄和成都土桥曾家包等地发现或出土。这9块汉代画像石，都是研究斜织机结构和操作技术的实物史料。

斜织机有长方形的机座，在机座前端设置有机座板，后端斜置一个机架，机架后端安置两根撑柱，它的经面与机座成50~60度的倾角，这种设置能使坐着操作的织工及时发现织造时发生的问题。另外，经面位置有一个倾角，用经纱导辊和织口卷布导辊能绷紧经纱，使经纱的张力比较均匀，使织物获得平整丰满的布面，使织工比较省力。它的机架斜放在机台上，前后端分别有卷布轴和经轴，汉代时称为榺（复）和滕（胜）。在榺和滕上分别安装有轴牙，榺安装的是稀疏的板形牙，有一个撑杆；滕安装的是较密的凹形牙，用绳套牢后再用小木辊卡住。安装的轴牙主要是用来控制送经量和卷布量的平衡，以便保证织造时有一定的经丝张力，因此两个轴的轴牙齿数是不相等的。当织好一段布帛后扳动撑杆放经，一边转动卷布辊张紧经纱，继续织造。斜织机上安装的筘，是用来控制经密和布幅的。织造时，还必须有保持织口幅度的幅撑，才能保证织幅，易于织造。在马王堆一号汉墓出土的丝织品隐花孔雀纹锦和隐花花卉纹锦上，均发现有明显的幅撑孔眼，便是佐证。斜织机采用踏脚板（蹑）提综开口，在出土的汉画像石上的斜织机都有脚踏提综的具体形象，虽然有的画得比较复杂，有的画得比较简单，有的画得比较清楚，有的画得比较模糊，但都能看出织造时提综开口的动作。在图中，可以看出下面两根踏脚杆用绳子联结在综框和提综杠杆上，综的上面、连在前大后小、形似"马头"的提综杆上。前端较大而重。当经纱放松时，前端就靠自重易于下落，两根踏脚杆长短不同，长的踏脚杆联结提综杠杆，短的踏脚杆联结综框下部，完成前后两次梭口的交换。

根据复原出来的斜织机的结构可以看出，织造时使用两根踏脚杆来提沉一片综框开口，完成经纱上下交换梭口，其梭口开启形状如图所示（图3-11）。在汉代画像石中，有用单踏杆和双踏杆的提综开口示意图。如今在四川隆昌、湖南浏阳、江西万载等地仍可看到在沿用的传统苎麻斜织机上，还采用如同汉代画像石中那种单根踏杆的开口机构的形制。湖南浏阳高坪保存的古老斜织机，其提

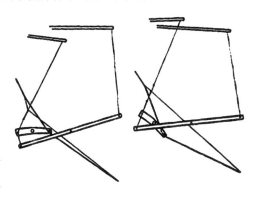

图3-11　斜织机梭口开启示意图

综开口装置十分灵巧，且实测的结果是梭口的深度为206毫米，梭口的高度为60毫米，梭子高36毫米，阔55毫米，因此梭子在梭口里可以往来自如。这是一种半综开口装置，它的传动方式非常合理。当织工将踏板踏下时，由绳子牵动压纱辊向下压纱，压纱辊上的压纱板上连杠杆的一端，做向下运动，而另一端连同半综上升，使半综提起下层经纱到上层梭口的位置，原来的上层经纱，由于压纱辊的作用被压至下层位置便成了三角形的梭口。当织工投梭引纬和打纬后，将双脚松开，这时由于经纱张力作用，使压纱辊回复到原位，从而起压纱作用。这层纱就是第二次梭口的上层经纱，下层经纱也由于弹性的作用而回复到原位，在这样交换一次梭口的状态下，进行投梭引纬和打纬织制，就完成两次梭口的交换。采用这种技法，依次循环反复。由此得出这样的结论：在斜织机上，只要有一片半综装置，配以踏杆的作用，就能织制出平纹织物[43]。

2. 地毯织机的操作技术

根据对出土的地毯进行分析，用来织造这种地毯的织机大概比较简单。它的经轴置于高部，经线分成两片，分别穿综，下部梭口在经线上印出花纹图案，按照花纹要求标出色线位置。织工在织造时，用颜色毛线作纬，采用木掌（齿耙）打纬，按花色织出绒纬。织绒纬时，采用"æ"字绲结法，用颜色绒纬嵌入经线内，织工按花纹图案的配色，照上述次序将颜色毛纬反复循环织造，就能织成事先设计的彩色地毯的花纹图案，织好的织物就卷在织机的下方。

3. 花罗机的操作技术

花罗机是由罗织机（织素罗的罗机）加上提花装置构成的。罗织机中最奇特的开口机构是采用绞综环装置。罗织机可以织造素罗作为底纹，加上根据花纹规律设计的提花装置，控制提升起花的经线，就可以织造出花罗织物。考古工作者在长沙马王堆一号汉墓发现的杯形菱纹花罗，就是采用提花束综装置和绞经综装置配合织造出来的[44]。

（二）织造技艺水平的提高

秦汉时期一些新型织造机具的出现使得织造技术得到显著提高，织品质量和数量也都较以前有了改进和发展。下面仅以马王堆一号汉墓与马山一号楚墓出土的纺织品进行比较，说明这个问题。

马王堆一号汉墓与马山一号楚墓出土的丝织物品种基本相同，包括绢、纱、罗、锦、绦、组、绨等几类品种，这些丝织物的幅宽大多在50厘米左右，说明战国和汉代的织机幅度是一致的，不过其他技术指标却是不尽相同的，显示出汉代的织造技艺比战国时期的织造技艺有了长足进步。

在马山一号楚墓出土的衣物中，大多数衣物面料都是绢，用绢作面料的衣物共有55件，一般都用作衣物里、面、领、缘和绣地。这些绢的经纬纱组织点是一上一下，组织循环经纬纱数等于2，其稀密程度相距比较大。经纬密度每厘米60根以下的有9件；经纬密度每厘米60~100根的有29件；经纬密度每厘米120根以上的有6件。纬纱密度较经线稀，纬纱密度为经纱密度的三分之一至二分之一的有14件；纬纱密度为经纱密度的三分之一左右的有20件；纬纱密度为经纱密度的二分之一以上的有21件。在马王堆一号汉墓出土的衣物中，用绢作面料的也很多，共有68件衣物用绢作面料，一般用作衣物的面、缘、里。另外，该墓还出土22卷单幅绢。在出土的这些单幅绢中，经纱密度每厘米55~75根的有8幅，经纱密度每厘米80~100根的有10幅，经纱密度120根左右的有4幅；纬纱密度为经纱密度的二分之一左右的有11幅，纬纱密度为经纱密度不足二分之一的有6幅，纬纱密度为经纱密度三分之二左右的有3幅，纬纱密度为经纱密度三分之二以上的有2幅。由此可见，马王堆一号汉墓出土的绢总体比马山一号楚墓所出土的绢细密。

马山一号楚墓出土的纱数量不是很多，出土的用作衣袍的纱也大多保存不好，如素纱绵袍的面大部分腐朽，N12衣面全部朽烂，仅从残存痕迹可知是纱。这些纱的经纱密度为每厘米17~46根，纬纱密度为每厘米12~30根，厚度为0.02~0.15毫米。出土的纱中，保存较好的是8-8竹笥中作巾的深褐色纱，幅宽为32.2厘米，幅边密度每平方厘米34×16根。出土的另一种深褐色纱，有附着于凤鸟花卉纹绣红棕绢面锦袴（N25）表里和8-11竹笥中存留的两片。在方孔纱上面，附着一层半透明的胶状物，纱孔较大，与漆䌷纱很接近。马王堆一号汉墓出土的纱，既有成单幅纱料，又有用作衣物的衣料。出土的单幅纱料有7幅，其中3幅是印花纱或印花敷彩纱。这7幅纱的经纬丝都比较均匀，经纬两者的密度相同或相近，经纱密度为每厘米58~64根，纬纱密度为40~58根，纱孔方正，质地轻薄，厚度为0.05~0.08毫米，其中较轻的纱，每平方米的重量仅略高于12克。边维为双经单纬，两边有明显的幅撑眼。纬丝强捻，捻向一致，多为Z向。经丝弱捻，呈Z、S

向交错的不规则排列，因而幅面有皱纹现象。该墓出土的用纱制作的衣物，有329 －5 号和329 －6 号两件素纱禅衣、329 －12 号、329 －13 号和329 －14 号三件绵袍的印花敷彩面以及329 －12 绵袍的领缘。那两件素纱禅衣的重量分别只有48 克和49 克，如果将其包边除去，只有半两多重，其薄犹如蝉翼。所用的素纱和单幅纱料纤度只有10.5 至11.3 但尼尔，而现在生产的高级织物乔其纱纤度都有14 但尼尔，可见汉代纱的织造技艺真可谓巧夺天工，其织造技艺比马山一号楚墓出土的纱的织造技艺有明显的进步（图3 –12 马王堆一号汉墓出土的素纱禅衣）。

图3－12　马王堆一号汉墓出土的素纱禅衣

马山一号楚墓出土的绮是彩条纹绮，用于蟠龙飞凤纹绣线黄面衾的上缘和一凤一龙相蟠纹绣紫红绢面单衣的袖缘。该绮以黑、深红、土黄几种不同颜色的丝为经线，以棕色丝为纬线，顺颜色条带分带分区，相间织制。其外观为顺经方向排列的深红、黑、土黄三色相间的窄长条，每条宽1.3 ~ 1.5 厘米。黑色条区只有一种粗经线，组织点是一上一下，这是继承商代那种类似斜纹组织（即底地平织而显花处是经斜纹）的传统。深红和土黄条区的经线有粗细两种，作1：1 相间配置。细经线的组织点是一上一下，粗经线则在织物表面有浮长线。相邻的两根粗经线的组织点相同。浮线部分的组织点三上一下。此外其他部位的组织点则是一上一下。相邻的两根粗经线的浮长线部位，又以两根纬线相下错开，构成品字形纹。经纬密度为每平方厘米88 × 19 根。马王堆一号汉墓出土的绮比较多，按其花纹形状来命名分为菱形纹和对鸟纹两类品种，其底部单层平织，起花部分为三上一下右斜纹二重组织。菱纹绮由一组经丝和一组纬丝相互交织，其纹样主要是粗细线条相结合组成耳杯纹菱形几何图案，并嵌些写意植物和动物图案纹样，以丰富纹样内容。在平素纹地上起三上一下的四枚纹经花，经纬密度为每平方厘米40 × 30 根。对鸟纹绮的组织，地部为平纹，花部为三上一下经斜纹，其花纹图案为纵向的连续菱纹，再在菱纹内填以横向的花纹，每组三层，分别为对鸟和两种不同的菱花，经纬密度为每平方厘米100 ×46 根（图3 –13 马王堆一号汉墓出土的对鸟花卉菱纹绮纹样）。马王堆一号汉墓出土的绮虽是商代以来传统的类似经斜纹组织，但它在织造技术上有很大的进步。马山一号

图3 –13　马王堆一号汉墓出土的绮纹样

楚墓出土的彩条纹绮按条带分色，没有连续较大的花纹，而马王堆一号汉墓出土的对鸟纹绮却有连续花纹图案，织造时必须有更高的技艺才能完成。而且这种对鸟纹绮，是汉代新出现的高级丝织品种，织造它需要相应的新的技艺。

马山一号楚墓出土的罗是素罗，见于龙凤虎纹绣罗单衣（N9）。其左右两根经线（即绞经和地经）有规律地交替向左右绞转，每相邻的四根经线形成近似六边形的网孔，每织入四根纬线完成一个组织循环。经线较粗，投影宽为 0.15 毫米。纬线较细，投影宽度为 0.05 毫米。经纬线均加 S 向捻，捻度为每米 3000 ~ 3500 次。经纱密度为每厘米 40 根，纬纱密度为每厘米 42 根，厚度为 0.17 毫米。从单衣的拼幅上，直接量得幅宽在 43.5 ~ 46.5 厘米之间。边维宽 0.35 厘米，是一上一下的平纹组织，经纱密度为每厘米 142 根，纬纱密度为每厘米 34 根。马王堆一号汉墓出土罗 10 幅（其中有两幅用作绣地）。该墓出土衣物中使用罗的有绵袍、夹袍、香囊、手套和帷幔等 12 件衣物的面（其中 6 件用作绣地）。这些罗大部分是纹罗（花罗），小部分是素罗。其经纬密度一般为每平方厘米 100 × 35 根左右，边维三丝罗。图案为纵向的瘦菱形，两侧各附加一个不完整的较小菱形，虚实两行排列，全幅实绞 10 ~ 14 单元，虚绞 11 ~ 13 单元，每一单元长 5 厘米左右，宽 2 厘米左右。其织造工艺技术相当复杂。底纹部分为大罗孔，四梭一个循环。菱纹部分为小罗孔，两梭一个循环。以 340 – 18 号为例，一个组织循环经丝 332 根，纬丝 204 根，经丝中地经和绞经各占一半，二者相间排列。地经有 81 根是对称的，需 41 个提升动作；其余 85 根是非对称的，共需 126 个单独提升动作加以控制。地绞经则由绞经综统一控制。纬丝的半数系经动作，由踏木控制。另外 102 根因图案上下对称，需 52 个动作。据推测，这种错综复杂的动作，上机时需要有提花束综装置和绞经综装置相配合，并且需要两人协同操作，一人专司绞经和下口综踏木以及投杼（梭），另一人专司挽花，才能织造出这种罗孔清晰、花地分明的罗织物。马王堆一号汉墓出土的罗，既有素罗，又有花罗。而马山一号楚墓出土的罗，只有素罗，没有花罗。织造花罗的技术比织造素罗的技术要求高，由此可知汉代的织罗技术比秦以前的织罗技术有质的提高。

　　马山一号楚墓出土的锦，在出土衣物中的数量，仅次于该墓出土的衣物中绢的数量。这些锦大多用于衣衾的面和衣物的缘，均属于平纹地经线提花织物。根据织造时经线所配用的不同颜色来分类，可把它们分为二色锦和三色锦两大类。二色锦在两种不同颜色的经线中各取一根成为一副，其中一根作表经，另一根作里经，织造时为了配色和构图的需要，同一根经线有时作表经，有时作里经，这样，就使织物表面呈现出由二色线组成的图案。要表现三种或更多的色彩，必须用分区配色的方法，将图案分作若干区，在每一区中只使用其中某两种颜色的经线。三色锦则是从三种不同颜色的经线中各取一根成为一副，一根作为地色，另外两根用作显示花纹，织造时其中一根作为表经，另两根作为里经，基本组织与二色锦相同。二色锦和三色锦都属二重组织，经密度往往是纬密度的 3 倍或更多，纬密一般是每厘米 24 根 ~ 54 根之间，而经密则一般是每厘米 84 根 ~ 156 根之间。出土的锦中，二色锦有塔形纹锦、凤鸟凫几何纹锦、凤鸟菱形纹锦、条纹锦、小菱形纹锦和十字菱形纹锦 6 种；三色锦有大菱形纹锦、几何纹锦和舞人动物纹锦 3 种。马王堆一号汉墓出土的锦的数量，比马山一号楚墓出土的锦少，但出土的锦的类型比较丰富。该墓出土的锦中，既有平面显花的几何纹锦，又有凸纹效果的绒圈锦，还有若隐若现的隐纹花卉纹锦。在出土的单卷丝织品中，锦只有 4 幅。在出土的衣物中，没有发现使用与这 4 幅完全相同的锦。在出土衣物中使用的锦，主要是一种红青地矩纹起毛锦，有 12 件衣物用这种锦作缘。另外，在出土衣物中用的锦还有两种，其中一种是瑟衣和竽衣所用的栗色地红花锦，另一种是绣枕两侧的香色地红茱萸纹锦。此外，还有一种近似绒圈锦的凸花纹锦。经密一般是每厘米 112～156 根，纬密是每厘米 40～58 根，有幅撑针眼。除绒圈锦以外，其他的锦的组织结构与马山一号楚墓出土的锦的组织结构基本相同，该墓出土的锦亦可分为二色锦和三色锦，但所出土的锦的经纬密度比马山一号楚墓出土的锦的经纬密度高，锦幅也比较宽。该墓出土的 334 - 1 绀地绛红纹锦（瑟衣片）的组织结构，与马山一号楚墓出土的三色锦的组织结构完全相同，其他出土的锦的组织结构与马山一号楚墓出土的锦的组织结构略有区别，这些锦都有一组底经作为地部基础组织，其织造工艺与马山一号楚墓出土的锦的织造工艺相似。该墓出土的编号为 N6 - 3 的凸花纹锦，是一种平地起花有凸纹效果的织物，经线五根一组，锦面遍布虚实相称的各种矩形块面和线条，平地起花又有凸纹效果，纹样风格和结构特征外观近似绒圈锦，由于每个花纹内需要的束综数目较多，估计织制这种锦时已采用两把吊通丝上机织造。该墓出土的绒圈锦，是我国首次发现这类锦，应是汉代的创新织物品种，最能反映汉代的先进织造技艺水平。其组织结构均属 4 根一组的四枚变化组织，经密为每厘米 44～56 根，织幅按 50 厘米计算，总经数高达 8800～11200 根。织造这样复杂的织物，必须使用双轴机构，即一个经轴管理底经和两根地纹经；另一个经轴控制起高低绒圈的绒圈经，织造时利用插入起绒竿使起绒经屈曲于织物表面，织入后将起绒竿抽去，就显出浮雕状的立体效果。该墓出土的绒圈锦，使锦面的立体效果达到锦上添花的程度，是织锦技艺的一种新的发明创造的表现，同时这也是汉代织锦技艺比以前织锦技艺进步的一个突出的表现（图 3 - 14 马王堆一号汉墓出土的绒圈锦）。

图 3 - 14　马王堆一号汉墓出土的绒圈锦

马山一号楚墓出土的绦，按其组织结构来分类，可分为纬线起花绦和针织绦两种。纬线起花绦又可分为 A、B 两型，A 型采用"抛梭"法织入花纬，B 型采用穿绕法织入花纬。其纹饰有田猎纹、龙凤纹、六边形纹、菱形纹、花卉纹等，幅宽在 2.3～6.8 厘米之间。针织绦属编织物，是一种把丝线弯曲或线圈并串起来而成的绦带。根据绦带组织的不同，针织绦也可分为 A、B 两型，A 型属横向连接组织绦，B 型属复合组织绦。横向连接组织绦是用紫红、淡黄两色丝线轮流进行编织组成线圈横列，正面形成彩色条纹。复合组织绦是由横向连接组织和单面提花组织合成，花纹的主题一般属单面纬编提花组织，各个花纹主题之间以红棕、深棕、土黄色段相隔，属横向连接组织。其织纹有动物纹、十字形纹、星点纹。针织绦的幅面比较窄，仅 0.33～1.7 厘米。马王堆一号汉墓出土的绦，共有两种。其中一种称为"千金绦"，这种绦上织有篆书"千金"二字，绦带较窄，仅

0.9厘米。绦面分为三行，各宽0.3厘米，阴阳纹交替。阴阳纹的中行，除织出"千金"字样外，还有黑线组成的波折纹，出土的竹简的简文称之为"纁缓绦饰"（图3-15 马王堆一号汉墓出土的绦组织图）。这两种绦，都属于针织绦。马山一号楚墓只出土一种针织绦，而马王堆一号汉墓出土两种针织绦，这可说明汉代的织绦技艺比之以前又有了发展。

在马山一号楚墓出土的锦、绦等丝织物中，其纹样图案按其题材可分为两大类。其中一类为几何纹，例如塔形纹锦、十字菱形纹锦、大小菱形纹锦、六边形绦等。另一类为几何纹和动物纹的结合，例如凤鸟几何纹锦、凤鸟菱形纹锦、田猎纹绦、龙凤纹绦等。在动物纹中，以龙凤纹居多；在几何纹中，以菱形纹居多，

图3-15 马王堆一号汉墓出土的绦组织图

植物纹少见。在马王堆一号汉墓出土的罗、锦、绦等丝织物中，其纹样图案除了有几何纹和动物纹外，还有花卉纹和文字织纹[45]。

综上所述，不难看出，汉代的织造技艺确实比秦以前的织造技艺有了长足的进步。

（三）挑花技术和显花技术的提高

秦汉时期，挑花技术有了发展。在汉代出现了在地经、地纬的基础上，用彩色纹纬按图案要求织出花型的"织成"，这些花型图案包括鸟兽、花卉、山水、文字等。这是通经通纬加迴纬的织法，只在构成衣片的轮廓线内起花，其余裁衣丢弃的部分仅织地组织。在汉代还出现全部通经迴纬的"缂毛"织物。这表明在汉代挑花技术确实有了发展。

在秦汉时期，显花技术也有了发展。汉代织物花色品种的增加，除了织物组织的发展以及挑花技术的提高起作用外，显花技术的进步也起了很大的作用。这个时期显花技术最突出的表现是在织锦方面，尤其是在织造"通经迴纬"的织成和缂毛时，皆以彩纬显花。需要指出的是，唐代中期以前的锦，都是用经线显花，到唐代中期才出现纬线显花的织法，出现纬线显花的"纬锦"。而这种纬线显花织法的起源可追溯到秦以前即已出现的纬二重织物以及汉代出现的以彩纬显花的织成和缂毛。因此汉代出现的"通经迴纬"技术，标志的显花技术进入了一个新的阶段。

第四节　练、染、印工艺技术的提高

秦汉时期，练染是专业性很强的手工行业，技术和规模均发展很快。《史记·货殖列传》载：种植"千亩巵茜，千亩姜韭，其人皆与千户侯等"。《三辅黄图》卷三载：西汉未央宫内设置称为"暴室"的练染工厂，专门练染皇室所需织物，

云："暴室，主掖庭织作练染之署。谓之暴室，取晒为名耳"。《后汉书·百官志》载：东汉在大司农下设平准令作为掌管练染之事的职官，云："平准令一人，六百石。本注曰：掌知物贾，主练染作采色"。刘昭注引《汉官仪》曰："员吏百九十人。"崔寔则将练染纳入了寻常百姓的劳作日程，其编写的《四民月令·八月》云："凉风戒寒，趣练缣帛，染采色"。可见当时染草来源广泛，多种染草被大面积种植，官府内设有专门的练染工厂，民间遍布练染生产，整个练染行业呈现一派兴盛景象。

一、漂练工艺技术

秦汉时期，丝帛漂练工艺继续沿用先秦出现的灰练和水练两种方法，但有些时候为缩短浸练时间，在工艺细节上做了两点改进，即在浸练时为提高用水温度采用煮的方式；在浸练后增加了槌捣过程，并以其为主要手段。煮练丝帛的方式，俗称煮练，汉代称之为"涑"，《释名》云："涑，烂也。煮使委烂也"。《玉篇》谓："涑，煮丝绢熟也。"此法在浸练过程中，用水温度可以人为控制，易于掌握丝胶的溶解速度，提高漂练丝帛的功效。槌捣丝帛的方式，俗称捣练，西汉班婕妤《捣素赋》对捣练过程有过形象描述，赋云："于是投香杵，叩玖砧，择鸾声，争风音。梧音虚而调远，桂由贞而响沉……"。此法既容易除去丝帛上的丝胶，又缩短了精练时间，精练出的丝帛手感和光泽亦俱佳。后世出现的用大槌捶打生丝的"槌丝"工艺和原理，实际上便是受捣练的启迪。

二、染色工艺技术

秦汉时期，染色技术的进步主要表现在两个方面：一是用于着色的原料除继续沿用前代已有的矿物颜料和植物染料外，又陆续发现了一些新的染料品种，但矿物颜料的用量已大不如前代，植物染料的用量大增，成为主要着色剂；二是植物染料的浸染、套染、媒染技术日趋成熟，染色色谱得到迅速扩展。

（一）矿物颜料

这一时期矿物颜料的使用情况可从湖南长沙马王堆一号汉墓出土的纺织品实物中窥知一二。

在该墓出土的编号为 460－1 的"长寿绣朱红色绣线"和编号为 465－17 的"朱红绫纹罗丝锦袍"上，均发现用朱砂涂着的红颜色。经观察，涂着在"朱红绫纹罗丝锦袍"上的朱砂，细且均匀，颗粒分散在纤维相互交叉的缝隙中。织物孔眼之间清晰，没有堵塞现象，有些朱砂粉末仅是松弛地附着在纤维上，轻轻一碰就会散落，其原因可能是没有采用粘结力比较强的黏合剂，或者因年代久远，黏合剂失去效力[46]。

在该墓出土的编号为 465－5 和编号为 461 的丝织品上，均发现用硫化铅涂着的颜色。硫化铅是方铅矿的主要组成物，通常呈铅灰色，湖南的常宁、衡山、临武、慈利、郴县、汝城、湘乡等地都出产这种矿石[47]。

在编号为 461 的丝织品上，还发现一种白色颜料。经分析，这种白色颜料不是先秦常用的诸如铅粉、蜃灰等白色涂料，而是化学成分为 $KAL_2(Si_3AL)O_{10}(OH.F)_2$ 的绢云母。该矿物颜料虽通常即为片状粉末，但涂绘前还须进一步研磨成极细的颗粒，再涂绘于织品表面[48]。

秦汉之际，一个朱砂矿矿主的收益多得不能计算，可以荫翳几代人。《史记·货殖列传》载：秦始皇时"巴（蜀）寡妇清，其先得丹穴（徐广曰：涪陵出丹），而擅其利数世，家亦不訾。清，寡妇也，能守其业，用财自卫，不见侵犯。秦皇帝以为贞妇而客之，为筑女怀清台"。清是偏僻乡野的寡妇，能受到天子的礼遇，名显天下，一方面说明她"能守其业，用财自卫"，另一方面则反映了当时朱砂价格不菲，多用于高档饰物的着色。

（二）植物染料

植物染料品种除继续沿用先秦已发现的茜草、蓝草、紫草、荩草、皂斗等品种外，郁金、栀子等也被作为植物染料广为使用，红色植物染料中着色最为鲜艳的红花，使用可能亦肇始于这一时期。

茜草，媒染性红色染料，古代一般采用先媒后染的方法给纤维着色，以铝、铁、锡离子媒染剂为主。铝离子媒染剂主要是明矾和草木灰。明矾又名白矾，系硫酸钾和硫酸铝的复盐，分子式为 $K_2SO_4 \cdot AL_2(SO_4)_3 \cdot 24H_2O$，入水即水解，生成氢氧化铝胶状物，其铝离子能与媒染染料中的配位基团络合。在自然界中并无明矾，它是人工焙烧白矾石的产物。我国开始焙制明矾的时间是有籍可查的，至少可追溯到汉代。草木灰是蒿草、柃木、山矾等植物的灰烬，现代科学测定，它们的灰烬中含有丰富的铝元素。利用不同的媒染剂后，同一种染料还可染出不同颜色。秦汉时期，茜草种植非常普遍，茜草染色技术也十分成熟。经分析，湖南长沙马王堆一号汉墓出土的"深红绢"和四川永兴汉墓出土的"染色绢"上的红色，即是用茜草染成。前者所用的媒染剂可能是铝盐一类的钙铝络合物[49]；后者所用的媒染剂种类不太清楚，不过其上单根丝纤维表面的色彩十分均匀，相邻纤维间也未见任何色差[50]，如果不具备娴熟的染茜技术，是不可能获得如此品相的。

蓝草。秦汉时期，蓝草是用量最多的植物染料之一，并已成为一种能得到较好收益的经济作物。从《后汉书·杨震列传》注云："（震）少孤贫，独与母居，假地种殖，以给供养，诸生尝有助种蓝者。"可知杨震入仕前很长一段时间都是以种蓝草为生，由此亦说明当时人工种植蓝草之普遍。不过在汉代，造靛技术仍未出现，染蓝仍沿用先秦的方法，即将新鲜的蓝草叶采摘下来后，以水浸沤，捣碎，待靛素析出，过滤染液，加入石灰，将织物入染。如需要染深蓝色，则将染过的织物取出晾干，再入染液，再晾干。如此反复浸染织物，以获取所需的色泽。当时的染蓝技术水平，在出土实物中有所反映。经分析，湖南长沙马王堆一号汉墓出土的深浅不同的蓝色纺织品，大多数都是用蓝草着色，其中 N18 号青罗样品所用染料萃取液，用薄层分析法，可以清楚地看到，靛素染料所含的蓝色色斑"靛蓝"和粉红色色斑"靛红"被分离的状况[51]。

郁金（Curcuma aromatica），姜科多年生宿根草本植物，其块根呈椭圆形，内含姜黄色素。可直接用于染黄，也可藉不同媒染剂而得到各种色调的黄色。用明矾媒染可得淡黄色；胆矾媒染得绿黄色；绿矾媒染得橙黄色。郁金所染织物虽耐光牢度稍差，但其色光鲜嫩，往往还散发出郁金特有的芬芳之气，故深受人们喜爱。我国至迟在汉代便将它作为植物染料使用，从史游《急就篇》所云"郁金半见缃白䌽"来看，郁金染出的黄色调在当时即已成为一个独立的色谱种类。

栀子（Gardenia jasminoides），属茜草科栀子属常绿灌木，多生长于我国南方和西南各省（图3－16）。栀子花果中含有两种色素，一是黄酮类栀子素，另一是藏红花酸，属直接染料类。用于染黄的色素是藏红花酸。

图3－16　栀子

两者构造式如下：

黄酮类栀子素　　　　　　　　　　　藏红花酸

栀子色素的萃取方法是：先将栀子果实用冷水浸泡一段时间后，再把浸泡液煮沸，色素即溶于水中。制得的染液可直接染黄，也可加入不同的媒染剂，以得到不同的黄色调。未加媒染剂染出的黄色为嫩黄色；加铬媒染剂染出的黄色为灰黄或橄榄色；加铝媒染剂染出的黄色为艳黄色；加铜媒染剂染出的黄色为微含绿的黄色；加铁媒染剂染出的黄色为黝黄色[52]。

秦汉时，栀子是应用最广的黄色染料，因野生栀子不敷需求，于是开始大面积人工种植，上引《史记·货殖列传》所载："千亩栀茜，千亩姜韭，此其人与千户侯等"，反映了汉初栀子种植的规模、获利丰厚之程度以及用栀子染黄之普遍。长沙马王堆一号汉墓出土的多种深浅黄色纺织品，经多种手段进行分析和测定，发现有一些即为用栀子染液直接或加入媒染剂染制而成。

红花（Carthamus tinctorius），又名红蓝草，菊科红花属植物，株高达1.3～1.7米，叶互生，夏季开花呈红黄色的筒状花（图3－17）。花冠内含两种色素，其一为含量约占30%的黄色素；其二为含量仅占0.5%左右的红色素，即红花素。其中黄色素溶于水和酸性溶液，无染料价值；含量甚微的红花素则是红花染色的根本之所在，它属弱酸性含酚基的化合物，不溶于水，只

图3－17　红花

溶于碱液，而且一旦遇酸，又复沉淀析出。红花素的分子式为 $C_{21}H_{22}O_{11}$，构造式为：

红花红色素

中国古代染匠虽不了解红花色素的组成和化学属性，但摸索出的提取红花素的工艺方法，却是和上述化学原理完全一致的。其法是：先用水或诸如乌梅水、石榴汁等弱酸性溶液浸泡红花，待浸出黄色素后，再用呈碱性的草木灰水溶出红花素。红花是红色植物染料中染红色泽最艳丽的一种，《博物志》载："张骞得种于西域，今魏地亦种之"。说明在汉代一些地方很可能已将红花作为染料使用。

（三）染色技术的进步与色谱的扩展

秦汉时期，染色技术继承先秦的传统并得到进一步发展。据统计，仅湖南长沙马王堆一号汉墓和新疆民丰东汉遗址出土的大量五光十色的丝、绣、麻、毛织品，颜色就有朱红、深红、大红、米红、深蓝、浅蓝、藏青、天青、深棕、浅棕、深黄、浅黄、橙黄、金黄、叶绿、油绿、翠绿、绛紫、茄紫、银灰、粉白、黑灰、黑等30余种颜色，充分展示了汉代染色技术的水平和当时染匠谙练的浸染、套染及媒染技巧。伴随着染色技术的进步，汉代的织物色谱也更加丰富多彩，而且各种色彩还有了专用名称。西汉史游《急就篇》中便有一段形容织物色彩的文字，原文及颜师古注文如下：

"春草鸡翅凫翁濯（注：春草，像其初生织丽之状也。鸡翅，鸡尾之曲垂也。凫者，水中之鸟，今所谓水鸭者也。翁，颈上之毛也。既谓春草鸡翅之状，又像凫在水中引濯其翁也。一曰：春草鸡翅凫翁，皆谓染彩而色似之，若今染家言鸭头绿翠毛碧云)，郁金半见缃白䋺（注：自此以下皆言染缯之色也。郁金染黄也。缃，浅黄也。半见言在黄白之间，其色半出不全成也。白䋺谓白素之精者，其光䋺䋺然也)，缥綟绿纨皂紫硟（注：缥，青白色也。綟，苍色也。东海有草，其名曰菮[53]，以染此色，因名綟。云绿，青黄色也。纨，皂黑色也。紫，青赤也。硟，以石辗缯尤光泽也)，蒸栗绢绀缯红繎（注：蒸，栗黄色，若蒸孰之栗也。绢，生白缯似缣而疏者也，一名鲜支。绀，青而赤色也)，青绮绫縠靡润鲜（注：青，青色也。绮即今之缯。绫，今之杂小绫也。縠，今梁州白縠。靡润，轻软也。鲜，发明也，言此缯既有文采而又鲜润也)，绨络缣练素帛蝉（注：绨，厚缯之滑泽者也，重三斤五两，今谓之平绸。络，即今之生紒也，一曰今之绵绸是也。缣之言兼也，并丝而织，甚致密也。练者，煮缣而熟之也。素，谓之精白者，即所用写书之素也。帛，总言诸缯也。蝉，谓缯之轻薄者，若蝉翼也。一曰缣已练者呼为素帛，若今言白练者也)，绛缇绁纮丝絮绵（注：绛，赤色也，古谓之纁。缇，黄赤色也。抽引粗茧绪纺而织之曰绸。绸之尤粗者曰纮。茧滓所抽也。抽引精茧出绪者曰丝。渍茧擘之精者为绵，粗者为絮，今则谓新者为绵，故者为絮。古亦谓绵为纩，纩字或作絖）。

色彩来之于自然，反映着自然，与天地万物有着广泛的联系。《急就篇》是西汉的启蒙读物，为便于儿童理解，史游巧妙地借助各种动植物的生动色彩，向儿童描述出各色织物的绚丽。另外，在同属东汉著作《说文解字》和《释名》中，也有很多关于纺织品色彩和专用词的解释。如将这三本书中所记色彩名称或专用词按色谱分类排列，可得到三四十种颜色。其中：

红色近似调有：红、缙、繎、绯、绛、缥、绌、缩、綪、缫、纂。

橙色近似调有：緹、缇。

黄色近似调有：郁金、半见、蒸栗、缃、绢。

绿色近似调有：绿、翠、缘、缲。

青色近似调有：青、缥、绀、纑。

蓝色近似调有：蓝、绚。

紫色近似调有：紫、绀、缫、缎。

黑色近似调有：缁、皂、纔、纅。

白色近似调有：縠、纨、缚、帓、缘。

如此多的色彩名称，不仅表达出当时人的审美意识和人文情感，更反映出当时染色技术所取得的成就以及人们对色彩永无止境的追求。

在上述色谱中出现的许多色彩，既非大众色，更非流行色，却在社会生活中如此喜闻乐见，汉代染匠如何染出上述颜色，甚至更多的稀、奇、古、怪、偏的颜色？文献中记载的汉代小型染色工具说明了一切。在《秦汉金文录》卷四中，记载有"平安侯家染炉"全形拓片（图3-18　汉平安侯家染炉拓片），该染炉上的铭文是"平安侯家染炉第十，重六斤三两"。在《陶斋吉金录》卷六中，记载有"史侯家铜染杯"铭文拓片，其上铭文是："史侯家染杯第四，重一斤十四两"。从铭文均有编号来看，属配套的染器。这两件染具，器形均不大。平安侯家染炉高13.2厘米，长17.6厘米；史侯家染杯合今0.5公斤左右，显然不能用于染布帛，只能染一些小把丝束或线束。正是因为染具小，染匠除了花费时间成本，材料成本可以忽略，染匠才能毫无顾虑，放心大胆，随心所欲地进行试染，并最终掌握染各种稀奇古怪颜色的染色技巧。因此这些小型染具的作用，一是用于染大量布帛前的试染，再就是染一些供刺绣、织成之用的少量特殊颜色的绣线。需要指出的是，对文献中出现的"染炉"和"染杯"，现有不同看法。一是史树青在《古代科技事物四考》一文中，认为染炉、染杯系染色之用[54]；二是黄盛璋在其《染炉初考》一文中，认为"染炉"以染食而得名；"染杯"实际上是沾染佐料的饮食器[55]；三是李开森在其《是温酒器，还是食器——关于汉代染炉染杯功能的考古实验报告》一文中，认为染炉、染杯是温酒器，非食器[56]。不可否认，后两种看法都有一定的道理，这两件器物具备这些功用，但却均没有对这两

图3-18　汉平安侯家染炉拓片

件器物何以谓之"染"具,作出令人信服的解释。毕竟《说文解字》对"染"字的解释为"以缯染为色",汉代文献中又未见他解,所以本文从史树青之说。(图3－18汉平安侯家染炉拓片)

汉代对纺织品色彩名称的重视,亦是与服饰制度分不开的。秦人尚黑,《史记·秦始皇本纪》载:秦始皇认为周属于火德,秦属于水德,扫灭六国乃水德胜火德也,于是"衣服旄旌节旗皆上黑"。汉代初期承袭秦制,"宗庙以下祠祀,皆冠长冠,皂禊袍单衣"。[57]汉武帝太初元年(104年)时宣布改正朔,服色开始尚黄。东汉永平二年,"尊卑上下,各有等级"、"非其人不得服其服"[58]的服饰制度被制定出来,这个服饰制度按身份、贵贱等级,严格规定了不同场合、不同等级的人穿什么质地、纹饰、颜色的衣服。这是在周代冠服制度的基础上,重新制定出的带有儒家思想色彩的服饰制度,影响极为深远,为后来历代传承。汉代官员等级最鲜明的标志是系官印的绶带颜色,《后汉书·舆服志》载:"乘舆黄赤绶。……诸侯王赤绶。……太皇太后、皇太后,其绶皆与乘舆同,皇后亦如之。……诸国贵人、相国皆绿绶。……公、侯、将军紫绶。……九卿、中二千石、二千石青绶。……千石、六百石黑绶。……四百石、三百石、二百石黄绶"。

三、印花、缬染工艺技术

我国古代织物上的花色既有通过织机直接织出的,也有通过型版印花或缬染得到的。型版印花工艺包括凸版印花、凹版印花;缬染工艺包括夹缬、蜡缬和绞缬。

(一)型版印花工艺

无论是凸版印花,还是凹版印花,都是先在平整光滑的木板上挖刻出设计好的图案花纹,再在图案凸起或凹下部分上涂刷色彩,然后对正花纹,以押印的方式,施压于织物,即可在织物上印得版型的纹样。虽然部分学者对江西贵溪春秋战国墓中出土的几块织物地色呈深棕色、双面有银白色花纹的苎麻织物,是否是型版印花织物尚存有疑义,但西汉已具备高超的型版印花技术却是不争的事实,因为广州南越王墓和湖南长沙马王堆一号汉墓都出土过印花实物。

南越王墓不仅出土了一些印花丝织物,还出土了一大一小两件青铜质的印花凸版[59]。大件凸版,长57毫米,宽41毫米,呈扁薄板状。其上纹线凸起,且大部分十分薄锐,厚度约0.15毫米左右,并有磨损和使用过的痕迹,惟下端柄部的纹线处厚达1.0毫米左右,正面花纹近似松树形,兼有旋曲的火焰状纹。小件纹版,纹样呈人字形。如单独使用这两块纹版中的某一块印花,纹样都会显得单薄,很可能是配合起来套印用的。值得注意的是同墓出土的一些印花丝织物花纹,即为白色火焰状纹,花纹形态与松树形印花凸版相吻合。

马王堆一号汉墓出土的印花敷彩纱和泥金银印花纱,则是用凸版印花与画缋结合的方法制成的。

印花敷彩纱的印花纹样骨架为变形的藤本植物。纹样单元高约4厘米,宽约2.2厘米,外廓呈菱形。印花图案由四个单元图案上下左右连接,构成印花纹版的菱形网格。其上敷彩:朱红色为朱砂,黑色为炭素,银灰色为硫化铅,粉白色为绢云母,均是以干性油类为粘结剂。整个织物用色厚而立体感强,充分体现了凸纹印花的效果（图 3 - 19 马王堆一号汉墓出土的印花敷彩纱）。

据研究，该印花制品是先以凸纹花版印制在织物上印制底纹，然后在底纹上敷彩。

印底纹的工艺程序是：先将素纱织物平放，按纹样要求的距离定位，并做好记号。再从织物的幅边开始，按照定位记号，先左右、后上下，用蘸有色浆的印花纹版押印。由于单个纹样的面积很小，为了提高工效，有可能还将四个小的单元图案并为一版，即并成长 8 厘米、宽 4.4 厘米的大菱形网纹版。即便如此，每平米 800 多个小单元纹样，仍需 200 余版才能完成底纹的印制，可见操作的难度。从实物来看，骨架纹样定位准确，藤蔓图案线条光挺流畅，没有发现印花色浆扩散和线条叠压的情况，效果十分完美，显示了当时印花工匠娴熟的技艺。

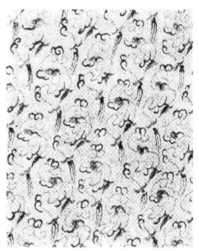

图 3 - 19　马王堆一号汉墓出土的印花敷彩纱

敷彩的工艺程序大概有七道，依次是：印出藤蔓灰色底纹；用朱红色绘出"花"；在灰色底纹上用重墨点出花蕊；用黑灰色绘出"叶"；用银灰色勾绘"叶"和蓓蕾纹点；用灰色勾绘出"叶"和蓓蕾的包片；用粉白勾绘和加点。

泥金银印花纱的纹样，单位长 6.17 厘米，宽 3.7 厘米，由三块不同的纹版分别套印而成，即"个"字形定位纹版、略呈长六边形的主题纹版、起点缀作用的小圆点纹版。据研究，它的印制过程可能分三步，依次是：先用定位纹版印出银白色的"个"字形网络骨架；再用主题纹版在网络内套印出银灰色的花纹曲线；最后再用小圆点纹版套印出金黄色迭山形点缀纹。从实物来看，银色线条光洁挺拔，交叉处无断纹，没有溅浆和渗化疵点，有些地方虽然由于定位不是十分准确，造成印纹间的

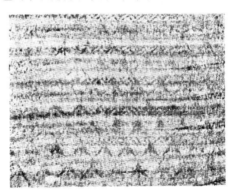

图 3 - 20　马王堆一号汉墓出土的泥金银印花纱

相互叠压以及间隙疏密不匀的现象，但仍反映出当时套印技巧所达到的谙练程度（图 3 - 20 马王堆一号汉墓出土的泥金银印花纱）。

印花敷彩纱和泥金银印花纱不仅印花工艺高超，在审美效果上亦达到很高的境界。

（二）缬染工艺

缬染印花中的夹缬、蜡缬和绞缬印花，它们的工艺实质都是防染工艺，即利用"缬"的方法在织物的某些部位防染。如夹缬用木版防染，蜡缬用蜡防染，而绞缬用扎缝的方法防染。关于这三种缬染方法的起源时间，在纺织史界得到认可

的是：夹缬始于秦汉，绞缬始于东晋，蜡缬的初始时间则有争论。

夹缬实际上是镂空版防染印花，其法是用两块雕镂相同的图案花版，将布帛对折紧紧地夹在两板中间，然后就镂空处涂刷染料或色浆。除去镂空版后，被型版夹住的地方不着色，镂空的部分则显示出对称花纹。古代"夹缬"的名称，可能就是由这种夹持印制的方式而来。夹缬有时也用多块镂空版，着二三种颜色重染。夹缬的方法肇始于秦汉，出处见高承《事物纪原》卷一〇引《二仪实录》所云：夹缬"秦汉间有之，不知何人造，陈梁间贵贱通服之"。依据当时型版印花技术水平，此说得到认可，不过迄今能见到的最早实物是南北朝时期的。

蜡缬，现在称为蜡染。传统的蜡染方法是先把蜜蜡加温熔化，再用三至四寸的竹笔或铜片制成的蜡刀，蘸上蜡液在平整光洁的织物上绘出各种图案。待蜡冷凝后，将织物放在染液中染色，然后用沸水煮去蜡质。这样，有蜡的地方，蜡防止了染液的浸入而未上色，在周围已染色彩的衬托下，呈现出白色花卉图案。由于蜡凝结后的收缩以及织物的皱褶，蜡膜上往往会产生许多裂痕，入染后，色料渗入裂缝，成品花纹就出现了一丝丝不规则的色纹，形成蜡染制品独特的装饰效果。关于蜡缬技术的起源时间，有学者认为"汉代的蜡缬工艺技术已经成熟"，但也有学者持不同看法。

认为"汉代的蜡缬工艺技术已经成熟"，根据是 1959 年新疆民丰尼雅东汉墓葬出土的一块"蜡缬棉布"（图 3 – 21）。该布面蜡缬图案有龙、狮、花卉和人物，图案精巧细致的程度，为当时其他印花技术所不及[60]。

持不同看法的学者，则完全否定这块"蜡缬棉布"是汉代实物，根据有四：其一，断代有问题。谓这件作品出现于 20 世纪 50 年代，有说是新疆民丰北大沙漠东汉墓出土，亦有说

图 3 – 21　新疆民丰尼雅东汉墓葬出土的蜡缬棉布

从民间征集的。因始终未见有关这件作品出土确切的考古报告，因此出自东汉墓似不足信。其二，这件作品中的人物容貌特征"不类中原"。人物弯眉、高鼻、深目、体态丰满、袒胸露乳，颈部挂璎珞，头后有所谓"背光"，左手持一角状物，角状物上部有谷状颗粒。1996 年，《中国文物报》有署名文章指出，这件文物中的人物形象是西亚早期宗教人物德纽凯，乃神话中的丰收女神，她手持物为丰收角，象征五谷丰登。这个人物最早出现于公元 2 至 3 世纪，因此，她不可能在"中国东汉作品"中出现。换言之，这件作品出现在我国的时间应当在公元 2 至 3 世纪以后。其三，产地有问题。该蜡缬品即使发现于我国丝路某地，也不能据此断定是我国所产，因为人、兽图案同存是西亚纺织纹样的最显著特点之一，所以它极大可能是从西亚传入的。其四，工艺风格有问题。该蜡缬品的线条粗疏，且某些边框平直度很差，与我国蜡染作品风格相去甚远[61]。另外，还有人认为这块"蜡缬棉布"是"印度输入品"[62]。蜡缬的起源时间，应定在南北朝时期。

虽然一种技术从出现到成熟需要一定的时间，但民丰尼雅东汉墓葬出土的蜡缬棉布确实存在诸多疑点，在没有发现其他汉代蜡缬实物的前提下，我们认为应

根据现能见到最早的北朝蜡缬实物[63]，将蜡缬技术的出现时间，保守的定在南北朝时期比较可取，毕竟有不容置疑的出土文物摆在面前。

绞缬，又名撮缬或扎缬，是我国古代民间常用的一种染色方法。绞扎方法归纳起来有两类：一是缝绞或绑扎法，先在待染的织物上预先设计图案，用线沿图案边缘处将织物钉缝、抽紧后，撮取图案所在部位的织物，再用线结扎成各种式样的小绞。浸染后，将线拆去，扎结部位因染料没有渗进或渗进不充分，就呈现出着色不充分的花纹。二是打结或折叠法，将织物有规律或无规律地打结或折叠后，再放入染液浸染，依靠结扣或叠印进行防染。绞缬花样色调柔和，花样的边缘由于受到染液的浸润，很自然地形成从深到浅的色晕，使织物看起来层次丰富，具有晕渲烂漫、变幻迷离的艺术效果。这种色晕效果是其他方法难以达到的。根据南北朝时绞缬技术已十分成熟的情况来看，它很可能在汉代就已出现，而且"缬"之名亦是由绞缬而来。《广韵》释缬为："结也。"《增韵》释缬为："文缯。"唐玄应《一切经音义》卷十释缬为："谓以丝缚缯，染之，解丝成文曰缬也。"元《古今韵会举要》亦云："缬，系也，谓系缯染为文也。"但遗憾的是迄今尚没有发现能加以佐证的汉代文献资料或考古实物。

第五节　织物组织与品种的发展

秦汉时期，由于织造机具和织造技艺的发展，使织物组织、显花技术和挑花技术随之发展，并促使这个时期的纺织物品种有了进一步的扩展，尤其是丝织物品种的增加更为突出。

一、织物组织的发展

秦汉时期，织物组织有了进一步的发展。马王堆汉墓出土的大批丝织物，涵盖了汉代纺织品的大部分品种，并有许多属于首次发现的品种。其中有所谓的"汉式组织"之称的纹绮组织，即在起花部分中的每一根长浮线的经丝，其相邻的另一根经丝都是平纹组织；也有在平纹素地上起三上一下的四枚斜纹经花。在出土的罗织物中，有以四经绞作地二经绞显花的花罗。出土的锦织物以二至三组经丝与一组纬丝交织构成二重织物，织物组织均系四枚变化组织，有一上三下、二上二下、三上一下。其中编号为334－Ⅰ绀地绛红纹锦瑟衣片以地纹经Ⅰ和地纹经Ⅱ相互交替，轮流起地纹组织和地部一上三下的组织。可见四枚变化组织在西汉织物组织中十分普遍。西汉织锦的边组织结构，有单纬三纬重平组织和四枚变化组织。马王堆汉墓出土的绒圈锦，证明在西汉时期已发明创造出起绒组织这种新组织。在河北满城中山靖王刘胜夫妇墓、甘肃武威磨咀子汉墓和蒙古诺音乌拉匈奴东汉墓中，也发现与马王堆汉墓出土的绒圈锦同样的绒类织物。东汉时期的织锦，具有自己的结构特点，属于织有暗夹纬的重经组织，一般由二至三组经线与二组纬线平纹交织而成；一组纬线作地纬，另一组纬线作暗夹纬，由经线起花。织出的织物比较厚重，表面呈经畦纹。这种结构的织锦，被认为是汉锦的特点[64]。上述这些出土丝织物，印证了在秦汉时期，联合组织比以前运用更多，这也是织物组织发展的表现之一。

二、织物品种的发展

(一) 丝织物

据有关文献记载和已出土的文物可知，在秦汉时期，丝织物品种相当丰富多彩，计有纱、縠、缣、绢、纨、缟、绸、罗、绮、绫、锦、织成等类织物，每一类丝织物中又有多种花色品种。现将这时期的主要丝织物阐述如下[65]。

1. 纱

汉代的纱不但产量有了提高，质量也有明显的提高。考古工作者于1972年在长沙马王堆一号、三号汉墓中，发现大量的丝质纱织物，其中有一件薄如蝉翼的素纱襌衣，衣身长128厘米，衣袖长190厘米，重49克（包括领和二袖口镶边在内），素纱的经密和纬密每厘米均为62根，每平方米的素纱重为15.4克，蚕丝的纤度很细，单根丝缕为11旦。出土的另一块素纱料，其正幅宽49厘米，长45厘米，重2.8克。素纱的原料，均是桑蚕丝，经丝是弱捻或强捻，纬丝是强捻，属于平纹组织，结构精密细致，孔眼均匀清晰。这说明汉代的织纱技艺水平相当高超。

在古文献资料中，也能找到汉代织造高级纱织品的证据。例如，在《汉书·江充传》中，有"充衣纱縠襌衣"的记述，文中所述的纱（做襌衣的面料用）应是指一种最轻薄的丝织品。这段史料可与马王堆汉墓出土的纱和素纱襌衣互为佐证。由此可以看出汉代时织纱技艺之高超。

2. 縠

縠是一种质地轻薄、丝缕纤细、表面起皱纹的平纹丝织物，今称其为绉纱。

上面引述的《汉书·江充传》里也谈到縠，这说明縠在汉代已是比较有知名度的丝织品。虽然縠和纱在结构上都同属平纹组织，但织造縠的工艺技术比织造纱的工艺技术复杂得多。织造縠时，所用的经丝必须要强捻，一般捻度每米为1000捻以上，而且还要配合经丝的左右捻向不同，即Z捻和S捻相间排列，通过煮练定型，使织物上呈现凹凸皱纹效果。

考古工作者在长沙马王堆三号汉墓中，曾发现4块浅绛色绉纱。经鉴定分析得知，经密稀的为每厘米34～36，密的为每厘米60～64根；纬密稀的为每厘米28～30根，密的为每厘米58～60根。捻向为S，每米约2000～2400捻，因经纬丝均有较大的捻度，经煮练定型后，在织物表面上形成了凹凸如沙状的皱纹效果，由此被定名为绉纱。

上述情况表明，在汉代，织縠也是相当普及了。

3. 缣

缣属于双丝（双经丝或双纬丝）平纹生丝织物。它有两种组织：其中一种是双经丝与单纬丝交织的纬重平缣织物，另一种是双纬丝与单经丝交织的经重平缣织物[66]。

考古工作者曾在满城汉墓中发现双纬丝与单经丝交织的纬重平缣织物[67]，这说明在汉代不但有缣织物，而且它还很受重视，因而才作为随葬品，出现在汉墓里。

4. 绢

汉代绢的生产相当普及，不但产量多，而且质量也有明显的提高。马王堆一号汉墓发现有68件衣物用绢作里、缘或面；同墓还出土22卷单幅绢，由此可证明汉代确实大量生产绢，否则不可能一个墓内有这么多的绢作为陪葬品。前文曾把该墓出土的绢与马山一号楚墓出土的绢作了比较分析，从中得出汉代的绢比周代的绢细密的结论，也就是说汉代的绢的质量比以前有了提高。

5. 罗

秦汉时期，罗得到较大的发展。尤其是在汉代，罗的发展更加明显，这个时期不但有素罗，而且还有花罗。

先谈谈汉代的素罗。在汉代之前，已发明了素罗。素罗是指经纱起绞的素组织罗，即指没有花纹的罗。根据其绞经的特点，可分为二经绞罗、三经绞罗和四经绞罗等品种。考古工作者发现的汉代的罗中，大多是二经相绞的罗和四经相绞的罗，三经相绞的罗比较少见。

二经绞罗是由 2 根经丝（地经和绞经）为一组，与纬丝交织而成。织造时，绞经时而在地经的左侧，时而在地经的右侧，每织入一根纬线后，绞经便变换一次位置。这样就使织成的织物的经纬线间有一个绞结点，使纬线不容易滑动，并有较均匀一致的孔眼。在汉代的二经绞罗中，还有一种两经相绞的变化组织的罗，其变化组织是：将绞经轮流同左侧或右侧的地经交替相交。织造时，除分经杆外，还必需配备两片绞综分别控制经线，进行绞织。这种变化组织的罗织成后，罗孔分布均匀，经纬度绞结点比简单罗纹组织更牢固。在长沙马王堆一号、三号汉墓中出土大量的汉罗，其中的素罗大多属于变化组织的罗。在蒙古诺因乌拉东汉墓出土的 MP1093 号标本文物，也是这种变化组织的罗。

汉代出土的汉罗中，四经相绞的素罗也比较多。四经相绞罗织造时，要用一套绞经装置。织时先用绞综将偶数经线的绞经，拉至奇数经线的左侧后，再向上提，过梭后再提后综（此即织地经的两片上口综）；第二根纬线过梭后，原绞综不动，再用另一绞综将奇数经线拉到偶数经线左侧后，再向上提，过纬后，又提另一地经上口综。这种绞经和地经依次左右绞转而相互绞缠，最终便形成大孔眼的四经绞罗组织。

三经绞罗是二经相绞罗织物的发展，比二经相绞的结点更牢固，但与四经绞罗相比，它在织造工艺上比较简单。

再谈谈汉代的花罗。花罗也称提花罗，是罗地起出各种花纹图案的罗织物的总称。在秦汉时期，花罗是罗织物中新出现的名贵品种。考古工作者曾经分别在长沙马王堆一号、三号汉墓和湖北江陵凤凰山汉墓中发现大量花罗，例如马王堆一号汉墓出土的花罗就有烟色菱纹罗、朱红菱纹罗、杯形菱纹罗、皂色几何纹罗等。出土的花罗中有的用于做衣服的衣料，有的用作制成香囊、手套、帷幔或作为绣品的绣地。这说明在汉代，生产的花罗品种已比较多，它的用途也比较广，可见当时生产的花罗数量已不少。

在马王堆一号汉墓出土的用于做衣服的衣料的花罗，大多比较细密，每厘米经丝一般为 100 ~ 120 根左右，纬丝为每厘米 35 ~ 40 根左右。用作香囊的花罗比较稀疏，经密每厘米为 88 根，纬密每厘米为 30 根。用作手套掌面的花罗，经密每厘米为 112 ~ 104 根，纬密每厘米为 32 ~ 38 根。杯形菱纹罗的花纹图案为纵向的瘦长菱形，两侧各附加一个完整（不对称）的较小菱形，形似耳杯"辟酒"器，其花纹大小显隐两行相间排列，全幅杯形显纹 11～14 个单元，隐纹 11～13 个单元，每单元长 5 厘米左右，宽 2 厘米左右，两侧邻近边维的比一般稍大；其组织循环经丝数为 332 根，纬丝数为 204 根，经丝中地经和绞经各占一半，两者均为 166 根，按 1:1 相间排列。

马王堆一号汉墓出土的杯形菱纹罗的纹样特点是：以粗细线条构成杯形菱形图案，用横式连续排列法分为粗细两档；一个图案循环纵向为 7 厘米，横向为 3.7 厘米；粗花纹线条挺秀，菱杯相扣，大小套叠组成四周对称图案；细花纹工整精细，上下对称，图纹清晰可见；地部网孔雅致匀和，花地异常分明。它的经纬线的原料为 20/22 旦桑蚕丝，属生丝织造、坯绸染色之织品。它的经密每厘米 88～92 根，纬密每厘米 26～30 根，每平方米绸重约 30～37 克（图 3－22 马王堆一号汉墓出土的杯形菱纹罗）。

图 3－22　马王堆一号汉墓出土的杯形菱纹罗

除上述谈及的汉代出土的花罗外，在其他一些地方的汉墓还分别出土平纹花罗、三经绞斜纹花罗等罗织物品种。1959 年在新疆民丰东汉墓发现有四经平纹花罗，其经密为每厘米 66 根，纬密为每厘米 26 根。1968 年在河北满城出土的花罗，和新疆民丰东汉墓出土的花罗完全相同[68]。汉代的三经斜纹花罗，在蒙古诺因乌拉东汉匈奴墓和新疆民丰东汉墓中均有出土。汉代的三经斜纹绞罗是在二经素罗的基础上发展起来的，即地纹是三经绞罗，花纹是起斜纹的花罗。

6. 绮

在汉代，绮这种平纹地起斜纹花的高级提花织物，增加了不少花色品种。无论是在古文献资料中还是在出土文物中，都可找到这方面的证据。

在秦汉之前的绮，一般不超过三色。但在古文献中，却有汉代出现"七彩绮"和"七彩杯纹绮"的记载[69]，这表明在汉代绮的花色品种有了增加。

在考古文物方面，长沙马王堆一号、三号汉墓出土了数量众多的绮，其中有几何菱形纹绮和对鸟花卉纹绮等花色品种。

在东汉时期，关于绮的记载也比较多。例如在《汉书·叙传》里有这样的记述："在于绮襦纨绔之间。晋灼曰：白绮之襦，冰纨之裤也。云白绮，则织素之明证也。"

考古工作者在一些东汉时期遗址或墓葬中，也发现有一些绮织物。1959 年在新疆民丰尼雅遗址中，出土了东汉时期的黄色菱纹绮[70]。在罗布淖尔（楼兰遗址）和蒙古诺因乌拉东汉匈奴墓中，也发现有绮[71]。

汉代的绮，是用一组经丝和纬丝交织的一色素地，生织后练染的提花织物。汉代绮的花纹图案，均采用经线起花的方法。其组织除了采用殷商类似经斜纹的组织之外，还出现一种"汉式组织"的绮[72]。汉绮的质地松软，光泽柔和，色调匀称。

长沙马王堆西汉墓出土的杯形几何纹绮，其经纬丝纤度约为 48 旦桑蚕丝，每厘米经密约为 38.5 根，每厘米纬密约为 31 根，实物幅宽 39 厘米，总根数为 1508 根，单重每平方米约 30 克。其纹样主要是粗细线条结合组成杯纹菱形几何图案，单元的纹样宽度为 3.2 厘米，长度为 2.8 厘米，全幅约有 13 个循环图案。其横向粗纹图案和细纹图案间隔排列，上下左右对称分布，所以地纹和花纹十分清晰，外观雅致大方。从杯形几何纹绮组织结构图，可以分析其织造上机工艺：一个花纹循环中，经丝数为 116 根，纬丝数为 92 根，花纹图案上下左右全部对称；在 116 根经丝中，由于织物组织的对称性，用多综多蹑机可以织造，提花部分由 60 片上口综来控制；另外，还需要设置两片平纹上口综管理地部平纹组织；每根经丝都要穿过二道线综，即从机后先穿过花综，然后再穿过平纹综，每织一纬时，提起一片平纹综和数片提花综。

在长沙马王堆一号和三号汉墓出土的那些对鸟花卉菱纹绮，其纹样图案构思新颖，风格独特，在一个花纹循环内，上下左右以细线条雷纹组成四方连续的变形花纹，在每个菱形花纹框内，镶嵌变形的对鸟，还有变形的花草。在纹样图案中，几何纹云雷纹、植物花草纹和变形动物对鸟纹等多种纹样相互交替分布，对鸟飞翔在朵朵云气之中，似在频频回首；瑞草和花卉枝叶蔓生，菱形杯纹星罗棋布，线条流畅匀称。这种绮属于经斜纹组织，花纹循环较大，经循环约为 156 毫米，纬循环约为 120 毫米，织物表面显出明快和敦厚之感。因其地部为平纹组织，花部为三上一下的经面斜纹组织，考虑到它的单元图案上下左右的对称性，可采用提花束综的双把吊制织的方法来织造，这样可以减少一半综丝和踏木。其地部用上口素综（平纹综）织造。对鸟纹绮的意匠图中全部花纹组织结构，由提花束综提沉，起出方平组织，即斜纹基础组织。意匠图右下角为提花组织，再加上平纹组织，变为三上一下的斜纹组织，在花纹对称处，由于平纹素综仍按单双数的顺序进行，花部和地部层次分明，斜纹纹路清晰[73]。

新疆民丰尼雅遗址出土的东汉时期的黄色菱纹绢，是裙子的残片，长 25 厘米，宽 10 厘米，地纹是平纹组织，经密每厘米约 66 根，纬密每厘米约 18～19 根[74]。因其经线较细密，纬线较稀松，所以织物地纹表面便呈显由经线所组成的水平横行的凸纹。相邻的两根经线和浮线的交织点，像阶梯一样斜出，呈现为连续倾斜线。这一整片的斜纹组织，因经线的浮长关系，便由平织的地纹上突出来，构成花纹图案。在织物的背面，由纬线构成同样的花纹图案。这就是这类绮提花的基本的组织结构，它被称为"汉绮组织"[75]。这类汉绮组织在汉代相当盛行，在罗布淖尔（楼兰遗址）和蒙古诺因乌拉东汉匈奴墓中，都出土这类汉绮组织的绮织物[76]。

另一种汉绮组织的特点是起花仍是三上一下的斜纹组织，而每一根经斜纹浮线的经线，与它相邻左右排列的另两根经线，都有是一上一下的平纹组织，也就是在两根经斜纹浮线之间隔一根经平纹线。在花部的组织上，形成一根三上一下的经斜纹组织点和另一根一上一下的经平纹组织点的排列分布。从其花部组织单元看，也可说是一种斜纹和平纹的混合组织。它似乎是前一种绮的改进形式。

这样增添一级平纹组织的经线，既可以增加织物的坚牢度，又不影响花纹的外观。在织物的正面，斜纹组织的经线，因为浮线比平纹的约长 3 倍，即经线浮在纬线上 3 个组织点，这些较长的浮线有松散的余地，加上这些经线是弱捻，因此便松散开来遮住两旁相邻的平织点的经线。粗看时，它们的花纹结构好像与前一种绮组织相同，但仔细观察后却发现两者有区别。另外，就织物背面来看，因隔 3 根纬线的各对相邻的平纹组织的经线向中间靠拢，即向斜纹组织的经线的浮线后面靠拢，所以背面的纬线的浮线较短，不像前一种绮组织那样地在背面呈现和正面相同的但由纬线的浮长线组成的清晰的花纹。这种织法，亦可增加织物的坚牢度。如果使用综框，地纹部分相间地使用 1、2 片上口综，花纹部分相间地或使用第 1 片，或同时使用第 2 片和同一规律提升的综框。每一织物所需的综框（线）数、各组的穿综法以及每次所需提起的经浮花纹，都要依据织物花纹图案中的提沉规律来确定[77]。

7. 绫

据古籍史料的记载可知，绫是斜纹（或变形斜纹）地上起斜纹花的丝织物，它是在绮的基础上发展起来的，在汉代才初露头角。在《说文》和《方言》中，均有这样的记载："绫，东齐谓布帛之细者曰绫"。而在《释名·释采帛》中，却将绮和绫作明确的区别："绫，凌也。其文望之如冰凌之理也"。这是说绫这种织物的花纹像冰凌的纹理。《说文》的"冰"，本作仌，徐注：今文作冰。另外，《风俗通》说"积冰曰凌"。根据上述古文献的记述，可知绫的名称是因其显出特有的冰凌纹（即是在织物表面上呈现叠山形的斜纹组织）而得。汉代之前没有绫文物出土，但在汉代史籍中有绫织物的记载。从汉代史籍记载中，还可推测秦汉之前已有绫这种织物了。到了汉代，绫的花色品种有了发展，比较有名的绫有散花纹绫、山形纹绫和几何纹绫等几类品种。其中的散花绫，可与刺绣媲美，是一种高贵的丝织品。绫和锦一样，都是属于高级丝织品[78]。

关于绫的起源问题，学术界的看法不太一致。有的学者认为，绫不是在绮的基础上发展而来，而是在纨的基础上发展而来[79]。

8. 锦

秦汉时期，锦的织造技术水平有了较大的提高，锦的花色品种也有了发展。尤其是在汉代，这种情况更加明显，不但汉族织锦有较大的发展，壮族、苗族等少数民族织锦也有了发展，例如出现了以丝为原料的壮锦和以丝麻为原料的苗锦等少数民族织锦品种。在汉墓或汉代遗址中出土了大批汉锦，分析这些出土文物可知，汉锦不但花色品种相当丰富，而且它的组织结构有自己的特点。汉锦的基本结构是经线起花的平纹重经组织[80]。它由两个或两个以上系统的经线和一个系统的纬线重叠交织而成（经线中一个系统为地经，其余为花经）。纬线又可依其作用，分为起平纹点的交织纬和起斜纹点的花纹纬。利用花纹纬，将地经和花经分隔开来。没有参与组织的经线，留在织物背面，由于经密较大，在织物的纵横截面上，地经和花经挤压重叠而形成特殊的重经组织，这也就是经纬组织结构上的基本要素。地经和花经分别用彩色线，按组织变化牵经，一组 2 根的用 2 种颜色丝，一组 3 根的可用 3 种颜色丝，一组 4 根的可用 3 色或 4 色。一般是地（底）经一种颜色，地纹经一种或两种颜色，花纹经一种颜色。例如一组4根的经线，至少要用3种颜色，织成的锦才能显得层次分明、五彩缤纷、鲜艳夺目。在织成一幅华美的汉锦前，必须先将蚕丝染色，然后再按色丝排列配置牵经，根据花纹图案的提沉起花要求，穿综上机；再编成规律性的提花程序，即相同经丝牵吊束综的升降次序；最后才能顺利织制出来。下面，我们综合分析汉代遗址出土的汉锦，对汉锦的花色品种、组织结构和织造技艺进行论述[81]。

考古工作者于1972年在湖南长沙马王堆一号汉墓中，出土了一些汉锦，这些汉锦基本保存完好。从其花纹和织法等显花效果看，可分为平面显花的绀地绛红鸣鸟纹锦、香色地红茱萸纹锦，凸纹立体感的凸花纹锦，以及若隐若现的隐花波纹孔雀纹锦、陷花花卉八角星形锦等花色品种。其纹样题材主要有各种几何图形、小矩形纹和花卉、动物写意变形纹等，大型的写实纹样题材比较少。在纹样布局上，各有其不同的特点和风格。例如，该墓出土的354-9几何纹锦的纹样，是以7个单元组成空心线条的几何形图案，用各种几何图形相互穿插，通盘考虑织品的外观效果和织造工艺条件。该墓出土的鸣鸟纹锦（它用于瑟衣片上），从其纹样图中可看到栖在树枝上的鸟儿，中间镶嵌形似倒立报晓的雄鸡在和鸣。这是一幅写实变形纹样，设计者把现实生活中的景象，经过艺术加工，创造出运用线条、块面、点子等方面相结合的图案，既具有独特的艺术韵味，又具有浓厚的生活气息。其纹样花迴长2.5厘米，宽6.4厘米，为一组花纹循环。该墓出土的香色地红茱萸锦（它用在绣枕两个侧面）的纹样图案，由写意花卉与菱形和空心点纹结合组成，整个幅面上呈直条形的重复循环。其花迴循环长8厘米，宽6.9厘米，花朵用块面平涂方法表现出来，点子以空心线圈构成连续枝条，以及少量的菱形图案作点缀，组成的花纹图案排列虚实相称，疏密恰当。该墓出土的隐花星花锦的纹样，以四叶花瓣和八角星为主要题材，其图中还有枝叶、点纹等。其显花以线条为主，以块面空心点纹为辅，地经和花经一种颜色，花纹满布，因此花纹时隐时现，别有韵味。该墓出土的隐花波纹孔雀锦的纹样，以星花、水波纹、孔雀纹为主，其中的孔雀纹也以线条断续的笔法组成满地的网目横波纹，上下交替，横列相间地排布构成图案，密布幅面。因为地经和纹经的色相接近，结构细密而质薄，所以图案形象也较模糊难辨。该墓出土的凸花锦的纹样，以各种变形几何纹组成图案，花纹上下交替排列，布满整个幅面，其艺术手法是以小块面实体和线条围成的空心纹互相匹配，使图案虚实结合，搭配得体，经线呈花浮于表面，达到很好的凸花效果。从以上情况可以看出，汉代的锦纹样花色确实比以前有了发展。

分析西汉出土的锦，我们还可以看出，汉锦的组织结构、配色以及织造工艺也比以前有较大的进步。

汉锦的基本组织均系四枚纹变化组织，运用一上三下、二上二下、三上一下等基本规律和不同色彩提经起花，在花纹和地纹交界处，以二上二下的组织作为花边轮廓修饰，起缓冲过渡作用；底经和地经较细，花纹经较粗，纬丝介于底经和花经之间。在色彩方面，以花纹经的色彩作为主色调，显示在起花部分；多数采用明朗的色调，例如朱红、绛色等；其地色大多比较深沉，例如茶褐色、玄色、深棕色等，以便达到稳重协调的效果。因为花、地二经的色彩有明显的区别，所以织物正面花纹的色调比较纯，而织物背面地部呈混合色调。下面，我们从对汉代墓葬和遗址出土的一些汉锦的分析中，可以为以上的论述找到佐证。

马王堆一号汉墓出土的几何纹锦实物，幅宽 49.4 厘米，长 48 厘米，经密每厘米为 126 根，纬密每厘米为 48 根，其织物组织结构是经丝三根为一组，黑色经线起一上三下的地纹组织点，灰色经线起三上一下的四枚斜纹组织，花纹部分起三上一下的斜纹组织，但在花纹部的轮廓处起二上二下的重平组织，从而显出花纹的实际效果。其背面组织图，则是相反花纹结构。该墓出土的鸣鸟纹锦实物，经密每厘米为 158 根，纬密每厘米为 46 根。此锦与其他汉锦有些不同，其他汉锦的组织结构，一般都有一组底经丝作为地部基础组织，但此锦没有用地经，而是以地纹经一和地纹经二相互交替轮流起地纹组织和花部一上三下的组织。因此，织造此锦时，其地纹经一、二和花纹经的经丝升降运动，全部要用提花束综来管理，其织造工艺与织造其他汉锦相似。该墓出土的波纹雀锦实物，幅宽 50.3 厘米，长 51.7 厘米，经密为每厘米 118 根，纬密为每厘米 48 根，经丝二根为一组，是四枚纹变化组织。该墓出土的隐花星花锦，幅宽 50.3 厘米，长 51.3 厘米，经密为每厘米 112 根，纬密为每厘米 45 根，其经丝二根为一组。该墓出土的 N6－3 凸花绵，比同墓出土的其他锦复杂。此锦实物经密为每厘米 156 根，纬密为每厘米 46 根，其纹样风格和结构特征，外表近似有凸纹效果的绒圈锦。

考古工作者于 1974 年在湖北江陵凤凰山一六八号西汉墓出土一批锦，这些锦的纹饰和织物基本组织，均与马王堆一号汉墓出土的锦相同。

马王堆三号汉墓出土的夔龙锦实物呈黄棕色，地经呈浅棕色，花纹经呈深棕色，这两种颜色的经线与一种颜色的纬丝交织。其花纹是四枚变化组织，花迥长 2.1 厘米，宽 2.3 厘米。它的花纹部分组织，是以甲经三上一下为主的经四枚组织起花，在花纹的边缘交界处，用二上二下的组织作过渡；地部以乙经起一上三下为基础的变化组织。它的纹样，主要取材于商周彝器上的夔龙纹饰，在整幅纹样中，有变形的夔龙翱翔云游，安详自在地戏耍火珠。两龙相背的中间，嵌有菱形耳杯纹和镊子纹，夔龙身中部的鳞爪在起舞，其龙尾在扶摇迥转，整个画面给人一种生机勃勃的感觉。其变形几何纹的火珠、耳杯花纹图案，上下对称，左右排列各异，布局疏密协调。该墓出土的豻豹锦（用作绣枕侧面），以三种色经为一

图 3－23　马王堆三号汉墓出土的夔龙锦纹样示意图

组，甲经朱红色，乙经深褐色，丙经黑色；甲经起花纹，乙经起地纹，丙经织底组织，与一根褐色纬丝交织。其花纹鲜艳，在纹样图中，可看到豻豹飞跃腾空，回首远眺，豹形体健有力，其豹形用散点斑纹组成；结合方块、圆点、小石、荆草等形象，组成小山丘图案，造型极富特色，布局疏密适度，方点纹粗细协调，豻豹阔步飞腾之态栩栩如生。因为此锦是用方块散点的基原组织显示花纹，所以

织物表面有形象丰满的效果（图 3 - 23 马王堆三号汉墓出土的夔龙锦纹样示意图）。在汉元帝时黄门令史游所著的《急就篇》里，曾有这样的描述："锦绣缦紃离云爵，乘风县钟华洞乐，豹首落莫兔双鹤，飞龙凤凰相追逐，春草鸡翘凫翁濯"。这是描写丝织花样品种的文句，其中提到有飞龙、凤凰、豹首、双鹤、鸡翘、对鸟、云气、春草、华藻、县钟、蒲桃等花样品种。这些被提及的花样品种，在西汉墓葬出土的锦的花纹图案里，基本上都得到证实。

马王堆一号汉墓出土的绒圈锦，是汉锦中的一个特殊品种，其花纹图案表面带有大小绒圈，所以它是后世绒类织物的前身。关于绒圈锦，古文献中也有记述。例如《急就篇》中有"锦绣缦紃离云爵"，其中的"紃"是指刺，即指在织物表面上有毛茸茸的外观效果，绒圈锦实物表面上凸出的大小绒圈，可以印证。在出土的 15 件用锦的完整衣物中，有 12 件用绒圈锦作缘，这可能是因为绒圈锦既比较耐磨又美观的缘故。出土的绒圈锦，在绛色或绀色地上织出红色的几何矩形绒圈纹，其纹样主要以矩形、几何形线条为特点，也有的是小块面、角点子与地纹经回纹形等交替构成；纹样设计选用的单元图案，以小型矩形几何图案迭套或单独排列。绒圈锦的结构为重经组织，大小绒圈突出织物表面。织造绒圈锦的工艺比较复杂，它是提花锦的发展，是一种创新的丝织品。

在"丝绸之路"沿途的一些地方，曾先后出土东汉时期的锦。1959 年在新疆民丰尼雅古城遗址出土了东汉的万世如意锦、延年益寿大宜子孙锦等文物。万世如意锦的花纹，纬循环约 3.9 厘米，经循环 35 厘米以上。在其花纹图案中，如除去"万世如意"四字，每一单元的经循环约 15.7 厘米；从右侧开始，有一组流利的云纹，主干作侧卧的 Z 字形，末尾又向上蜗卷；在它两侧，凸出的部分对以如意头形的卷云纹，而凹进的部分对以叉刺形的茱萸纹；主体的尾部，均有隶书铭文一个字。在这组云纹的左侧，是一组侧卧的 C 字形的云纹，末尾作箭头形，接着有三个茱萸纹和一组竖立的 S 形卷云纹，依次循环：第一循环中嵌入"万世"两字，第二循环中嵌入"如意"两字，第三循环只保存开端部分的花纹而没有铭文。假如此锦的横幅包括三个整的花纹循环，再加上两侧幅边，它的幅宽应该有 47 厘米左右。在各个循环中，绛地上起白色铭文，突出明显；绛紫、淡蓝和油绿三色都作为茱萸花和卷云纹等线条，但在每段分区上的彩条色泽各异，各区的宽窄

图 3 - 24　新疆民丰尼雅古城遗址出土的东汉万世如意锦

约 0.9 ~ 2.7 厘米不等（图 3 - 24 新疆民丰尼雅古城遗址出土的东汉万世如意锦）。该墓出土的延年益寿大宜子孙锦实物残片，现存的约宽 40.75 厘米；在右侧还保持着幅边，幅边宽 1.05 厘米，幅边组织是畦纹平织，由蓝、绛、白三条单色竖直条纹组成，各宽约 0.35 厘米。每厘米经线约 60 根，越接近边侧越紧密，蓝条处达每厘米 70 根。纬线每厘米 26 至 28 双。花纹部分用分区三色组成，每厘米正面显露

的经线约40至44根，因它是三根一组，所以实际上每厘米的经线密度达120至132根，整幅的经线根数共计5 000根以上。它的花纹，经线循环横贯全幅，在全幅上虽有许多茱萸花纹，但左右上下相邻的花纹图案各不相同，所以从其花纹图案的排布规律来分析，织幅可能在50厘米左右。纬线循环约5.4厘米，约包括纬线150根；因为每根是双纬，所以单纬数在300根以上。由于花纹图案中的鸟兽纹等奇异多变，而且又很少有对称性，同时还要嵌入汉字铭文，因此在织造时所需要的提花束综是相当多的，由此可看出延年益寿大宜子孙锦的织造工艺比万世如意锦的织造工艺更复杂。延年益寿大宜子孙锦的整个花纹图案的结构，是在幅面上横贯断断续续的云纹，间隔12厘米交叉排列着茱萸纹，变形动物的珍禽异兽纹满布其间，上下约11厘米间隔，嵌着隶书"延年益寿大宜子孙"8个汉字。纹样从右侧开始是一个隶书"延"字，靠近幅边，它的左侧下首是个类似虎形的动物，头向左侧，伸爪张口。它的左首，隔着云纹，是一个鹁鸪形或鸭形的鸟，站立在云纹的向下直视的线条上，因此它的位置恰好和幅面成直角。鸟的左侧的第三个动物（第二个兽），是一个伸着颈部的豹形兽，它身上有些斑点，举步向左行，背上有"年"字，前足有"益"字。在"益"字下面，是一个侧卧的Z形云纹。在这云纹的左侧上方，是另一个Z形云纹，此云纹末尾的上面是"寿"字，下面悬挂

图3－25　新疆民丰尼雅古城遗址出土的东汉延
年益寿大宜子孙锦局部纹样图

一个茱萸纹。在更左侧，隔着另一个云纹是第三个兽，此兽的尾部向上，后足向右，全身蜷曲，它的头部也向右，前两足分别显露在肩部的上下，其头部和后足之间有"大"字，臀部的上面有"宜"字。在"宜"字左侧下边，有一朵"云纹"，再左又是一个茱萸纹。后者的上面，似乎是一个图案化的鸟纹，其头部向上，足部向左，它的足部与站架联合成为十字纹，在茱萸纹左边，隔着一个"子"字，是第四个兽形，此兽的左后足较低，右后足和前足向上爬，踏在有台阶的云纹上。这只怪兽的身部有斑点，肩部有钩状物，吻部下方有一个茱萸纹，再左又是一组Z字形云纹。在左侧上方，是第五个兽。这个兽有点像山羊，它的头部似有两只角，在两角的左侧上方，隔着云纹有一个"孙"字。在它左侧云纹下方，

是第六个兽，这个兽的肩部有翅膀，其头部向左，四足似向左奔跑，在它的左侧下方有云纹。此锦的整个图案的现存部分，到这里为止，所缺的似乎不多。在整幅图案中，有各种怪兽活跃地奔走，有流畅的云纹陪衬，有茱萸花纹映托，有汉字铭文镶嵌，整幅图案显得非常生动活泼（见前页图 3 - 25 新疆民丰尼雅古城遗址出土的东汉延年益寿大宜子孙锦局部纹样图）。

在新疆民丰东汉墓出土的"阳"字方格纹锦（用作缝成女补袜）实物，长 39 厘米，宽 14 厘米，其右侧保留有幅边，宽约 0.75 厘米，由绛色和白色两条纹组成，共有经线 74 ~ 76 根，即每厘米有经线约 100 根。纬线是单线，每厘米有纬线 34 ~ 36 根，黄褐色，不显露在表面。其花纹部分的正面显露的经密是每厘米 50 ~ 60 根，因为它是一组三色经线的重经组织。所以，实际上每厘米有经线 150 ~ 180 根。靠近幅边的部分比较紧密，幅面满布方格纹，在方格纹和幅边之间，有一行白色的"阳"字和蓝色的四瓣花纹。方格纹部分经线循环 1.5 ~ 1.8 厘米，约有经线 90 余根，纬线循环 2.3 ~ 2.4 厘米，约有纬线 84 根。因为方格纹上下左右循环对称，所以可减少提花综片的数目，织造这种锦的工艺比织造延年益寿大宜子孙锦的工艺简单。"阳"字方格纹锦的配色，以绛紫色为地，花纹由绛紫色和蓝色及白色相间交织而成。方格纹以白色线条作为界线，它依颜色可分为两横列，其中一列是蓝地绛紫色，另一列是半数白地蓝色，半数全部是绛紫色。它以 8 个小方格为单元组成一组菱形纹，菱形纹对角线宽 40 毫米、长 30 毫米，4 个绛紫色小方格突出在 4 个绛、蓝色交织成点纹方格和 1 个蓝、白色交织成点纹方格之中。虽然图案单调，但显色效果很好。靠近边部的白色"阳"字纹，是在一个正织隶书"阳"字和一个反织隶书倒"阳"字纹中间嵌入蓝色四叶小花，组成一个 20 毫米的花回。

从以上分析中，我们还可以看出东汉锦的花纹中有规则的几何纹明显地减少，它的花纹中的变形化的异禽怪兽以及卷云奇花的表现手法，和西汉锦迥然不同，尤其是织入隶书汉字的手法，更加显出东汉锦的特点[82]。

9. 织成

织成是从锦分化出来的一个品种。它主要是丝织品，也有个别是以毛为原料的。在历史上，织成曾被称为"偏诸"等名称[83]。

织成这种织品，在汉代才开始出现。《西京杂记》曾记述汉宣帝"常以琥珀筒盛身毒国宝镜，缄以戚里织成，一曰斜纹织成。"在《后汉书·舆服志下》中有这样的记述："衣裳玉佩备章采，乘舆刺绣，公侯九卿以下皆织成，陈留襄邑献之。"这些记述表明，汉代的织成已开始专门生产，并被用作官服以及用在其他方面。由此可知当时的织成产量应该是比较多的。

织成的织造方法，是在经纬交织的基础上，兼用彩纬挖花的技法织制，这种织造技艺就是我国传统纺织技术中所说的通经断纬技术（或称通经迴纬技术）。因为采用挖花的技法织制时，彩纬只在显色的片段才织入，所以织同样的花纹图案所用的彩线的量，比织一般锦所需的彩线少。织成是一种实用装饰织物，有瑰丽的花型，既可用作装饰物，又可直接供服饰用，大多数的织成都是为直接供服饰用而织制的[84]。

（二）麻织物

秦汉时期，麻织物品种有所发展，尤其是在汉代，情况更加明显。

1. 苎麻布

汉代的苎麻布是按其精细程度来命名的。比较精细的苎麻布称为"绖"布，《急就篇》云："荃，细布，本作绖。"极精细的苎麻布称为疏布或服璅，它的细致程度与丝绸相似，可见这种苎麻布极精细。《急就篇》又云："绖，织绖为布及疏之属也。"唐代颜师古注："疏亦作练。"绖与苎同是指苎麻，这说明在汉代极精细的苎麻布又称为疏布，而到唐代则称为"练"。

据古文献记载，四川在西汉初年已有"蜀布"出口到印度、阿富汗等国，这在《汉书》中有一段记载。《汉书》曾记载张骞"在大夏时，见邛竹杖、蜀布，问安得此？大夏国人曰：吾贾人往市之身毒（今印度）。"古代的布，不是指丝织品，而是麻、葛或棉织品，汉代的四川没有棉布，主要是麻布，葛布也有，但精细的布是麻布而不是葛布，所以出口的"蜀布"应是一种精细的苎麻布。

在《后汉书·西南夷传》中，有这样的记述："哀牢……宜五谷蚕桑，知染采文绣……帛叠，兰干细布，织成文章如绫锦"。文中所说的哀牢即今之云南，所说的罽是指毛织品，帛叠是指棉布，兰干细布是指苎麻细布，这些织品可与绫锦（丝织高级织品）相提并论，说明它们是极精细的，可见在汉代时，云南的少数民族已能织造极精细的苎麻布。

在《汉书·西南夷传》中，曾有关于湘西地区少数民族进贡"兰干"布的记载。据宋代周去非所著的《岭外代答》卷六记载分析，西汉时期湘西少数民族进贡的"兰干"布，实际上可能就是宋代湘西地区苗族和土家族生产的织锦。而据宋代朱辅所著的《溪蛮丛笑》一书中对"蘭干"同"兰干"的考证分析，认为它就是"獠言绖巾，有绩织细白绖麻，以旬月而成，名娘子布。按布即苗锦"。朱辅在这里所说的"苗锦"，不仅是指苗族织锦，古代所称的苗是指"三苗"，湘西地区的苗族和土家族与"三苗"有族源关系，而《溪蛮丛笑》在这里又专对湘西的兰干布进行考证分析，因此，朱辅在这里所说的"苗锦"应是指湘西地区少数民族西汉时期生产的"兰干"布，而他认为这种兰干布是一种细白的绖（苎）麻布。由此可见，在西汉时期，湘西地区的少数民族已能生产精细的苎麻布。

据《后汉书·地理志》记载，元封元年（公元前110年），汉武帝在海南岛设置儋耳、珠崖两郡时，当地已是"男子耕种禾稻绽麻，女子桑蚕织绩"。这说明西汉时期海南岛的居民已能织造麻布。

精细的苎麻布在战国时称为缌布，据古文献记载，汉代的南阳邓县一带是缌的著名产地[85]。

在考古中，也曾出土过西汉时期的精细苎麻布。考古工作者在长沙马王堆一号汉墓中，出土3块质量精致、保存完整的苎麻布。经分析，从经密看，这3块苎麻布约合21～23升布，其精致程度可与丝绸相媲美。其幅宽，有汉尺九寸和二尺二寸两种。其中的468号苎麻布（练子）的表面，有灰色的光泽，放在显微镜下观察时，可看到表面的灰黑结构，形状呈扁平状，与现代苎麻织物经过轧光加工的表面结构形态非常相似，这说明在西汉时期，在织造苎麻布工艺中已采用轧光整理技术[86]。

2. 大麻布

秦汉时期，大麻布被用作庶民的日常衣料。在汉代，大麻布还大量被用作军队官兵的服装。考古工作者在新疆中部罗布淖尔北岸古烽燧亭中出土了一些大麻织物，同在该亭出土的汉简证明，这些大麻织物是黄龙年间（公元前49年）汉宣帝派驻军队的遗留物。这些出土的大麻织物中，有一条短裤、一块襌衣残片、一块油漆麻布残片和一只布囊。该短裤当时的名称是合裆裈。根据黄文弼先生的织物纹路放大照片图来分析，其织物组织为平纹，经向密度为每厘米约28根，约合17升布。在湖南长沙和陕西西安也曾有西汉大麻布出土。在长沙马王堆一号汉墓的尸体包裹物中，发现了一些大麻布，这些大麻布幅宽45厘米，共有经线810根，约合10升布。在西安灞桥附近发现大麻布，用作同一处发现的一包西汉纸的包裹布，其经向密度每厘米约19～20根，纬向密度每厘米约18根，合12升布[87]。

东汉时期，大麻布的产地不断扩大，北至内蒙古，南至广东、广西，均能生产大麻布，这个时期的大麻织物比西汉时期有了进一步发展。例如，据《后汉书·崔寔传》记述，在汉桓帝时（146—167年），地处北部边远地区的五原的太守崔寔鼓励当地农民种植大麻和织造大麻布。这是当时大麻布产地扩大的一个例证。

（三）毛织物

在汉代，毛织物品种比以前有进一步的发展，不但有平纹毛织物，还有提花毛织品以及缂毛、毛毯等品种。

据《后汉书·冉駹传》记载，汉代时聚居在新疆、甘肃、青海交界一带的冉駹族，善于利用各种毛纤维织成斑罽。我国古代称精细毛织物为罽，称粗的毛织物为褐。斑是指花纹，斑罽就是一种有花纹的精细毛织物。

汉代时聚居在青海、四川、西藏一带的西羌族，善于利用牦牛毛和山羊绒织造牦罽[88]。

据《后汉书·乌桓鲜卑传》的记述，汉代时居住在我国北方的乌桓族和鲜卑族，能织造一种称为毿毱的毛织品。

据《史记·西南夷似》的记载，西汉时居住在我国西南地区的兄弟民族，能织造斑罽。

在汉代，毛毯也有了发展，出现了品种不同的毛毯。例如，生活在东汉初期的杜笃在《边论》中说：匈奴请降“罽褥、帐幔，堆积如山”[89]。罽褥是毛毯在当时的名称，这说明当时生活在我国北方的匈奴织造毛毯的技艺已相当高。又例如，在《东观汉记》中有这样的记述：光武出城外，下马坐在毛毯上[90]。

汉代时，毡这种无纺织物也有了发展。制毡无需经过纺织，而是将动物毛（分别是羊毛、骆驼毛、牦牛毛等）经湿、热、挤压等物理作用而制成，是一种块片状的无纺织物。杜笃在《边论》中有“毡裘，积如山丘”之说，这可为汉代毡的发展的观点提供一个佐证。

在汉代的出土文物中，还发现有缂毛这种毛织物新品种。英国人斯坦因于1930年在我国新疆古楼兰遗址中，发现了一块汉代奔马缂毛，其彩色纬纱奇妙地缂出奔马和细腻的卷草花纹，体现了汉代新疆地区的纹样风格[91]。这件出土缂毛是目前所知时代最早的通经回纬织物，它现在存放在英国皇家博物馆里。

在新疆民丰地区东汉古墓中，发现有纹罽（花罽）、毛罗、褐、毛毯等毛织物。出土的花罽有人兽葡萄纹罽和龟甲四瓣花纹罽。出土的褐有黄绯紫褐、蓝色斜褐。其中的人兽葡萄纹罽、龟甲四瓣花纹罽、毛罗和黄绯紫褐织造时所用的毛纱比较细，织物密度比较大，用平纹起花，表面整齐光洁。尤其是毛罗相当细薄，几乎与丝绸相仿，其结构是罗纹底，一绞三组织，纬纱平纹起花。人兽葡萄纹罽和龟甲四瓣花纹罽这两块毛织物，也是用纬纱显花，它们的花纹特别清晰，图案比较复杂。在人兽葡萄纹罽的纹样图案里，织有成串的葡萄和人面兽身的怪物，其间点缀着片片绿叶，具有鲜明的新疆地区风格。在龟甲四瓣花纹罽的纹样里，织有龟甲状图案，中间嵌有红色的四个朵瓣的小花。出土的蓝色斜褐，属于一上二下斜纹，织造时先将毛纱染成蓝色后再织，其经密约每厘米13根，纬密约每厘米16根，表面平整光滑，这说明其织造技艺无论是整经、打纬，还是整理工艺技术都已达到较高水平。出土的毛毯残片，其地经密度为每厘米7~8根，地纬密度为每厘米4根，每5根地纬嵌4根绒纬度为一组，各种彩色绒纬匀整平齐地排列，显得绚丽多彩，绒纬用马蹄形打结法，对地经加以扎结，因为打结时是单根剪断，所以应用各种彩色绒纬构成花型就能方便自如。此毛毯的底层组织紧密，整块毛毯非常匀整平齐，其编结技术相当精细。汉代的毡也有出土文物，考古工作者在蒙古诺因乌拉的东汉匈奴墓出土了一批绣有花卉禽兽纹的毡。这批出土的毡质地密实，表面平整光滑，像经重物碾过一样，用彩色绣线绣出奇鸟异兽花草树木纹饰，用绢帛围毡的四缘。生活在东汉时期的马融在他的《樗蒲赋》里曾有这样的描述："素毡紫罽，出于西邻，缘以缋绣，软以绮纹"。这批出土的花毡，与马融在其《樗蒲赋》中的描述比较一致[92]。

（四）棉纺织物

秦汉时期，棉纺织物也有了发展，尤其是在汉代，这种情况更加明显。当时棉布的著名产区是在我国的西南、中南和西北地区。

在《后汉书·南蛮西南夷列传》中，有这样的记述："永昌郡（今云南保山一带）有梧桐木华（花），绩以为布，幅广五尺，洁白，不受垢污"。梧桐木华（花）是木棉花，文中所说的布就是一种木棉布。

《后汉书·南蛮传》云："巴……其民户出幏布。"幏布是指一种用作交税的棉布。

据《后汉书》卷八十六南蛮西夷列传第七十六的记载：海南岛在秦汉时期就以生产"广幅布"而闻名。这种广幅布是属于木棉布，幅广五尺（约合今3.5市尺）；汉武帝末年，珠崖（郡府设在今海南崖城）太守孙幸，因在征调当地的土产广幅布时搜刮过度，激起当地居民的反抗，造反的人群攻进太守府，把孙幸杀了。这段史料说明在汉代时，海南岛的木棉布的生产活动已很普遍，产量较多。布幅广阔，则说明织造木棉布的技术是比较高的。

据文献记载，新疆地区在汉代时的棉纺织技术也达到较高水平。在东汉末年，新疆地区出产的棉布已以鲜洁闻名于世，当时在名贵的纺织品中，山西黄布以细而闻名，乐浪练帛以精而闻名，江苏、安徽太末布以白而闻名，但以鲜洁而论，上述名贵的纺织品都比不上新疆的棉布[93]。

　　考古工作者于 1959 年在新疆民丰东汉墓出土了蓝白印花布、白布裤和手帕等棉织品，这些棉织品的坯布都是白叠。其中的蓝白印花布，采用蜡防染法印制。有一块蓝白印花布的组织为平纹，其经密每厘米为 18 根，纬密每厘米为 13 根，比现今的棉布稍粗厚些，这在当时应属于精致的棉织品[94]。

参 考 文 献

［1］李仁溥：《中国古代纺织史稿》第 41 页，岳麓书社，1983 年。

［2］上海纺织科学研究院等：《长沙马王堆一号汉墓出土纺织品研究》，文物出版社，1980 年。

［3］范晔：《后汉书·崔寔传》。

［4］崔寔：《农家谚》"麻黄种麦，麦黄种麻。"据《居家必备》卷四引。

［5］班固：《汉书·地理志》："男子耕农，种禾稻、纻麻。女子桑蚕织绩。"

［6］班固：《汉书·地理志》："荆、河惟豫州……贡漆、枲、绨、纻、棐纤纩。"

［7］上海纺织科学研究院等：《长沙马王堆一号汉墓出土纺织品研究》第 72 页，文物出版社，1980 年。

［8］班固：《汉书·地理志》。

［9］司马迁：《史记·货殖列传》。

［10］范晔：《后汉书·皇后纪》。

［11］吴荣曾：《和林格尔汉墓壁画中反映的东汉社会生活》，《文物》1974 年第 1 期。

［12］嘉峪关市文物清理小组：《嘉峪关汉画像砖墓》，《文物》1972 年第 12 期。

［13］刘志远：《四川汉代画像砖反映的社会生活》，《文物》1972 年第 12 期。

［14］贾思勰：《齐民要术》卷五《种桑柘》，缪启愉校释，农业出版社，1982 年。

［15］陈种毅、赵冈：《中国棉业史》，联经出版事业公司（台湾），1977 年。

［16］沙比提：《从考古发掘资料看新疆古代的棉花种植和纺织》，《文物》1973 年第 10 期。

［17］夏鼐：《中国文明的起源》第 67 页，文物出版社，1985 年版。

［18］《史记·货殖列传》载："陆地牧马二百蹄，牛蹄角千，千足羊……此其人皆与千户侯等。"同传又云："封者食租税，岁率户二百，千户之君则二十万。"意思是饲养上述数量的马、牛、羊，年收入即可达二十万。

［19］斯坦因：《西域考古记》第八章第 109 页，向达译。

［20］陈维稷主编：《中国纺织科学技术史（古代部分）》第 141 页，科学出版社，1984 年。

［21］文物编辑委员会：《文物考古工作三十年》（新疆部分）第 348 ~ 349 页，文物出版社，1990 年。

［22］文物编辑委员会：《文物考古工作三十年》（新疆部分）第 348 ~ 349 页，文物出版社，1990 年。

［23］陈维稷主编：《中国纺织科学技术史（古代部分）》第 138 页，科学出版社，1984 年。

［24］宋伯胤等：《从汉画像石探索汉代织机结构》，《文物》1962 年第 2 期。

［25］陈炳应：《中国少数民族科学技术史·纺织卷》第 165 页，广西科学技术出版社，1996 年。

［26］李约瑟：《中国科学技术史》第 4 卷《物理学及相关技术》第 2 分册《机械工程》第 116 页，科学出版社与上海古籍出版社，1999 年。

［27］（美）罗伯特·K. G 坦普尔：《中国：发明与发现的国度》第 233～234 页，陈养正等译，21 世纪出版社，1995 年。

［28］《蜀锦史话》编写组：《蜀锦史话》，四川人民出版社，1979 年。

［29］《西京杂记》所记霍显这段话，亦见于《太平广记》（卷二三六）"奢侈篇"，文字两书基本相同，唯前书中的"镊"，后书中写作"蹑"。前书之"镊"当是"蹑"字之讹，系传抄之误。

［30］陈维稷主编：《中国纺织科学技术史（古代部分）》，科学出版社，1984 年。

［31］朱新予主编：《中国丝绸史》（专论），纺织工业出版社，1997 年。

［32］上海纺织科学研究院等：《长沙马王堆一号汉墓出土纺织品研究》，文物出版社，1980 年。

［33］朱新予主编：《中国丝绸史》（通论），纺织工业出版社，1992 年。

［34］夏鼐：《我国古代蚕桑丝绸的历史》，《考古》1972 年第 2 期。

［35］高汉玉、张培高：《中国古代丝绸织花机械发展研究》，见《中国丝绸史》（专论）第 129～184 页，中国纺织出版社，1997 年。

［36］胡玉端等：《从丁桥织机看蜀锦织机的发展——关于多综多蹑机的调查报告》，《中国纺织科技史资料》第 1 集第 50～62 页。

［37］《西京杂记》（卷一），《四库全书·小说一》，台北：商务印书馆，1986 年。

［38］宋伯胤等：《从汉画像石探索汉代织机结构》，《文物》1962 年第 2 期。夏鼐：《我国古代的蚕桑丝绸》，《考古》1972 年第 1 期。

［39］上海市纺织科学研究院编写组：《纺织史话》，上海科学技术出版社，1978 年。

［40］上海市纺织科学研究院等：《长沙马王堆一号汉墓出土纺织品的研究》，文物出版社，1980 年。

［41］丁福保：《说文解字诂林》汇总了各种书籍的注释："杼即梭。"

［42］陈维稷主编：《中国纺织科学技术史（古代部分）》，科学出版社，1984 年。

［43］陈维稷主编：《中国纺织科学技术史（古代部分）》，科学出版社，1984 年。

［44］朱新予主编：《中国丝绸史》（专论），纺织工业出版社，1997 年。

［45］袁建平：《马王堆一号汉墓与马山一号楚墓出土丝织品的比较研究》，《丝绸史研究》，1994 第 2、3 期（合刊）。

［46］上海市纺织科学研究院等：《长沙马王堆一号汉墓出土纺织品的研究》第 84～85 页，文物出版社，1980 年。

［47］上海市纺织科学研究院等：《《长沙马王堆一号汉墓出土纺织品的研究》第103页，文物出版社，1980年。

［48］上海市纺织科学研究院等：《长沙马王堆一号汉墓出土纺织品的研究》第105页，文物出版社，1980年。

［49］上海市纺织科学研究院等：《长沙马王堆一号汉墓出土纺织品的研究》第89页，文物出版社，1980年。

［50］朱冰等：《四川永兴出土染色绢分析》，《中国科技史料》2003年第2期。

［51］上海市纺织科学研究院等：《长沙马王堆一号汉墓出土纺织品的研究》第86页，文物出版社，1980年。

［52］杜燕孙：《国产植物染料染色法》第159页，商务印书馆，1960年。

［53］莫即荩草。

［54］史树青：《古代科技事物四考》，《文物》1962年第3期。

［55］黄盛璋：《染炉初考》，《文搏》1994年第3期。

［56］李开森：《是温酒器，还是食器——关于汉代染炉染杯功能的考古实验报告》，《文物天地》1996年第2期。

［57］《后汉书·舆服志》。

［58］《后汉书·舆服志》。

［59］吕烈丹：《南越王墓出土的青铜印花凸版》，《考古》1975年第5期。

［60］陈维稷主编：《中国纺织科学技术史（古代部分）》第276页，科学出版社，1984年。

［61］赵承泽主编：《中国科学技术史·纺织卷》第286~287页，科学出版社，2002年。

［62］夏鼐：《中国文明的起源》第67页，文物出版社，1985年。

［63］新疆维吾尔自治区博物馆：《丝绸之路上新发现的汉唐织物》，《文物》1972年第3期。

［64］赵承泽主编：《中国科学技术史·纺织卷》第301~302页，科学出版社，2002年。

［65］陈维稷主编：《中国纺织科学技术史（古代部分）》第276页，科学出版社，1984年。

［66］戴亮：《古代和近代的丝绸品种——缣》，《丝绸》1987第6期。

［67］中国社会科学研究院等：《满城汉墓发掘报告》，文物出版社，1980年。

［68］夏鼐：《我国古代的蚕桑丝绸》，《考古》1972年第1期。

［69］《太平御览》卷八六一引《晋令》；《太平御览》卷一四九、卷六九五、卷七〇七引《晋东京旧事》。

［70］《东汉菱纹绮，丝绸之路，图版九》，《考古学报》1963年第一期图版壹。

［71］ViVi Sylwan：Investigation of Silk from Edsen-Gol and Lop-Nor，statens Etnografiska Museum，1949.

［72］夏鼐：《新疆新发现的古代丝织品——绮锦和刺绣》，《考古与科技史》，

科学出版社，1979 年。

　　［73］陈维稷主编：《中国纺织科学技术史（古代部分）》，科学出版社，
1984 年。

　　［74］武敏：《新疆出土汉——唐丝织品初探》，《文物》1962 年。

　　［75］陈维稷主编：《中国纺织科学技术史（古代部分）》，科学出版社，
1984 年。

　　［76］ViVi Sylwan：Investigation of Silk from Edsen-Gol and Lop-Nor，Statens Et-nografiska Museum，1949.

　　［77］陈维稷主编：《中国纺织科学技术史（古代部分）》，科学出版社，
1984 年。

　　［78］陈维稷主编：《中国纺织科学技术史（古代部分）》，科学出版社，
1984 年。

　　［79］赵承泽主编：《中国科学技术史·纺织卷》，科学出版社，2002 年。

　　［80］夏鼐：《我国古代的蚕桑丝绸》，《考古》1972 年第 1 期。

　　［81］陈维稷主编：《中国纺织科学技术史（古代部分）》，科学出版社，
1984 年。

　　［82］陈维稷主编：《中国纺织科学技术史（古代部分）》，科学出版社，
1984 年。

　　［83］《汉书·贾谊传》颜注："偏诸，若今织成也。"

　　［84］陈维稷主编：《中国纺织科学技术史（古代部分）》，科学出版社，
1984 年。

　　［85］孔颖达《礼记注疏》卷八："缌，布者。汉时南阳邓县能织也。"

　　［86］上海市纺织科学研究院等：《长沙马王堆一号汉墓出土纺织品的研究》，
文物出版社，1980 年。

　　［87］上海市纺织科学研究院等：《长沙马王堆一号汉墓出土纺织品的研究》，
文物出版社，1980 年。

　　［88］《太平御览》卷八一六布帛部三引《尔雅》文。

　　［89］《太平御览》卷七〇八布引杜笃《边论》文。

　　［90］陈云龙：原《格致镜原》卷二七引《东观汉记》。

　　［91］斯坦因：《西域考古记》（向达译）新疆人民出版社，2010 年；魏松卿：
《略谈中国缂丝的起源》，《文物工作导报》，1958 年第 9 期。

　　［92］陈维稷主编：《中国纺织科学技术史（古代部分）》，科学出版社，
1984 年。

　　［93］《太平御览》卷八〇二引魏文帝诏书："夫珍玩所生，皆中国及西域，他
方物比不如也。代郡黄布为细，乐浪练为精，江东太末布为白，皆不如白叠布为
鲜洁也。"

　　［94］上海市纺织科学研究院编写组：《纺织史话》，上海科学技术出版社，
1978 年。

第 四 章

三国、两晋、南北朝时期的纺织印染技术

三国、两晋、南北朝时期，北方地区在很长一段时间内都处于战乱动荡之中，相比之下，南方相对安定一些。这个时期的一个特点是汉族和一些少数民族的文化交流比较频繁，促进了汉族和一些少数民族的融合。这种社会背景的特点，对当时的纺织印染技术产生了相应的影响。

一方面，分裂、战乱、动荡的社会环境，对纺织生产的发展和纺织印染技术的进步起了一定的阻碍作用；另一方面，统治者为了获取更多的纺织品作为军用物资或用于贸易换取货币来充作军费，以及为满足自己的奢华生活、赏赐各级官员等目的，不得不分别推行一些鼓励纺织生产的措施。这些措施在客观上对纺织印染技术的进步起了一定的促进作用。此外，由于南方相较北方安定，许多北方人为逃避战乱而南迁，北方先进的纺织印染技术随之被带到南方，并与南方的纺织印染技术进行交流。同时，汉族和一些少数民族进行了文化交流和民族融合，促进了汉族的纺织印染技术与一些少数民族的纺织印染技术的交流和发展。这些因素对纺织印染技术的进步起到了一定的促进作用。

第一节 植物纤维原料栽培和加工技术的进一步发展

三国、两晋、南北朝时期，随着种植技术的进步，作为重要衣着原料的植物纤维生产远胜前代。其时，韧皮类纤维大麻和苎麻的种植地域有了变化。东汉以前，北方地区大麻和苎麻均有出产，东汉以后，北方由于气候原因，苎麻产量远逊于大麻，苎麻种植和生产逐渐式微，基本以大麻种植和生产为主；而南方的温度和湿度较适宜苎麻的生长，成为苎麻的主要种植和生产地区。实用类植物纤维棉花的种植和生产虽仍局限于西南部边疆和新疆地区，但棉布作为贡品或用作交市已开始流入内地。

一、韧皮类纤维原料栽培和加工技术

三国、两晋、南北朝时期，植物韧皮类纤维织物是中下阶层和普通老百姓的日常服用衣料，甚至一些俭朴的士大夫亦以之为常服。《陈书·姚察传》载："察自居显要，甚励清洁，且廪锡以外，一不交通。尝有私门生不敢厚饷，止送南布一端，花练一匹。察谓之曰：吾所衣著，止是麻布蒲练，此物于吾无用。既欲相款接，幸不烦尔。此人逊谢，犹冀受纳，察厉色驱出，因此伏事者莫敢馈遗。"官府对大麻和苎麻的种植非常重视，《宋书·文帝本纪第五》载：元嘉二十一年朝廷专

门下诏:"凡诸州郡,皆令尽勤地利,劝导播殖,蚕、桑、麻、纻,各尽其方,不得但奉行公文而已。"当时农村植麻盛况如《宋书·周郎传》所记:"田非瞕水,皆播麦、菽,地堪滋养,悉艺纻、麻。"麻产量的增加使很多州郡皆以麻布充税。《魏书·食货志》记载:"太和八年……所调各随其土所出。……司州万年、雁门、上谷、灵丘、广宁、平凉郡,怀州邵郡上郡之长平、白水县,青州北海郡之胶东县、平昌郡之东武平昌县、高密郡之昌安高密夷安黔陬县,泰州河东之蒲坂、汾阴县,东徐州东莞郡之莒、诸、东莞县,雍州冯翊郡之莲芍县、咸阳郡之宁夷县、北地郡之三原云阳铜官宜君县,华州华山郡之夏阳县,徐州北济阴郡之离狐丰县、东海郡之赣榆襄贲县,皆以麻布充税。"据此可知用麻充税的州郡县约40个,其中用麻布充税的整州有18个。以麻布充税,说明麻类纤维生产量是非常大的。另据史书记载,南方自东晋至南朝各代,布和绢是政府赋税的重要来源,而布的缴纳数量远远超过绢,朝廷对臣僚的赐赐也是以布为主。据统计:《宋书》中有相关的赠赐十三条,其中赐布九条,赐绢三条,布绢兼赐者一条。《南齐书》中有十一条,其中赐布十条,布绢兼赐者一条。《梁书》中有四十条,其中赐布三十三条,赐绢四条,布绢兼赐者三条。《陈书》中有五条,其中赐布三条,布绢兼赐者两条。[1]官库储备的物资亦是以麻布为主。《晋书·苏峻传》载:"遂陷宫城……时官有布二十万匹,金银五千斤,钱亿万,绢数万匹……峻尽费之。"苏峻之乱平定后,官库空虚,储备物资更是有布而无绢。《晋书·王导传》载:"时帑藏空竭,库中惟有练数千端,鬻之不售,而国用不给。导患之,乃与朝贤俱制练布单衣,于是士人翕然竞服之,练遂踊贵。"此"练",汉谓之"疏布",三国谓之"疎布",系精细苎麻布。南朝时随着全国麻种植量的增多,麻布的价格骤降,南朝宋初,一匹普通布值一千多钱,到南朝齐时,一匹好布也就值一百多钱了。

大麻是雌雄异株植物,雄麻以利用麻茎纤维为目的,雌麻以收子为目的,二者的栽培技术略有差异。虽然先秦书籍《吕氏春秋》在"审时""任地"两篇中即提到种麻,但未能指明是纤维用,还是子实用。东汉《四民月令》也只是简略指出"二三月可种苴麻","夏至先后各五日,可种牡麻(即雄麻)"。直到北魏时,贾思勰《齐民要术》才将纤维麻和子实麻种植技术分开归纳和总结,其"杂说"条谓:"凡种麻,地须耕五六遍,倍盖之。以夏至前十日下子。亦锄两遍。仍须用心细意抽拔。全稠闹细弱不堪留者即去却。一切但依此法,除虫灾外,小小旱不至全损。""种麻"条谓:"凡种麻用白麻子。麻欲得良田,不用故墟。地薄者粪之,耕不厌熟,田欲岁易。良田一亩用子三升,薄田二升。夏至前十日为上时,至日为中时,至后十日为下时。泽多者,先渍麻子令芽生。待地白背耧楼,漫掷子,空曳劳。泽少者,暂浸即出,不得待芽生,耧头中下之。麻生数日中,常驱雀。布叶而锄,勃如灰便刈。暂欲小,穗欲薄,一宿辄翻之。获欲净。""种麻子"条谓:"止取实者,种斑黑麻子,耕须再遍。一亩用子二升,种法与麻同。三月种者为上时,四月为中时,五月初为下时。大率二尺留一科,锄常令净。既放勃,拔去雄。"明确指出用于纤维的麻宜早播,用于子实的麻不宜早播,为获得最好的纤维和较高的产量,二者收获都在"穗勃、勃如灰"之后,即开花盛期进行。

麻纤维类植物的种植,北方地区以大麻为主,南方地区以苎麻为主,南方一些地方甚至一年可以多次收获苎麻。三国陆玑《毛诗草木鸟兽虫鱼疏》载："苎亦麻也，科生数十茎，宿根在地中，至自生，不岁种也。荆扬之间，一岁三收，今官园种之，岁再割，割便生"，"今南越布皆用此麻"。这段史料不但对苎麻的形态和习性作了具体描述，而且还言明"荆扬之间，一岁三收"，不但民间普遍种植，官方种植面积亦很可观，南越之地生产的布，皆用此麻。

其时，葛的生产与南北地区大麻和苎麻生产愈加兴盛形成鲜明对比，越来越凋敝，南北地区只有很少的一些地方仍有种植。据《太平御览》卷八一九引《吴历》记载，三国时吴国生产的葛织品非常精细，孙策曾经赠给华歆"布越香葛"。三国时期的魏国虽也有地方种植葛藤①，但所产葛布质量远不如吴国。《太平御览》卷八一九引《江表传》记载，曹丕慕名吴国细葛布，曾遣使向吴国索要。由此也可知当时葛织品由于生产数量少，多作为特色高级纺织品供达官贵人享用。

此期间，麻类纤维的加工技术沿用了周代以来沤渍和煮练脱胶法，但对麻类纤维性质以及沤渍或煮练时间、用水的认识有了进一步提高。三国陆玑在《毛诗草木鸟兽虫鱼疏》中说："苎亦麻也……剥之以铁若竹，刮其表，厚皮自得脱。但其理韧如筋者，煮之用缉。"贾思勰则在《齐民要术》中明确指出："沤欲清水，生熟合宜。"注曰："浊水则麻黑，水少则麻脆。生则难剥，太烂则不任。"用清水不用浊水主要是为保持纤维的色泽；用水量不能太少，否则没浸没的茎皮接触空气氧化，纤维脆而易断；沤渍时间要适当，时间过短，微生物繁殖少，不足以分解足够的胶质，纤维不易分离，时间过长，微生物繁殖量大，除去过多胶质，纤维长度和强度均易受损。此外，贾思勰还特别提到冬天用温泉水沤麻，剥取的麻纤维"最为柔韧"。加工技术的进步，使麻织品越来越精美，有些甚至不让罗縠。《南史·宋武帝纪》载："广州尝献入筒细布，一端八丈，帝恶其精丽劳人，即付有司弹太守，以布还之，并制岭南禁作此布。"如此精细的麻布，充分反映了当时麻类纤维加工技术的高水平。

制取蕉葛纤维也已普遍采用灰水沤练。晋嵇含《南方草木状》卷上载："甘蕉望之如树，株大者一围余，叶长一丈，或七八尺，广尺余二尺许，花大如酒杯，形色如芙蓉……一名芭蕉，或曰芭苴……其茎解散如丝，以灰练之，可纺绩为**绨**绤，谓之蕉葛，虽脆而好。黄白不如葛赤色也。交广俱有之。"嵇含，《晋书》卷八九有传，晋惠帝时人。

二、棉花利用区域的扩大及种棉技术的提高

三国、两晋、南北朝时期，当时棉花的生产和种植仍局限在西南部边疆和新疆地区，但棉布已作为贡品或用作交市流入内地，南朝帝王士大夫之服用棉布者渐多。《太平御览》卷八二〇引吴笃《赵书》云："石勒建平二年，大宛献珊瑚、琉璃、**毦氈**、白叠。"《梁书·武帝传》说武帝服食之节俭，谓"帝身衣布衣（麻衣），木棉皂帐。"又《陈书·姚察传》说姚察"自居显要，甚励清洁"，其门人送姚"南布一端"，被姚拒绝，并明言："吾所衣者止是麻布蒲练，此物于我无用。"姚在南朝为官，而此布又称之曰"南布"，则其必来自南徼。据此有人认为"南

---

① 曹植涛："种葛南山下，葛蔓自成荫。"证明北方地区当时的确还有葛的生产。

布"绝非麻布，应为来自海南诸国的精细棉布，因其来自远方，非本国所产，故其门人视为珍品而送之[2]。

从史料记载来看，我国古代西南部边疆和新疆地区所利用的棉花种类是不同的。西南部边疆所用为多年生灌木亚洲棉，新疆地区所用为一年生草本非洲棉。对这两个地区所栽种的棉花，在古文献中有不同的称谓，西南部边疆的棉花被称为"吉贝""古贝""桐华""梧桐木""木绵""土芦""娑罗"等；新疆地区的棉花则被称为"白叠""帛叠""白㲲""白绁""白苔""苔布""榻布"等。棉花称谓的混乱，一方面是由于内地以前没有棉花，人们对棉花形状的认识，都是得于传闻，有关棉花的知识贫乏；另一方面棉花是从边疆少数民族地区传入的植物，由于各地方言发音的不同，造成汉语译名的多样化。对早期棉花称谓的混乱现象，目前学术界有这样的观点，即认为中国古代的棉花最早是从印度传入的，有"南路"和"北路"两条传入路线。南路是从印度的阿萨姆（Assam）经缅甸的北角传到云南西部，后又沿着西南部边疆而传到闽广；北路则是从克什米尔经巴基斯坦进入新疆的吐鲁番、阿斯塔娜等地。在梵语中，棉花和棉布是完全不同的两个名词。棉花梵语为 Tula，"土芦""娑罗"等便是其中文音译；棉布梵语为 Patta，"白叠""帛叠"等便是其中文音译。北路是先引进棉布，然后再引进棉花，所以译名从布[3]。南路则相反，是先引进棉种然后再就地栽种，所以译名从棉。另有学者认为"吉贝""古贝"等系梵语 Karpasi（栽培棉）的音译；"白叠""帛叠"等系梵语 Bhardvdji（野生棉）的音译[4]。关于中国古代棉花起源的问题，我们认为"南路"棉源于印度的证据似乎不是很充分。因为棉花是热带、亚热带植物，凡具有这种气候和适宜土壤的地区，起初都可能有野生棉生长。中国南部地区的气候和土壤均非常适宜棉花的生长，灌木棉是当地众多原产植物之一（即使在今天，野生棉在当地亦并非罕见），古代当地的土著完全有可能很早便独自发现其纺织价值，不能因为印度利用棉花的历史更久远而作出这样的断言。故棉花的起源应是多源的，中国南部地区也应是棉花源流之一。不过我们对"北路"棉是源于印度的看法持赞同态度，因为相关的文献记载比较清楚，近几十年来新疆地区出土的实物也给予了证明。

在此期间，记载云南、两广利用棉花的文献较多，有吴人万震《南州异物志》、西晋张勃《吴录》、东晋常璩《华阳国志》、南朝宋沈怀远《南越志》等。不过由于南方气候潮湿，棉纤维不易保存，迄今尚未发现该时期棉织品的考古实物。

《南州异物志》云："五色斑衣以丝布、古贝木所作。此木熟时，状如鹅毦。中有核如珠珣，细过丝绵。人将用之，则治出其核，但纺不绩。任意牵引，无有断绝。欲为斑布，则染之五色，织以为布，弱软厚缴……外徼人以斑布最烦缛多巧者名曰城城，其次小粗者曰文辱，又次名为乌骊。"[5]南州泛指广西与越南接壤之地，斑布则是指有条纹的棉布。能将当地人棉纺织工序一步步娓娓道出，想必万震是根据其在广西的见闻而写，所记之详细真实可信。

《吴录》中有两则关于棉花的记载，一则云："交趾定安县，有木緜树，高丈，实如酒杯，口有緜如蚕之緜也，又可作布，名曰白绁，一名毛布。"[6]另一则云：

"交州永昌，有木绵树，高过屋，有十余年不换者，实大如杯，中有绵如絮，色正白，破一实得数斤，可为缊絮。"[7] 交趾，今两广及越南北部地区；交州永昌，今云南与越南接壤之地。

云南的棉布这时已传到四川，西晋左思《蜀都赋》中有"布有橦华"之语，西晋刘渊林注云："橦华者，树名橦，其花柔，毳可绩为布，出永昌。"此外，《华阳国志·南中志》亦提及了云南永昌地区利用棉花的情况，云："永昌郡，古哀牢国。……有梧桐木，其华柔如丝，民绩以为布，俗名曰桐华布。"

上引文献中所谈到"绩以为布"的"华"是从树上采集的，特别是《异物志》和《吴录》还指出木绵树"高过屋"，纤维"色正白"，可以断定古代西南部边疆地区所利用的棉花，当是多年生棉花。因为"高过屋"（不过丈余）和"色正白"，符合多年生棉花的性状。

稍后的是南北朝人沈怀远著的《南越志》："桂州出古终藤。结实如鹅毳，核如珠珣，治出其核，纺为丝绵，染为斑布。"同书另一段云："南诏诸蛮不养蚕，惟收娑罗木子中白絮纫为丝，织为布，名娑罗笼段。"据李时珍《本草纲目·木部·木棉》解释：木棉有二种，"似木者名古贝，似草者为古终"。从"古终"后加"藤"以及"娑罗木"一词来看，亦证明了广西和云南所用的棉花肯定都是多年生棉花。

在同时期的史料中，还有很多海南诸国利用棉花的情况。

《梁书·海南诸国传》载：

林邑国："出……吉贝……吉贝者，树名也，其华成时如鹅毳，抽其绪纺之以作布，洁白与纻布不殊。亦染成五色，织为斑布也。"

丹丹国："中大通二年，其王遣史……并献火齐珠、古贝、杂香药等。"

干陁利国："在南海州上……出斑布、吉贝。"

狼牙修国："在南海中……其俗男女皆袒而被发，以古贝为干缦。"

婆利国："在广州东南海中洲上……其国人披古贝如帊，及为都漫。"

中天竺："天监初，其王屈多，遣长使……献……吉贝等物。"

《北史·真腊国传》载："真腊国在林邑西南……王著朝霞古贝……常服白叠。"

在三国、两晋、南北朝时期的文献中，记载新疆一带和较近地区利用棉花的史料日渐增多，而且同时期的棉织品考古实物亦多有发现。

相关的记载见于《梁书·西北诸戎传》：高昌国"多草木，草实如茧，茧中丝如细纑，名为白叠子，国人多取织以为布，布甚软白，交市用焉。"渴盘陁国"于阗西小国也……衣古贝布，著长身小袖袍，小口袴。"高昌即现今的吐鲁番，其国都在今吐鲁番东南的哈拉和卓；于阗即今和田。"草实如茧"之"草"，表明当地所种植的棉花，其植株高矮应似草一样，无疑是一年生草本棉。此外，高昌国中棉布在市场上当作商品来交换，渴盘陁国人"衣古贝布"，说明当时高昌和于阗一带棉织品系常见纺织品之一。另据《北史·西域传》载："康国者，康居之后也。迁徙无常，不恆故地。……其王素冠七宝花，衣绫罗锦绣白叠。"可以推测出新疆境内高档的白叠可与绫罗锦绣并列，也是国王和王室衣服用料之一。

此期间新疆棉织品重要的考古发现有：（1）1959 年，在于田县屋于来克遗址一座北朝墓葬群中，出土了两件棉布搭裢，织品长、宽分别为 21.5 厘米、14.5 厘米，较为致密，经纬密度分别是 25 根/厘米和 21 根/厘米，表面呈方格纹，是用本色和蓝色棉纱交织而成；在另一座墓葬中出土了两块长、宽分别为 11 厘米、7 厘米的蓝白印花棉布[8]。（2）1960 年，在吐鲁番阿斯塔那 309 高昌时期墓葬中，出土了一件残长 37 厘米、宽 25 厘米，有大红、粉红、黄、白四色，图案呈几何形状的丝、棉混合织物[9]；在同时期墓葬中还曾发现纯棉纤维制织的白布以及高昌和平元年（551 年）借贷棉布 60 匹的契约[10]。（3）1979 年，甘肃嘉峪关新城 13 号魏晋墓出土一件抹胸，抹胸面为酱红色绢，夹里为白色棉布[11]。（4）1972—1973 年，新疆自治区博物馆考古队和吐鲁番文物保管所共同对阿斯塔那古墓群的晋至唐时期墓葬进行了发掘，清理墓葬 63 座，共出土纺织物 474 件，其中棉织品有 9 件[12]。（5）1995 年 10 月，中日尼雅遗址学术考察队在调查过程中发现一处魏晋前凉时期新墓地，并进行了抢救性清理发掘。据发掘简报称，该墓地出土了一件长 7.5 厘米、宽 5 厘米的棉布方巾[13]。由于该项发掘取得了重大收获，还被评为当年全国十大考古发现之一。（6）1999 年，在新疆梨尉县营盘墓地发掘的断代为东汉至魏晋的 8 座墓中，出土了一件棉布袍和两件棉布裤[14]。

当时新疆的棉业生产或用棉地区，无论是文献所载，还是考古发现，均是在古代著名的丝绸之路经过的地方，间接印证了"北路"棉是源于印度的看法，即其传播路线是沿着丝绸之路的反方向，也就是从西巴基斯坦，进入新疆吐鲁番盆地、阿斯塔那、于阗、哈拉和卓、喀什等地[15]。

第二节　动物纤维原料的利用及培育技术的进一步发展

三国、两晋、南北朝时期，蚕丝和动物毛纤维原料的利用较之前代有以下变化：一是蚕桑生产地区越来越多；二是毛织品产量大增，有关利用各种动物毛纺织的记载明显增加。此外，在桑树的栽培、家蚕的饲养、毛纤维的采集和初加工技术等方面都有长足的进步。

一、蚕桑生产区域的扩大和蚕桑技术的进步

（一）蚕桑生产区域的扩大

这一时期，我国的桑蚕产区比前代有所扩大，除原来蚕桑生产比较兴旺的黄河中下游流域和西南巴蜀地区仍继续保持发展势头外，江南地区、东北地区和西北地区的蚕桑生产区域均有了一定的扩大。关于这方面的情况，一些古文献里有记载，也有一些考古文物可作佐证。

三国时，北方地区的蚕桑生产，以冀州、豫州、青州、并州和司隶等地为盛。《三国志·杜畿传》载，冀州靠近魏郡邺城的地方，"户口最多，田多垦辟，桑枣之饶"。左思《魏都赋》云："锦绣襄邑，罗绮朝歌，绵纩房子，缣緫清河。"襄邑、朝歌、房子、清河分系冀州和豫州辖地，分别以锦绣、罗绮、绵纩、缣緫特色的丝绸名闻四方。在《魏略》中还记载了这样一件事：杨沛担任新郑长官时，喜欢平时积蓄干桑葚，有一次适逢新郑的曹军断粮，杨沛把平时积蓄的干桑葚献出充作军粮，使曹军免于饥饿。当时的新郑属于司隶管辖。上述记载表明这些地区的蚕

桑生产规模是相当大的。另据《三国志·梁习传》记载，梁习在担任并州刺史期间，曾经"肃清道路，百姓布野，勤劝农桑，令行禁止"。这段史料说明梁习顺利推行了鼓励农桑的政策。三国时期的并州在今山西省太原市一带，此地既然广植桑树，必然也会多养蚕，当时当地的农桑生产当然也会由此得到进一步发展。

西晋时，朝廷规定，户调为绢三匹、锦三斤，"其赵郡、中山、常山输缣当绢者"。赵郡、中山和常山均属冀州，这三个地方生产的缣是地方名优特产，因此被规定以缣代替绢来交税。既是名优特产，当地按理是要大力发展的。从侧面反映出这三个地方的蚕桑生产一直在持续发展。

北魏孝文帝时期，北方很多地方都在发展桑蚕生产。据《魏书·食货志》记载，这个时期北魏政权在其统治地区内，开始实行"户调帛二匹、絮二斤、丝一斤"的制度，"所调各随其土所出，其司、冀、雍、华、定、相、泰、洛、豫、怀、兖、陕、徐、青、齐、济、南豫、东兖、东徐十九州贡绵、绢及丝"。这十九个州约占北魏政权统治地区的一半。

据晋代常璩《华阳国志》记载，当时的巴郡、巴都郡、巴西郡、江阳郡、永昌郡（即哀牢夷）、涪陵郡、宕渠郡均有蚕桑生产，其中的巴郡、巴西郡、江阳郡和永昌郡都是著名的蚕桑产区。同书卷一《巴志》载，巴郡的垫江"有桑、蚕……"，巴西郡"土地山原多平，有……桑、蚕"；卷三《蜀志》载，江阳郡的汉安"土地虽迫，山水特美好，宜桑蚕"；卷四《南中志》载，永昌郡"土地沃腴。有……蚕、桑、锦、绢、采帛、文绣"。可见这些地方的蚕桑生产是很兴旺的。

三国、两晋、南北朝时期，蚕桑生产区域最重要的变化是南方地区的蚕桑生产比前代有了显著发展。

《三国志·三嗣主传》载，三国时，吴国景帝孙休于永安二年（259 年）下诏："今欲偃武修文，以崇大化，推此之道，当由于士民之赡，必须农桑……田桑已至，不可后时。"《三国志·陆逊传》载，陆逊在海昌屯田时，曾经"督劝农桑"。《太平御览》卷八一四"布帛部"载，当时的诸暨、永安等地曾生产御丝。左思《吴都赋》载，当时的永嘉曾经贡八蚕之绵。上述文献所记述的蚕桑产地，均位于今江浙地区。当时安徽一些地方的蚕桑生产发展也很快，考古工作者曾在安徽南陵县麻桥一座东吴墓中，发现随葬的梭子、纺锭等纺织工具和记有练、绢、绣、锦、缯、纨、布的遗册。有学者通过对随葬品进行分析，认为墓主可能是一位丝绸生产者[16]。我们认为，不管墓主是否是丝绸生产者，从随葬品跟丝绸生产有密切联系的角度来看，当时当地应是一个丝绸重点产区，所以才会把丝绸生产工具和记有丝织品种名称的遗册随墓主埋葬。

两晋时，江南地区的蚕桑生产又有了新的发展。郑缉之《永嘉郡记》载，西晋时，永嘉已重视"八辈蚕"的饲育。《两浙名贤录》载，西晋时期的建德，在"男丁种桑十五株，女丁半之"的劝课下，"倾之成林"。表明当时建德百姓为了缴纳课税，必须按照统治者规定种植桑树，因此这个地方很快就出现一片片桑林。刘骏《刘户曹集·东阳金华山栖志》载，当时东阳、新安、金华等山区大量种植桑树。吴钧《吴朝清集》记载，当时吴郡、吴兴等平原地区的田边塘岸都普遍栽桑树，到处都可看到桑树"荫陌复垂塘"的景象。山谦之的《吴兴记》载，当时距乌程三十里的东南地区，曾出现大面积的成丘桑林。

南朝时期，无论是朝廷还是地方官员对蚕桑生产都特别重视，南方丝绸产区得到进一步扩大。据《南朝宋会要·食货》记载，宋文帝元嘉八年（431年）诏曰："咸使肆力，地无遗利，耕蚕树艺，各尽其力。"这段史料说明南朝刘宋政权对土地的开发利用比较重视，并强制百姓种桑养蚕，这在客观上当然会促进当时南朝蚕桑业的发展。刘宋政权的一些官员，也热衷于督劝农桑。据《宋会要》记载，南朝宋元嘉中期，沈邵在安成郡（今江西安福）担任地方官时，曾劝课农桑。刘宋以后的各朝统治者以及一些官员，也对蚕桑生产比较重视。《梁会要》记载，孙谦于南朝梁天监六年，在零陵（今湖南零陵）劝课农桑；肖景于南朝梁天监七年，在雍州（今湖北襄樊）劝课农桑；徐橘于梁中大通三年，在新安（今浙江淳安）劝课农桑。另据《通典·食货》的记载，南朝齐武帝永明六年（488年），齐武帝下诏，要京师（今南京），南荆河州（今安徽寿），荆州（今湖北江陵）、郢州（今湖北武昌西南）、司州（今河南信阳）、西荆河州（今安徽和县）、南兖州（今江苏扬州）、雍州（今湖北襄樊）等地各出钱在当地购买丝绸。表明当时上述这些地方是南朝的重要丝绸产区。

三国、两晋、南北朝时期，蚕桑生产在东北和西北地区也得到了很大发展。西晋户调规定：丁男（16～60岁）为户主的户，每年纳绢3匹、绵3斤，女或次丁男为户主的户，每年征收减半，边郡诸地民户，只纳规定数目的三分之二或三分之一，便是最好的证明。

东北地区蚕桑丝绸生产活动，在《晋书·慕容宝传》里有明确的记述："辽州无桑，及（慕容）廆通于晋，求种江南，平州桑悉由吴来。"当时的吴郡统辖吴兴、嘉兴、海盐、钱塘、富阳、桐庐、建德、寿昌、海虞等县。当时的平州在今辽宁省辽阳市一带，既引进植桑技术，必然也开展了丝绸生产。另据《晋书·慕容廆传》记载，元康四年（294年）慕容廆又将蚕桑技术推广到大棘城。到了北燕时，丝绸生产在东北地区得到进一步扩展，《晋书·冯跋传》有这样的记述："桑柘之益，有生之本，此土少桑，人未见其利，可令百姓人植桑一百根，柘二十根。"当时北燕治所在昌黎（今辽宁朝阳）。因为未见晋代之前有记载东北地区种桑的文献，所以东北地区的蚕桑生产很可能是在此期间才得到推广的。

西北地区蚕桑生产情况，不但在许多文献中有明确记载，而且还有实物发现。

当时的西北地区，主要包括今之甘肃和新疆等地。在魏晋时期，甘肃的河西地区已开始大量栽种桑树，据《晋书·张轨传》记载，前凉时会稽王道子曾问割据河西的张天锡当地有什么土产，张天锡答曰："桑甚甜甘。"植桑普及，所产桑甚相当多，才能成为地方特产。近年在嘉峪关、酒泉等地发现一些与丝绸生产有关的魏晋时期的壁画，其中有桑园图、护桑图、采桑图、绢帛图等[17]。在采桑图中，还有散发赤脚的女子，这些女子应是当时当地的少数民族妇女。这些壁画表明当时当地的丝绸生产已相当普及，不但有汉族的人从事丝绸生产，而且还有少数民族的人从事丝绸生产。

新疆在3世纪之前不见有丝绸生产，到了3—4世纪，新疆才开始有丝绸生产活动。关于新疆地区在两晋南北朝时期的丝绸生产情况，在一些出土文书和出土文物中，都能找到证据。吐鲁番文书中的"建初十四年（418年）严福愿赁蚕桑卷"，记载了"赁叁薄蚕桑"的事；"北凉玄始十二年（423年）兵曹牒为补代差佃守代事"，记载了官府已使用佃农看桑、兵曹以阆相平等20人查看桑田的史实。哈拉和卓M99出土的"某家失火烧损财物表"中，有"蚕种十薄、绵十两、锦经纬二斤、绢姬（机）一具"等物品的记录；"高昌永康十年（475年）用绵作锦绦线文书"中，记载了"须绵三斤半，作锦绦"；另外还有丘慈锦、疏勒锦、高昌所作丘慈锦的记载。在出土文物方面，尼雅遗址曾发现蛾口茧一只，其时间最迟不晚于4世纪[18]；吐鲁番和敦煌都有锦出土，数量不少，品种也比较多，时间分别属于十六国时期或南北朝时期，尤其是发现的锦中有些是属于少数民族的织锦，如丘慈锦、疏勒锦、高昌所作丘慈锦等丝织品。在这众多的出土丝绸实物中，尤为引人注目的是新疆阿斯塔那39号墓出土的一双鞋头有文字的丝质织成花鞋。这双鞋是用红褐、白、黑、蓝、黄、土黄、金黄、绿8种颜色的色丝织成。鞋头文字采用"通经断纬"的"织成"技术织出。可见当时的尼雅（民丰）、丘慈（库车）、疏勒（喀什）、高昌（吐鲁番）等地均有丝绸生产，并且生产规模也是比较大的。

综上所述，在三国、两晋、南北朝时期，我国的蚕桑生产区域确实比前代有所扩大。究其原因，主要有四点：其一，统治者为了增加财政收入，对蚕桑生产比较重视，下达了一些在客观上促进蚕桑生产的诏令；一些地方官也在其管辖地域内，重视并倡导蚕桑生产，这些都对蚕桑生产的发展起了一定的促进作用。其二，由于战乱，一些逃到南方的北方人将先进的北方蚕桑技术带到南方，实现了南北两地蚕桑生产技术的交流，促进了南方蚕桑生产技术的进步，并进而推动了南方蚕桑产区的扩大。其三，这个时期我国民族融合的现象相当突出，民族融合促进了民族文化的交流，汉族先进的蚕桑生产技术传播的范围就必然扩大。其四，这个时期在蚕桑生产技术方面的进步，为扩大蚕桑产区提供了技术基础。

（二）桑树栽培技术的进步

要使蚕吐出更多的蚕丝，就要养好蚕，而桑叶是家蚕的主要饲料，养好蚕的前提是必须有优质丰产的桑树品种。在《齐民要术》卷五"种桑柘"条中，记载了5种桑树名称，它们是女桑、壓桑、荆桑、地桑、鲁桑，其中鲁桑即为我国古代著名的一种桑树品种，由古代山东人民长期培育而成。贾思勰云："黄鲁桑不耐久。谚曰：'鲁桑百，丰绵帛'，言其桑好，功省用多。"可知这是一个优良的桑种，鲁桑叶质量好，经济价值高，不过它树龄较短，是其缺点。

此期间桑树的种植采用种葚和压条两种方法，但压条法的采用似乎更为广泛。

种葚法是用种子培植桑苗，古代淘取种子的方法是：先将桑葚放在水中并用手揉碎，使种子从桑葚中脱离出来，再把浮在水面不成熟和不充实的种子漂去，收取沉在水底成熟而充实的种子。这样在淘取种子的同时也附带做了选种工作。压条法则是把桑树上的枝条压埋在土中使其生根发芽。贾思勰在《齐民要术》一书中对这两种方法均有介绍，谓种葚法："桑葚熟时，收黑鲁葚，即日以水淘取籽，晒干，仍畦种，常薅令净。"文中强调"收黑鲁葚"。"黑鲁葚"指老熟的桑葚，这样的桑葚，容易从果肉中淘取种子，发芽率也高。为节省时间，淘籽后籽实的去水处理，与汉代《氾胜之书》所载比较，"阴干"改为"晒干"了。谓压条法："正月二月中，以钩弋压下枝，令着地。条叶生高数寸，仍以燥土壅之。明年正月中，截取而种之。"对种葚法和压条法的优劣贾思勰有这样的总结："大都种葚长迟，不如压枝之速。无栽者乃种葚。"并云："住宅上及园畔者，固宜即定。其田中种者，亦如种葚法，先概种二三年，然后更移之。"移栽时："十步一树，行欲小稍角。"也就是说在宅边或园畔栽植桑苗，应直接采用定植；在田中栽植桑苗，先较密地种植，待二三年后再移栽成十步一树。

当时的人已认识到修剪整枝桑树的重要作用，并对修剪整枝的方法以及采摘桑叶时须注意的事项，积累了非常丰富的经验。《齐民要术》云：修伐桑枝在阴历十二月中进行最好，正月次之，二月又次之。阴历十二月至来年正月正值农闲，又是桑树休眠时期，此时修树整枝，既易于安排劳力，树液也不会流失。而到二月以后，天气渐暖，树液开始流动，枝叶即将萌动，此时修剪，树液就会流失，以致影响桑叶的质量和产量。修剪整枝的准则是："大率桑多者宜苦斫，桑少者宜省剥。秋斫欲苦，则避日中（注：触热树焦枯，苦斫春条茂），冬春省剥，竟日得作。"又云采叶分春秋两次，各有要诀："春采者必须长梯高几，数人一树，还条复枝，务令净尽；要欲旦暮，而避热时（注：梯不长，高枝折；人不多，上下劳；条不还，枝仍曲；采不尽，鸠脚多；旦暮采，令润泽；不避热，条叶干）。秋采欲省，裁去妨者（秋多采则损条）。"贾思勰总结出的修剪整枝的准则和采叶要诀，直至今日仍被蚕农遵循。

（三）养蚕技术的进步

在此期间家蚕的饲养技术有了非常大的进展，有很多优秀蚕种被培育出来。贾思勰在《齐民要术》一书中将当时饲养较多的蚕种进行了分类，他先将蚕分为"三卧一生蚕，四卧再生蚕"，即一化性三眠蚕和二化性四眠蚕两大类，然后再根据具体品种的特征和习性进行小分类，如根据体色和斑纹分类的有白头蚕、颉石蚕、楚蚕、黑蚕儿蚕、灰儿蚕等；根据饲育或繁殖时间分类的有秋母蚕、秋中蚕、老秋儿蚕、秋末老獬儿蚕等；根据茧形分类的有绵儿蚕、同茧蚕等品种。据学者分析，白头蚕指没有眼状斑纹的姬蚕；黑蚕儿蚕可能是乌龙蚕的二化性品种；灰儿蚕是有暗色斑的蚕；秋母蚕、秋中蚕、老秋儿蚕、秋末老獬儿蚕可能是一个四化性品种不同世代的名称；绵儿蚕是指茧层松散的绵茧种；同茧蚕是多结同功茧的品种[19]。

为避免蚕种退化，在北魏以前，养蚕者就对各类蚕之间的相互关系特别重视，晋郑缉真在《永嘉记》中的一段记载，很能说明这点。

永嘉有八辈蚕："蚖珍蚕（三月绩）、柘蚕（四月初绩）、蚖蚕（四月初绩）、爱珍（五月绩）、爱蚕（六月末绩）、寒珍（七月末绩）、四出蚕（九月初绩）、寒蚕（十月绩）。"凡蚕再熟者前辈皆谓之珍，养蚕者少养之。爱蚕者，故蚖蚕种也。蚖珍三月既绩，出蛾取卵，七八日便剖卵蚕生。多养之，是为蚖蚕。欲作爱者，取蚖珍之卵，藏内罂中。随器大小，亦可十纸。盖复器口，安硎泉冷水中，使冷气折其出势。得三、七日然后剖生，养之，谓为"爱珍"，亦呼"爱子"。绩成茧，出蛾、生卵。卵七日又剖成蚕，多养之，此则"爱蚕"也。

八辈蚕实系多化性蚕。文中对蚖珍蚕、蚖蚕、爱珍、爱蚕的关系交代得很清楚，对四出蚕、寒珍、寒蚕、柘蚕的关系没有说明。除柘蚕显然为别种蚕外，根据四出蚕的名字和它九月初绩来分析，它与爱蚕应是上下代关系；根据寒珍、寒蚕的名字和绩出月份来分析，这两者也应是上下代关系，但它们是否与前述各蚕是一个系统家蚕的不同世代，还是两个系统家蚕的不同世代，则很难说清楚。这段记载虽然对八辈蚕各代关系交代得不是特别详明，但仍不失为当时养蚕者对蚕的品种、代性、世代关系的一个非常重要的总结。

南方地区气温较高，养蚕可不受季节影响，一般以养多化性蚕为主，但养八熟蚕不是很普遍。除永嘉养八熟蚕外，左思《吴都赋》曰："国税再熟之稻，乡贡八蚕之绵。"《吴录》云："南阳郡一岁蚕八绩。"《荆楚岁时记》亦云："八蚕茧出日南，至秋犹饲一柘。"八熟蚕的茧质不是很好，只能作丝绵，故《俞益期笺》有"日南蚕八熟，茧软而薄"、《林邑记》有"九真郡蚕年八熟，茧小轻薄，丝弱绵细"之说。

此外，值得一书的是当时从选种、孵化、育蚕、上簇到贮茧出现的一些新技术。体现在：（1）选种时注意到选种好坏会直接影响产丝量和产种量，其法《齐民要术》中有记载："收取种茧，必须居簇中者（近上则丝薄，近下则子不生者）。"不仅指出一定要选"居簇中者"，还强调了选种与产丝量和产种量的关系。并云：很多人把蚕种收于箔中，如天时湿热，或寒燠失时，蚕种便会损伤在卵布上，浙江人谓之"蒸布"，言其在卵布上即已得病。出苗必黄，且不堪育矣。凡收蚕种之法，以疏疏的垂挂在竹架上，不要见风日，还要用拉松的丝绵覆盖。（2）孵化方面出现了利用自然环境条件抑制蚕卵孵化的低温催青法。"低温催青"，顾名思义是利用低温控制蚕种的孵化时间，其技法即为上引《永嘉记》中的一段内容："取蚖珍之卵，藏于瓮中。随器大小、亦可十纸。盖复器口，安硼泉冷水中，使冷气折出其势。得三、七日然后剖生，养之。"在自然常温状态下，多化性蚕卵一般七八天就会自行孵化，降低温度则可延迟其孵化期。为有效地安排养蚕时间，将装有蚕卵的瓮，放置于温度较低的泉水中，利用冷泉水降温，将蚕卵孵化时间控制在21天以后，遵循的便是这个道理。《永嘉记》还言明了瓮置于水中要求，云：水位高下，最好与瓮中所放卵纸相齐，若外边水位高，则卵死不复出，若外边水位低，则瓮中温度不能有效抑制卵的孵化，不到21天蚕卵就会孵化。低温催青法既经济又有效，显示出古人巧妙地将自然环境条件运用到生产实践中去的智慧。（3）饲育时则注意到桑、火、寒、暑、燥、湿等外界因素对蚕生长的影响，并刻意营造适宜蚕生长的环境。如《齐民要术》说：采下的桑叶要"著怀中令暖，然后切之"。"凡蚕从小与鲁桑者，乃至大入簇，得饲荆、鲁二桑。若小食荆桑，中与鲁桑，则有裂腹之患也。"养蚕的蚕具要"初生以毛扫（用荻扫伤蚕）"，"比至在眠，常须三箔，中箔上安桑，上下空置（下箔障土气，上箔障尘埃）"。育蚕的蚕室要"四面开窗，纸糊，厚为篱。屋内四角着火（火若在一起，则冷热不均）"，"调火令冷热得所（热则焦燥，冷则长迟）"。（4）蚕座和入簇技术，见于杨泉《蚕赋》，谓：蚕座的疏密要使蚕儿"逍遥偃仰，进止自如"，簇室应选择"在庭之东，东爱日景，西望余阳"。为了达到快速作茧目的，其时还采用了上簇加温的

"炙箔"方法。其法据《齐民要术》记载：是"以大科蓬蒿为薪，散蚕令遍，悬之于栋梁椽柱，或垂绳钩弋……悬讫，薪下微生炭以暖之。得暖则作速，伤寒则作迟"。（5）盐腌杀蛹法也开始见于记载。陶弘景《药总诀》："凡藏茧，必用盐官盐。"贾思勰在《齐民要术》卷五《种桑柘》中还对腌茧杀蛹和晒茧杀蛹作了比较，云："用盐杀茧，易缫而丝韧；日曝死者，虽白而薄脆。缣练衣著，几将倍矣，甚者虚失岁功，坚脆悬绝，资生要理，安可不知之哉。"可见当时杀蛹普遍采用的是晒茧和腌茧两种方法。茧壳曝晒后，茧丝中的蛋白质经日光紫外线的长时间照射，不可避免会受到一定程度的损坏，而盐腌是靠卤汁渗透到茧中杀蛹，茧丝的蛋白质没有遭到损坏，所以盐腌茧比之日晒茧所出之丝强力要好。贾思勰虽然不知道这个原理，但客观地评述了这一现象。

二、动物毛纤维的利用及对提升毛纤维品质的认识

三国、两晋、南北朝时期，由于战乱，北方人口骤减，很多地区呈现半耕半牧的状态，畜牧经济在北方逐渐发展起来。羊作为畜牧经济中的重要牲畜，在各朝颁布的畜牧政令中时有提及，如《魏书·太宗本纪》载："六部民"输羊马为赋，"以羊满百口为率"。随着羊存栏数量的增加，不仅饲养技术得到提高，又极大地促进了毛织业发展。《晋书·张轨传》载：晋怀帝永嘉四年，凉州刺史张轨一次就派人捐送毛织品三万匹到洛阳。可想而知当时毛织品产量之大。

除用量较大的羊毛纤维外，当时的一些达官贵人还中意选用飞禽羽毛制织华贵的织物。《世说新语》载：东晋谢万和谢安有一次晋见简文帝，戴白纶巾，着鹄氅之事。《南齐书·文惠太子传》载：太子使织工"织孔雀毛为裘，光彩金翠，过于雉头远矣"之事。古时称鹤为鹄，亦有称天鹅为鹄者，野鸡为雉，用孔雀或野鸡毛制织的织物非常华贵，所谓"物华雉毳，名高燕羽"，即是指这种高档羽毛织物。《南齐书》所载这段内容，说明南齐时孔雀毛和野鸡毛织物已非鲜见之物，太子为获取更为华贵的效果，改用孔雀毛织裘，以显示其高人一等的骄奢心态。

此时人们已认识到羊毛品质的优劣与羊的生长环境和剪毛时间密切相关，并对养羊各个技术环节的要点作出了精辟总结。

羊的饲养技术包括选羔、养羔、牧放、治圈、饲料供给、防治疾病等环节。对这些环节，贾思勰在《齐民要术》卷六"养羊篇"中均有论述。谓选羔：腊月、正月生者为上种，十一、十二月生者次之。八、九、十月生者，虽正值秋肥，然而冬天很快就来临了，母乳枯竭，春草又未生，故不佳。三、四月生者，虽面对茂美的春草，却只能食母乳，所以也不好。留种的羔中，若母羊有十口，羝羊只要二口，因为"羝少则不孕，羝多则乱群"。羝羊无角者最佳，以免伤胎。谓育羔：寒月生者，须燃放篝火以防伤冻。凡初产者，宜煮穀豆饲之。白羊羔须留母羊二三日，然后俱放；羖羊羔只须留母羊一日。谓放牧：须根据四季寒暖不同、牧草生长情况不同，而随之变更放牧时间和方式。应该"春夏早放，秋冬晚出"。因为"春下气软，所以宜早，秋冬霜露，所以宜晚"。谓治圈："圈中不能没水，无水羊易得病。圈中粪秽要二日一除，否则粪秽会污染羊毛。圈内墙还要竖柴栅，使羊不能揩墙，以保护羊毛，防止羊毛趕毡。"谓饲料供给：根据羊的数量，预先准备好豆、谷、草等饲料以备春雨、冬寒不宜牧放时节之需。饲料放在桑棘木做的圆栅里，让羊绕栅一点点抽食，使其既能吃饱，又不浪费。谓防治疾病："羊有疥者，间别之。不别，相染污，或能合群致死。""羊疥先著口者，难治多死。"提供了治羊疥方、治羊脓鼻眼不净方、治羊脓鼻颊生疮如干癣方、治羊夹蹄方等。

毛纤维的采集方法，最初大概是拣拾自然脱落的毛，其后可能是从屠宰后的皮革上采集，再后就是从活着的羊身上直接剪采。剪毛方法的出现标志着采毛技术的根本性进步，虽然它的具体出现时间现在尚无定论，但可以肯定的是当在南北朝之前，因为在《齐民要术》中已有非常详细的记载。据《齐民要术》卷六介绍：绵羊每年可剪三次毛，山羊一次。"白羊，三月得草力，毛床动，则铰之。铰讫，于河水之中净洗羊，则生白净毛也。五月，毛床将落，又铰取之。铰讫，更洗如前。八月初，胡葸子未成时，又铰之，铰了亦洗如初。"山羊不耐寒，只能在"四月末、五月初铰之。早铰，寒则冻死"。并特别指出第三次剪毛最好在八月初以前，此时，许多易粘附在羊毛上的植物尚未长成，剪下的羊毛较干净，易加工。如果在"胡葸子成熟铰者"，则"非直著毛难治"，而且"比至寒时，毛长不足，令羊受损"。不得在八月半后铰者，不能洗，否则"白露已降，寒气侵人，洗即不益"。漠北寒冷地区每年只能剪两次，即"八月不铰，铰则不耐寒"。《齐民要术》的记载，表明当时已能依据羊的生长情况和气候条件来确定剪毛时间。

贾思勰总结出的这一整套养羊和剪毛技术，不仅有利于羊的健康成长，对保证和提高羊毛品质亦不无裨益，而且为历代各家农书所广为征引。

第三节　缫、纺机具的推广及技术革新

魏晋南北朝的缫、纺及络、并、捻工具和技术，大体上都是沿袭秦汉以来的基本操作，但手摇缫车逐渐被推广开来（缫车的形制详见后），并出现了三锭脚踏纺车。

汉代刘向所著《列女传》，因思想内容符合封建道德观，备受文人士大夫推崇，流传很广，至东晋时，画家顾恺之曾为之绘制插图，其后历代亦均有翻刻。不过今见《列女传》最早刻本，系南宋嘉定七年（1214年）蔡骥编订的《新编古列女传》，插图是福建建安余氏模刻，顾恺之所绘之图已失传。在新编本中"鲁寡陶婴"配图上有一架三锭脚踏纺车的形象。对该纺车图，有人认为已非顾图原貌，无法真实反映晋代纺车的形制，更不能证明晋代出现了三锭脚踏纺车[20]。其实不然。我们认为既然是宋人仿刻，整幅图可能在细节上有些差异，整体轮廓不会有大的改变。而且宋代时单锭、二锭和三锭纺车都是普遍使用的纺车，根据用途各有优势，无所谓好坏，余氏仿刻时没必要刻意改变。再有，纺车自汉代就广为普及已是不争的事实。所以保守地说，在晋代甚至更早一些时间，脚踏纺车就已发展到三锭，应是没有问题的。此外，顾恺之能注意到三锭脚踏纺车，并将其绘出，也说明当时三锭脚踏纺车使用之广泛。三锭纺车的发明在纺车发展史上意义重大，为更多锭数的纺车的出现开辟了道路（图4-1《列女传》"鲁寡陶婴"配图上的三锭脚踏纺车）。

脚踏纺车的结构可分为纺纱和脚踏两部分。

纺纱机构由绳轮、锭子和绳弦等机件组成。绳轮安装在机架的立木上，锭子则安装在绳轮上方的托架上。不同用途脚踏纺车上的锭子数是不同的，但最多不能超过5个。

脚踏机构有两种类型。一类结构是由踏杆、曲柄、凸钉三部分组成。曲柄置于轮轴上，末端由一短连杆与踏杆相连，而凸钉则置于机架上，顶端支撑踏杆。为避免操作中踏杆从凸钉上滑落，在踏杆与凸钉衔接处有一凹槽。这种结构运用了杠杆原理。纺纱时，纺妇的两脚分别踩在凸钉支撑点两侧的踏板上。当双足交替踏动踏板后，以凸钉支撑点为分界的踏杆两边便沿相反方向作圆锥形轨迹转动，并通过曲柄带动绳轮和锭子转动。另一类结构则没有利用曲柄。踏杆一端是被直接安放在绳轮上的一个轮辐孔中，轮辐孔较大，踏杆可在孔中来回抽伸。踏杆另一端也架放在车后的一个托架或凸钉上。采用这种脚踏结构的纺车，绳轮必须制作得重一些，以加大绳轮的转动惯量。纺纱时，纺妇也不需用双足踏动踏杆，只需用一足踏动，利用绳轮转动时产生的惯性，使其连续不断地旋转。

图4-1　《列女传》"鲁寡陶婴"
配图上的三锭脚踏纺车

此期间的缫、纺工具部件在考古挖掘中也有发现。20世纪80年代在安徽省麻桥东吴墓中出土一只木质纺锭，该纺锭长20.1厘米，直径1.1厘米，一端有木榫，另一端有为固定卷绕纱线位置而刻的三道凹槽[21]。这只纺锭是目前所知最早的纺车部件。1966年在新疆阿斯塔那晋墓出土了一把籰子，此籰结构是由四根横梁和两组十字辐组成，横梁长19.8厘米，与十字辐靠榫卯组装在一起，两组十字辐中央各有一孔，以承籰轴，从大小来看应是络丝所用丝籰。络丝时，先将丝绪绕在籰上，一手执籰轴并用手指拨转籰子，一手引丝上籰（图4-2 新疆阿斯塔那晋墓出土的籰子）。

图4-2　新疆阿斯塔那晋墓
出土的籰子

第四节　织造机具的推广及技术革新

三国、两晋、南北朝时期，由于采用"户调"制度，丝绸赋税比之前代要重了许多，这在一定程度上促进了丝绸生产的持续繁荣。此期间蚕桑生产地区越来越多，甚至在东北和西北地区也得到了很大发展，各类织造机具更是得到前所未有的推广，并相应地带动了丝、麻、毛、棉织造技术的提高。如仅就前代的织造技术推广而言，主要表现在两个方面：一是地区之间的推广；二是民族间的交流推广。就织造机具技术革新而言，则是以马钧对旧绫机的改造为代表。

一、织造技术的推广

三国时期，割据江东的吴国，丝绸生产和织造技术比前代有了较大的发展。不但官营丝织手工业发达，民间丝织业亦非常兴盛。很多文献对这方面的情况都有记载，例如，《三国志·吴志·陆凯传》中记述陆凯有一次上疏谏孙皓时说："自昔先帝时，后宫列女，及诸织络，数不满百，米有蓄积，货财有余。先帝崩后，幼景在位，更改奢侈，不蹈先迹，伏闻织络及诸徒坐，乃有千数。"疏文谈到吴国的官营丝织手工业的织工，最初人数不足百人，而几十年后扩大到千人，其规模扩大到了 10 倍。吴国不但官营丝织手工业的规模逐步扩大，民间丝绸生产也逐步发展，这是因为统治者鼓励政策在起作用。永安二年（259 年），景帝吴休曾下诏："今欲偃武修文，以崇大化，推此之道，当由于士民之赡，必须农桑……田桑已至，不可后时。"陆逊在海昌（今海宁）做屯田都尉时，曾亲自"督劝农桑"，"官私得兼利"[22]。在执政者的政策鼓励下，吴国不少地方的民间丝绸生产便兴盛起来。当时不但陆逊担任屯田都尉的海昌（海宁）能生产丝绸，诸暨、永安、永嘉以及安徽南陵等地也能生产丝绸。据文献记载，当时诸暨、永安等地能生产御丝[23]，永嘉曾贡八蚕之绵[24]。在安徽南陵县麻桥乡的东吴墓中，曾发现随葬有梭子、纺锭等纺织工具和记有练、绢、绣、锦、缯、纻、布的遗册，这表明当时当地不但能生产丝绸，还能生产纻布等纺织品[25]。

三国中的蜀国，丝织生产也较之以前有了很大提高。其时蜀锦的产量十分惊人，蜀国为便于管理蜀锦生产，专门设置了锦官这一官职，其职责就是管理成都的织锦生产。成都夷里桥南岸道西城，就是锦官城的地址。在那里，"锦工织锦濯其江中则鲜明，濯他江则不好，故命曰锦里也[26]"。此时的蜀国，不但成都地区的织锦生产有较大发展，而且还把织锦技术推广到其他地区。例如，诸葛亮在平定南中之后把南中地区划为越嶲、永昌、牂河、益州四郡（该地区即现今的云南、贵州、广西的田林以西和四川西南部地区），实行向该地区"移民实边"的政策，并送去先进的农业技术和织锦技艺，使该地区的土著居民也学会了织锦[27]。

魏国官营丝织手工业相当发达，它在尚方御府下设置有丝织手工作坊[28]。在《三国志·魏书·夏侯尚传》中，曾有这样的记述："今科制，自公列侯以下，位从大将军以下，皆得服绫、锦、罗、绮、纨、素、金银镂饰之物。"可见魏国消费的丝绸数量是不少的，而且丝绸品种也比较多。虽然史载魏国曾从蜀国大量购进蜀锦，但因为与蜀国长期处于战争状态，不可能顺利地进行经常性的大批量的丝绸贸易，因此其所消费的大部分丝织品应是本国织造的。曹丕在《与群臣论蜀锦书》中曾说"自吾所织如意、虎头、连璧锦"，显然这几个品种的锦都是魏国自己织造的。可见三国时期的魏国境内，丝织技术也是相当高的。我们在上面引用的《夏侯尚传》中谈到的罗、绮、纨等丝织品，亦应视作魏国产品，因为古文献只记载了魏国从蜀国购进蜀锦，没有记载上述丝织品是从蜀国或吴国购进的。这也是魏国丝织生产得到恢复和进一步推广的一个佐证。

三国时期，棉纺织技术水平也有一定的提高。《太平御览》八二〇辑魏文帝诏语云："夫珍玩所生，皆中国及西域，他方比不如也。代郡黄布为细，乐浪练为精，江东太末布为白，故不如白叠子所织布为鲜也。"白叠布是一种棉布，当时我国西北和西南地区的少数民族都能织造。从这段史料可以看出，白叠布这种棉布已相当有名，其织造技术应是比较高的。

两晋南北朝时期，南方的纺织生产又有了新的发展，织造技术继续得到推广。

据晋代人常璩在《华阳国志》中的记载，巴郡的垫江县"有桑、蚕、牛、马"，巴西郡"土地山原多平，有牛、马、桑、蚕"[29]；江阳郡的汉安县"土地虽迫，山水特美好，宜蚕桑"[30]；永昌郡"土地沃腴。有……蚕桑、绵、绢、采帛、文绣"[31]。这说明在晋代巴蜀地区的丝绸生产区域和丝织技术水平，都有了扩大和提高。

南朝时期，刘宋王朝的都城丹阳（今南京）还不能织造锦，当时的丹阳郡守山谦之曾从蜀中引进织锦的"百工"，在丹阳的苑城"斗场市"建立"斗场锦署"，使蜀锦织造技术推广到江南。据晋代人陆翙在《邺中记》里的记载，蜀锦织造技艺在晋代时就曾传到北方。当时北方的石虎政权的都城邺（今河南临漳）的织锦署中，曾织造有"蜀绨"，这个品种显然是具有蜀地风格才如此命名，从中也可见受到蜀锦织造技艺的影响[32]。

南朝的宋、齐、梁、陈各朝均设置有官营丝绸生产机构，各朝均置有少府，少府下设平准掌织染，扩充官营纺织手工业，大力生产丝织各物[33]。到宋时，已是"丝绵布帛之饶，衣复天下"[34]。这说明当时所产纺织品相当多，织造技术得到了推广。到齐时，南方的丝织技术已相当有名，以至引起当时生活在北方的柔然族（又称芮芮）首领（芮芮王）向南齐世祖求取织锦工[35]。到梁时，南方不但有官营丝织手工业，民间丝绸生产也得到了发展，丝织技术继续得到推广。例如，当时浙江一些地方的民间织女已能织造镶金薄（线）的罗[36]。这个时期南方已能织造比较多的丝织品种，丝织品的纹样图案，仅据《吴越钱氏志》卷二三《志余》的记载，就有"天、人、鬼、神、龙、象、宫殿之属"，其艺术技巧"穷极幻妙，不可言状"。所产的锦，已相当多。梁时侯景据寿春将反，"启求锦万匹，为军人袍"[37]。说明当时用作军服的锦的数量相当多，也反映出锦的产量相当多。在《陈书·宣帝纪》中，有"上织成罗文锦被二百首，诏于云龙门外焚之"的记载。如此滥用锦，表明陈时所产的锦是相当多的，所以才有不惜随便焚锦之举。

这个时期南方的麻纺织也有发展，麻织造技术也得到推广。虽然当时南方的丝织技术已有较大的进步，丝织技术得到较大的推广，但这时麻布仍是南方人的常服用料，而丝绸主要是被上层人士服用，所以麻织造技术的推广，比丝织技术的推广更加明显。

据《晋书·苏峻传》记载："遂陷宫城……时宫有布二十万匹，金银五千斤，钱亿万，绢数万匹。"这段史料说明，当时官库内所存的绢，还不及所存的布的半数，可见当时所产的布比丝绸多。另据《晋书·王导传》记载："时（苏峻乱后）帑藏空竭，库中唯有练数千端，鬻之不售，而国用不给，导患之，乃以朝贤俱制练布单衣，于是士人翕然竞服之，练遂踊贵。乃令主者出卖，端一金。"苏峻之乱定后，国库所存的纺织品只有苎麻布，没有存丝绸，上层人士不得不用苎麻布做衣服来穿。这也表明当时所产的布确比绸多得多。

从南朝的各朝代帝王赐给臣僚纺织品的情况来看，也可看出当时所产布的数量是相当大的。

在《宋书》中，共记载13例有关帝王赐给臣僚纺织品的史料，其中有9例是赐布，仅有3例是赐绢；在《南齐书》中，记载赐纺织品的史料11例，有10例是赐布，仅有1例是赐绢；在《梁书》中，记载赐纺织品的史料有40例，其中赐布的有33例，布和绢兼赐的有3例，赐绢的4例；在《陈书》中，记载赐纺织品的史料有5例，其中赐布的3例，赐绢的2例。可见赐麻布远远超过赐绢。这反映当时南朝各朝代国库所存的麻布比绢多[38]，所以帝王只好给臣僚多赐麻布少赐绢。这也从侧面反映出南朝各朝代所产的麻布数量远远超过丝绸的数量，而要多产麻布，必然要发展织麻生产规模，必然要推广织麻技术。由此可见，当时南方织麻技术的推广，远比丝织技术的推广明显。

棉布在南北朝时期已比较流行，南朝帝王士大夫中也有人服用棉布，因此这个时期南方的棉布生产较之前有了发展，织造棉布技术得到了推广。据《梁书·武帝纪》的记载，武帝服食节俭，"帝身衣布衣，木绵皂帐"。文内所说的"木绵"，就是一种棉布。另外，在《陈书·姚察传》中，有这样的记述：其门人送察"南布一端"，察说"吾所衣者止是麻布蒲练，此物于吾无用"。这里所说的"南布"，显然不是麻布，而是棉布。因为姚察说他只穿麻布衣服，"南布"对他来说没有什么用处；又因陈朝统治的地域是南方（但不包括海南岛），"南布"应是比陈朝所统治地区更南的地方出产，由此推测是海南岛出产，因为在汉代时海南岛所产棉布已相当有名，"南布"用来作为礼品，应当是一种纺织品名产。所以"南布"应是指海南岛所产的棉布。也有另一种可能，即海南岛的织造棉布技术，这时已传到陈朝所统治地区，陈朝已用其技术生产出棉布，为了与陈朝本土出产的麻布和葛布区别，就把生产出的棉布称为"南布"，因织造棉布技术是从"南方"传来的，故以"南布"命名所织出的棉布。"南布"既已作为礼品出现在陈朝境内，这种"南布"无论是从"南方"（海南岛）购进还是在陈朝境内生产，都说明这时的"南布"确实在扩大生产，亦说明南方的织造棉布技术得到了推广。

在两晋南北朝时期，北方织造技术的提高和推广与当时制定的税收制度有相当大的关系，如《晋令》规定户调为绢三匹、绵三斤，"其赵郡、中山、常山输缣当绢"[39]。赵郡、中山和常山都属北方地区的地名，这三个地方被规定以缣代替绢缴纳，原因可能是缣是这三个地方的著名特产，才有如此例外的特许。这段史料表明当时北方的丝绸生产已形成一些中心产区，品种多样。既有中心产区，必有非中心产区，这样才可能有两者的区别。由此可见北方丝绸生产在发展，丝织技术在扩大推广。

在与东晋（南方）相对立的北方十六国中，其中的后赵石虎的官营丝织手工作坊的规模最大。据陆翙的《邺中记》记载："石虎中尚方御府中巧工作，锦、织成署皆数百人。"其所织之锦，名目极多，"不可尽名"。

北魏的官营丝织手工作坊的规模，亦相当大。拓跋珪攻占中山郡时，将该郡百工伎巧十余万口迁至京师，并设置细茧户、绫罗户、罗縠户等，所有工匠均按军事编制。可见这时的北魏政权已建起规模不小的官营丝绸手工作坊[40]。这一方面表明了北魏官营丝织手工业的规模，另一方面也说明中山郡的丝织技术已向北魏的京城推广。

北齐时，不少地区均设置有官营作坊。其"太府寺，掌金帛府库营造器物，统左、中、右三尚方、左藏、司染、诸冶、东西道署、黄藏、右藏、细作、左校、甄官等署令、丞"；其中的中尚方又别领丝局、泾州丝局、雍州丝局、定州䌷绫局四局丞；司染署又别领京坊、河东、信都三局丞[41]。这说明北齐时丝织技术也得到了推广。

北周时，官营丝织手工作坊的工人数量是相当多的，据《周书·武帝纪》记载，周武帝天和六年，曾一次就遣散后宫罗绮宫人500余人。可见当时丝织生产规模之大，这也从侧面反映出丝织技术得到了推广。

北朝各朝不但官营丝织手工业规模相当大，而且民间丝织业也得到了发展。北魏太和时，曾有诏令"罢尚方锦绣绫罗之工，四民欲造，任之无禁"[42]。这就使官府的丝织工匠流向民间，其结果必然会促进民间丝织业的兴盛和发展。上面曾提到周武帝一次就遣散500余名罗绮宫人之事，这些罗绮宫人由于长年在官营丝织手工作坊从事丝织生产，无疑掌握着一流的生产技术，他们进入民间丝织业必然会提升民营手工作坊的技术水准。北朝的农民按照政府的法令，不但要向政府交纳租粟，而且还要交纳绢布。关于这方面的情况，在一些文献中也有记载。据《魏书·食货志》记载：北魏初规定"天下产以九品混通，户调帛二匹，絮二斤，丝一斤，粟二十石。又人帛一匹二丈，委以州库，以供调外之费"；到太和八年时，作了调整，重新规定每户调帛三匹，谷二石九斗，作百官俸禄；产麻各地，就用麻布充税，不再用麻布换成丝帛来纳税，另增调外帛二匹。可见调整后，农民缴纳的丝绸数量增加了许多。这样的规定，迫使农民不得不从事和发展丝绸生产，从客观上促进民间丝绸业的发展，促进了丝织技术的推广。据《隋书·食货志》记载：北齐时，政府规定"率人一床（一夫一妻谓之一床）调绢一匹，绵八两，凡十斤绵折一斤作丝"；北周政府的规定与前代略有变化，当时规定"有室者岁不过绢一匹，绵八两，粟五斛，丁者半之"。虽然各朝代的法令各有些差异，但都毫不例外地规定农民既要交纳粟（谷），又要交纳帛布。所以，北朝各朝代的民间丝织业都有一定的发展，其结果当然会促进丝织技术的推广。

北方的麻织技术和棉织技术，在两晋南北朝时期亦得到了推广。

在上面谈及的一些资料中，可以找到有关这个时期北方麻织技术推广的佐证。由于气候原因，魏晋以后北方很少种植苎麻多种植大麻，使大麻布的产量日渐增多，大麻布生产盛极一时，以致"诸郡皆以麻布充税"。据《晋书》记载，一次苏峻举兵攻进宫城时，发现宫库里存有麻布二十万匹。这说明当时北方麻布生产相当兴盛[43]。

关于北方在这个时期棉织技术推广的情况，在上面曾引述的魏文帝诏书中提到了西域的"白叠布"，为此提供了一个佐证。我们从出土文物中，也可找到这方面的依据。考古工作者曾于1959年在于田发现南北朝的棉褡裢布；在另一座北朝墓中，发现一块蓝白印花棉布残片[44]。

这个时期北方地区的毛织生产非常普及。东晋人郭璞在《尔雅》注中说：罽是"胡人绩羊毛作衣"，可见毛织物是北方少数民族日常服装，所用数量应是相当多。这从侧面为毛织技术得到推广提供了一个佐证。在出土文物方面，也可找到这方面的证据。考古工作者在新疆巴楚脱库孜萨来遗址发现属于北魏时期的缂毛毯；在新疆若羌米兰地区也发现一块北朝毛毯；在新疆北朝遗址出土过蓝色印花斜褐（一种斜纹毛织物）和斑罽和紫罽（提花织制的精细毛织物）。可见这个时期新疆地区的毛织技术推广到不少区域[45]。

二、马钧对多综多蹑机的革新

西汉时使用的多综多蹑织机，机上综、蹑数量最多达到了各120片（根），到马钧改革多综多蹑机之前，这种织机的综蹑数量已多为50综50蹑、60综60蹑。为提高织造效率，马钧对多综多蹑机进行了改革。据《三国志·卷二九·方技传》裴松之注记载："马先生，天下之名巧也……为博士居贫，乃思绫机之变……旧绫机五十综者五十蹑，六十综者六十蹑，先生患其丧功费日，乃皆易以十二蹑。其奇文异变，因感而作者，犹自然之成形，阴阳之无穷。"文中的马先生就是马钧，他是三国时期魏国陕西扶风（今兴平）人，他改革的绫机，主要是减少蹑的根数，没有减少综片数量，因为文中没有提到"皆易十二综"之类的减综的文字，可见综片仍保持原来的五、六十片。改革后的绫机，用12根脚踏杆来控制五、六十片综。有学者曾对此作复原验证，结果证明按马钧的改革模式是行得通的。复原方案之一是用两条踏杆（蹑）循序控制一片综的运动，其示意图如图4-3所示。如果用12根踏杆，可以控制66片综框。先把66片综分成12组，前6组每组6片，后6组每组5片。每组综片的吊综线穿过一个挽环往上，每片综分别悬于一条提综杆上（图示第1~6片综分别悬于第2~7根提综杆上）。杠杆的另一端依次一一连到相对应的踏杆上。每组综的挽环连一挽线从侧面拉出，绕过滑轮而连到规定的踏杆上（图示第一组综的挽线连到第一根踏杆上）。吊综线下端分叉处搁在一条托综杆上。这样，在吊综线不上提时，综片借自重下垂，挂于托综杆上。当提综杆处在水平位置时，吊综线应是松的，有一段余量可以保证

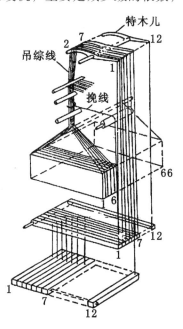

图4-3　马钧绫机提综示意图

在挽线往侧拉时，综片仍可维持原位不动。只有在提综杆上翘，而同时挽线又往侧面拉时，相应的综片才能往上提。挽和提的动作各由一条踏杆控制（图中第1片综，只有在1号踏杆将第一组挽线下拉，同时2号踏杆使2号提综杆上翘时才能上提）。根据吊综线和挽线联结法的配置，每根提综杆上挂有5~6片综，但在开口时大部分吊综线是松的，至多只有一根受力，吊起一片综，因此仍可轻巧地进行织造。另一个复原验证方案是采用16根踏杆（配16条提综杆）来控制120片

综。若 66 片综相当于 66 个织花梭口，每两个梭口间织入一梭交织纬（地纹），可使花纹的纬循环达到 132 根。如果织对称花纹，还可扩大到 264 根。我们从出土的属于南北朝以前的提花织品中可以看到，花纹的循环在宽度方面，有时可以横贯全幅，达到 50 厘米左右，而长度则一般在 150 根纬线以下，最多的也只有 224 根纬线。除去一半地纬（即交织纬），则夹在起花的表经和沉在下面的里经间的夹纬最多不超过 112 根，一般是在 75 根以下。因此，用六七十片综，最多 120 片综是完全可以织造出来的。再如马王堆一号汉墓出土的 354－19 菱纹绮织物，采用平纹素地上起左斜纹经花，一个花纹循环经丝数为 116 根，纬丝数为 92 根，花纹图案上下左右全部对称，如果采用马钧革新绫机的少蹑多综的配置法来织造这种菱纹绮，也是完全可以织制出来的[46]。

马钧的革新绫机与旧绫机比较，显然前者比后者先进，经马钧改革后的绫机，不但提高了生产效率和产量，而且提高了质量。据上引《三国志·方技传》的记载可知，用马钧改革后的绫机来织造织物，织出的织物的花纹图案像自然界的景物一样逼真生动，层次变化无穷，相当精美。

第五节　漂练和印染技术

三国、两晋、南北朝时期，官府和民间均有练染生产。各朝政府为便于管理，皆设立了管理机构，如南朝少府辖管的"平准令"（刘宋时因避顺帝刘准讳改称"染署"），北朝太府辖管的"染署"。官营的练染生产作坊，既专业，规模也较大。而民间练染生产尽管相当普遍，但大多数是属农户的副业，独立成规模的专业生产却是不多。不过无论是官营还是民间的练染生产，在用材和某个技术环节上，比照前世，都出现了一些创新。

一、漂练技术

在此期间，漂练技术仍沿用前代就已出现的灰练、水练和捣练，但对这三种工艺有了较深的认识，并能根据织品的具体用途，在漂练时有目的地选择某种工艺或将几种工艺结合在一起使用。灰练用时短，但由于水溶液呈碱性，容易损伤纤维。陶景弘注《神农本草经》云："今浣衣黄灰耳，烧诸蒿藜积聚炼作之，性烈。"水练是依靠水中微生物的水解作用分解纤维上的胶体，虽用时长，可是比较稳妥。捣练出现在汉代，魏晋以来成为漂练的主要方式之一，曹毗在《夜听捣衣》一诗中有生动描述："纤手叠轻素，朗杵叩鸣砧。"同时代的谢惠连在《捣衣》中也提到捣练场景："栏高砧响发，楹长杵声哀。微芳起两袖，轻汗染双题。纨素即已成……"贾思勰在《齐民要术》中对灰练、水练和捣练均有提及，并作了比较。在"杂说第三十"说："以水浸绢令没，一日数度回转之，六、七日，水微臭，然后拍出，柔韧洁白，大胜用灰。"文中"水微臭"是因日久水中滋生了微生物，而这些微生物分泌的蛋白酶可起到酶练的作用。"然后拍出"是指水练常常是和捣练结合在一起使用。对漂练用水，《文选》李善注引谯周《益州志》也说："言锦工织锦，则濯之江流，而锦至鲜明，濯以他江，则锦色弱矣，遂命之为锦里也。"据传，流经四川成都城东南的锦江，便是因其江水洗濯锦颜色鲜艳而得名。当时为增加白度，还发明出利用"绿豆"和"白土"作为增白剂。《齐民要术》"杂说第三十"载："凡浣故帛，用灰汁则色黄而且脆。捣小豆为末，下绢筐，投汤水中以洗之，洁白而柔韧，胜皂荚矣。"王祯《农书》卷二一引北魏郦道元《水经注》载："房子城西出白土，细滑如膏，可用濯绵，霜鲜雪耀，异于常锦。"白土，又名白垩，现代分类属膨润土或高岭土类，内含硅铝化合物，呈白色或微带蓝光。古文献中有关漂练时用绿豆和白土增白的记载，上引两则是最早的。

二、染色技术

三国两晋南北朝时期，染色技术发展很快，植物染料品种更加丰富，在植物染料的栽培、制作加工，染料色素的提纯，媒染剂的使用等方面都有长足的进步。

（一）染料植物的增加

此期间见于记载的植物染料品种又增加了几种，其中较为重要且普遍利用的有：苏枋、鼠李、黄檗、地黄等。

苏枋（Caesalpinia sappan.），又名苏枋木，或苏木，属豆科常绿小乔木（图4-4），我国广东、广西、贵州、云南、四川和海南诸省均有生长。苏枋木中所含苏木隐色素，在空气中被氧化成苏木红素后，易溶于水中，可染毛、棉、丝纤维，

图4-4 苏枋

其色彩视所加媒染剂种类而各殊，范围为红至紫黑，皆具有良好的染色牢度。与其他红色植物染料相比，苏枋比茜草的色彩艳丽，比红花提取简便。苏木红素结构式为：

苏木红素

苏枋用于染色的记载始见于西晋嵇含《南方草木状》："苏材类槐花，黑子，出九真，南人以染绛，渍以大庚之水，则色愈深。"文中"九真"系西晋时的郡名，在今越南中部；"大庚"可能指大庚岭，即江西、广东交界处的梅岭[47]。

鼠李（Rhamnus davuica），又名冻绿、山李子、朱李，属多年生落叶小乔木或灌木（图4-5）。鼠李的色素成分有天然绿一号、天然绿二号、鼠李宁和甲基鼠李素等。在这些色素中都存在着一定的可络合基团，所以既可直接上染纤维，也可用金属盐媒染。上染牢度均较佳，具有耐光性、耐酸性和耐碱性。天然绿二号分子结构式为：

天然绿二号

中国古代染绿多是利用含蓝、黄两种色素的染料复染，可以直接单独染绿的染料植物没有几种，鼠李是其中之一，被称作"中国绿"。鼠李用于染色的历史很早，德国的吉·扎恩在其撰写的《染色历史》中国部分中写道："古代，非常有名的物质之一是绿色染料，中国话称为'绿果'，这类染料是由各种鼠李属的灌木制成的。这种树木的木材、多汁的果子，都被色素染成浓重的黄色。如果把它们的浓缩液和明矾、碳酸钾并用，即成绿色的植物染料。蚕丝直接吸收，染成蓝绿色，在弱酸染浴中可直接染植物纤维。"他认为鼠李染色技术大概在公元前 2000 年可能就已出现[48]。从《太平御览》引郭义恭《广志》所载"鼠李，牛李，可以染"，可知晋代时鼠李被用于染色是没有问题的，可惜文中未言明是否是直接染绿。

图 4 - 5　鼠李

黄檗（Phellodendron amurense），又名黄柏、黄柏栗，属芸香科落叶乔木（图 4 - 6），其茎内皮中所含色素为黄柏素小檗碱，可在弱酸性染液中将毛或丝染黄。黄檗可能是中国古代所应用的染料植物中惟一的碱性色素染料。黄柏素小檗碱结构式为：

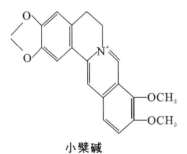

小檗碱

图 4 - 6　黄檗

黄檗最初是被用于入药，南北朝时才又被用于染纸和染丝。染纸的记载见《齐民要术》卷三"染潢及治书法"条："染潢……檗熟后，漉滓捣而煮之，布囊压讫，复捣煮之。凡三捣三煮，添和纯汁者，其省四倍，又弥明净。写书，经夏然后入潢，缝不绽解。"其法染出的纸，即古代著名的黄纸，东晋末桓玄下令废竹简改用纸，所选便是此纸。染丝的记载见南朝宋鲍照"拟行路难十九首"之一的诗句："剉檗染黄丝，黄丝历乱不可治。"

地黄（Rehmannia glutinosa），又名芐和地髓，玄参科草本植物，其根茎中含地黄素（又名地黄苷），可以染黄。地黄素分子结构式为：

H₃C CH₃ 结构式

地黄素

早在《尔雅·释草》中就有地黄的记载："芐，地黄。"注曰："一名地髓，江东呼芐，芐音户。"东汉崔寔《四民月令》也提到它，谓："八月……干地黄做末都。"其后的各家医书也都提到它，自古一直做药材用。做黄色染料之用似乎是从南北朝时开始的，《齐民要术》在"河东染御黄法"中详细记载了用地黄染熟绢的工艺方法，云："碓捣地黄根令熟，灰汁和之，搅令匀，搦取汁，别器盛。更捣滓，使极熟，又以灰汁和之，如薄粥，泻入不渝釜中，煮生绢。数迴转使匀，举看有盛水袋子，便是绢熟。抒出着盆中，寻绎舒张。少时，捩出、净振、去滓，晒极干。以别绢滤白淳汁，和热抒出，更就盆染之，急舒展令匀。汁冷，捩出。曝干，则成矣。……大率三升得黄染地一匹御黄。"所述实际包含了制取地黄染料、漂练绢帛和染色三种工艺过程，灰汁在此工艺中既做精练剂，又做媒染剂，不仅节省原料，还大大缩短了漂练和染色时间。

红色植物染料红花，自汉代从西北地区传入中原后，在魏晋南北朝时逐步取代茜草成为重要的红色染料，各地均广泛栽植。红花生长期约为两个月，一年可种两次，贾思勰的《齐民要术》记载了红花的栽培方法，云："花地欲得良熟，二月末三月初种也。种法：俟雨后速下，或漫散种，或耧下，一如种麻法。亦有锄掊而掩种者，子科大而易料理。花出，欲日日乘凉摘取（不摘则干），摘必须尽。五月子熟，拔曝令干，打取之。子亦不用郁浥。五月种晚花（春初即留子，入五月便种。若待新花熟后取子，则又晚也），七月中摘。"五月种者，花瓣颜色深且鲜明，还不易暗淡，远胜春种者。贾思勰对当时种植红花的收益也作了介绍，云："种一顷者，岁收绢三百定。一顷收子二百斛，与麻子同价。既任车脂，亦堪为烛，即是直头成米（二百石米，已当穀田，三百定绢，超然在外）。"

（二）植物染料的制备

古代利用植物染料的方法有两种：一种是直接利用植物染料的鲜叶，把待染织物置于渍有其鲜叶并已发酵的染液里，或浸或煮一段时间，使织物着色；一种是通过化学加工把植物染料鲜叶中的色素制取出来备染。前一种方法染色受季节限制，因为采摘下的鲜叶或根茎、果实，时间一长就会发霉腐烂，植物体内的色素也随之损失或失效，必须及时用于染色，否则会失去染色价值。所以在制取技术较落后的先秦时期，染色只能在夏秋两季进行，如采蓝和染蓝，必须在6~7月间，挖茜草和染红，必须在5~9月间，其他染草的采集和染色也大都在秋季。后一种方法因将色素制取出来，染料很长时间不会失效，染色可随时进行，不用再抢季节染色了，因此用量多的植物染料大多用此法。

南北朝时，一些植物染料的提纯方法逐渐成熟，其中最具代表性的是红花和靛蓝的制取。

红花中含有黄色素和红色素两种色素，其中只有红色素具有染色价值。红色素在红花中是以红花甙的形态存在的。近代染色学中提取红花素的方法是利用红色素和黄色素皆溶于碱性溶液，红色素不溶于酸性溶液，黄色素溶于酸性溶液的特性。先用碱性溶液将两种色素都从红花里浸出，再加酸中和，只使带有荧光的红花素析出。我国自汉以来的各个时期，一直就是利用红花的这种特性来提纯和染红的。《齐民要术》卷五"种红花蓝花栀子"条曾对当时民间炮制红花染料的工艺作过详细描述，云："摘取即碓捣使熟，以水淘，布袋绞去黄汁，更捣，以粟饭浆清而醋者淘之，又以布袋绞汁，即收取染红勿弃也。绞讫，著瓮器中，以布盖上，鸡鸣更捣令均于席上，摊而曝干，胜作饼。作饼者，不得干，令花浥郁也。"发酵的粟饭浆呈酸性，以其淘洗并绞去黄汁的红花渣滓，便是基本除去黄色素的红花染料。值得注意的是文中提到"作饼"，表明红花饼的制作技术在南北朝时就已出现。

我国制造靛蓝的技术，起始于何时，不见记载，但从秦汉两代人工大规模种植蓝草的情况推测，估计不会晚于这个时期。待至三国以后，即已基本成熟。北魏贾思勰在其著作《齐民要术》卷五"种蓝"条中详细记载了当时用蓝草制靛的方法，云："刈蓝倒竖坑中，下水，以木石镇压，令没。热时一宿，冷时再宿。漉去荄，内汁于瓮中，率十石瓮，著石灰一斗五升。急手抨之，一食顷止。澄清，泻去水。别作小坑，贮蓝淀著坑中。候如强粥，还出瓮中盛之，蓝靛成矣。"其工艺原理是：放入水中的蓝草茎叶，经一定时间会发酵水解出蓝酐，加石灰后游离出吲羟，然后又经空气氧化，双分子缩合成靛蓝。蓝草发酵时还会产生酸及二氧化碳气体。加入的石灰有三个作用，一是破坏植物细胞加速吲羟游离外；二是用以中和发酵时所产生的酸质；三是与二氧化碳气体反应产生的碳酸钙，能吸附悬浮性的靛质，加速沉淀速度。整个过程可简单表示如下：

蓝草——水浸———热时一宿，冷时再宿———发酵———蓝汁———过滤———

制靛———加石灰搅之———蓝靛

蓝靛是不溶于水、弱酸和弱碱的，欲用它制成染液上染纤维，须将其还原成溶于碱性水的靛白。纤维在靛白染液浸泡后，靛白着附在纤维上，经空气氧化，靛白复又氧化成蓝靛，并与纤维牢固地结合在一起，从而实现染蓝之目的。《齐民要术》中没有谈到蓝靛还原成靛白染色的方法，同时期的其他文献也没有记载，但这一过程是利用蓝靛染色必不可少的。既然当时能够制造蓝靛，肯定应具备蓝靛还原成靛白的技术，这是不容置疑的。今人归纳总结出的蓝靛染液配制方法，大致有四类：（1）绿矾染液法；（2）铁粉石灰染液法；（3）发酵染液法；（4）保险粉染液法[49]。

绿矾染液法之染液制配：选用的材料是绿矾、石灰和蓝靛；作用机理是绿矾先与石灰反应生成氢氧化亚铁和硫酸钙，氢氧化亚铁又与水反应生成氢氧化铁和氢气，具有强还原性的氢气与蓝靛作用，使之成为靛白，进而溶于过量的石灰水中。

铁粉石灰染液法之染液制配：选用的材料是铁粉、石灰和蓝靛；作用机理则是利用铁粉与石灰反应的氢气还原蓝靛使之成为靛白。

发酵染液法之染液制配：选用的材料是淀粉类物质（多用糠皮）、石灰和蓝靛；作用机理是利用淀粉类物质在碱液中因发酵作用放出的氢气，而使蓝靛变为靛白。我国古代染蓝多用此法，优点是所用原料价值甚廉，惟配制不易，稍有疏忽便全部报废。

保险粉染液法系近世用以染人造蓝靛之法，与本文无关，不再赘述。

分析上述染液制配方法，前三种方法在当时都有应用的可能。其端倪表现在：

①绿矾是中国古代所制造、应用的矾中最早的一种，至迟在公元前2—5世纪的战国时代已开始被利用于染色了[50]。汉以后随着利用黄铁煤矿焙烧绿矾技术的成熟，绿矾已是丹宁类染料的重要媒染剂了。

②铁的人工冶炼在春秋战国就已具较大规模，汉代时铁制工具在各手工行业得到普及，铁的市场价格仅及铜的四分之一，成为最廉价的金属[51]。南北朝时直接利用铁浆作染料的媒染剂亦开始见于记载，《重修政和经史证类本草》卷四"铁精"引梁陶弘景云："铁落是染皂铁浆。"

③发酵在纤维加工、食品加工等工艺中应用的历史均可追溯到先秦甚至更早时期。最值得注意的是，在《齐民要术》所载一些染料制备以及染色工艺中，粟饭浆、酸石榴、食用醋、石灰、草木灰等被广泛使用。

可惜现在没有发现确切记载，尚不能断言当时究竟采用的是哪一种方法，有待进一步研究才能确定。

三、缬染技术

南北朝时缬染技术有了进一步发展，当时缬染技术的水准，我们可从一些出土的同时期缬染实物中窥知一二。

夹缬工艺在南北朝时已非常成熟，出土的同时期夹缬实物有两块：一是新疆于田县屋于来克北朝遗址出土的一块蓝白印花棉布[52]；二是新疆吐鲁番阿斯塔那北朝末年墓葬群中的309号墓出土的一块大红地白点纹缣[53]。前者工艺是将织物紧紧夹在两块镂空板中，于镂空处涂刷或灌入色浆，待色浆完全干燥后，除去镂空板即告完成。后者工艺也是将织物紧紧夹在两块镂空板中，但在镂空处不是涂以色浆，而是涂以蜡。待蜡凝固后，解去镂空板，将织物放入染液中浸染。染后晾干去蜡，花纹便呈现出来。

蜡缬工艺在南北朝时虽处于初兴期，但已被广泛用于棉、毛、丝织品的印花。在新疆于田县屋于来克北朝遗址，出土有一件残长11厘米、宽7厘米的蓝色蜡缬棉织品和一件长19厘米、宽4厘米的印花毛织品；在新疆吐鲁番阿斯塔那85号墓出土有一件西凉时期的长19.5厘米、宽3.4厘米的蓝地白花蜡缬绢[54]。据分析，85号墓出土的蜡缬绢，图案是由七瓣小花和直排圆点构成，应是采取点蜡的方法制成，即用几种凸纹点蜡工具蘸蜡点在织物之上，每一种工具蘸蜡部位都被分别刻成一排或一圈圆点。使用这套工具能印出当时许多以圆点为基础的蜡缬作品[55]。

绞缬技术在南北朝时已经较成熟，甚至出现了以纹样特征命名的绞缬作品，如梅花型的"鹿胎紫"缬和"鱼子"缬等。这些绞缬制品是当时妇女最流行的服装材料，生产和消费量都较大。《魏书·封回传》载：荧阳人郑云想当官，巴结长秋卿刘腾，"货腾缬四百匹，得为安州刺史"。陶潜《搜神后记》载：年轻妇女穿着"紫缬襦青裙"，远看就好像梅花斑斑的鹿一样，特别漂亮。同时期的绞缬实物在西北地区多有出土，如新疆吐鲁番阿斯塔那古墓曾出土建元二十年（384年）的红地白花绞缬绢和绛地白花绞缬绢（图4-7 新疆吐鲁番阿斯塔那85号墓出土西凉时期的绛地白花绞缬绢）[56]、阿斯塔那建初十四年（418年）韩氏墓曾出土绛地方形白花绞缬绢[57]、阿斯塔那北凉承平十六年（459年）彭氏墓曾出土红地白点和蓝地白点绞缬绢共16匹[58]、甘肃敦煌佛爷庙曾发现蓝地白花绞缬绢[59]等。据分析，上述这些绞缬制品的结扎方法是有差异的，以绛地方形白花绞缬绢为例，根据其表面明显的折叠痕迹和针眼，扎纹方法可能是先将织物折成三折，然后用线进行锯齿形穿缝，抽紧。同一地区出土的朵花纹缬则不是这样，因为该图案有十字形深色效果，故必须采用较为特殊的折叠法，即必须使十字形组成叠在一起的四条边，然后用线穿逢，再将四条边和其他部位分开，抽紧后，线的上下层分别染成两色[60]。

图4-7
新疆吐鲁番阿斯塔那85号墓出土西凉时期的绛地白花绞缬绢

第六节　丰富的纺织品

三国、两晋、南北朝时期，丝、麻、毛、棉织品相当丰富，品种数量相当多，仅丝织品就有缯、绮、縠、缣、绨、缟、练、䌷、绫、绣、绢、纱、纨、素、锦等数十种之多，而且在每一大类品种中又有繁多的花色可供选择。

一、丝织品

为更直观地展现这个时期丝织品的全貌，我们先摘录一些文献记载，再择选一些出土文物予以说明。

关于这个时期的丝织品，不少文献都有记载，如下述：

《太平御览》卷八一五引《蜀志载》："先主（刘备）入益州，赐诸葛亮、法正、张飞、关羽锦各千匹。"刘备一次赐给部下这么多的锦，可想见当时益州库存的锦是相当多的。

《三国志·吴志·华覈传》载，华覈曾上疏批评当时吴国官员竞相服用各种丝绸的奢靡之风气。官员能够竞相服用各种丝绸，说明当时吴国的丝绸品种是相当多的。

《三国志·魏志·夏侯尚传》载，当时魏国规定，"自公列侯以下、位从大将军以下，皆得服绫、锦、罗、绮、纨、素、金银镂饰之物"。反映当时魏国不但丝织品数量多，而且花色品种也不少。

在三国时期魏国人张揖所著的《广雅》里，收集有当时丝绸的资料，其中记有绢、缣、素、丝、绌、绡、练、纩、绦、彩等十大类品种。三国时期丝绸品种之丰富毋庸讳言。

晋代王室赐给官员的东西，不像汉代时大多赐黄金，而大多改为赐绢帛，并且所赐的绢帛数量相当惊人。例如，赐给阮瞻千匹，赐给温峤、庾亮、荀崧、杨珧各五千匹，赐给王浑、杜预各八千匹，先后共赐给贾充九千匹，赐给王浚、张华、何攀各万匹，先后赐给王导近两万匹，先后赐给桓温近三万匹。可见当时国库所存的绢帛数量之充足[61]。

在南朝梁人顾野王所撰写的《玉篇》（原本）中，作为丝织物品名的有缯、绮、縠、缣、绨、缟、练、绌、绫、绣、绢、纱、纨、素等，共计20多种。这反映南北朝时期，南朝梁时的丝织物品种相当丰富。

南朝齐武帝曾在永明六年（488年）诏京师（南京）、南荆河州（安徽寿县）、荆州（湖北江陵）、郢州（湖北武昌西南）、司州（河南信阳）、西荆河州（安徽和县）、南兖州（江苏扬州）、雍州（湖北襄樊）等地出钱在当地购买绢、绵、丝等物[62]。这里提及的"绢"，是丝绸的统称。可见当时上述地区是著名的丝绸产区，丝绸产量和品种应是相当多的，否则齐武帝不会下诏让地方官府在那些地方购买丝绸。

陆翙《邺中记》载：后赵石虎在邺城设置的织锦署里织造的丝织品名目繁多，光是锦就有"大登高、小登高、大明光、小明光、大博山、小博山、大茱萸、小茱萸、大交龙、小交龙、蒲桃文锦、斑文锦、凤凰锦、朱雀锦、韬文锦、桃核文锦、或青绨、或白或黄绨、或绿绨、或紫绨、或蜀绨，工巧百数，不可尽名"之名目。

在吐鲁番出土的北朝文书中，有许多锦的名称，计有魏锦、波斯锦、丘慈锦、疏勒锦、绯红锦、白地锦、紫地锦、大锦、中锦、细锦、半臂锦、被锦、大文锦、大树叶锦、树叶锦、柏树叶锦、羊树锦、饮水马锦、合蠡文绵、提婆锦，等等[63]。

《魏书·高祖纪》载，北魏拓跋珪时赐给王公以下官员的纺织品共达百万匹，其中有绌、绫、绢、布等品种。另据《南齐书·魏虏传》载，北魏拓跋焘时，平城宫内有"婢使千余人，织绫锦"，并有"丝、绵、布、绢库"，曾颁赐给臣下"金锦缯絮"。可见当时北方生产的丝织品除了锦以外，还有绌、绫、绢、缯等品种。

在《北史·祖莹传》中，有"连珠孔雀罗"的记载。由此可知，当时北朝可以生产罗这种丝织品。

此外，在《全三国文》卷三引《曹操遗杨彪书》中，有"并遗足下贵室……织成靴一量"的记载；在《北堂书抄》卷一三六引高文惠妻与文惠书中，有"今奉织成袜一纲"的记载；在《太平御览》卷八一六引《晋后略》中，有"张方兵入洛诸官府，大劫掠御宝，织成流苏皆分割为马棧矣"的记载；在《太平御览》卷八一六引《邺中记》中，有"石虎猎，著织成合欢裤"的记载。这些记载，证明当时的织成品有较多的品种。

这个时期丝织品实物多有发现，其中有许多是非常精美的。

在出土十六国时期的锦中，以吐鲁番 TAM177 的北凉高昌太守渠封戴墓（455年）中发现的藏青地禽兽纹锦为最佳。它的组织是平纹变化经二重，表里层比是 1:2，有藏青、缥青、大红、退红、白玉等色，以藏青色为地，其他各色分区排列。其纹样以不同姿态的祥禽瑞兽为主体，用楼堞式的云气纹做骨架进行排列。无论是组织、纹样，还是色彩，基本上都继承了汉锦的风格[64]。

20 世纪六七十年代，在新疆吐鲁番阿斯塔那南北朝墓葬曾出土很多织锦。其中 1959 年吐鲁番阿斯塔那北区第三○三号墓出土的树纹锦，残长 20 厘米，宽 6.5厘米，经密为 112 根/厘米，纬密为 36 根/厘米。其树纹由绛红、宝蓝、叶绿、淡黄、纯白五色丝线织出，用绛红色树形在绿地、白地、蓝地上显出地块面纹，由与地纹相同的绿、白、蓝三色显出 26 点组成的菱形纹。一排排树纹具有浓厚的生活气息。1967 年在该地第 88 号墓里，出土了有幅边的夔纹锦。其残片长 30 厘米，宽 16.5 厘米，有红、蓝、黄、绿、白五色，但直条每区只有三色。在绿条和黄条的地上，用蓝色白边显出夔兽纹，用红色和黄色显出狮形兽和四瓣菱形花。此锦仍具有汉锦传统，以平纹组织为地，经线显花。因为经线分红、黄、蓝、绿四色分区排列配色，所以整个花纹图案显得色调绚丽灿烂。1968 年，考古工作者在该地第 99 号墓里，出土了方格兽纹锦。该锦残长 18 厘米，宽 13.5 厘米，经线分区分色法和上述的夔纹锦一样，其经线有红、黄、蓝、白、绿五种颜色，每区仅三色成一组，每厘米 44 组，即 132 根。宽 3 厘米的幅边，为蓝色和白色的条纹。每个花纹单位，纬循环为 4.1 厘米，花纹配色是在黄白地上显出蓝色块状牛纹，在绿白地上显出红色线条状狮纹，在黄白地上显出蓝色线条状双人骑象纹。锦面人物的上方，似乎还有一个遮阳的华盖（图 4-8 新疆吐鲁番阿斯塔那南北朝墓葬出土的方格兽纹锦）。此锦与上述夔纹锦的不同之处是纬线亦采用不同的色线，使方格纹、线条纹和块面纹三者结合成风格各异的花纹图案。这种图案写实配色显花技艺，是一种在汉代织锦技术基础上的发展。1966 年，考古工作者在该地第 48 号墓里，出土了联珠对孔雀"贵"字纹锦复面。其实物残片长 18.5 厘米，宽 8.7 厘米，

图 4-8　新疆吐鲁番阿斯塔那南北朝墓葬出土的方格兽纹锦

经密每厘米为 25 双根，共 50 根经线（蓝、白、红三色一组），纬密为每厘米 54根。花纹是一对孔雀，尾部上翘，在对孔雀头端顶上，有两个茱萸纹和变形花纹，外围联珠纹环，在 20 个联珠环的子午线上，布有 4 个"回"形纹饰。对孔雀上下倒向，中间嵌入"贵"字纹。此锦与考古工作者于 1964 年在同地出土的联珠对孔雀纹锦复面花纹图案很近似，后者实物长 13.5 厘米，宽 20.5 厘米，所不同的是在联珠环与环之间的空隙处，一边是对羊，另一边是倒向的奔马，而在对孔雀的上

部是"喜"字鼎炉。这种鼎炉，在骑士对兽球纹锦上也有。后者实物残片长 22.5 厘米，宽 12 厘米，在桔黄色地上显出蓝色的花纹图案，还有一对骆驼，双骑士上都是一对象，在 4 个卷云环中的交界空地处，布排一对马和卷云纹等，整个幅面布满花纹，各种动物栩栩如生，显示出很高的织造技艺。1964 年，考古工作者还在该地出土了一块牵驼纹"胡王"字锦。此锦实物残片长 19.5 厘米，宽 6.7 厘米，其花纹图案有西域少数民族和骆驼等风土特色，图中在黄色的地上，以小型的联珠环和正倒人牵驼和"胡王"两字组成主要纹饰。此锦的织造方法和组织结构的特点，是斜纹重经组织的经线显花，地纹也是斜纹组织结构。过去曾有人认为，在隋唐以前我国的锦的基本组织是平纹，也曾有人把经线斜纹显花视为平纹的一种变化组织，但现在从牵驼纹"胡王"字锦的织法中可知，过去的看法是错误的[65]。1971 年，考古工作者在该地出土了一块对鸟对羊树纹锦。其实物残片长 21.5 厘米，宽 24 厘米，在深蓝色地上起出绛红色对羊花纹，在对羊纹上都是桔黄、深蓝、淡黄和绛红色的变形树纹，在树纹中间有两对黄红斑花的鸟纹，动物纹样生动逼真，显示出较高的织造技艺水平。吐鲁番阿斯塔那北朝墓葬出土的这些不同花色品种的锦，织造技艺各有独特之处，说明当时不但高级丝织品相当丰富，而且在织造技艺和组织纹样方面也有一定的发展。

这个时期产量较多的高级丝织品除锦外，就是组织主要是平纹地上起三上一下斜纹花的暗花织物——绫。我们在前文曾引用了一些文献证明当时绫的生产的情况。在吐鲁番文书中，也有绫的记载，计有白绫、黄绫、紫绫、在绫、合蠢大绫、石柱小绫等。在发现的绫织物实物中，比较有特点的是龟甲绫、对鸟对兽纹绫、联珠套环绫、龙凤纹绯绫，以及在嘉峪关魏晋墓中出土的墨绿色菱纹绫。这些出土的绫色彩保存得相当好，从纹样上看，除在嘉峪关魏晋墓中出土的墨绿色菱纹绫与汉代的绫一脉相承外，其余的绫文物实物已呈现出新的风格[66]。这些情况表明，这个时期不但绫的产量和品种相当多，而且在织造技艺方面和艺术风格上都有新的发展。

在新疆吐鲁番阿斯塔那墓葬中，还曾出土属于织成品种的丝织物。如在一座大约是东晋时前凉末年的墓中出土了一双织有"富且昌，宜侯王，天延命长"铭文的织成锦履[67]。这双有铭文的织成锦履，长 22.5 厘米，宽 8 厘米，高 4～5 厘米，用褐红、白、紫、黑、蓝、土黄、金黄、绿八色丝线织成。鞋尖处的花纹有蓝色对狮，褐红地上有一排黄色三角形带纹，鞋尖下沿处在褐红地上织出土黄色飞舞的蝴蝶。鞋头中间有褐红色的彩带，在彩带的中间是一只绿色的蝴蝶纹，两旁有各 16 个绿色点纹。鞋面中间在白色地上有黄、紫黑、褐红三色组成叠山形纹。在叠山形两边布以汉隶褐红色的"富宜昌"、紫黑色的"宜侯王"、黄色的"天延命长"的铭文。彩叠山形有五层五色，山坡用紫墨色的飘带纹组成。鞋口是褐红地上起出白色的云纹和星点纹。鞋帮内两条蓝色地上织出褐红色的四瓣小菱形和白色的卷云纹。中间的一条彩带是金黄色地上起蓝色四瓣小菱形和白色的卷云纹[68]。这双织成锦鞋的色彩和纹样图案既复杂又协调，显示当时的织成技术相当高（图 4-9 新疆吐鲁番阿斯塔那墓葬出土的织成花鞋）。依据上述文献记载和出土文物，我们不难对这个时期丝织品数量之多和花色品种之多有个大概了解。

二、麻织品

麻织品由于是大众的主要衣着用料，三国、两晋、南北朝时期的麻织物生产相当普及，麻织品也相当丰富。我们在前面曾引用的一些文献的记载已加以说明，在此不须赘述。值得注意的是，此时随着麻纤维加工技术的进步，高档麻织品产量有了较大幅度的增加。《晋书》记载，东晋初年平定苏峻之乱后，东晋国库空虚，"惟有练数千端"。练是极精细苎麻布的名

图4-9　新疆吐鲁番阿斯塔那墓葬
出土的织成花鞋

称。当时苎麻的主要产区在南方，大麻的主要产区在北方。在国库空虚的情况下"练数千端"，说明朝廷每年在南方征收精细苎麻织品的数量是非常惊人的。另据《魏书·食货志》记载，太和八年（484年），在北魏所属的州郡中，几乎有一半州郡以大麻布充税，则说明当时北方大麻布产区相当广，大麻织品的产量也相当多。

这个时期的麻织品文物在各地均有所发现，如在甘肃敦煌莫高窟，曾发现有北魏太和十一年（487年）的一幅刺绣佛像残段，它的面料是两层绢中间夹着一层麻布，此层麻布是属于比较精细的苎麻布。在新疆吐鲁番阿斯塔那北区墓葬里，考古工作者发现了西魏大统七年，即高昌王朝章和十一年（541年）的大麻布小裤和大麻布小外套[69]。

三、毛织品、毛毯和毛毡

这个时期的毛织品使用量是相当大的。据《三国志·吴志》记载：孙坚"常著赤金罽"；孙皓曾赐给功臣斑罽五十张，绛罽二十张，紫罽十五张，青罽十五张。这说明三国时已有提花毛织品，而且是提花织制的精细的毛织品，花色品种也比以前有所增加。另据《晋书·张轨传》记载，晋怀帝永嘉四年（310年），京师严重"饥荒"，凉州刺史曾捐送毛织物三万匹。当时的凉州所管辖的区域，是今天的甘肃一带，可见当时西北地区的毛织物相当丰富，否则凉州刺史就不能给朝廷捐送那么多的毛织物。

在出土文物方面，考古工作者在新疆和田地区北朝遗址中，发现了一块蓝色印花斜纹粗毛织物，用蜡防法染成（蜡染），组织结构是一上二下斜纹，经纬密均为每厘米22根，表明当时当地的毛纺织印染技术水平并不比中原地区差[70]。

这个时期不但毛毯产量增多，而且毛毯编织技术也有了新的发展。

据《三国志·魏书》的记载，三国时的魏景元四年（263年），司马昭分遣大将邓艾和钟会率领大军征蜀国，钟会军攻至剑阁（今四川剑阁县）受阻，邓艾获知后，决定采用"攻其无备、出其不意"的办法，绕过剑阁，从其西约百里的阴平道偷渡过去。不过这条道上尽是悬崖峭壁，为了能顺利通过，邓艾命令士卒凿山造栈桥，然后率军前进，遇到险坡时，邓艾便"自裹毛毯，推转而下"，众将士依样"鱼贯而进"，终于大获全胜。另据《资治通鉴》记载，北周武帝（宇文邕）保定四年（564年）农历正月初，元帅杨忠率领部队行军途经陉岭山隘时，因为连日下大雪，又加上天气严寒，冰冻严重，道路很光滑，难以前进，杨忠正为这事

发愁，但很快就看到将士们一个个把携带来的毯席和毯帐等物铺在冰道上，然后迅速地顺利通过了陉岭山隘，这使杨忠十分钦佩将士们的智慧。这两段史料表明，当时生产的毛毯是相当多的，否则就不可能把它大量地用作军用物资。

关于这个时期毛毯编织技术进步的情况，我们可以在分析出土的毛毯文物中找到佐证。考古工作者曾在新疆巴楚脱库孜萨来遗址里，发现两块属于北魏时期的缂毛毯。这两块缂毛织物比较厚实，所用毛纱比较粗，尤其是所用的经纱。其经纱灰白色，纬纱有黄、红、深蓝、天蓝、深棕和淡蓝色六种颜色，经密每厘米4根，纬密每厘米12根。考古工作者还曾在新疆若羌米兰地区发现一块属于北朝时期的毛毯，其地组织是斜纹，绒纬采用S形打结法，从结子的牢度看，S形比以前的"8"字形稍差些，但S形却便于采用简便机械来代替某些手工操作，从而减轻劳动强度，提高产量和质量，这应该说是编织毛毯技术的一个进步。上面提及的出土的缂毛毯文物，表明缂法被用于编织毛毯，这也应被视为毛毯编织技术的发展[71]。

从一些文献的记载可以看出，这个时期的毛毡产量是比较多的，制毡技术也有了进步。

北魏人贾思勰在他所著的《齐民要术》里，曾对制毡技术进行研究和总结。他在《齐民要术》里对制毡提出了混毛方法："春毛秋毛中半和用，秋毛紧强，春毛软弱，独用太偏，是以须杂。""凡作毡，不须厚大，惟紧薄均调，乃佳耳。"这是很科学的，因为秋毛是羊在水草丰盛、气候湿热、充分活动的条件下长出来的，紧密繁茂，纤维坚韧，弹性好；而春毛是羊在枯草落叶、气候干旱的冬天圈养条件下长出来的，毛稀疏软弱，弹性差。因此，制毡时，要把秋毛和春毛各半均匀混和，才能织制出既紧实又弹性良好的毛毡。他在《齐民要术》里，还总结了"令毡不生虫法"："夏月敷席（毡）下卧上，则不生虫，若毡多无人卧上者，预收柞柴、桑薪灰，入五月中罗灰偏著毡上，厚五寸许，卷束于风凉之处阁置，虫亦不生，如其不尔，无不生虫。"从贾思勰在《齐民要术》里的这些记述，使我们从侧面了解到当时制毡生产已相当普及，毛毡在经济生活中占有比较重要的地位，否则，就不会引起这位学者的重视，就不会使他花精力去研究制毡技术及保护毛毡的方法。

另外，据《北齐书·文苑传》"樊逊篇"的记载，北齐时（479～520年），山西有人因"造毡为业，常优饶之"。这段史料说明当时山西已有制毡专业户，并因生产的毛毡质量佳而致富。从这里可以看出当时毛毡已成为山西的地方特产，其产量也是可观的。

四、棉织品

这个时期，我国的棉织品相当丰富，在一些文献的记载里可以找到佐证，这一时期的出土文物也可提供物证。

在《太平御览》卷八二〇引《南州异物志》里，对棉花和棉布曾有这样的描述："五色斑衣，以（似）丝布，古（吉）贝木所作。此木熟时，状如鹅毳，中有核如珠珣，细过丝绵。人将用之……但纺不绩，在意小抽相牵引，无有断绝。欲为斑布，则染之五色。织以为布，弱软厚致上毳毛。外徼人以斑布最烦缛多巧者名曰城城，其次小粗者名文辱，又次粗者名乌骥。"《南州异物志》的作者万震是三国时期人，他在书中所描述的棉花和棉布，应是三国时期的产品，书中记述的棉布品种有多种，这就表明当时棉织品相当丰富。

在晋人常璩的《华阳国志》里，曾有这样的记载："永昌郡……有桐木，其花柔如丝，民绩以为布。"这表明当时永昌郡已能生产以棉花为原料的棉布。

在《梁书》卷五十四中有这样记载："高昌……其地高燥……寒暑与益州相似，备植九谷……多草木，有草实如茧，茧中丝细如纻，名曰'白叠子'，国人多取织以为布。布甚软白，交市用焉。"这说明南北朝时期高昌国的人已大量生产用草棉的棉花为原料的棉布，在市场上有这种棉布销售，由此可知当时当地大量生产细白棉布，质量也是相当好的。

永昌郡位于我国西南，高昌位于我国西北，这两个地方都是著名的棉布产区，说明这个时期我国南方地区和北方地区都能生产棉布，并且西北地区的高昌国还把棉布当作商品在市场上销售，可见产量之多和服用之普遍。

这个时期的棉布出土文物，都是在新疆发现的。

1959 年，考古工作者于于田县屋于来克遗址的北朝墓中，出土了一块长 21.5 厘米、宽 14.5 厘米的"裆裢布"，织造比较致密；在另一座北朝墓葬中，发现一块长 11 厘米、宽 7 厘米的蓝白印花棉布。这说明当时当地已有不同品种的棉布[72]。

1960 年，考古工作者在吐鲁番阿斯塔那 309 号高昌时期墓葬中，出土了一种以大红、粉红、黄、白四色作几何图案的织锦，此锦属于丝、棉交织的织品，残长 37 厘米，宽 25 厘米[73]。属于这个时期的墓葬中，还出土了由纯棉纤维织成的白棉布；同时还发现了和平元年（西魏大统 17 年，即 551 年）借贷棉布（叠）和锦的契约，据此契约得知，一次借贷的棉（叠）布多达 60 匹。上述文物印证了北朝时期吐鲁番地区不但能生产不同品种的棉布，而且产量还相当多的史实[74]。

第七节　《齐民要术》中记述的纺织印染技术

《齐民要术》是中国现存最早、最完整、最全面的综合性农学著作，书中记述了一些当时非常重要的纺织印染技术。著者贾思勰，益都（今属山东）人，其生平不见记载，只知他做过北魏高阳（今山东临淄）太守，并曾到山东、河北、河南、山西、陕西等地考察农业和收集民谚歌谣。辞官回乡后开始经营农牧业，并亲自参加农业生产劳动和放牧活动，如他曾亲自喂过 200 头羊，因饲料不足，死去大半，后种大豆为饲料，仍不得法，于是向老羊倌虚心求教，才学到养羊的办法。《齐民要术》是他总结书本知识和实际经验写成的。

《齐民要术》约成书于 533—544 年之间，全书共 10 卷，92 篇，卷首有"自序"和"杂说"各 1 篇，计 11 余万字。该书集先秦至北魏农业生产知识之大成，引用有关书籍 156 种，采集农谚歌谣 30 余条，内容之丰富如贾思勰在"序"中所言，"起自耕农，终于醯醢，资生之业，靡不毕书"。

卷首"序"是全书总纲，阐明本书编写思想、目的、方法及书名寓意。其编写思想无疑是宣扬"序"中通过大量经典言论和事例阐释的"食为政首"之重农思想。其编写目的显然不仅是"序"中所言"鄙意晓示家童，未敢闻之有识，鼓丁宁周至，言提其耳，每事指斥，不尚浮词，览者无或嗤焉"，而且是给管理农业生产的人阅读，让他们"晓示家童"，所以对具体事务及技术方法写得尽可能详明。其编写方法是"采捃经传，爰及歌谣，询之老成，验之行事"，即一是广泛收录历史文献中有关农业科学技术的资料；二是搜集农谚歌谣；三是向富有经验的老农和内行请教；四是将来自各方面的生产经验在实践中加以验证和改进。其书名寓意是指有关平民百姓生活资料和生产技术的知识"齐民"一词出自《史记·平淮书》"齐民无盖藏"，"若今言平民也"。

正文10卷，分别是：卷一，耕田、收种及种谷3篇，其中前2篇系栽培总论，后1篇是个论；卷二，谷类、豆、麦、麻、稻、瓜、瓠、芋等粮食作物栽培个论13篇；卷三，种葵、蔓菁、种蒜、种葱等14篇，其中种葵系蔬菜栽培总论，其余是个论；卷四，园篱、栽树、枣、桃、李等果树栽培14篇，其中园篱、栽树系园艺总论，其余是个论；卷五，种桑柘1篇，榆、白杨、竹以及染料作物蓝、紫草等10篇、伐木1篇；卷六，畜、禽及养鱼6篇；卷七，货殖、涂瓮各1篇、酿酒4篇；卷八、九，酿造酱、醋，乳酪、食品烹调和储存22篇，煮胶、制墨各1篇；卷十，"五谷果蔬菜茹非中国（北魏疆域以外地区）物产者"1篇，全是引述前人的文献资料，记有热带、亚热带植物100余种，野生可食植物60余种。

正文中有关纺织技术的有6篇，约占正文全部篇幅十五分之一。虽然数量不多，但收录的内容无论是深度还是广度都是以前的农书无法比拟的，而且所记均很重要，既保留了许多重要历史文献，又真实地反映了当时的纺织技术水平。其中卷二"种麻第八"和"种麻子第九"，最早将纤维麻和子实麻种植技术分开归纳和总结，并记述了沤麻用水对麻纤维的影响。指出可根据种籽的外形颜色判断雌雄。谓：取纤维麻，要选用白麻籽，夏至前十日播种为上时。取麻实者，应选"斑黑"麻籽，"斑黑者饶实"三月播种为上时。而且取实者应"放勃"，"若未放勃去雄者，则不成子实"。沤麻一定要用清水，浊水则麻黑。沤渍时用水量不能太少，水少则麻脆。沤渍时间要适中，生则难剥，太烂则不任。卷五"桑柘第四十五"（养蚕附），记载桑柘的种植技术和桑的品种。种植技术包含育苗、桑苗栽植、桑园施肥、桑园间作、桑叶采收等各个方面。桑树品种则记有荆桑、地桑、黑鲁桑和黄鲁桑，并引用谚语"鲁桑百，丰绵帛"，说明鲁桑较其他3个品种为优。在这条所附养蚕部分，还记载了关于蚕种的选择方法，首次从化性和眠期上将蚕进行分类，指出："今世有三卧一生蚕，四卧再生蚕。"《俞益期笺》和《永嘉记》中养"八熟蚕"方法的记载，也因文中收录得以保存。卷五"种红花、蓝花、栀子第五十二""种蓝第五十三"和"种紫草第五十四"，详细介绍了这几种植物染料的栽培和生产方法，其中所记红花饼的制作技术是现今能看到的最早记载。文中还从投资和收益的实际比较，揭示专业种植的巨大好处。云：以百亩良田种红蓝花，年收入相当于二百斛麻子及三百匹绢售价。即便收获采摘时人手不够，雇用小儿僮女百十人，按收摘量对半分成计酬，收益也很可观。所以单夫只妇也可多种。卷六"养羊第五十七"，详细地记载了选羔、放牧、圈养、饲料、剪毛、制毡等方面的生产技术，并介绍了令毡不生虫的方法及几个治羊病的偏方。卷十"五谷果蔬菜茹非中国物产者"中有"木緜鯀"条，引述《吴录·地理志》关于木棉的记载。

《齐民要术》不仅总结了各种生产技术，而且包含着因地制宜、多种经营、商品生产等许多宝贵的思想，反映了当时我国北方农业生产技术的水平。而书中所记纺织印染技术，则是研究我国古代纺织印染技术非常珍贵的资料。《齐民要术》一书在我国和世界农业发展史上都占有极为重要的地位。

参 考 文 献

［1］李仁溥：《中国古代纺织史稿》第 76 页，岳麓书社，1983 年。

［2］李仁溥：《中国古代纺织史稿》第 81 页，岳麓书社，1983 年。

［3］赵冈、陈钟毅：《中国棉业史》第 3 页，中国农业出版社，1997 年。

［4］胡竟良：《胡竟良先生棉业论文选集》第 2—3 页，中国棉业出版社，1948 年。

［5］据《太平御览》卷八二〇引《南州异物志》。

［6］据《齐民要术》卷十引《吴录》。

［7］据《古今图书集成》食货典卷三一二引《吴录》。

［8］沙比提：《从考古发掘资料看新疆古代的棉花种植和纺织》第 48～51 页，《文物》1973 年第 10 期。

［9］武敏：《新疆出土汉—唐丝织品初探》，《文物》1962 年第 7、8 期合刊。

［10］吴震：《介绍八件高昌契约》，《文物》1962 年第 7、8 期合刊。

［11］嘉峪关市文物研究所：《嘉峪关新城十二、十三号画像砖墓发掘报告》，《文物》1982 年第 8 期。

［12］新疆自治区博物馆考古队：《阿斯塔那古墓群第十次发掘简报（1972—1973)》，《新疆文物》2000 年第 3、4 期合刊。

［13］《新疆民丰县尼雅遗址 95MNI 号墓地 M8 发掘简报》，《文物》2000 年第 1 期。

［14］新疆文物考古研究所：《新疆梨尉县营盘墓地 1999 年发掘简报》，《考古》2002 年第 6 期。

［15］赵冈、陈钟毅：《中国棉业史》第 13 页，中国农业出版社，1997 年。

［16］安徽省文物工作队：《安徽省南陵县麻桥东吴墓》，《考古》1984 第 11 期。

［17］高凤山等：《古代河西地区的丝绸业》，《丝绸史研究》1985 年第 4 期。

［18］贾应逸：《新疆丝织技艺的起源及其特点》，《考古》1985 年第 2 期。

［19］章楷、余秀茹：《中国古代养蚕技术史料选编》第 8 页，农业出版社，1985 年。

［20］林忠干等：《福建古代纺织史略》，《丝绸史研究》1986 年第 1 期。

［21］安徽省文物工作队：《安徽省南陵县麻桥东吴墓》，《考古》1984 年第 11 期。

［22］《三国志·陆逊传》。

［23］《太平御览》卷八一四"布帛部"。

［24］左思《吴都赋》。

［25］安徽省文物工作队：《安徽省南陵县麻桥东吴墓》，《考古》1984 年第 11 期。

［26］《华阳国志》卷三《蜀志》。

［27］《蜀锦史话》编写组：《蜀锦史话》，四川人民出版社，1979 年。

［28］《三国志·三少帝纪》。

［29］《华阳国志》卷一三《巴志》。

［30］《华阳国志》卷三《蜀志》。

［31］《华阳国志》卷四《南中志》。

［32］《蜀锦史话》编写组：《蜀锦史话》，四川人民出版社，1979 年。

［33］李仁溥：《中国古代纺织史稿》，岳麓书社，1983 年。

［34］《宋书·孔季恭等传》。

［35］《南齐书·芮芮虏传》。

［36］沈约：《沈隐侯集》卷四。

［37］《梁书·侯景传》。

［38］李仁溥：《中国古代纺织史稿》第 76 页，岳麓书社，1983 年。

［39］徐坚：《初学记》卷二七"宝器部"。

［40］《魏书·阉官仇洛齐传》；唐长孺：《魏晋至唐官府作坊及官府工程的工匠》，《魏晋南北朝史论丛续编》，三联书店，1959 年。

［41］《隋书·百官志》。

［42］《魏书·高祖纪》。

［43］上海市纺织科学研究院编写组：《纺织史话》，上海科学技术出版社，1978 年。

［44］沙比提：《从考古发掘资料看新疆古代的棉花种植和纺织》，《文物》1973 年第 10 期。

［45］陈维稷主编：《中国纺织科学技术史（古代部分）》第 276 页，科学出版社，1984 年。

［46］夏鼐：《我国古代蚕桑丝绸的历史》，《考古》1972 年第 2 期。

［47］赵匡华：《中国科学技术史·化学卷》第 636 页，科学出版社，1998 年。

［48］［德］吉·扎恩：《染色历史》，《科学史译丛》1982 年第 4 期。

［49］杜燕孙：《国产植物染料染色法》第 30 页，商务出版社，1960 年。所引蓝靛染液配制方法，杜书原文是：①绿矾染液法；②锌粉石灰染液法；③保险粉染液法；④发酵染液法。因杜书特意指出锌粉可用铁粉代替，而且效果不次于锌粉。考虑中国古代炼锌的历史远远晚于炼铁，故将②中"锌粉"改之为"铁粉"。

［50］赵匡华：《中国科学技术史·化学卷》第 507 页，科学出版社，1998 年。

［51］杨宽：《中国古代冶铁技术发展史》第 48 页，上海人民出版社，1982 年。

［52］沙比提：《从考古发掘资料看新疆古代的棉花种植和纺织》，《文物》1973 年第 10 期。

［53］武敏：《新疆出土汉—唐丝织品初探》，《文物》1962 年第 7、8 期。合刊

［54］新疆维吾尔自治区出土文物展览工作组：《丝绸之路（汉唐织物）》，文物出版社，1972 年。

［55］中华文化通志编委会编：《纺织与矿冶志》第 127 页，上海人民出版社，1998 年。

［56］武敏：《新疆出土汉—唐丝织品初探》，《文物》1962 年第 7、8 期合刊。

［57］新疆维吾尔自治区博物馆：《丝绸之路上新发现的汉唐织物》，《文物》1972 年第 3 期。

［58］吐鲁番地区文物保管所：《吐鲁番北凉武宣王沮渠蒙逊夫人彭氏墓》，《文物》1994 年第 9 期。

［59］朱新予主编：《中国丝绸史》（通论）第 128 页，纺织工业出版社，1992 年。

［60］中华文化通志编委会编：《纺织与矿冶志》第 127 页，上海人民出版社，1998 年。

［61］罗瑞林等：《中国丝绸史话》，纺织工业出版社，1984 年。

［62］朱新予主编：《中国丝绸史》（通论），纺织工业出版社，1992 年。

［63］《通典》卷一二"食货"。

［64］武敏：《吐鲁番出土蜀锦的研究》，《文物》1984 年第 4 期。

［65］陈维稷主编：《中国纺织科学技术史（古代部分）》第 276 页，科学出版社，1984 年。

［66］朱新予主编：《中国丝绸史》（通论），纺织工业出版社，1992 年。

［67］新疆维吾尔自治区出土文物展览工作组：《丝绸之路》，图版二二及二三。

［68］陈维稷主编：《中国纺织科学技术史（古代部分）》第 276 页，科学出版社，1984 年。

［69］陈维稷主编：《中国纺织科学技术史（古代部分）》第 276 页，科学出版社，1984 年。

［70］陈维稷主编：《中国纺织科学技术史（古代部分）》第 276 页，科学出版社，1984 年。

［71］陈维稷主编：《中国纺织科学技术史（古代部分）》第 276 页，科学出版社，1984 年。

［72］李仁溥：《中国古代纺织史稿》，岳麓书社，1983 年。

［73］武敏：《新疆出土汉——唐丝织品初探》，《文物》1962 年第 7、8 期合刊。

［74］吴震：《介绍八件高昌契约》，《文物》1962 年第 7、8 期合刊。

第 五 章

隋唐五代时期的纺织印染技术

隋唐五代时期前后共计 380 年，从隋朝 581 年建立开始，至 960 年赵匡胤建立宋朝为止。隋朝存在的时间虽短，但由于隋文帝采取了一些有利于恢复、发展生产的措施，同时国家有了统一安定的局面，使纺织印染技术得到了推广，纺织品产量有所增加。取代隋朝的唐朝，存在的时间比较长，在政治、经济、文化诸方面都有了显著的发展，对外交流和影响都大大超过以前各个朝代。因此，纺织印染技术在唐朝不但继承了前代的成就，而且有了新的提高和新的创造。唐朝灭亡后，我国又进入南北分裂、频繁动荡的时期。在北方，先后经历了后梁（907～922 年）、后唐（923～936 年）、后晋（936～946 年）、后汉（947～950 年）、后周（950～960 年）五个朝代；在南方，共出现了吴、楚、闽、吴越、前蜀、后蜀、南唐、南汉、北汉、南平（荆南）十个政权。北方的五个朝代，每个朝代存在的时间都很短，朝代的更替十分频繁，局势比较动荡。相比之下，南方的局面相对安定一些。北方频繁的战乱，致使许多北方人为了逃避战乱，而迁徙到南方，对纺织印染技术的进步和持续发展影响甚大；而南方的纺织印染业在此时期，利用北方迁徙来的人力、物力、财力、技术，得到了较大发展，纺织印染技术的水平逐渐赶上来，某些方面甚至超过了北方。

第一节 纤维原料生产技术的提高

隋唐五代时期，纤维原料的生产较之前代有了如下变化：第一，植麻区域覆盖全国，从北到南全国各地普遍种植麻、苎，麻布的产量非常惊人，导致其大众纺织品价格远不如丝、毛、棉；第二，植棉区域虽仍只限于西北、西南和东南沿海地区，但自晚唐时起，输入中原的棉布数量有所增加，人们对不同的棉花品种也开始有了了解；第三，唐中期以后，南方的蚕桑生产得到了迅猛发展，在产量和质量上开始能够和北方传统产区抗衡；第四，西北地区的畜牧业和毛纺织业依然十分发达，采集羊绒和织造羊绒织物的技术从西北传到内地，出现了利用兔毛和飞禽羽毛纺织的明确记载。

一、植物纤维原料生产及技术

（一）大麻和苎麻

隋唐五代时期，植麻区域覆盖全国，不仅黄河和长江流域普遍植麻，西南的云南、广西，西北的新疆地区，麻的种植面积亦非常可观，最盛时全国每年总收入苎麻布和大麻布达 100 多万匹。

唐代天下分十道，即关内道、河南道、河东道、河北道、山南道、陇右道、淮南道、江南道、岭南道、剑南道。其时各地区麻类纤维的生产情况在文献中多有记载，据《新唐书·地理志》云：关内道"厥赋布、麻"；河南道"厥贡布、葛席"；陇右道"厥贡布、麻"；淮南道"厥贡布、纻、葛"；江南道"厥赋麻、纻"，"厥贡蕉葛"；剑南道"厥赋葛、纻"，"厥贡丝葛"。此外，《唐六典》、《通典》以及《元和郡县志》等书也详细记载了各道中以布、麻、纻、葛、蕉葛赋税和纳贡的州府名。由于各书的成书时间不同，唐朝贡赋前后又有较大变化，所载的内容有些是一致的，有些却有出入，但可互为补充。

从上述各书的记载来看，尽管北方地区的麻、苎生产很普及，但已远不如南方兴盛，大规模种植和生产基本分布在长江流域及其以南地区，文献所记产地大多在这一范围。如《唐六典》卷二十记载，唐代州郡纻产地分八等：一等，复；二等，常；三等，扬、湖、沔；四等，苏、越、杭、蕲、庐；五等，衢、饶、洪、婺；六等，郫、江；七等，台、括、抚、睦、歙、虔、吉、温；八等，泉、建、闽、哀。州郡大麻产地分为四等：一等，宣、润、沔；二等，舒、蕲、黄、岳、荆；三等，徐、楚、庐、寿；四等，澧、朗、潭。州郡赀布产地分九等：一等，黄；二等，庐、和、晋、泗；三等，绛、楚、滁；四等，泽、潞、沁；五等，京兆、太原、汾；六等，褒、洋、同、岐；七等，唐、慈、坊、宁；八等，登、莱、邓；九等，金、均、合。

由于全国各地普遍种植麻、苎，其布的产量亦非常惊人，导致大众化织品价格远不如丝、毛、棉织品，杜荀鹤《蚕妇》诗句"年年道我蚕辛苦，底事浑身着苎麻"，颇能说明麻织品价格之廉。另以敦煌地区为例，当地生产的纺织品，丝、麻、毛、棉纤维均有，但产量却以麻纤维织品最大。《新五代史·四夷附录》说：回鹘所居之甘州和西州宜黄麻。敦煌位于甘、西之间，其时亦宜黄麻（此黄麻即大麻，非今日所说之黄麻）。在敦煌民间借贷文书中，丝、毛、棉织品均有出现，唯没有发现麻类织品的字样，可能也是因其价格太低的缘故。

唐代麻类纤维生产能力的扩大，带动了麻织品质量的提高，出现了鉴别麻皮质量的新方法，王士元《亢仓子》载，"疏节而色阳，坚枲而小本"者必是好麻；"蕃柯短茎，岸节而叶虫"者则是失时之麻。

唐代麻纤维加工技术的水平可从出土文物中窥知一二。新疆吐鲁番阿斯塔那墓葬中曾出土过两块写有"婺州兰溪县脚布"和"宣州溧阳县调布"字样的唐代苎麻布，经检验分析，其纤维投影宽度分别是 22.43 微米和 28.67 微米，纤维截面面积分别是 352.59 平方微米和 295.96 平方微米，支数分别是 1878 公支和 2238 公支，断裂伸长分别是 2.24% 和 2.38%。这些指标除断裂伸长外，与现代苎麻纤维相差不大，有的指标甚至好于现代苎麻纤维。[1]此外，新疆还出土过一块写有"沣州慈利县调布"字样的唐代大麻布，经检验分析，其纤维投影宽度为 17 微米，纤维截面积为 98 平方微米，支数为 6891 公支，断裂强度为 12 克弱，断裂伸长为 2%强。[2]能加工出如此高质量的麻纤维，说明当时麻纤维分离、制取技术是相当成熟的。

隋唐时期，韧皮类纺织纤维另一重要成员——葛，已非主流纤维，种植和生产日渐式微。据文献记载，汉代除南方外，黄河中、下游的豫州和青州都有葛的生产。而到唐代，葛织品基本是作为贡品和特产而生产的。在《唐六典》卷二十中规定的绢、布等名目中甚至未将葛织品绨和绤列入其中，葛的生产只是局限在淮南道、江南道、剑南道的一些偏僻山区。……葛的衰落在一些文学作品中也得到反映。李白《黄葛篇》诗："黄葛生洛溪，黄花自绵幂……采缉作缔绤。缝为绝国衣……此物虽过时，是妾手中迹。"鲍溶《采葛行》诗："春溪几回葛花黄，黄麝引子山山香。蛮女不惜手足损，钩刀一一牵柔长。葛丝茸茸春雪体，深涧择泉清处洗。殷勤十指蚕吐丝，当窗袅袅声高机。织成一尺无一两，供进天子五月衣……"葛纤维生产衰落的主要原因是葛藤生长周期长且产量低，种植、加工也比大麻和苎麻耗工费时。

（二）棉花

隋唐五代时期，植棉区域仍只限于西北、西南和东南沿海地区，但自晚唐时起，输入中原的棉布数量有所增加，长安城中还出现了棉布店，但棉布仍属新奇之物，服用者不是很多。《太平广记》卷四八五《东城老父传》载，唐开元年间，贾昌在长安"行都市间，见有卖白衫、白叠布，行邻比廛间。有人襁病，法用皂布一匹，持重价不克致，竟以幞头罗代之"。可见"白叠布"在长安非常珍贵，以至"持重价不克致"。由于棉布稀有，日常很少见到，它常出现在一些人的梦境中，《太平广记》卷三五一《李重》载：李重在大中五年被罢职后，一夕病睡中"忽闻庭中窣然有声，重视之，见一人衣绯，乃河西令蔡行己也。又有一人，衣白叠衣，在其后"。当李重从梦幻中醒来后，赶紧至庭中，"乃无所见。视其外门，扃键如旧"。李重只能在虚幻中见到白叠衣，应是真实生活的反映。由此说明当时棉布还非常稀少珍贵，内地也应是无棉花的种植。

唐代南部边区棉花生产以岭南地区最为兴盛。《太平广记》卷一六五载：文宗时左拾遗夏侯孜，"著桂管布衫朝谒。开成中，文宗无忌讳，好文，问孜衫何太粗涩。具以桂布为对，此布厚，可以敌寒。……上嗟叹久之，亦仿著桂管布。满朝皆仿效之，此布为之贵也"。桂管布是产于岭南桂管地区的棉布，从文中所述来看，当是一种老百姓日常服用的质粗、价廉织品，"满朝皆仿效之"才使之贵，可见输入量是相当大的，亦表明岭南地区棉布生产也是非常可观的。著名诗人白居易在其诗作中也曾提及桂布，《醉后狂言酬赠萧殷二协律》诗里有"吴绵细软桂布密，柔如狐腋白似云"句；《新制布裘》诗里有"桂布白似雪，吴绵软于云。布重绵且厚，为裘有余温"句。

唐至五代期间，西北地区的棉花种植和纺织生产有了进一步发展。1964年哈拉和卓二号唐墓出土一件长48厘米、宽24厘米的棉布口袋。1966年阿斯塔那44号唐墓出土一些记账文书残片，其中有一残片可能是借贷凭据，上写有"叠布袋贰佰柒拾口"、"九月二日叠布袋三"；另有残片上写有贞观年间当地驻军发付叠布口袋若干条的记录。当地只有在普遍植棉织布的前提下，才有可能出现这样大的借贷量和可满足军队之需的数量。文献中也有西州曾以白叠作为大宗贡品进献朝廷的记载，《册府元龟》卷九七二载：五代后周太祖广顺元年（951年）回鹘来朝，贡"白叠布一千三百二十九段，白褐二百八十段"；广顺三年回鹘来朝，贡"白叠段七百七十"。值得注意的是当时已生产显花棉织品，1959 年在巴楚县脱库孜沙来遗址晚唐地层中，发现了一件质地粗厚，残长 26 厘米，宽 12 厘米，纬线显花的蓝地白花棉布，说明当地已将丝织技术运用到织棉了。在敦煌莫高窟壁藏文书中也有关于白叠的记载，如法国国立图书馆收藏的伯希和敦煌第 2032 号（2）文书：唐僖宗中和四年（884 年）的破除历，其背面便写有"粗缌一匹，报恩寺起幡人事用"的文字；伦敦博物馆收藏的斯坦因敦煌 4470 号（2）文书：张承奉、李弘愿布施疏，里面所记布施品中亦有"细氎毛一匹，缌一匹"的文字。根据上述文书记载，甘肃开展棉织业的时间，至迟在唐代即已开始应是没有疑问的。

此期间西北地区种植的棉花品种在文献中也有一些描述。《新唐书·高昌传》载："高昌……有草名白叠，撷花可织为布。"在皮日休的《孤园寺》诗中，有"巾之劫贝布，馔以栴檀饵"。玄应在《一切经音义》卷一《大方等大集经》卷十五中云："劫波育，或言'劫贝'者，讹也。正言'迦波罗'，高昌名氎，可以为布。罽宾以南，大者成树。以此（北）形小，状如土葵，有壳，剖出花如柳絮，可纫以为布也。"这里的解释很清楚，所谓"劫贝"，就是高昌地区所称的氎，即是棉花，它在南方植株形如大树，在北方则矮小如土葵。高大如树的应是指木本棉，矮小如土葵的应是指草棉。罽宾即今克什米尔，是当年印度种植草本棉和木本棉的区域，基本上是以克什米尔为界。在巴楚县脱库孜沙来遗址晚唐地层中还出土了一些棉籽，经中国农业科学院棉花研究所鉴定，棉籽系非洲草棉种[3]，印证了西北地区种植的棉花，确实与南方所种棉花是不同的品种。新疆巴楚县脱库孜沙来晚唐遗址出土过一块蓝白织花棉布，其残长 26 厘米，宽 12 厘米，质地粗重，在蓝色的地经上，以本色棉线为纬织出花纹。

二、蚕桑生产及技术

1. 蚕桑生产区域

隋唐五代时期，蚕桑生产最显著的变化是南方蚕桑业的崛起。隋至唐前期，蚕桑生产重心是长江以北，黄河下游的河南、山东等北方传统产区。隋代将全国区域分为九州，据《隋书·地理志》载，北方的豫州（今河南一带）"机巧成俗"；冀州（今河南一带）"务在农桑"；青州（今属山东）"多务农桑"。唐代天下分为十道，除陇右道外，九道征收丝绸赋税的州府，大约有 100 个。据《唐六典》卷三载，河北道赋调，"相州，调兼以丝。余州皆以绢、绵"。河南道"陈、许、汝、颍州，调以絁、绵……余州并以绢及绵"。表明黄河下游凡 51 州均为蚕桑丝绸生产区。而南方的蚕桑生产区域以及丝绸产量和质量则远逊北方，《唐六典》卷三载，长江下游江南 20 州，贡丝织品的州只有 13 个。南北地区丝绸质量的差距，如《颜氏家训》所言："河北妇人，织纴组䌷之事，黼黻锦绣罗绮之工，大优于江东也。"唐安史之乱后，随着社会经济重心的南移，南方的蚕桑生产得到了迅猛发展，在产量和质量上开始能够和北方传统产区抗衡了，并为以后南方蚕桑生产全面超过北方奠定了坚实基础。具体表现为：一是产地的扩大，唐后期长江下游 28 州，除台、明、汀、歙 4 州不见有丝绸记述外，其余 24 州均为蚕桑丝绸生产区，为总数的 85%。二是品种的增加，据常贡资料，唐前期长江下游的扬、和、寿、庐、濠、润、常、苏、湖、杭、睦、越、衢、婺、括、温、建、泉等 18 州，贡丝织品 19 种，后期亦 18 州（增加滁、明两州，减少温、和两州），贡丝织品 38 种。州数相同，品种增加了 1 倍。三是质量的提高，据《唐六典》卷二〇载，开元间太府寺以粗细为准，将各地调绢分为 8 个等级，长江下游所产，入级的只有寿、泉、建、闽 4 州，其中五等 1 州、八等 3 州，质量之差，由此可窥一斑。而到唐后期时，长江下游随着经济的发展，所产绢绸质量大为改观，皇室所需丝织品也开始更多地转向长江下游征取。《全唐文》卷五三〇载顾况所言："今江南缣帛，胜于谯、宋。"《唐书·穆宗纪》所载：长庆三年（823 年）"敕应御服及器用在淮南、两浙、宣歙等道合供进者，并端午诞节常例进献者，一切权停"，即反映出了这种变化。按，顾文作于贞元三年（787 年）。谯是谯郡，即亳州；宋为宋州，这两州所产绢绸名闻全国，开元间曾被太府寺评为一等。"权停"是朝廷为安抚民众而采取的临时措施，因为在长庆二年江淮诸州旱损颇多，米价高涨，年底又发生百姓杀县令哄抢官米事件。四是产量的飙升，据研究，唐后期江淮丝绸产量每年不低于 3400 万匹绢，是天宝间全国庸调绢的 4 倍多，足以满足唐后期朝廷对绢帛的基本需要且有余。[4]

五代十国时期，浙江钱镠所建吴越国的蚕桑生产已非常发达。据光绪《杭州府志》卷九八引《两浙金石志》记载，当时吴越国的农村处处"桑麻蔽野"，城镇里出现了"春巷摘桑喧姹女"的景象，甚至一些寺院也种植大面积的桑树。城乡广种桑树，蚕织业必然也相当兴旺。据《陈旉敷农书选读》下卷记载，吴越国王钱镠在杭州西府设立的手工业作坊庞大，内有技艺高超的织锦工 300 余人。据《光绪归安县志》卷五"舆地篇"记载，吴越国时，一般绢帛由民间生产，精细华美的大多制于官坊。当时吴越国的丝绸产量，从吴越国向北方小朝廷纳贡的丝绸以及吴越国王室消费丝绸的情况，也可窥知一二。据戴复古《石屏集》记载，在后周显德五年（958 年）这一年中，吴越国王钱俶，分别在该年的二月、四月、闰七月、八月、十一月和十二月，多次向周世宗进贡丝绸物。其中二月进贡的是御衣等丝绸物品；四月进贡绫、绢各二万匹；闰七月进贡绢二万匹、绸衣缎二千连及御衣等物；八月进贡绢一万匹；十一月进贡绵五万两；十二月进贡绢四万匹、绵十万两。仅一年时间，进贡的丝织品就多达十一万匹，进贡的绵多达十五万两，并还进贡相当数量的御衣和绸衣缎料。另据《枫窗小牍》记载："忠懿（钱俶）入贡……锦绮二十八万余匹，色绢七十九万七十余匹……举朝文物、阉寺，皆有馈遗。"在赵匡胤立宋以后，钱俶又开始向宋纳贡，《宋史》载：吴越国每年"贡奉不绝，及用兵江左（南唐），所贡数十倍"。在太平兴国三年（978 年）三月，即吴越国亡国前两个月时，钱俶还"贡白金五万两，钱万两，绢十万匹……绵十万屯（六两为一屯）"。吴越国向北方各朝进贡的丝绸品种，文献中也有记录，例如，《吴兴诗存》中高斯德诗云：后唐同光二年（924 年），钱镠遣使向后唐进贡的丝绸物中，有越绫、吴绫、越绢、龙凤衣、丝鞋履子、盘龙凤锦、织成红罗縠袍袄彩缎、五色长连衣缎、绫绢御衣、红地龙凤锦被等。另据《嘉泰吴兴志》卷二〇"物产"篇和《嘉泰会稽志》卷十七"布帛"篇记载，吴越国王室每年耗费的丝绸数量也很可观，钱镠有一次还乡（钱镠的家乡是浙江临安），盛宴父老，山林皆覆以锦，名为临安"十锦"。钱镠甚至把他旧时贩盐用的扁担，"亦裁锦韬之"。上述这些记载不仅将吴越强大的蚕桑生产能力显露无遗，也反映出五代十国时期两浙地区蚕桑生产蓬勃发展的势头。

2. 蚕桑生产技术

隋唐五代时期，无论是北方还是南方，在蚕桑生产技术上都有一些值得称道的进步。此时普遍种植的桑树品种是鲁桑和白桑，在韩鄂《四时纂要》和郭橐驼《种树书》① 中有它们种植方法的介绍。将桑苗培育成可供采叶养蚕的桑树，一般都要经过育苗、压条、桑苗移植、桑地施肥、修正树形等几个必不可少的过程，《四时纂要》对这几个过程记载得尤为详尽，谓取籽："收鲁桑葚，水淘取子，曝干。"谓种法和施肥："熟耕地，畦种如葵法。土不得厚，厚即不生。待高一尺，又上粪土一遍，当四五尺，常耘令净。""白桑无子，压条种之。才收得子便种亦可，只须阴地频浇为妙。"谓桑苗移植："正月、二月、三月并得。熟耕地五六遍，五步一株，着粪二三升。至秋初劚根下，更着粪培土。"谓修正树形："每年及时科斫，以绳系石坠四向枝令婆娑，中心亦屈却，勿令直上难采。"《种树书》则对不同品种的桑树所适宜的土壤作了总结，云：高树白桑，宜山冈地、墙边篱畔种之；矮短青桑，宜山乡田土、水畔种之。白桑的出叶率和营养价值均佳，南宋《博闻录》赞其"叶厚大，得茧重实，丝倍每常"。因白桑之名始见于唐代文献，不难推测它是继鲁桑之后培育出的又一优良桑种。此外，在陆龟蒙《奉和夏初袭美见访题小斋次韵》诗句中还提到另一桑树名称——鸡桑，其诗句为"百树鸡桑半顷麻"，表明唐代除普遍种植鲁桑和白桑外，鸡桑的种植量为数亦很可观。

唐代养蚕基本沿用前代的技术，但在某些环节上有一些提高。例如对蚕上簇时的环境卫生条件已非常注意，王建《簇蚕辞》就特别提到这点："蚕欲老，箔头作茧丝皓皓。场宽地高风日多，不向中庭晒蒿草。神蚕急作莫悠扬，年来为尔祭神桑。但得青天不下雨，上无苍蝇下无鼠。新妇拜簇愿茧稠，女洒桃浆男打鼓。三日开箔雪团团……"为祈求好收成，蚕农在蚕事开始和整个过程中祭祀蚕神，是蚕事生产必不可少的一个环节，由来已久，当时也不例外。再如制种有了进步，出现了新蚕种。唐何延之《兰亭始末记》载，贞元年间，有人在越州蚕市出售从北方带来的蚕种。长途贩运蚕种，风险极大，如果不是优质高产、南方没有的蚕种，商人是不会冒着途中蚕种保护不佳影响孵化的风险，将蚕种从北方运到南方售卖的。

唐代文献还记载了利用野蚕的情况。《册府元龟》载："（贞观）十二年六月，滁州言，野蚕成茧，遍于山阜。……九月，楚州野蚕成茧，遍于山谷。濠州、庐州献野茧。"《旧唐书·太宗本纪》载："贞观十三年……滁州言，野蚕食槲叶，成茧大如奈，其色绿，凡六千五百七十石。……十四年六月己未，滁州野蚕成茧，凡收八千三百石。"《新唐书》、《唐会要》中也有类似的记载，可知唐代已大量利

---

① 《本草纲目》和《农政全书》等一些古籍都将《种树书》作为唐代的书征引。对此，今人有不同看法。如石声汉就认为作者是元末明初的人俞宗本，因俞宗本卷入了"靖难之变"，被认为是建文余党，他所著的书不能公开刊行，于是有人替它改头换面，假托为唐人郭橐驼撰。我们从李时珍和徐光启的观点，将《种树书》作为唐代的书征引。

用野蚕的茧纤维缫织。

三、动物毛纤维生产及技术

隋唐五代时期，西北地区的畜牧业和毛纺织业十分发达，每个朝代都设置专门的职官进行管理。隋代负责畜牧的是太仆寺下属的沙苑监，《隋书·百官志》载："太仆寺又有兽医博士员，统……典牧、牛羊等署。各置令……丞等员。"同书又载："沙苑羊牧，置尉二人。"唐袭隋制，也设沙苑监管羊毛及杂畜毛皮的征集，但负责毡毯织品的是毡毯使。《事物纪原》引《宋会要》载："唐有毡坊、毯坊使，五代合为一使。"当时毛毡的生产量相当大，很多州都用毛毡作为贡赋。据记载，唐代以毛毡为贡赋的有贝、夏、原、会、凉、宁、灵、宥、蒲、汾等州。其中原州和会州的覆鞍毡、宁州的五色覆鞍毡、灵州的靴鞡毡颇为著名。毡使用之普遍在唐诗中亦有反映，如白居易的诗句"两重褐绮衾，一领花茸毡"；李端的诗句"扬眉动目踏花毡，红汗交流珠帽偏"；杜甫的诗句"才名四十年，坐客寒无毡"。

由于西北地区距内地较远，同时期的文人著作中很少谈及当地毛纺织生产的具体情况，我们只能根据现有资料对一特定地区、特定时间作番探讨，希望以点带面，以管窥豹。

下面就着重谈谈敦煌地区的毛纺织生产情况。

首先谈谈敦煌地区饲养的羊只品种。在1961年中国科学院历史研究所资料室编印的《敦煌资料》第一辑收录的文书中有不同名称的羊出现，其中最为详细的是《康富盈领羊凭据两件》（斯三九八四、斯四一一六）、《王悉罗领羊凭据》（斯五九六四）。从中可知，当时敦煌地区饲养的羊只品种为白羊和羖羊两大类。划归在白羊类的羊只名称有大白羊羯、二齿白羊羯、大白母羊、二齿白母羊、白羊儿落悉无、白羊女落悉无、白羊羯、白羊儿羔子、白羊女羔子；划归羖羊类的羊只名称有大羖羊羯、二齿羖羯、大羖母羊、二齿羖母羊、羖儿只无、羖女只无、羖儿羔子。按，上引文书在《敦煌资料》第一辑中没有标明年号，但该书将没有年号的均列入唐末宋初之间，所以我们将它们至少作为五代时期的材料加以引用，应是没有问题的。

隋唐五代时期的敦煌地区是回族、汉族杂居，汉文已被通用，而且当地所用汉文的许多词汇，含义大多与内地相同，但也有少量是从当地土语音译而得，含义不同。这三件文书中的遣词用句也是如此。如白羊和羖羊的名称，均系晋代以来出现的。白羊系绵羊种；羖羊亦作羖羊，系山羊种。历来学者都这样认为，这是没有问题的。另外，三个文书中分别划归在白羊类和羖羊类的各种羊只名称，除个别的外，均可按汉文字面理解，明显是大、小、公、母或体形的差异。需要个别解释的仅有"羯"、"落悉无"和"只无"三个。"羯"字实际是当时的一个常用字，其意为去势之羊。《说文·羊部》："羯，羊羧犗也。"《说文·牛部》："犗，骟牛也。""骟"和"犗"为去势之马牛，"羯"同此意。而"落悉无"和"只无"两词，则可能就为古回鹘语音译之词。究竟为何意呢？现在无从考证，不过根据文书所记内容均为羊只数量和体态特征来推测，这两词的含意不外乎下述三种：其一，可能是指羊的毛色和毛斑，即白羊和羖羊两种羊中出现的不同毛色和毛斑。

我们知道白绵羊并非全部都是白色的，往往也有掺杂着黑色、褐色毛斑的；黑山羊也并非全部都是黑色的，往往也有掺杂着白色和其他颜色毛斑的，这在古籍中亦不无说明。《新修本草》引陶弘景云："羊（绵羊）有三四种，（入药）最以青色者为胜，次则乌羊。"《重修政和经史证类备用本草》引《本草图经》云："羊之种类亦多，而羖羊亦有褐色、黑色、白色者。"其二，可能是指有无羊角或羊角之形状。其三，可能是指羊尾形状。尾形是区别绵羊种类的一个重要特征，古代新疆地区饲养的绵羊多为肥尾羊，关于这类羊的尾部大小曾有不少记载。《酉阳杂俎》载："康居出大尾羊，尾上旁广，重十斤。又僧玄奘至西域，大雪山高岭下有一村，养羊大如驴。"《太平广记》卷四三九载："月氏有羊，大尾，稍割以供宾，亦稍自补复。"

再谈谈敦煌地区白羊毛和羖羊毛的利用情况。康富盈领羊两件文书所载白羊和羖羊数量达 196 只，王悉罗等领羊一件文书所载白羊和羖羊数量多达 258 只。这仅仅是几个养羊人押借羊只的数量，他们几人未押借的羊只数量应远远不止这些，为数肯定较大，而当时敦煌地区像康、王这样的养羊人不在少数。可以想见其地羊毛产量应是非常惊人的，而能消耗如此数量的毛纤维，说明毛纺织手工业也是相当发达的。

有关敦煌地区白羊毛、羖羊毛采集利用的直接材料在文献中也有发现。

据唐天保二年《交河郡市估案》所记，当时当地有"春白羊毛"，春白羊毛是指春天所剪之绵羊毛。既然有春天所剪之羊毛，一定还有其他季节所剪，这和南北朝以来内地的情况相符。而黑或褐色的杂色毛，因不利于染色，除被广泛用于制毡外，还常常被用于制作一些特殊风格的织物。如《朝野佥载》卷一载："赵公长孙无忌以乌羊毛为浑脱毡帽，天下慕之，其帽为赵公浑脱。"唐至五代时期的敦煌地区，大概也是将品质较差的春绵羊毛或杂色羊毛做毡（当然也有与秋绵羊毛合用的），而以秋绵羊毛，尤其是纯白秋绵羊毛织制布匹。敦煌文书中所谓"落悉无"的毛，如果是指黑色或褐色的杂色毛，因不利于染色，大概也亦之做毡。

羖羊毛纤维有两种，一种是被毛，另一种是被毛底下的绒毛。

被毛即羖羊身上的长毛，由于此毛粗直无卷曲，不堪纺纱，自南北朝以来各地均将这一类毛用于制造绳索和毡、毯、帐、帷。如《齐民要术》所载："羝羊，四月末、五月初铰之。……（有）毛堪酒袋，《农政全书》卷四十一之利。"《隋书·党项传》所载："党项羌者，三苗之后也。……织氂牛（牦牛）尾及羖羊毛以为屋，服裘褐被毡以为上饰。"五代时期敦煌地区亦同，这可从《松漠纪闻》中的记载得到证实。"回鹘……多为商贾于燕，载以橐驼，过夏地，夏人率十而指一，必得其最上品者，贾人苦之。后以物美恶杂贮毛连中，毛连以羊毛缉之，单其中，两头为袋，以毛绳或线封之。有甚粗者，有间以杂色毛者则轻细。"毛连就是现在西北一带常用的毛搭链，即两头缝成袋状，而中间只为单片，近似中间开口的口袋一样的东西，其坯料就是用羖羊的被毛织成的。

羖羊被毛底下的绒毛即羊绒。古代敦煌地区羊绒织物较多，也很有名。《册府元龟》卷九七二载："唐同光二年四月……沙州曹义进玉三团，硇砂、羚羊角、波斯锦、茸褐、白氍生黄金、星矾等。"文中所记"茸褐"，在敦煌文书中也曾出现[5]，是一种非常有名的羊绒织物，与《元丰九域志》和《宋史·地理志》经州条所载"紫绒毛褐缎"属于同样的产品。"紫绒"也可写作"子绒"或"子茸"，是指羖羊身上的底绒。详说见《席上腐谈》卷上："北方毛段细软者曰子虤。子，谓毛之细者；虤，温柔貌。书《尧典》云鸟兽虤毛是也，今讹为紫茸。"大概五代、宋代敦煌和经州两地都制织过这种产品。它的制织方法略见于《鸡肋编》："泾州虽小儿皆能捻茸毛为线，织方胜花，一匹重只十四两者。宣和间一匹铁钱至四百千。"这种以羊绒捻线制织成的织物，手感滑腻，既轻又软，历来深受人们喜爱，是西北地区独创的具有代表性的纺织物，直至明清两代甘肃、兰州等地仍有人制织。

唐代末年采集羊绒和织造羊绒织物的技术传到内地，宋应星《天工开物》中有详细记载，云："一种矞芳羊（番语），唐末始自西域传来，外毛不甚蓑长，内虤细软，取织绒褐。秦人名曰山羊，以别于绵羊。此种先传入临洮，今兰州独盛。故褐之细者皆出兰州，一曰兰绒，番语谓之孤古绒，从其初号也。山羊虤绒亦分两等，一曰搊绒，用梳栉搊下，打线织帛，曰褐子、把子诸名色；一曰拔绒，乃虤毛精细者，以两指甲逐茎捋下，打线织绒褐。此褐织成，揩面如丝帛滑腻。每人穷日之力，打线只得一钱重，费半载工夫，方成匹帛之料。若搊绒打线，日多拔绒数倍。凡打褐绒线，冶铅为锤，坠于绪端，两手宛转搓成。凡织绒褐机，大于布机，用综八扇，穿经度缕，下施四踏，轮踏起经，隔二抛纬，故织出文成斜现。其梭长一尺二寸。机织、羊种皆彼时归夷传来，故至今织工皆其族类，与中国无与也。"宋氏之文对羊绒织物的来源、羊绒的采集以及羊绒织物的制织方法所作说明十分详尽，使人读后一目了然。

此期间利用其他动物毛纺织的情况也见于记载。《新·唐书·地理志》载，贡兔织品的地方有扬州广陵郡、常州晋陵郡、宣州宣城郡。《唐国史补》载，宣州的兔毛褐质量好，特点鲜明，仅"亚于锦绮"。有的商人为获取高额利润，还用蚕丝仿制。《新唐书·五行志》载：唐安乐公主"使尚方合百鸟毛织二裙，正视为一色，旁视为一色，日中为一色，影中为一色，而百鸟之状皆见"，"又以百兽毛为鞯面，韦后则集鸟毛为之，皆具其鸟兽状，工费巨万"。贵臣富室见后争相仿效，以致"江岭奇禽异兽毛羽采之殆尽"。安乐公主使人制织的这种百鸟毛裙，其织作工艺颇值得注意，很可能是利用不同纱线捻向以及不同颜色羽毛，在不同光强照射下，形成不同视觉反映的原理制成的。

第二节　纺织印染工艺和机具

隋唐五代期间，纺织印染技术得到进一步提高，并出现了一些新发明。缫、纺方面：出现于汉代的手摇缫车得到普及，同时脚踏缫车也得到了一定程度的推广；织造方面：出现了纬显花新工艺，对我国丝织技艺的发展产生巨大影响；染整方面：精练中除继续使用碱剂外，开始利用胰酶剂，染色色谱范围愈加广泛；织物组织和品种方面：各种重组织、变化组织运用愈加娴熟，并出现了缎纹组织，极大丰富了织品种类和花色。可以说，此期间是中国古代纺织染整技术逐步走向成熟的一个阶段。

一、手摇缫车的普及和脚踏缫车的推广

缫车出现在汉代，但根据山东晋阳山慈云寺出土汉画像石的缫丝图推测，用丝籰手工缫丝到汉代还未完全淘汰，缫车在当时只是在逐步推广中[6]，而且唐以前亦不见有缫车的名称，其定型和普及是在唐代完成的。在唐人诗词中缫车多次出现，如李贺诗句"会待春日晏，丝车方掷掉"，讲述等到晴朗的春日里，开始摇动缫车；陆龟蒙诗句"每和烟雨掉缫车"，描述了阴雨天里缫妇忙着摇动缫车的劳动情景；王建诗句"檐头索索缫车鸣"，形容了缫车转动时发出的索索之鸣响。这些诗句都是诗人对日常生活常见事物的描述，而"掉"是摇动的意思，表明唐代普遍使用的缫车是手摇的。

尽管手摇缫车在唐代已定型，且是普遍使用甚至是必备的缫丝机具，但有关其结构的明确记载却始见于宋代秦观《蚕书》。而后元、明、清三代著述蚕桑生产的书中也均有记载。根据这些书籍的描述，可知手摇缫车（图5-1《豳风广义》中的手摇缫车图）系由机架、牌楼、添梯、鱼鼓、丝钩、丝轩等机件组成。

机架是承受丝纤和其他部分的框架。王祯《农书》称其为"车床"，其制据徐有珂《缫车图说》载："其床方，有四柱，下近足处四面皆有横档，上则两旁及后有之，而虚其前。"

牌楼系缫车的集绪和拈鞘部分，主要部件是集绪器和鼓轮。集绪器其形实为一孔眼，位于茧锅上方的木板中央，宋代称为"钱眼"，

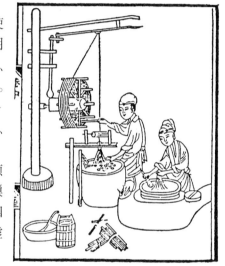

图5-1 《豳风广义》中的手摇缫车图

大体是根据所选用的材料而得名，作用是合并丝线。秦观《蚕书》云其形状"为板长过鼎面，广三寸，厚九黍，中其厚，插大钱一，出其端，横之鼎耳，复镇以石，绪总钱眼而上之，谓之钱眼"。鼓轮常用刻有竖条槽的空心细竹管或芦管为之，宋代称为"锁星"，起导丝和消除丝缕上糙节的作用，其制据秦观《蚕书》云："为三芦管，管长四寸，枢以圆木，建两竹夹鼎耳，缚枢于竹中。管之转以车，下直钱眼，谓之锁星。"

添梯、鱼鼓、丝钩、丝轩系缫车的卷绕部分。添梯是使丝分层卷绕在丝纤上的横动导丝杆，以一个片竹为之。鱼鼓的作用相当于今之偏心盘，实形为一木制鼓状物。丝钩的作用是导丝，位于添梯上。丝轩的作用是卷绕长丝，其制为一有辐撑的四边形长木框，为便于缫丝后卸下丝绞，四长木中有一木可灵活拆卸。对添梯、鱼鼓、丝钩、丝轩，秦观《蚕书》亦均有介绍："车之左端置环绳，其前尺有五寸，当车床左足之上，津柄长寸有半，匾柄为鼓，鼓生其寅，以受环绳，绳应车运，如环无端，鼓因以旋。鼓上为鱼，鱼半出鼓，其出之中，建柄半寸，上承添梯。添梯者，二尺五寸片竹也，其上揉竹为钩，以防丝窃，左端以应柄，对鼓为耳，

方其穿以闲添梯。故车运以牵环绳，绳簇鼓，鼓以舞鱼，鱼振添梯，故丝不过偏。"丝轩："制如辘轳，必活其两辐，以利脱系。"

关于手摇缫车的使用方法，清代《豳风广义》一书中有详细的文图介绍："缫人将丝老翁上清丝约十数根总为一处，穿过丝车下竹筒中扯起，从前面搭过辊轴，从轴下面掏来，于辊轴上拴一回，再从拴过中掏缴一回，不可拴成死过，须令扯之滑利活动。将丝挂在摇丝竿铜钩中，又将丝头拴在丝轩平桃上。此时搅动轩轮，丝车随之辊转，摇丝竿自然摆动，其丝均匀绷在轩上。"丝老翁是系清丝头的木柱，竹筒即集绪的"钱眼"，辊轴即钱眼上方的导丝滑轮"锁星"，摇丝竿即横动导丝杆"添梯"，铜钩即导丝钩。操作手摇缫车，缫工须一手摇动丝轩，一手添绪、索绪。

在手摇缫车普及的同时，脚踏缫车在当时也得到了一定程度的推广。有学者认为："脚踏机构的出现，可能是受到脚踏织机的启发。由此推测，其出现当在汉代前后，因为在汉代脚踏织机早已全面普及了。至于它的普遍用于缫车，则可能在唐宋之间。"[7]

二、织造技术的推广和新发明

（一）织造技术的推广

隋唐时期，无论是官营纺织手工业，还是民营纺织手工业，规模均很大，社会上从事纺织生产的人数也是相当惊人的。之所以出现这种情况，与当时的社会背景和朝廷制定的租税制度密不可分。

隋文帝建立隋朝后，采取了一些有利于恢复发展生产的措施，沿袭北齐的均田制度，把官荒地分配给农民耕种，另给永业田二十亩，永业田为桑田，"土不宜桑者，给麻田"；在租调徭役方面，规定受田的一夫一妇为一床，每年纳租粟三石，桑土（即种桑的地方）调绢绝一匹、绵三两，麻土（即种麻的地方）调布一端、麻三斤。单丁和奴婢、部曲、客女，按照半床交纳。成丁年龄由十八岁改为二十一岁，受田仍是十八岁，负担兵役减少三年，每年服役天数由三十日减为二十日，民众年龄到五十岁时，可以纳庸免兵役。[8]庸是代替劳役的赋税，免役人必须每日纳绢数尺。后来隋炀帝废除妇人受田之制，并将一夫一妇受田一百四十亩，改为一丁受田百亩。这些措施，既使农民得到土地耕种，又减轻了租调徭役，同时又规定永业田必须种桑或种麻，以及规定交纳丝绸物或麻布和麻，这就在客观上为农业生产和纺织生产的发展创造了一定的有利条件，从而促进了纺织技术的推广，改变了前代因战乱而使纺织生产凋敝的现象[9]。所以隋朝时无论是北方还是南方，织造技术都得到了推广，很多地方的纺织业都很兴旺。其中荆州和扬州有"纺绩最盛"之声誉。当时很多地方都有纺织名产，"梁州产绫锦，青州产织绣"，广陵（扬州）亦产名锦，丹阳（润州）产京口绫，晋陵（常州）产织绣，会稽（越州）产吴绫、绛纱。这些地方的名产，有的还作为了贡品。而"豫章之俗，颇同吴中……一年蚕四五熟，勤于纺绩。亦有夜浣纱而旦成布者，俗呼为鸡鸣布"[10]。

唐朝取代隋朝后，为了恢复和发展农业，唐初采取了计口授田的均田制，即"丁男给永业田二十亩，口分田八十亩"[11]。永业田供农民种桑或麻等作物。户调制也转变为租庸调制，"每丁岁入'租'粟三石，'调'则随乡土所产，绫绢绝各二丈，布加五分之一。输绫绢绝者，兼调绵三两；输布者，麻三斤"。另外，"凡丁，岁役二旬。若不役，则收其庸，每日三尺"[12]。到唐代中期，改行两税制，虽然庸调折为钱，但农民仍须以布帛变钱纳税。穆宗时，钱重物轻，增加了农民的负担，朝廷为了缓和矛盾，允许两税直输布帛。唐朝的官营丝织手工作坊规模相当庞大，所用的工匠，在唐代初期，以徭役的形式，征调各地手艺匠到官营丝织手工作坊服劳役，每年轮番应役，称为"短番匠"，对这种短期工匠进行专门技术训练，使其能胜任所从事的工种。因为唐代的官营丝织手工作坊的分工比较细，所以必须对工匠进行专门训练，才能保证丝织产量和质量的提高。其中有些具有特殊技艺的工匠服役到期后不愿离开，愿意继续留下来干活；而有些人该轮到服劳役时不愿到官营丝织手工作坊服役，愿意交纳布帛来代替劳役。愿意超期服役的工匠，称为"长上匠"，官府会给"长上匠"报酬，这些报酬是从不愿服劳役的人交纳的那些布帛中支付。由于唐代官营丝织手工作坊规模庞大，所以，除了征调服劳役的人到作坊中服役外，还使用一些官奴婢和刑徒在官营丝织手工作坊里服役。随后，由于商品流通扩大，官府丝织手工作坊的生产规模也随之发展，仅靠徭役制的工匠和官奴婢及刑徒服役，很难完成生产任务，因此又雇佣一些有专门熟练技艺的工匠为官营丝织手工作坊干活，这些工匠称为"和雇匠"，其中又分为"和雇"、"募"和"请"等名称，工作时间长短不一。在被雇佣的工匠中，还有"明资匠"或"巧儿"等名称，这类工匠与"和雇匠"类似，但比"和雇匠"较为固定。到中唐以后，番匠逐渐减少，在官营丝织手工作坊干活的募匠逐渐增多。

唐代的民营丝织手工业的规模也很大。我们从上述提及的唐朝的均田制和租庸调制的推行，以及官营丝织手工作坊从民间征调和雇佣工匠服役的情况，也可推测当时民间从事丝织生产的人数是相当多的。当时一些地方较大的民营丝织作坊，织机数量动辄几百台。例如，《太平广记》"何明远"条引《朝野金载》说："定州何明远大富主官中三驿，每于驿边起店停商……家有绫机五百张。"[13]如此规模的民营丝织手工作坊，在前代实属少见。在《太平广记》"织锦人"条引《卢氏杂说》里，还有这样的记述："卢氏子不中第，徒步及都城门东，其日风寒甚，且投逆旅。俄有一人续至……曰姓李，世织绫锦，离乱前，属东都官锦坊织宫锦巧儿，以薄艺投本行。皆云如今花样与前不同，不谓伎俩儿，以文彩求售者，不重于世，且东归去。"这段史料说明，唐代存在比较自由的丝织手工业者，民间丝织手工作坊有可能雇佣这些丝织手工业者中的一些人充当工匠，他们无疑会大大提升民间丝织技术的水准。

到了五代时期，由于丝绸生产重心南移，丝织技术在南方的推广范围远远超过北方，而丝绸生产在南方纺织生产中所处的比重也愈来愈大。在织造技术方面，丝织技术也比棉织技术、麻织技术、葛织技术先进，其在纺织技术领域中所处的地位最重要。因此，综合起来看，当时南方的织造技术推广的范围超过了北方。江淮流域在唐末受战乱破坏比较严重，进入五代时期后，经过吴和南唐采取奖励耕织政策，逐步恢复过去的繁荣景象，丝绸生产和纺织生产逐步恢复和发展。许多城乡呈现种桑植麻和纺织的盛况，尤其是丝绸生产，更是盛况空前，织造技术得到迅速推广。浙江的杭州等地、江苏的苏州等地，以及四川、福建、湖南等地区，都有丝织生产活动，不但能织造前代的许多丝织品种，而且还能织造新品种。不过，高级丝织品一般都由官营丝织手工作坊织造，民间大多是织造一般丝织品种。福建不但能织造丝织品，而且还盛产蕉布和葛布。以前纺织技术比较落后的湖南，这时亦不但能织造丝织品，同时还能织造质量较好的葛布[14]。

（二）织造技术的提高和创新

隋唐五代时期，不但推广和普及了前代的织造技术，而且织造技术水平有了一定的提高和创新，尤其是在丝织技术方面的提高和创新更加明显。

据《隋书·何稠传》记载："波斯尝献金绵锦袍，组织殊丽。上命稠为之，稠锦既成，逾所献者。"从这段史料看出，何稠不但能仿制波斯贡来的织金锦，而且所织出的织金锦比波斯所贡的织金锦更加精美绚丽，这说明其织造技术水平是很高的。

隋代时越州进贡的耀光绫，"绫纹突起，时有光彩"，其组织之精巧，不亚于何稠仿制的波斯织金锦[15]。如此高超的织造技术，以前在越州从未见过。不过越地丝织技术真正的大发展是在唐安史之乱后，据《元和郡县志》记载，越州在开元时的丝织贡品，只有"交梭白绫"一种，但"自贞元以后，凡贡之外，别进异文吴绫及花鼓歇单丝、吴纱、吴朱纱等纤丽之物，凡数十品"。所产越绫，则是丝织品中的珍品，其精美程度远远超过许多高级丝织品[16]。而杭州在开元以后，不但能生产绯绫、白编绫、纹绫等丝织品，还能生产精美的柿蒂绫。吴兴郡（湖州）除了有锦、绸等丝织贡品外，还有御服鸟眼绫和纤缟等名贵丝织品。这表明原来丝织技术比较落后的江浙地区在隋唐时期丝织技术水平有显著提高。

四川是丝绸的传统产区，丝织技术在汉代就具有相当高的水平，到了唐代又有了进一步的提高。据《旧唐书·五行志》记载："安乐初出降武延秀，蜀川献单丝碧罗笼裙，缕金为花鸟，细如丝发，鸟子大如黍米，眼鼻嘴甲俱成，明目者方见之。"如此精致的丝织品，显示了蜀地高超的织造技艺。

在《旧唐书·五行志》里还有这样的记载：中宗时安乐公主有少府织造的合百鸟毛织的毛裙，"正看为一色，旁看为一色，在日影中又各为一色，百鸟之状，并见裙中"；"又令尚方取百兽毛为鞯面，视之各见兽形"。这种百鸟毛裙的织制工艺是极值得注意的，它很可能是利用不同的纱线捻向以及不同颜色的羽毛，在不同光强照射下形成不同反射光的原理织制而成。这种织造法是唐代纺织技术的一大发明，为当时世界纺织工艺中所仅见。

在唐代，少数民族的织造技术也有一定提高。据唐代时人樊绰所撰写的《蛮书》卷七记载，我国西南少数民族地区"地无桑，悉养柘蚕，绕树村邑人家柘林多者数顷，耸干数丈。三月初，蚕已生。三月中，茧出。抽丝法稍异中土。精者为纺丝绫，亦织为锦及绢。其纺丝入朱紫以为上服，锦文颇有密致奇采。……其绢极粗，原细入色，制如衾被，庶贱男女，许以披之。亦有刺绣……王并清平官礼衣，悉服锦绣，皆上缀波罗皮。俗不解织绫罗，自太和三年（829 年）……寇西川，虏掠巧儿女及女工非少，如今悉解织绫罗也"。这段史料说明民族交融客观上促进了四川汉族丝织技术向西南少数民族地区的推广，带动了西南地区少数民族织造技术的提高。当时广西所产桂布，甚至引起大诗人白居易的注目，白居易《新制布裘》诗中，有"桂布白似雪"句，《醉后狂言酬赠萧殷二协律》诗中，有"吴绵细软桂布密"句。诗中提到的桂布，是广西桂林织的一种棉布，能被白居易咏赞，说明其相当精美。

我国西北地区的于阗，据玄奘《大唐西域记·瞿萨旦那国》记载："昔者此国（即于阗），未知桑蚕，闻东国有也，命使以求。时东国君秘而不赐，严敕关防，无令桑蚕种出也。瞿萨旦那王乃卑辞下礼，求婚东国。国君有怀远之志，遂允其请。瞿萨旦那命使迎妇，而诫曰：'尔致辞东国君女：我国素无丝绵桑蚕之种，可以持来，自为裳服。'女闻其言，密求其种，以桑蚕之子置帽絮中。既至关防，主者遍索，惟王女帽不敢以验。遂入瞿萨旦那国，止鹿射伽蓝故地。方备仪礼，奉迎入宫。以桑蚕种留于此地。阳春告始，乃植其桑。蚕月既临，复事采养。初至也，尚以杂叶饲之。自是厥后，桑树连荫。王妃乃刻石为制，不令伤杀；蚕蛾飞尽，乃得治茧。敢有犯违，神明不佑。遂为先蚕建此伽蓝，数株枯桑，云是本种之树也。故今此国，有蚕不杀，窃有取丝者，来年辄不宜蚕。"在《新唐书·于阗传》里，也说于阗"初无桑蚕，丐邻国，不肯出。其王即求婚，许之。将迎，乃告曰：'国无帛，可持蚕自为衣。'女闻，置蚕帽絮中。关守不敢验。自是始有蚕。女刻石约无杀蚕，蛾飞尽得治茧"。两书记载基本相同，说明于阗原来不能生产桑蚕和丝绸，后通过求婚方式从邻国偷来桑蚕，才开始有了桑蚕丝绸生产。到唐代时，于阗已经"人喜歌舞，工纺绩"[17]，织造技术有了提高。当时不仅于阗一地的织造技术有了进步，西州的高昌、柳中、蒲昌等地，也已能生产练、绝等丝织品[18]。当时西州的种棉和棉纺织业已相当发达，棉织技术已有很大的提高，所织棉布精良，不断输入中原地区。当时新疆的喀什地区，棉纺织业也很发达，已能织造精美的棉布[19]。这些情况进一步表明，在唐代时，西北地区织造技术水平确实有了提高。

隋唐时期，尤其是在唐代，织锦的纹样图案十分丰富。据《旧唐书·代宗纪》记载："纂组文绣，正害女红。今师旅未息，黎元空虚，岂可使淫巧之风，有亏常制。其绫锦花文所织盘龙、对凤、麒麟、狮子、天马、辟邪、孔雀、仙鹤、芝草、万字、双胜、透背及大綱锦、竭凿、六破以上，并宜禁断。其长行高丽白锦、大小花绫锦，任依旧例织造。有司明行晓谕。"这是记述代宗的一道诏书，诏令众多锦样禁止织造，可能是因朝廷财政困难，此举是出于节约财政开支考虑。在《册府元龟》卷五中，也有类似的记述：代宗大历中（766—779年）下诏厉行节约，敕书有云，所织造大张锦、软锦、瑞锦、透背、大綱锦、竭凿锦、独窠、连窠、文长四尺幅独窠呈绫、独窠司马绫及常行文字绫锦、花中蟠龙、对凤、麒麟、狮子、天马、辟邪、孔雀、仙鹤、芝草、万字、双胜，并宜禁断。从这两段史料中可以看出当时织锦的纹样相当丰富。不但有传统的纹样图案，而且有不少新出现的纹样图案。在唐代新出现的纹样图案中，最著名的是"陵阳公样"。据张彦远在《历代名画记》的记述，"陵阳公样"由唐代时人窦师纶所创。窦师纶在唐初担任益州大行台官，"兼检校修造。凡创瑞锦、宫绫，章彩奇丽，蜀人至今谓之'陵阳公样'。……太宗时，内库瑞锦、对雉、斗羊、翔凤、游麟之状，创自师纶，至今传之。"窦师纶初为太宗秦王府谘议相国录事参军，封陵阳公，所以他所创的织锦纹样图案被人称为"陵阳公样"。纹样图案的增加，不仅是当时织造技术提高的一种表现，同时也是织造技术创新的一种表现。

新疆吐鲁番阿斯塔那曾出土大批唐代丝织物，其上纹样十分丰富，有几何瑞花锦、兽头纹锦、大吉锦、香地菱纹锦、规矩纹锦、对马纹锦、鸳鸯纹锦、大鹿纹锦、小团花纹锦、猪头纹锦、骑士纹锦、双鸟纹锦、龟背纹锦、鸾鸟纹锦、对鹿纹锦、瑞花遍地锦、花树孔雀纹锦、棋局团花双鸟绮等。在这些纹样中，有很多图案都是成双的祥瑞鸟兽被珠圈环绕，如鸳鸯、衔授鸾鸟、鹿、龙马等。这种图案显然受到了波斯以怪兽头为母题的珠圈装饰影响，却又没有完全波斯化，而是融进了我国传统装饰文化的因素，这些纹样图案中许多象征吉祥的禽兽，都是一直深受我国人民喜爱的装饰动物。如联珠对鸟对狮"同"字纹、联珠对鸭纹、联珠大鹿纹、联珠天马骑士纹、联珠对鸡纹、联珠方胜鸾鸟纹、联珠熊头纹、联珠猪头纹、联珠对龙纹、联珠鸟纹、联珠鸳鸯纹等。而且即使就珠圈而言，也仅仅是借鉴这种方式，不是完全照搬，因为在我国汉代的铜镜和瓦当上，甚至在商代的青铜器上，都已见到用它来作为装饰[20]。唐代之所以出现大量的这类纹样，一是反映出当时中外文化交流的频繁；二是唐代纹锦曾大量出口。新疆吐鲁番出土的这些织锦，很可能是为丝绸外贸提供商品而织造的。因为新疆吐鲁番地处丝绸之路上，所以这些唐锦出土文物应是当时用作外贸商品的遗物[21]。

在唐代，还出现缂丝、纬锦、双面锦、缎纹组织的丝织品等新的纺织品，这是唐代织造技术提高和创新的最突出的表现。

缂丝又称为刻丝、克丝、尅丝，它是由织成演变而成的丝织新品种。缂丝与织成既有相同之处，又有区别。两者都采用通经断纬技法织造，这是它们的相同之处。但织成质地厚实，只适于作帷帐、马鞯、马裤之类的用品。而缂丝质地轻薄，适于用作比较细致的服饰和精美的艺术品。这是两者的不同之处[22]。在都兰、吐鲁番、敦煌等地，都曾出土过唐代的缂丝织物，证明缂丝这个新织品是在唐代开始出现的[23]。

纬锦是指一种采用通经通纬的纬显花技术织造的锦。根据考古资料，唐代之前尚未见有纬锦实物出土，而在出土的唐代文物中却发现许多通经通纬的纬显花织锦，说明纬锦在唐代才开始出现并迅速得到推广。因此我国织锦可以以唐代为界划分为两个阶段：唐代以前以经锦为主，唐代以后逐步转向以纬锦为主[24]。纬锦这一类新品种的出现，不但极大地丰富了唐代的纺织品，而且也促进了唐代以后我国纺织品种的大发展。

双面锦是双面呈花的织锦，迄今未发现唐代以前的实物。1973年考古工作者在新疆吐鲁番阿斯塔那206号唐墓中，发现女舞俑的一件短衫即是由双面锦剪裁制成的，表明双面锦很可能是唐代才出现的织锦新品种。这种双面锦，也叫作"双面绢"，有人认为与明代改机相似。如果此观点正确，说明唐代出现的"双面锦"，不但使唐代纺织花色品种有所增加，同时对唐代以后纺织花色品种的增加也产生了积极的影响。

缎是以缎纹为基础组织的各种花、素织物的统称。新疆盐湖唐墓出土的3块烟色牡丹花纹绫，以二上一下斜纹组织作地，六枚变纹起花，证明唐代开始有缎类织物[25]。缎类织物不但丰富了唐代的纺织品种，而且使以后我国的纺织品增加了一个大类织品，极大地丰富了我国的纺织品，同时也促进了我国织物组织和织花技术的发展。

（三）缂丝的织造工具和织造技术

织造缂丝的工具包括木机、拔子、梭子、移筒（装色工具）、竹箅（穿经线工具）、剪刀（修剪线毛头工具）、撑样杆和撑样板（画样时托花稿用的工具）、毛笔（画样用的工具）等，是一套组合式的织造工具。

缂丝的织造技术包括织造缂丝的工艺流程和织造技法。

织造缂丝的工艺流程包括：落经线、牵经线、套箅、弯结、嵌后经轴、拖经面、嵌前经轴、捎经面、挑交、打翻头、踏脚棒、扣经面、画样、摇线、修毛头等。落经线是把生经线落在篗头上。牵经线是根据需要的尺寸和根数，把落在篗头上的经线牵出。套箅是把每根经线穿入竹箅之中。弯结是把穿入竹箅中的经线用木梳梳匀，再根据画样要求几根钉一个小结。嵌后经轴是把有结的经线一端套结在后轴上。拖经面是把经线卷在后轴上。嵌前经轴是把未打结的经线一端均匀地系在前轴上。捎经面是用捎桥棒将前后轴捎紧，并绷紧经面。挑交是把绷紧的经面，通过一上一下挑交，分成上下两层。打翻头是把经分成两排，每根经线分别通过打翻头结在翻头木片上，木片分前后两片。踏脚棒是两翻片上挂机头下系两踏脚棒，两踏棒经脚先后踩踏即可分出两层经面。扣经面是经面开口穿纬后用竹箅扣纬，使经面排列均匀。画样是把勾稿（纹样）放在均匀平整的经面下面，用毛笔把样描在经面上，织造时按样织作。摇线是把花稿上需要的线色分别摇在移筒上，然后根据样子色彩把各色移筒装进梭槽。修毛头是把完成后的织品正面毛头修剪干净，使图案正反一样。

缂丝的织造技法比较多，比较常用的代表性的技法有结、掼、勾、枪、绕、盘梭、单双字母经、押帘梭、押样梭、半戽子母经、笃门闩、销梭、木梳枪等。所谓结法，是指在纹样竖的地方或比较陡的地方，按一定规律和面积穿经和色的方法。掼是指在有一定坡度的纹样中，两色以上按色的深浅有规律、有层次排列，使之如同叠上去似的和色方法。勾法如同工笔勾勒作用一样，在纹样外缘用较本色深的线，清晰地勾出外轮廓。枪又叫枪色或镶色，在两种或两种以上深浅色调中，运用枪头相互伸展，起到工笔渲染效果，以表现纹样质感。绕是指在一根或几根经线上，单梭绕出直、斜、弯的各种线条。盘梭是指两梭相交织，其单梭法是在一根经线上用两把梭子循环往复交织；其双梭法是在两根经线上用两把梭子循环往复交织。双梭法织出的线条较单梭法粗，可使线条立体效果更突出一些。单双字母经法是指在织造缂丝时需要运用甲、乙两只梭子，因为缂丝在织造上对直线条的要求要达到无竖缝。运用两只梭子织造时，当甲梭在墨样上穿一梭，而乙梭通穿纬线时，单字母经法需跳过墨样一根经，让甲梭挑穿；双字母经法需跳过两根经，让甲梭挑穿。如此往复，织造便形成无竖缝效果。押帘梭是为织出很细的如蜻蜓、蝴蝶脚等直线条，根据墨线弯曲走向调转，运用甲、乙两只色梭，甲梭先在墨样上一头向下穿经，乙梭通织二梭，然后甲梭再上、下调头穿经。押样梭是为呈现花蕊细点的效果，运用甲、乙两只色梭，甲梭二上二下穿经，往返回梭，乙梭通织二梭。半爿子母经是中间选一条经线，一边按破竖缝织造法，另一边按笃门闩织造法。笃门闩是如果直线缝两边颜色不同，各色需分开织造，而且每织一段将两条线色相互勾搭一下，再各个穿回。销梭是为解决宽幅经面不易织造的问题，又使整个经面在织造上不露破绽，在每次返梭时留 5 ~ 7 厘米，如同斜坡形，待接梭时就在这 5 ~ 7 厘米处的末根经线上相衔接。木梳枪是两色相枪（镶色），如同梳齿状有规律地伸展枪头，因得此名。此枪色不像缂丝织造中常用的长短枪色法。上述织造技法，不是每织一幅缂丝把它们全部运用，而是根据缂丝纹样的需要而灵活地运用技法。但无论织造什么纹样的缂丝，都必不可少地运用结、掼、勾、枪这四种技法，因为它们是织造缂丝的基本技法[26]。

（四）纬显花工艺的出现和发展

根据新疆吐鲁番阿斯塔那唐墓和甘肃敦煌莫高窟发现的纬显花实物，说明我国在唐代出现了纬显花工艺。这种工艺的出现并不是偶然的，而是织造技术发展的必然结果。因为从魏晋以后，织花技术有了进一步的发展，花纹图案日趋复杂，这种变化在出土文物中得到反映。

丝绸之路沿途曾出土大量的南北朝时期的锦，例如，在新疆吐鲁番阿斯塔那北区第 303 墓出土了三色树纹锦；1967 年在第 88 号墓出土了五色狮形夔兽锦；1968 年在第 99 号墓出土了双人骑象牛纹锦；1966 年在第 48 号墓出土了联珠对孔雀贵字锦（图 5 - 2 新疆吐鲁番阿斯塔那出土联珠对孔雀贵字锦）；1971 年在同地出土了对鸟对羊树纹锦；1964 年出土了联珠环正倒人“胡王”牵驼锦等。这些出土锦的花纹图案和显花技术，与汉锦相比有不少变化。这些变化概括起来主要表现在四个方面：

其一是花纹纵向（花回）长了。出土的对鸟对羊树纹锦的花回达 9.3 厘米；联珠环正倒人“胡王”牵驼锦的花纹直径达 14 厘米左右。

图 5 - 2　新疆吐鲁番阿斯塔那出土
联珠对孔雀贵字锦

这表明提花牵线上过线数增多，而且来回提花，说明多花本装置基本形成。

其二，寓意写实的人物、动植物纹样大量增加，几何纹减少。鸟兽纹的轮廓原多为锯齿形曲折，现轮廓圆润，形象逼真，说明结花本的技艺有了创新。

其三，方格纹、联珠环纹、“贵”字、“胡王”字铭文的镶嵌，已交融了西北风情和古波斯纹饰的特色。经丝采用分区换色，纬丝也用分段换色。例如方格狮、牛、双人骑象锦，经丝有红、黄、蓝、白、绿五种颜色，每区三色成一组，分区排列配色。纬丝是红、黄、蓝、白、绿分段换色，整个图案因此更加绚丽璀璨。

其四，出现了纬斜纹显花技术。例如在敦煌莫高窟藏经洞曾发现这类丝织物，其中编号分别为：K130:26 的紫色方点纹绮幡首、K130:39 的龟背架填几何纹绮带、

K130:9 的绛色人字纹绮幡以及 E0.3662 的如意花绫残片，其组织有的是在二上一下斜纹地上起一上五下斜纹菱形如意纹花；有的是平纹地上起五上一下斜纹花或六枚变则缎纹的忍冬纹花。此外，还有一些是五上一下斜纹地上显纬浮宝相花等新奇织品。

这些变化无不预示着织锦工艺和织物结构将有新的变革。

唐代时国力强盛，经济繁荣，科技进步，加上丝绸业进一步发展的需要，促使纬显花工艺的出现成为现实。这种工艺一经出现，很快就得到推广。下面是有关学者以唐代红地宝相花斜纹纬锦为例，对纬显花技术做的分析探讨。

唐代的纬锦（缎）实际上是将经锦平转 90 度，基础组织由经锦的经斜纹变革为纬锦的纬斜纹。这样，纬锦的经线分为交织经和夹经，每根纬线在不同地段显花，交织经与所有纬线织成重纬斜纹，夹经则决定哪根纬线显花。以唐代红地宝相花斜纹纬锦为例，据研究，该锦系多重组织结构的纬锦，经丝的一半是交织经，只须逐根分别穿入 3 片斜纹综内，不要穿入衢线；另一半是夹经，各穿入 1 根衢线内。每 1 纬线都要在不同地位显花，织造时都须提起衢线使其经过。因此，编制花本的过线为纬密（40 根/厘米）×花回（7 厘米）=280 根。与经锦相反，所用的衢线少，过线多。下图为纬锦装造上机图，图中（1）为正织法，每次踏起 1 片斜纹综，投过 4 梭后才放下。投 4 梭，提 4 次花，完成一个提花投梭循环。在这个循环中，每条夹经须由衢线提起 3 次，因为在这 4 根纬线中，总共只有 1 纬的显花长度，每条夹经只有 1 次不被提起。若反面向上织造，则 4 次提花每根夹经只须提 1 次，但交织经的运动由一上二下变为二上一下了。因此，每次须提起 2 片斜纹综。如果将交织经穿在下综环内，把向上提改为向下压，于是起综变成了伏综。3 片伏综，每次压下 1 片，织物正面仍为一上二下纬斜纹。织每一根纬线时，交织经下开梭口，夹经上开梭口，上下梭口要重合。因此，交织经的经位置线应高出夹经一个梭口。这就是为什么织造纬锦采用反织法配合伏综制织的道理。纬重数愈多，反织法图中（2）愈显得简便。正反组织图、提花图互为底片关系。

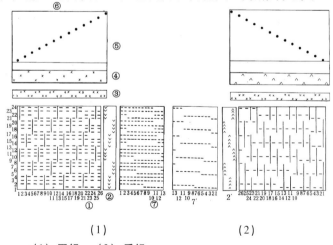

(1) 正织　(2) 反织

①正面组织展开图　②提综图

2′反织时的提综图　③穿箱图　④斜纹综　⑤提花衢线

⑥穿综图　⑦提花图　7′反织时的提花图

纬锦与经锦相比，有其自己的织造特点：一是织造时织工可以随时变换各色纬线，花纹色彩比经锦更丰富；二是由于纬锦使用的衢线较少，因此更适合花楼织机织造纬显花的大花纹，甚至是单幅独窠图案；三是经锦的经丝虽粗而密，但表经不能完全覆盖里经，经丝还容易纠缠，而且纹理欠密接。而纬锦的经丝可以细且疏，易开清梭口，其纬丝比较粗，可以逐一用筘打紧，使显花纹路缜密，更具有真实表现力；四是经锦各色经丝上下出没次数不等，送经量难以控制，经向织疵较多。纬锦的交织经统一按斜纹规律运动，而夹经只是被夹在表里纬之间，不与纬线交织。这两种经分别用两个经轴，就能很好地控制送经量。加上用伏综反织，因此能更便捷地控制质量。由于纬锦的织造有这些特点，使它发明后迅速得到推广，逐渐取代经锦的地位，成为我国唐代以后的主要织锦品种，并对我国的丝织技艺的发展产生巨大的影响[27]。

（五）传统织机的推广普及

唐代使用的织机，有提花机和非提花机两大类。提花机分为多综多蹑机和高楼束综提花机两种类型，非提花机分为卧机和立机两种类型。丝绸之路上出土的花纹循环比较小的唐代绮、锦等丝织品，都可用多综多蹑机织造。这种机型虽然不能像高楼束综提花机那样织造花纹循环比较大的丝织品，但它结构比较简单，只须一个人操作，用它织造织品产量比较高，能织造的织品种类比较多，而且占地面积不大，造价低，所以它能在唐代跟高楼束综提花机一样，广泛地被使用。虽然至今没有发现文献记载唐代使用多综多蹑机，但从分析丝绸之路上出土的一些唐代丝织品实物可知，不少出土的唐代丝织品，都能用多综多蹑机织制。这可以为唐代已使用多综多蹑机提供佐证。

唐代使用高楼束综提花机的情况，在唐代文人的诗文中有所反映。例如，储光羲的《田家即事》中，有"高机犹织卧蚕子"一句；在李贺的《染丝上春机》中，有"春梭抛掷鸣高楼"一句，这都是描述高楼束综提花机织造活动的。尤其重要的是，在丝绸之路上出土大量唐代的花纹循环比较大的织锦以及唐代纬锦和缎类提花织品，只有使用高楼束综提花机才能织制出来，这是唐代已使用高楼束综机的最有力的证据。

唐代织造素织物，使用的机具是不属于提花机类型的卧机或立机。在敦煌 K98 "华严经变"壁画上，曾画有立机子图[28]。在敦煌遗书中，曾有"立机"这种名称的织物名出现，这种织物很可能是因其用立机织制而如此命名。这也可视作唐代存在使用立机织造织物的一个旁证。

此外，从前文的论述可以看出，唐代织造技术遍及全国各个地区，传统织机得到了更大范围的推广普及。丝绸之路上出土的和全国不少地区生产的大量的花纹循环不太大的绮和锦等丝织品，一般都可用多综多蹑机织制，说明这种织机在唐代的许多地方都在使用。唐代绫锦等丝织品的花纹比以前多得多，例如盘龙、对凤、拱麟、狮子、天马、孔雀、仙鹤、芝草、万字、双胜、梵文等等，应有尽有，说明当时提花机已经普及。唐代出现的纬显花技术，也是在提花机普及和不断革新的基础上实现的。

三、练染和印花技术的推广及新发明

隋唐五代期间，染整技术进一步发展表现为：精练中除使用碱剂外，开始利

中国古代纺织印染工程技术史

用胰酶剂；染料品种增加到 30 多种，染色色谱范围愈加广泛；媒染剂种类增加，使用愈加娴熟；染业分工更加细致，仅唐代官营染业内部就分六作；在印花工艺方面也有所推陈出新。

（一）精练

唐代织染署下设置有青、绛、黄、白、皂、紫六作[29]，其中青、绛、黄、皂、紫五作是染色之作，"白作"则是从事练漂生产的。当时练漂普遍采用灰练和水练结合的方法，所用碱剂除前代采用的楝、藜、椿等草木灰外，又增加了青蒿灰和柃灰，《本草纲目》卷七引唐烈恭云："冬灰本是藜灰，余草不真，又有青蒿灰、柃灰，乃烧木叶作，并入染家用。"值得注意的是唐代出现了用生物酶作练剂的记载，陈藏器《本草拾遗》云：猪胰"又合膏，练缯帛"。猪胰含大量的蛋白酶，而蛋白酶水解后的激化能力较低，专一性强。丝胶对蛋白酶具有不稳定性，易被酶分解，一般在室温条件下就能达到较高脱胶率，且不损伤纤维。孙思邈《千金翼方》记载了用猪胰制澡豆的方法："以水浸猪胰，三四度易水，血色及浮脂尽，乃捣。"澡豆是古代爽润肌肤的用品，作用同现在的肥皂。此制澡豆法，与明代《多能鄙事》所载制备专门用于丝绸精练的胰酶剂方法很接近，差别是里面没有加入草木灰。说明唐代酶练尚处于肇始阶段，但已发现在精练时加入猪胰酶，即可以得到较好的脱胶效果，缯帛的色泽也较佳。

在唐代，捣练工艺也非常流行，李白《子夜四时歌》中有"长安一片月，万户捣衣声"的诗句。当时砧杵捣练丝、帛，采取的是"立捣"方式，即由捣练者手持木杵，站立着用木杵上下槌打放在石砧上的丝、帛。美国波士顿博物馆现藏一幅宋徽宗临摹唐代张萱《捣练图》画卷，这幅画卷一米多长，内容分三部分，右边是捣练，正中是缝纫，左边是熨斗烫平。在捣练部分中画有一长方形石砧，上面放着用细绳捆扎的坯绸。石砧周边有四个妇女，其中两个妇女手持木杵作捣练状，另两个妇女作辅助状。木杵几乎与人同高，呈细腰形。生动逼真地描绘出当时妇女捣练衣帛的场景以及所用工具的形制（图 5-3 张萱《捣练图》）。捣练时，要时常审视丝、帛的生熟程度，否则褶皱处容易捣裂。王建在描述捣练整个过程的《捣衣曲》里就提到这个环节："月明中庭捣衣石，掩帷下堂来捣帛。妇姑相对神力生，双揎白腕调杵声。高楼敲玉节会成，家家不睡皆起听。秋天丁丁复冻冻，玉钗低昂衣带动。夜深月落冷如刀，湿著一双纤手痛。回编易裂看生熟，鸳鸯纹成水波曲。重烧熨斗帖两头，与郎裁作迎寒裘。""鸳鸯纹成水波曲"说明不仅平纹缯帛需要捣练，提花织品也需要捣练。

图 5-3　张萱《捣练图》

· 186 ·

（二）染色

唐代植物性染料使用极为普遍。《唐六典》卷二二载："凡染，大抵以草木而成。有以花叶，有以茎实，有以根皮。出有方土，采以时月。"植物染料品种增加到30多种[30]，染色色谱较之前代有了进一步扩展。据不完全统计，仅吐鲁番出土的唐代丝织物中，红、黄、蓝、绿、黑、白等色调便有24色之多[31]。其中红色调有银红、水红、猩红、绛红、绛紫等色；黄色调有鹅黄、菊黄、杏黄、金黄、土黄、茶褐等色；蓝色调有蛋青、天蓝、翠蓝、宝蓝、赤青、藏青等色；绿色调有葫绿、豆绿、叶绿、果绿、墨绿等色。正是由于染料品种的增加和色谱的扩展，使染业分工更加明确。唐织染署下的青、绛、黄、皂、紫五个染色之作，便是依据主色调而设。而各作所染之色，基本是其名称所涵盖的色彩。这样设置有利于管理和进行专一化的生产。

用于染红的染料植物主要是红花、茜草和苏枋。红花是红色植物染料中染红色泽最纯正的一种，自汉代从西北传入中原后，至唐代已成为最重要的红色染料，种植已十分普遍，郭橐驼《种树书》中收录了它的种植方法。唐人李中的诗句"红花颜色掩千花，任是猩猩血未加"，形象地概况了红花夺人心魄的艳丽色泽。后人将红花染成的颜色称为真红或猩红，似即缘于此诗。茜草是一种染色牢度良好的染料，但染红略带黄光，不如红花纯正光艳，其时用量大不如从前，逐步被红花取代。阿斯塔那108号唐墓出土红色绮，104号唐墓出土绛紫色绮，经分析，主要染料便是茜草[32]。苏枋是南方民间广泛使用的红色染料，苏敬《新修本草》说："用染色者，自南海昆仑来，交州、爱州亦有。"唐时，苏枋以其优良的媒染性能，鲜艳的色彩，引起染家的重视，从南方输入量渐多，成为一种新兴的红色染料。此外，唐段公路《北户录》记载广东肇庆用山花染红的情况，"山花丛生，端州山崦间多有之，其叶类蓝，其花似蓼，正月开花，土人采含苞卖之，用为胭脂粉。或时染帛，其红不下红蓝"。按，红花又名红蓝花。山花不知是何种植物，有待专门研究。

用于染黄的染料植物主要是栀子和槐花。栀子可能即西域的薝葡花，所染得的黄色，又称为薝葡金色。唐以前种植就非常普遍，梁代陶弘景《本草经集注》云："栀子……处处有，亦两三种小异，以七道者为良。经霜乃取，入染家。"入唐后栀子更为染家所重视，郭橐驼《种树书》里有其种植经验的记载。阿斯塔那108号唐墓出土黄色花树对鸟纹纱，经分析，所用黄色染料即为栀子。槐花即槐树的花蕾，含黄色槐花素及芸香苷。槐树在唐代已普遍作为绿化植物来栽培，同时其花可以染黄色、其籽可以染色的染色性能也为人们所认识，是当时较为常用的染料[33]。阿斯塔那105号唐墓出土绿地狩猎纹纱，其绿地即槐花与靛蓝套染而得。其他黄色染料还有黄栌、郁金等。黄栌茎干中含硫磺菊素，又名嫩黄木素，用铝、铁媒染可得淡黄、橙黄诸色。陈藏器《本草拾遗》说："黄栌生商洛山谷，四川界甚有之。叶圆木黄，可染黄色。"郁金生蜀地和西域，茎中含姜黄色素，可直接染黄，也可借助矾类媒染剂而得到不同黄色调，但耐日晒牢度稍差。张泌《妆楼记》载："郁金，芳草也，染妇人衣最鲜明。然不奈日炙。染成，衣则微有郁金之气。"

用于染蓝的植物染料主要是靛蓝。唐代制取靛蓝的技术逐渐成熟，靛蓝染色高度发达，织染署下的"青作"，就是一个专业的靛蓝染色作坊。都兰 DXMP2 所出土的唐代晕绸小花锦[34]，其上蓝色晕绸颇能反映当时染蓝技术水平。靛蓝除专门用于染蓝外，还广泛用于与其他染料套染，阿斯塔那 105 号唐墓出土绿地狩猎纹纱，其绿地即靛蓝与槐花套染而得。唐代染匠还东渡日本传授染色技术，日本古籍《延喜式》记载了他们传授的染蓝经验："深漂绫一匹，蓝十围，薪六十斤。帛一匹，蓝十围，薪一百斤。"《延喜式》是日本奈良时代的著作，它记载的内容是唐代时中国传入日本的工艺。文中的"围"，日本学者认为可能是刈取"生蓝"的计量单位。

用于染黑的染料植物有皂斗、鼠尾草、狼把草、乌桕等。皂斗是古代著名的黑色染料植物，自商周时期被用于染黑后，一直是最主要的染黑染料植物，唐代也不例外。鼠尾草为百合科草本植物，最迟在晋代就已被作为染黑植物，《尔雅·释草》郭璞有注，云：鼠尾"可以染皂"。至唐代用者渐多，《名医别录》云："生平泽中，四月采叶，七月采花，阴干。"《本草经集注》云："田野甚多，人采作滋染皂。"狼把草为菊科一年生草本植物，唐代开始作为黑色染料植物使用，陈藏器《本草拾遗》说："狼把草、秋穗子，并染皂。黑人须发，令人不老。生山道旁。"乌桕为大戟科落叶乔木，它用于染色的最早记载见于《本草拾遗》，谓："乌桕叶好染皂，子多取压为油，涂头，令白变黑，为灯极明。"这些染黑植物均含有单宁，皆需铁媒染剂助染。唐代铁媒染剂的来源主要是绿矾和铁浆。绿矾又名青矾、皂矾、绛矾，成分是硫酸亚铁（$FeSO_4 \cdot 2H_2O$）。铁浆成分是醋酸铁或醋酸铁与乳酸铁之混合溶液，在《本草拾遗》中有其制造方法的介绍，谓："乃取诸铁于器中水浸之，经久色青，沫出，可以染皂者为铁浆。"铁浆这种媒染剂，较之绿矾的有效成分为纯，对纤维有减少损伤的优越性[35]。

（三）印花

唐代印花技术呈多样化发展，在凸版印花、镂空版印花、缬染等方面均有显著进步，并出现了碱剂印花新工艺。

1. 凸版印花

凸版印花包括捺印和拓印两种方式。捺印是将涂有颜料的印花版捺压在织物上。拓印是将织物放在涂有颜料的印花版上拓刷，与拓片相似。吐鲁番阿斯塔那 105 号墓出土唐代绿地狩猎纹印花纱，工艺很可能就是捺印。该织品长 56 厘米、宽 31 厘米，在绿地上印出狩猎图案。图中有猎手、流云飞鸟、花草鹿兔和山石树木。猎手或驱马飞奔，或驱马张弓，或驱马张索。织品表面印花干净，图案生动，是唐代丝绸印花精品之一（图 5 - 4 唐代绿地狩猎纹印花纱）。另外，敦煌莫高窟曾出土过一件唐

图 5 - 4　唐代绿地狩猎纹印花纱

代联珠对禽纹绢，经分析，其上花纹图案就是采用拓印方法而得，所用颜料为墨，工艺很可能是先砑后拓或刷[36]。

2. 镂空版印花

唐代镂空版印花技术的进步，主要表现在制版和防染方法的创新。制版方面：在吐鲁番出土的唐代印花丝织物中，有一些不闭合的小圆圈花样，其内外圈有一线相连[37]。这类图案的型版绝非一般镂刻所能达到，应是加上了生丝筛网的镂空版，即网罗镂空型版所印。因为只有用生丝或其他粘附材料等加固，才不会使镂空处失去连接，才能使镂空版印出封闭式的环圈类花纹图样。网罗镂空型版的出现，为后代纸型印花和绢网印花打下了初步基础[38]。防染方面：镂空版印花按工艺可分为直接印花和防染印花两类。作直接印花时，镂空处被用以涂刷色浆，型版起防染作用；作防染印花时，镂空处被用以涂刷防染剂，拆除型版染色时夹紧部位被施染。防染原理是位于镂空处的织物表面，因被防染剂覆盖，染色时染料分子不能有效渗透，基本不着色或仅着浅色，而型版夹紧部位的织物表面，因没有防染剂保护被均匀着色。防染剂有蜡、胶粉浆和碱剂等。碱剂是用草木灰或石灰等混合液与糊料配置而得。

3. 缬染印花

夹缬（实际上也是一种镂空版印花，但为行文方便，放在这里叙述）、绞缬、蜡缬在唐代极为流行，技术上也日臻成熟。

夹缬。始于秦汉时期的夹缬工艺，隋唐以来开始盛行。马缟《中华古今注》卷中载：隋大业年间，隋炀帝曾命令工匠印制五色夹缬花裙数百件，以赐给宫女及百官。王谠《唐语林》卷四载："玄宗（时）柳婕妤有才学，上甚重之。婕妤妹适赵氏，性巧慧，因使工镂板为杂花象之而为夹结（缬）。因婕妤生日，献王皇后一匹。上见而赏之，因敕宫中依样制之。当时甚秘，后渐出，遍于天下。"《学海类编》所收汝姚能《安禄山事迹》载：唐玄宗时，安禄山入京献俘，玄宗以"夹缬罗顶额织成锦帐"相赐。这些记载表明玄宗之前夹缬制品尚属稀贵之物，仅在上层社会流行，玄宗之后才在民间流行。因夹缬印花具有操作简便、成本经济、图案清晰和适宜大批量生产的优点，唐中叶时开始被用于印制军服，唐"开元礼"制度，就规定夹缬印花制品为士兵的标志号衣，皇帝宫廷御前步骑纵队，一律穿小袖齐膝夹缬团花袄（宋代也曾沿袭这一规定）。夹缬制品的盛行在唐诗中也得到反映，如白居易《玩半开花赠皇甫郎中》诗中有"成都新夹缬，梁汉碎胭脂"之句，李贺《恼公》诗中有"醉缬抛红网，单罗挂绿蒙"之句。

唐代夹缬制品遗存较多，如吐鲁番191号墓出土的唐代狩猎纹著花绢和棕色地著花缣、187号墓出土的唐代大红地著花绢、214号墓出土的唐代烟色地著花缣。日本正仓院也收藏有许多唐代夹缬，如唐代夹缬花树对鸟屏风（图5-5 唐代夹缬花树对鸟屏风）、夹缬山水屏风、夹缬鹿草屏风、花纹夹缬绝等。这些五彩夹缬，工艺特点鲜明，皆为连续纹样花版，

图5-5
唐代夹缬花树对鸟屏风

浆印著花。另外，从吐鲁番出土夹缬实物来看，唐代夹缬花版的长度多为 10～15 厘米，个别的达 25 厘米。花版采用连续图案，长度与单元图案的大小成正比。花纹横向都是两版，两版之和与织物幅宽的一半接近，即一尺一寸左右（唐 1 尺约为 23.5 厘米）。接版处位于织物横幅中心[39]。

绞缬。唐代绞缬制品繁多，仅史料记载的名称便有 10 余种，如大撮晕缬、玛瑙缬、鱼子缬、醉眼缬、方胜缬、团宫缬等。这些绞缬品多是以其表现出来的撮晕效果而闻名。

吐鲁番阿斯塔那北区 117 号墓所出土的长 16 厘米、宽 5 厘米的唐代棕色绞缬绢，绞缬花样色调柔和，花样边缘受染液的浸润形成的从深到浅的自然色晕，不但使织物看起来层次丰富，而且彰显出其晕渲烂漫、变幻迷离的艺术效果。阿斯塔那 308 号墓所出土的唐垂拱四年（688 年）的绞缬裙子，其上用绛紫、茄紫两色组成菱形网格花纹，十分醒目。值得注意的是裙上所留折叠痕和穿线孔，展示其工艺是先将织物按条状折叠，然后用针线按斜线曲折向前抽紧，使穿线处块状相叠再入染，染后得折缬效果[40]。始见于元代文献的哲（折）缬，很可能就是采用这种工艺。

蜡缬。唐代蜡缬制品已是民间常服，张萱《捣练图》中有几个妇女的衣裙就是蜡缬工艺制成的。1965 年敦煌莫高窟发现了 9 件唐代缬染丝织品，其中大多数是蜡缬；1968 年吐鲁番阿斯塔那也曾出土一些唐代缬染丝织品。日本正仓院收藏有唐代蜡缬数件，其中"象纹蜡缬屏风"和"树羊蜡缬屏风"，图案精细，布局大方，上、中、下三组纹样结构工整匀称，显然是经过精工设计和画蜡、点蜡工艺而得，是蜡缬中难得的精品。

4. 碱剂印花

碱剂印花是利用碱性物质对丝胶的溶解性能及对某些染料的阻染性能而进行的拔染或防染印花。吐鲁番阿斯塔那出土过一些这类印花纺织品。108 号墓所出"原色地印花纱"，便是碱剂拔染印花产品。拔染是一种在生坯丝地上以强碱剂印浆使丝坯显花的工艺。其原理是涂有印浆的生坯丝地部位，在强碱的作用下发生膨胀，印花后水洗，印浆部位的丝胶被除去，呈现出与生坯光泽不一样的花纹图案。"原色地印花纱"的花纹部位，经强碱作用已成熟丝，丝束松散，富有丝光，而其色地仍系生丝，丝束抱合紧密，色泽较暗。熟丝花纹在生丝地的映衬下显得格外雅致。同一个墓所出"黄地对鸟纹纱"和"绛地白花纱"则为拔染和防染结合的印花产品。前者工艺是先在生丝坯上以强碱剂印花，再将丝坯入栀子染液浸染。因生丝和熟丝在染浴中的上色率是有差别的，故形成花纹部位和色地深浅不同的色光；后者工艺也是先在生丝坯上以强碱剂印花，但不经水洗，印浆干燥后直接将生丝坯入红花染液进行弱酸性染浴。因酸性中和了印浆的碱性，印浆部位不能着色，从而获得绛地白花的印花效果。

碱剂印花在唐代以前未见记载，迄今也没有发现唐以前的实物，说明它是在唐代才出现的一项新工艺。

第三节　织物组织和织物品种

原组织包括平纹组织、斜纹组织和缎纹组织三种，通常称为三原组织，是织物组织中较简单的组织，也是各种组织的基础。唐以前，平纹及其变化、斜纹及其变化、绞经、经二重、纬二重、双层、提花等虽被广泛运用，但缎纹组织却迟迟没有出现。直到唐代时，织物原组织中这种最具特点、最复杂的组织，才以6枚变则缎纹形式出现在人们的视野中。缎纹组织的出现，使织物原组织趋于完善，为织物品种拓展了更大的发展空间。可以说，缎纹组织的出现，是这个时期织物组织和织物品种大发展最为重要的标志。

一、织物组织的大发展

唐代织物组织的发展表现为既继承了前代原有的组织，又有所变化，并出现了缎纹组织。

在唐代初期，有不少平纹变化经二重织锦，它们的组织属于传统的汉锦组织。不过，从唐初起，新的经锦组织就开始出现了，它就是二上一下的斜纹变化经二重组织，这种组织在唐代很流行，例如在吐鲁番 TAM381 出土的云头锦鞋，其鞋项是团窠宝花纹锦，用 1:3 的斜纹经二重组织织出，它的图案是用宝蓝、墨绿、橘黄、深棕四色在白地上织宝花，相当富丽堂皇，显示了唐代的经锦织造技术达到了新的水平[41]。

我们在前面曾经论述过唐代有一种叫双面锦的织锦，并把在吐鲁番阿斯塔那 206 号唐墓出土的双面锦作为佐证。该墓出土的双面锦的组织是双层组织，地为沉香色，显白色变体方胜四叶纹图案，其组织是白色经与纬、沉香色经与纬各自相交成两层平纹织物[42]。在新疆巴楚县脱库孜萨来晚唐房屋遗址中出土的月兔纹锦，也是双面锦，其色彩为绿、黄二色变换，其组织是双层组织[43]。可见在唐代，这种双层组织的双面锦相当流行。

在唐代还出现了织金锦，这件织金锦是在青海都兰 TRMIP2 中出土的。其织造方法是由平纹组织发展而来，是在蓝色平纹地上以一隔二平纹全越的方式，织入金片，由金片断纬显花，其花纹为龟甲形六出小花。这是我国至今发现最早的织金锦，它的织造方法与后代的织金锦的织造方法有很大的区别。唐代的纬锦，其基本组织主要是一上二下斜纹纬二重，从吐鲁番和都兰大量出土的唐代纬锦实物中，可以找到佐证。例如，在青海都兰 DRMIP2 中出土的中窠宝花立凤锦，其组织是 1:3 的斜纹纬二重，夹经为 S 捻的双根，纬丝无捻，显然是受中亚织造风格影响的纬锦组织，但图案却是中国传统风格，在团窠宝花中置以立凤，这立凤的造型明显地带有汉朝朱雀的遗风[44]。

唐代的晕绸锦，从出土实物进行分析可知，其组织有两种类型。一类晕绸锦是重组织，其组织结构与斜纹经二重完全相同，例如在都兰 DXMP2 出土的晕绸小花锦，它以蓝、浅蓝、绿、黄、紫、米色等 22 种彩条排成一个循环，然后在表经色条上，以不同色彩的散点小花点缀，宛如道道彩虹，绚丽斗艳，反映出相当高的织造技术水平[45]。另一类晕绸锦是单层提花织物，大多是以变化的三上一下山形斜纹作地，然后以纬浮长显花，例如在吐鲁番TAMI05出土的晕𦀷提花锦，就属于这一类的晕𦀷锦[46]。

唐代绫织物的组织，也可分为两类，一类是平纹地上起花，另一类是斜纹地上起花。平纹地上起花可分起三上一下斜纹、变化斜纹（或称嵌合组织）等几种，这类绫织物在汉代已经出现，汉代称它为绮而不是称它为绫，但在唐朝称它为绫，例如有唐代"景云元年（710年）双流县折调细绫一匹"题记的联珠对龙暗花织物为证[47]。斜纹地上显花这一类绫，又可分为同单位异向绫、异单位同向绫、斜纹地缎花绫和斜纹地纬浮绫等。同单位异向绫是通过三上一下和一上三下两种斜纹的浮长不同而显花。异单位同向绫是利用二上一下和五上一下斜纹的浮长不同显花。这两种绫，在都兰和敦煌都有发现[48]。在新疆盐湖唐墓出土的三块烟色牡丹花纹绫，属于斜纹地上显缎纹花的绫，其二上一下斜纹作地，六枚变则缎纹起花，花地组织配合设计[49]。日本正仓院收藏的唐代双凤又羊白绫，则属于二上一下地上起长纬浮花的绫组织的织物。唐代的纱，花色品种比较多，其中既有普通的平纹纱，也有基本组织是变化重平组织的隔织纱。例如，在敦煌发现的碱印团花纹纱的底织物由两组纬线，一组单根，一组三根，分别连续投两梭后交换织成，但有时也有不规则的情况出现，因它需要间隔交换梭子织成，所以称为隔织纱[50]。

三原组织中的缎纹组织，是在唐代最早出现的。这种组织是在斜纹组织的基础上发展出来的。如果完全组织为5根（或7根），当飞数为除1与4（在7根时除1与6）之外的任意数时（飞数与完全组织根数间必须没有公因子），都可以形成缎纹。在每一个完全组织中，缎纹的组织点不是像平纹或斜纹那样排列连续的线条，而是均匀分散地分布，且被浮长较长的纱线所掩盖，使织物表面只显现出经线或纬线的独特风格。这种风格的织物，具体表现为平滑匀整，质地柔软，富有光泽或稍呈纹路。因此，缎纹组织发明后，立即深受人们的喜爱，使采用缎纹组织的织物得到迅速的发展[51]。新疆盐湖唐墓曾出土过3块烟色牡丹花纹绫，以二上一下斜纹组织作地，六枚变则缎纹起花，这是我国至今出土时代最早的缎纹织物，可作为唐代出现缎纹组织织物的证据[52]。

二、织物品种的大发展

隋唐五代时期各地向朝廷贡赋纺织物的情况，在当时的文献中多有记载。唐代时，关内道贡赋的纺织品有绢、绵、布、麻；河南道贡赋的纺织品有绢、绝、绵、布、绅、文绫、丝葛；河东道贡赋的纺织品有布、绢；河北道贡赋的纺织品有绢、绵、丝、罗、绫、平绅、布、丝绅；山南道贡赋的纺织品有绢、布、绵、绅、交绫、白縠、纻、葛、兰干；陇右道贡赋的纺织品有布、麻、毛毻、白氎；淮南道贡赋的纺织品有绝、绢、绵、布、交梭、纻、绣、熟丝；江南道贡赋的纺织品有麻、纻、编绫纶、葛、练；剑南道贡赋的纺织品有绢、绵、葛、纻、罗、绫、绅、交梭、弥牟布、丝、葛；岭南道贡赋的纺织品有蕉纻、落麻、丝、竹布。五代时，福建地区不但盛产蕉布和葛布，而且盛产锦、绮、罗等丝织品，不仅能满足当地消费的需要，还被当作外贸商品。该地区同光二年（924年）对外贸易输出锦、绮、罗等丝织品三千匹；天福七年（942年）输出葛布二万六千多匹。可见当地在五代十国时期纺织品之丰富[53]。其时湖南民间也"机杼大盛"，大量生产丝布、葛布、综布、细葛布等纺织品[54]。成都地区更是"桑栽甚多","蚕市"异常繁盛，所产的蜀锦仍很有名[55]。

上述仅是各地生产的大类纺织品名目，在这些大类纺织品名目下，或多或少又有其不同的花色品种。因此，不难推测隋唐五代时期纺织品的发展是相当迅猛的。在下面的论述中，我们再引用一些资料加以说明，以便更全面地展现这个时期纺织品品种大发展的情况。

（一）丝织品

1. 从贡赋资料看丝织品种

据《唐六典》《元和郡县志》和《通典》中有关唐代初期丝织品种来看，当时的丝织品种主要有绢、**绝**、**绅**、绫、缣、罗、纱、丝布、交梭、縠、绮、纶、绸（锦）等十几大类。每个大类的丝织品，又有若干花色品种。例如，绫有方纹绫、云花绫、龟甲绫、双距绫、双丝绫、仙纹绫、镜花绫、二包绫、熟线绫、莲绫、水纹绫、鱼口绫、绣叶绫、花纹绫、鸟眼绫、白编绫、十样花绫、交梭绫、樗蒲绫、绯绫等花色品种；锦有蕃客袍锦、被锦、半臂锦等花色品种；罗有宝花罗、花纹罗、单丝罗、孔雀罗、瓜子罗、春罗等花色品种。

据《新唐书·地理志》的记载，当时贡赋丝织物最多的地方是河南道（今河南、山东）之各州、河北道（今河北及河南之一部）之各州和江南道（今江苏、浙江）之各州。其中江南东道所贡丝织物的各州分别有以下各地。

润州：贡衫罗、水纹绫、方纹绫、鱼口绫、绣叶绫、花纹绫；

常州：贡**绅**绢、红紫锦巾、紫纱；

湖州：贡御服鸟眼绫；

苏州：贡八蚕丝、绯绫；

睦州：贡文绫；

杭州：贡白编绫、绯绫；

越州：贡宝花罗、花纹罗、白编绫、交梭绫、十样花纹绫、轻容生縠、花纱、吴绢；

明州：贡吴绫、交梭绫。

江南东道向朝廷贡丝织物的情况，在《元和郡县志》里也有记载：

湖州在开元年间（713—741年）贡丝布；

杭州在开元年间贡绯绫、纹绫、白编绫，在元和年间（806—820年）贡白编绫；

睦州在开元年间贡交梭绫。自贞元（785—805年）以后，凡贡之外，别进异文吴绫及花鼓歇纱、吴绫朱纱等纤丽之物；

婺州在开元年间贡纤纩；

衢州在开元年间贡绵；

处州在开元年间贡绵，在元和年间贡丝、绢、绵绸、小绫；

温州在开元年间贡绵；

润州在开元年间贡纹绫，赋丝纻布；

常州在开元年间贡绵；

苏州在元和年间贡丝。

唐代纱类织物的品种也相当多。据《旧唐书·韦坚传》记载，唐代江南东道土贡，越州会稽郡包括会稽、山阴、诸暨、余姚、萧山、剡（嵊）、上虞七县，自唐中元以后，凡贡以外，别进花鼓歇纱、吴纱、吴朱纱、轻容、蓝縠、花纱等凡数十种。可见当时江南东道的纱都是高级品种，花色品种达数十种之多。除了高级品种的纱，理应还有不是高级品种的纱，两者合在一起，纱的花色品种就更丰富了。

上引记载一方面表明，江南东道已成为唐代重要的丝绸产地之一，其所产丝绸中的一些名产，被作为贡品交纳给朝廷；另一方面表明唐代丝绸品种是相当多的，因为作为贡品的品种，必是地方名产，而不是地方名产的品种，一般来说是理应比当地名产多得多。

另据一些文献记载，唐代丝织品中还有织成和缂丝这两大类品种。

《中华古今注》记载："天宝年中，西川贡五色织成背子。"《资治通鉴》卷二〇九记载：唐安乐公主有织成裙，值钱一亿。在杜甫的诗中有这样的诗句："客从西北来，遗我翠织成。"这些资料证明在唐代不但有织成这种纺织品，而且织成还有不同的花色品种。

在朱启钤编的《清内府藏刻丝书画录》卷三中《宋刻丝绣合璧》（一册）内，张习志所作跋写道："刻丝作盛于唐贞观开元间……皆以之为标帜，今所谓包首锦者是也。"这里所提及的刻丝，是缂丝的别称。由此可见，唐代不但有刻丝（缂丝）这种丝织品，而且在唐代盛行，其花色品种理应不止一两个。

唐以降，南方一些地区的丝织生产保持着较好的发展势头。据《五代史记补考》卷一二记载，五代十国时期，吴越国在杭州城内设置庞大的官营手工丝织作坊，专门生产高级丝织品，仅西府就有锦绮工300余人。另外，又募润州（今镇江）200名织工织造绫锦。这方面的情况，从吴越国向北方后唐和后周进贡的丝织物品种和数量，可以得到佐证。据有关文献资料记载，后唐同光二年（924年），吴越国向后唐进贡的丝织物中，有越绫、吴绫、越绢、龙凤衣、丝鞋履子、盘龙凤锦、织成红罗縠袍袄、彩缎、五色长连衣缎、绫绢御衣、红地龙凤锦被等。后周显德五年（958年），吴越国在这一年分别向后周进贡六次丝织物，其中在二月进贡御衣；在四月进贡绫、绢各二万匹；在闰七月进贡绢二万匹、绸衣缎二千连以及御衣等物；在八月进贡绢一万匹；在十一月进贡绵五万两；在十二月进贡绢四万匹、绵十万两[56]。另据《枫窗小牍》记载："忠懿（钱俶）入贡……锦绮二十八万余匹，色绢七十九万七十余匹……举朝文武、阉寺，皆有馈遗。"据《宋史》记载：钱俶从赵匡胤建立宋朝后，就"贡奉不绝。及用兵江左（南唐），所贡数十倍"。到宋代太平兴国三年（978年）三月，即吴越国亡国前二月，钱俶还"贡白金五万两，钱万万，绢十万匹，绫二万匹，绵十万屯（六两为一屯）"。吴越国自成立以来，它的统治者自钱镠、元瓘、钱佐、钱倧传至钱俶，都频繁地向北方小朝廷进贡大量丝绸等物，以此图谋借北方小朝廷的力量与南方的强国吴国抗衡，确保吴越国的安全。从吴越国进贡的丝绸物的情况可以看出，它当时生产的丝织品的品种和产量确实是相当多的。

吴越国除向邻国大量纳贡丝绸外，国内的丝绸消费也相对惊人。据《吴越钱氏志·卷七·治国录下》记载，钱镠有一次回他的家乡（今浙江临安），盛宴父老，"山林皆覆以锦，故名临安为十锦"，十锦为衣锦营、衣锦山、衣锦南乡、衣锦北乡、锦溪、锦桥、昼锦台、昼锦坊、保锦山、衣锦将军树。一次还乡就如此惊人地奢耗浪费丝绸，说明朝廷囤积的丝绸之多，并从侧面反映出吴越国丝绸生产之盛。史载当时吴越国不但农村"桑麻蔽野"，城镇里也出现"春巷摘桑喧姹女"的场面，甚至连寺院也种植桑树。例如，临安功臣山净度寺，就大面积种桑[57]。

2. 从纹样图案看丝织品种

我们在前面的有关论述中，曾谈到隋唐五代纺织品的花纹图案，如果从这方面去考察，也可以看出当时纺织品的品种确实有了较大的发展。

在前面曾论及的唐代窦师纶所创的锦样——"陵阳公样"，有花树对鹿、对雉、斗羊等十几种花纹图案，这些花纹图案都曾被应用到丝织品中，成为唐初著名的丝织品种。至唐玄宗时，益州司马皇甫恂仿制"陵阳公样"，创出一些织锦新样，被称为"益州新样"。当时长安织染署织造的锦、绫等丝织品，其花色品种的花纹图案，大多取自"益州新样"[58]。窦师纶的"陵阳公样"创于唐初，皇甫恂的"益州新样"于唐玄宗时献给朝廷，这说明唐代中期丝织品又增加了不少新的花色品种。

唐代的遗存锦样，除了"陵阳公样"和"益州新样"以外，还有其他一些花色品种，这可从唐代出土文物中得到印证。关于这一点，我们将在以后进行阐述。在前面论及的唐代宗诏令禁止外地织造的丝织物禁令中，涉及的丝织品种有瑞锦、大张锦、独软锦、盘龙锦、对凤锦、天马锦、麒麟锦、狮子锦、辟邪锦、孔雀锦、仙鹤锦等。在繁多的锦类品种中，这只是很少的一部分。不被禁止织造的锦的品种，应比禁止织造的锦的品种多得多，因为朝廷所需消费的锦是相当多的。由此亦可看出唐代后期丝织品种仍有所增加。

在隋唐五代时期的各类丝织品种中，以锦和绫的花纹图案最为繁多，意味着这两类丝织品花色品种也是最多的。如在前文所提及的花纹图案，大多都是出现在这些丝织品上。《新唐书·百官志》载，武后垂拱二年（668年），尚方监内有绫锦坊巧儿（技术高的织工）365人。玄宗天宝年间（742—756年），专为杨玉环的贵妃院配备织工、绣工700人，其中许多织锦工都是"织锦巧儿"。所织造的丝织品大多是锦和绫。唐太宗时，织造的锦和绫的花纹图案有对雉、斗羊、翔凤、游麟。唐代宗时，有盘龙、对凤、麒麟、狮子、天马、孔雀、仙鹤、芝草、万字。武则天垂拱初年绫锦坊的"巧儿"织造的绫的花纹图案，除了上面列举的那些花纹，还有双胜以及印度梵文、少数民族文字等图案。

3. 从产量看丝织品种

唐代全国丝织品的产量是非常大的，《新唐书·地理志》记载，仅河北道的定州每年向朝廷贡细绫1370匹，两窠细绫15匹，瑞绫250匹，独窠绫10匹。一个州每年就能贡这么多的丝织品，全国各州所贡赋的丝织品加在一起，数量肯定相当惊人。

关于唐代纺织品产量的增长情况，除在有关讲地理、物产的文献中有大量记载外，在记述其他事情的文献中也多有反映。下引几则：

《资治通鉴·唐纪》咸通十二年条中记载：唐懿宗的女儿同昌公主死时，懿宗命"乐工李可及作叹百年曲，其声凄惋，舞者数百人……以绘八百匹为地衣"；还给同昌公主殉葬许多衣服。为哀念女儿，陪葬所用丝织品数量如此之多，可想见当时国库所存丝织品数量之巨。

《新唐书·李德裕传》记载：唐敬宗时，朝廷曾一次向浙西索要盘条缭绫千匹。这件事朝廷虽未最终如愿，但从中也可看出朝廷之所以一次就向地方索取数量如此巨大的丝织品，是因为地方有这种生产能力。

《新唐书·韩弘传》记载：韩弘在唐德宗时自汴来朝，献绢五十万匹，锦彩三万匹。另据《新唐书·王播传》记载，唐敬宗时，淮南节度使王播有一次献绫绢四十万匹。唐玄宗时曾任宰相的杨国忠所拥有的丝织品数量更加惊人，竟拥有绢帛三百万匹之巨！[59]

稍加分析上引文献记载的丝织品数量，即可得出：这些数字一定是各种品种之和，绝不可能只是单一品种的结论，也就是说唐代丝织品种是相当丰富的。

另外，唐代商品经济的发达，也促进了丝织品种的进一步丰富。在发掘和整理房山石经时，从石经的题记里发现许多唐代天宝至贞元间北方州郡的行会资料。其中属于范阳郡的纺织业有绢行、大绢行、小绢行、彩帛行、彩绵彩帛行、小彩行、新绢行、布行、染行、幞头行[60]。这些商店都是专卖店，都是专卖某一类丝织品、布（麻布）或服饰品（幞头）。各种专营某类纺织品商店的大量出现，无疑是纺织品种增加最直观的表现。

4. 从丝绸作为货币使用看丝织品种

唐代的丝绸，除作为实用品外，还作为实物货币被广泛使用。这是因为丝绸既具有实用价值又具有交换价值，在政局动荡和通货膨胀时，更易显示它存在的意义，所以早在唐以前就有人用它代替实物货币使用，到唐代遂更加普遍了。开元二十年（732 年）唐王朝曾颁布一道敕令："绫罗绢布杂货等，交易皆合通用。如闻市肆必须见钱，深非道理。自今后，与钱货兼用。违者准法罪之。"[61]两年后（734 年）又下诏明令"以马交易，并先用绢、布、绫、罗、丝、绵等，其余市价至一千以上，亦令钱物兼用。违者科罪"[62]。在唐代许多物品都可通过绢帛来表现价值，如唐太宗时规定各地土贡，一律"准绢为价，不得过五十匹"，便是用绢来计算其价值以确定最高限额的。再如唐律规定："诸评赃者，皆据犯处当时物价及上绢估。"这是在法律审判中，用绢来评估赃物的价值。某个时期丝绸的具体价值在文献中也有记载。《唐会要》卷五九载，唐太宗贞观初年，一匹绢可买一斗米；到贞观十一年（637 年）时，因为连年粮食丰收，使粮价大跌，这时一匹绢可买到十余石粟。在近年发现的吐鲁番文书和敦煌遗书中，也有这方面的记载。例如，在吐鲁番文书中有这样的记载：龙朔元年（661 年），左幢憙买奴 1 人，名中得，其价为水练 6 匹[63]；开元二十一年（733 年），石染典买马 1 匹，化费大练 18 匹[64]。在敦煌遗书里有这样的记载：一个姓宋的人去西州，雇了 8 岁驱驰 1 头，雇价为生绝 1 匹，正月至七月里使用；唐天复四年（904 年）"会狐法性租与地契"

中，记载当时租口分田八亩，交租为绢一匹、八综毺、一匹[65]（毺疑为错字，可能是毯之误，当时粗毛织物也称为毯）；在敦煌遗书（925 年）净土寺账目中，有梁户课油亦可用绢代替的记载："油五斗五胜（升）、梁户入绢两段共三丈七尺准折用。"[66] 从上述资料可以看出，无论是官方还是民间，唐代的丝绸、麻布都与钱同样当作货币并行使用。《新唐书·食货志》中有这样的记载：德宗时，"农人所有，唯布帛而已。用布帛处多，用钱处少"。表明民间用丝绸、麻布等纺织品当货币使用比钱币更普遍。

丝绸能作为货币普遍使用，说明丝绸既可象征财富的多寡，还可依数量或品种细分其价值，具备价值尺度和流通手段这两个货币的基本职能。因此，从这个角度去推测，在发达的唐代商品经济中，纺织品的品种应当是相当多的。

5. 从出土文物看丝织品种

1968 年，考古工作者在新疆吐鲁番阿斯塔那唐墓出土了一批纱，其中有白色蜡缬纱、绛色印花纱、黄色鸳鸯蜡缬纱、绿色骑士狩猎印花纱等品种。1972 年，该地出土了属于唐代的天青色敷金彩轻容纱，其实物残长 22 厘米，残宽 6.5 厘米，经密约 30 根/厘米，纬密 22 根/厘米，经纬丝的投影宽度约为 0.1 毫米，它与长沙马王堆一号汉墓出土的素纱相比，经纬密度只有一半左右，显得更稀疏，方孔眼更大，制作更加轻柔精巧。

在新疆吐鲁番和民丰出土的唐锦，数量和花色品种相当多。将这些唐锦按织造工艺和纹样图案区分，可以分成两类。

一类是继承南北朝时期纹样图案风格，联珠对鸟对兽纹的纹锦。例如联珠对鸟对狮"同"字纹锦、联珠对鸭纹锦、联珠大鹿纹锦复面、联珠天马骑士纹锦复面、联珠对鸡纹锦、联珠方胜鸾鸟纹锦复面、联珠熊头纹锦复面、联珠猪头纹锦、联珠对龙纹锦、联珠鸟纹锦、瑞花遍地锦、小团花纹锦、菱形团花纹锦等。

另一类是具有唐代纹样或技艺创新特色的纹锦。例如 1967 年吐鲁番阿斯塔那 92 号墓出土的唐代联珠对鸭纹锦，其实物残长 19.8 厘米，残宽 19.4 厘米；经密 22 根/厘米，纬密 76 根/厘米；纬线有黄色、白色、棕色、蓝色四色，但每区只有三色或两色。1969 年该地 77 号墓出土的联珠猪头纹锦复面，其残长 16 厘米，残宽 14 厘米；经密 20 根/厘米，纬密 96 根/厘米。纬线为红、白、黑三色，花纹为野猪头，猪的獠牙上翘，猪的舌部外伸，猪脸上有"田"字纹贴花三朵，外绕联珠纹一圈。1968 年该地 381 号墓出土的唐代花鸟纹锦，其残长 37 厘米，残宽 24.4 厘米；经密每厘米 26 双根，纬线有八色，纬密每厘米 96 根；花纹以五彩大团花为中心，周围绕以四只飞鸟，飞鸟尾部附近有红、蓝六瓣花四朵，花下部衬以枝干绿叶相扶，大团花下部另有两只小鸟在花间飞翔。锦边织出蓝地五彩花卉带，花纹图案整体布局紧凑而协调，色彩鲜艳，飞鸟竞翔，形态逼真，红花绿叶光华相映，显示出唐代高超的织锦技艺（图 5－6 吐鲁番阿斯塔那 92 号墓出土的唐代花鸟纹锦）。1972 年在该地唐墓还出土晕绚纹锦针衣，实物长 5.2 厘米，宽 5 厘米。它是整块锦的一部分，从上到下有分色的彩条。第一条是在灰蓝色地上织出淡黄色的山形斜纹，条宽为 5 毫米；第二条是在白色地上织出淡黄色狭小的山形斜纹，条宽为 1.6 毫米；第三条是在橘黄色地上织出中间晕色的淡黄色山形斜纹，两边显出橘黄色右斜纹，条宽约为6.4毫米；第四条是在绛红地上显出淡黄色右斜纹，它和橘黄色右斜纹相接，形成绛红和橘黄色的晕色；第五条是橘黄地上显出淡黄色左斜纹，条宽为1.5毫米；第六条是在绛红地上织出淡黄色串珠纹，串珠为左斜纹，条宽2.5毫米；第七条是在绛红地显出淡黄色左斜纹，条宽约为1.5毫米；第八条是淡黄、橘黄、浅绛三色的右斜纹，条宽为4毫米；第九条是最中间的一条，它是橘黄色的四瓣椭圆花，有立体感效果，花瓣上是淡黄色左右对称的山形斜纹，正中间是一条紫绛色，两边是灰蓝色和淡黄色左右对称的斜纹。这条宽约10毫米的四瓣花彩条，有白、淡黄、橘

图5-6 吐鲁番阿斯塔那92号墓出土的唐代花鸟纹锦

黄、灰蓝、紫绛等五六种晕色，在织物组织上还巧妙地使用了奇特的山形斜纹组织。织物表面斜纹纹路清晰，晕色效果更是层出无穷，采用纬线显花技艺织造。1969年该地北区第117号墓出土的唐代宝相花纹锦，也是有晕色效果的锦。其大红色地上的宝相花，是用果绿、墨绿、黄、棕、白五色丝线织成的，其间还加饰白色联球带和黄色晕绸。1968年该地第105号墓出土的属于唐代的晕绸提花锦裙，用黄、白、绿、粉红、茶褐五色经线织成，然后再于斜纹晕色彩条纹上，以金黄色细纬线织出蒂形四瓣小团花。该地第381号墓出土的锦鞋特色鲜明，共用了3种锦。鞋面是用黄、蓝、绿、茶青四色丝线织成的变体宝相花平纹经锦；鞋里衬是用蓝、绿、浅红、褐、蛋青、黄、白七色丝线织成彩条花鸟流云平纹经锦，其中蓝、绿、浅红和白、黄色施展七晕色层（如此精湛的晕绸彩锦，以前从未见过）；鞋头和锦袜同用一种由大红、粉红、白、墨绿、葱绿、黄、宝蓝、墨紫八色丝线织成的斜纹锦。图案为红地五彩花，以大小花朵组成团花为中心，绕以珍禽异兽，飘浮卷云行霞，间以瑞草散花，外侧又杂置折枝花和山石远树，在锦边处还织出宽3厘米的宝蓝地五彩花卉纹带状花边。整个锦面构图精巧玲珑，配色华丽，织纹组织极为致密，花回布列舒展匀整。

6. 从白居易《缭绫》诗看缭绫

唐代最著名的丝织品——缭绫，是江南所产。据陕西省考古研究院编《法门寺考古发掘报告》，唐代法门寺地宫出土的随葬物帐碑上记载了一些绫的名目，如可幅绫、缭绫、织成绫、赭黄熟绿绫、细异纹绫、白异纹绫、线绫等，其中"缭绫浴袍五副（各二事），缭绫影白匕二条"、"缭绫食帛十条"[67]。遗憾的是囿于目前的文物保护技术条件，出土的包括缭绫在内的大量丝织品粘连在一起，尚不能分开识别，只能封存于冰箱之中，不能与随葬物帐碑所载名目比对，使我们对缭绫的认识仍处于探讨和摸索之中。现只能根据白居易的《缭绫》诗对缭绫这种丝织品做一些分析和推论，期盼能对以后辨别和判定缭绫有所帮助。

关于缭绫织造之难和精美之极的程度，白居易在《缭绫》诗中有过描述。云："缭绫缭绫何所似，不似罗绡与纨绮。应似天台山上月明前，四十五尺瀑布泉。中有文章又奇绝，地铺白烟花簇雪。织者何人衣者谁，越溪寒女汉宫姬。去年中使宣口敕，天上取样人间织。织为云外秋雁行，染作江南春水色。广裁衫袖长制裙，

金斗熨波刀剪纹。异彩奇文相隐映，转侧看花花不定。昭阳舞人恩正深，春衣一对直千金。汗沾粉污不再著，曳土踏泥无惜心。缭绫织成费功绩，莫比寻常缯与帛。丝细缫多女手疼，扎扎千声不盈尺。昭阳殿里歌舞人，若见织时应也惜。"从中可知缭绫有下面几个特点：①缭绫巧夺天工，其精美实非罗、绡、纨、绮这四种丝织品所能比拟。②缭绫之亮丽飘逸，如明月当空，飞瀑流泉。③缭绫之匹长，多于定制的四十尺，为四十五尺。④缭绫之产地为"天台山"、"越溪"。⑤缭绫之纹样，由皇宫敕样生产，奇绝如烟花簇雪、云外秋雁。⑥缭绫之织造工艺，为先织后染的暗花织物。⑦缭绫之裁剪制服，须"金斗熨波刀剪纹"。⑧缭绫呈现的效果，为"异彩奇文相隐映，转侧看花花不定"。⑨缭绫之生产效率，因所用丝线太过纤细，纹样又过于繁复，投掷千梭尚不盈尺，以致价格高昂，春衣一对价值千金。

缭绫以"缭"得名，说明它的纹样多以"挑花"形式织造。因为"缭"之本义有缠、绕之意。《说文解字》："缭，缠也。"《礼记·玉藻》："再缭四寸。"疏，"绕也"。缭绫在一些文献中也写成撩绫，如《旧唐书·本纪第十七》载：大和三年（830年）"禁止奇贡，云，四方不得以新样织成非常之物为献，机杼纤丽若花丝布缭绫之类，并宜禁断。敕到一月，机杼一切焚弃"。《新唐书·本纪第八》所载同一件事，缭绫写成撩绫，原文如是：大和三年（830年）"诏毋献难成非常之物，焚丝布撩绫机杼"。再如敦煌本（巴黎图书馆伯希和号伍伍肆贰）的白居易《缭绫》，篇名就题作为《撩绫歌》[68]。俗语把用针线缝缀谓之缭缝或缭贴边。而撩之本义则有挑起、撩拨之义。

缭绫是暗花织物，关于它的纹样特征白居易诗中也有提及，即"丝细缫多女手疼"之"缫"字。对这句诗文，向来解读为"丝太细，抽丝太多使女工手疼"。细读《缭绫》全文，如此解释似乎与白氏所述不符。分析其偏离原因，大概与对诗文中"织"字的理解有关。在《缭绫》全文中，出现"织"字的诗文有五句，即"织者何人衣者谁"、"天上取样人间织"、"织为云外秋雁行"、"缭绫织成费功绩"、"若见织时应也惜"。就整个丝织工艺而言，"织"既可解释成缫、络、整经、织造等一整套丝织工艺，也可解释成特指织造工序。如果仅从"缭绫织成费功绩"这句诗文中的"织成"来理解，此"织"字，当然可作"整套丝织工艺"解，进而将"丝细缫多女手疼"这句诗文中的"缫"字，当缫丝讲，即该句作"丝太细，抽丝太多使女工手疼"解，不无不当。但从《缭绫》诗中另外四个有"织"字出现的诗句来看，皆是讲缭绫织造如何艰难，此"织"字均是特指织造工序。难道"缭绫织成费功绩"中"织"字是个例外？仔细连文品读"缭绫织成费功绩，莫比寻常缯与帛。丝细缫多女手疼，扎扎千声不盈尺。昭阳殿里歌舞人，若见织时应也惜"，特别是"若见织时应也惜"之句，答案释然。此"织"字，与"缭绫织成费功绩"中之"织"字属相互呼应关系，都是特指织造工艺，所以诗文"丝细缫多女手疼"中之"缫"字，应与丝织的第一道工序缫丝，了无瓜葛，应作他意理解。有意思的是在白居易《长庆集》中，"织"字共出现26次，其字意，不是特指织造，就是指"织"这个动作，无一是指整个丝织工艺。有兴趣者不妨查看。

在《汉语大字典》中"缫"的解释：一是通"藻"；另一是缝纫方法，即做衣服边或带子时把布边儿往里头卷进去，然后藏着针脚缝，如缲边；再者是煮茧抽丝。前两个解释均有文采或修饰之意。非此即彼，既然"丝细缲多女手疼"中之"缲"字，不能作缲丝讲，必作文饰讲。

《仪礼注疏》云："古文缲或作藻，今文作璪。"又云："凡言缲者，皆象水草之文。"《说文解字》云："璪，玉饰，如水藻之文。从玉，喿声。"在古代，朝廷有重大活动时，官员要手执礼圭参加，平时礼圭是用来称为"缲藉"的带有纹饰的丝帛包裹。不同官员礼圭的形状和所用缲藉的纹饰有着严格规定。《周礼·春官·宗伯》载："王晋大圭，执镇圭，缲藉五采五就，以朝日。公执桓圭，侯执信圭，伯执躬圭，缲皆三采三就。子执谷璧，男执蒲璧，缲皆二采再就。"其中的"五采"，《春秋左传正义》云"玄、黄、朱、白、苍"。"五就"亦即五回，郑玄注云："五就，五币也。"（图5-7 缲藉图）在视觉上，每种颜色组成一个小纹样，几种颜色合在一起组成一个大纹样。

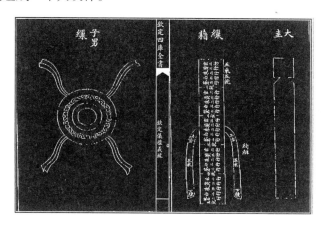

图5-7　缲藉图

缲藉在唐代即写做藻藉。李瑞诗："霭霭沉檀雾，锵锵环佩风。荧煌升藻藉，肸蚃转珠栊。"可为之证。既然"缲"通"藻"，而缭绫又是以挑梭的方法形成花纹，所以"丝细缲多女手疼"之诗文，当解作"丝太细，纹饰太多使织女挑花致手疼"。

在明了"缲"为缭绫纹饰，"缲"又通"藻"后，缭绫纹样之特征便凸显出来了。

我们知道，在自然界中，水藻如按生态特点可分为两大类，一是根系不固定浮游或漂浮在水面的藻；二是根系固着在水下泥中的底栖藻。这两种藻类对环境条件都要求不高，适应性强，都是成片生长，往往呈现出团团簇簇，层层叠叠，与水色明暗相映的效果。白居易所述缭绫纹样呈现"异彩奇文相隐映，转侧看花花不定"之效果，恰与藻类自然状态相符。再联系诗文"织为云外秋雁行"，以及文献所记缭绫纹样中出现的立鹅、天马、掬豹等图案，缭绫纹样的基本特征大概是以水藻纹为主体，辅以祥云、飞禽或瑞兽纹构成，在织物表面所呈现出的，当亦是这种一层层的效果，犹如中国传统建筑中的某些藻井纹饰。

因缭绫是暗花单色织物，不具备靠不同色彩来显示层次之条件。多层次效果的获得，显然，一是在织作过程中通过转换花纬组织枚数、斜向、浮面以及纱线粗细、捻回、捻向等众多不同要素来构成纹样；二是通过砑光的方式进行后整理，将织物的孔隙填死，使织物表面光滑。关于缭绫的后整理，在唐以后人的诗中也有提及。元人杨廉夫《香奁诗》："眉山暗淡向残灯，一半云鬟坠枕棱。四体着人娇欲泣，自家揉碎砑缭绫。"白居易诗中的"金斗熨波"，所强调的也是这点。总之，不同因素越多，花地间的区别越大，经砑光整理后的织物纹路差异越能隐映，层次感也就越显著。除缭绫外，织成也具有同样的视觉感官效果，《资治通鉴》卷二九〇载：唐中宗景龙二年（708 年），安乐公主"有织成裙，直钱一亿。花绘鸟兽，皆如粟粒。正视、旁视，日中、影中，各为一色"。与此相参证，亦说明缭绫是挑花织物。用简简单单的一个"缭"字，隐喻缭绫的纹样特点，既精又准，充分展现了白居易诗词才气和造诣之高。

（二）麻、棉织品

唐代所产麻布，花色品种相当多，比较有名的，有细白麻布、斑布、蕉布、细布、丝布、绐布、弥布、白苎布、竹布、葛布、绐练布、麻赀布、紫绐布、麻布、青苎布、楚布等几十种。《新唐书·地理志·总叙》记载了一些各地贡赋麻织品的情况，其中有关内道赋绢、绵、布、麻；河东道赋布襦、布、席。

唐代棉织品的情况，在唐人诗中有所反映。例如，李商隐"木棉花发鹧鸪飞"诗句，王睿"纸钱花出木棉花"诗句。这两句诗均作于岭南，可见指的是岭南的木棉。我们前文曾引述白居易"吴绵细软桂布白"诗句，证明唐代时桂林所产棉布的精美。桂林地处岭南，白居易的诗句与李商隐和王睿的诗句正好互为印证，表明岭南地区在唐代既有木棉的种植，又能织造棉布。而桂林产的棉布因其细白精美而成为地方名产。需要指出的是岭南地区应当还有不是名产的棉布，也就是说，岭南地区生产的棉布决不是只有一个品种。

前文曾引用《华阳国志》的记载，说明永昌郡出产一种梧桐木，其花柔软如丝，民间绩以为布，幅宽五尺，洁白不受污。这种布不是麻布，而是棉布，梧桐木是木棉的别称。在李端的《胡腾儿》诗中，有"桐布轻衫前后卷，葡萄长带一边垂"两句，亦证明唐代有称为桐布的棉布。《华阳国志》和李端的诗提及的桐布，都是相当精美的，应是桐布中的名优品种，因此，理应还有不是名优品种的桐布。也就是说，唐代所产的桐布也不止一个品种。

在新疆巴楚脱库孜沙来晚唐遗址中，曾出土过一块棉布。这块布残长 26 厘米，宽 12 厘米，质地粗重，在蓝色的地经上，以本色棉线为纬织出花纹。这是迄今能见到的最早的织花棉布。

（三）毛织品和毛毡

在唐代西北地区少数民族生产的毛纺织品中，有一种绒布，既轻又暖。它是用当地少数民族培育的优良品种的山羊绒毛织成，当地称这种羊为"裔芳羊"，其"外毛"虽然不长，但"内毛"却细而柔软，用这种羊内毛织成的绒褐，手感犹"如丝帛滑腻"，不但在当地受到喜爱，后来还传到内地，深受各族人民的喜爱。唐代比较有代表性的毛织品实物，有新疆巴楚脱库孜萨来遗址发现的 3 块缂毛残片以及一些毛褐。经鉴定，这 3 块缂毛织物都比较精细；而毛褐则比较粗糙，经纬密大多约每厘米 10 根，只有个别品种的经纬密达到每厘米 15 根。新疆若羌米兰出土的几何兽纹挂毯，它是采用斜纹组织和纬纱显花工艺，用蓝色、紫色、黄色及原色等多种彩色纬纱织制而成，相当精致。此外，见于《敦煌资料》第一辑所收契约文书中的毛织品名称，大致有：①斜褐，见《辛未年梁保德买斜褐契》（斯四八八四）。斜褐即洪皓《松漠纪闻》卷一所载瓜凉回鹘物产中的斜褐，一种斜纹毛织物。②出褐，见《乙丑年陈佛德贷褐契》（斯四四四五）、《乙丑年何原德贷褐契》（斯四四四五）。出褐的出字不可解，疑为毳之假。因为在五代和宋代，毳、出二字的读音非常接近。毳字为止摄合口穿母去声三等字，出字为止摄合口穿母入声三等字，但亦可读为去声，而与毳之音相似。出（毳）褐可能是纱支较高，织作细致的彩毛织物。《说文·毛部》："毳，兽细毛也。"③白褐，见《乙丑年陈佛德贷褐契》（斯四四四五）、《乙丑年何原德贷褐契》（斯四四四五）。是以白色毛纱制织的本色毛织物。④红褐，见《乙丑年陈佛德贷褐契》（斯四四四五）。是以茜草染成的红色毛纱制织的。清赵学敏所辑《本草纲目拾遗》卷九有红褐一条，略记中国西部制作之方，可能即沿用五代以来敦煌一带之旧法。⑤十二彩旧褐，见《孔员信分三子遗物凭据》（斯六四一七），当为以 12 种色彩染成之毛纱制织的。大概收藏时间较长，故又谓之旧（原文书为处置清单，须言之明确）。⑥彩曷褐，见《孔员信分三子遗物凭据》（斯六四一七）。曷褐即褐褐，是以染成褐色之毛纱制织的。因是以带色毛纱为原料，故又加彩字作为形容词。《宋史·舆服志》载：北宋曾规定"妇女不得将白色、褐色毛段并淡褐色匹帛制造衣服"。又《洛阳缙绅旧闻记》卷一载"侯章衣新褐毛衫"，毛段、毛衫均是以褐色之毛纱织作的，此亦无疑。唯唐宋时期所说之褐色，并不专指一色（今多以褐色为黄黑色是不对的）。据陶宗仪《辍耕录》卷一一所载王思善绘法：宋元时的褐色实际上有十多个相近色（比如现在所说的藕荷色，原应作藕褐色，本是淡紫，而亦谓之褐色，即其一例）。五代敦煌地区的褐色，大概也是这样，包括很多相近色。⑦画褐，见《孔员信分三子遗物凭据》（斯六四一七），当是在毛织物上用笔加以彩画的制品。就像南北朝时期的道士，多在其道袍上加画云霞彩画似的。

在唐代，西北地区毛毡的使用非常普遍，很多地区都有毛毡生产。《旧唐书·回鹘传》载：长庆二年（822 年），太和公主到回鹘地区，其王"设毡幄于楼下以居公主"。《新唐书·吐蕃传》载："吐蕃……有城郭，庐舍不肯处，联毳帐以居，号大拂庐，容数百人。"《唐六典》载："凡大驾行幸，预设三部帐幕。……帐皆乌毡为表，朱绫为覆。"均说明了当时西北地区毛毡使用之普遍，毛毡产量之大。

西北地区生产毛毡的技术很早就传入中原地区，唐代以前就已有著作记述制作毛毡技术的知识。例如北魏时期贾思勰在《齐民要术》中，专门记述了生产毛毡的"选毛""铺毛""防蛀""利用"等知识，为唐代中原地区生产毛毡创造了条件。

据宋代高承所撰《事物纪原》记载，唐代官府设置有专门的制毡作坊和制毯作坊，五代时朝廷把这两种作坊合二为一，宋代继承五代的设置制度。由官府经营的制毡、制毯作坊，生产出的毛毡和毛毯数量不会少，而且官府征调的工匠，技术水平都比较高，所选用的原料也是最好的，故所产应是供朝廷自用和赏赐之用的高级毛毡和毛毯品种。在唐代段成式《西阳杂俎》中，就记载有皇帝赏赐大臣高级毛毡的事情，云："安禄山恩宠莫比……其所赐有绣鸥（大鹏）毛毡。"

隋唐五代的毛毡品种散见于各种文献中。

在唐代张鷟所撰《朝野佥载》卷一中，记载了一种叫作"浑脱"的毡帽，云："赵公长孙无忌以乌羊毛为浑脱毡帽，天下慕之。"浑脱毡帽是一种吐蕃帽式，从张鷟所言来看，这种毡帽在当时应是相当流行的。

唐诗中也有很多提及毛毡的诗句。例如，在《古今图书集成》卷三一九"毡罽部"选句里，所选白居易诗句："两重褐绮衾，一领花丛毡。"又如李端《胡腾儿》诗句："扬眉动目踏花毡，红汗交流珠帽偏。"白居易和李端诗中所提到的毛毡，都是官家用的花毡。再如杜甫在《戏简郑广文虔兼呈苏司业源明》一诗中描述郑虔贫困状况的诗句："才名四十年，坐客寒无毡。"据《唐才子传》的记载，唐玄宗置"广文馆"，以郑虔为该馆博士，有客来访时，郑虔将唯一的一块毡让给客人坐，杜甫因此发出郑虔贫困的感慨。

在当时民间所产的毛毡中，原州（今甘肃镇原县）和夏州（今陕西横山县）所产白毡，安西（今库车、疏勒、焉耆等地）所产绯毡，均很出名。在马叙伦《敦煌杂录》收录的敦煌"王多勺勺敦贷生织契"中，有这样的借贷条文："癸未（743 年）三月二十八立契：王勺勺借生绢壹疋（长四十丈，幅壹尺八寸二分），匹绢利白毡（长捌尺，横五尺）一个。"条文中的绢利白毡，当亦是河西地区民间所产的优质毛毡。

另据记载，当时向朝廷贡毡的地区有贝、夏、原、会、凉、宁、灵、宥、蒲、汾等州。凉州还出产毛褐和氍布，这两类毛织品洮州亦能生产。安西除了生产绯毡外，还生产氎毹。兰州能生产毛绒布。这些产品品种多，数量多，不但当作贡品或供当地民间用，而且也行销全国。白居易曾写了描述新疆、内蒙古、青海等地少数民族生活情景的诗，其中有"合聚千羊毳，施张百子弮。骨盘边柳健，色染塞蓝鲜……汰风吹不动，御雨湿弥坚。……王家夸旧物，未及此青毡"的诗句，从中可看出当时西北和北部少数民族地区用毡制作生活物品之普遍。

仅在上引寥寥几条资料中，就出现有乌毡、白毡、绯毡、浑脱毡、绣鸥毡、花丛毡、坐毡、青毡等十几个毛毡品种名目。由此可见，隋唐五代所产毛毡的品种应是非常多的，其所产毛毡的产量也是相当大的。

参 考 文 献

［1］陈维稷：《中国纺织科学技术史（古代部分）》第 132 页，科学出版社，1984 年。

［2］陈维稷：《中国纺织科学技术史（古代部分）》第 131 页，科学出版社，1984 年。

［3］沙比提：《从考古发掘资料看新疆古代的棉花种植和纺织》，《文物》1973 年第 10 期。

［4］卢华语：《唐代蚕桑丝绸研究》第 65、67、72 页，首都师范大学出版社，1995 年。

［5］中国科学院历史研究所资料室编：《敦煌资料第一辑》第 421 页，中华书局，1961 年。

［6］陈维稷：《中国纺织科学技术史（古代部分）》第 161 页，科学出版社，1984 年。

［7］陈维稷：《中国纺织科学技术史（古代部分）》第 163 页，科学出版社，1984 年。

［8］《隋书·食货志》。

［9］《北史·隋本纪》。

［10］《隋书·地理志》。

［11］《通典》卷二"食货二"。

［12］《旧唐书·食货志》。

［13］《太平广记》二四三治生·何明远条引《朝野金载》。

［14］李仁溥：《中国古代纺织史稿》，岳麓书社，1983 年。

［15］颜师古：《隋遗录》卷上。

［16］李仁溥：《中国古代纺织史稿》，岳麓书社，1983 年。

［17］《新唐书·于阗传》。

［18］孔祥星：《唐代丝绸之路上的纺织品贸易中心西州》，《文物》1982 年第 4 期。

［19］李仁溥：《中国古代纺织史稿》，岳麓书社，1983 年。

［20］李仁溥：《中国古代纺织史稿》，岳麓书社，1983 年。

［21］陈维稷：《中国纺织科学技术史（古代部分）》，科学出版社，1984 年。

［22］赵承泽主编：《中国科学技术史·纺织卷》，科学出版社，2002 年。

［23］朱新予主编：《中国丝绸史》（通论），纺织工业出版社，1992 年。

［24］新疆维吾尔自治区博物馆等：《1973 年吐鲁番阿斯塔那古墓群发掘简报》，《文物》1975 年第 7 期。

［25］赵承泽主编：《中国科学技术史·纺织卷》，科学出版社，2002 年。

［26］赵承泽主编：《中国科学技术史·纺织卷》，科学出版社，2002 年。

［27］朱新予主编:《中国丝绸史》（专论），纺织工业出版社，1997 年。

［28］王进玉:《敦煌壁画纺车织机浅谈》，《丝绸史研究》1984 年第 3 期。

［29］《唐六典》卷二二。

［30］赵丰:《唐代丝绸染色之染料与助剂初探》，《中国纺织科技史资料》第 17 集。

［31］武敏:《吐鲁番出土丝织品中的唐代印染》，《文物》1973 年第 10 期。

［32］新疆维吾尔自治区博物馆等:《新疆出土文物》第 111 页，文物出版社，1975 年。

［33］朱新予主编:《中国丝绸史》（通论）第 163 页，纺织工业出版社，1992 年。

［34］新疆维吾尔自治区博物馆:《丝绸之路——汉唐织物》，文物出版社，1973 年。

［35］陈维稷:《中国纺织科学技术史（古代部分）》第 266 页，科学出版社，1984 年。

［36］敦煌文物研究所考古组:《莫高窟发现的唐代丝织物及其他》，《文物》1972 年第 12 期。

［37］武敏:《吐鲁番出土丝织品中的唐代印染》，《文物》1973 年第 10 期。

［38］陈维稷:《中国纺织科学技术史（古代部分）》第 270 页，科学出版社，1984 年。

［39］武敏:《唐代夹板印花——夹缬》，《文物》1979 年第 8 期。

［40］王予予:《中国古代绞缬工艺》，《考古与文物》1986 年第 1 期。

［41］陈娟娟:《新疆吐鲁番出土的几种唐代织锦》，《文物》1979 年第 2 期。

［42］新疆维吾尔自治区博物馆等:《1973 年吐鲁番阿斯塔那古墓群发掘简报》，《文物》1975 年第 7 期。

［43］贾应逸:《新疆丝织技艺的起源及其特点》，《考古》1985 年第 2 期。

［44］朱新予主编:《中国丝绸史》（通论），纺织工业出版社，1992 年。

［45］朱新予主编:《中国丝绸史》（通论），纺织工业出版社，1992 年。

［46］新疆维吾尔自治区博物馆:《丝绸之路——汉唐织物》，文物出版社，1973 年。

［47］袁宣萍:《唐绫略说》，《浙江丝绸工学院学报》1986 年第 3 期。

［48］朱新予主编:《中国丝绸史》（通论），纺织工业出版社，1992 年。

［49］王炳华:《盐湖古墓》，《文物》1973 年第 10 期。

［50］敦煌文物研究所考古组:《莫高窟发现的唐代丝织物及其他》，《文物》1972 年第 12 期。

［51］陈维稷:《中国纺织科学技术史（古代部分）》，科学出版社，1984 年。

［52］赵承泽主编:《中国科学技术史·纺织卷》，科学出版社，2002 年。

［53］李仁溥:《中国古代纺织史稿》，岳麓书社，1983 年。

［54］《资治通鉴·后唐纪》"同光三年"条。

［55］《五国故事》卷上，见《学海类编》第 18 册。

［56］《五代史记补考》卷一二"赋役考"；《十国春秋》卷七、八、八一。

［57］《光绪杭州府志》卷九八引《两浙金石志》。

［58］朱新予主编：《中国丝绸史》（专论），纺织工业出版社，1997年。

［59］李仁溥：《中国古代纺织史稿》，岳麓书社，1983年。

［60］李仁溥：《中国古代纺织史稿》，岳麓书社，1983年。

［61］《册府元龟》卷五〇一"钱币三"。

［62］《唐会要》卷八九"泉货"。

［63］张荫才：《吐鲁番阿斯塔那左幢憙墓出土的几种唐代文书》，《文物》1973年第10期。

［64］王仲荦：《试释吐鲁番出土的几种有过所的唐代文书》，《文物》1975年第7期。

［65］《敦煌资料》第一辑《契约文书》。

［66］姜伯勤：《敦煌寺院文书中"梁户"的性质》，《中国史研究》1980年第3期。

［67］陕西省考古研究院：《法门寺考古发掘报告》第228页，文物出版社，2007年。

［68］陈寅恪：《缭绫》，载《元白诗笺证稿》，上海古籍出版社，1978年。

第 六 章

宋元时期的纺织印染技术

　　宋代的军事力量不强，在与同期并立的北方少数民族政权的战争中，常常处于劣势，被迫向北方少数民族政权纳贡银币、丝绸和茶叶等物资来求和。但宋代却是中国历史上经济最繁荣、技术发明最多的朝代，并且是中国古代惟一长期不实行"抑商"政策的王朝。它自开创以来，即治坑矿、组织茶盐开发，因而使大量从土地中解放出来的农民投入商业、手工业中。此时城镇大量增加，各行各业分工更细，独立手工业者和商人的人数也大量增加，商品经济空前繁荣。而作为国家支柱性产业之一的纺织印染业，更是得到空前发展，生产技术有了显著发展和提高。

　　元代是蒙古族建立的朝代，统治初期面对经济严重衰退的局面，为此不得不放弃杀戮掠夺和游牧生产方式，转而采取以农桑为本的政策。《元史·食货志》记载："世祖即位之初，首诏天下，国以民为本，民以衣食为本，衣食以农桑为本。"为尽快恢复和发展农桑生产，元朝建立了专门的农桑管理机构——司农司，以督促和指导农桑生产。在中统、大德、至元、延祐年间，还发布了一系列的重农诏令，如禁止占农田为牧地，鼓励垦荒，实行屯田，兴修水利等。所以在元中期以后，社会生产得以恢复并略有发展。而就纺织生产而言，尤以棉织业的发展较为显著。

第一节　纤维原料的生产及技术

　　宋元时期，我国纤维原料生产在下述几个方面发生了变化：一是纺织原料结构和产地的变化；二是棉花培育和初加工技术有了质的突破；三是嫁接技术被普遍运用到桑树的培育中；四是对各种影响蚕生长发育的因素愈加重视；五是北方地区开始实行大麻冬播，对麻类作物适时收割的重要性也有了认识。

一、纺织原料结构和产地的变化

　　宋元时期，我国纺织原料结构和产地发生了很大变化。首先，在南宋末年至元代初年期间，棉花从南北两路大规模传入内地，黄河和长江中下游流域棉花种植地区和种植面积迅速扩大，元中期以后，逐渐使几千年来一直在纺织纤维中占主导地位的丝、麻纤维退居其后，棉花成为最重要的衣着原料。其次，蚕桑生产重心已完成了从北方到南方的转移，特别是在乾德五年（967 年）之后，东南诸路上贡给国家的丝织品已达全国上贡总数的四分之三，其中两浙路便占总数的三分之一以上，而北方各路加起来仅占总数的四分之一。再次，在北方地区苎麻已很少见，基本都是种植大麻，南方地区成为苎麻的主要产地，形成北麻（大麻）南苎的生产格局。此外，由于棉花的兴起，麻类作物的总产量大不如从前。

（一）棉的大发展

北宋时期，广西、广东、福建、海南岛棉花种植渐盛，并传至江南。而在新疆、甘肃、陕西等地亦有了更多种植。此时有关棉花的记载比之以前也多了起来。

福建的棉花种植面积在当时已十分可观。庞元英《文昌杂录》载："闽岭以南多木棉，土人竞植之。采其花为布，号吉贝布。"其后不久，范正敏《遁斋闲览》、彭乘《续墨客挥犀》均引用了这条记载，并有所补充："闽岭以南多木棉，土人竞植之，有至数千株者。采其花为布，号吉贝布。"数千株木棉树足以成林，可以想见当时植棉规模之大，而且棉花很可能已是当地主要的纺织原料。

在广西，棉花已是老百姓冬季常用的御寒之物，宾江两岸棉花种植颇盛。王象之《舆地纪胜》载：广西宾州"俗多采木棉、茅花，揉作絮棉，以御冬寒"。李纲《梁溪集》卷二三《即事》诗中则有这样的形容："宾江两岸水绵飞。"

在广东，棉布在纺织生产中已占据一席之地，有人为谋取私利，甚至组织军人织造。李焘《续资治通鉴长编》卷三四六载：元丰七年（1084 年）陈绎知广州时，其子陈彦辅"役禁军织木绵，非例受公使库馈送及报上不实也"。王明清在《熙丰日历》中也记载了这件事，云："从使广州军人织造木棉生活。"从中可想见当地棉花种植之普遍，产量之可观，棉布需求之旺盛。而且陈彦辅役使军人织造的棉布，很可能不仅只满足广州市场，还贩销外地。

在海南岛，棉布已是当地著名的土产，《太平寰宇记》卷一六九"岭南道·琼州"载："土产：琼州出……苏木、密蜡、吉贝布、白藤。"另据《宋史·崔与之传》载："琼人以吉贝织为衣衾，工作皆妇人。"这表明织造棉布已是岛上妇女最主要的日常工作，棉纤维制成的衣衾已是岛上最普遍的日常衣用之物。

甘肃、宁夏、陕西，不仅开始大量种植棉花，所产棉织品还上贡朝廷，《宋史·外国传·回鹘》载：宋天圣二年（1024 年）五月，甘州回鹘遣使十四人来"贡马及黄湖绵、细白氈"，《太平寰宇记》卷三〇载：关西道凤翔府"土产：龙须席，贡。蜡烛，贡。麻布、松布、棉布、胡桃"。这两地所产棉布能被列入贡品和土产名录，说明质量上乘。河西走廊地区棉布服用情况在当地普遍选用的造纸原料中亦得到反映。宁夏贺兰拜寺沟方塔曾出土数十种西夏文献，有学者从中抽取了 7 件纸样并作了分析，发现有 2 件纸样的纸浆系棉、麻破布浆，其他 5 件为麻浆和构皮浆[1]。我们知道，中国古代造纸选用的原料有木、竹、麻等纤维，为降低成本，古人往往用废弃的织物打浆制纸。7 件纸样中有 2 件的纸浆系棉、麻破布浆，所占比例之大，绝不会出于偶然，说明当地棉布服用之普及。

江南部分地区始见棉花种植。苏轼《格物粗谈》卷上记有："木绵子，雪水浸种耐旱，鳗鱼汁浸过不蛀。"诗有"江东贾客木棉裘"。雪水和鳗鱼汁浸种均可以防棉虫，雪水的作用与今天利用低温杀红铃虫的科学方法很吻合。《资治通鉴·梁纪十五》记有："上……身衣布衣，木绵皂帐。"史炤"释文"解释为："木绵，江南多之。以春二三月之晦下子种之。既生，须一月三薅。……秋生黄花、结实。

及熟时，其皮四裂，其中绽出如绵。土人以铁铤碾去其核，取如绵者，以竹为小弓，长四五寸许，牵弦以弹绵，令其卷为小筒，就车纺之，自然抽绪如缫丝状，不劳纰绩，织以为布。"二三月下种，说明江南是把棉花当成冬灌春耕的一年生作物来栽培。此外，张择端《清明上河图》中绘有棉花店，显然当时汴京已有棉花买卖。苏轼、司马光、张择端是北宋人，他们在文中或图中对棉花、棉织品的描述，大概不可能仅仅依据传闻而得。值得注意的是在上述几条有关江南植棉为数不多的史料中，居然已提到棉花的下种时间和为提高棉种质量采取的方法，而同时期有关南部边疆的棉花史料，对此均未谈及，说明棉花自传入江南后，很快便改为一年一种了。

南宋期间，棉花种植仍以闽广一带为盛。周去非《岭外代答》"服用门·吉贝"篇云："吉贝木如低小桑……絮长半寸许，宛如柳绵，有黑子数十。南人取其茸絮……以之为布……雷、化、廉州及南海黎峒富有。"对雷、化、廉州及海南所产棉花的性状、棉纺织工序、工具以及棉布之特点都作了介绍。此外，在同时期赵汝适的《诸番志》中有"海南，汉朱崖儋耳也。……土产……吉贝……之属"，"吉贝树类小桑……絮长半寸许，宛如鹅毳，有子数十。南人取其茸絮，以铁筋碾去其子，即以手握茸就纺，不烦缉绩"的记载。方勺《泊宅编》中有"闽广多种木棉，树高七八尺。叶如柞，结实如大菱而色青，秋深即开，露白绵茸然。土人摘取去壳，以铁杖杆尽黑子，徐以小弓弹令纷起，然后纺绩为布，名曰吉贝"的记载。这些记载表明当时南方少数民族地区的棉纺织生产已颇具规模。此时，两浙和江南路的植棉已有推广的趋势，1966 年浙江兰溪南宋墓出土了一条长约 2.51 米、宽约 1.18 米、重约 1600 克的棉毯，该棉毯制成时间约在淳熙六年（1179 年），印证了宋代江南部分地区确已植棉织布的这一史实。另据漆侠《宋代植棉考》引《元典章》卷二四的考证：至少在南宋晚期，夏税事实上已开始输纳棉布。种植不普遍，是不可能纳入官府的赋税征收系统的。随着棉布的推广，其时许多相关文献，言及棉花时已不用丝绵之"绵"字，而改用木字旁的"棉"了。袁文《瓮牖闲评》说："白叠，布也，只合作此叠字。今字书又出一㲲为白㲲也。木绵，亦布也，只合作此绵字。今字书又出一棉字为木棉也，二者皆非也。推其类而求之，字如此者甚多。左氏传正义云：字者，孳乳而生，既有此叠字，遂生此㲲字。既有此绵字，遂生此棉字。"自古相传的麻布即布的概念也发生了变化，南宋后期的谢维新所编《古今合璧事类备要》外集载："今世俗所谓布者，乃用木棉或细葛、麻苎、花卉等物为之。"

在元代，由于棉花"比之桑蚕，无采养之劳，有必收之效；埒之枲苎，免绩缉之工，得御寒之益。可谓不麻而布，不茧而絮"的优良特性，愈来愈被人们认识。棉花的种植地域业已扩展到长江和黄河流域的许多地区。据王祯《农书·木棉序》中说：当时"诸种艺制作之法，骎骎北来，江、淮、川、蜀既获其利。至南北混一之后，商贩于此，服被渐广"。其实在宋末元初，棉花在内地就已有一定基础。元初官修《农桑辑要》载："近岁以来，苎麻艺于河南，木棉种于陕右，滋茂繁盛，与本土无异。二方之民，深荷其利。遂即已试之效，令所在种之。"《元史·世祖纪》载：在至元二十六年（1289 年），元世祖忽必烈即诏令"置浙东、江东、江西、湖广、福建木绵提举司，责民岁输木绵十万匹，以都提举司总之"。《元史·食货志》载，元成宗元贞二年（1296年）诏：江南"夏税则输以木棉、布、绢、丝、绵等物。其所输之数，视粮以为差"。可见种棉织布，不仅已广泛传播到长江和黄河流域各地，而且江苏、浙江、安徽、福建、湖南、湖北等省，已成为主要产棉区，并由朝廷设立的木棉提举司，专门负责征收棉布，而且棉花、棉布被列为正式纳税物资，每年的征收定额也提高到五十万匹。由于棉纤维保暖性好，北方地区气温相对南方要低，对棉织品的需求量相对也大一些，所以南方所产棉花有很大一部分是供给北方的。《元典章》卷一四《吏部八·差委》记载，在成宗元贞二年（1296年），也就是将木棉列入江南夏税开征的前一年，杭州路便率先折收木棉，与其他物品一道运往大都。大德七年（1303年），负责驿传的机构通政院派人前往杭州、泉州等地催办胖袄（用棉花作内絮的棉袄）。当时南方上述地区棉花种植的盛况，在一些文献和诗词中也有所反映。《通制条格》卷四有关于属江西行省的临江路以木棉布顶替麻布支给贫民御寒的记载。《元典章》卷二一有关于湖广行省每年都向京师缴纳大量棉花的记载。修于至元二十五年（1288年）的《至元嘉禾志》已将木棉与丝、绫、罗、纱、绸等丝织品并列，作为嘉兴地方土产。温州人陈高《种橦花》诗："炎方有橦树，衣被代蚕桑。舍西得闲园，种之漫成行。"吴兴人沈梦麟《黄浦水》诗："潮来载木棉，潮去催官米。……黄浦之水不育蚕，什什伍伍种木棉。木棉花开海天白，晴云擘絮秋风颠。男丁采花如采茧，女媪织花如织绢。……府帖昨夜下县急，官科木棉四万匹。"马祖常《淮南田歌》诗："江东木棉树，移向淮南去。秋生紫蓼花，结绵暖如絮。"方夔《续感兴二十五首》诗："扬州旧服卉，木绵白茸茸。缕缕自余年，纺绩灯火中。织成一束素，上有浴海鸿。"

宋元之交的棉花生产，为何得到迅猛发展？主要有以下几方面的原因：

第一，社会原因。宋代人口大幅增多。据记载，唐代户口最盛时为天宝元年（742年），户数为8525763，人口数为48909800。北宋户口最盛时是大观三年（1109年），户数为20882438。就户数而言，北宋最高户数是唐代最高户数的两倍多，因此，北宋人口较唐代有大幅度提高。南宋户口最盛时是淳熙五年（1178年），户数为12976123，比唐代也有较大的提高。说明宋代人口的增加是十分可观的，原有的丝、麻、毛等纺织纤维材料已不能满足需要，被迫寻找一种新的更廉价的纺织纤维。人口的增加为已在闽广地区普遍种植的棉花北上奠定了社会基础。

第二，棉花自身的优点。因为棉花"比之桑蚕，无采养之劳，有必收之效；埒之枲苎，免绩缉之工，得御寒之益；可谓不麻而布，不茧而絮"，所以生产成本较低。另外，植棉比之植麻，对土壤条件要求不高。据近代科学测定，苎麻损耗土地肥力是棉花的16倍，在当年没有化学肥料来补充地力的情况下，苎麻不是什么样的土地都可以栽种的。而棉花则可在各种性质的土地上种植，为不适合种植粮食和其他经济作物的地方带来了发展机会，如松江地区就是靠植棉发展起来的，陶宗仪《南村辍耕录》所载："闽广多种木棉，纺绩为布，名曰吉贝。松江府东去五十里许，曰乌泥泾。其地土田硗瘠，民食不给，因谋树艺，以资生业，遂觅种于彼。"便是一例。

第三，棉花播种方式的改变以及植棉技术的进步。棉花生产之所以在很长时间仅局限于边疆地区，其原因如《农桑辑要》"论苎麻木棉"一文所言，当时往往是因为"悠悠之论，率以风土不宜为解"，但实际上是"种艺之不谨者有之，抑种艺虽谨，不得其法者亦有之"，即原本是热带亚热带作物的棉花，向北移植到地处温带的内地，必须在栽种上有一套适应新环境的技术方法。江南地区自引种多年生棉花后，很快便改为一年一种了。据王祯《农书》载：棉花"不由宿根而出，以子撒种而生"，"其种本南海诸国所产，后福建诸县皆有"。说明元代大部分地区所种棉花确系南疆传入的多年生棉种，而且经过多年的选种培育，其品种基本已呈一年生草棉状了。棉花种植方式的改变，对棉花的普及和多年生树棉品种的蜕变，其意义深远。每年撒种，当年生长的棉花植株自然比多年生长的棉花植株低矮许多，使多年生树棉具备了密植和畦作的条件（密植可提高棉花单位面积的产量；畦作既便于田间管理，又便于采摘），而且人们每年还可以刻意选留植株低矮、棉铃饱满的棉种。每年撒种棉花，采用密植和畦作的方法，使棉花单位产量大幅度提高，并促进了多年生棉花向一年生棉花的转化，为棉花在全国范围的普及，取代麻、苎纤维成为最主要的纺织原料奠定了生产基础。可以说，每年撒种种植棉花是中国棉纺织发展史上一个非常重要的转折点。

第四，棉花绒密轻暖，棉布质柔不板，具有优良的御寒功能，可做成棉袍、棉被，替代裘皮毛毯，这是葛、麻织物所不具备的。

第五，棉花加工技术的进步。早期轧棉工具落后，加工棉纤维成本高、速度慢，不适于大规模生产。而原有的丝、麻纺织，虽然技术很先进，却没有轧花这一工序，轧花没有什么可借鉴的工具，所以很久以来轧花成为阻碍棉纺织生产发展的瓶颈。大约在南宋时，踏车出现，使已具备纺车、织机的棉纺织手工机具配套起来，阻碍棉纺织发展的瓶颈被打破，棉纺织生产得以迅速普及。

（二）蚕桑生产的南盛北衰

宋朝以前，全国已形成三大蚕桑生产区域：黄河流域、四川盆地及长江中下游。在这三大产区中，黄河流域的生产水平虽一直处于领先地位，但由于中唐至五代时期北方战乱频仍，蚕桑生产极不稳定，已呈逐渐衰落之势。相对而言，长江流域却比较安定。北方的民众为求生路，纷纷渡江南下。据北宋初年统计，全国3000多万户人口中，南方即有2300万户，已是北方人口的两倍。北方南下的民众不仅为南方经济提供了大批劳动力，而且带去了先进的生产技术。而南方小政权的统治者为求安定，也推出了许多鼓励农桑的政策，如当时吴越国王钱镠就积极推行"闭关而修蚕织"。社会的安定和先进生产技术流入，为宋及以后长江流域的蚕桑生产打下了良好的基础。

1. 两宋时期南北地区的丝绸产量

从南北地区的丝绸产量来看，始于唐末五代的蚕桑生产重心的南移，应该是在南宋时期最终完成的。

北宋时，尽管北方地区饱经战乱，但当时的政治文化中心仍是在北方，而且黄河流域有着非常悠久的蚕桑生产传统，所以屡遭破坏的蚕桑生产仍旧保持了一定的规模。据《宋史·地理志》记载，北宋中期全国二十四路中上贡丝织品的地方有：京畿路的开封；河北东路的大名、仓州、冀州、瀛州、保定等；河北西路的真定、相州、定州、邢州等；京东西路的应天、袭庆、徐州、曹州、郓州等；京东东路的齐州、青州、密州、淄州、淮州；淮南路的常州、宿州、海州等；两浙路的临安、越州、平州、润州、明州、瑞安、睦州、严州、秀州、湖州；成都府路的益州、崇庆、彭州、绵州、邛州；梓州路的怀安、宁西、梓州、遂州；利州路的洋州、阆州、篷州；福建路的泉州；广南路的韶州、循州、南雄；秦凤路的西安、渭州。可见北方诸路基本都有丝绸生产，且工艺水平不低，故可作为贡品上供朝廷。如果说上述记载过于简单，不够翔实，那么《宋会要辑稿》中所记北宋中期全国各路岁收丝绸的数字，则量化地反映了当时各地区的生产情况。

从朱新予主编的《中国丝绸史》对北宋中期全国各路岁收丝绸的数字统计表（见表 1 和表 2）[2]，我们可以看出，北宋时期，包括京东东路、京东西路、河北东路、河北西路、河东路等的黄河流域产区，丝织品生产总量约占全国生产总量的25%，其中各类丝织品的平均产量则占 30% 多；包括淮南东路、淮南西路、两浙路、江南东路、江南西路、荆湖北路、荆湖南路等的长江流域产区，丝织品生产总量占全国生产总量的 50% 以上，其中仅两浙路所产就稍高于黄河流域；而以成都府路、梓州路为主的四川产区，丝织品生产总量占全国生产总量的四分之一以下。这些数据表明，在北宋时南方的蚕桑生产就已超越北方，但这种超越只是数量上的超越，在工艺技术方面似乎北方仍然保持着一定优势。因为北方的锦、绮、鹿胎、透背等高级丝织品和杂色染帛的产量占全国生产总量的 70% 左右，远远高于其他产区，而长江中下游地区的丝绸总产量尽管已是北方的两倍多，但所产多为罗、绢、绝、纱、縠等中低档丝织品，说明此时南方蚕桑丝绸生产正处于高速发展期。

表1 《宋会要辑稿》中所记北宋中期全国各路岁收丝绸数量（单位：匹）

地　区	锦、绮、鹿胎、透背	罗	绫	绢	绝、纱、縠子、隔织	紬	杂色匹帛	合　计	丝绵绒线（两）
在　京	2799	314	1344	7578	1746	390	27889	42060	464874
府　界						3851	2	3853	173179
京东东路	250	4	447		24	112802	91	113618	229354
京东西路		7	5468		198	87870	158	93701	515677
京西南路			3	137396	23	17108	65	154595	151375
京西北路			25	113940	160	40866	602	155593	637366
永兴军路		1	60	66	36	1123	311	1597	40148
秦凤路	1		14	3717	3	375	160	4270	16823
河北东路		4	22321	679470	80	89059	854	791788	1134653
河北西路	1246	18	35	323899	12	50627	102	375939	40148
河东路			379	168	22821	33	344	23745	16823

（续表）

地　区	锦、绮、鹿胎、透背	罗	绫	绢	䌷、纱、縠子、隔织	紬	杂色匹帛	合　计	丝绵绒线（两）
淮南东路		22	7	71051	2500	20655	47	94282	1134653
淮南西路		12	4106	60537	2614	18939	109	86317	1334127
两浙路	10	65731	1369	1667285	376	171511	178	1906460	5799
江南东路		12409	1004	606334	10	184801	228	804786	717028
江南西路		1	4	428010	2	75951	18	503986	368196
荆湖北路		42	5	312923	3	72504	163	385640	229433
荆湖南路			7	7903	23750	2263	81	34004	101962
福建路	2	28	43	28901	75	26	595	29670	33448
广南东路	1	1	12	594	50	4	327	989	26647
广南西路		1		570	430	3	15	1019	489
成都府路	1094	1524	16793	337357	1821	86329	315	445233	1480480
梓州路	804	418	20600	381353	69	87526	7972	498742	1234702
利州路			1289	190923	3	53152	1103	246470	854913
夔州路			86	28935		9740	384	39145	104113
原书总数	9615	160620	147385	5382709	111716	2290966	56131	8159142	13852797
实算总数	6207	80537	75421	5388910	56806	1187508	42113	6837502	11046410

表2　北宋中期丝绸生产三大区域岁收比较

丝绸种类	全国数量	黄河流域产量（匹）及所占比例（%）		长江中下游产量（匹）及所占比例（%）		四川地区产量（匹）及所占比例（%）	
锦、绮、鹿胎、透背	6207	4296	69.2	13	0.2	1898	30.6
罗	80537	348	0.4	78247	97.2	1942	2.4
绫	75421	30096	39.9	6557	8.7	38768	51.4
绢	5388910	1266234	23.5	3184108	59.1	938568	17.4
䌷、纱、縠子、隔织	56806	25103	44.2	29810	52.5	1893	3.3
紬	1187508	404104	34.0	546657	46.0	236747	20.0
杂色匹帛	42111	30578	72.6	1759	4.2	9774	23.2
合　计	6837500	1760759	25.8	3847151	56.2	1229590	18.0
丝绵绒线（两）	13733800	4703375	34.2	5356217	39.0	3674208	21.6

北宋后期，金兵占领中国北部国土，北方大部分地区又一次遭到战争摧毁，蚕

桑生产处于停滞不前，甚至倒退的状况。据《金史》记载，当时黄河流域只有中都路的涿州贡罗、平州贡绫，山东西路的东平府产丝、棉、绢、绫、锦，大名府路的大名府贡绝、縠、绢，与《宋史·地理志》所载北宋中期的情况相差甚远。而此时南方，特别是长江中下游流域却相对安定，蚕桑生产发展势头不减。由于缺少北方黄河流域蚕桑生产的详细资料，只能根据对《宋会要辑稿》所载南宋势力范围内诸路合发布帛数的统计，将长江中下游流域和四川地区在不同时期的几类丝织品产量作一比照说明（见表3）。

表3 不同时期长江中下游流域和四川地区丝绸产量比照（单位：匹）

地　域	锦绮类	罗类	绫类	绢类	纯类	䌷类	合计	丝绵类（两）
北宋长江流域	13	78247	6557	3184108	29810	546657	3845392	5356217
北宋四川地区	1898	1942	38768	938568	1893	236747	1219816	3674208
倍数（长江/四川）	0.007	40.306	0.169	3.393	15.747	2.309	3.152	1.458
南宋长江流域		21124	31196	1438744	3000	85760	1579824	1946988
南宋四川地区	1880	45	34233	73902		860	110920	20040
倍数（长江/四川）		469.422	0.911	19.468		99.721	14.243	97.155

表3的数据显示，南宋时期，尽管全国丝绸总产量由于棉花的兴起而呈大幅下降趋势，但长江中下游流域的丝绸产量所占比重却更显突出。北宋时其产量只是四川地区的3倍多，南宋时飙升到14倍多；各类丝织品中，除锦、绮、绫外，罗、绢、䌷、丝绵等长江中下游流域的产量，在南宋时已是四川地区的几十倍，甚至近百倍。相对安定的四川地区，蚕桑生产差距尚且被大幅度拉大，战乱中的北方地区当然亦然。这些数据表明，中国蚕桑生产从黄河流域向长江以南广大地区长达几个世纪的转移，在南宋时期终于结束，蚕桑生产南盛北衰的格局最终被定格。

2. 宋元时期南方的蚕桑丝绸生产

宋代长江中下游流域，尤其是浙江地区蚕桑丝绸生产之盛况，在许多文献中均有记述。据记载，宋代时，农村和城镇的不少地方都是以蚕桑丝绸生产为重，不但农村"平原沃土，桑柘甚盛。蚕女勤苦，罔畏饥渴。……茧簿山立，缫车之声，连甍相闻，非贵非骄，靡不务此"。城镇一般庶民之家亦是"工女机杼，交臂营作，争为纤巧，以渔倍息"[3]。在成都和杭州，这种盛况更是空前，吕大防在《锦官楼记》里说，当时的成都"连甍比室，运针弄杼，燃膏继昼，幼艾竭作，以供四方之服玩"。晁补之在《七述》里说，当时的杭州"竹窗轧轧，寒丝手拨，春风一夜，百花尽发"。沈立在《越州图序》里说，当时的越州，"习俗务农桑，事机织，纱、绫、缯、帛，岁出不啻百万"。王梅溪在《会稽三赋》里，对当时越州的蚕桑生产也有类似的描述，谓："万草千花，机轴中出"，"绫纱缯縠，雪积缣匹"。另据《咸淳临安志》记载，当时除了杭州城内的丝绸"业特别发达外，其所属各县的丝绸业也有了很大发展，其区域内的钱塘、仁和、余杭、富阳、临安、于潜、昌化、盐官（海宁）、新城（新登）等地都盛产丝绸。当时的绍兴，"俗务农桑，事机织，纱绫缯帛，岁出不啻百万"，"万草千花，机轴中出，绫纱缯縠，雪积缣匹"[4]。在严州地区，路人看到当地晒茧的情况，有"隔篱处处雪成窝"之感[5]，证明当地产茧很多，丝绸生产非常发达。对当时的桐庐，有"机杼罗绮多"[6]的记载，可见当地丝绸业也十分兴盛。在衢州地区，出现了"新晴户户有欢颜，晒茧摊丝立地干。却遣缫车声独怨，今年不及去年闲"[7]的情况。在庆元（宁波）地区，有"其下桑土，蚕缯茧纯，红女织斐，交梭吴绫"[8]之景象。在慈溪一带，自北宋起就有"田桑之美，有以自足"[9]之誉。婺州（金华一带）的丝绸贸易非常发达，山民大都以"织罗为生"[10]。处州生产的锦非常有名，每年都作为贡品进献朝廷。嘉湖地区的蚕桑丝绸生产也是在两宋时期发展起来的，据文献记述，桐乡濮院这个地方，原是"平衍千里"的草荡，宋高宗的驸马濮凤（山东曲阜人），随宋室南渡后，定居于此，该地因之得名为濮院。濮氏虽于宋孝宗淳熙年间（1174—1189 年）便开始在濮院经营蚕织，但规模似乎一直不大。而自（理宗）淳祐，景定以后"濮氏寥寥仕途，经营家业，臧获千丁，督课农桑，机杼之利，实自此始"，并从此"濮院之积聚一镇，比户操作，明动晦休，实吾乡衣食之本"[11]。此外，崇德、安吉、归安等地的丝绸生产，亦很兴盛。据文献记载，"语溪（崇德）无闲旷，上下必植桑……贫者数弓之地，小隙必栽……蚕月无不育之家"[12]，从植桑育蚕的盛况，可见丝绸生产的兴盛；安吉地区，"惟借蚕以生事"，"地富丝林枲"[13]。归安一带，"渔舟荡漾逐鸥轻，呕轧缫车杂橹声"[14]，渔业和丝绸业都很兴旺。

元朝时期，长江下游地区蚕桑生产得到持续发展，保持了全国第一的地位。当时南方地区是蚕桑丝绸产地，尽管由于棉花的兴起不及南宋时期，但蚕桑生产技术水平和专业化生产程度比之南宋时期已有了很大提高。据李昱《草阁集》和鲁贞《桐山老农集·修开化县学记》记载，当时金华以及开化等地的妇女都"勤于蚕织"。在赵子渐《萧山赋》里，有"或蚕织以资生"之句，表明当时的萧山的蚕织生产之盛不逊从前。在戴表元《剡源集佚诗》卷六"村庄杂诗十首"之一中，有这样的诗句"旋摘秋叶饲原蚕"。这是描写元代嵊县蚕桑生产的一首诗，从中可看出当时当地不但饲养春蚕和夏蚕，而且还饲养秋蚕。在汪元量《水云集》"杭州杂咏"里，有"一枝巢越鸟，八茧熟吴蚕"的诗句，表明元代杭州地区亦饲养多化性蚕。在翟灏、翟瀚的《湖山便览》卷一里，有"啇割湖址，以为桑田"的描述，这是反映元代统治者因湖沼不治，西湖淤积而涸，无田少地的农民趁机在上面种植桑树，从中也可见当时杭州蚕桑生产兴盛的景象。另据厉鹗的《玉台书史》"管夫人家书"和雍正《浙江通志》卷二七〇"赵孟頫吴兴赋"的记述，元代时期的浙江，不但农民普遍向湖滩等边角杂地发展种桑业，还尽量开拓荒陆山地来种桑树。即使像吴兴的赵孟頫这样的官宦豪富人家，也大量利用山地来种桑。此外，从《马可·波罗游记》以及《元史》中的《食货志》、《五行志》、《百官志》等文献的记述，可知元代的杭州、南京、镇江、常州、苏州、吴江（今江苏吴江）、建宁（今福建建瓯）、武干（今福建龙溪）、刺桐城（福建泉州）等地，都是重要的蚕桑丝绸产区。

（三）麻、葛生产的消长

先秦时期，大麻和苎麻主要分布在黄河中下游地区。《尚书·禹贡》记载，当时全国九州的青、豫二州产大麻，扬、豫二州产苎麻，均作贡品。汉至五代期间，各代朝廷都曾大力推广桑、麻生产，如《宋书·文帝本纪》载：元嘉二十一年（444年）七月，文帝诏"凡诸州郡，皆令尽勤地利，劝导播殖，蚕桑麻纻，各尽其方"。《隋书·食货志》载："其方百里外及州人，一夫受露田八十亩，妇人四十亩。……又每丁给永业二十亩为桑田。……分土不易桑者，给麻田，如桑田法。"其时，不仅黄河流域广为种植大麻和苎麻，长江中下游的湖北、湖南、江西、安徽、江苏、浙江等地也成为重要麻产区。需要说明的是长江中下游的这些产区，因为气候原因，苎麻往往能够一年三收，所以自唐代开始，南方苎麻产量逐渐超过大麻，麻类织物贡品也是以苎麻织品为主。宋元时期，大麻和苎麻的产区又有了变化，黄河中下游基本上都是种植大麻，苎麻已很少见，以至元司农司在编《农桑辑要》时增加了"栽种苎麻法"，旨在扩大推广北方地区的苎麻种植。长江中下游及以南地区则广为种植苎麻，大麻渐趋减少，王祯《农书》说："南人不解刈麻（大麻），北人不知治苎"。这话固然有些夸大，但大体上反映出南方大麻栽培大幅度减少的趋势。而葛自唐代衰退后，此时已不再是纤维作物，只有广东、广西、江西、海南岛等地的偏僻山区才有少量种植。

北方大麻的主要产地，据《宋史·地理志》记载：有冀、豫、雍、梁、坊、真等州，其中尤以冀、雍二州最多。其地种植大麻的情况，可从《宋史·河渠志》中所记苏辙上疏内容窥知一二。苏辙说："恩、冀以北，涨水为害，公私损耗。臣闻河之所行，利害相半。盖水来虽有败田破税之害，其去亦有淤厚宿麦之利。况故道已退之地，桑麻千里，赋役全复。"所云虽是水患利弊，却亦道出当时麻田占用土地之多。在宋代，岁赋之物分为谷、帛、金铁、物产四大块，麻织品是其中的重要一类。《宋史·食货志》中有以麻充税数量的记载，云："匹妇之贡，绢三尺，绵一两。百里之乡，岁收绢四千余匹，绵二千四百斤。非蚕乡，则布六尺，麻二两，所收视绵绢倍之。"大麻一般为春播和夏播，但在中国古代北方地区还利用大麻耐寒的特性，实行冬播。如元代《农桑辑要》就指出"十二月种麻"，并说"腊月八日亦得"。这是大麻生产上的重要创造，直到今天仍在生产中应用。

南方苎麻的主要产地，据《太平寰宇记》载：有潭州、道州、郴州、连州、郎州；《宋史·地理志》载：有扬州、和州；苏颂《本草图经》则云："今闽、蜀、江、浙多有之。"当时的广西亦是以苎麻作为经济作物，并广为种植。《宋史·食货志》载："咸平初，广南西路转运使陈尧叟言，准诏课植桑枣，岭外唯产苎麻，许令折数。"所出苎麻织品如柳布、象布、练子，更是久负盛名。周去非《岭外代答》卷六"布"载："广西触处富有苎麻，触处善织布。柳布、象布，商人贸迁而闻于四方者也。静江府古县，民间织布，系轴于腰而织之，其欲他干，则轴而行。意其必疏数不匀，且甚慢矣。及买以日用，乃复甚佳，视他布最耐久。"同卷"练子"条载："邕州左右江溪峒，地产苎麻，洁白细薄而长，土人择其尤细长者为练子。暑衣之，轻凉离汗者也。"高档的练子，一匹长四丈余，而"重止数十钱"（只合一百多克重），卷起来放到小竹筒里尚有余地。

二、棉花培育和初加工技术

随着棉花的种植地域在长江和黄河流域许多地区的扩展，元代时在棉花种植较发达地区逐渐出现了一套较为成熟的植棉和棉花初加工技术，对此《农桑辑要》、王祯《农书》以及一些文献均有较为详细的介绍。

关于棉花种植技术，文献所记可归纳如下：

1. 择地：应"择两和不下湿肥地"。所谓"两和地"，即土沙共存的地。这种地土壤中所含沙壤、黏壤分量适中，具有一定保水保肥能力；"湿肥地"，即地下水位较高的土地。棉花是旱生植物，喜沙质壤土，地下水位较高不利于棉花生长。

2. 整地：正月时将地深耕三遍，然后作成畦畛，以使下种的棉子在良好的土壤温度和湿度中生长，并保证棉子萌发时所需足够的水分。

3. 选种：下种的棉籽，应选"中间时月收者为上"，因为"初收者未实，近霜者又不可用"。

4. 播种：应挑谷雨前后的好天气下种，而且下种前一天要先将地浇透，要用水把棉籽淘过。下种时用手将棉籽撒于畦内，覆一指厚土，短时期内不再浇水。

5. 田间管理：王祯《农书·百谷谱十》说：待六七日苗出齐时，旱则浇灌，稠则移栽。待苗高二尺以上，摘取顶芽。在棉花的整个生长过程中锄治要勤。

6. 采摘：成熟一批，采摘一批。成熟的标志是"棉欲落"。采摘下的棉桃一定要日晒夜晾使其干透。

关于棉花初加工技术，可根据棉花初加工的三道工序，即去除棉花籽核的轧棉工序；将棉纤维开松，并去除混杂在棉花中的杂质和泥沙的弹棉工序；将经弹棉已松散的纤维擦卷成筒条状的卷筳工序，将文献所记归纳如下。

（一）轧棉

去除棉籽最初没有任何工具，都是用手剥除，后改为借助铁棍赶压。铁棍，宋代文献中称为铁铤或铁杖、铁筋。用铁铤赶压去除棉籽的记载，最早见于前引史炤"释文"："木绵……秋生黄花、结实。及熟时，其皮四裂，其中绽出如绵。土人以铁铤碾去其核"。其后方勺的《泊宅编》、赵汝适的《诸番志》和周去非的《岭外代答》也有类似的描述。元代初年，司农司编撰《农桑辑要》时，将铁铤形制和操作方法收录，谓："用铁杖一条，长二尺，粗如指，两端渐细，如赶饼杖杆。用梨木板，长三尺，阔五寸，厚二寸做成床子。逐旋取绵子，置于板上，用铁杖旋旋，赶出子粒，即为净棉。" 元代中期，出现了专门用于轧棉的搅车。其形制据王祯《农书》卷二一记载："木棉……用之则治出其核，昔用辗轴，今用搅车尤便。夫搅车四木作框，上立二小柱，高约尺五，上以方木管之。立柱各通一轴，轴端俱作掉拐，轴末柱窍不透。二人掉轴，一人喂上棉英。二轴相轧，则子落于内，棉出于外。比用辗轴，工利数倍。" 利用两根反向的轴作机械转动来轧棉，比用铁杖赶搓去籽，既节省力气，又提高工效，故王祯《农书》又有："凡木

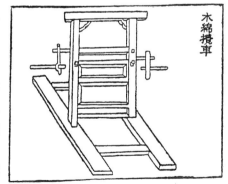

图6-1 王祯《农书》中的搅车

棉虽多，今用此法，即去子（籽）得棉，不致积滞"的评述（图6-1王祯《农书》所载搅车）。"不致积滞"表明搅车没出现前，轧棉的效率低，常常影响后道

工序的正常进行。而搅车的出现，使已具备纺车、织机的棉纺织手工机具配套起来，解决了阻碍棉纺织进一步发展的难题。王祯《农书》写于1313年，从书中所云"今特图谱，使民易效"以及前此文献未见搅车记载，其时搅车可能出现未久，还没有广为推广。

（二）弹棉

弹棉所用工具是弹弓。南宋时的弹弓，弓体偏小，胡三省在注《资治通鉴》时曾谈及其形制，云："以竹为小弓，长尺四五寸许，牵弦以弹棉，令其匀细。"如此小弓，功效之低自不待言。元代中期，弹弓有了较大改进。王祯《农书》卷二一云："木棉弹弓，以竹为之，长可四尺许，上一截颇长而弯，下一截稍短而劲，控以绳弦。用弹棉英，如弹毡毛法，务使结者开，实者虚。假其功用，非弓不可。"此弹弓（图6-2 王祯《农书》所载弹弓）较之以前的弹弓大了二三倍，弓弦也粗了许多，自然弹力大增，效率提高了数倍，但使用时可能仍是用手"牵弦以弹"，而不是用弹椎击弦。因为王祯《农书》对弹弓所述甚详，却唯没见有弹椎的记载。此外，元人熊涧谷所作《木绵歌》："尺铁碾出瑶空雪，一弓弹破秋江云。中虚外纵搓成索，昼夜踏车声落落"。宋元人艾可性所作《木绵歌》："乌镠筒滑脱绒核，竹弓弦紧弹云涛。捋挐玉箸光夺雪，纺络冰丝细如发。"都是描述当时棉花加工情况的诗，诗中对弹弓、卷棉筒及至成纱的过程所言甚详，却皆未谈及弹椎。根据王祯《农书》所云弹弓尺寸推测，必用弹椎无疑，因为如不用弹椎仅用手拨，弹工很难长时间工作。此外，陶宗仪《辍耕录》说松江地区以前没有踏车、椎弓，黄道婆回乡后不久便出现了，也证明了这点。黄道婆是在元成宗元贞年间（1295—1297年）回松江的。弹椎一般用檀木制成，椎长七八寸，一头大，一头小，极光滑。使用时，先用小头击打弓弦，令棉花随弦而起，然后再用大头击弦，使

图6-2 王祯《农书》中的弹弓

棉花行为分散。元明间人李昱诗："铁轴横中窍，檀轮运两头。倒看星象转，乱卷雪花浮。"极形象地描绘了这一过程。

（三）卷莛

卷莛，又名擦条。用纺坠或捻棉轴纺纱，不需经过这道工序，可直接将弹松的棉花就纺。用纺车纺纱，则必须经过这道工序，因为锭子转速快，用手撕扯棉花来不及，难保纱条均匀。在《岭外代答》、《诸番志》、《泊宅编》等介绍南疆少数民族棉纺织情况的书中，均没有卷莛的记载。而在《资治通鉴》史炤释文和胡三省注中却有所谈及。卷莛不像其他棉纺织技术那样始自南方少数民族地区，而是始自内地。根据史炤所云：弹棉之后要"卷为筒"；胡三省所云：把棉花"卷为小筒，就车纺之，自然抽絮如缫丝状"。卷莛这道工序似乎是出现在内地，时间当是在宋末。卷莛工具和操作方法，王祯《农书》中有详细记载，谓："淮民用蜀黍梢茎，取其长而滑。今他处多用无节竹条代之。其法先将棉毳条于几上，以此莛卷而扦之，遂成棉筒。随手抽莛，每筒牵纺，易为匀细，卷莛之效也。"

采摘下来的棉花，因含有棉籽，称为籽棉。籽棉不能直接用于纺织，只有经过初加工去籽之后，才可供纺纱之用。上引文献还说明：棉花初加工技术和工具，在元代初期时还很落后，直至13世纪末才逐渐成熟起来。

三、桑树种植和家蚕饲养技术

宋元时期蚕桑生产的繁荣与当时蚕桑生产技术的提高是分不开的，下面仅就当时栽桑养蚕的技术及所取得的成就作些介绍。

（一）栽桑技术

宋元时期常用的繁育桑树的方法是扦插、压条和播种桑籽。《农桑辑要》引《务本新书》说："若旧桑多处，可以多斫萌条；若是少处，又虑斫伐太过，次年误蚕。故具种椹、压条、栽条之法，三者择而行之。"对具体采用哪种方法总结得很明确。

扦插桑条，据《士农必用》说应在"青眼动时"，即冬芽萌动的时候进行。冬芽萌动的时期各地不同，因而扦插的时间各地当也不同。扦插的方法在《务本新书》中有详细的介绍，云：在腊月中，选择生长状态良好的桑条砍下，将截口在火内微微烧过，每四五十条与秆草相间作一束埋于向阳坑内。春分后将其取出，并将每一枝桑条都盘曲起来，用草绳系住，埋在上一年秋末挖好且灌过水施过肥的坑内。覆土要踏实，厚三四指。如有二三寸枝梢露出土外，则再覆松土尺余，桑条上的芽萌发后，就能从松土中伸出。待新枝条长高后，斫去旁枝，三年就能长成一棵可以利用的桑树。清代《豳风广义》的作者杨屾，曾在陕西关中地区完全比照《务本新书》所记方法做过实验，结果桑苗成活率为50%～60%。

压条繁育桑树在我国有着悠久的历史。贾思勰在《齐民要术》中就曾谈到压条的方法，宋元时期压条繁育桑树的方法有了进一步提高。其方法据《士农必用》记载，是在"春气初透时"，把即将发芽的两年生小桑树或地桑枝条，截去3～5寸的梢头，屈倒在事先挖好的深五指余的沟中，而且枝条要"悬空不令着土"。为保证沟中桑条更好地屈伏，沟中插有两三个攀钉枝条的木钩。一段时间后，屈伏沟中的桑条向上抽出若干根新芽。将这些新芽，隔五寸留一芽，其余剥去。至阴历四五月间，用晒暖的烂泥沿枝条堆壅成块，桑条便成为卧根，以后再根据土壤干湿，适当浇水。至秋，其芽条皆长成条身后，起出截断，一株株新桑苗便培育成了。枝条"悬空不令着土"的目的，一是防止烂根，再者大概是破坏枝条的顶端优势，使枝条上的各个新生芽，生长得比较均匀。压桑条一定要注意土地的干湿，《种树书》说："湿土压者条烂，燥土压之易生根。"

播种桑籽育苗，一定要挑选品质优良发育健壮的桑树上的桑葚，而且苗圃一定要事先整治，当时的桑农已具备了一套非常成熟的经验。选种方面，《陈旉农书》说："若欲种葚子，则择美桑种葚。每一枚剪去两头，两头者不用，为其子差细，以种即成鸡桑、花桑，故去之。惟取中间一截，以其子坚栗特大，以种即其干强实，其叶肥厚。"当年采收的桑籽，最好当年即播，《士农必用》说："种子宜新不宜陈。新葚种之为上，隔年春种多不生。"苗圃在播种之前，必须深耕熟锄，并施足基肥。其法在《陈旉农书》中亦有介绍："预择肥壤土，锄而又粪，粪毕复锄。如此三四转，踏令小紧。平整了，乃于地面匀薄布细沙，约厚寸许，然后于沙上匀布葚子，令疏密得所。"土表上铺细砂，可有效防止土壤板结，有利于桑籽的发芽生长。

当时栽种的桑树品种很多，仅南宋吴自牧《梦粱录》卷一八所记当时临安（今浙江杭州）一带桑树名便有"青桑、白桑、拳桑、大小梅、红鸡爪等类"。不过最优质丰产的桑树品种则是荆桑和鲁桑两类，《士农必用》中有对这两类桑性状的详细描述，谓："桑之种性，惟在辨其刚柔，得树艺之宜，使之各适其用。桑种甚多，不可遍举，世所名者，荆与鲁也。荆桑多葚，鲁桑少葚。叶薄而尖，其边有瓣者荆桑也；凡枝干条叶坚劲者，皆荆之类也。叶圆厚而多津者，鲁桑也；凡枝干条叶丰腴者，皆鲁之类也。荆之类，根固而心实，能久远，宜为树；鲁之类，根不固而心不实，不能久远，宜为地桑。然荆桑之条叶不如鲁桑之盛茂。"我们知道"枝干坚劲"、"根固心实"、"条叶盛茂"固然和品种有关，但也可通过嫁接技术改变其原有性状，所以《士农必用》又谓："以鲁条接之（荆桑），则能久远而又盛茂也。"另外，《士农必用》对蚕食用这两类桑树的桑叶所吐之丝的质量也作了总结，云：荆桑之类，宜饲大蚕，其丝坚韧，特别适合织纱罗。鲁桑所饲的蚕丝，不如荆桑所饲的蚕丝坚韧，故鲁桑之类只宜饲小蚕。可以间接栽种荆、鲁两种桑树，在蚕大眠后取叶间饲之。

嫁接技术的发明是我国古代农业技术上的一项重大成就。这项技术最先被用在果树繁殖上，后被桑农运用到桑树培育上。通过嫁接来提高桑叶的品质和产量，在宋以前即已出现，但最早的文献始见于宋代，《陈旉农书》载："若欲接插，即别取好桑直上生条，不用横垂生者，三四寸长截，如接果子样接之。其叶倍好，然亦易衰，不可不知也。湖中安吉人皆能之。"元代桑树的嫁接技术已很成熟，出现了多种嫁接方式。《农桑辑要》卷三引《士农必用》中的嫁接内容，凡2000余字，不仅总结了插接、劈接、靥接和批接4种桑品种间的嫁接方式，而且每种接法都有具体介绍。王祯《农书》更是将嫁接方式概括为六种，即：身接、根接、皮接、枝接、靥接、搭接，几乎包罗了所有的嫁接类型。最值得注意的是《士农必用》还曾尝试从理论上阐释嫁接的作用，而且所说基本合乎科学道理。云："接换之功，不容不知也。且木之生气，冬则藏于骨肉之际，春则行于肌肉之间。生气既行，津液随之。亦如人之生脉，夜沉昼浮，而气血从之。皮肤之内，坚骨之外，青而润者，木之肌肉也。今乘发生之时，即其气液之动，移精美之条笋，以合其鄙恶之干质，使之功相附丽。二气交通，通则变，变则化，向之所谓鄙恶者而潜消于冥冥之中。"文中"条笋"即接穗，"干质"即砧木。我们知道，嫁接是选取植株的枝或芽，接于另一植株的枝、干或根部，使两者结合成为新植株，系植物的无性繁殖方法之一。嫁接成活之后，砧木从土壤中吸收的无机养分和水分等供给接穗，反过来接穗又将其制造的有机养分返送到根部，供根系的生长发育之用。砧木和接穗在营养物质供应和新陈代谢方式上，呈互相交换、互相同化的关系。古人当然不可能了解这些，但《士农必用》中所云的"二气"互动，当是指上述这种关系。可见，我国在元代时确已初步认识到嫁接后砧木和接穗彼此之间通过互相影响，从而使嫁接体形质发生改变的这一科学道理。

（二）养蚕技术

宋元时期，北方多养三眠蚕，南方则多养四眠蚕。这两种蚕各具特点，三眠蚕易饲养且抗病能力较强；四眠蚕体态肥大且茧质较优。不过无论是北方还是南方，所饲养的都是以一化性蚕为主，二化性蚕仅在南方有少量饲养。其时养蚕者对诸如蚕室、蚕种、气候、饲料、上簇、蚕病、蚕忌和人为等影响蚕生长发育的因素愈加重视，要求也更加严格，以便在饲育蚕的过程中做到充分适应，取得良好收益。

为保证蚕在成长过程中有一个良好的生长环境，此期间对蚕室的修建非常重视。如《务本新书》认为蚕室北屋为上，南屋、西屋次之，大忌东屋。《士农必用》认为修屋宜高广，低则压抑多热。切勿搭接在其他的房屋下，因为南接隔阳气，北接助阴气。王祯《农书》则说："民间蚕室，必选置蚕宅，负阴抱阳，地位平爽。……缔构之制，或草或瓦，须内外泥饰材木，以防火患。复要间架宽敞，可容槌箔。窗户虚明，易辨眠起。"蚕室的最佳温度是养蚕人"需著单衣，以为体测。自觉身寒，则蚕必寒，使添熟火；自觉身热，蚕亦必热，约量去火"。

养蚕之法，蚕种为先。《务本新书》总结的选种之法是："茧种开簇时，须择近上向阳，或在苫草上者，此乃强梁好茧。……另摘出，于透风凉房内净箔上，一一单排。日数既足，其蛾自生，免熏罨钻延之苦，此诚胎教之最先。若有拳翅、秃眉、焦脚、焦尾、熏黄、赤肚、无毛、黑纹、黑身、黑头、先出末后生者，拣出不用，止留完全肥好者。"拳翅、秃眉……无毛等蛾，多是感染微粒子病的病蛾；黑纹、黑身等蛾多是软化病蛾；先出、末出者往往体质虚弱，这些蛾子都应选除。《农桑要旨》总结的选卵之法是："（卵）如远山色，此必收之种也。若顶平、焦干及苍黄赤色，便不可养，此不收之种也。"顶平、焦干及苍黄赤色的蚕卵，都是不受精卵。

蚕是喜欢温热的昆虫，古人在养蚕过程中往往尽力营造适宜蚕生长的温度。《陈旉农书》说："蚕火类也，宜用火养之。而火之法，须别作一小炉，令可抬舁出入。蚕即铺叶喂矣，待其循叶而上，乃始进火。火须在外烧令熟，以谷灰盖之，即不暴烈生焰。才食了，即退火。铺叶然后进火，每每如此，则蚕无伤火之患。"王祯《农书》有抬炉的介绍，云："抬炉之制，一如矮床，内嵌烧炉，两旁出柄，两人舁之，以送热火。"实际上江浙地区多用小火盆加热，吴注本《蚕织图》中一至三眠图上均绘有火盆便是佐证。蚕在生长发育过程中各阶段的适宜温度也是有差异的，《士农必用》说："蚕之性子，在连则宜极寒，成蛾则宜极暖。停眠起宜温，大眠后宜凉，临老宜渐暖，入簇则宜极暖。"《韩氏直说》云："方眠时宜暖，眠起以后宜明，蚕大并起时宜明宜凉。向食宜有风（避迎风窗，开下风窗），宜加叶紧饲。新起时怕风，宜薄叶慢饲。"对于蚕忌和人为等影响蚕生长发育的因素，《士农必用》说："忌当日迎风窗，忌西照日。忌正热着猛风骤寒，忌正寒陡令过热。忌不净洁人入蚕室。蚕室忌近臭秽。"

《农桑辑要·饲蚕总论》曾将养蚕条件归纳总结为：十体、三光、八宜、三稀、五广、杂忌。十体将养蚕要注意的事项概括为十个方面，即寒、热、饥、饱、稀、密、眠、起、紧、慢。其中"寒"指在连宜寒，"热"指下蚁宜热，"饥"指眠后宜饥，"饱"指向食宜饱，"稀"指布之宜稀又不可太稀，"密"指下子宜密又不可太密，"眠"指蚕方眠时宜暗，"起"指蚕眠起宜明，"紧"指临眠上簇宜紧饲，"慢"指方起宜大饲。三光则是根据蚕的肌色决定投放饲叶的多少，即"白光，向食。青光，原饲（皮皱为饥）。黄光，以渐住食"。八宜是根据蚕的不同生

长时期，选择不同的明暗光线、冷暖温度、风向风速、饲叶紧慢等八个条件。三稀指下蚁、上箔、入簇时要稀疏。五广指人、桑、屋、箔、簇五个基本条件要宽裕。杂忌则将一些会影响蚕生长发育的声音、气味、光线、颜色以及各种不卫生的因素均列于忌禁之列。上述这些对养蚕条件的周密考虑，具有非常重要的实践意义，也是前代记载中所没有的。

此期间贮茧多采用盐泡法和笼蒸法。盐泡法虽然很早即已出现，但较为详细的记载却始见于秦观《蚕书》和陈旉《农书》。陈旉《农书》云："藏茧之法，先晒茧令燥，埋大瓮地上。瓮中先铺以竹簟，次以大桐叶覆之，乃铺茧一重，以十斤为率，掺盐二两。上又以桐叶平铺。如此重重隔之，以至满瓮，然后密盖，以泥封之。七日之后，出而缫之。"蒸茧法出现在元代，其方法及操作过程据《农桑辑要》卷四引《韩氏直说》云："蒸馏之法，用笼三扇，用软草扎一圈，加于釜口，以笼两扇坐于上。其笼不以大小，笼内匀铺茧，厚三四指许。频于茧上，以手背试之。如手不禁热，可取去底扇，却续添一扇在上。亦不要蒸得过了，过了则软了丝头；亦不要蒸得不及，不及则蛾必钻。如手背不禁热，恰得合宜。于蚕房槌箔

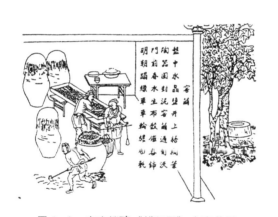

图6-3　南宋楼璹《耕织图》中窨茧图　　　图6-4　王祯《农书》中蒸茧图

上，从头合笼，内茧在上，用手微拨动。如箔上茧满，打起更摊一箔。候冷定，上用细柳梢微覆了。其茧，只于当日却要蒸尽，如蒸不尽，来日必定蛾出。"蒸茧比之日晒、盐腌，无损伤茧丝之虑，故王祯《农书》引《农桑直说》云："杀茧法有三：一曰晒，二曰盐泡，三曰笼蒸。笼蒸最好。"不过蒸茧要受气候条件限制，最好在天气晴朗之日进行，因为蚕茧蒸后较湿，须及时晾干，如在连日阴雨天进行，蚕茧有发热丝腐之患。（图6-3为南宋楼璹《耕织图》中窨茧图，图6-4为王祯《农书》中蒸茧图。）

此期间的养蚕工具仍沿用以前即已出现的蚕箔、蚕槌、蚕簇、蚕盘、蚕网等蚕具。实际上这些蚕具自春秋战国时期即已大致定型，以后一直无大改变，仅是在制作材料和尺寸上，因各地取材和习惯的不同而有所差异。

1. 蚕箔。蚕箔又称"曲"或"曲薄"，多用萑苇编成，数尺宽，作长方形。王祯《农书·农器图谱》载："蚕箔、曲薄，承蚕具也。《礼》：'具曲，植。'曲即

箔也。周勃以织薄曲为生。颜师古注云：'苇薄为曲。'北方养蚕者多，农家宅院后或园圃间多种萑苇，以为箔材。秋后芟取，皆能自织。"按《礼记·月令》所载为："具曲、植、蘧、筐。""周勃以织薄曲为生"则出自《史记·周勃世家》，说明蚕箔定型是非常早的，而且民间很早便有以编织曲薄为生的小手工业者了（图6-5蚕箔图）。

2. 蚕筐。蚕筐又称"蚕筐"，是以竹制成的承蚕器具，南方多用之。其制据王祯《农书·农器图谱》讲："圆而稍长，浅而有缘。适可居蚕，蚕蚁及分居时用之。阁以竹架，易于抬饲。"（图6-6蚕筐图）

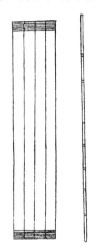

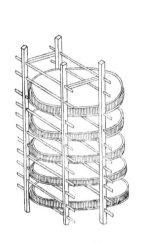
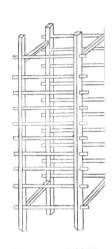

图6-5　蚕箔图　　　　　图6-6　蚕筐图　　　　　图6-7　蚕槌图

3. 蚕槌。蚕槌是用来一层层架放蚕箔的木架。古槌多为四方形木架，到了清代则变为三角形木架。一槌大概可架放十箔，每箔之间离九寸。秦观《蚕书》所谓："中间九寸，凡槌十悬。"正是如是（图6-7蚕槌图）。

4. 蚕簇。蚕簇又名"蓐"，是蚕老熟后作茧的工具。早期多以茅草、蒿苇、竹等材料扎成，后期以糯稻草或麦秆为之。制簇要点是簇架疏密要适当，供蚕结茧的地方要多，簇中空气流通要通畅，簇中光线要均匀，排湿要便利，采茧要方便（图6-8蚕簇图）。

图6-8　蚕簇图　　　　　　图6-9　蚕盘图

5. 蚕盘。蚕盘是盛蚕上簇之器，多以萑苇为底，范以苍筤竹，长七尺，广五尺。也有以木为框，以稀疏的竹席为底的（图6-9蚕盘图）。

6. 蚕网。蚕网是抬蚕用具。王祯在《农书》中对蚕网的形制和用法有详细的介绍："结绳为之，如鱼网之制。其长短广狭，视蚕盘大小制之，沃以漆油，则光紧难坏。贯以网索，则维持多便。至蚕可替时，先布网于上，然后洒桑。蚕闻叶香，皆穿网眼上食。候蚕上叶齐，共手提网，移至别盘，遗余拾去。比之手替，省力过倍。"（图6-10蚕网图）

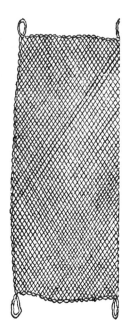

四、麻的栽培和加工技术

宋以后南方多种苎麻极少种大麻的原因，除气候和纤维质量（苎麻的可纺性能优于大麻，苎布质地也比大麻布好）因素外，最重要的是苎麻栽培和加工技术有了很大进步，产量比大麻高得多。

栽培和加工技术的进步主要表现在繁殖方法、田间管理、收刈时间、收刈以后的加工等几个方面。

苎麻的繁殖有有性繁殖和无性繁殖两种方法。有性繁殖即种子繁殖，无性繁殖即分根、分枝和压条繁殖。这两种方法各有利弊，前者易扩大种植面积，但繁育周期长，变异多。后者繁育周期短，遗传性稳定，但难大面积培育。有性繁殖

图6-10　蚕网图

首先要选好种，《士农必用》记载了一种水选法，谓："收子作种，须头苎者佳。……二苎、三苎子皆不成，不堪作种。种时以水试之，取沈者用。"繁殖出的苎麻幼苗，在正式移栽前，还要经过一次假植。《农桑辑要》对此的介绍非常具体，谓：幼苗"约长三寸，却择比前稍壮地，别作畦移栽。临移时，隔宿先将有苗畦浇过，明旦亦将做下空畦浇过，将苎麻苗用刃器带土掘出，转移在内，相离四寸一栽"。假植以后，"务要频锄，三五日一浇。如此将护二十日后，十日半月一浇。到十月后，用牛驴马生粪盖厚一尺"，以后再在"来年春首移栽"。移栽时宜，以"地气动为上时，芽动为中时，苗长为下时"。栽法可用区种法或修条法。无性繁殖的分根、分枝和压条法，在《农桑辑要》中也均有介绍，谓：分根"连土于侧近地内分栽亦可。其移栽年深宿根者，移时用刀斧将根截断，长可三四指"；分枝"第三年根科交结稠密，不移必渐不旺，即将本科周围稠密新科，再依前法分栽"；压条"如桑法"。从现有材料看，苎麻的无性繁殖，以分根法最早，应用也最普遍。

田间管理除继续沿用《齐民要术》中记载的诸如地要多耕、勤锄、细土拌种撒播、分期施肥等方法外，出现了搭棚保护幼苗和苎麻安全越冬的方法。《农桑辑要》载："可畦搭二三尺高棚，上用细箔遮盖。五六月内炎热时，箔上加苫重盖，惟要阴密，不致晒死。但地皮稍干，用炊帚细洒水于棚上，常令其下湿润。遇天阴及早、夜，撤去覆箔。至十日后，苗出有草即拔。苗高三指，不须用棚。如地稍干，用微水轻浇。""至十月，即将割过根茬，用牛、马粪厚盖一尺，不致冻死。"

苎麻一年可收刈三次，每茬纤维质量有差异，当时已认识到苎麻的适时收割

很重要。《士农必用》记载："割时须根旁小芽高五六分，大麻即可割。大麻既割，其小芽荣长，即二次麻也。若小芽过高，大麻不割，芽既不旺，又损大麻。约五月初割一镰，六月半或七月初割二镰，八月半或九月初割三镰。谚曰：头苎见秧，二苎见糠，三苎见霜。惟二镰长疾，麻亦最好。"

苎麻收刈后，须经过剥制和脱胶方能成为可供织造之用的苎丝。剥苎是用竹刀或铁刀，将苎麻从梢分劈剥下皮，再用刀刮白瓤使苎皮分离。如果是在冬月刮麻，先用温水润湿，以易于分劈。王祯《农书》对剥、刮麻皮的技术和工具作过详细介绍："刮苎皮刃也，锻铁为之，长三寸许。卷成槽内插短柄，两刃向上，以钝为用。仰置乎中，将所剥苎皮横覆刃上。以大指就按刮之，苎肤即脱。"苎麻脱胶的方法有多种，《农桑辑要》卷二中记载的方法，基本上是先秦灰治法的演绎。"其绩既成，缠作缨子，于水瓷内浸一宿。纺车纺讫，用桑柴灰淋下水，内浸一宿，捞出。每纺五两，可用一净水盏，细石灰拌匀，置于器内，停放一宿。至来日，择去石灰，却用黍秸灰淋水煮过，自然白软。晒干，再用清水煮一度，别用水摆拔极净，晒干，逗成纺。"桑柴灰和黍秸灰就是所谓灰治的"灰"，这些灰的水溶液呈碱性，有很好的脱胶作用。此外，在王祯《农书》卷二二里，还记有一种类似却又结合日晒的方法："苎亦可沤，问之南方造苎者，谓苎性本难软，与沤麻不同，必先绩苎以纺成纺，乃用干石灰拌和累日。（夏天三日，冬天五日，春秋约中。）既毕，抖去。别用石灰煮熟待冷，于清水中濯净，然后用芦帘平铺水面。（如水远则用大盆盛水，铺芦帘或草摊，纺浸曝。每日换水亦可。）摊纺于上，半浸半晒，遇夜收起，沥干。次日如前。候纺极白，方可起布。""半浸半晒"是利用日光中的紫外线进行界面化学反应产生的臭氧，对纤维中的杂质和色素进行氧化，把纤维中的杂质和色素去除，从而起到脱胶和漂白的作用。

第二节 纺织印染工艺及其机具的定型完善

宋元两代在我国传统手工纺织技术发展过程中是一个承上启下的重要时期。在此期间，许多纺织工艺和机具得到完善，并有一些新的机具出现，有的甚至基本没有变化地沿用到近代。以纺织机具为例，缫丝方面：汉唐时普及了带横动导丝机构和脱绞机构的手摇缫车，唐宋期间出现了脚踏缫车，宋元时脚踏缫车趋于定型，而且逐渐取代了手摇缫车。纺纱方面：汉唐时期，纺车迅速普及，并从手摇单锭发展到手摇复锭，再发展到脚踏复锭。宋元时出现了适合纺棉纱的棉纺车，并发明出一种适合集体化手工业生产，可用人力、畜力甚至水力拖动的具有多个纺锭的丝麻大纺车，它的出现使我国手工纺纱机具的技术水平有了一个质的提高。织造方面：汉唐时期，普及和完善了斜织机、多综多蹑纹织机，宋元时普及和完善了束综提花机，使我国手工织造机具臻于完善。

一、缫、纺工艺和机具

宋元时期，随着纺织生产经验的积累，缫、纺工艺及机具也在不断地改进。在此期间，脚踏缫车已在大江南北广泛使用，人们对缫丝用水和温度更加重视；出现了专门用于纺棉纱的木棉纺车；麻、苎生产发达的地区已普遍使用具备几十个锭子的大纺车，水利资源丰富的地方，为节省人力，还借鉴农业上广为应用的水排、水碾、水碓等技术，运用水力驱动大纺车。

（一）缫丝工艺及机具

宋元时期，缫丝质量已有标准。《士农必用》载："缫丝之诀，惟在细圆匀紧，使无偏慢节核、粗恶不匀也。"既保证缫丝质量，又保持一定的缫丝速度，使缫出的丝"细圆匀紧"，掌控缫丝用水和煮茧温度十分关键。当时在这方面已积累了丰富的经验，陈旉《农书》所记："频频换水，即丝明快，随以火焙干，即不暗黦而色鲜洁也。"秦观《蚕书》所记："常令煮茧之鼎汤如蟹眼。"即是对缫丝用水和煮茧温度的总结。所谓"蟹眼"，指水接近沸点时冒出的如"蟹眼"大小的气泡。此时缫盆中部水温接近100度，缫盆边部水温则稍低于这个温度。在缫盆出现"蟹眼"时缫丝，丝质既不会损伤，也不会影响缫丝速度。王祯《农书》卷二〇也特别强调了这点，云："蚕家热釜趁缫忙，火候长存蟹眼汤。"从现代生产实践来看，这个经验一直被缫丝人遵循。

水温如"蟹眼"时缫丝，古人称之为"热釜"，缫出的丝亦称为火丝。具体方法见王祯《农书》引《农桑直说》所载："釜要大，置于灶上（如蒸灶法）。釜上大盆甋接口，添水至甋中八分满。甋中用一板栏断，可容二人对缫也。……水须常热，宜旋旋下茧缫之。多则煮损。"

相对"热釜"而言，还有一种水温偏低的"冷盆"缫丝法。"冷盆"缫出的丝亦称为水丝，具体方法《农桑直说》亦有记载："虽曰冷盆，亦是大温也。盆要大，先泥其外（口径可二尺之上者，预先翻过，用长粘泥泥底，并四围至唇。厚四指，将至唇，渐薄。日晒干，名为串盆）。用时，添水八九分（水宜温暖常匀，无令乍寒乍热）。"

南方缫丝多采用冷盆，北方缫丝多采用热釜（图6-11为王祯《农书》中的热釜图、冷盆图）。王祯《农书》云："南州夸冷盆，冷盆细缴何轻匀；北俗尚热釜，热釜丝圆尽多绪。"造成这种差异的原因，似乎与南北两地蚕茧品质以及缫工的传统工作习惯有关。古人曾对热釜、冷盆两种缫丝方式的优劣作过恰当评述。如热釜可缫粗丝单缴者，双缴亦可，但不如冷盆所缫者洁净坚韧，"凡茧多者，宜用此釜，以趋速效"[15]。冷盆"可缫全缴细丝，中等茧可缫下缴"，所缫之丝"比热釜者有精神，又坚韧也"[16]。大体上好茧缫水丝，次茧缫火丝。

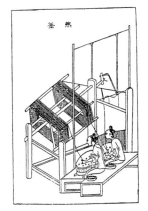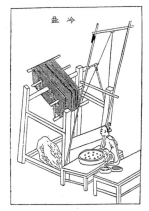

图6-11　王祯《农书》中热釜图、冷盆图

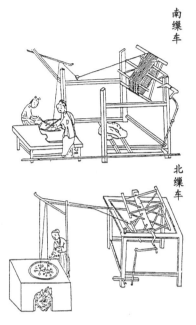

宋元时，在唐宋期间可能即已出现的脚踏缫车使用已很普遍，其形制也开始见于记载。宋秦观《蚕书》记载了缫车的结构，比秦观《蚕书》稍晚的梁楷《蚕织图》，则绘有一脚踏缫车图形。虽然秦观在书中未言及所载是手摇缫车还是脚踏缫车，但王祯《农书》在引述《蚕书》关于缫车的文字后，对缫车的脚踏传动结构作了补充，云："轵必以床，以承轵轴。轴之一端，以铁为裛掉，复用曲木摚作活轴，左足踏动，轵即随转。自下引丝上轵。"秦观和王祯对脚踏缫车主体结构的介绍，基本和后世缫车相同，说明手工缫丝机具在宋元时已基本定型。

从文献中的缫车图来看，脚踏缫车与手摇缫车的主体结构大体相同，均系由机架、钱眼、锁星、鱼鼓、丝钩、丝轵等机件组成。不同之处是脚踏缫车将手摇缫车的曲柄改成了连杆和踏板。

缫车的脚踏传动机构安装形式有两种：一种形式是踏板平放于地，一端通过垂直连杆与轵轴上的曲柄相连；另一种形式是踏杆呈角尺状，较短部分系脚踏处，较长部分的一端通过水平连杆与曲柄相连，这种踏板形式的缫车，缫工可坐着踏。从王祯《农书》所绘南、北缫车的示意图看（图6-12 王祯《农书》中南、北缫车），南缫车踏板为第一种形式，北缫车为第二种形式。

图6-12 王祯《农书》中南、北缫车

脚踏缫车的具体使用方法是：缫丝时，将茧锅里捞出的丝头，先穿过集绪的"钱眼"，再绕过导丝滑轮"锁星"，再通过横动导丝杆"添梯"上的导丝钩，绕在丝轵上。手摇缫车须一手摇动丝轵，一手添绪索绪；脚踏缫车则是用脚踏动踏板做上下往复运动，通过连杆使丝轵曲柄做回转运动，利用丝轵的回转惯性，使其连续回转，进而带动整台缫车运动。由于脚踏缫车的动力来自缫工的双脚，缫工可用双手进行添绪、索绪工作，从而大大提高了缫丝生产效率。

（二）纺纱工艺及机具

宋元时期，纺车已非常成熟，纺棉、纺麻、并线、络纬等基本都使用专门的纺车。其时有关的文献记载也非常详明，仅王祯《农书》便记有5种不同用途的纺车，即：纬车、木棉纺车、木棉线架、小纺车、大纺车。此外，立式纺车的图形也见于宋人的绘画作品中。下面将这几种纺车的结构及其操作方法，分别进行简单介绍。

1. 纬车

纬车是专门用来络纬的机具，古代亦称之为軖辘车、道轨和维车。前引《方言》云："赵魏之间谓之軖辘车，东齐海岱之间谓之道轨，今又谓之维车。"《通俗文》云："织纤谓之维，受纬曰筌。"纬车是手摇纺车的一种，其结构和操作方法如王祯《农书》所云："其栦上立柱置轮，轮之上近，以铁条中贯细筒，乃周轮与筒，缭环绳。右手掉轮，则筒随轮转。左手引丝上筒，随成丝缏。"从王祯《农书》所附纬车图来看，丝缏的置放方式有两种，一种是丝缏置放在环轮左侧，一种是丝缏置放在环轮下方。这两种置放方式没有优劣之分，只与使用者习惯有关（图 6 – 13 王祯《农书》中纬车图）。

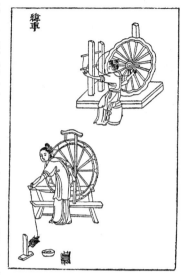

2. 立式纺车

立式纺车在汉唐时就已被普遍应用，不过迄今能见到的最早图像文献资料是出现在宋代绘画作品《纺车图》和《女孝经图》上。这种纺车的车架，由一有底托的立木构成，绳轮则装在立木上的轴孔中。几个锭子置放在绳轮上方，方向与绳轮上手柄相背。绳轮与锭子亦是靠绳弦相连。纺纱时须两个纺工同时操作，一人坐在纺车旁，摇动手柄带动锭子回转；一人在锭子前方牵引纱线。牵引纱线的人，离锭子距离可近可远。离锭子稍远一些时，被加捻牵伸的纱线较长，加工后的纱线捻度和牵伸质量自然会比前述手摇纺车要好，所以它特别适合纺质量要求高的

图 6 – 13　王祯《农书》中纬车图

图 6 – 14　北宋·王居正《纺车图》

强捻纱。在王祯《农书》中未见立式纺车的介绍，可能因其须两人同时操作，远不如一人操作的纺车方便有关，同时也说明此种纺车的使用范围在元代已大不如从前。《纺车图》现藏北京故宫博物院，系北宋画家王居正所绘（图 6 – 14 王居正《纺车图》）。《女孝经图》现亦藏北京故宫博物院，系南宋人根据唐代侯莫陈邈（三字复姓）妻郑氏撰《女孝经》的内容所绘，有 10 多幅图。各图后有楷书《女孝经》原文，字体学高宗赵构一派。《女孝经》共有十八章，立式纺车出现在第九庶人章中。

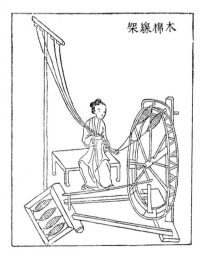

3. 木棉线架

木棉线架是专门用来并捻合线的机具，系脚踏纺车的一种（图 6 – 15 为王祯《农书》中的木棉线架）。其制据王祯《农书》记载："以木为之，

图 6 – 15　王祯《农书》中木棉线架图

下作方座，长阔尺余，卧列四缡。座上凿置独柱，高可二尺余，柱下横木长可二尺。用竹篾均列四弯，内引下座四缡，纺于车上，即成棉线。"王祯写《农书》时，木棉线架的应用似乎还不太普及，故王祯在描述完木棉线架的形制后又特别强调："旧法先将此缡络于篗上，然后纺合。今得此制，甚为速妙。"

4. 木棉纺车和小纺车

木棉纺车是专门用来纺棉花的机具，小纺车是专门用来纺麻的机具。它们的整体结构基本相同，均系脚踏纺车。不同之处是棉纺车的绳轮比麻纺车要小一些。在元代，小纺车运用很广，王祯明确指出：小纺车"凡麻苎之乡，在在有之"。木棉纺车的使用情况王祯没有明言，根据木棉纺车与小纺车结构大体相同来推测，既然小纺车如此普及，想必木棉纺车在棉业之乡也是"在在有之"。诚如李约瑟所言："在 14 世纪早期（中国的）纺车上已有 3 个甚至 5 个锭子，全体由一根绳传动，这似乎是成熟的特征，意味着它们已有很长的发展历史了。"[17]

图 6 - 16、图 6 - 17 分别为王祯《农书》中的木棉纺车和小纺车，从图上看，这两种纺车的结构均可分为纺纱机构和脚踏机构两部分。

纺纱机构由绳轮、锭子和绳弦等机件组成。绳轮安装在机架的立木上，锭子则安装在绳轮上方的托架上。不同用途的脚踏纺车锭子数是不同的，棉纺车多为 1～3 锭，亦有达 4 锭者，而专门用于纺麻纱的纺车则有高达 5 锭者。造成这种差异的原因，与棉纤维和麻纤维纺织特性密切相关。棉纤维的纤度和弹性胜于麻纤维，长度却较麻纤维短。棉缕上机就纺，在经过加捻和牵伸变成棉纱的过程中，加捻和牵伸这两项运动是同时进行的。因此在纺棉纱操作中，手不仅要引导棉缕，还要参与牵伸。为使各根棉缕得到相对独立的牵伸，又避免棉缕在牵伸过程中相互纠缠在一起，要先将各根纱分别通过指缝（靠指缝将棉缕分开），再引上纱锭，否则各根纱便会在手握处纠缠在一起。人的一只手仅有指缝四处，故棉纺车的锭数

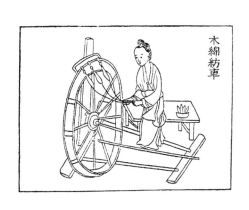

图 6 - 16　王祯《农书》中木棉纺车

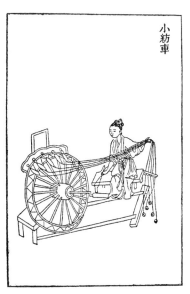

图 6 - 17　王祯《农书》中小纺车

不会多于 4 个。而纺麻纱则不同，麻缕上机就纺成纱的过程，实际仅是将已绩长的麻缕加捻，操作中手只起引导作用，无须牵伸拉扯麻缕，比纺棉纱简单，所以纺麻纺车可增至多到 5 只的锭子，使纺车纺麻的生产效率得到尽可能的提高。不同用途的脚踏纺车绳轮直径亦是不同的，棉纺车相对其他用途的纺车要小一些，原因也是基于棉纤维在就纺过程中需要牵伸，如绳轮直径过大，锭子转速过快，往往牵伸不及或容易断纱。王祯著《农书》时已注意了这两个因素，谓："木棉纺车，其制比麻苎纺车颇小。夫轮动弦转，莩缕随之。纺人左手握其棉筒，不过二三绩于莩缕。牵引渐长，右手均捻，惧成紧缕，就绕缕上。"

从王祯《农书》附图来看，木棉线架和小纺车的脚踏机构是由踏杆、曲柄、凸块三部分组成。曲柄置于轮轴上，末端与踏杆相连；凸块则置于机架上，顶端支撑踏杆。木棉纺车的脚踏机构上未见曲柄，踏杆一端是被直接安放在绳轮上的一个轮辐孔中，轮辐孔较大，踏杆可在孔中来回抽伸。踏杆另一端也架放在车后的一个托架或凸块上。采用这种脚踏结构的纺车，绳轮必须制作得重一些，以加大绳轮的转动惯量。

5. 大纺车

大纺车系一种有几十个锭子的丝、麻纤维并捻机具。由于它比其他纺车锭子多，车体大，故称为"大纺车"。这种纺纱机是宋元时期中国机械制作技术成就之集大成者，在构造上非常卓越，特别适宜规模化生产，因此博得了著名科学史学家李约瑟的高度赞扬，认为它"足以使任何经济史家叹为观止"[18]。

（1）大纺车的创制及结构

大纺车具体的创制情况，古文献中缺少明确记载，其形制直到元代才被收录在王祯《农书》里。我们知道一项技术从产生到广泛应用，一般都要经过一段相当长的时间。从王祯书中阐述的器物和耕织方法大多为汉唐时使用的成法以及所云"中原麻苎之乡，凡临流处所多置之"水利大纺车这一情况推论，大纺车的出现时间应在王氏编写《农书》之前，应是南宋或更早一些的产物。另外，这种纺车本有大小两种规格。最先出现的是规格较大的一种，较小的一种则是根据较大者仿制出来的。王祯也曾明确谈到这一点："又新置丝线纺车，一如上（大纺车），但差小耳。"

大纺车的基本结构，王祯《农书》里有文字说明和附图（图 6 - 18 王祯《农书》中大纺车图），转录于下："其制长余二丈，阔约五尺。先造地柎木框，四角立柱，各高五尺，中穿横桄，上架枋木。其枋木两头山口，卧受卷辂，长轩铁轴次于前。地柎上立长木

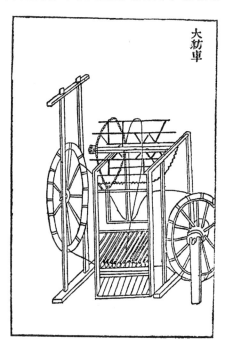

图 6 - 18　王祯《农书》中大纺车图

座，座上立臼，以承锭底铁簧。夫锭，用木车成筒子。长一尺二寸，围亦一尺二寸，计三十二枚，内受绩缠。锭上俱用丈头铁环，以拘锭轴。又于额枋前排置小铁叉，分勒绩条，转上长轩。仍就左右别架车轮两座，通络皮弦，下经列锭，上捲转轩、旋鼓。或人或畜，转动左边大轮，弦随轮转，众机皆动。上下相应，缓急相宜，遂使绩条成紧，缠于轩上。昼夜纺绩百斤。"

这段文字和附图是了解和研究大纺车结构与工艺最重要的依据。

对王祯《农书》所载大纺车文图进行解析，可知它主要是由机架、纱锭及相关部件、卷绕装置及相关部件、传动装置及相关部件等几大部分组成。

机架是一个长约二丈、宽约五尺的木架，下部着地处的长方形木框，即《农书》所云"地柎"。木框四角分立各高五尺的木柱，作为整个机架的骨干。前后和左右侧面均有横木贯连，即《农书》所云"横木"和"枋木"。在前后侧面的中部，均有横撑一根，即《农书》所云"中穿横桄"。在左右侧面的上部，各有横梁一根，即《农书》所云"上架枋木"。两侧枋木之上，还各有一个凹口，即《农书》所云"山口"，其作用是"其枋木两头山口，卧受卷绰，长轩铁轴"。

大纺车的纱锭、数量、外观、尺寸、贮纱及置放方式与一般常见的纺车纱锭完全不同。纱锭数量有 32 枚，远多于小纺车的 5 枚。形状为一中空的木筒，在《农书》中被称作"锭"。锭，也写作"桄"，《类编》："坦朗切，木桶也。"系用木车成的筒子。长一尺二寸，直径亦一尺二寸。如此尺寸的纱筒，贮纱方式当然不可能与一般纱锭相同。它不是缠在纱锭杆上，而是把绩好的麻条盘成纱卷，放于木筒之内，即《农书》所云"内受绩缠"。木筒的顶端，大概还有一个带中孔的筒盖，筒中的纱须自孔中引出（这点王书没有提及）。如果没有盖，当筒内存纱较少时，容易被受牵纺的纱带出，加盖可避免这种情况，同时当纱自孔中抽引出时，还可起导纱作用。纱锭安装在机架底部的长木座上，在《农书》的附图中，锭子似乎均被画成横置，很容易引起误解，不过《农书》在文字中却交代得非常清楚，"地柎上立长木座。座上立臼，以承锭底铁簧"。"座上"和"臼"、"承"几个字，其含义很明显，"座上"无疑是指木座的顶面；"臼"的口一般也是向上，而"承"字则是以下受上之谓，可见所有的纱锭一律直立于铁臼之内。与当时通用的纺麻小纺车相比，锭子不仅由横卧变为竖立，而且被从纺车的上部移到纺车的下部。大纺车上锭子的变化和创新非常重要，竖立的纱锭比横卧的纱锭更便于导出纱缕，而且出纱快捷，不易乱缕；纱锭移到纺车下部，使导纱行程加长，有利于提高纱线质量。现代纺纱机的纱锭都是竖置的，也说明这个变化对后世纺纱机的演变影响之深远。

大纺车的卷绕装置由纱框、摆纱竿组成。纱框，即《农书》所云"长轩"，由 6 根横木条和 1 根略长于机架的轩轴构成。由于纱框很长，为便于将纱框上已卷绕的加捻后的麻缕顺利卸下，纱框一角横梁辐撑是活络的，可让一根横梁在退缕时内收（这点《农书》没作说明，但纱框很长，如不内收一横梁，很难顺利将纱框上的麻缕卸下。而且当时的缲丝轩已采用可内收的活横梁结构，故大纺车纱框采用这一结构应是无疑的）。摆纱竿，即《农书》所云"额枋"，是一根能做间歇摆动，能使纱框卷纱时让纱线均匀分布，不致重叠，较机架略长的细木竿。因它横担于机架两侧横撑的前半部，并与机架正面的上半部接近，故谓之"额枋"。摆纱竿可能是用一对伞形齿轮控制，把出自纱框的连续回转运动，变为线性往复运动。《农书》中未言及齿轮，但如果不利用齿轮，摆纱竿很难实现往复摆动，况且齿轮在汉代即已出现，将其运用到大纺车上是完全可能的。摆纱竿前还横安有一排用以控制纱线位置（分勒绩条）与纱锭等量的小铁叉。整个卷绕行程是：𫐄内引出的纱缕，每缕经过一个小铁叉，通过摆纱竿的摆动，均匀卷绕在长𫐄上，即《农书》所云："额枋前排置小铁叉，分勒绩条，转上长𫐄。"

大纺车的传动装置，《农书》的记载是："仍就左右别架车轮两座，通络皮弦，下经列𫐄，上拶转𫐄、旋鼓。或人或畜，转动左边大轮，弦随轮转，众机皆动。上下相应，缓急相宜，遂使绩条成紧，缠于𫐄上。"这句话虽提到纱锭、纱框的转动以及动力的来源，但说得十分含糊，好像只用一根传动皮弦，即可全部带动机件。实际上这肯定是不行的。所幸附图中画了两根分别同纱锭、纱框发生关系的绳子，表明它的传动装置应包括两个系统：一个是转动位于机架下部的纱锭；一个是转动位于机架上部的纱框。

传动纱锭的系统，由位于车架左右的二轮、皮弦、变向轮及张力轮构成。皮弦贯通左右两轮，下皮弦通过固定装于车架下部的变向轮改变方向，从位于车架前部的锭轮外侧通过。锭子的旋转即是靠皮弦对锭轮的摩擦。由于纱锭是垂直排列的，所以皮弦无疑也是按直线运动方式切过各个锭轮外侧的。《农书》未言及变向轮和张力轮，但它们是不可缺少的。张力轮的作用是增大摩擦，使绳弦以微弧线切过锭轮，大概是每隔一个或两个纱锭安置一个。传动纱框的系统，由一根绳弦及几个变向滑轮（即《农书》所云旋鼓）组成。绳弦直接缠于主动轮轴，并自主动轮轴引出后，经变向滑轮绕于纱框上。

大纺车的运转，既可用人力或畜力驱动，也可利用水力驱动。王祯说以水为动力"比用陆车，愈便且省"。

就人力驱动而言，只要在车架一侧轮轴上装一曲柄即可。此轮作为主动轮，利用人力加以摇转。由于大纺车锭子数目甚多，为了省力，此轮直径通常要大一些。

就畜力驱动而言，应是采用类似畜力碾磨的方法。宋元以前，畜力碾磨便已有非常久远的使用历史，技术上已颇为成熟，因此在大纺车上使用这些技术绝非难事。

就水力驱动而言，有两种方式：一是将水轮通过皮弦与大纺车一侧大轮相连的驱动方式。当河流之水连续不断地冲击木轮上的辐板时，水轮旋转，通过皮弦带动纺轮跟着旋转，进而使大纺车运转。这种水轮通过皮弦带动大轮的驱动方式，因为是靠皮弦摩擦传动，不是最佳驱动方式。另一种是采用水轮与车架一侧大轮同轴的驱动方式，避免了皮弦摩擦传动的损耗，把水轮发出的力最大限度地用在大纺车上。同轴驱动的方式，在同样具有长久使用历史的水磨、水碾上经常可以看到，因此在驱动大纺车时使用这些技术是水到渠成的。王祯说水转大纺车的水轮"与水转碾磨之法俱同"，印证了水转大纺车确是借鉴了水磨、水碾的技术。

（2）大纺车的技术成就及影响

水转大纺车是一种已被广泛应用于生产实践的技术。而一种技术是否得到运用，其意义之重大，并不逊于这种技术的发明。从王祯《农书》所载水利大纺车"中原麻苎之乡，凡临流处所多置之"来看，似乎只是中原一带在普遍使用水利大纺车。实则不然。元人揭傒斯《蜀堰记》中一段记载颇为重要，云：顺帝至元元年（1341年）重修都江堰之前"常岁获水之用仅数月，堰辄坏。今虽缘渠所置碓硙纺绩之处以千万数，四时流转而无穷"。有学者根据这则史料推断："在14世纪中叶，某种形式的水力纺纱机曾运用于四川成都平原上"，并由此作出了几点推论：第一，都江堰"缘渠所置"的"碓硙纺绩之处"，应当就是借助水力推动的碓硙和纺车。"碓硙"是指水碓。"纺绩之处"便是指水力纺车，因为自秦汉至清末，中国所使用的主要绩麻工具就是纺车，所以揭傒斯文中谈到的"纺绩"，即纺麻纱。这里的麻纺机具沿都江堰而置，自当为水力纺纱机无疑。第二，"缘渠所置碓硙纺绩之处以千万数"，说明这里的水转碓硙与水转纺车不仅数量众多，而且十分集中。第三，"四时流转而无穷"，亦即这些碓硙与纺车依靠水力推动，常年运转，四季不停。第四，从当时的客观环境来看，水力纺纱机在都江堰一带得到普遍使用也是非常可能的。当时成都平原纺织业颇为发达，在此次修堰前三四十年的大德年间（1298～1307年），马可·波罗在成都平原上"看见许多上等的住宅、城堡和小市镇，居民以农业维持生活，城中有各种制造业，特别是能织出美丽的布匹、绉纱及薄绸"。而且成都平原不仅盛产木材，还有比较发达的铁工业，《蜀堰记》记载此次修堰共用铁65000斤，役使铁工700人，从物质上和工艺上保证了水力纺纱机的大量制作。第五，王祯《农书》成书于皇庆二年（1313年），重修都江堰则在至元元年（1341年）。揭傒斯所记，距王祯《农书》成书已近三十年，而水转大纺车在王祯《农书》刊印之前即已出现很久，从中原地区传入成都平原在时间上构不成问题。而且王祯《农书》中有图文并茂的记述，只要具有一定经验的木匠，即可"依样画葫芦"，造出一部类似的大纺车来。所以，元代后期都江堰下游缘渠所置数量众多的水力纺绩机，应即王祯《农书》所载的水转大纺车或其相似物。第六，从大纺车的工作效率、中原的水利条件和当时中原麻苎生产的一般情况推测，大纺车在中原某个麻苎发达地区内的数量、一年中实际使用的时间，不如成都平原的都江堰一带那样集中和一年四季运转不息。因此，从某种意义上可以这样说，元代后期的都江堰一带，乃是当时中国使用水力纺纱机最集中和最充分的地区，因而也是世界上第一个在纺纱业中建立起水力推动的机器生产体制的地区[19]。这些推论颇有见地，为我们展示了14世纪中叶大纺车在成都平原普遍使用之盛况。此外，揭傒斯《蜀堰记》这段记载，也为王祯关于水转大纺车已颇为普遍地运用于生产实践的重要说法，提供了强有力的佐证。

多锭大纺车的技术成就和价值是通过其结构表现出来的，它的结构与前此的任何纺车均不相像，其变化主要有以下几点：

第一，具备了较完整的大型纺纱机械的形状和功效。大纺车可同时对数十枚锭子上的纱线进行加捻和卷取，而且加捻和卷取的机械运动也是同时进行的。我们知道一般纺车在进行加捻和卷绕时，纺工须手持纱缕一端，让纱缕的另一端绕于锭杆前端，即被纺纱缕的两端处于手和锭杆的控制中，也就是在加捻过程中，这段纱线两端的位置是固定的。锭子旋转，纱线被加捻后，依靠锭子的反转，让绕于锭杆前端的纱缕退绕下来，再转动锭子，把加过捻的纱缕用手送绕在纱管上。显然锭子的工作一会儿是加捻，一会儿是卷绕，加捻和卷绕是分开交替进行的。大纺车则不是这样，它把加捻和卷取糅合起来一并进行。大纺车的锭子专门负责加捻，卷绕则由纱框完成。运转前，需要将纱缕预先绕在纱管上，并将纱缕头端绕上纱框。运转时，锭子与纱框同时转动，锭子转速比纱框快得多，纱缕在被卷上纱框的过程中被加捻。由于加捻与卷绕的速度有固定的速比，且是无间歇地连续运转，大纺车的加捻卷绕速度和质量自然比一般纺车要快和均匀。其效率以 32 锭纺麻大纺车为例，直观地计算，它的产量相当于 32 架单锭纺车，5.4 架 5 锭纺车。实际并不仅止于此，如再加上连续工作，即加捻、卷绕同时进行而争取的有效时间，其产量比前述的还应提高三分之一。难怪王祯说："昼夜纺绩百斤。或众家绩多，乃集于车下，秤绩分纩，不劳可毕。……大小车轮共一弦，一轮才动各相连。机随众辊方齐转，纩上长轩却自缠。可代女工兼倍省，要供布缕未征前。"原来一架纺车每天最多纺纱 1～3 斤，而大纺车一昼夜可纺 100 来斤，纺绩时须集中足够多的麻才能满足它的生产能力。在使用大纺车的地方，许多农户都将绩好的麻送到大纺车作坊，请其代为加工，以节省出大量劳力。

第二，整体设计独特巧妙，将局部不同的运动方式有机地统一起来。大纺车运转后，为保证纱框和纱锭能够同时运转，且使其转动后具有固定的线速比，大纺车在设计中主要运用了两种方法：一是利用传动绳弦，把两根传动绳弦全部集中安装于主动轮上，并利用大轮外径带动纱锭，利用大轮轮轴带动纱框；二是利用齿轮和滑轮，用一对伞形齿轮控制摆纱竿，把出自纱框的连续回转运动，变为线性往复运动，用一些变向滑轮使传动绳按照需要产生各种变向运动，带动整部机器。

第三，既可用人力和畜力驱动，也可用水力驱动。这是我国将自然力运用于纺织机械的一项重要发明。从前引王祯《农书》所云：水转大纺车在"中原麻苎之乡，凡临流处所多置之"。揭傒斯《蜀堰记》所云："今虽缘渠所置碓硙纺绩之处以千万数，四时流转而无穷。"我国在 13～14 世纪即已普遍应用以水利驱动的多锭纺纱机械了。而欧洲出现和使用类似的纺纱机械的时间却是非常晚的。欧洲最早的畜力纺车是 1735 年约翰·怀特（John Wyatt）发明的驴力纺车。最早的多锭纺车是 1764 年英国哈格里沃斯（Jame Hargreaves）发明的珍妮纺车（最初为 8 锭，后来逐渐增多至 20～30 锭）。最早的水力纺车是 1769 年英国人理查德·阿克莱（Richard Arkwright）在珍妮纺车的基础上创制出的水力纺机。

阿克莱水力纺纱机使英国纺织业首先走上了大机器生产道路，成为工业革命的领头行业。因此，阿克莱水力纺纱机的发明，通常被认为是英国工业革命开始的标志。我们知道每一种新机器的发明，都有其必不可少的前提和途径，其前提当然是为满足某种需要；其途径，大多都是借鉴或继承已有机器的某些结构加以改进创新。阿克莱水力纺纱机的发明，与中国的水转大纺车之间是否有某种关联呢？李伯重在《中国水转大纺车与英国阿克莱水力纺纱机》一文中，把王祯《农书》中的水转大纺车和18世纪后期及19世纪初期英国工业革命中的亚麻纺纱机作了对比之后，"发现二者在结构上惊人地相似。因此认为后者可能就是前者经印度传入英国后略加改良的产物。这种推测是有一定道理的。据说，理查德·阿克莱是在德比研究了当时的水力捻丝机后受到了启发，才设计出其水力纺纱机来的。当时英国的水力捻丝机是意大利捻丝机的仿制品，而意大利捻丝机，如李约瑟所说，又是在元代时期由中国传入。而在元代中国，惟一可知的水力捻丝机恰恰就是水转大纺车。由此而言，阿克莱纺纱机与水转大纺车之间应当具有某种关系。倘若把这种关系放在近代早期欧洲与中国之间的技术交流的背景下来看，更是十分清晰。18世纪曾有一个主要是通过传教士（特别是耶稣会士）把中国的工艺技术知识介绍到欧洲的浪潮。此时徐光启的《农政全书》被介绍到欧洲，并得到重视。在1735年出版的杜赫德《中华帝国通志》中，所刊有关养蚕、缫丝和织机的插图，便是采用了《农政全书》卷三一至三四蚕桑及卷三五至三六蚕桑之类的内容。元代水转大纺车的有关图文，几乎原封不动地保存在《农政全书》中。因此水转大纺车在18世纪中叶以前，已通过传教士介绍到西欧，应是无可置疑的"。依此脉络，说阿克莱水力纺纱机很可能和中国大纺车有直接的渊源关系，似不为过。

二、织造工艺及机具的改进和完善

宋元时期，前代出现的织造工艺和机具不但得到推广普及，而且不少工艺和机具得到改进并最终完善。

（一）织造工艺

宋元时期，前代的一些织造工艺技术得以改进和完善。例如，宋代织工在唐代织锦技艺的基础上加以改进和发明，创造出独具特色的宋锦品种。唐代的纬锦只用伏综和提花线，它的经线只有两种运动，一种运动是基础组织（实际是接结经的间丝组织），由综框控制；另一种运动是织花组织，由提花线控制。因此实际上唐代纬锦没有真正的地部组织。宋代织工在唐代三枚斜纹纬锦的基础上增加了地纬，创造出既厚实又有一定坚牢度的宋锦这一新的织锦品种。宋锦的地部正面是二上一下经斜纹，由夹经（或称为里经）与地纬织成，夹经织花部时仍夹藏于色纬之间。因为是反织，所以加了片起综在反面起出一上二下纬斜纹。另外3片伏综控制交织经与所有纬线织成反面二上一下的经斜纹，起固结花部的作用。交织经又称为接结经，高出夹经一个梭口。由此可见，宋锦的织造工艺特点是在唐纬锦机上再加3片起综织地组织，使起综、伏综和提花束综线联合使用。又如，宋代的花罗机及织造花罗工艺技术已十分完善，这种完善是继承和发展前代技艺的必然结果。花罗这种织物品种的实物，在长沙马王堆一、三号汉墓和湖北江陵凤凰山汉墓中均有大量发现。在1975年福建福州市郊浮仓山发现的南宋黄升墓中，也出土30余件花罗。关于宋代花罗的织造工艺技术，可以通过研究南宋楼璹《耕织图》上的花楼束综织花机的机型和结构来了解。根据对该机研究后分解的绞综装置及织造操作技艺，可以用来复制黄升墓出土的三经绞花罗，说明宋代不但确实使用过花罗机，而且有一套完善的花罗织造工艺技术。再比如，我们从缎这个织物品种的角度来研究，也可以看出宋代的织造工艺技术确实已经完善。缎织物虽然在宋代之前已经发明，但在宋代之前的缎织物不但数量极少，缎织物的花色品种也很少，这跟当时缎织物的织造工艺技术水平不高和不完善有很大的关系。到了宋代，缎织物不但数量激增，质量大为提高，而且还出现了创新的花色品种，这种变化跟宋代的缎织物的织造工艺技术水平的提高和完善有密切的关系。如果我们从宋代所生产的各类织物品种来研究，亦可以得到这个结论。因为在宋代的织物品种中，既有属于平纹织物的品种，又有属于斜纹织物的品种，亦有属于缎纹织物的品种，三大类品种的织物都能织造，而且产量多，花色品种也多，无不表明宋代织造工艺技术已趋完善。

（二）织造机具

在宋元时期，多综多蹑织机和束综提花机的应用很普及。一些花纹比较大和纬线显花的各种丝织物，都采用多综多蹑的机构和提花束综技术相结合而织制出来的。而一些花纹比较小的以及经线显花的织物，却大多采用多综多蹑织机织制。这是因为多综多蹑织机结构比较简单，容易操作，使用它织制织物产量高，而且适于织造比较多的织物品种。

斜织机、平织机、立织机这几种机型，在宋元时期的应用相当普及。这些织机又因它们用于织制不同织物品种而有专门的名称。从大的方面可分为素机（只织没有花纹的织物，不能织有花纹的织物）和花机（可以织造有花纹的织物）两大类机型；从细分的角度来命名，使用的织机有绫机、罗机、布机、花罗机、熟机（专门用来织小提花）、云肩栏袖机（织妆花用）等。这个时期使用的这些织造机具的制造要求和装造要求各不相同，但都十分严格，说明织具有了改进，织造技术有了进步。在宋代的《蚕织图》、《耕织图》和元代薛景石的《梓人遗制》、王祯的《农书》里，分别记述了上面提到的那些织造机具。其中的布机，是织造棉织物和麻织物的织机。图6－19、6－20分别为王祯《农书》中的布机和卧机。

图6－19　王祯《农书》中的布机

图6－20　王祯《农书》中的卧机

从宋代楼璹的《耕织图》里的提花机图可以看出，当时的提花机已发展得相当完整。这种织机的结构在元代薛景石的《梓人遗制》里有非常详细的介绍，做到了"每一器（即每一机件）必离析其体而缕数之"。书中不仅详细说明了每个零件尺寸大小和安装部位，还简要地讲述了各种机件的制作方法，并且各部分的零件图和总装配图都刻画得非常具体，立体图更是形象逼真（图6-21《梓人遗制》中华机子）。

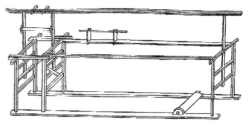

图6-21　《梓人遗制》中华机子

在薛景石的《梓人遗制》里还记载有立机子（图6-22）、罗机子（图6-23），分别详细说明了它们的零件尺寸大小和安装位置，绘有零件图、记述织机各部件名称，并有装配说明。

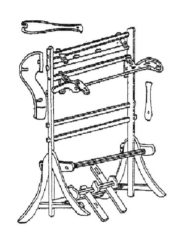
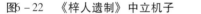

图6-22　《梓人遗制》中立机子　　图6-23　《梓人遗制》中罗机子

在山西开化寺北宋壁画上也有一立织机图形，此机的机架基本直立，上端顶部置经轴，经丝从上至下展开，通过分经木将经丝分成两组，两旁有形似"马头"的吊综杆，由吊综绳连接于综框，再由下综绳连接于长短踏板。织工脚踏两根踏板，牵动马头上下摆动，交换经丝，用梭引进纬丝，然后用筘打纬（图6-24山西开化寺北宋壁画上立织机图）。

图6-24　山西开化寺北宋壁
画上立织机图

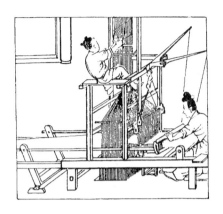

图6-25　宋人《蚕织图》中的织机

在宋代的一些文献里，经常出现"楼机绫"的记载，这说明当时已用花楼提花机织制绫织物。宋人《蚕织图》绘有一架织机（图6-25宋人《蚕织图》中的织机），根据这幅《蚕织图》的历史背景和图中描绘来看，该图所绘的织机，是一台典型的用于织绫的织机[20]。它的机身中部隆起花楼，上悬脚子线和耳子线结成的花本，综丝通过衢盘、衢脚垂于地坑，一挽花小厮坐于花楼之上，双手将所需的综丝上提；另一织工脚踏两根踏杆，踏杆牵动老鸦翅控制两片地综，一手抛梭，一手打筘，筘与叠助木相连，以加重打绫力。用这部织机，可以织制平纹地上显花的提花织物。这张提花机图，是目前所见最早的、也是十分完善的提花机图。

在宋人《耕织图》中，有一种大花楼的花罗机（图6-26），表明宋代已普遍使用花罗机[21]。花罗机的形制与绫机相似，所不同的是它装置了双经轴、机前装有四片综（两片素综和两片绞综）。两片绞综各由一片基综和一片半综组成，两个半综的环又各从外侧穿入基综的下口后相互勾连。这种两片结构完全相同、半综相互勾连的绞综为对偶式绞综。机身中有花楼，提花综丝从机顶垂至衢坑，提花小厮在花楼上提花，织工脚踩踏杆，一手推筘，一手引梭。织造时，机前的素综和绞综起绞纱孔眼的地组织，而花楼的提花束综提织各种花纹。机后使用双经轴，是为避免绞经和地经因张力不同引起织缩不同而特意设置的。

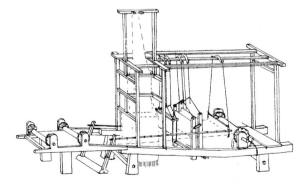

图6-26　宋人《耕织图》中的大花楼罗机

宋代的整经，所用的工具为经架、经具，又称为绖床。当时所采用的整经工艺有两种，不同的整经工艺所用的工具形制各不相同。一种是轴架式整经，所用的经架在宋人《耕织图》中有所描绘（图 6–27 宋人《耕织图》中整经工具）。它的形制是两柱木之间套一大丝籰，旁边装一手摇柄，小籰与经架之间还有经牌（掌扇）分理经丝并控制密度，最后将大丝籰上的经丝再卷上经轴。这套整经设备的工作原理，与今天的大圆框式整经机的工作原理完全一致。另一种是齿耙式整经，其所用经具形制也在宋人《耕织图》中有描绘，这种经具的经耙（桩头）为

图 6–27　宋人《耕织图》中整经工具

两根钉着竹钉或木桩的木柱的架子，竹钉的多少视整经经丝的长短而定。经耙与小籰之间有经牌，经牌将经丝分成上下两层在经耙上提出"交头"，这样就可按规律穿综就织。这种整经，可能是分条整经的雏形。

在宋元时期，浆经工艺已开始采用，其所用工具由印架（或称绖床）、箱、经轴、纴刷等组成。浆经是织造准备工序中的重要工艺之一。浆经的目的是为了改善经线的织造性能，例如增大张力、减磨和保伸等。对于轻薄的纱罗和色织练丝（熟丝）织物，以及麻、棉等短纤维纱的织制，一定要经过经纱上浆。丝织的经纱浆纱一般采用轴经上浆法，这一上浆法的记载首见于明代的《天工开物》一书，但从对宋元时期一些织物品种的分析，可知这一方法已在宋元时期运用了。棉纱上浆，以绞纱为多；麻纱则用纴刷边上浆边卷绕于经轴上，在元代王祯《农书》中，绘有纴刷的图形（图 6–28）。棉纱或麻纱上浆，有时也采用轴架式浆经法。

元代以后，直至清代前期（鸦片战争前），织造织物所用的织具，基本与宋元时期所用的织具相同，新发明的织造机具很少。可见我国古代手工织造机具在宋元时期已基本定型。

三、黄道婆对棉纺织技术的革新

13 世纪末年，长江中下游的棉花加工技术得以迅速发展，虽然与当时历史背景和棉花自身的优点是分不开的，但一位被人称为道婆的黄姓妇女，在江南棉业兴起过程中所起到的重要作用，也是不容忽视的。

黄道婆的生卒年月及名字已无从查考，"道婆"两字无疑是后人对她的尊称，而且从这两字来看，她可能是信奉道教之人。关于黄道婆的生平事迹，最早见于元末陶宗仪所著《辍耕录》

图 6–28　王祯《农书》中纴刷

卷二四中，其后的一些笔记、诗文杂著中也略有提及，不过内容大多相同。据《辍耕录》和与陶宗仪同时代的王逢《梧溪集·黄道婆祠有序》所记，黄道婆系松江乌泥泾人，年轻时不知什么原因远离故乡漂泊到海南的崖州（今海南省三亚市），元成宗元贞年间（1295～1297年），遇海船自崖州返回故里。

据《辍耕录》说，在黄道婆回乡前，乌泥泾一带土地硗瘠，百姓贫困，当地虽已有了棉花种植，但棉纺织技术极其原始，"无踏车、椎弓之制，率用手剥去子，线弦竹弧置案间，振掉成剂，厥功甚艰"。崖州是中国最早的植棉地区之一，当地的黎族人民早已创造出包括轧、弹、纺、织、染等一整套棉纺织生产工具和生产技术。黎族人民织造的"花被"、"缦布"、"黎幕"等产品既精致又享有盛名。黄道婆在崖州时掌握了这套棉纺织技术，回乡后不久即结合内地的纺织工艺加以改造，革新出一套新的棉纺织技术，而后传授给乡人，改变了家乡棉纺织生产的落后状况。

黄道婆的慷慨施教，不仅使此前生计困苦的乌泥泾人"竞相作为，转货他郡，家既就殷"，还惠及周边的嘉定、昆山、太仓等地，对棉织业在上海地区的日后繁荣起了很大的推动作用。黄道婆逝世后，松江府地区很快成为全国植棉业的中心，并赢得了"松郡棉布，衣被天下"的赞誉。

《辍耕录》说黄道婆在家乡"乃教以做造捍、弹、纺、织之具。至于错纱、配色、综线、絜花，各有其法。以故织成被、褥、带、帨，其上折枝、团凤、棋局、字样，粲然若写"。这表明黄道婆对棉纺织捍、弹、纺、织四项工艺在技术上都做了革新。黄道婆所传棉纺织工具的具体结构，虽《辍耕录》没有细谈，但从其文内容不难窥知一二。

改良的捍、弹机具。虽《辍耕录》说在黄道婆回乡前"无踏车、椎弓之制，率用手剥去子，线弦竹弧置案间，振掉成剂"，而且明言黄道婆"教以做造捍、弹、纺、织之具"。可见是黄道婆教给乡人制作踏车、椎弓之法。所制踏车结构应与王祯《农书》所载搅车相近，也是利用两根直径不等、速度不等、回转方向相反的辗轴相互辗轧，使棉籽和棉纤维分离。所制弹弓也较以前大得多，并用木椎（或称槌）往来敲击。

改良的纺车。在黄道婆回乡之前，松江一带的纺车都是用来纺麻纱，因带动锭子旋转的绳轮直径偏大，纺棉纱时往往因牵伸不及或捻度过高使纱线崩断，不堪利用，当地多用纺坠纺棉，效率极低。黄道婆凭多年纺棉纱经验，适当缩小了麻纺车上的绳轮直径，让锭子旋转速度减缓，使之变成适宜纺棉纱的棉纺车，从而大大提高了功效。

改良的织造工艺。黄道婆把先进的丝麻织作技术运用到棉织中，并吸收了黎族棉织技术的优点，总结出一套错纱、配色、综线、絜花的工艺。她与家乡妇女运用这套工艺织制的被、裙、带、手巾等产品，由于上面的折枝、团凤、棋局、字样等纹饰，如同画的一样鲜艳，具有独特的风格，因而风行一时。所织"乌泥泾被"享誉各地，当时的上海、太仓等县都加以仿效。

黄道婆生活在中国纺织业以丝、麻为主要原料转变为以棉花为主要原料的时代里。她顺应了时代要求，推动了这个重要转变，为棉花在全国范围的推广和棉织业技术水平的提高作出了不可磨灭的贡献。黄道婆去世后，当地人把她尊奉为"先棉"，并公推一赵姓乡宦为首，为之建立祠院。此祠于至顺三年（1332年）建成。建成后不久即遭战火毁坏，在至正二十七年（1367年）由一张姓乡宦重新建造，其香火一直绵延不断。元代诗人王逢曾作诗一首以记之："前闻黄四娘，后称宋五嫂。道婆异流辈，不肯崖州老。崖州布被五色缫，组雾细云粲花草。片帆鲸海得风归，千轴乌泾夺天造。天孙漫司巧，仅解制牛衣。邹母真乃贤，训儿喻断机。道婆遗爱在桑梓，道婆有志覆赤子。荒哉唐玄万乘君，终靦长衾共昆弟。赵翁立祠兵火毁，张君慨然继绝祀。我歌落叶秋声里，薄功厚飨当愧死。"元以后，尊奉黄道婆的祠院又相继建了几处。清代上海县一处黄道婆专祠碑文记有："天怜沪民，乃遣黄婆，浮海来臻。沪非谷土，不得治法，棉种空树。惟婆先知，制为奇器，教民治之。踏车去核，继以椎弓。花茸条滑，乃引纺车。以足助手，一引三纱。错纱为织，灿如文绮，风行郡国。昔苦饥寒，今乐腹果。"真实地反映了黄道婆革新棉织技术的功绩和对当地经济发展的深远影响。现在上海市南区犹有一座奉祠黄道婆的先棉祠；上海豫园内有一座跋织亭，系清咸丰时布业公所所建，亦为供奉黄道婆之所。封建社会，非达官贵人是很少有资格建立专祠的。黄道婆这个名不见经传的劳动妇女，竟有专祠多处。由此可见自元以来松江一带人民对她的尊敬和怀念是如何的深厚。中华人民共和国成立后，上海人民为纪念黄道婆的功绩，于1957年在东湾区为她修建墓园，立碑纪念。

四、漂练印染工艺的改进和完善

宋元时期，传统的印染工艺技术得到进一步改进和完善。具体表现在三个方面，一是漂练中开始采用硫磺漂白，酶练工艺及酶胰制法更加成熟；二是植物染中媒染剂的娴熟使用及色谱得到迅速扩展；三是印花制品更加精美，无论是凸版、镂空版印花，还是染缬工艺技术水平都得到了进一步提高。

（一）漂练

宋元时期的漂练技术虽多沿用前代的工艺，但因对一些工艺环节进行了改进，使生产出的布帛更加有特点。如为使麻布经久耐用，广西地区在灰练麻缕之后往往还用滑石粉再进行一次处理，周去非《岭外代答》卷六"布"条载：静江府的苎麻之所以"视他布最耐久……原其所以然，盖以稻穰心烧灰煮布缕，而以滑石粉膏之，行梭滑而布以紧也"。滑石粉有增白和滑挺纤维的作用，经灰练和滑石粉处理过的麻布，既柔滑又挺括。为使麻类纤维及其织物白度增加，当时还用硫磺熏蒸和红苋菜浸煮。《格物粗谈》载："葛布年久则黑，将葛布先洗湿，入蒸笼内铺着，用硫磺熏之色则白。"麻和葛的性质相近，能以硫磺熏葛，想必也亦其熏麻，因为在我国湖南浏阳地区农村中，至今还采用通过燃烧硫磺含量较高的褐煤以熏白苎麻的工艺。硫磺漂白原理是：硫磺燃烧后遇水产生具有强烈还原能力的初生态氢，使纤维上的天然色素还原而达到漂白作用。《物类相感志》"衣服条"载："红苋菜煮生麻布，则色白如苎。"红苋菜煮生麻布使之色白如苎的原理现尚不清楚，有待进一步研究。《格物粗谈》和《物类相感志》两书旧题借为苏轼所撰，《四库提要》则认为前一书系书贾伪托，因陆佃《埤雅》曾引《北书》；元人范梈则断后一书为苏轼之后的人所伪，足见至迟在元以前这两种方法就已出现。再如丝帛的精练，南北朝时出现的利用白垩土濯绵的工艺，宋代时已广泛用于丝帛。白垩土，又名白善土或白土，《本草纲目》卷七引苏颂云：白垩土"处处皆有之，人家往往用以浣衣"，又引宋宗奭云："白善土，京师谓之白土粉，切成方块，卖于人浣衣。"唐代出现的猪胰酶练工艺，其练液中碱的成分很少，而元代所制猪胰碱的含量大为增加。成书于元代初期的《居家必用》（庚类）记载了用于练绢帛的胰酶剂制法，云："猪胰一具，同净灰捣成饼，阴干。用时量帛多寡剪用。"文中所言灰当为草木灰，其脱胶、脱脂作用是原于其中含有的大量碳酸钾，它可以膨化胶质，皂化油脂，从而使这两者溶解。而猪胰中则含有多种消化酶，可以分解脂肪、蛋白质和淀粉。草木灰和猪胰合成的胰酶剂，功效毋庸多言，自然较单独用猪胰制成的胰酶剂高出许多。成书于元末明初的《多能鄙事》，不仅有用胰法的记载，还介绍了一种猪胰替代品，是书卷四云："用胰法。猪胰一具，同灰捣成饼，阴干。用时量帛多少，剪用稻草一条，折作四指长条，搓汤浸帛。如无胰，只用瓜蒌，去皮，取穰捣碎，入汤化开，浸帛尤好。"瓜蒌内含有丰富的蛋白酶，经发酵入练液可得到与猪胰练液相同的效果。现代生物酶制剂工业发展初期，酶来源于动物内脏和高等植物的种子果实，间接证明了元代用瓜蒌替代猪胰练帛的方法确实可行。同书同卷对练绢所用之灰和练绢的生熟标准也有记载，云："练绢法。凡用酽柔柴灰，或豆稭荞麦秆灰，或窖中硬柴白炭灰，煮熟了，然后用猪胰练帛之法。须俟灰汤大滚，下帛候沸，不住手转。勿过熟，过熟则烂；勿夹生，夹生则脆"。所言实际上是一种二次脱胶工艺。第一次以碱练作初练，碱为酽柔柴、豆稭、荞麦、硬柴白炭灰，这些灰中碳酸钾含量无人作过分析，想必不会太低，今将一些植物茎叶灰分中的碳酸钾含量（折合成氧化钾）列出以供参考（见表）。

草木灰品种	小麦	玉黍蜀	三叶草	亚麻	荞麦
K_2O（%）	13.6	27.2	27.2	34.1	46.5

如果将草木灰与石灰调和使用，则其中的碳酸钾与氧化钙相互作用生成氢氧化钙，苛性当然更加酷烈，具有更强的脱胶能力[22]。宋以后沤麻普遍采用草木灰与石灰调和，便是基于这一原理。不过也是因其苛性太过酷烈，不能用于绢绸精练，否则会极大地损伤丝质。第二次以酶练作复练。碱练有加快脱胶速度，为酶练作预处理的作用；酶练有减弱碱对丝素的影响，使丝素脱胶均匀，增加光泽和质感等作用。检验练帛生熟的方法非常简单，可用手略微拧扭所练丝帛，放手后帛即散开，表示帛因脱胶不充分依然较挺，再继续煮练，待扭住不散为度。

（二）染色

宋元时期除大量使用蓝草、红花、紫草、栀子等传统染料植物外，一些新的染料植物也开始被广泛利用，其中最为典型的是山矾。

山矾是山矾科常绿灌木或小乔木。历史上山矾称谓的变化是比较大的，现知最早谈到它的是东晋初期葛洪《要用字苑》，叫柘，大概是六朝时产生的俗字。唐以后，由于不同地方的方言差异，又讹异出一些名字，如分见于宋人和明人著作中的椗、碇、郑、场以及它的别名米囊、春桂和七里香等。

山矾的上述这些名称，多是根据民间传用的称呼写下，而山矾之名则是宋人黄庭坚改定的。黄氏《山矾花（序）》云："江南野中，有一种小白花，木高数尺，春开，极香，野人谓之郑花。王荆公尝……欲作诗而陋其名，予请名曰山矾。野人采郑花叶以染黄，不借矾而成色，故名山矾。"宋代以山矾参与染色得到的色彩，可能非常多，现知的只有黄和黝二色。染黄的记载见上引黄庭坚诗序，染黝的记载见《燕翼诒谋录》卷五："仁宗时，有染工自南方来，以山矾叶烧灰，染紫以为黝。"明李时珍《本草纲目》"山矾"条将这两段记载综合在一起，云："山矾生江淮湖蜀野中。树之大者茎高丈许。其叶似栀子，光泽坚强，略有齿。凌冬不凋。三月开花，繁白如雪，六出，黄蕊，甚芬香。结子大如椒，青黑色，熟则色黄，可食。其叶味涩，人取以染黄及收豆腐，或杂入茗中。""黄庭坚云：江南野中椗花极多，野人采叶烧灰以染紫为黝，不借矾而成。予因易其名为山矾。"黄色是普通色彩，黝色是宋代始终盛行的流行色，所以当时以山矾参与染色非常普遍。

宋代流行的黝色，比较特殊，不同于六朝以前的黝色。据《尔雅·释器》记载："青谓之葱，黑谓之黝。"郭璞注："黝，黑貌。"按《尔雅》释黝次于青后，即谓其色近于青色之黑，而郭注稍嫌浮泛，《说文·黑部》："黝，微青黑色。"是也。可见六朝以前的黝色，大都是介于青黑二色之间的淡黑色。而宋代流行的黝色，应名黝紫，亦名黑紫，是一种色调特别深厚，近于深黑而发红光的黑紫色。其时行用这种黝色的较早记载见于沈括的《梦溪笔谈》卷三："熙宁中，京师贵人戚里，多衣深紫色，谓之黑紫，与皂相乱，几不可分。"其后是王栐《燕翼诒谋录》卷一和卷五的记载，其中卷一："国初，仍唐旧制……而紫唯施于朝服。……然所谓紫者，乃赤紫。今所谓紫，谓之黑紫。……而黑紫之禁，则申严于仁宗之时。"卷五："仁宗时，有染工自南方来，以山矾叶烧灰，染紫以为黝，献之宦者泪诸王，无不爱之，乃（或）用为朝袍。乍见者，皆骇观。士大夫虽慕之，不敢为也。而妇女有以为衫裰者，言者亟论之，以为奇邪之服，寝不可长。至和七年十月己丑，诏严为之禁。犯者罪之。中兴以后，驻跸南方，贵贱皆衣黝紫，反以赤紫为御爱紫，亦无敢以为衫裰者。独妇人以为衫裰尔。"在《宋史·舆服志》中也有相关的记载："（皇祐七年）初，皇亲与内臣所衣紫，皆再入为黝色。……言者以为奇邪之服。于是禁天下衣黑紫服者。"上引《燕翼诒谋录》的两段记载和《宋史·舆服志》中的记载系属一事无疑，可知黝紫即黑紫。"至和"、"皇祐"均乃嘉祐之误，因为至和、皇祐均无七年，而嘉祐七年的十月十六日恰为己丑，与文中所载之日吻合，可证。此外，从上引记载看，在宋代，黝色的最初行用地域大概亦只限于江南西路，后来才向外广为扩展。大约宋仁宗时，北传至当时的汴京。因为其色调庄重优美，很快便得到人们的认可。先是被一些王公贵臣和宦官所推崇，用之于各种日常衣着，随后又推广到社会上的各个阶层，成为服装上的一种流行色。我们知道，宋之章服，多沿唐制，极重紫色（一种偏红的紫色），自其开国不久，即明确规定：惟朝服用紫（赤紫），非此，一律不得擅用。由于黝色的广为行用，不仅影响了当时人们的日常生活，甚至还在一定程度上影响了朝服的色相，冲击了章服制度。为严明章服制度，北宋朝廷在嘉祐七年颁布诏旨，严命禁止。不过这次颁诏后的效果甚微，作用不大。在熙宁九年，不得不再一次颁发诏令，严申禁止滥用黝紫，特别是朝服上用黝紫的规定。可是这次依然不起作用，英宗即位之后，用者益众。待至宋室南渡之后，其在江南盛行之势，更是一无阻碍了。

山矾既可作为直接染料使用，还可作为媒染剂来使用。不过用山矾直接染色的效果不是很理想，宋人郑松窗七言诗可以为证："又把山矾轻比拟。叶酸而涩供染黄，不著霜缣偏入纸。江乡老少知此名"。因上染效果不好，只能得到极浅的颜色，故这不是山矾的主要用途。作为媒染剂帮助其他染料着色才是山矾参与染色的主要用途。

中国传统的染色工艺，其特点是使用植物染料和媒染剂，以各种具备染色色素的植物直接作着色材料，而对一些具备染色色素，但不能直接染色的植物，则借助于诸如黑色田泥、椿木灰、楸木灰等草木灰或明矾、绿矾、铁浆等作媒染材料来助染。前引黄庭坚"野人采郑花叶染黄，不借矾而成色"以及王林"以山矾叶烧灰，染紫以为黝"的记载，已说明山矾参与的染制，山矾不仅可以作为直接染料，而且还可以充任媒染剂，即是将山矾叶烧成灰来完成与其他草木灰相似的媒染任务，就像《齐民要术》和唐《本草》等书中所说的"灰汁"、"青蒿灰、柽木灰并入染用"似的。

我们知道，中国古代习用的各种媒染材料，虽所含化学成分不同，但亦有其相近之处，一般以含铝元素和含铁元素的为多。这两类媒染剂各有自己的媒染作用，凡含铝元素的，在媒染下列各种染料时，都可呈现这样一些明亮的色调：

染 料	姜黄	槐花	荩草	茜草	苏枋	紫草
染成之色	柠檬黄	草黄	淡黄	鲜红	橙红	紫红

凡含铁元素的，在媒染下列各种染料时，都可呈现这样一些沉暗的色调：

染 料	姜黄	栀子	荩草	茜草	苏枋	紫草	皂斗	五倍子
染成之色	褐黄	暗黄	暗绿	深红	紫褐	紫黑	黑	黑

经科学分析，椿木灰、楸木灰中均含有大量的铝元素，而山矾的叶片中恰恰也含有较多的铝元素，故山矾应系染明亮色调的媒染剂，与多数含铝媒染剂一样，只能用以媒染一些色调鲜艳和亮度较大的色。

宋代以山矾作为直接染料染黄，采用的是最古老煮染法，其工艺非常简单，即先将山矾的茎叶切碎，和水加温成沸煮液，再将坯绸放入其中浸煮上色。

宋代除以山矾直接染黄外，还用其他染料染黄，但以山矾灰媒染的有哪些，已无法详考。现尤能推定的只有郁金和姜黄。这两种植物根茎内均含有姜黄素（$C_{21}H_{20}O_6$），俱属直接染料，且都含媒染基因，如以含铝元素的媒染剂媒染，则可得柠檬黄色；如以含铁元素的媒染剂媒染，则可得褐黄色。有关当时采用这两种染料染黄的记载，见于寇宗奭《本草衍义》："今人将（郁金）染妇人衣，最鲜明。……染成衣，则微有郁金之气。"寇氏原文中未提到姜黄，盖因当时郁金和姜黄分辨不严，往往通用。因为郁金和姜黄属于同科，形态和成分又非常相似，自唐宋以来的民间，很多人一直把它们视为同一种植物。唐宋的情况，见宋禹锡《嘉祐本草》（《经史证类本草》卷九姜黄条引）。近代有些地方的中药房仍把它们统叫作郁金或统叫作姜黄。据此完全可以推定当时不仅以郁金染黄，亦曾以姜黄染黄。根据这两者在宋代的利用情况以及相同的产地和染色最鲜明的效果（当系以铝媒染剂媒染出的柠檬黄）来看，与以山矾参与染制的始源地江西，以及其能媒染出的鲜明黄色之史实均相符合，当时亦必以之作为山矾的媒染对象，自是不难想见的。

宋代以郁金或姜黄为染料、以山矾叶灰为媒染剂的染色工艺亦非常简便，采用的是中国传统染色生产中行之最久和应用最普遍的单媒法，即只以山矾叶灰充任媒染手段。其法或是采用历代传习的同媒方法，即先将郁金或姜黄的根茎切碎，和水加温为沸煮液，另以山矾叶灰和水调成灰汁，倒入煮液，搅拌均匀，然后再下坯绸煮染；或是采用历代传习的后媒方法，即先将坯绸置于郁金或姜黄的沸煮液中浸泡，随后移入另行调和的山矾灰汁中媒染。不管选用哪种方法，在染制过程中，如发现着色不足，都可按相同的工序，重染一二次。使用这两种方法得到的颜色，均为鲜明的黄色。

宋代以山矾作为媒染剂参与染黝，其工艺比之上述的染黄相对复杂一些。

前引《燕翼诒谋录》卷一"以山矾叶烧灰，染紫以为黝"的记载，印证了宋代以山矾参与染黝的这一史实，它是我们探讨这项工艺最为重要的材料。但应指出，如果仅从这几个字看，好像只用山矾灰媒染，便可得到具有特殊染制效果的黝色，实际并非如此简单。

中国古代用以染紫的染料，主要有两种：一种是属于紫草科的紫草；一种是属于豆科的苏枋。紫草根内含乙酰紫草宁（$C_{18}H_{18}O_6$），苏枋的芯含苏枋隐色素（$C_{16}H_{14}O_5$），都是典型的媒染染料，它们与含铝元素的媒染剂络合，可分别染得一般的紫红色和橙红色；与含铁元素的媒染剂络合，可分别染得深紫色和褐色。而山矾灰只是含铝元素的媒染剂，如单纯以之媒染这两种染料不难断定，只能出现紫红色和橙红色这两种颜色，绝不会深化成黝色。

那么，宋代以山矾参与染黝的工艺是什么样子呢？

根据现有资料，中国古代利用媒染染料的染色，无论上染何种深重色调，一直沿习使用的方法是高于单媒法的套媒法。此法是利用两种或两种以上的媒染剂，由浅色一步步套媒至深色。以选用两种媒染剂为例，其过程一般分三个步骤：

第一步，可先用得色较浅的，以含铝得色较浅的含铝元素的媒染剂预媒坯绸。第二步，将已预媒的坯绸入染液染色，使染料与预媒之中的铝络合，染成较浅之色。第三步，再以能得色较深如含铁元素的媒染剂套媒，使铁离子与大部分吸附于丝纤维表面之染料络合，而染成深重之色。

宋代以山矾参与染黝的工艺，应该与此相似，既以含铝元素的山矾叶灰充任媒染剂，也以含铁元素的铁浆或黑色田泥充任媒染剂。可能是先把准备染色的坯绸置入山矾叶灰汁中浸泡，继而再移入紫草或苏枋染浴中染成紫红色或橙红色，最后再移入含铁元素的媒染剂中套媒成近似黑色的黑紫色。从紫红色或橙红色变为黑紫色的根据：一是含铁元素的媒染剂媒染紫草或苏枋，可分别染得深紫色和褐色；二是山矾不仅含铝离子，还含有鞣酸成分，在染色过程中，鞣酸遇铁媒染剂中的铁离子，可在纤维上生成无色的硫酸亚铁，再在空气中形成鞣酸高铁黑色色淀。可惜染黝的具体过程在古籍中无明文记载，只能从前引《宋史·舆服志》五所载"初，皇亲与内臣所衣紫，皆再入为黝色"这几个字来窥知一二。所谓"紫"，"再入"为"黝"，当即隐含这种媒染工艺不只是用山矾灰媒染过一次，也用含铁元素的媒染剂套媒过一次。在古籍中可以查到类似的染其他颜色的方法，如明代人著的《多能鄙事》所载套媒枣褐色的方法：染枣褐色，用坯绸十两，以明矾一两预媒，以苏枋四两为染料，再以绿矾套媒。

当然，亦不能完全排除使用下面两种方法得到黑紫色的可能：

（1）以含铝元素的媒染剂媒染紫草或苏枋，得到紫红色或橙红色之后，再以皂斗、五倍子等黑色染液与之拼色来得到黑紫色。

（2）以含铁元素的媒染剂直接媒染紫草或苏枋，并经同样的多次浸染来得到黑紫色。

不过，若用皂斗、五倍子等黑色染液拼色，亦必须同时使用含铁元素的媒染剂，否则，皂斗或五倍子等染料也是不能显色的。如是，则亦等于加用含铁元素的媒染剂，与不拼色、只套媒无大区别。而以含铁元素的媒染剂直接媒染得到的黑紫色，其色调肯定远逊于以含铝元素和含铁元素的媒染剂套媒之后所能产生的色调。

套媒工艺是中国传统染色工艺中的一项重要发明。使用这种工艺，远比只用一种媒染剂为优。因为其所用的各种媒染剂具有不同的媒染特性，同时用于染制，则不但能使染成品的色调有所改变，而且还能产生只用一种媒染剂根本得不到的异常文雅柔和的色光，使产品具有更多的美感。宋代人大概已相对了解这个道理，其时以山矾灰结合另一种媒染材料染制，当时深受人们欢迎，具有特殊光泽效果的黝色工艺，就是基于这一原理的运用。

山矾的广泛利用与当时朝廷控制矾矿的开采也不无关系。白矾和绿矾是最常用的媒染剂，宋代已将它们列入岁课，并设专职官员管理白矾和绿矾的开采、烧练。《宋史·食货志》载："白矾出晋、慈、坊州、无为军及汾州之灵石县，绿矾出慈、隰州及池州之铜陵县，皆设官典领，有镬户鬻造入官市。晋、汾、慈州矾，以一百四十斤为一驮，给钱六十。隰州矾驮减三十斤，给钱八百。博卖白矾价：晋州每驮二十一贯五百，慈州又增一贯五百；绿矾：汾州每驮二十四贯五百，慈州又增五百，隰州每驮四贯六百。散卖白矾：坊州斤八十钱，汾州百九十二钱，无为军六十钱；绿矾，斤七十钱。建隆中，诏：商人私贩幽州矾，官司严捕没入之。继定私贩河东幽州矾一两以上、私鬻矾三斤及盗官矾至十斤者，弃市。开宝三年，增私贩至十斤、私鬻及盗满五十斤者死，余罪论有差。太平兴国初，以岁鬻不充，乃诏私贩化外矾一两以上及私鬻至十斤，并如律论决，再犯者悉配流，还复犯者死。"如此严厉的限制，促使民间大量以草木灰特别是以山矾代替白矾，因为山矾系野生植物，且各地均有分布，所以无论价格还是获取方便程度，山矾都占有较大的优势。

宋元时期，一些很早以前即已发现但用量不多的染料植物也得到重视，如薯良和鼠李。

薯良，又名赭魁，是薯蓣科多年生缠绕藤本植物，分布于南方各省。薯良块茎肥大，呈长圆形或不规则圆形，表面棕黑色，内部黄棕色，有疣状突起，鲜时破损会有红色黏液流出。因其块茎内含有酚类化合物和鞣质，所以可以用铁盐媒染丝、麻及皮革为棕黑色。早在南北朝时，薯良可能就被用于染色和入药。1931年广州西郊大刀山古墓曾出土东晋太宁二年（324年）的麻织物一块，此织物正反面颜色各异，一面为黑褐色，一面为红色。由外观和特征所示，是属于薯良加工的纺织品[23]。唐代《名医别录》也曾提到它，云："赭魁，不堪药用。"不过薯良被广泛用于着色材料是从宋代开始的，沈括《梦溪笔谈》记载："今赭魁南中极多，肤黑肌赤，似何首乌。切破，其中赤白理如槟榔，有汁赤如赭，南人以染皮制靴。"说明当时以薯良染制皮革之普遍，由此也可想到薯良肯定也被用于纺织品的染色，可惜现今没有发现其他的宋代文献记载。直到明代李时珍《本草纲目》才明言薯良可用于纺织品的染色，谓："赭魁……闽人之染青缸中，云易上色。"

鼠李，又名牛李，我国在晋代时即已用其染色，但直至元以前似乎用途不是很广。元代时鼠李的用量激增，《大元毡罽工物记》记载了当时宫廷织染机构征用植物染料的情况，其中用于羊毛染色而征用的鼠李数量，大德二年（1298年）为169斤，泰定元年（1324年）为1056斤，泰定三年为1030斤，泰定五年为399斤，天历二年（1329年）为182斤。与征用的其他各种染料相比，数量仅次于靛蓝，居第二位，可知其用途之广。宫廷织染机构如是，民间的用量当然会更多，说明鼠李在当时已是大宗染料之一。

染料植物的增加和媒染剂的娴熟利用，使染色方法呈多样化发展。仅元末明初成书的《多能鄙事》卷四"染色法"便记有：染小红法、染枣褐、染椒褐、染明茶褐、染暗茶褐、染荆褐、用皂矾法、染博褐、染青皂法、染白皂法、染白蒙丝布法、染铁骊布法、染皂巾纱法等。其中"染小红法"包含了拼染、套染和媒染等多种染色工艺。据《多能鄙事》卷四载，其配方和工艺过程如下：

"以练帛十两为率，用苏木四两，黄丹一两，槐花二两，明矾一两。先将槐花炒香，碾碎，以净水二升煎一升之上，滤去渣，下明矾末些许，搅匀，下入绢帛。却以沸汤一碗化余矾，入黄绢浸半时许。将苏木以水二碗煎一碗之后，滤去渣……入黄丹在内搅极匀，下入矾了。黄帛提转，令匀浸片时扭起，将头汁温热，下染出绢帛急手提转，浸半时许。可提转六七次。扭起，吹于风头令干，勿令日晒，其色鲜艳，甚妙。"

整个工艺过程可拆分为四步：第一步将绢帛放入加有明矾的槐花染液打黄底；第二步将已染黄的绢帛放入矾液中浸泡，其作用是对苏木的预媒和对槐花的后媒；第三步将经矾液浸泡过的绢帛放入较稀的苏木染液中与黄丹媒染；第四步用温度稍高较浓的苏木染液复染。《墨娥小录》卷六也记载了这种染法，只不过将黄丹换成了五倍子。谓："苏木将些少口中嚼尝，味甜者佳，酸则非真，必降真之类，将来槌碎，煎汁，滤去渣，先以绢帛用槐花煎汁染黄。……却以矾些少煎化，多用水浸绢帛，令匀，取出晒干。然后安入苏木汁内，却入已煎下五倍子汤，冲入。看颜色深浅，如未得好，再入些少。"按，《墨娥小录》是一部杂录性质的著作，其作者及成书时间不详。《明史·艺文志》载有"吴继《墨娥小录》四卷"。但根据吴继引言："余暇日检箧藏书，偶及是集，名《墨娥小录》……不知辑于何许人，并无脱稿行世。晦且湮者，亦既久矣。"可知吴继是刻印者而非作者。据今人考证，它大约成书于元末明初，书中材料主要采自江浙一带，辑录者有可能是《辍耕录》的作者陶宗仪[24]。

"染明茶褐法"和"染荆褐法"则采用了明矾预媒、绿矾后媒的多媒染色工艺。据《多能鄙事》卷四载，两种方法的染料配方和工艺过程如下：

"染明茶褐：用黄栌木五两，到研碎，白矾二两研细。将黄栌作三次煎。亦将帛先矾了，然后下于颜色汁内染之，临了时，将颜色汁煨热，下绿矾末汁内，搅匀，下帛，常要提转不歇，恐色不匀。其绿矾亦看色深浅渐加。"

"染荆褐：以荆叶五两，白矾二两，皂矾少许。先将荆叶煎浓汁，矾了绢帛，扭干，下汁内。皂矾看深浅渐用之。"

明茶褐和荆褐皆系有光泽的褐色。其光泽即是明矾媒染产生的，因为明矾在水溶液中会慢慢水解生成胶状碱式硫酸铝或氢氧化铝，既可物理吸附某些染料分子，又可与含有螯合基团的有机染料分子生成深亮色沉淀色料；其褐色则是由绿矾媒染产生的，因为绿矾含有铁离子，与单宁化合会生成黑色鞣酸铁，所以绿矾的媒染作用主要是用于鞣质染黑，而且当绿矾水被吸附在纤维上后，经空气氧化，自身也会转变成棕黄色的三氧化二铁，显然在此过程中它又兼起着发色作用，故它特别适宜媒染黑色和褐色[25]。不同媒染剂的用量，直接关系到所染绢帛色调是否纯正，《多能鄙事》所载表明当时多媒染色工艺水平是相当高的。

染料植物的增加和媒染剂的娴熟利用，还大大促进了色谱的扩展。据统计，在《碎金》、《辍耕录》、《多能鄙事》及一些元朝典章制度史料中，出现的色泽名称有70余种，其中红色类有12种、黄色类7种、青绿类12种、紫色类2种、褐色类30种、黑色类6种、白色类1种[26]。在70余种色泽名称中褐色便占了近二分之一，能如此明确地划分同一色调的色彩名称，一方面说明染制这些色彩的染料组合、配方及工艺在元代俱已出现；另一方面说明当时可能已归纳出可供染工参考的标准色谱样本。

（三）印花

从福建福州南宋黄昇墓、江西德安南宋周氏墓、元集宁路故城遗址和甘肃漳县元汪氏家族墓出土的印花饰品中，可以看出宋元时期印花工艺技术已基本完善。

福建福州黄昇墓。墓主黄昇（1227—1243年），她和丈夫将仕郎赵与骏（1223年生）都出身于显赫的家族。黄昇的父亲黄朴是进士，曾担任过知州及市舶司等职，是泉州地方政府的主管兼掌对外贸易通商大权的官吏。赵与骏的祖父是皇族赵师恕。黄朴和赵师恕都是朱熹高弟黄榦（1152—1221年）的学生，两家因此结亲。黄昇倚仗其父亲及丈夫的背景，也算得上是一个豪门贵妇。在她的墓室中有大批陪葬物品，仅纺织品（幅料和衣物）便有300余件，其中印花饰品皆为服饰的对襟和缘边，计79件，分别是：袍8件，衣39件，裙15件，单条花边9件，印花裙3件，印花单幅料1件，巾3件，香囊1件。里面既有凸版印花饰品，又有镂空版印花饰品，而且印花纹饰变化多端，有百菊、鸾凤、牡丹、芙蓉、木香、海棠、锦葵、水仙、山茶、桃花、白萍等花卉纹；有鸾凤、鹿寿、狮球、蝶恋芍药、飞鹤彩云等动物纹。[27]

凸版印花饰品，多采用印花与彩绘相结合的工艺。其具体步骤是：

1. 刻制纹版，即根据所设计的纹样，在平整光洁的硬质木板上雕刻出阳纹图案；

2. 将调好的涂料色浆厚薄均匀地刷涂在纹版上，或蘸上泥金；

3. 用附有色浆或泥金的纹版，在织物上印出花纹图案的底纹，或直接印出金色的轮廓；

4. 以白、褐、黑等色或以泥金勾出花瓣和叶脉。

图 6－29 为福建福州黄昇墓出土的凸版印花彩绘狮子戏球花边，该饰品图案由四只不同形态的狮子组成，花回面积为 16 厘米×2.1 厘米，出土时狮子呈黄色，绣球为玫瑰红，飘带为蓝色。

泥金印花是印金方式之一，泥金是用碾研得极细的金粉和干性油、树胶等调制而成。黄昇墓中有 56 件袍、衣、裙的花边是用泥金印花边再填彩纹的方法制作的，花纹秀美活泼，花纹面积最小的为 9.5 厘米×1.4 厘米，最大的为 14 厘米×1.8 厘米。这些泥金印花品，出土时，花呈色泽明亮的金色，叶则多为灰蓝色的填彩（图 6－30 福州黄昇墓出土的泥金荷菊花边）。

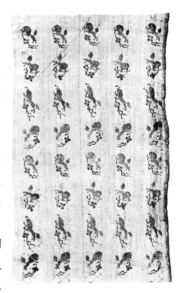

图 6－29　福州黄昇墓出土的凸版印花彩绘狮子戏球花边

图 6－30　福州黄昇墓出土的泥金荷菊花边

图 6－31　福州黄昇墓出土的贴金牡丹芙蓉山茶花边

贴金印花是印金的另一种方式，所谓贴金是将金箔粘贴在先印好纹样的织物上形成花纹图案。黄昇墓中出土的褐色牡丹花罗镶花边夹衣上的对襟花边，就是采用这种方法制作的。由于贴金印花是用金箔敷贴后再经研光，粘结力强，花纹上的金箔也连接成片，花纹表面光线反射强烈，金光灿烂，比泥金印花更显出雍容华丽的装饰效果。这件夹衣的贴金花纹花回面积为37×5.5厘米，叶的纹廓和花贴金，叶内填灰蓝色（图6-31福州黄昇墓出土的贴金牡丹芙蓉山茶花边）。

印花与彩绘相结合的工艺，是汉唐以来凸版印花技术的继续和发展，它部分地代替了手工描绘，不仅提高了生产效果，还达到了一般印花方法所达不到的效果，从工艺上来说无疑是一大进步。

镂空版印花饰品所采用的工艺有四种：1. 植物染料印花；2. 涂料印花；3. 色胶描金印花；4. 洒金印花。

植物染料印花仅局限于能高度浓缩的，如靛蓝和胭脂等植物染料。黄昇墓所出土的蓝点印花绢裙，其裙面上的靛蓝小点花，便是用胶液色浆刷印而成。据观察，纬向9厘米、经向2厘米及4厘米处，各有一圆标点，并依次循环，说明花纹有明显的定位标志。所刷印的色浆渗透和附着也非常好，将双面印花的效果良好地呈现出来。

涂料印花所用涂料是用矿物颜料制成。同墓所出土的浅褐色双虎罗单幅料，其上双虎纹，横向9.5厘米，纵向9.2厘米，每个花位有双虎纹四对，每对间距1.5厘米左右，每1米长的织物上印有双虎纹500个左右，涂料即是含有胶粘剂的胶墨色浆。

色胶描金印花是先用颜料色浆刷印花纹，再用金泥勾描纹样轮廓。同墓所出土的一块织物上的缠枝莲花边，即是采用这种方法。印制此花边过程中，由于胶粘剂的色浆充满卷草纹内，花纹线条较粗，经描金勾边后，风格迥然，呈现出较佳的印花效果。

洒金印花是先用有色彩的胶粘剂刷印纹样，脱去花版后，趁色胶未干，立即在纹样上洒以金粉，待其干后，再抖去未粘着的多余金粉，即成洒金花纹。它和凸版花相比，花纹线条较粗犷，色彩较浓，具有较强的立体感。同墓所出土的双凤牡丹裙面即用此法印成。

江西德安周氏墓。[28]墓主周氏武宁人，曾封安人。丈夫吴畴，新太平州（今安徽当涂）通判，德安人。周氏墓出土有329件丝织品和衣饰，品种包括纱、绉纱、绮、绫、绢、罗等。这些丝织品工艺精美、质地结实、手感性好，展示了宋代纺织工艺的高超水平，是目前所见少数最为丰富的古代丝织品考古发现之一。

出土的3件衣衫的襟边和袖边运用了凸纹版印花技术：①球路印金罗襟杂宝纹绮衫，其襟边宽6厘米，上有凸版泥金直印的球路印金图案，花纹循环长度为5.3厘米；②印金折枝花纹罗衫，宽6厘米的襟上有两套金色花纹，其一为凸版泥金直印的杂宝花纹；③罗襟长安竹纹纱衫，宽4.8厘米的襟上有凸版泥金直印的图案。

出土的6件裙、衫运用了镂空版印花技术：①印花折枝花纹纱裙；②印花绢裙；③印金罗襟折枝花纹罗衫；④樗蒲印金折枝花纹绫裙；⑤印花襟驼色罗衫；⑥印花罗裙。以印花折枝花纹纱裙最具特色，其上花纹分三版印成，一版为蓝绿色，系植物染料直印，花纹循环为 10.8×6.9 厘米，蓝绿色浆的渗透相当好，呈现两面印花的效果；另一版为灰白色，再一版较第二版更为浅淡，这两版均为颜料直印，花纹循环均为 8.6×9.8 厘米。三套版色布局匀称，层次分明，使整幅图案呈现出较强的立体感，颇具艺术感染力。

元集宁路故城遗址。[29] 位于内蒙古乌兰察布市察右前旗巴音塔拉乡土城子村，古城建于金章宗明昌三年（1192 年），原系金代集宁县，为西京路大同府抚州属邑，是蒙古草原与河北、山西等地进行商贸交易的市场。元代初年，升为集宁路，属中书省管辖，下辖集宁一县。城内曾有皇庆元年（1312 年）所立《集宁文宣王庙学碑》。1976 年在碑西南 150 米处发现一批窖藏丝织物，其中一件提花绫上有繁体墨书"集宁路达鲁花赤总管府"字样，无疑这批丝织物是官府窖藏的，因为"达鲁花赤"是元代行省以下各级行政机构（路、府、州、县）的最高行政长官。此外，根据所出织物精美程度来看，应是官府工匠局的产品，故它们又反映了元代丝绸生产技术所达到的水平。

这批窖藏丝织物中印花饰品有：①印金夹衫 1 件。衣面系棕色四经素罗织物，前襟贴边上有凸版印金圆形冰裂图案花纹。②印金提花长袍 1 件。袍面系天蓝色地的斜纹提花绫，上面所印金花，每朵 2×2.39 厘米，8 朵为 1 组，每组有牡丹、莲花、菊花和草花等。③印金被面 1 件。被面系黄色斜纹提花绫，通身印有 2.3×2.3 厘米的金花，有牡丹、莲花、菊花和玫瑰等。在被面中部两侧还各有一条长 165 厘米、宽 3.1 厘米的印金绫带缀在接缝线之外作装饰之用。④印金素罗残片 1 件。上面印有 2×2.3 厘米的金花，有牡丹、菊花、兰花、梅花等。⑤印金素罗残带 1 件。带面上所印金花有牡丹、祥云、草花等。⑥印金绢残带 2 件。从带宽看似为衣服上镶边，上面金花有荷花、祥云等。其印金方式有两种：一是先在雕刻图案花纹的凸版上涂金，而后直接印在织物上；再者就是在凸版上只涂黏合剂，并将黏合剂印到织物上，然后再贴金箔，最后再添绘色彩。需要指出的是，印金提花长袍应是史籍上记载的"金答子"[30]。《通制条格》仪制所定服色等第是："职官除龙凤纹外，一品、二品服浑金花，三品服金答子，四品、五品服云袖带襕，六品、七品服六花，八品、九品服四花"，"命妇衣服，一品至三品服浑金，四品、五品服金答子，六品以下惟服销金并金纱答子"。集宁路为下路，达鲁花赤及总管的品秩为从三品，为符合当时的服饰制度，其命妇当然是穿戴这种有金花的金答子。

甘肃漳县元汪氏家族墓，系漳县汪世显家族墓葬。汪家是金、元时期甘肃陇西漳县的望族，族中有"三王十国公"。汪世显本人仕金，官至镇远军节度使、巩昌便宜总帅，降元后袭旧职。20 世纪 70 年代其家族墓出土了大量丝织品和服装，计有笠帽、罗质夹袄、绫质夹衫、夹纱袍、罗帽、裙带等，其中有一些是印金和印银饰品。从出土实物看，采用的印花工艺与前述三墓同，但有一件缠枝葡萄纹泥金罗衫，印花效果远胜前述三墓所出。该罗衫，采用镂空版印制，纹样循环较大，图案缠绕连绵，整体密布，而且是先缝制成衣后再进行印花，交接版处处理得非常巧妙，一般很难发现，可以看出元代印花工艺的高超水平。

比照宋元两代的印金饰品，宋代的印金皆施于服饰的对襟和缘边，远不如元代印金遍施于整件衣物那样堂皇富丽。这种差异似乎不是技术因素造成的，因为就工艺而言，宋元两代基本相同，仅是印金花纹大小不同而已，这应该与宋朝廷严格控制印金饰品滥行于市有关。《宋史·舆服志》载：大中祥符元年（1008年），朝廷以"山泽之宝，所得至难"为理由，推出"自今金银箔线、贴金、销金、泥金、蹙金线装贴什器、土木玩用之物，并请禁断，非命妇不得以为首饰"的规定。七年，禁民间服销金及铍遮那缬。八年，诏："内庭自中宫以下，并不得销金、贴金、间金、戴金、圈金、解金、剔金、陷金、明金、泥金、楞金、背影金、盘金、织金、金线捻丝，装著衣服，并不得以金为饰。其外庭臣庶家，悉皆禁断。……违者，犯人及工匠皆坐。"而元代则不同，由于蒙古族人崇尚金色，酷爱金银饰品，印金织物在风格上迎合了蒙古族人的情趣，故遍布印金花纹的衣物，多品种、成批量地生产，大行于市，也就不足为怪了。

从染缬制品非常盛行的现象，也可以看出宋元时期印花工艺技术已基本完善。

两宋期间，染缬织物均非常盛行，而且名目繁多，较多见的有鹿胎缬、方胜缬、团花缬、撮晕缬、玛瑙缬等。其中鹿胎缬是模拟鹿胎纹的一种绞缬产品，最具特色，《咸淳临安志》"物产"篇载：鹿胎缬"斑纹突起，色样不一"。不过两宋民间使用染缬的情况差别很大。

北宋初期，染缬在民间广为流行，但自大中祥符七年（1014年）起，朝廷多次下令禁止民间服用染缬后，逐渐抑制了染缬在民间流行的势头，染缬成为军需之品。据《宋史·舆服志》载，禁服染缬之令有：大中祥符七年"禁民间服销金及铍遮那缬"，八年"又禁民间服皂班缬衣"。天圣三年诏："在京士庶不得衣黑褐地白花衣服并蓝、黄、紫地撮晕花样，妇女不得将白色、褐色毛段并淡褐色匹帛制造衣服。令开封府限十日断绝。"政和二年诏："后苑造缬帛。盖自元丰初，置为行军之号，又为卫士之衣，以辨奸诈，遂禁止民间打造。令开封府申严其禁，客旅不许兴贩缬板。"前三次禁令仅是明文规定了民间不得服用的几个染缬品种，政和二年的诏令，严明染缬只能作为军用和仪仗之品，全面禁止民间服用染缬，而且市上不准贩卖染缬花版，以便从根源上杜绝染缬在民间的流行。宋朝廷仪仗队中服染缬的官兵是：旁头一十人，素帽、紫绅衫、缬衫、黄勒帛；仪锽四十人，皆缬帽，五色宝相花衫、勒帛；乌戟二百一十人，缬帽、绯宝相花衫、勒帛；仪弓二百七十人，缬帽、青宝相花衫、勒帛；每辇人员八人，帽子、宜男缬罗单衫、涂金银柘枝腰带；辇官二十七人，幞头、白狮子缬罗单衫、涂金银海捷腰带、紫罗里夹三襜；执仗服色为缬帽子、素帽子、平巾帻、武弁冠，五色宝相花衫、勒帛；五辂驾士服色为平巾帻、青绢抹额、缬绢对花凤袍、绯缬绢对花宽袖袄、罗袜绢袴、袜麻鞋；辇官服色为黄缬对凤袍，黄绢勒帛，紫生色袒带，紫绢行縢。不过尽管北宋朝廷三令五申地禁止民间服用染缬，民间染缬并未绝迹，仍有不少染坊生产，并出现了一些雕刻花版的能工巧匠，如张齐贤《洛阳缙绅旧闻记》所载："洛阳贤相坊，染工人姓李，能打装花襹，众谓之李装花。"同时期的北方地区因属辽代统治范围，民间染缬生产没有限制，染缬技术发展很快。山西应县佛宫寺曾发现一件辽代夹缬加彩绘的南无释迦牟尼佛像[31]，其制作工艺相当复杂，印制时需用三套缬版，每套阴阳相同雕版各一块，分三次以阴阳相同雕版夹而染出红、黄、蓝各色，最后再在细部用彩笔勾画修饰。

南宋初期，朝廷因财政紧张，号召节俭，不得不放开染缬生产。《宋史·舆服志》所载："中兴，掇拾散逸，参酌时宜，务从省约。凡服用锦绣，皆易以缬、以罗"，颇能说明染缬在民间再次流行的背景。染缬一经解禁，各式新奇染缬很快就出现在市场上，如《古今图书集成》卷八六一引《苏州纺织品名目》所云"药斑布"："宋嘉定中有归姓者创为之，以布抹灰药而染青，候干，去灰药，则青白相间，有人物、花鸟、诗词各色，充衾幔之用。"当时民间染缬生产量，从《朱文公文集》卷一八"按唐仲友第三状"所载：唐仲友"又乘势雕造花板，印染斑缬之属，凡数十片，发归本家彩帛铺充染帛用"，"染造真紫色帛等动至数千匹"，可窥一斑，因为彩帛中当然包括印花缬帛。如此大的生产量，交易规模自然也不会小，《东京梦华录》载，临安"金银彩帛交易之所，屋宇雄壮，门面广阔，望之森然。每一交易，动即千万，骇人闻见"。山西南宋墓曾出土过一件镂空版白浆夹缬印花罗[32]，雕版及印浆均十分讲究，反映出当时染缬技术水平是相当高的。

南宋时期染缬在少数民族地区也非常盛行。赵汝适《诸番志》载，海南黎族人织成锦后，"染以杂色，异纹炳然"。周去非《岭外代答》载，西南瑶族人染蓝布为斑，其纹极细，炳然可观。这种蓝布斑是夹版蜡染产品，其工艺系瑶族人独有，具体方法是"以木板二片，镂成细花，用以夹布，而熔蜡灌于镂中，而后乃释板取布投诸蓝中。布既受蓝，则煮布以去其蜡，故能受成极细斑花，炳然可观。故夫染斑之法，莫瑶人者也"。元代胡三省《资治通鉴音注》则对扎缬具体工艺和特点有如下描述："缬，撮彩以线结之，而后染色。既染而解其结，凡结处该原色，余则入染矣。其色斑斓谓之缬。"

元代丝绸印花中染缬仍很普遍，仅元代幼学启蒙读物《碎金·采帛篇》所载染缬名目便有檀缬、蜀缬、撮缬、锦缬、茧儿缬、浆水缬、三套缬、哲缬、鹿胎缬等九种。这些染缬在当时均享有盛名，元以后失传，以至明人杨慎在《丹铅总录》里感叹："元时染工有夹缬之名，别有檀缬、蜀缬、浆水缬、三套缬、绿丝班缬诸名，问之今时机坊，亦不知也。"

第三节 织物组织和织物品种

中国古代纺织业，尤其是丝织业，很早就普遍运用了平纹、斜纹、经二重、纬二重、提花等组织。唐代时，随着缎纹组织初露端倪，三原组织趋于完备，使织物组织和显花方法呈多元化发展。宋代时，出现了标准的缎纹组织，运用三原组织或基于三原组织的变化组织、联合组织的技术也愈加成熟。而且在多元化织物组织基础上，通过采用挖花、挑花、经显花、纬显花、缂织、织金、起绒等显花方法，使织品不仅具备一定的艺术性，还出现了不少新品种。

一、织物组织的完善

新疆盐湖唐墓曾出土三块烟色牡丹花纹绫，经分析，其织物组织是以二上一下斜纹作地，六枚变纹起花，证明唐代始有缎类织物。宋元时期，随着标准的五枚缎、八枚缎和各种变则缎纹的普遍应用，缎类织物也逐渐发展成为和罗、锦、绫、纱等织物并列的丝织物大类。

从唐代初创到宋代完善，缎纹组织及缎类织物之所以能脱颖而出，与其组织及织物呈现出的独特风格密不可分。其组织特点是相邻两根经纱或纬纱上的单独组织点均匀分布，不相连续，且单独组织点常被相邻经纱或纬纱的浮长线所遮盖，所以织物表面平滑匀整，富有光泽，花纹具有较强的立体感，最适宜织造复杂颜色的纹样。宋元时期，缎纹组织的这些特点与多彩的织锦技术相结合，衍生出丝织品中最华丽的"锦缎"。唐朝的张元晏对缎类织物有过生动描述："鹤纹价重，龟甲样新。纤华不让于齐纨，轻楚能均于鲁缟。掩新蒲之秀色，夺寒兔之秋毫。"很能反映缎类织物的特点和它的可贵之处。在宋代的文献中，有一些关于缎纹织物的描述，例如《咸淳临安志》有这样的记载："纻丝，染丝所织诸颜色者，有织金、闪褐、间道等类。"文中"织金"是指在缎织物中织入捻金或金片，具有金色效果；"闪褐"或指其为闪色缎；"间道"则是指其色彩的排列。在宁宗杨后的《宫词》中，有"要趁亲蚕作五丝"一句，从这可推测当时标准五枚缎生产已相当普遍[33]。宋代的缎织物的实物，在考古中也曾有发现，例如，1975年考古工作者在福州南宋黄昇墓中发现了提花缎。

元代时，缎纹织物的产量和质量都比宋代有所提高。当时出产的缎纹织物，不但在国内广受欢迎，也受到国外人士的喜爱，成为外贸的重要出口商品之一。元代曾来我国访问的伊本巴都在他的《伊本巴都游记》中，有这样的记述："刺桐地极扼要，出产绿缎，其产品较汗沙（杭州）及汗八里（北京）两城所产者为优。公元1342年（元代至正二年）中国皇帝派遣使臣到印度，赠其国王绸缎五百匹，其中有百匹来自刺桐城。"文中提到的刺桐，是我国福建省泉州的别称。在五代重筑泉州城时，在城周围环植刺桐树，因此得名。根据《伊本巴都游记》的上述记载，可以看出元代时泉州、杭州、北京等地都在生产缎纹织物，中国皇帝还把缎织物作为礼物赠给印度国王，这表明元代缎织物的产地是比较多的，而且质量也很好，否则皇帝不会把它当作礼物送给外国的国王。元代曾在我国担任官吏并在我国许多地方游历的意大利人马可·波罗，在他的《马可·波罗游记》中也有这样的记载："泉州缎在中世纪时著名。"这跟《伊本巴都游记》中的记述可以互相印证，证明缎纹织物织造技艺在元代时已经很成熟了。

织物组织种类繁多，但无论是何种组织，都是在织物的三原组织，即平纹组织、斜纹组织和缎纹组织的基础上变化而来的。因此，宋元时期标准缎纹组织的娴熟运用，标志着此时织物组织已得到完善，并为织物组织和织物品种的发展开拓了更为广阔的空间。

二、织物品种的空前发展

宋元时期，各类织物不但产量很多，而且花色品种也非常丰富。关于这方面的情况，不少文献中都有记载。考古发现的宋元时期的织品实物，也为我们提供了大量物证。

（一）丰富多彩的丝织品

因宋元时期丝织品的生产情况和出现的丝织品种，大多散见于各种文献资料中，过于繁多，为便于说明，我们将资料归为几类予以展示。

1. 赋税资料中的丝织品种

据马端临在《文献通考》中记述，宋廷赋税的征收有四大类，其中布帛类之征有以下十种："一曰罗，二曰绫，三曰绢，四曰纱，五曰丝，六曰䌷，七曰杂折，八曰丝线，九曰锦，十曰布葛。"可以看出，宋廷征收赋税中的布帛类主要是丝绸，其中提到的丝织品种，是指丝织品的大类，每个丝织品中显然还各有若干花色品种。

当时全国各路几乎均将丝织品作为贡赋物品之一。其中，河北东路"民富蚕桑，敌中至谓之绫绢州"[34]。河北西路的定州也是著名的丝织业产地，《宋史·食货志》说"河北衣被天下"《双溪集》卷九说：河北地区"缣绮之美，不下齐鲁"，可见河北路不但丝绸产量很大，而且以缣、绮著名。京东路出产的"东绢"被列为全国第一等产品，单州出产的纱以轻薄闻名[35]。成都府路和梓州一带，宋代时有"蜀中富饶，罗纨锦绮等物甲天下"的美称[36]，其地"土宜桑柘，茧丝织文纤丽者穷于天下"[37]。可见这个地区不但丝绸产量很大，而且许多丝织品极其精美。两浙、江东西诸路在北宋初期，就开始逐渐成为全国丝绸生产的中心。在北宋乾德五年（967年）至南宋乾道八年（1172年）的二百多年间，宋王朝每年要求全国各地区"上供"丝绸物数额中，两浙路上供的丝绸物数量，占全国各路上供丝绸物总额的三分之一以上[38]。南宋乾道八年（1172年）以后，两浙、江东西诸路的丝绸产量在全国所占比重更显突出。

《宋会要辑稿》记载了从乾德五年至乾道八年，每年宋廷总征收的丝织品，计有：锦绮鹿胎透背9615匹，其中在京2799匹，诸路3408匹，京东东路250匹，秦凤路1匹，河北西路1246匹，两浙路10匹，福建路2匹，广南东路1匹，成都府路1094匹，梓州路804匹段；罗160620匹，其中成都府路1524匹，梓州路418匹；绫147385匹，其中成都府路16793匹，梓州路20600匹，利州路1289匹，夔州路88匹；绢5382709匹，其中成都府路337357匹，梓州路381353匹，利州路1090923匹，夔州路28935匹；绝绫縠子隔织111716匹，其中成都府路1821匹，梓州路69匹，利州路3匹；䌷2290966匹，其中成都府路86823匹，梓州路87526匹，夔州路9740匹。此文献中所记，只是一些高级丝织品，宋廷征收的丝织品中所谓的"杂色帛"，即高级丝织品以外的丝绸品种，均没有统计在内。而这些"杂色帛"应是征收比较多的。因为高级丝织品主要供皇家贵族和达官显要服用，而"杂色帛"却是大路货品，前者所需是有限的，其数量远远无法与后者相比。此外，在《宋会要辑稿》"仪制"和《宋史》"舆服志"中还记载了一些锦的名称，其中用作官服的就有八答晕锦、天下乐锦、翠毛狮子锦、簇四盘雕锦、盘球锦、云雁锦、方胜练鹊大锦、盘球晕锦、方胜宜男锦、红团花大锦、青地莲荷锦、倒仙牡丹锦、黄花锦、宝照锦、法锦等。

2. 官私手工业资料中的丝织品

宋元两代的丝绸生产方式与前代一样，既有官办丝织手工场，又有民间丝织生产。一般来说，高级丝织品大多由官营丝织工场织造，民间虽也有生产，但产量应比官营丝织工场要少；普通丝织产品则基本由民间织造。

宋廷除了在京城设置官营丝织手工场外，还在京城外的一些丝绸生产比较发达的地区设置这种官办手工场。当时所设置的官营丝织手工场通常称为"院"、"场"、"务"、"所"、"作"等。各地官营丝织手工场规模和主要生产的丝绸品种，现还可以知道一些。

京城中设置的官营丝织手工场有少府监属下的绫锦院、文绣院以及内诸司管辖的织染所。

绫锦院在北宋乾德四年（966年）设置，最初在该院从事生产的200名织工，是从蜀地征调来的织锦工。端拱元年（988年），绫锦院的织工已发展到1034人[39]，共有绫锦机400多台[40]，成了一个大型的官营丝织工场。绫锦院内分工细致，生产的产品供皇室贵族和达官显要服用，还作为军需品供应军队。南宋时，在杭州设置的绫锦院，织工达数千人，织机有数百台。

北宋的文绣院于崇宁三年（1102年）设置，该院"掌纂绣，以供乘舆服御及宾客祭祀之用"，有绣工300人，在诸路中征调善绣工匠到该院作工师[41]。另外，南宋时在临安（杭州）设置的文思院，也从事丝绸生产，据淳熙十四年（1187年）四月七日的报告称："文思院言，二岁合织绫一千八百匹，用丝三万五千余两。近年止蒙户部支到生丝一万五千两或二万两，止可织绫八百余匹。"该院除织绫外，还织造罗和其他一些丝织品种，合计织造的丝织品每年的产量应超过一千匹[42]。

内诸司中设置织染所，主要生产锦、绫、绢等品种[43]。《咸淳临安志》在叙述杭州丝绸生产时，多次提到其中的一些织品由"内司"织造，可见织染所的规模亦是不小的。

宋代在京师外设置的织染机构很多，其中在西京、真定、青州、益州、梓州设置的工场，主要生产锦、绮、鹿胎、透背等丝织品；在成都设置的锦院，织造蜀锦，据记载，锦院每年生产蜀锦可达一千五百匹[44]；在江宁府和润州设置的织罗务，织造罗，据《文献通考》记载，润州（今江苏镇江）的织罗务，每年贡御用花罗一万匹；在梓州设置的绫绮场，织造绫、绮；在大名府设置的工场，织造绉縠；在杭州、湖州、常州、潭州等地设置的工场，织造绫、罗。这些丝绸生产工场，规模都比较大，例如成都锦院设置时，有织机154台，织工449人[45]。

元代的官营丝织手工场，按隶属方式可分为两类。一类是由官府直接管辖的染织提举司；另一类是由皇后、太子以及各贵族统领的丝绸生产机构。第一类官营丝织工场，主要由工部和将作院管理，下属有诸司局人匠总管府，有提举左右八作司、大都人匠管府、随路诸色民匠都总管府和分设在各地的织染提举司等，各地共有十六所染织提举司。这些庞大的官营丝织管理机构所管辖的丝绸工场不但数量比较多，而且规模也比较大，每年所耗费的生丝和织造出的丝织品都比较多。例如，大都等处的织染提举司，掌管阿难答王位下人匠1398户；大名织染杂造提举两提举司，掌大名路民户内织造人匠1540多人[46]；镇江府织染局最初有人匠300户，其场院共有屋15楹，岁造绉丝、丝紬等3561匹[47]；庆元路织染局有房舍101间，机房25间，打线坊屋41间，染房4间，几百名工匠，岁造段匹3291段，俱系6托长[48]；金陵东西织染局规模更大，拥有工匠3000多户，织机145张，岁造段匹4527匹，用丝11502斤8两[49]。在第二类官营丝绸工场中，为皇后所设置的中政院，为太子所设置的储政院，为太后所设置的徽政院，均管辖一些丝绸生产工场。中政院下有江浙等处财赋都总管府，掌江南没入赀产，课其所赋，以供内储，下设织染局一，掌织染岁造段匹。储政院下所属最多，管领本投下大都等路怯怜口民匠都总管府属下的织染局、弘州衣锦院等。江淮等处财赋都总管府下有杭州织染局、建康织染局、贵池织染局等。徽政院下，亦有织染局一。由于官营丝绸工场庞杂，每年织造丝织品所需要的丝相当多，因此元代统治者每年所征收的丝，数量相当惊人。

据《元史·食货志》记载，元代初期，由征收绢帛改为征收生丝。元太宗八年（1236 年）开始制定制度，规定每二户出丝一斤，并随路丝线、颜色输于官；五户出丝一斤，并随路线丝，均由地方官员收齐统一上缴给中央官府和诸王贵族。元世祖中统元年（1260 年），又重新对中原十路各种户籍制定严格具体的征收丝绸制度。所征收的生丝数量，随着元统治地域的扩大而逐步增加。中统四年（1263年）征收丝 712171 斤，至元二年（1265 年）征收丝 986912 斤，至元三年（1266年）征收丝 1053226 斤，至元四年（1267 年）征收丝 1096489 斤。另据《元史·食货志》记载，元灭南宋平定江南后，将北方征丝制度扩展到江南，不过参考了南宋统治者征收丝绸的方法，规定在江南实行夏收木棉布、绢、丝、绵等。根据这一制度，元统治者在天历元年（1328 年）共征收丝 1098843 斤，绢 350530 匹，绵 72015 斤。从上述所记载的史料看，元统治者每年征收丝的数量是相当多的，这些丝都拿去供官营丝绸工场织造纱、罗、绫、缎、锦等各种丝织品。此外，元统治者平定江南后，除征收丝外，亦征收各种丝织品。

元代官营丝绸工场特别重视织金锦和罗织品的生产，其原因与元代的公服制度以及蒙古人的欣赏习惯是分不开的。织金锦，元代亦称为"纳石失"，是一种把金线织入锦中而形成特殊光泽效果的丝织物。这种织物的组织，均由金线、纹纬、地纬三组纬线组成的重纬组织，它的金线显花处的结构则为变化平纹或变化斜纹组织。中国古代丝织物加金最早始于何时，现尚无定论，不过可以肯定，至迟在汉朝末年，应用就已开始。唐宋时织金技术趋于成熟，织金、捻金和其他用金方法达到了 10 多种。元代织金锦缎大量生产，达到极盛。唐宋丝织物以色彩综合为主的艺术风格，至此也变成了以金银线为主体来表现织物风格。这种现象的产生一方面和蒙古民族的欣赏习惯、装饰爱好等因素有关外，更重要的是蒙古族通过长期战争，从被征服地区掠夺了数量巨大的黄金，这些黄金成为大量生产金锦的物质基础。元代织金锦的消耗极大，据《元史·舆服志》记载，天子冬服分十一等，用纳石失做衣帽的就有好几种；百官冬服分九等，也有很多用纳石失缝制。皇帝每年大庆，都要给 12000 名大臣赐金袍。另据《元典章》记载，元代的文武百官的公服，均用罗织物制成，贵族的帐幕也多用罗制成。当时著名品种有刀罗、芝麻罗、嵌花罗以及织入金丝的罗等。这些罗织物大多由专门的官办罗局织造，如《元史》记载，设置在涿州的罗局，就专门织造销金绫罗、金纱罗等罗织品。

宋元时期，南方一些地区民间生产的高档丝织品开始声名鹊起。据《万历金华府志》记载，在宋代产罗较多的婺州（今浙江金华）一带，元代时又新添了被列为贡品的"刀罗"这一花色品种。又如崇德，据《至元嘉禾志》记载，崇德在南宋时仅以织造狭幅绢出名，到元代时该地的丝织品又增添了绫、罗、纱、绸、水锦、缂丝、绮绣等品种。其中的水锦，很可能是仿制四川著名的"落花流水锦"，其花纹图案相当生动，织工精致，精美华贵。再如魏塘，据明代屠隆《考槃余事》和文震亨《长物志》描述，元代魏塘的密机绢，比该地宋代生产的密机绢更精美。在元代南京民间生产的丝织品中，最精美的品种莫过于加金线的提花锦缎。这种精美的丝织锦缎，即是后来享誉全国的南京云锦的前身。因其过于奢华，元朝曾多次明令禁止民间织造，据《元典章》卷五八记载，禁令中规定，民间不许织造御用缎匹，不许织造日月龙凤缎匹、花样缎匹、佛像缎子和织金缎匹。

3. 地方志和杂记中的丝织品

宋元时期的丝织品花色品种在一些地方志和杂记中经常出现。例如，《梦粱录》和《咸淳临安志》记载，杭州的绫有白编绫、柿蒂绫、狗蹄绫、樗蒲等品种；罗有素、花、缬、熟、线柱、暗花、金蝉、博生等；锦有青红捻金锦、绒背锦；缎有销金线缎、混织杂色线花缎；缂丝有数种，色彩花样不一；纱有素纱、天净纱、三法纱、暗花纱、粟地纱、茸纱；绢有官机、杜村、唐绢。其中的锦"以绒背为贵"，唐绢"幅狭而机密，画家多用之"。《嘉泰吴兴志》记载，吴兴有樗蒲绫，安吉有绢和纱，武康有绢，双林有纱绢，嘉兴有密机绢，濮院有濮绸。《宝庆四明志》记载，庆元（宁波）地区有交梭吴绫、大花绫，奉化有绝。《会稽掇英总集》卷二〇和王梅溪《会稽三赋》"风俗赋"记载，绍兴地区有纱、绫、缯、縠。《嘉定赤城县志》卷三六记载，台州地区有绢、绸、绉纱、纺丝、花绫、杜绫、绵绫、樗蒲绫。庄绰的《鸡肋编》记载，婺州（金华）一带有暗花罗、含春罗、红边贡罗和东阳花罗。费著《蜀锦谱》记载，宋代四川蜀锦的花纹图案有二十多种。《宋会要辑稿·食货》记载，四川上贡的丝织品有锦、绮、绫、绢、鹿胎透背、罗等品种，其中罗有大花罗、戏龙罗，绫有樗蒲绫、重连绫等。元人戚辅之《佩楚轩客谈》记载，元代流行的锦样有长安竹、天下乐、雕团、宜男、宝界地、方胜、狮团、象眼、八答韵、铁梗襄荷等十余种。

宋元间，绢、帛、绫、锦、缂丝被普遍用于书画的装裱中，其中仅是用来装裱之用的绫、锦，就名目繁多。据陶宗仪《辍耕录》卷二三记载，锦裱计有：克丝作楼阁、克丝作龙水、克丝作百花攒龙、克丝作龙凤、紫宝阶地、紫大花、五色簟文（俗呼山和尚）、紫小滴珠方胜鸾鹊、青绿簟文（俗呼阁婆，又曰蛇皮）、紫鸾鹊（一等紫地紫鸾鹊，一等白地紫鸾鹊）、紫百花龙、紫龟纹、紫珠焰、紫曲水（俗呼落花流水）、紫汤荷花、红霞云鸾、黄霞云鸾（俗呼绛霄）、青楼阁（阁又作台）、青大落花、紫滴珠龙团、青樱桃、皂方团白花、褐方团白花、方胜盘象、球路、衲、柿红龟背、樗蒲、宜男、宝照、龟莲、天下乐、练鹊、方胜练鹊、绶带、瑞草、八花晕、银钩晕、红细花盘雕、翠色狮子、盘球、水藻戏鱼、红遍地杂花、红遍地翔鸾、红遍地芙蓉红、红七宝金龙、倒仙牡丹、白蛇龟纹、黄地碧牡丹方胜、皂木等50种。绫引首计有：碧鸾、白鸾、皂鸾、皂大花、碧花、姜牙、云鸾、樗蒲、大花、杂花、盘雕、涛头水波纹、仙纹、重莲、双雁、方棋、龟子、方縠纹、鸂鶒、枣花、鑑花、叠胜、白毛、回文、白鹭、花卉等26种。仅仅是《辍耕录》一书，便记有如此之多的绫和锦名目，不难想见当时丝绸纹样品种之丰富。

宋元时期，缂丝不论在造型技术上或织作技术上，都达到完全成熟的程度。同时也是自宋代起，在制作的原则上起了一个很大的变化。唐以前的缂丝只是单纯供统治阶级服用的织物。自北宋起，缂丝就脱离了它的实用属性，成为纯艺术品。缂丝的这个变化，同宋以后绘画的发展是相适应的。宋元时期是我国绘画大发展时期，缂丝深受绘画的影响，因而才从单纯的服用，转而为兼供欣赏的东西。据史载，宋朝官府文思院中有"克丝作"，专门生产缂丝供服饰及装裱之用。周密《齐东野语》卷六"绍兴御府书画式"中记载，宋朝内府用于装裱书画的缂丝有克丝作楼台、克丝作龙水、克丝作百花攒云、克丝作龙凤等名目。其时还出现了许多具有熟练技术的缂丝名匠，其中最为著名的有南宋的朱克柔、沈子番等人。他们都有不少传世佳作，如朱克柔有《莲塘乳鸭图》、《山茶》、《牡丹》等，其作品特点是手法细腻，运丝流畅，配色柔和，晕渲效果好，立体感强。沈子番有《青碧山水》、《花鸟》、《山水》、

图 6-32　南宋沈子番缂丝《梅花寒鹊》

《梅花寒鹊》（图 6-32 为南宋沈子番缂丝《梅花寒鹊》），其作品特点是手法刚劲，花枝挺秀，色彩浓淡相宜。这些名家之作，不但可与所仿名人书画一争长短，有的艺术水平和价值甚至远远超过了原作，对后世影响很大。

4. 国内丝绸贸易资料中的丝织品

宋代改变了传统的轻商抑商政策，促进了商品经济的发展，使城镇经济得到了发展，很多城镇的丝绸贸易都特别发达。关于这方面的情况，很多文献都有记载。

据《宋会要辑稿·食货》记载，北宋时，"在南所博易者土物山货，以至漆、蜡、纸、布、**䌷**、绢、丝、绵，萃于京师，阜丰征算"。这段史料说明，当时东京的丝绸贸易十分兴旺，其贸易的方式，主要是将转运的丝绸货物进行批发。在《续资治通鉴长编》卷四四九中有这样的记述："百姓张牙人，将青州生花隔织三百二十匹，于界南头孙师颜、郑孝孙、赵良祐三人铺内，称是城北姜殿直出卖。"在东京城内的潘楼街一带，是丝绸铺席贸易最繁华的地方，该地除街南为鹰店外，"余皆真珠、匹帛、香药铺席"，特别是"南通一巷，谓之界身，并是金银彩帛交易之所，屋宇雄壮，门面广阔，望之森然。每一交易，动即千万，骇人闻见"[50]。在《清明上河图》中，画有"王家罗锦匹锦铺"，铺中有柜台，柜台外有长凳，反映了当时东京丝绸贸易兴旺的情景。

南宋京城临安（杭州）的丝绸贸易，比北宋京城东京（开封）更盛。当时杭州城内经营丝绸贸易的店铺之多，据吴自牧《梦粱录》记载，自淳祐年间有名相

传者，约 106 家。其中的局前刘家、吕家、陈家彩帛铺，市西坊北钮家彩帛铺，三桥街紫家绒线铺，沿桥下生帛铺，铁线巷生绢一红铺等 9 家店铺，直接出售丝绸半成品。另有 19 家店铺，也与经营丝绸贸易有关，它们分别是：保佑坊前孔家头巾铺，中瓦子前徐茂之家扇子铺，市南坊沈家白衣铺，徐官人幞头铺，钮家腰带铺，水巷口戚百乙郎颜色铺，俞家冠子铺，升阳宫前季家云梯（头）丝鞋铺，抱剑营街李家丝鞋铺，沙皮巷孔八郎头巾铺，陈家绦结铺，朝天门里大石板朱家裱褙铺，三河桥下杨三郎头巾铺，炭桥河下青篦扇子铺，官巷内马家、宋家领抹销金铺，小市里舒家体真头面铺，周家折摺扇铺，陈家画团扇铺。以上所提到的 28 家丝绸贸易店铺，系当时杭州城内比较著名的，它们经营的丝绸贸易无论是数量还是质量，是其他丝绸贸易店铺无法与之相比的。

两宋时期不仅京城丝绸贸易兴盛，其他各地亦是如此。以浙江为例，据史载，唐仲友在婺州（今浙江金华）开设彩帛铺，规模很大，一次交易就能出售丝织品三四百匹[51]。钱塘名妓苏小小的阿姐盼奴，一次就从商家那里获赠绢一百匹[52]，如果商家经营丝织品的规模不大，不可能一次赠给盼奴这么多的绢。《咸淳临安志》卷八九记载，孙沔在杭州向萧山的郑旻买纱，发现郑旻仅偷税的纱就有几万端，从中可想见郑旻的丝绸贸易规模之大。当时浙江地区不但城镇里有兴旺的丝绸贸易，一些农村小镇的丝绸贸易也有一定的规模。《双林镇志》记载，南宋时双林镇里已有集市收购纱绢的绢巷。《宋史·李琼传》记载，杭州仁和的李琼以鬻缯为业。这种丝绸商贩，不但在仁和有，在其他一些地方也有很多。如"湖州人陈小八，以商贩缣帛致温裕"；"兴仁府乘氏县豪家傅氏子，岁贩罗锦于棣州"；"丽水商人王七六，每以布帛贩货于衢婺间"；登州黄县人宗立本"与妻贩缣帛抵潍州"；"鄂岳之间居张客，以步贩纱绢为业"[53]。南宋时还出现了一种特殊的丝绸中间商人，这是一些以承揽他人租赋为业的人，他们为无绢纳税的纳税人代购或代纳绢帛。据《宋会要辑稿》记载，绍兴三十年（1160 年）两浙转运司记述武康、乌程、归安、吴兴、安吉、德清等县缴纳丁税的情况时，曾经提到"揽纳之人"。再以四川为例，据史载，盛产蜀锦的四川成都，一年十二个月里每月都有专门的集市，其中"三月蚕市，四月锦市"[54]。除"四月锦市"这个定期的盛大丝绸市场的大量交易外，平时还有规模较小的丝绸集市贸易。

元代国内丝绸贸易情况，在《马可·波罗游记》里有如是记述：汗八里（今北京）出售的商品数量比其他任何地方都要多，因为仅马车和骡马运载生丝到这里的，每天就不下千次。我们使用的金丝织物和其他各种丝织物也在这里大量生产。涿州城的居民大都以商业和手工业为生，他们制造金丝织物和一种最精美的薄绸。京兆府城是一个大商业区，以制造业著称。盛产生丝、金丝织物和其他绸缎，军队所需的各种物品也同样能够制造。徐州绸缎织造业也很发达，产品由一条经过许多市镇和城堡的河道大批运往各地销售，百姓完全以商业为生。河间府丝产量也很大，并用丝和金丝织造了大量的布匹和精美绝伦的披肩。镇江府城居民以工商业维持生活，都很富裕。他们织造绸缎和金线布匹。常州城是一个美丽的大城，盛产生丝，并且可用它来织造各种花色的绸缎。苏州是一个壮丽的大城，周围有二十英里，出产大量的生丝，这里的居民不仅将它用来织造绸缎供自己消费，从而使所有的人都穿上绸缎，而且还将之运往外地市场出售。他们中间有些人因此成为了富商。吴州同样出产大量的生丝，并有许多商人与手工艺者。质料最好的绸缎就产于此城，并运往省内各地出售。京师（今杭州）出产大宗的绸缎，加上商人从外省运来绸缎，所以居民平日也穿着绸缎衣服。

在一些地方志中，也有关于元代国内丝绸贸易的记述。杨树本《濮院琐志》卷一载：元代时，濮院远商云集，益见繁荣。濮院的濮明之开设商行，收购丝绸等商品以牟利。《双林镇志》载：元代时，双林镇的吴氏，在该镇的旧绢巷设肆收绢。位于该镇普光桥东首的缎匹贸易市场很大，设有绢庄十座，每天早晨，乡人挟绢来镇出卖者，熙熙攘攘，摩肩接踵。

元代从事丝绸贸易的人很庞杂，不但商人、市民、农民从事丝绸贸易，而且一些军人也参与到其中来。《元典章》卷二二"户部"中记载了这样一件事：大德四年（1300 年）五月十五日，军人王富经营生丝 220 两因匿税而被告；大德七年（1303 年）六月十八日，江西龙兴路军人孙真等，将匿税的生绢 19 匹卖与缎子铺常四，未曾交钞被捉。从中可想见当时丝绸贸易之盛，丝织品利润之丰。

5. 丝绸外贸资料中的丝织品

在宋代，由于陆上丝绸之路长期受阻，丝绸外贸的通道，主要是海上丝绸之路。此路输出的品种，据赵汝适《诸蕃志》记述，销往占城（今越南）的有绢扇；销到真腊（今柬埔寨）的有锦和生丝；销到三佛齐（今苏门答腊）的有锦、绫和绢；销往单马令（今洛坤）的有绢伞和绢；销往凌牙斯加（今马来西亚吉达州）的有缬绢；销往细兰国（今斯里兰卡）的有丝帛；销往故临国（今印度奎隆）的有缬绢；销往层拔国（今桑给巴尔）的有假锦；销往阇婆（今爪哇）的有五色缬绢和皂绫；销往渤泥（今加里曼丹）的有假锦、建阳锦、五色绢和白绢；销往三屿（今菲律宾）的有皂绫和绢。另据《宣和奉使高丽图经》记载，销往高丽（今朝鲜）的有丝绢。南宋时的宁波是对外贸易的大港口，《宝庆四明志》载：宁波"南通闽广，东接倭人，北距高丽，商舶往来，物货丰溢"，"外化番船，丝"。当时销往日本的大量锦、绫、缬、绢等丝绸商品，很多都是从宁波港输出的。据《日本蚕丝业史》卷一"生丝贸易史"记载，"宋孝宗淳熙十二年（1185 年，日本文治元年十月二十日），有唐锦十端，唐绫、绢、罗等百十端……等运往日本"。日本现在还保存有南宋时输往日本的"道元缎子"和"大灯金襕"等丝织品。

元朝疆域辽阔，陆上和海上丝路均处于畅通状态，大批丝绸商品通过这两条丝路被运往世界各地。不过由于海上运输成本远比陆上运输成本低廉，大批商人云集往来于海上丝路的各个港口，使得元朝几任皇帝都特别重视海上贸易。据格鲁赛《蒙古史略》记载："忽必烈同他的后代，曾与马八儿（今印度科罗曼得耳）、俱蓝（今名不详）等地的王国定有商约，中国商船按期运载生丝、花绸、缎、绢、金锦到俱蓝、锡兰（今斯里兰卡）等地。"另据史载，至元十四年（1277 年），元廷先是在泉州、庆元（今浙江宁波）、上海、澉浦四处设置市舶司，专门负责管理海上贸易；至元三十年（1293 年），又增设温州、杭州、广州三处市舶司[55]。这七处设置有市舶司的城市港口，往来商船如梭，是元朝进出口贸易的重要地区。以广州港为例，各种贸易之繁忙，达到"岁时蕃舶金、珠、犀、象、香药、杂产之富，充溢耳目，抽赋帑藏，盖不下巨万计"[56]的程度。

元朝的海上贸易航线有两条：一条是通达朝鲜、日本等地的东海航线；另一条是西达摩洛哥、南达非洲坦桑尼亚一带的南海航线。两条航线所达之地，几乎都与元朝有丝绸外贸活动。元朝时庆元（今宁波）港与朝鲜的贸易活动十分频繁，中国许多丝绸产品输往朝鲜[57]。元朝时通过南海航线输出丝绸产品的情况，据汪大渊《岛夷志略》记载，销往的国家和地区有：交趾（今越南北部），输入中国诸色绫罗绸缎；占城（今越南中部），输入中国色（绢）布；民多朗（今越南潘朗），输入中国红绢；真腊（今柬埔寨），输入中国龙缎、丝布、建宁锦；罗卫（今泰国叻丕），输入中国狗迹绢；苏门傍（今泰国素攀），输入中国绅绢衣、花色宣绢；东冲古剌（今马来西亚宋卡），输入中国青缎；彭坑（今马来西亚彭亨），输入中国诸色绢；丁家卢（今马来西亚丁家奴），输入中国小红绢；龙牙门（今新加坡），输入中国青缎；爪哇（今印尼爪哇），输入中国青缎、色绢；遐来勿（今印尼卡里摩爪哇岛），输入中国红绢；渤泥（今印尼婆罗洲加里曼丹），输入中国色缎；都督崖（今印尼加里曼丹西南），输入中国红绿绢、色缎；文诞（今印尼班达岛），输入中国水凌丝布；重迦罗（今印尼松巴哇岛），输入中国花宣绢；入老古（今印尼摩鹿加岛），输入中国水凌丝布；三佛齐（今印尼巨港），输入中国色绢、丝布；八节那间（今印尼泗水南），输入中国青丝布；古里地闷（今印尼帝汶岛），输入中国色绢、西洋丝布；须文答剌（今印尼苏门答腊），输入中国五色缎、丝布；喃哑哩（今印尼苏门答腊亚齐），输入中国红丝布；麻逸（今菲律宾民都洛岛），输入中国红绢、五彩丝布；交栏山（今菲律宾格兰岛），输入中国色绢；八都马（今缅甸马都莫塔马），输入中国丝布、南北丝、丹山锦、红山绢、草金缎；淡邈（今缅甸土瓦），输入中国西洋丝布；朋加剌（今孟加拉），输入中国南北丝、五色绢缎；土塔（今印度讷加帕塔姆），输入中国五色绢、青缎；加将门里（今印度马八儿附近），输入中国苏杭五花缎、南北丝；马八儿屿（今印度科罗曼得耳），输入中国青缎；班达里（今印度科泽科德），输入中国诸色缎；须文那（今印度卡提阿瓦半岛），输入中国五色细缎、青缎；小唄喃（今印度奎隆），输入中国五色缎；大乌爹（今印度西岸乌代浦尔），输入中国五色缎；乌爹（今印度奥里萨），输入中国五色缎、白丝；加里那（今伊朗鲁德巴尔），输入中国细绢；挞吉那（今伊朗南部基什），输入中国五色缎；甘埋里（今伊朗南部基尔曼），输入中国苏杭色缎、青缎；波斯离（今伊拉克巴士拉），输入中国五色缎；特番里（今埃及达米塔港），输入中国锦缎、五色缎；哩伽塔（今非洲摩洛哥一带），输入中国五色缎；层摇罗（层拔罗，今东非桑给巴尔岛），输入中国五色缎；麻那里（今东非肯尼亚马林迪），输入中国五色缎；天堂（天房，沙特阿拉伯麦加），输入中国五色缎。

从上述谈及的情况看，元代丝绸外销产品中，数量最多的是缎、绢和锦，尤其是缎不但销往的地区最多，而且花色品种最丰富。这说明元代生产的缎、绢和锦这几类丝织品是相当多的。

元朝的丝绸外贸，元廷规定由官府垄断经营，禁止民间从事。据《通制条格》卷一八"关市"的记载，延祐元年（1314年）七月十九日颁诏："金银铜钱货、男子妇女人口、丝绸缎匹、销金绫罗、米粮军器并不许下海私贩。"虽然有这样的禁令，但很难完全禁止，仍有人冒险从事丝绸外贸走私下海。例如，吴兴赵孟頫妻子仲管所制的回文织锦，到清代仍保存在日本的杉村家中[58]，这件民间私人织造的丝织品，便是通过走私到日本的。

精美华贵的各种丝绸，是历代朝廷赠予外国使团最重要物品之一，元廷当然也不例外。据《元史·外夷》记载，元世祖时，中国与高丽有30多次正式通使往来，元世祖给高丽来使的赐物中有西锦、间金熟绫等丝织品。在与安南（今越南）国的来往中，也赐给西锦、金熟锦、金缯、缯帛等丝织品。

6. 考古文物中的丝织品种

（1）宋代丝织品文物

迄今出土的宋代丝绸文物是比较多的。例如，1975年在福建省福州市发现的南宋黄昇墓中，出土丝织品和衣物398件[59]；同年，考古工作者在江苏金坛发现的一座南宋墓中，出土丝织品和衣物50余件[60]。同年在江苏武进的一座南宋墓中，也出土丝织品和衣物的残片20余件[61]。也是在这一年，在宁夏银川市郊贺兰山麓的西夏陵区108号宋代墓中，出土了一批丝织品[62]。除此之外，其他一些地方也有宋代丝绸出土文物。如在新疆的一座墓中，出土一批宋朝的织锦袍服[63]。在湖南衡阳县何家皂北宋墓中，也有丝织品出土[64]。在辽宁法库叶茂台辽墓中，亦发现有宋代的丝织品[65]。在内蒙古豪欠营第六号辽墓中，也有宋代丝织品出土[66]。上述出土宋代丝织品中，花色品种比较多，其中有锦、绫、罗、纱、縠、绮、缂丝等几大类的品种，每大类丝织品种中，又有若干花色品种。在出土的这些宋代丝绸中，有不少创新的花色品种，表明织造工艺水平有了进一步提高。

宋墓中出土的绫比较多。通过对宋代绫实物进行分析，发现宋代的异向绫和同向绫均较唐代有所变化和发展。如湖南何家皂宋墓出土的绫，是一种平纹地上纬浮显花的绫织物。宁夏西夏陵区出土的绫，却是一种斜纹地上显花的绫织物。在发掘的所有宋墓中，几乎都发现有交梭绫，而且这种绫又分为若干花色品种。如湖南何家皂宋墓出土的金黄色方格小点花交梭绫残片，属于平纹显花类的交梭绫。福州黄昇墓出土的菱形菊花绫，属于纬浮显花类的交梭绫。同墓出土的一件黄褐色长春花交梭绫，虽然也属纬浮显花类的交梭绫，但织造技艺与前者的织造技艺有些不一样，区别之处是在花部交织规律与前者交梭绫不同。江苏金坛南宋周瑀墓出土的一些绫，从组织上来看与平纹显花类交梭绫完全一致，但由于纬丝粗细相同，亦可用一只梭子织造。

宋墓出土的罗织物花色品种相当丰富。如果按花、素类型来分，可分为素罗织物和花罗织物。素罗是指经纱起绞的素组织罗，经丝一般有弱捻，纬丝无捻。根据绞经的特点，素罗又可细分为二经绞罗、三经绞罗和四经绞罗等品种。宋墓出土的三经绞罗和四经绞罗比较多，如在常州的宋墓、金坛南宋周瑀墓和福州南宋黄昇墓中，均有发现。花罗是罗地起出各种花纹图案的罗织物，也称提花罗，属于名贵的罗织物品种。宋墓出土的花罗有平纹花罗、三经绞花罗、二经浮纹罗等几类花罗品种。武进宋墓、金坛南宋周瑀墓、福州南宋黄昇墓和宁夏西夏陵区108号墓中，均有平纹花罗出土。这些平纹花罗，织物是四根一组的地经绞罗组织，花纹起平罗组织的四合如意。它的经纬密度，比西汉马王堆一号汉墓出土的杯形菱纹罗稀疏，而经丝纤细，孔眼显得更大，更轻飘了。从"四合如意"花罗的织造技艺来看，虽然仍有上下左右对称的传统织法，但它比汉代杯形菱纹更复杂难织，在大的"四合如意"左右，配两个小的"四合如意"；在两个"四合如意"的边上，再配上三个小"四合如意"，形成一、二、三的阶梯式大小"四合如意"的花纹图案，这是宋代花罗中的精品之一。在宋墓出土的三经绞花罗中，还有三经绞斜纹花罗和三经平纹（即单绞）花罗两类品种。在常州宋墓、福州南宋黄昇墓和江苏武进南宋墓中，都有三经绞斜纹花罗出土。三经绞斜纹花罗，是在三经绞素罗的基础上发展起来的，是一种三经地绞起斜纹花的花罗。武进南宋墓出土的三经绞斜纹花罗，经密 37 根/厘米，纬密 29 根/厘米，是三根经丝为一组的提花罗，即一根绞经和两根地经绞转成组，与邻近各组互不相干。这种罗在织造时，可用竹箔打纬，每三根经丝穿入一个箔齿内，花纹由三枚经斜纹组成，地部均是一绞二的绞纱组织，起菱形花纹的组织，则是二上一下的斜纹组织。同墓出土的三经平纹（即单绞）花罗，其地经三根为一组，地部在二梭中有一梭绞转，平纹罗的花部起单经和双经平纹组织，经密 44 根/厘米，纬密 31 根/厘米。二经浮纹罗在福州南宋黄昇墓和武进宋墓中均有出土。福州南宋黄昇墓中出土的是比较奇特的杂宝花罗，由于底纹是二经相绞的平罗组织，为了在罗织物上起出各种花纹图案，纹部地经和纬线织出平纹组织，绞经上提不和地经相绞，一直浮在上面，根据花纹图案的需要，决定经线浮点的长度，由于经线纤细，经纬密度又比较稀疏，更显得透亮轻柔，经浮所起花纹若隐若现，明暗相间，具有特殊的风格。武进宋墓出土的罗是二经平纹罗，其二经起绞即为地纹，绞经不起绞即织成平纹组织。

如果按起绞类型来分类的话，宋墓出土的罗可分为无固定绞组和有固定绞组两类。无固定绞组罗的特点是四经绞作地，二经绞起花，内蒙古豪欠营第六号辽墓出土的"十经绞罗"和"龟背纹罗"，均是由此变化而织成。固定绞组罗是在宋代才开始广泛流行的，根据参与绞组的经丝根数的不同，固定绞组罗可分为二经绞和三经绞两种。这种固定绞组罗在很多宋墓中均有发现。如在福州南宋黄昇墓和豪欠营第六号辽墓中，均出土有二经绞类的固定绞组罗。两墓出土的二经绞罗，均是一绞一的单丝罗。黄昇墓出土的是一顺交，豪欠营辽墓出土的是对称绞。二经绞罗通过提花也能织出花纹，显花处常以平纹显花或浮纬显花，黄昇墓中发现杂花罗就是这类二经绞罗。前文提到的黄昇墓出土的杂宝花罗，是一种平纹显花的罗；而杂花罗则是浮纬显花的二经绞罗，其地部二经绞，花部的绞经和地经不起绞而平行排列，绞经下沉 1~9 梭不等，纬丝浮于经丝之上，形成纬浮花。三经绞类的固定绞组罗，在福州南宋黄昇墓中亦有发现。这类绞罗织物的地部均以 3 根经丝为一组，即一根绞经、二根地经构成一个绞组，南宋黄昇墓出土的褐色牡丹芙蓉花罗即这类组织（图 6-33）。此外，黄昇墓中发现的三经绞类花罗，按其组织结构不同，还有平纹、斜纹和隐纹 3 种。

纱织物在江苏金坛南宋墓、福州南宋黄昇墓、江苏武进南宋墓、宁夏西夏陵区 108 号宋代墓中，均有发现，以黄昇墓出土的纱织物最多。其中最具代表性的轻纱，经密 20 根/厘米，纬密 24 根/厘米，经纬丝投影宽度均为 0.08 毫米，透孔率为 84%，边组织是平纹，边部经为 81 根/厘米。边部加密既是为了便于织造，也是为了保持布面的幅度，以利于裁剪成衣。

縠织物在福州南宋黄昇墓中也有发现。在黄昇墓中出土的绉（縠也称为绉纱），经密 28～30 根/厘米，纬密 20 根/厘米，经丝宽度为 0.04 毫米，纬丝宽度为 0.05 毫米，经丝采用 Z 捻和 S 捻按 6∶2 相间排列，形成的绉纹在 6 根 Z 捻经丝处，比较密实，在 2 根 S 捻经丝处，比较稀疏，不规则的孔眼较大，因此在表面很明显地可以看到经丝作弯弯曲曲的波纹状（图 6-34）。黄昇墓出土的绉的这种经纬密度稀疏的皱纹效果，比汉唐时期出土的绉纱织物更美观。

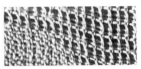

图 6-33 南宋黄昇墓出土的褐色牡丹芙蓉花罗及组织放大图

绮织物在武进宋墓、江苏金坛南宋周瑀墓和福州南宋黄昇墓中，均有发现。武进宋墓出土的 M6 米字纹绮，是宋代流行的绮织物。米字纹绮正面以经丝起花，背面为纬浮花，地部为平纹组织，每厘米经密为 42～44 根，纬密为 44 根，花形以四方菱形线条布满套叠，菱形内有四瓣风车形图案，在分瓣处嵌有大小不同两种椭圆点。这种图形呈米字状。用浮长不等的斜纹组织组成的米字方格纹绮，花地非常清晰，反差对比性强，显花效果极佳。在武进宋墓中，还出土一种直条绮，由于直条斜纹是间隔的，一条条斜纹浮线互相平行，织物表面形成直条状的显花效果。江苏金坛南宋周瑀墓出土的一种矩形点小花绮，风格特别。同墓还出土一种折枝菊梅纹绮，其花组织中一梭织平纹，另一梭是四枚纬浮花，用这种基本组织组成中小型单枝菊和单朵梅花的两个折枝花纹。花纹布满全幅。福州南宋黄昇墓，出土了各种不同纹饰的绮，共有 20 余种。其中比较突出的品种有黄褐色平地长春花纹绮余料和浅绛色平纹地菱形菊花绮残片等。长春花纹绮采用纬线显花，其花纹突出，光泽反映明亮，

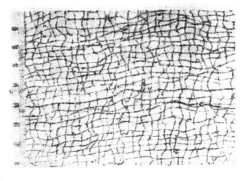

图 6-34 南宋黄昇墓出土的绉纱织物

织物表面有明暗双色的效果。菱形菊花绮残片的花地差别非常明显，因此使变形菊花纹十分精美逼真，富有丰硕淳厚之感。

宋代的缂丝，在辽宁法库叶茂台辽墓中有发现。该墓出土的缂丝尸衾袷被，在赭黄地上用金线缂织出升龙、火珠、山、水、海怪等组成的复杂图案。

宋代的织锦袍服，在新疆阿拉尔墓中亦有发现。该墓出土袍服的纹样，带有浓郁的西域纹样艺术风格，有簇四盘雕、簇四斗羊等，但其组织则沿用唐代的织

锦组织。此外，在辽宁法库叶茂台辽墓，还出土过一种用捻金作云凤纹样的织金锦。

（2）元代丝织品文物

在历次考古发掘中，出土的元代丝绸文物亦是相当多的。其中发现丝织品数量较多的元代墓葬有以下这些：

1970 年 2 月，在新疆盐湖发现的属于元代的一号墓中，墓主尸体内着棉布中单裤，外套黄色䌷绢织金锦边袄子，足着缂丝牛皮靴，织金锦不是完整的材料，由多块拼接而成，有"片金"和"捻金"两种品种，两种的区别是织造时用金方法不同。片金是将金打成金箔，然后贴在绵纸上切成金丝，用于织造。捻金是将金片包在棉线外加捻而成金线，然后用于织造[67]。

1972 至 1979 年，在甘肃漳县徐家坪汪家坟墓区，清理元明两代 27 座墓葬，其中元代墓 M8、M13 出土丝织品 29 件（块）。M8 出土 5 件，分别是："说大摩祖支天菩萨陀罗尼经"经面一、小口袋二、小手帕二。M13 出土 24 件（块），在女尸头部囊枕内，有衣服多件及小块丝织品材料，衣服大多已腐朽，其中重要的有棕黄色缠枝蕃莲纹麻葛棉囊（细丝绢里）描金妆彩霞帔、棕色团花妆金缎云头荷包、黄色小团花纱罗圆领对襟短袖小衫（襟上描金妆彩）、烟色卍字菱纹缎、妆金莲花方孔纱、妆金灵芝纹方孔纱、紫色卍字菱团龙花缎、古铜色云龙缎、深色瑞兽纹缎、妆金团花纱、古铜色海棠（梅）纹缎、菱格回纹缎、蕃莲纹缎、淡黄色暗花罗、妆金天马纹锦、妆彩吉羊纹锦、小缠枝莲纹缎、棕色龟背纹缎、双钱宝瓶形小荷包、妆彩吉羊团花锦、妆银天马纹缎、妆银簇花纹缎。由此不但可知元代丝织品种之丰富，而且从中可以看出元代在继承宋代纱罗织物的基础上，空前地发展了妆彩、妆金银技术和缎纹组织[68]。

1973 年 3 月，在山东邹县发现了一座元代至正十年（1350 年）的墓葬。经考证，墓主是儒学教谕李裕庵。该墓不但出土了大量绸织物，而且花色品种纹饰图案也非常丰富。据统计，出土男女衣衾和鞋帽共 55 件。出土时男尸头戴深褐色素绸夹帽，上身穿六层长袍，均是交领、右衽。外数第一层是梅鹊方补菱纹绸短袖男夹袍，第二层是深绛色盘龙回纹暗花绸窄袖夹袍，第三层是素绸短袖丝绵袍，第四层是素绸长袖丝绵袍，第五层是粗素绸长袖丝绵袍，最内一层是素白棉布短袖夹袍。在第二层袍的襟前，放了一幅缂色绸方巾，该方巾长 65 厘米，宽 50 厘米，上下织有人物、鸟兽、花纹图案，左上角织"寿山福海"4 字，右上角织"金玉满堂"4 字，中心织有 6 行 42 字，这幅绸方巾内的人物、鸟兽、花纹以及框内文字均同时织成，由此可见元代的挑花结本技术水平是相当高的。女尸头戴杂宝云纹缎夹帽，上衣有五层。第一层是杂宝云纹绸交领长袖夹袍，第二层为莲花双鱼纹罗对襟短袖女夹袄，以及粗素绸对襟短袖丝绵袄，素绸对襟长袖夹袄，素绸对襟短袖丝绵袄。下装第一层是荷花鸳鸯纹绸平展夹裙，第二层是方棋小朵花罗平殿单裙，最里一层为素绸丝绵裙。女夹袍的袖口、女鞋和裙带上，均有刺绣，绣出人物花鸟，仅 0.5 ~ 1.0 厘米，绣工精湛，富有民间特色。棺内填塞衣物 11 件，计有：斜纹绸交领长袖丝绵袍、棉布交领长袖单袍、缠枝莲纹绸交领长袖夹袍、素绸对襟长袖丝绵袄两件、杂宝云纹绸丝绵被、素绸丝绵被、菱纹绸纳帮鞋、素绸纳帮鞋、素绸地绣花鞋和高筒牛皮靴[69]。

1973 年 11 月，在内蒙古自治区集宁市东南 30 公里的察右前旗巴音塔拉公社土城子村，发现一个元代窖藏，内有一些丝织品，瓮内有八件丝织物完整，其余均多残损。其中：团窠异兽纹锦被面，织锦幅宽 59.5 厘米，由两幅拼接而成，斜纹组织，黄、蓝二色纬线起花；印金织物，底料多是暗花绫和纱罗织物，且是先印金后剪裁。罗织物多为四经绞，暗花绫为斜纹缠枝牡丹，印金花纹有牡丹、莲花、菊花、草花、祥云等，衣服贴边都是挖花织物，纹样为缠枝蔓草。绣花织物有保存完整的绣花夹衫一件，底料是棕色四经相绞素罗，里衬是米黄色绢，刺绣针法以平针为主，兼用打籽针、稀切针、辫针、抢针、鱼鳞针等，刺绣纹样多达 99 个，有自然界的各种花草虫鱼，还有人物故事，十分丰富[70]。这个元代窖藏文物的地方，是元代集宁路故城所在地。

（二）棉、麻、毛织物

两宋时期，有关文献中棉花、棉布的记载逐渐增加，内地有些地方也开始制织棉织品（浙江兰溪一座南宋墓曾出土一条质量相当好的棉毯，即是佐证），但棉布在内地居民衣着材料中仍不占主要地位，棉织品的生产主要集中在新疆、云南、两广、福建等地。据范成大《桂海虞衡志》、方勺《泊宅编》等书记载，当时比较有名的棉织品是海南黎族所产"洁白细密"的棉布以及"杂花卉"间以五彩的"黎幕"、"黎单"、"黎锦"、"花被"等。

元代时，棉花种植遍布全国，其景况如王祯《农书》卷二一所述："夫木棉产自海南，诸种艺制作之法，骎骎北来，江淮川蜀，既获其利。"既种棉，随之必相应地有织棉布生产活动。《元史·世祖纪》记载：至元二十六年（1289 年），诏置浙东、江东、江西、湖广、福建木棉提举司，责民岁输木棉布十万匹，以都提举司总之。同书记载：成宗元贞二年（1296 年），定江南夏税制度，规定"夏税则输以木棉、布、绢、丝、绵等物。其所输之数，视粮以为差"。另据《马可·波罗游记》记述，元代至元二十四年（1287 年），诸王薛彻都等所部遇灾，牛羊多死，元廷买棉布救济，值钞一万四千六十七锭。这些诏令，反映出元代棉花和棉布产量已不亚于丝和麻，各地市场中都有棉纱和棉织品的贸易。

元代时，长江流域松江地区的棉纺织业最发达，其中最重要的原因是黄道婆将崖州（今海南岛南部）黎族人民先进的制棉工具和棉纺织技术带回松江地区加以改进，然后在松江地区传授。据陶宗仪《辍耕录》卷二四中记载，当时黄道婆在松江府以东五十里的乌泥泾（今上海旧城西南九里），推广加工织造棉织品的"做造捍、弹、纺、织之具"，而且把崖州"错纱配色，综线挈花"都有一定法则的织造技法，传授当地妇女。不久当地所织"被、褥、带、帨"等棉织品，质量就达到"其上折枝、团凤、棋局、字样，粲然若写"的程度。这些记述，不但赞誉黄道婆在松江府传授织棉布技艺，教人织造出多种棉织物品种，而且透漏出松江地区不但棉布产品多，还有许多精美高级棉织品这一史实。

宋元时期的棉纺织品遗存不多，除浙江兰溪发现的南宋棉毯外，比较重要的还有：北京庆寿寺双塔内出土的一顶元代棉僧帽。该帽紫色地，尖顶，正方口，口沿每方宽 12.5 厘米，顶部四角每方宽 21 厘米，后檐长 17 厘米，檐头宽 35.5 厘米，由后面向鬓斜收。左右两耳檐接帽口处宽 10 厘米，下端宽 15 厘米，长 23 厘米。通体各方边沿用黑布为地，白色丝线绽锁复缀合成的如意形花纹图案。四面中央黑布为地，白色丝线绽锁如意形复缀合的火焰形花纹图案[71]。山东嘉祥元代曹元用墓出土的有优美菱形花纹图案的棉织物；山西博物院所藏用纱 30 支以下采用经重平组织的棉布，也都是元代棉织品的珍贵实物。此外，在新疆盐湖元代墓的墓主所穿衣物中，也发现不少棉织品。如其外衣袄子衬里、衬袍、裤等，均是用棉布制作。同墓出土的织金锦，也是用棉线与丝线混合织造而成。

宋元时期，大麻产地集中在北方，苎麻产地集中在南方。据《陵川文集》记载，北方大麻品种有大布、卷布、扳布等。南方苎麻生产尤以广西为盛，据说曾出现过"（广西）触处富有苎麻，触处善织布"、"商人贸迁而闻于四方者也"的情况。桂林附近生产的苎麻布因经久耐用，一直享有盛誉。周去非在《岭外代答》中对此布的生产过程和坚牢原因作了总结："民间织布，系轴于腰而织之，其欲他干，则轴而行。（或）意其必疏数不均，且甚慢矣。及买以日用，乃复甚佳，视他布最耐久，但其幅狭耳。原其所以然，盖以稻穰心烧灰煮布缕，而以滑石粉膏之，行梭滑而布以紧也。"广西邕州地区出产的另一种苎麻织物——练子，也非常出色。据周书记载，练子是由精选出的细而长的苎麻纤维制成，精细至极，同汉代黄润布的织作效果有些相同，"一端长四丈余，而重止数十钱（一二百克重），卷而入之小竹筒，尚有余地"，用来做成夏天的衣服，十分轻凉离汗。南宋戴复古曾赞之说："雪为纬，玉为经。一织三涤手，织成一片冰。"[72]既赞美它的轻细，又称誉它具有良好的透气性和吸湿性，适于穿着。此外，江南地区生产的山后布和练巾也非常有名。据《嘉泰会稽志》记载，浙江诸暨生产的山后布，又称"皱布"，织造时将加过不同捻向的经纱数根交替排列，然后再行投纬，织成的布"精巧纤密"，质量仅次于蚕丝织成的丝罗。在用它做衣服之前"漱之以水"，由于经纱捻度很大，遇水后膨胀，使布面收缩，呈现出美丽的谷粒状花纹。山后布与丝织的绉相像，所以也叫作绉布，质量并不亚于用丝织的。此外，在《马可·波罗游记》中，还记载戎州生产一种用树皮织的布，甚丽，夏季衣之。这种树皮布实际上亦是麻布的一种，或即是以桐麻树皮作原料。我国湖南等地，还盛产这种植物，并以之制麻[73]。

宋元时期的毛织业仍以北方地区最为发达。特别是在元代，毛毡、毛毯是蒙古族人的生活必需品，需求量大。为此，元廷还专门设置机构来掌管。据《元史·百官志》记载，元代掌管制毡业的机构有大都毡局、上都毡局、隆兴毡局三所；掌管制毯业的机构有剪毛花毯腊布局。大都毡局管人近一百二十户。中统三年（1262 年）又在上都和林设局织造毡罽，岁额三千二百五十尺，用毛百十四万千七百斤。另据《大元毡罽工物记》记载，元代宫廷用毡的纤维原料，除羊毛外，还有骆驼毛、牦牛毛等。用的染料及助剂有：淀（靛）青、槐子、茜根、松明子、黄芦、荆叶、牛李、棠叶、橡子、落黎灰、黑沙等植物染料；另有白矾、绿矾、羊骨头、花碱、石灰、醋黄蜡、寒水石、白芨、大麦等用作媒染剂和整理剂。毛毡的品种有：披毡、掠绒剪花毡、衬花毡、衬布答毡、海波失花毡、蒙鞍花毡、毡帽、毡衫等 60 余种。其常用的色彩有深红、粉红、天青、柳黄、明绿、银褐、黑色、白色等。元代各宫殿所用的毛毯，耗费的人工和原料相当惊人。仅元成宗（1295—1307 年）皇宫内一间寝殿中铺的 5 块地毯，总面积即达 110 平方米，用羊毛千斤左右制成，有些地毯长达 10 米以上。从《大元毡罽工物记》记载的元代宫殿用毯的情况可以看出，当时的制毯业是很发达的，毛毯产量也是十分可观的。

第四节　同时期与纺织技术有关的重要书籍

宋元以前有关纺织生产技术的文献很零散，大多出现在综合性农书中，所占篇幅也非常有限，如《齐民要术》共十卷九十二篇[74]，讲述各类农作物的种植和生产技术，其中与纺织有关的内容仅有六篇，占全书的 6% 左右。宋元时这种状况大为改观，有关纺织生产技术的文献大量问世，其数量之多前所未有。其时，不仅有纺织生产技术的专著，如秦观《蚕书》；综合性农书中有关纺织生产技术的内容也大为增多，如《农桑辑要》共六卷，其中卷二条目计有十九条，麻、苎麻、棉花占了四条，卷三和卷四则分别被栽桑、养蚕独占，再加上其他卷中有关植物染料和养羊的条目，与纺织有关的内容占了全书的三分之一强。农书中纺织技术比重的增加也反映在农书的书名上，农与桑并列直接写成书名渐成潮流。在现知的当时诸多农书中以"农桑"命名的有《农桑辑要》、《农桑直说》、《农桑要旨》、《农桑衣食撮要》、《农桑备考》等近 10 部。这些优秀农学著作的问世和广泛流传，极大地促进了纺织技术的发展，下面选择较为重要的几部作简要介绍。

一、《蚕书》

《蚕书》是一本反映北宋时期山东兖州地区蚕业技术的著作。著者秦观（1049—1100 年），字少游、太虚，号淮海居士，江苏高邮人，宋代著名文人。秦观 36 岁中进士。曾任蔡州教授、太学博士、国史院编修等。因政治上倾向于旧党，而屡受新党打击，先后被贬到处州、郴州、横州、雷州等边远地区，最后病故于藤州。秦观在文学上以词闻名，是"苏门四学士"之一。著有《淮海集》四十卷，《后集》六卷，《淮海居士长短句》三卷。其词风格婉约柔媚，气骨不衰；淡雅清丽，久而知味。对后世词家影响非常大。

《蚕书》大概写成于元丰七年（1084 年）或元丰七年之前。全书篇幅很小，共 1000 余字。内容分为种变、时食、制居、化治、钱眼、锁星、添梯、车、祷神、戎治等 10 小节，将养蚕到治丝的各个阶段都作了简明切实的记载。其中"种变"讲浴卵和孵化。文中提到利用低温来选择优良蚕卵，淘汰劣种。谓："腊之日，聚蚕种，沃以牛溲，浴于川，毋伤其籍，乃县之。"此处"县"与"悬"通。"时食"讲蚕的喂养。文中对蚕不同生长阶段的喂桑次数和数量作了明确记录，谓："蚕生明日，桑或柘叶，风戾以食之，寸二十分，昼夜五食。九日，不食一日一夜，谓之初眠，又七日，再眠如初。既食叶，寸十分，昼夜六食。又七日，三眠如再，又七日，若五日，不食二日，谓之大眠。食半叶，昼夜八食，又三日健食，乃食全叶，昼夜十食。不三日遂茧。凡眠已初食，布叶勿掷，掷则蚕惊，毋食二叶。""制居"讲蚕室及养蚕器具，文中提到采茧时应注意温度，谓："凡茧七日而采之，居蚕欲温，居茧欲凉，故以萑铺茧，寒之以风，以缓蛾变。"化治即缫丝，强调煮茧时汤的温度不能高于 100 度，应在水面出现像蟹眼那样的微小气泡时进行，而且要眼明手快不待茧煮老即将丝绪找到，并穿过钱眼引到缫车上。钱眼、锁星、添梯和车几节，则是讲缫车上各部位的结构，文中对缫车的尺寸以及传动方法的描述非常详细，以至被后来的农书多次引用。如元代王祯《农书》和明代徐光启《农政全书》中有关缫车的文字，大都引自于它。"祷神"讲祭祀几位传说中的先蚕。虽具迷信色彩，但长期以来祷神已成为蚕农生产中必不可少的活动，已成一种习俗。"戎治"讲蚕桑西传于阗（今于田）的故事，内容是秦观转引《大唐西域记》瞿萨旦那国蚕桑传入之始一段。

秦观是江苏人，他生活的时代江苏蚕桑业已相当发达，为什么没有记述自己耳熟能详的家乡养蚕缫丝技术，却要记录山东兖州的蚕业技术呢？说来有趣，秦观之所以写《蚕书》，缘起竟是因他和夫人的闲聊。秦观在《蚕书》前言中交代得很清楚："予闲居，妇善蚕，从妇论蚕，作蚕书。考之《禹贡》扬、梁、幽、雍不贡茧物。兖篚织文，徐篚玄纤缟，荆篚玄熏、玑组，豫篚纤纩，青篚厜丝，皆茧物也。而桑土既蚕，独言于兖。然则九州蚕事兖为最乎？予游济河之间，见蚕者豫事时作，一妇不蚕，比屋詈之，故知兖人可为蚕师。今予所书，有与吴中蚕家不同者，皆得之兖人也。"可见秦观在与夫人论蚕时，回忆起他"游济河之间"时看到的蚕业技术，认为很有特点，有些技术南方还没有掌握，于是写成《蚕书》，希望家乡蚕农看到不足，进而学习北方的蚕业技术。

秦观《蚕书》虽然文字简短，所述机具也未配插图，但它是保留到现在最早的一部蚕业专书。清代《四库全书》、《古今图书集成》和《知不足斋丛书》都将其全文收入，彰显出它在中国农学史和纺织技术史上的重要价值。

二、《耕织图》

《耕织图》是南宋期间刊印的一套描绘江南地区耕织劳作的图谱，也是我国古代有关耕织方面最早以诗配图供普及用的一本图册。绘制者楼璹，字寿玉，浙江鄞县人。楼璹是靠父亲楼异的门荫步入仕途的，初佐婺州。于绍兴三年（1133 年）授官于潜令，绍兴五年改任邵州通判，兼管审计司，后又在南方几地任官，而且"所至多著声绩"。官职最高至朝议大夫，最后从扬州卸任归里。楼璹偏好书法和绘画，除《耕织图》外还绘有《六逸图》、《四贤图》等。

《耕织图》作于南宋高宗年间，其时楼璹任临安于潜令。据楼璹之侄楼钥为《耕织图》刻石的"跋"语："高宗皇帝，身济大业……下重农之诏，躬耕藉之勤。伯父时为临安于潜令，笃意民事，慨念农夫、蚕妇之作苦，究仿始末，为耕织二图。"楼璹绘制《耕织图》的初衷，一是与社会大环境有关，因为在南宋王朝初期，政治经济都比较困难，朝廷特别重视发展农桑；再者他本人关注民事，非常体谅农民的辛苦。于是响应朝廷"务农之诏"，有感"农夫、蚕妇之作苦，究访始末"而作。图谱绘成后不久，朝廷遣使巡行郡邑，楼璹因课劝农桑成效显著而得到关注，又经近臣的推荐，宋高宗召见了他。楼璹趁此机会呈献上《耕织图》，得到皇帝嘉奖，并由此得到提拔重用。

《耕织图》进呈皇帝后并未立即刊印，仅是"宣示后宫，书姓名屏间"。及至嘉定三年（1210 年）才由楼璹之孙刻石传世。现楼璹原本《耕织图》已不见，其内容据其侄楼钥在《攻媿集》中所述:"耕织二图,耕自浸种以至入仓,凡二十一事;织自浴蚕以至剪帛凡二十四事,事为之图。系以五言诗一章,章八句。农桑之务,曲尽情状。虽四方习俗,间有不同,其大略不外于此。"虽然楼璹《耕织图》佚失,然有幸的是楼璹在每幅图上所题之诗全部完整地保存了下来,可知耕图二十一幅为:(1)浸种,(2)耕,(3)耙耨,(4)耖,(5)碌碡,(6)布秧,(7)淤荫,(8)拔秧,(9)插秧,(10)一耘,(11)二耘,(12)三耘,(13)灌溉,(14)收刈,(15)登场,(16)持穗,(17)簸扬,(18)砻,(19)舂碓,(20)筛,(21)入仓;织图二十四幅为:(1)浴蚕,(2)下蚕,(3)喂蚕,(4)一眠,(5)二眠,(6)三眠,(7)分箔,(8)采桑,(9)大起,(10)捉绩,(11)上簇,(12)炙箔,(13)下簇,(14)择茧,(15)窖茧,(16)缫丝,(17)蚕娥,(18)祀谢,(19)络丝,(20)经,(21)纬,(22)织,(23)攀花,(24)剪帛。

以美术形式展示耕织的场景,非楼璹首创,早在北宋时即已出现。王应麟《困学纪闻》卷一五载:"仁宗宝元初,图农家耕织于延春阁。"宋高宗也曾谈及此事,李心传《建炎以来系年要录》载:"朕见令禁中养蚕,庶使知稼穑艰难。祖宗时,于延春阁两壁,画农家养蚕织绢甚详。"不过那是宫廷壁画,除供皇室欣赏外,主要作用是标榜皇室时刻想着百姓,不忘稼穑之艰辛。楼璹创作的《耕织图》则不然,是给寻常百姓看的,特别便于不识字的农民据其直观形象进行模仿。

楼璹《耕织图》一经出现便产生巨大影响,宋代及以后的几个朝代,绘制《耕织图》几乎成了一种风气,接连出现了许多以"耕织图"命名,并且内容形式都与楼璹《耕织图》相同或相近之作品。现公认的与原本最为接近的是元代程棨摹本,乾隆还曾以楼诗原韵为程图配了一组诗,并将此图收藏于圆明园多稼轩。现今最易见的则是清代康熙年间焦秉贞绘本。据现存版本考证,楼璹原本《耕织图》中插图是传统的水墨线描图,焦秉贞绘本插图则采用了西洋透视绘法,图谱内容与楼璹原本亦有差别,耕图中多了"初秧"、"祭神"二图;织图中略去"下蚕"、"喂蚕"、"一眠"三图,另增加了"染色"、"成衣"二图。每幅图的文字内容除保留楼璹五言诗外,还题有康熙御制七言诗,康熙写的序文也收录在图前。《序言》说:"爰绘《耕织图》各二十三幅,朕于每幅制诗一章,以吟咏其勤苦,而书之于图,自始事迄终事,农人胼手胝足之劳,蚕女茧采机杼之瘁,咸备极其情状,复命镂版流传,用以示子孙臣庶,俾知粒食维艰,授衣匪易。"因焦秉贞绘本系受康熙之命所作,康熙又为之作序、题诗,故该本又称为《御制耕织图》。明万历年间所刊《便民图纂》是一部在明代影响较大的农书,它里面的插图便是根据楼璹《耕织图》改绘,插图上配的竹枝调亦是根据楼诗原意改写。

由于《耕织图》系统不仅具体地描绘了当时江南水田地区农耕和蚕桑生产的各个环节,成为后人研究宋代农桑生产技术的宝贵文献,而且就织图中出现的纺织机具而言,每一种都是我们无法从文字资料中得到的最珍贵的形象资料。

三、《农桑辑要》

《农桑辑要》是元代由司农司主持编纂的综合性农书。成书于至元十年(1273年)。其时元已灭金,尚未亡宋,故内容以北方农业为对象,农耕与蚕桑并重。因系官书，不提撰者姓名，但据元刊本及各种史籍记载，孟祺、畅师文和苗好谦等曾参与编撰或修订、补充。该书在元代曾重刊多次，但现在常见版本是清代编修《四库全书》时从明代《永乐大典》中所辑。

司农司设立于至元二年（1265 年），是元代专管农桑、水利的中央机构。元代许多重农劝农政策都是出自这个机构。据翰林院大学士王磐为《农桑辑要》写的"序"说："大司农司，不治他事，而专以劝课农桑为务，行之五六年，功效大著。民间垦辟种艺之业，增前数倍。"《农桑辑要》的编纂便是司农司为顺利地推行元政府的农桑政策而做的一项重要工作。王磐"序"说："农司诸公，又虑夫田里之人，虽能勤身从事，而播殖之宜、蚕缲之节，或未得其术，则力劳而功寡，获约而不丰矣。于是，遍求古今所有农家之书，披阅参考，删其繁重，撮其切要，纂成一书，目曰《农桑辑要》。"

《农桑辑要》全书共 7 卷，6 万多字。卷一典训，有"农功起本"、"蚕事起本"、"经史法言"、"先贤务农" 4 目，讲述了农桑起源及经史中重农言论和先贤事迹；卷二耕垦、播种，有"耕地"、"代田"、"区田"、"种谷"、"旱稻"、"麻"、"木棉"、"论九谷风土及种莳时月"、"论苎麻木棉"等 22 目，既有个别事项的总论，又有九谷、苎麻、棉花等的选种和栽培各论；卷三栽桑，有"论桑种"、"种椹"、"地桑"、"移栽"、"修条"、"接废树"等 15 目，记述了桑的种类及栽种方法；卷四养蚕，有"论蚕性"、"收种"、"择茧"、"蚕室"、"杂忌"、"缲丝"、"蒸馏茧法"、"夏秋蚕法"等 40 目，养蚕、缲丝及贮茧的方法和注意事项面面俱到；卷五瓜菜、果实，有"冬瓜"、"茄子"、"桃"、"李"、"橘"等 48 目，皆为园艺作物，没有观赏植物；卷六竹木、药草，有"楸"、"柞"、"椿"、"种紫草"、"红花"、"栀子"、"枸杞"等 37 目，皆为常见林木和药用植物；卷七孳畜、禽鱼，有"养马牛羊总论"、"马"、"牛"、"羊"、"猪"、"鸡"等 10 目，讲这些家畜、家禽的饲养方法及疫病的治疗和防范。

《农桑辑要》内容绝大部分引自《齐民要术》以及《士农必用》、《务本新书》、《韩氏直说》等书，虽系摘录，但取其精华，摒弃了繁缛的名称训诂和迷信无稽的说法，全书构架详而不芜，简而有要。书中有关纺织生产技术方面的内容亦是如此，但有些则是以前的农书所没有的，是司农司在编纂《农桑辑要》时新增进去的，如"接废树"、"缲丝"、"麻"、"苎麻"、"木棉"、"论苎麻木棉"等篇中的一些内容。"接废树"篇中所述桑树的嫁接技术，是自宋代才发展起来的。"缲丝"篇中丝軖"六角不如四角，軖角少，则丝易解"。"论苎麻、木棉"和"论九谷风土及种莳时月"篇，则从理论上阐述向北方推广木棉和苎麻的可能性，从而发展了风土论的思想，把人的因素引进了旧有的风土观念之中，强调发挥人的主观能动性和人的聪明才智，成为农学思想史上的一个里程碑[75]。

《农桑辑要》修成之后，至元二十三年（1286 年）曾经颁发给各级劝农官员，作为指导农业生产之用。它的颁行不仅对恢复和发展当时农业生产起了积极作用，对北方地区推广木棉和苎麻的种植更是起了很大的推动作用。

四、王祯《农书》

王祯，字伯善，元朝初年山东东平人。有关王祯生平事迹的记载很少，现只大略知道他在元成宗元贞元年（1295 年）出任宣州旌德（今属安徽）县尹，后又调任信州永丰（今江西广丰）县尹。在两任县尹期间，为官清廉，关心百姓疾苦，特别重视发展农桑生产。元代戴表元在《农书》序中说王祯在旌德时，每年都"教民种桑若干株，凡麻苎、禾黍、牟麦之类，所以莳艺芟获，皆授之以方，又图画所为钱镈、耰、耧耙耖诸杂用之器，使民为之"。而且传授技术时"问能从吾言试其具，幸而能，则大喜，出卮酒相劝奖。即不能，或怠惰，不帅教，辄颦蹙，展转引愧，如不自容"。离开旌德时"旌德之民利赖而诵歌之。盖伯善不独教之以为农之方与器，又能不扰而安全之，使民心驯而日化之也"。到永丰后"伯善之政孚于永丰又加速，大抵不异居旌德时。山斋翛然，终日清坐，不施一鞭，不动一橛，而民趋功听令惟谨"。王祯还是个阅历非常丰富的人，除原籍山东，为官安徽、江西之外，曾宦游四方，到过燕、赵、秦、晋、江、浙、湘、赣、苏、蓟以及平江虎丘等地。元人对他的评价是"东鲁名儒，年高学博，南北游宦，涉历有年"[76]。王祯的诗赋造诣也相当高，他创作的铭、赞、诗、赋，风雅可诵，令人称道。

《农书》即是王祯任县尹期间据其宦游四方所见所闻结合旧籍编撰而成。王祯写《农书》的目的如他在《农书》自序中所言："农，天下之大命也。一夫不耕，或授之饥；一女不织，或授之寒。古先圣哲敬民事也，首重农，其教民耕织、种植、畜养，至纤至悉。祯不揆愚陋，搜辑旧闻，为集三十有七，为目二百有七十。呜呼备矣！躬任民事者，傥有取于斯与？"也就是希望这本书能帮助人们懂得"农，天下之大命也"的道理，并学会实现这个道理的方法，自己并不想据此追求名利。王祯写完《农书》后，本想用《农书》后附"杂录"中所记"造活字印书法"自行印制，后得知江西官方已决定刊印而作罢。从王祯《农书》自序所记时间看，《农书》是在皇庆二年（1313 年）以后才刊行于世的。

王祯《农书》现有两种版本，一种是嘉靖三十七集本；一种是《四库全书》二十二卷本。

《四库全书》本王祯《农书》13 多万字，插图 281 幅。分"农桑通诀"、"百谷谱"和"农器图谱"三大部分。

"农桑通诀"部分共有六卷十九篇，内容可以看作是全书的总论。它先以"农事起本"、"牛耕起本"、"蚕事起本"三篇，叙述了农事、牛耕和蚕桑的起源；再以"授时"和"地利"两篇探讨了农业生产客观环境的复杂性和规律性，强调了农业生产中"时宜"和"地宜"的重要性；接着分门别类地以"垦耕"、"耙劳"、"播种"、"锄治"、"粪壤"、"灌溉"、"收获"、"种植"、"畜养"、"蚕缫"等篇，论述农桑生产各个环节应采取的基本措施和技术，并在"孝悌力田"、"劝助"、"蓄积"、"祈报"篇中阐释农学道理和劝农措施。

"百谷谱"部分共有 4 卷 11 篇。内容是栽培各论，叙述了水稻、小麦、谷子、瓜、菜等粮食和蔬菜作物及其他 80 多种植物的栽培、保护、收获、贮藏、加工、利用等技术与方法。最后还附有一篇"备荒说"。

"农器图谱"部分共有 21 卷，每卷一门。其中"田制门"有 14 篇，"耒耜门"有 16 篇；"钁锸门"有 12 篇；"钱镈门"有 11 篇；"铚艾门"有 12 篇；"杷朳门"

有 16 篇;"蓑笠门"有 10 篇;"条簧门"有 20 篇;"杵臼门"有 10 篇;"仓廪门"有 12 篇;"鼎釜门"有 8 篇;"舟车门"有 9 篇;"灌溉门"有 22 篇;"利用门"有 14 篇;"麰麦门"有 8 篇;"蚕缫门"有 20 篇;"蚕桑门"有 10 篇;"织纴门"有 7 篇;"纩絮门"有 12 篇;"麻纻门"有 16 篇,所附"杂录"有 10 篇。共计 269 篇,篇幅占全书的五分之四。其中有关纺织技术的内容约占这部分的四分之一,有 65 篇,图 68 幅。它们是"蚕缫门"的茧馆、先蚕坛、蚕神、蚕室、火仓、蚕槌、蚕椽、蚕箔、蚕筐、蚕槃、蚕架、蚕网、蚕杓、蚕簇、茧瓮、茧笼、缫车、热釜、冷盆、蚕连等篇;"蚕桑门"的桑几、桑梯、斫斧、桑钩、桑笼、桑网、劐刀、桑碪、桑夹等篇;"织纴门"的丝篗、络车、经架、纬车、织机、梭、砧杵等篇;"纩絮门"的绵矩、絮车、捻绵轴、木绵搅车、木绵弹弓、木绵卷筵、木绵纺车、木绵拨车、木绵軠床、木绵线架、木绵总具等篇;"麻纻门"的刘刀、沤池、苎刮刀、绩篼、小纺车、大纺车、蟠车、纑刷、布机、纻车、绳车、纫车、旋椎、耕索、牛衣等。涵盖了当时养蚕缫丝、棉麻的种植及加工、纺纱织造的各项技术和机具,其中很多都是王祯以前农书不曾提及的,如"纩絮门"中所有的木棉机具,"麻纻门"中的小纺车、大纺车、蟠车、绳车、纫车等。

如果说"农桑通诀"和"百谷谱"部分中的材料来源,还主要是摘录前人著作,王祯自己的第一手资料较少,那么"农器图谱"中的内容则充分展现王祯农学思想精华之所在。中国历来的农学家,多重视农艺而不重视农具。在王祯《农书》以前,专门论述农具的书也有几本,如唐代陆龟蒙《耒耜经》,所收农具以江东犁为主,兼及耙、砺择等几种水田耕作农具,没有图;南宋曾之谨的《农器谱》,所收农具数量虽然较多,但也没有图;楼璹《耕织图》,虽然有图也有诗,却没有文字解说。王祯本着"既述旧以增新,复随宜而制物"的态度,在"农器图谱"中最大限度地包罗了中国古代大农业中使用过的所有农具,而且每一篇农具的介绍,都包括"文字"、"图谱"、"配诗"三个部分。共搜集图谱 281 余幅,创作诗赋 200 余首。讲述了各种农具的功效、具体的结构尺寸及操作方法,使人不仅能读、能看,而且能学、能用。内容之丰富、特色之显明,是任何前代农书所不具备的。诚如戴表元在王祯《农书》"序"中所言:"凡麻苎、禾黍、牟麦之类,所以莳艺芟获,皆授之以方;又图画所为钱镈、耰耧、耙耛诸杂用之器,使民为之。"《四库全书·农书提要》所言:"其书(王祯《农书》)典赡而有法,盖贾思勰《齐民要术》之流。图谱中所载水器,尤于实用有裨。又每图之末,必系以铭、赞、诗、赋,亦风雅可诵。……元人《农书》存于今者三本。《农桑辑要》、《农桑衣食撮要》二书,一辨物产,一明时令,皆取其通俗易行。惟祯此书引据赅洽,文章尔雅,绘画亦皆工致,可谓华实兼资。"评述真是恰如其分。

王祯《农书》是一部集南北农业技术之大成的农学著作。书中收录的专项技术和机具大多是"其制度巧拙绝异,彼有并力而不及,此或一工而兼倍"[77]。元成宗帝在《刻行〈王祯农书〉诏书抄白》中盛赞其为"备古今圣经贤传之所载,合南北地利人事之所宜,下可以为田里之法程,上可以赞官府之劝课。虽坊肆所刊旧有《齐民要术》、《务本辑要》等书,皆不若此书之集大成也"。后世对王祯《农书》更是推崇,日本的著名中国农史专家天野元之助曾说:"我觉得中国的古农书中，王祯《农书》是最具魅力的。"[78]

五、《梓人遗制》

《梓人遗制》是一本论述木工机械设计和制造工艺的专著。作者薛景石，字叔矩，河中万泉（今山西万荣）人，生卒年不详，约生活于13世纪中期。有关薛景石的生平事迹，在正史和地方志中未见记载，但从万泉地方志来看，薛姓是大姓，在当地是望族。薛景石可能即出生于这个宗族。他早年显然受过较好的教育，但未尝踏上仕途，终生只是一介平民。薛景石偏爱机械制造技术，以景石为名，以叔矩为字，可能即是出于这一选择。"景石"二字无疑与《庄子》"郢人垩鼻，匠石斫之"的典故有关，工匠制器，离不开规矩，所以又字叔矩。

薛景石在机械设计和制造生涯中，非常重视"典章"和器械的"形制"。曾用心钻研过历代官私手工业传习图谱中许多机械的结构和造型，并结合自己的想法，自行设计具有特殊用途的木质器具和专供手工生产需要的复杂木质机械。经他手制造出的机具非常精致，多有创新。对此段成己在《梓人遗制》序中作过恰当概括："有景石者，夙习是业，而有智思，其所制作不失古法，而间出新意。奢断余暇，求器图之所自起，参以时制，而为之图。"段成己是山西稷山人，以文学创作著称，入元后，隐于龙门山（今山西河津）。万泉与稷山、龙门比邻，薛景石和段成己谊属大同乡，可能有较密切的来往，故段成己为其书作序。

13世纪中期，元代的北方地区已相对稳定，遭战火破坏的社会生产也得到一定程度的恢复和发展，手工业也因能满足统治者的物质需要而得到重视。万泉的所在地恰处于当时耕织业比较发达的黄河流域，手工业生产更是呈现出一派繁荣景象。在这种历史背景下，薛景石认真查考有关资料，比照当时仍在使用的实物，明确其结构和各部位的规格后，编写出《梓人遗制》。另外，据书中所载车辇规格推测，不排除此书也有可能是官府委托薛景石编写的，期望该书能指导和规范当时各种机械和器具的制造。

薛景石在编写《梓人遗制》时态度十分严谨，他论述每一种机械时，都要认真查考有关资料，比照当时仍在使用的实物，明确其结构变化和各部位的规格大小，然后才动笔，真实地反映了那些机械原有的面貌和优点。这部书是在中统二年（1261年）定稿，元代是否刊印过现不得而知。迄今能够见到的是载于《永乐大典》卷18245"匠"字部的摘抄本，内容有很大删节，已不完整。据段成己"序"载，原书内容丰富，共收有专用机械和器具110种。而现存抄本仅有其中"车制"和"织具"两部分的14种机械，其余的俱已亡佚。

《梓人遗制》一书具有很高的历史价值和学术价值。通过现存部分看，它在下面几个方面很有意义。

第一，《梓人遗制》是现存我国最早的一部论述木工机械设计和制造工艺的专著。《梓人遗制》之前曾刊行过一本《梓人功造法》，虽亦是讲木工技术的书，不过内容很简略，远不及薛书详尽，而且现已失传，著者也不知是谁。

第二，编写方法科学。薛景石在叙述每一类别机械的制造方法时，都是先记与其有关的"叙事"，即对这一类机械总的说明和历史沿革进行评述；再写"用材"，即这一类机械所有部件的规格尺寸和装配方法；最后写"功限"，即制造这一类机械需用的时间。为了便于读者阅读和仿造，书中绘有大量机械图，包括总体装配图和各部位的零件图。如将其所绘的图与"用材"说明对照之后，即可顺利安装。可以说，《梓人遗制》已具有现代制图学的一些概念。

第三，对研究古代织造机具的发展有着重要的价值。书中载有罗机子、华机子、立机子、小布卧机子以及整经和浆纱等机具的形制、具体尺寸和线条图。其中"罗机子"是早已失传的中国古代织制结构复杂通体绞结罗的织机的唯一记载；"立机子"是盛行于中国古代部分地区的竖立式织机的详细记载，也是有关这种织机现存的唯一文字材料；"华机子"是研究古代提花机时不可缺少的重要文献；"白踏椿子"（绞综的一种）、"斫刀"（兼有织箔和织梭两种功能的工具）、"文杆"（制织显花织物的辅助工具）等工具，均系这些工具的详明的记载。另外，《梓人遗制》对织机结构的介绍，比之以后的《农书》、《农桑辑要》、《天工开物》、《农政全书》等要详尽得多。

第四，该书是研究金朝礼制的参考文献。书中"车制"部分收录的"亭子车"、"五明坐车子"、"平等楼子车"和《金史·舆服志》所记金朝皇后的专用车相似，极有可能就是金朝的遗制，至少在形式上有许多相同之处。《金史·舆服志》虽提到金后所用车的名称，却无其形制的详细描述，通过薛景石的这一部分记述，对于我们探讨金之车制大有裨益。

参 考 文 献

［1］牛达生等：《从贺兰拜寺沟方塔西夏文献纸样分析看西夏造纸业状况》，《中国历史博物馆馆刊》1999 年第 2 期。

［2］朱新予主编：《中国丝绸史》（通论）第 203～204 页，纺织工业出版社，1992 年。

［3］《李直讲文集》卷一六 "富国策"。

［4］《会稽掇英总集》卷二〇，沈立：《越州图序》，王梅溪：《会稽三赋》"风俗赋" 卷二。

［5］范成大：《石湖诗集》卷五。

［6］刘过：《龙州集》卷七 "寄桐庐程宰函"。

［7］《雍正浙江通志》卷二七七 "艺文" 一九 "杨万里诗"。

［8］《嘉靖宁波府志》卷四，王应麟 "七观"。

［9］王安石：《临川文集》"慈溪县学记"。

［10］《宋会要辑稿》"食货" 一八之四。

［11］杨树本：《濮院琐志》卷一。

［12］《万历崇德县志》卷二。

［13］陈旉：《农书》下卷。

［14］《光绪归安县志》卷五 "舆地"。

［15］王祯：《农书》卷二〇，引《农桑直说》，中华书局，1956 年。

［16］王祯：《农书》卷二〇，引《农桑直说》，中华书局，1956 年。

［17］李约瑟：《中国科学技术史》第四卷《物理学及相关技术》第 2 分册《机械工程》第 107 页，科学出版社、上海古籍出版社，1999 年。

［18］李约瑟：《中国科学技术史》第四卷《物理学及相关技术》第 2 分册《机械工程》第 456 页，科学出版社、上海古籍出版社，1999 年。

［19］李伯重：《中国水转大纺车与英国阿克莱水力纺纱机》，《历史研究》2002 年第 1 期。

［20］朱新予：《中国丝绸史》（通论），纺织工业出版社，1992 年。

［21］朱新予：《中国丝绸史》（通论），纺织工业出版社，1992 年。

［22］赵匡华、周嘉华：《中国科学技术史·化学卷》第 659 页，科学出版社，1998 年。

［23］陈维稷：《中国纺织科学技术史（古代部分）》，科学出版社，1984 年。

［24］郭正谊：《〈墨娥小录〉辑录考略》，《文物》1979 年第 8 期。

［25］赵匡华、周嘉华：《中国科学技术史·化学卷》第 652 页，科学出版社，1998 年。

［26］朱新予：《中国丝绸史》（通论）第 259～260 页，纺织工业出版社，1992 年。

［27］福建省博物馆:《福州南宋黄昇墓》第 111～127 页，文物出版社，1982 年。

［28］周迪人等:《德安南宋周氏墓》第 39 页，江西人民出版社，1999 年。

［29］潘行荣:《元集宁路故城出土的窖藏丝织物及其他》，《文物》1979 年第 8 期。

［30］李逸友:《谈集宁路遗址出土的丝织物》，《文物》1979 年第 8 期。

［31］国家文物局文物保护研究所等:《山西应县佛宫寺木塔内发现辽代珍贵文物》，《文物》1982 年第 6 期。

［32］陈娟娟:《故宫博物院织秀馆》，《文物》1960 年第 1 期。

［33］朱新予:《中国丝绸史》（通论），纺织工业出版社，1992 年。

［34］晁补之:《鸡肋集》卷六二《张洞传》。

［35］庄季裕:《鸡肋编》卷上。

［36］《宋史·樊知古传》。

［37］《宋史·地理志》。

［38］《宋会要辑稿》"食货"六四。

［39］《宋会要辑稿》"职官"二九之八。

［40］《宋会要辑稿》"食货"六四之一八。

［41］《宋史·职官志》。

［42］《宋会要辑稿》"职官"二九之六。

［43］吴志刚等:《南宋临安的丝绸业》，《南宋京城杭州》，浙江人民出版社，1988 年。

［44］《蜀锦史话》编写组:《蜀锦史话》，四川人民出版社，1979 年。

［45］吕大防:《锦官楼记》，《全蜀艺文志》卷三四。

［46］《元史·百官志》。

［47］《（至顺）镇江志》卷一三"公廨"。

［48］邱树森:《元朝史话》，中国青年出版社，1980 年。

［49］《（至正）金陵新志》卷六"官守志"。

［50］孟元老:《东京梦华录》卷二"东角楼街巷"条。

［51］《朱文公文集》卷一九"按唐仲友第三状"条。

［52］郎英:《七修类稿》卷二七。

［53］张学舒:《两宋民间丝绸业的发展》，《中国史研究》1983 年第 1 期。

［54］黄休复:《茅亭客话》卷九"鬻龙骨"条。

［55］《元史·食货志》。

［56］吴莱:《渊颖集》卷一"南海山水人物古迹记"。

［57］张政烺:《五千年来的中朝友好关系》，开明书店，1951 年。

［58］芳州尚森《桔窗茶话》上卷。

［59］福建省博物馆:《福州南宋黄昇墓》，文物出版社，1982 年。

［60］镇江博物馆:《江苏金坛南宋周瑀墓发掘简报》，《文物》1977 年第 7 期。

［61］常州博物馆:《武进县村宋墓出土纺织品报告》资料。

［62］上海纺织科学院纺织史组：《西夏陵区 108 号墓出土的丝织品》，《文物》1978 年第 8 期。

［63］魏松卿：《考阿拉尔木乃伊墓出土的丝绸》，《故宫博物院院刊》1961 年第 2 期。

［64］陈国安：《浅谈衡阳县何家皂北宋墓纺织品》，《文物》1984 年第 12 期。

［65］辽宁省博物馆等：《法库叶茂台辽墓记略》，《文物》1975 年第 12 期。

［66］吉成章：《豪欠营第六号辽墓若干问题的研究》，《文物》1983 年第 9 期。

［67］王炳华：《盐湖古墓》，《文物》1973 年第 10 期。

［68］甘肃省博物馆等：《甘肃漳县元代汪世显家族墓葬》，《文物》1982 年第 2 期。

［69］山东邹县文物保管所：《邹县元代李裕庵墓清理简报》，《文物》1978 年第 4 期。

［70］潘行荣：《元集宁路故城出土的窖藏丝织物及其它》，《文物》1979 年第 8 期。

［71］《北京市双塔庆寿寺出土的丝、棉织品及绣花》，《文物参考资料》1958 年第 9 期。

［72］周去非：《岭外代答》，上海远东出版社 1996 年。

［73］吴书生、田自秉：《中国染织史》第 221 页，上海人民出版社，1986 年。

［74］《齐民要术》书中目录为九十一篇，为便于统计，将卷十"五谷果蔬菜茹非中国物产"计为一篇。

［75］董恺忱、范楚玉主编：《中国科学技术史·农学卷》第 458 页，科学出版社，2000 年。

［76］王祯：《农书》第 446 页，王毓瑚校，农业出版社，1981 年。

［77］王祯《农书·农器图谱十七》，中华书局，1956 年。

［78］天野元之助：《中国古农书考》第 123 页，农业出版社，1992 年。

第 七 章

明清时期的纺织印染技术

　　明清两代的朝廷对倡导种植桑树、棉、麻均十分重视。明朝的开国皇帝朱元璋在做吴国公时，就于龙凤十一年（1365 年）下令"凡民田五亩至十亩者，栽桑、麻、木棉各半亩，十亩以上倍之"，不种桑者，罚每年出绢一匹；不种麻及木棉者，罚每年出麻布、棉布各一匹。据《明史·食货志》记载，洪武元年（1368年）这一制度推广到全国，并定科征之额，规定麻亩征八两，木棉亩四两，栽桑以四年起科。清朝建立之后，也颁布了许多类似的规定。这些措施提高了农民和手工业者的生产积极性，促进了农桑生产的发展，使纺织印染技术有所进步，纺织品也有一定的发展。

　　总的来说，明清两代经济发展的重大特征是出现了资本主义萌芽，它对纺织生产有着极为明显的影响。在此期间，纺织生产的最大特征，一是我国传统手工纺织技术的发展达到了顶峰。其时，供纺织用的棉、麻、丝、毛等纤维的培育技术，各种纤维原料的加工技术，纺纱、织造和印染技术均已相当完善。纺织品无论是在质量上，还是在产量和花色品种上，都跃上了一个新的台阶。二是官、私手工业中从事丝织业的人数在历史上可以说是最多的。三是蚕桑丝绸生产商品化程度越来越高，生产分工越来越鲜明。四是繁荣的丝绸贸易进一步提升了江浙蚕桑丝绸生产的重要地位。

第一节　纺织原料生产技术

　　明清时期，纺织原料培育和初加工技术的进步主要表现在三个方面：一是棉花分类、栽培和初加工；二是桑树嫁接技术、利用杂种优势培育家蚕新品种及预防蚕传染性疾病的措施；三是柞蚕的放养技术逐渐成熟。

一、棉花生产区域及栽培和初加工技术

（一）生产区域

棉花种植情况在很多文献中都有提及，徐光启《农政全书》卷三五引邱濬《大学衍义补》载："自古中国布缕之征，惟丝枲二者而已，今世则又加以木棉焉。……至我国朝，其种乃遍布于天下，地无南北皆宜之，人无贫富皆赖之，其利视丝枲盖百倍焉。"宋应星《天工开物》卷二"乃服·布衣"载："凡棉布，寸土皆有。"李拔《种棉说》载："予尝北至幽燕，南抵楚粤，东游江淮，西极秦陇，足迹所经，无不衣棉之人，无不宜棉之土。八口之家，种棉一畦，岁获百斤，无

忧号寒。"可见棉花在各地农村已是主要经济作物，棉织生产已成为主要家庭手工业。

明清时期，全国的棉产区可分为三大区域：一是长城以南、淮河以北的北方区，包括北直隶、山东、河南、山西、陕西五省；二是秦岭淮河以南、长江中下游地区，包括南直隶、浙江、湖广、江西数省；三是华南、西南地区，包括两广、闽、川、滇等省。

在明清北方棉产区中，以山东、河南、河北三省最盛。

山东几乎所有的府郡都有棉花生产。史载，棉花在山东"六府皆有之，东昌尤多，商人贸于四方，民获以利"。登莱之地"三面距海，宜木棉，少五谷"[1]。兖州之地"地多木棉……转贩四方，其利颇盛"[2]，其所辖郓城县"土宜木棉，贾人转鬻于江南……五谷之利，不及其半矣"[3]。东昌府所辖高唐、夏津、恩县、范县，均"宜木棉，江淮贾客列肆赍收，居人以此致富"[4]。临邑"吉贝以数千万计，狼藉与仓城、困窌冲矣，贩者四方至"[5]。济南府"妇女针管之外，专务纺绩，一切乡赋及终岁经费，多取办于布棉"[6]。从上述文献资料中可以看出，山东各地不但普遍种棉，而且山东境内不少地方植棉的面积都相当大。明初时，山东棉花的产量曾一度位居北方产区的前茅，《明太祖实录》卷二二三载：洪武二十五年（1392 年）十二月辛未，"彰德、卫辉、广平、大名、东昌、开封、怀庆七府"，"今年所收""绵花千一百八十万三千余斤"。其中东昌府属山东，彰德、卫辉、开封、怀庆属河南，大名和广平府属北直隶。《明太祖实录》卷二四四洪武二十九年二月庚子载："北平都司布六十万匹，棉花三十四万斤，辽东都司布五十五万匹，棉花二十万斤，俱以山东布政司所征给之"，一年起运棉布 115 万匹，棉花54 万斤，相当于河南、山西起运的两倍[7]。

河南地区植棉之普遍在许多文献中都有记载，其中万历时人钟化民《救荒图说》中所云："臣见中州沃壤，半植木棉"，反映出河南植棉的面积是非常大的。在叶调生《鸥陂渔话》卷四引吴梅村《木棉吟》里，也有这样的描述，谓："昔年河北栽花去，今也栽花遍齐豫，北花高掮渡江南。"《木棉吟》的时代背景是明代，诗文不仅言明河南及山东在明代时植棉面积比以前大大增加，还道出所产棉花大量销往江南。另据张履祥《杨园先生全集》卷四三《近古录》记载："南阳李义卿……家有广地千亩，岁植棉花。收后，载往湖湘货之。"可知在河南主要的产棉地区，已出现专门靠植棉聚敛财富的大地主。明中叶时，广植棉花的河南地区，棉花产量超过山东地区，《正德明会典》卷二四载，弘治十五年（1502 年），河南起运棉花 130342 斤，山东起运棉花 62000 斤，数量比山东多将近一倍[8]。河南所产棉花之所以大量销往南方，其原因如《皇朝经世文编补》卷三六尹会一《敬陈农桑四务疏》所说："今棉花产自豫省，而商贾贩于江南……豫省未尝不织布而家有机杼者百不得一。"不过豫人不善织的状况，在清代时已有所改变，出现了一些以棉织闻名的郡县，如孟县"民皆富，问其故，则纺织也"。辉县在道光初年立布局时"已比户缲缲，机声不绝"。

作为北方主要棉产区之一的河北，不但境内不少地方都种植棉花，而且棉织业也非常发达。据《御制棉花图》方观承"跋"云："冀、赵、真、定诸州属，农之艺棉者十之八九。""产既富于东南，而其织纴之精，亦遂与松（江）、娄（昆山）匹。"上述地区，均在河北境内，百分之八九十的农户都种棉，可见棉花种植面积之大。有关河北棉业之兴、棉织之精的记载，在方观承写跋之前就已出现。徐光启《农政全书》卷三五载，明中早期时，北方种植的棉花绝大部分输出到南方，棉布却倚仗南方输入，导致"北土之吉贝贱而布贵，南方反是。吉贝则泛舟而鬻诸南，布则泛舟而鬻诸北"。明晚期时，这种状况得到改变，仅肃宁一邑"所出布匹足当吾松（江）十分之一矣。初犹莽莽，今之细密几乎与吾松之中品埒矣。其值仅当十之六七"。清代时，河北植棉愈盛，《嘉庆一统志》卷八"河间府土产"载："宁津种棉花几半县。"黄可润《畿辅见闻录》载，"直隶保定以南，从前凡有好地者多种麦，今则种棉花"。《御制棉花图》载：保定一带种的棉花，当"秋获，场圃毕登，野则京坻盈望，户则苇泊分罗，擘拿如云，堆光如雪"。"岁恒充羡，输溉四方"。"每当新棉入市，远商翕集，肩摩踵错，居职者列入市以敛之，懋迁者牵牛以赴之，村落趁墟之人，莫不负挈纷如，售钱缗，易盐米，乐利匪独在三农也。棉有定价，不视丰歉为增减"。

在此期间，江南地区也是全国的重要棉花产区，其中尤以松江、上海、昆山、太仓等地的棉花种植面积最大。史载：松江自元开始，不种桑、不养蚕，只栽种水稻和种植棉花[9]，"官、民、军、灶，垦田几二百万亩，大半种棉，当不只百万亩"[10]。上海土高水少，农家树艺、粟菽、棉花参半，木棉种植之广可与粳稻等[11]，"人民生计，尽在木棉"[12]。昆山三区亦因物产瘠薄，不宜五谷，而多种木棉[13]。太仓则是"郊原四望，遍地皆棉"[14]，所属之嘉定"地产棉花，……种稻之田不能什一"，所以"其民独托命于木棉"[15]，其南翔镇"仅种木棉一色，以棉织布，以布易银"[16]；所属之宝山，"种稻之处十仅二三，而木棉居其七八"[17]。

福建、江西等地的棉花生产也比以前有了较大发展。当时福建的福安种棉比种稻多，以致明人陈晓在《怨妇吟》中有这样的感触："生作贫家妇，不如富家仆。夫傭半亩园，种棉换新谷"[18]。江西"居人种花"，所产一半销往外地[19]。广东则因棉花"不足十郡之用"，所以多靠外地供应，其中惠州地区的棉花"仰江西者恒什五"[20]。

（二）栽培和初加工技术

在全国普遍种植棉花的同时，棉花栽培技术也有了很大进步。明代徐光启《农政全书》"木棉"篇将棉花丰产总结为"精拣核，早下种，深根短干，稀科肥壅"四句话，强调稻、棉轮作，以消灭杂草、提高土壤肥力和减轻病虫害，并介绍了棉、麦轮作的方法，云："凡田，来年拟种稻者，可种麦；拟棉者，勿种也。谚曰：'歇田当一熟'，言息地力，即古代田之义。若人稠地狭，万不得已，可种大麦或稞麦，仍以粪壅力补之，决不可种小麦。凡高仰田，可棉可稻者，种棉二年，翻稻一年，即草根溃烂，土气肥厚，虫螟不生。多不得过三年，过则生虫。三年而无力种稻者，收棉后，周田作岸，积水过冬，入春冻解，放水候干，耕锄如法，可种棉，虫亦不生。"徐光启的这个总结使植棉技术达到了新的高度。清代方观承《棉花图》以图文并茂的形式，将棉花栽培概括为布种、灌溉、耘畦、摘尖、采棉、拣晒六个方面。谓：（布种）种选青黑核，冬月收而曝之，以水淘取坚实者，与柴灰拌合；种之宜夹沙之土，种欲深，覆土欲实；播期在谷雨前者为早棉，过谷雨为晚棉。（灌溉）种棉必先凿井，一井可灌四十亩；须仰占阴晴，俯瞰燥湿。（耘畦）苗密宜芟，苗长宜耘，古法一步留两苗，不可尽拘；一月三耘，七耘而花繁茸细。（摘尖）苗高一二尺，视中茎之翘出者摘去其尖，勿令交揉，则花繁而实厚；摘时忌晴忌雨。（采棉）核裂絮见为棉熟，随时采之。（拣晒）择类以分差等，晒干以便存贮。《棉花图》共有16幅图，将棉花种植、纺织及练染的全过程分为布种、灌溉、摘尖、采棉、拣晒、收贩、弹花、纺线、上机、织布、练染等16部分，每图都附有文字说明，是直隶总督方观承在乾隆三十年（1765年）工笔绘制而成，翔实记录了18世纪我国北方棉花种植和利用的经验。图中棉农劳作、生产场面栩栩如生，所附文字言简意赅，朗朗上口。

棉花在普遍种植后衍生出不少新品种，见于农书记载的有江花、北花、浙花、吴种、大叶清等类，以及黄蒂、黑核、青核、宽大衣等数种稍异者。植棉者若不辨棉种优劣、不知棉种是否退化概种之，虽得地利亦必因种劣而薄收，故棉农对选择优质棉种非常重视。徐光启《农政全书》卷三五"木棉"篇将各地所植棉花做了分类和比较，云："江花出楚中，棉不甚（重），二十而得五，性强紧。北花出畿辅山东，柔细中纺织，棉稍轻，二十而得四，或得五。浙花出余姚，中纺织，棉稍重，二十得四，天下种大都类此。更有数种稍异者，一曰黄蒂，穰核细有黄，色如粟米大，棉重。一曰青核，核色青，细于他种，棉重。一曰黑核，核亦细，纯黑色，棉重。一曰宽大衣，核白而穰浮，棉重。此四者，皆二十而得九。黄蒂稍强紧，余皆柔细中纺织，堪为种。又一种曰紫花，浮细而核大，棉轻，二十二得四。其布以制衣，颇朴雅，（市中）遂染色以售，不如本色者良，堪为种。"

"余见农人言吉贝者，即劝令择种，须用青核等（三）四品，棉重倍入矣。或云：凡种植必用本地种，他方者土不宜，种亦随地变易。余深非之，乃择种者，竟获棉重之利。三五年来，农家解此者十九矣。"又云："嘉种移植，间有渐变者，如吉贝子色黑者渐白，棉重者渐轻也。然在近地不妨岁购种，稍远者不妨数岁一购。其所由变者，大半因种法不合，间因天时水旱，其缘地方而变者，十有一二耳。"这是我国古代有关棉种分类的较早记载，一方面说明棉花栽培和驯化技术的提高，同时也说明人们对棉种产生变异的原因有了一定认识。

明清时期的棉花轧花、弹花、卷筳三项初加工机具与元代相比有了明显变化。

元代出现的须三人同时操作的搅车，明清两代已不被采用，取而代之的是一种单人操作的踏车。最早谈到踏车的文献是陶宗仪《辍耕录》，可惜只提及车名，没有其他交代。其后的宋应星《天工开物·乃服·布衣》中，刊有一种长凳状轧车图（图7-1《天工开物》赶棉图）和甚为简单的文字说明，云："粘子于腹，登赶车而分之，去子取花。"据

图7-1　《天工开物》赶棉图

此图看，操作者骑坐在长凳上，左手转动曲柄令上轴转动，右足踏动踏板，使下轴与上轴反向旋转，右手添喂籽棉。其后的徐光启《农政全书》，则对当时所用踏车作了评述，云："今之搅车，以一人当三人矣。所见句容式，一人可当四人，太仓式两人可当八人。"徐书所言句容式和太仓式两种踏车的具体结构和操作方法，句容式不见记载，太仓式见于《太仓州志》，云："轧车，制高二尺五寸，三足。上加平木板，厚七八寸，横尺五。直杀之板上，立二小柱，柱中横铁轴一，粗如指，木轴一，径一寸。铁轴透右柱，置曲柄；木轴透左柱，置圆木约二尺。轴端络以绳，下连一小板，设机车足。用时，右手执曲柄，左脚踏小板，则圆木作势，两轴自轧，右手喂干花轴罅。一人日可轧百十，得净花三之一。他处用碾轴或搅车，惟太仓或一当四人。"据今人研究，虽然《太仓州志》没有详细说明，但这种搅车已具备增强碾轴转动惯量的"飞轮"装置[21]。飞轮的安装位置，褚华《木棉谱》中有记载，云："轧车，以木为之，形如三足几，坐则高与胸齐，上有两耳桌立。空耳之中置木轴一，径三寸。有柄在车之左，以右手运其机。向外复置铁轴一，径半寸。有轮在车之右，以左足运其机，向内皆用木楔笼紧，中留尺许地。取花塞两轴之隙间，而手足胥用，无子之花自外出。"文中所言车之右的"轮"，即飞轮。近代山东章邱和德平地区还能看到这种踏车，其轧棉方法如是：轧棉人坐在车前，右手转动曲柄，使与曲柄相连的碾轴转动，同时左足踏动踏杆，牵动曲杆，使与之相连的碾轴做不同于另一轴的反向转动。操作者以左手将棉喂入做相反转动的两轴之间，随着两轴不断旋转碾轧，棉籽便被排挤出来。据考察，德平地区工人用此轧车，日工作12小时，可轧棉10斤，出净棉3斤[22]。

有学者将单人踏车与三人搅车的轧花能力作了比较，得出了三点结论：一是前者比之后者只是工作人手的减少，单位时间产量没有增加3倍或4倍，生产力没有提高，不能单纯地当成是一项技术进步看待；二是棉织业放弃搅车改用踏车，不是由于后者效率高，而是因为一般农户家庭不太容易同时抽出三个人手来进行轧花工作；三是中国传统棉业生产组织，对纺织技术及工具的改进，曾产生过很大的阻碍。主要依据是：①单人踏车操作时，轧棉工只能用一手添喂籽棉，单位时间所能喂的数量，当然远不如搅车专人双手所喂。②搅车的两根碾轴分别由两个人摇转，压力与旋转力都很大，即使在纳入大量籽棉后，仍可旋转无阻挤压出棉籽来。踏车则不然，两根碾轴旋转，一个是靠一只手摇转，一个是靠踏板牵转，而踏板只能牵动碾轴向下转半圈，另半圈转动是靠惯性，如果喂的籽棉稍微多一些，碾轴势必不能正常旋转。③实测山东章邱和德平地区踏车的生产量，一部踏车1天产量最多可供一部3锭纺车4天的用棉量[23]。

弹松棉花的弹弓，元代是以竹为之，弓形不大；明清两代的弹弓，改为以木为之，弓形长五六尺，比之元代大了许多，而且是以蜡丝或羊肠为之。以木为

图7-2　《天工开物》中弹棉图

之，必然比以竹为之重了许多，为减轻弹弓重量，弹花时往往用一细竹将弓挑起。《天工开物》收录的弹棉图，其上弹弓即是悬挂在置于柱旁的弯竹竿顶端（图7-2《天工开物》中弹棉图）。其形制和操作方法，据张春华《沪城岁事衢歌》记载："弓上端镶薄板，方而斜，纵横四寸许。其下端，于圆柱之末刻之使弯，圆而厚阔二寸余。以弦施于二端，弦之余系统柱上。击其弦者为弹花槌。槌长七八寸，隆起两端，极光滑。弹花必坐，其坐者如椅而矮，几及地，名弹花凳。凳之背贯以竹竿，如钓鱼者。而曲竿之极处悬绳，绳下着弓。以左手执弓，右手执槌，坐击之。"

明清时卷莛增加了搓花板（亦叫搓花盖），具体方法是："以竹削如箭干较细，长二尺余，名栅子。卷棉于上而搓之，其搓之器如桶盖，方而长，名搓花盖。以左手按其栅子，右手执盖向外推之，随去其栅，（棉筒）宛如玉蒜。"[24] 近代侗族搓棉条的方法与上述很相似，所用"搓花盖"是一长25厘米、宽10厘米，下面平滑，上面有把手的长方形硬木板子。搓条时也是先用小竹竿将棉花卷成筒，再用硬木板搓成条。可见卷莛的工具用料多是因地制宜而得（图7-3《天工开物》中擦条图）。

图7-3　《天工开物》中擦条图

二、蚕桑生产区域及蚕桑技术

（一）蚕桑丝绸生产区域

明清时期，由于棉花的普遍种植，蚕桑丝绸生产整体呈下滑的趋势，不过全国许多地方，尤其是江浙地区的蚕桑丝绸业仍保持着很好的发展势头。

1. 江浙地区

江浙地区的蚕桑丝绸生产情况，在许多文献中均有记载，我们从中不仅能了解到江浙蚕桑丝绸生产的盛况，对其在全国蚕桑丝绸生产中的重要地位，亦能有所认识。现选择一些文献以说明这一史实。

浙江的蚕桑生产以杭州、湖州、嘉兴地区最为兴盛。据史载，当时的杭州地区，"桑麻遍野，茧丝绵苎所出，四方咸取给焉"[25]。杭州的仁和"食蚕最多"[26]。杭州的古荡"蚕市蚕千金"[27]。杭州的西溪留下附近"陌头翠压五桑肥，男勤耕嫁女勤织"[28]。杭州瓶窑附近的横泾则是"绿桑遍地"[29]。当时杭州蚕桑生产之普遍，甚至连乔司观音堂的和尚"亦在开田栽桑"。以致康熙三十五年（1696年）时，康熙在《桑赋》序中有这样的感慨："朕巡省浙西，桑林被野，天下丝缕之供，皆在东南，而蚕桑之盛，惟此一区。"当时的湖州地区，"宜桑，新丝妙天下"，"湖民以桑为田，故谓胜意则增饶，失手而坐困"[30]，"尺寸之堤必树之桑……富者田连阡陌，桑麻万顷。……田中所入，与蚕桑各具半年之资"[31]。"丝……（湖州府）属县俱有，惟菱湖洛舍第一"。归安之"诸乡统力农，修蚕绩，极东乡业织，西乡业桑……菱湖业蚕，捻绵为细尤工"。"丝出归安，德清者佳。……况湖所产莫珍于丝绵"。"湖丝惟七里尤佳，较常价每两毕多一分"。"细丝，今归安乡村处处有之，不独七里也"[32]。乌程之地"桑叶宜蚕，县民以此为恒产，傍水之地，无一旷土，一望郁然"[33]。"蚕桑之利，莫甚于湖"[34]。蚕桑生产之盛，对湖州人影响之深，如唐顺之在《荆川先生文集》卷一五里所述："湖俗以桑为业，而（茅）处士治生喜种桑，则种桑万余唐家村上。"这些记载表明，当时湖州不少地方所产的蚕丝不但量多，而且质优。另据史载，当时的嘉兴地区，"地利树桑，人多习蚕务者，故较农为差重"，"近镇村坊，都种桑养蚕"，"以蚕代耕者什之七"，"蚕桑组绣之技，衣食海内"[35]，表明当时嘉兴地区种桑面积很大，绝大多数人都从事蚕桑生产。以康熙时嘉兴石门县为例，当时"石邑六乡官民及抄没桑共计六万九千四百余株，迩来四郊无警，休养生息，民皆力农重蚕，辟治荒秽，树桑不可以株数"[36]。由于种桑树多，养蚕也随之增加，当时"石邑田地相埒，故田收仅足支民间八个月之食，其余月类易米以供。公私仰给，惟蚕息是赖，故蚕务最重"[37]。由于石门县蚕桑业发达，濮镇成为远近闻名的蚕丝贸易中心，该镇蚕丝贸易兴旺景象，在胡琢《濮镇纪闻》卷首"总叙"里有描述："于五月新丝时……亟富者居积，仰京省骎至，陆续发卖，而收买机产……俱集大街，所谓永乐市也。日中为市，接领踵门"。

浙江的杭、嘉、湖地区所产的丝行销全国各地。康熙《石门县志》卷二引《万历县志》记载，石门县"地饶桑田，蚕丝成市，四方大岁以五月以贸丝，织金如丘山"。张瀚《松窗梦语》记载，杭州"茧、丝、绵苎之所出，四方咸取给焉。虽秦、晋、燕、周大贾，不远数千里而求罗、绮、缯、帛者，必走浙之东也"。另据朱国祯《涌幢小品》记载，明代时湖丝声名鹊起，"惟七里者尤佳，较常价每两必多一分。苏人入手即识。用织帽缎，紫光可鉴。其地去余镇（南浔）仅七里，故以名"。汪日桢《南浔镇志·物产》记载，南浔镇"每当新丝告成，商贾辐辏，而苏、杭两织造，皆至此收焉"。湖丝是指环太湖周边的江苏和浙江一些地区所产的蚕丝的统称，湖丝不但产量很多，而且质量较佳，其中尤以"七里丝"最为有名，所以外地许多地方不少商人都到湖丝产地采购，运到其他地方去销售。关于这方面的情况，除上面的文献所记以外，还见于其他文献。例如徐献忠《吴兴掌故集》记载：吴兴"蚕丝物业，饶于薄海，他郡邑借以毕用"。《岭南丛述》引《广州府志》记载：广东产的粤缎"必用吴蚕之丝"，所产的粤纱"亦用湖丝"。乾隆《赣州府志》卷三"物产"记载：江西会昌安远的名产"葛布"，是在织造时"以湖丝配入"而织成。乾隆《潞安府志》卷三四"艺文续"记载：潞州名产潞绸，所用蚕丝原料都是从四川购买的蚕丝和从江浙购买的湖丝。光绪重刊《嘉庆江宁府志》卷一一"风俗物产"则说，"江宁本不出丝，皆买丝于吴越"，亦说明南京官办织局所用丝织原料，是从浙江买来的湖丝。在王世懋的《闽部疏》、弘治《八闽通志》卷二五"福州府"和周之琪《致富奇书》里，均曾提到福建漳州、福州所产倭缎、纱绢等丝绸名产，所用之蚕丝"独湖丝耳"。此外，在周之琪《致富奇书》中有这样的记载："苏州之丝织原料，皆购自湖州。"崇祯《松江府志》卷六中有这样的记载："松江织造上贡吴绫等之原料，浙产为多。"从上述文献记载中，可以看出明代环太湖周边的江苏和浙江的一些地方所产的湖丝既多又好，亦反映出当时这些地区蚕桑业之兴盛和在全国蚕桑生产中之重要地位。

浙江的蚕桑生产，除杭州、湖州、嘉兴三地之外，太湖周边以及其他一些地区的蚕桑生产也见于记载。张仁美《西湖纪游》载，太湖"岸西属吴之震泽，岸东属浙之秀水，多渔舟往来。……又六七十里抵廉市，阡陌间强半植桑，两岸皆浙界矣。……行约百里，二七日抵荡西镇，又三四十里，桑益多，盖越蚕土也，故皆树桑"。万历《绍兴府志》卷四载，绍兴"涂山、海山多桑竹"。嘉靖《宁波府志》卷四载，宁波"妇勤蚕织"。万历续修《严州府志》卷八载，严州一带"土不产米，民以山蚕而入"。严州府各县在万历初年所种桑树共有九十三万五千七百多株。从上述文献资料记载，可知太湖周边及绍兴、宁波、严州等地仍有一定规模的蚕桑生产，虽然这些地区的蚕桑生产远不如杭州、嘉兴、湖州三地兴盛，但从当时全国的蚕桑生产情况来看，它们亦可称为比较重要的蚕桑产区。

明清时期，江苏一些地方的蚕桑生产也特别兴盛。据顾禄《清嘉录》卷四记载："环太湖诸山，乡人比户蚕桑为务……三四月为蚕月……自陌上桑柔提笼采叶……小满太来，蚕妇煮茧，治车缲丝，昼夜操作……茧丝既出，各负至城，卖与郡城隍庙之收丝客。每岁四月始聚市，至晚蚕成而散，谓之卖新丝。"可见江苏重要的蚕桑产区是环太湖一带的区域。而位于这个区域内的吴江盛泽镇和震泽镇则是闻名全国的蚕桑丝绸生产重镇。冯梦龙小说集《醒世恒言》中《施润泽滩阙遇友》一篇，就是讲自明朝一直盛产丝绸的盛泽镇上一对夫妻经营丝绸发家的故事。书中云："苏州府吴江县离城七十里，有个乡镇，地名盛泽，镇上居民稠广，土俗淳朴，俱以蚕桑为业。男女勤谨，络纬机杼之声，通宵彻夜。那市上两岸绸丝牙行，约有千百余家，远近村坊织成绸匹，俱到此上市。四方商贾来收买的，蜂攒蚁集，挨挤不开，路途无伫足之隙；乃出产锦绣之乡，积聚绫罗之地。江南养蚕所在甚多，惟此镇处最盛。"这段描述一方面生动地反映了南方城镇丝织交易的繁荣景象，另一方面也说明当时丝绸生产日益商品化，刺激了丝织生产技术的改进和提高，从业者不但能解决温饱，勤俭有独到技术者还可靠它发家致富。虽出自小说，但所述民风以及社会经济情况，确实是以当时当地的蚕桑丝织生产实际作背景的。震泽镇与盛泽镇相隔不远，其地蚕桑丝绸生产盛况亦是如此。乾隆《震泽县志》卷四载：震泽的"绫绸之业，宋元以来，惟郡人为之。至明（洪）熙宣（德）间，邑民始渐事机丝，犹往往雇郡人织挽。成（化）弘（治）而后，土人亦有精其业者，相沿成俗"。于是震泽镇及其附近各村居民，"乃尽逐绫绸之利"。卷二五载：震泽在"元时村镇萧条，居民数十家，明成化中至三四百家，嘉靖间倍之，而又过焉"。到明末时，这里成为"货物并聚，居民县二三千家"的丝绸业名镇。《皇朝经世文编》卷三七唐甄《惰贫》载："震泽之蚕半稼。"表明震泽镇的蚕桑丝绸业在明代时有了很大的发展，到清代前期，当地养蚕收入与种植谷物的收入各占一半。

2. 福建、广东地区

明清时期，福建和广东也是全国丝绸重点产区之一。

福建丝绸生产状况，据万历《福州府志》记载，"福州出有丝绸、绢线、绢丝、缎改机"。表明当时福州的丝绸生产十分发达，出产的丝织品种非常多。此外，在宋应星的《天工开物》"乃服"篇里有这样的记述："凡倭缎制起东夷，漳泉海滨效法为之。"在王沄的《漫游纪略》卷一里有这样的叙述:"泉人自织业,玄光若镜,朝士大夫恒贵尚之,商贾贸丝者大都为海航互市。"在乾隆《福建通志》卷九引何乔远《闽书》里有这样的记载:明代时"泉州地狭人稠,仰粟于外。百工技艺,敏而善做,北土绨缣、西夷之氍毹,莫不能成"。一般来说,丝绸业发达的地区,蚕桑业必然也兴旺,福建却是个例外。明代福建丝织业所用之丝,大多来自江浙。《清高宗实录》卷三三一记载:乾隆四年,署巡抚布政使王士任疏称:"闽省经前任抚臣咨取浙省蚕民,分给闽县、侯官、永福三县,教蚕树桑。所出丝绵,以一分赏蚕民,三分归公。各蚕民计口授粮,俾资养赡。前巡抚卢焯有给田佃种之议,其应支口粮遂于乾隆三年夏季停止。今蚕民等以耕、桑不能兼顾,不愿受产,仍求供给口粮。应俯顺民情,照旧支给。俟五年后,闽民熟谙蚕事,其愿回籍者,酌给路费回籍;愿留民者,酌给田地营生"。这段史料表明,直到清代,在地方官员的支持和浙江蚕民授教下,福建地区重丝织生产、轻蚕桑生产的状况才有所改变。

广东丝绸生产状况,据乾隆《广州府志》引《嘉靖府志》记载,粤地所产的纱和缎十分有名,享有"粤纱,金陵苏杭皆不及","广纱甲于天下,缎次之"之声誉。另据屈大均《广东新语》卷一五"广之线纱与牛郎绸、五丝、八丝、云缎、光缎,皆为岭外、京华、东西二洋所重"之记载,可知当时广东一些地方的丝绸生产是很发达的。蚕桑生产状况,据顺治《九江乡志》卷二记载,当时广东南海县九江地区曾"剪伐塞路,及除老树扶桑麻,十去七八"。该地的"蚕桑,近来墙下而外,几无隙地,女红本务斯为盛"。可知南海县九江地区在清代初期,已成为种桑为主的地区。康熙年间,广东的顺德蚕桑生产极盛,康熙时《顺德县志》记载,顺德县属龙山一带,大部分地区都"民半树桑",靠近瓯村一带地区,种桑面积扩大了许多,出现"今且桑而海矣"的景象。在张鉴等的《雷塘庵主弟子记》卷五里有这样的记述:嘉庆时"粤东南海县属毗连顺德县界之桑园围,地方周回百余里,居民数十万户,田地一千数百余顷,种植桑树以饲春蚕,诚粤东农桑之沃壤也"。在《龙山乡志》里也有类似的记载:顺德县属龙山,自乾隆年间开始挖田筑塘,改稻种桑,"乡田原倍于塘,近以田入歉薄,皆弃田筑塘,故树田不及百顷。……塘基上则种桑,下则种芋,计其收入,鱼桑为利……民舍外皆塘"。记述了当时当地桑、鱼生产并重的情况,从中也可看出蚕桑业得到了较大发展。

3. 四川地区

明清时期,四川地区的蚕桑生产虽远不如以前,显现衰退的状况,但仍保有一定规模,仍为全国重点产区之一。当时四川一些地方不但丝产量高,而且质量也好。据嘉靖《保宁府志》卷七《食货记》记载,保宁所产的丝"精细光润,不减胡(湖)丝……吴越人鬻之以作改机绫绢。岁夏,巴、剑、阆、通、南之人,聚之于苍溪,商贾贸之,连舟载之南去,土人以是为生,牙行以此射利"。在《古今图书集成·职方典·四川总部·总论·水利蚕丝》里,也有同样的记载:"保宁诸县……其丝、绸、绫、绢,既用以自衣被,而其余具以货诸他郡,利云厚矣"。这两段文献记载反映出四川保宁地区蚕桑丝绸生产之兴盛。另据章潢《图书编》卷四十记载,四川阆中当地居民"家植桑而人饲蚕"。徐光启《农政全书》卷三一记载，"西北之机，潞（山西潞州）最工，取给于阆茧"。可知四川阆中地区蚕桑生产是相当发达的，所产的蚕丝既多又好，山西潞州名产潞绸，所用的蚕丝原料即来自阆中。清代时，原先没有蚕桑生产活动的四川东部地区，也开始发展蚕桑生产。据黄尚毅等撰的《绵竹县志》卷九记载，乾隆时，绵竹"知县安洪德、陈大德，劝民种桑"。该县志还记载：道光时，绵竹知县"谢玉珩复授饲蚕法于东里，增生邬光列邬氏世擅蚕桑之利，以次及于四乡"。在几任知县的倡导下，该县的蚕桑生产有了较大发展。另据道光、同治《綦江县志》卷一〇记载："蜀锦重于天下，其来已久，而川东独无蚕桑之利。"到道光初年，荣昌县周贤侯在綦江"谆谆劝民，刻有蚕桑宝要，散于远近。巴綦之人，始学为之。十余年来，种桑养蚕者渐多"。

4. 北方地区

根据现有资料，北方地区真正称得上蚕桑重点产区的似乎只有山东一地。万历《山东通志》卷八记载，当时的山东，"洛阳之东，泰山之阳为兖……膏壤千里，宜禾、黍、桑、麻，产多丝绵布帛"，表明当时山东的蚕桑生产面积是比较大的。入清后淄博的周村成为"天下之货聚焉"的大镇，进一步带动了周边地区的蚕桑丝绸生产。光绪《临朐县志》记载："农勤耕桑，习织纴，赋税乐输。""绢、山绸、绵绸皆织自土人杼轴。……织之利最大……一机可赡数人。境有千机，民无游手矣。"民国初年《临朐续志》载："邑人养蚕，其来甚久，种桑之田，十亩而七，养蚕之家，十室而九。"可见鲁中一带乡民一年之需多仰仗于蚕桑丝绸。

入清后，位于西北的陕西，蚕桑丝绸生产也由于一些地方官吏和乡绅的倡导得以恢复。据《清高宗实录》卷二六五记载，乾隆十一年陕西巡抚陈宏谋奏曰："陕省为豳岐旧地，蚕桑之事，自昔为盛，日久渐替。查西、同、凤、汉、邠、乾等府州，皆可养蚕。近令地方官身先倡率，广植桑株，雇人养蚕，并于省城制机，觅匠织缣。此次呈进之缣，即系省城所织。民间知种桑养蚕，均可获利。今年务蚕桑者，更多于上年，计通省增种桑树已及数十万株，从此渐加推广，陕省蚕桑之利可以复兴。"另据《皇朝经世文编》卷三七记载，至乾隆十六年后，陕西"民间渐知仿效养蚕，各处出丝不少"。同书卷二八记载，当时"城固、洋县蚕利甚广，华阴、华州织卖缣子……凤翔通判张文秸所种桑树最多。兴平监生杨屾种桑养蚕，远近效法亦众"。文中兴平监生杨屾，字双山，在家乡讲学期间，有感于乡人误信陕西地区不适蚕桑之说，不从事这方面的劳作，与史籍所云其地"固亦宜桑"的记载相违，于雍正二年（1725 年）率先放养柞蚕，然后自雍正七年（1729年）起，又亲自开展养蚕缫丝和饲养家畜的实验，并广为推行其成功经验。先后十余年，一方之人，皆蒙其惠。

（二）栽桑养蚕技术

1. 栽桑技术

我国蚕农对桑树品种的分类早在南北朝时就已开始，北魏《齐民要术》将桑树归纳为荆桑和地桑两类，云："今世有荆桑、地桑之名。"其后金代《士农必用》又归纳为荆桑和鲁桑两类，云："荆桑多甚，鲁桑少甚。叶薄而尖，其边有瓣者，荆桑也。凡枝干条叶坚劲者，皆荆之类也。叶圆厚而多津者，鲁桑也。凡枝干条叶丰腴者，皆鲁之类也。荆之类，根固而心实，能久远，宜为树；鲁之类，根不固而心不实，不能久远，宜为地桑。"明清时期出现更为翔实和细致的分类。明代李时珍《本草纲目》将桑树分为白桑、鸡桑、子桑、山桑四类，云："白桑叶大如掌而厚，鸡桑叶花而薄，子桑先葚而后叶，山桑叶尖而长。"清代卫杰《蚕桑萃编》先按桑叶大小将桑树总分为大叶和小叶两类，云："大叶桑条柔，津多，色青靛，阴有黑纹，味浓而力少减。小叶桑条动，液富，色青浅，微有碧纹，力厚而味较淡。以大叶饲蚕，其体飞而粉，其茧圆而润，其绸细而亮。以小叶饲蚕，其体昂而长，其茧坚而毛，其丝劲而紧，其绸实而紧。"并强调说：大小叶本一种，而别为两类，皆因选种不当或培育条件的不同，同一品种也会出现大叶和小叶的差异。再按地域、品种、培育方式细分为十八种，如以地域命名者有：湖桑、川桑、荆桑、鲁桑四类；以品种命名者有：子桑、女桑、花桑、葚桑、栀桑、火桑、养生桑、富阳桑、地桑、山桑等十四类；以培育方式命名的有：移桑、接桑、压桑、蟠桑四类。其中湖桑叶圆而大，其干不高挺，其树鲜老株，采摘最便，为桑之冠，惟难移种他省。川桑易种易活，可以成条，可以成树。火桑出芽较别的品种早5~6天，在气温偏低的春季可用它喂饲稚蚕。富阳桑树形高大，寿命长，每树之叶约数百斤，是浙江富阳蚕农培育出的一个优质桑种。

另据统计，明清两代各种农书所记桑树有数十个品种。除上述外，品种较佳的还有：荷叶桑、黄头桑、木竹青、白皮桑、红皮桑、鸡脚桑、扯皮桑、尖叶桑、晚青桑、红头桑、海桑、藤桑、富阳桑、乌桑、柔桑等，其中荷叶桑、黄头桑、木竹青三个品种，发芽率高，桑叶肥厚，且树干坚实不易朽；白皮桑叶片大、叶肉厚、桑葚少，用来喂蚕，茧丝厚而多丝；柔桑是陕西关中地区的一个桑树品种，《豳风广义》说它：枝如藤蔓，叶如绅帛，饲蚕多丝而坚韧；红皮桑和藤桑是四川地区的两个桑树品种，《劝桑说》说红皮桑是一个很好的品种，其叶可与江浙地区优质的桑种媲美；《蚕桑说（川）》说藤桑发叶甚早，饲初生之蚕，而且树小荫薄，种田畔边不妨农。

在桑树的培育中桑树嫁接技术得到普遍应用，《劝桑说》记载了一种"接大桑树"法，谓：凡改造杯子或碗口粗细的大桑，须选择树干上较光滑的部位，用刀横着划断树皮，并将划断处上方的树皮砍去一二寸，然后将竹签从横划处插入桑皮内。选手指粗细的桑条作接穗，接头处削成马耳状。抽出竹签把接穗插入后，用谷草绳捆扎，再涂封牛粪泥或围壅泥土。至秋天接穗茂盛时，用绳束枝上，在接处划断树皮，使上段自枯，只长接条。这种方法类似现代"判官接"。《蚕桑萃编》中记载了一种"叶接"法，谓：小满后，选取一根上好品种桑条，用快利小刀将该根桑条上有冬芽处的四面青皮一并划开，用手连苞带皮揭下长7~8厘米、宽2厘米的接芽片，揭时注意勿伤了芽。再在砧木的皮层直划一缝，并使这缝裂开，把接芽片插入缝内，以桑皮缠绕，就能成活。每一树可接五六枝。这种方法类似现代"盾形芽接"。

由于当时对育苗、接苗、桑树复壮更新和施肥等，有了比较系统的总结和完整的技术措施及管理方法，桑叶单产水平是相当高的。明末《沈氏农书》载：嘉湖地区的桑园，"果能一年四壅，罱泥两番，深垦到净，不荒不蝗，每亩采叶八九十个，断然必有。比中地一亩采叶四五十个者，岂非一亩兼二亩之息，而功力、钱粮、地本，仍只一亩。孰若以二亩之壅力，合并于一亩者之来半功倍也"。文中所言"个"，乃嘉湖地区桑叶的计量单位，一"个"桑叶合10公斤，每亩采叶八九十个，即为800～900公斤。清末《劝种桑说》载：嫁接的湖桑桑苗，栽后"第三年即可收叶三百斤，第四年可收六七百斤，第五年即可收桑千余斤矣。若每株收桑五斤，共计可收一千四五百斤"。可见江浙地区桑叶的单位面积产量一般在750公斤左右，高者可接近1000公斤。

随着育桑技术和桑叶单产水平的提高，桑叶生产在一些地区甚至成为一项重要的产业。关于这方面的情况，不少文献资料都有记载。例如，光绪《海盐县志》卷八载，乾隆时浙江的海盐县，"墙隙田旁悉树桑，桑叶千劝养蚕十斤，谓之本分。蚕多叶少，为空头蚕。俟蚕长，必买叶饲之，轻舟飞棹，四出远买，虽百里外，一昼夜必达，迟则叶蒸而烂，不堪喂蚕矣"。表明海盐县养蚕业发达，而桑树种植却跟不上蚕业发展的需要，必须去外地买桑叶才能解决问题。《湖州府志》记载，湖州买卖桑叶时论个（10公斤）或论担（50公斤），"市价早晚迥别，至贵每十个钱至四五缗，至贱或不值一饱"。在桑叶买卖活动中，还出现了"有经纪主之，名青桑叶行"的桑叶买卖市场。在市场中既可现钱交易，也可赊买或预付价款定购。当时不但在南方出现桑叶买卖活动，在北方的一些地方也出现买卖桑叶的现象。《皇朝经世文编》卷三七，乾隆时，陕西"凡有桑树，或估价摘叶，或听民人摘叶赴局，官即酌量给以价值。俾民人知家有桑树，年年可以卖钱。路上野桑，亦可摘叶卖钱"。这段史料表明，当时陕西的桑叶买卖活动，主要是在官府和民间之中进行。而南方尤其是江浙一带的桑叶买卖活动，大多却是在民间市场上进行。南北桑叶买卖活动的方式之所以有这样的差别，主要原因是当时南方蚕桑丝绸的商品生产比北方发达，因此南方尤其是江浙一带的桑农能以桑叶作为商品在民间市场上销售，而北方却比较难以这种方式出售桑叶。但不管以怎样的方式出售桑叶，都应视为进行桑叶贸易活动，表明当时无论是北方还是南方，都有一些桑农从事桑叶商品生产。当时种桑卖叶的效益，不少文献资料均有谈及，例如，张履祥《杨园先生全集》卷五一《补农书》载，清代初期，浙江的嘉兴、湖州一带，田多种稻，地多种桑。种稻之田，"极熟米每亩三石，春花一石有半"，合计四石五。但这种丰收年景不常有，大多是每年仅收三石。而种桑之地，"得叶盛者，一亩可以养蚕十数筐，少亦四五筐，最下二三筐"。二者收入相比较，"米甚贵，丝甚贱"时，种桑的收入，"尚足与田相准"。若米贱丝贵时，则"蚕一筐，即可当一亩之息"。显然种桑比种稻合算，种桑收成最坏时仍可与种稻收入一样多；而种桑收成最好时，一亩桑地的收入可抵四五亩稻田或十余亩稻田的收入。又例如，在何石安等编辑的《重刻桑蚕图说合编》"序"里，也有这样的记述：道光时，江苏"田赋之重甲天下……正惟其土陋入调赋重，农田收入不足供上，乃必以桑佐稽也"。当地最好的"上田亩米三石，春麦石半，大约三石为常。赋之外，所余几何！"但种桑之地，"公桑地得叶盛者亩蚕十八筐，次四五筐，最下亦二三筐。米贱丝贵时，则蚕一筐可当一亩之息。夫妇并作，桑尽八亩，给公赡私之外，多余半资。且葚可为酒，条可以薪，蚕粪水可饲豕而肥，田旁收菜茄瓜豆之利，是桑八亩当农田百亩之入"。正是由于种桑效益如此之厚，调动了农民种桑的积极性，又促进了育桑技术的提高。

2. 养蚕技术

明清时期，家蚕品种繁多，很多农书都曾对蚕种作过分类，如《天工开物》依出蚁先后，分为早、晚二种；依茧色，分为黄、白二种；依茧形，分为亚腰葫芦形、榧子形、核桃形等数种；依蚕形，分为纯白、虎斑、纯黑、花纹数种。清代《吴兴蚕书》：依化性，分为头蚕、二蚕、三蚕、四蚕、五蚕；依眠性，分为三眠蚕、四眠蚕，并云："二蚕、三蚕、四蚕、五蚕皆眠四番，惟头蚕有四眠者（原注：四眠之中亦间有变三眠者）"；依体态和习性，分为泥种、石灰种、懒替种、石小罐种、白皮种、丹杵种、二蚕种、三蚕种、四蚕种、五蚕种等。各地都有适合当地生态条件的地方品种，《蚕桑捷效书》载：太湖地区"四眠之中又有金种、花种、乌种、莲子种、金橘种、束腰种、平头种等名。金种蚕身甚小，花种遍体烂斑，乌种满身灰黑，莲子种茧之小者，金橘种茧之大者，束腰种则腰有束痕，平头种则两头平满"。《广东蚕桑谱》载："广东之蚕亦有二种，一名大造，又名大蚕；一名连蚕。大蚕内又分三种，一曰光身、曰明印、曰大化尾。连蚕则无大花尾，实两种耳。大造收种于夏初，连蚕收种于七月，名曰正收。"如此多的品种出现，与各地普遍利用杂种优势培育新品种是分不开的。《天工开物》卷二"乃服·种类"记载了两种杂交方法，一是："凡茧，色唯黄、白二种，川、陕、晋、豫有黄无白，嘉湖有白无黄。若将白雄配黄雌，则其嗣变成褐茧。"即是将吐白丝的雄蛾与吐黄丝的雌蛾交配育成吐褐丝的新种。二是："今寒家有将早雄配晚雌者，幻出嘉种。"即是将早雄与晚雌交配育成优良的嘉种。"幻"即变化，而所谓"早雄"和"晚雌"，据《天工开物》记述："凡蚕，有早晚二种。晚种每年先早种五六日出，结茧亦在先，其茧较轻三分之一。若早蚕结茧时，彼（指晚种第一化蚕）已出蛾生卵，以便再养矣。"可见文中所说的"早种"是一化性蚕，所说的"晚种"是二化性蚕。在古代，一化性蚕又称为头蚕；二化性的晚种的第一化蚕又称为头二蚕，其第二化蚕又称为二蚕或晚蚕。由于我国各地气候环境的差异，各地蚕农培育出的蚕种亦有差别，这就是为什么古文献里记述各地有各不相同蚕品种的原因。就化性而言，我国有一化性蚕、二化性蚕和多化性蚕。其中珠江流域的家蚕品种大多是多化性蚕，而一化性蚕和二化性蚕大多出现在长江流域和黄河流域。《天工开物》中提到的"早雄配晚雌"杂交，所产生的杂种是二化性，它可作为夏蚕种，继续在夏季饲养。依现代科学原理，雄蚕和雌蚕通过杂交，可以将各自的优势基因遗传给后代。二化性蚕体质强健，耐高温，适宜夏季高温环境中饲养，但它的茧量比早种（一化蚕）要"轻三分之一"。而"早种"（即一化蚕）的茧量或丝质都比"晚种"（即二化性蚕）好，但它的体质较弱，抗高温能力低，不易饲养。这两种蚕杂交后得到的杂种，继承了前代体质强健、耐高温、产茧量高、丝质量好等优点，成为品质优良的"嘉种"。《天工开物》所介绍的家蚕杂交，是中国也是世界上关于家蚕杂交的最早记载。国外家蚕杂交之事，始见于公元18世纪，与中国相比至少晚一百多年。

这个时期蚕农在继承前人经验的基础上，对蚕种的保护和处理又增添了一些新的方法。对如何保护蚕种，《天工开物》卷二"乃服·种忌"中有这样的记述："凡蚕纸（指上面有蚕种的纸），用竹木四条为方架，高悬透风避日梁枋之上，其下忌桐油、烟煤、火气。"将蚕种放在通风和避免直接日晒的地方，对保护蚕种是很有好处的。因为蚕卵从蛾体产下后，胚子不断地发育，这时周围环境的温度、湿度与气流等因素，都对胚子发育产生影响。如果温度过高，会造成一些死卵，所以应避免蚕种让日光直接曝晒。另外，胚子发育时，要不断地进行呼吸，这就需要周围的环境必须"透风"，以保证胚子呼吸所需要的新鲜空气。将蚕种保护在通风的环境中，还可以防治蚕种受霉菌的侵袭，因为多湿的环境，为霉菌在蚕卵上的寄生和繁殖提供了有利条件，其结果会造成一些霉死卵的出现。关于蚕种保护，宋代陈旉《农书》是这样记述的："凡收蚕种之法，以竹架疏疏垂之，易见风日。"文中所述，与《天工开物》所述有一定差距，尤其是对"透风"的看法。不过《天工开物》中记载的这种蚕种保护方法，显然是继承了宋人的经验，却又有所发展。在此期间，蚕农对浴种非常重视，因为这是可以增进蚕儿体质、防止蚕病、提高蚕产量的一项重要措施。在这方面，也是既有继承又有发展。关于浴种，最早记载见于公元前3世纪的《礼记·祭义》："大昕之朝……夫人……奉种浴于川"，记述了用河水来洗浴蚕卵面的污物。宋代陈旉《农书》里出现了"细研朱砂调温水，浴之"的记载，这是描述当时蚕农在临近蚕卵孵化时采用的一种措施。元代《农桑辑要》则记载有"农家自蛾（产卵）在连（蚕种纸），直至腊月内三八日"，要洗浴和消毒卵面三次。其中，第一次是在蛾产卵后的第十八日，用"深井甜水浴连……（借以）浸去便溺毒气"；第二次是在三伏时候，浴法与第一次相同；第三次是在腊月里进行，方法是首先用井水浴洗卵面，然后再用"五方草（即马齿苋）同桃符木相以水同煎"，待凉之后浴洗卵面。明代蚕农除继承前人这些经验方法外，还采用盐浴和石灰浴等新方法。黄省曾在《蚕经》中谈到当时嘉湖地区蚕农的浴种方法时，有这样的记述："至腊之十二，浸之于盐之卤，至二十四出焉，则利于缫丝。或曰，腊之八日，以桑柴之灰或草之灰，淋之汁，以蚕连浸焉，一日而出。……或悬桑木之上，以冒雨雪，二宿而收之，则耐养。"在《天工开物》里也有类似的记述："凡蚕用浴法，唯嘉、湖两郡。湖多用天露、石灰，嘉多用盐卤水。"盐浴法时"每蚕纸一张用盐仓走出卤水二升，参水浸于盂内，纸浮其面。逢腊月十二，浸浴至二十四日，计十二日，周即漉起，用微火炡干"。石灰浴的方法，跟盐浴法相同，只是用石灰代替盐而已。《天工开物》所记述的盐浴，与《蚕经》记述的盐浴几乎没什么差别。《蚕经》比《天工开物》早六七十年，《天工开物》中提到的石灰浴，在《蚕经》里没有记述，但是《蚕经》提到用"桑之灰"或"草之灰"汁淋之的浴种方法，由此推测石灰浴很可能是从草木灰淋之浴种方法演变而来的，或者是受到用草木灰淋汁浴种方法的启发而创造出来的。食盐和石灰都可以杀菌，经过盐浴或石灰浴以后，卵面得到了消毒，可以避免蚕蚁出壳时受细菌的侵害而感染。

明代以来，对各种蚕病特征的认识也较之以前有了很大提高，并出现了一套行之有效的处理和预防措施。《天工开物》卷二"乃服·病症"将蚕的软化病症的特征归纳为："脑上放光，通身黄色，头渐大而尾渐小，并及眠之时，游走不眠，食叶又不多者。"软化病因是传染性蚕病，处理时应坚决地"急择而去之，勿使败群"。《蚕桑说》对多化性蚕蛆蝇和它的危害作了详细描述，云："又有一种大麻蝇，虽不食蚕，为害最甚。此麻蝇与寻常麻蝇不同，身翅白色，遍体黑毛，两翅阔张，颇形凶恶之状。其性颇灵，其飞甚疾。每至飞摇不定，不轻栖止，见影即飞，甚不易捉获。其来时在蚕略栖即下一白卵，形细如虮。二日，下卵之处变黑色，其蛆已入蚕身，在皮内丝料处，专食蚕肉。六七日，蛆老，口有两黑牙，钳手微痛。蚕因不伤丝料，仍可作茧。蛆老借两黑牙啮茧而出，成小孔，即蛀茧也。蛀茧丝不堪缫。蛆出一日，成红壳之蛹。十二三日，破壳而出仍为白色大麻蝇。幸而二三眠天气尚凉，此蝇不多。天暖蝇多，无术可驱。大眠初起受蛆，便不及作茧而死。故夏蚕不避此蝇，蚕无遗种。"家蚕蝇蛆病是由蚕蛆蝇寄生引发的蚕病，是蚕的主要病害之一。这段记载与近代对家蚕蝇蛆病害的认识是基本吻合的。《吴兴蚕书》列举了多种蚕病，指出对病毒性蚕病可采取用新鲜风化石灰撒于蚕座的预防措施。其中"僵"属家蚕真菌病，分为白僵病、黄僵病、绿僵病、曲霉病等，以白僵病为最普遍，是由白僵菌经皮肤侵入蚕体而引起发病的；"花头"是蚕被桑毛虫所蛰，蚕身上有黑斑；"暗脰颈"可能是细菌寄生所引起的青头病，系一种败血病，"亮头"系空头性软化病；"干白肚"、"湿白肚"、"活婆子"、"缩婆子"系病毒引起的脓病；"多嘴娘"、"干口娘"系强风直吹、过于干燥导致，现在叫"封口蚕"。《养蚕秘诀》记载了几种治蚕病的方法，并提出了辨别有病蚕和无病蚕的六项标准及处理原则，云："凡看蚕病，青白者无病，灰黄则病矣；坚实者无病，疲软则病矣；捉眠时，桑渣干燥者无病，潮湿则病矣；起身时，昂头张尾者无病，缩头缩尾则病矣；上山时，长身细颈、色如白冰者无病，短身粗颈、色如黄冰则病矣；筐底无水渍无病，有水则病矣。凡替筐之时，如见蚕病，切记不可混在一处，须另行捉出，有用者养之，无用者弃之。"这些辨别和处理蚕病的方法，至今仍被广大蚕农使用。

量叶养蚕越来越被蚕农重视，已能准确预计茧丝量及用叶量。据黄省曾《蚕经》估算，江浙地区三眠之起的蚕一斤，"可以得茧八斤，为丝一车而十六两"。黄省曾，明嘉靖时吴县人，其所著《蚕经》全书不到 2500 字，篇幅虽小，但对嘉、湖一带蚕桑生产各方面的情况都有所记述。另据《粤东饲八蚕法》记载："凡蚕蚁重一钱，须备桑百六十斤。又凡蚕十簸（三尺径）须备桑五百斤，自无缺乏之虞。兹将逐日用桑子数列表如左：一日出蚁，十三两；二日，一斤十二两；三日出眠，一斤十两；四日，一斤三两；五日，六斤十一两；六日二眠，三斤十四两；七日，九斤十一两；八日，十四斤；九日三眠，十一斤；十日，二十七斤；十一日，三十八斤；十二日四眠，十三斤；十三日，三十斤；十四日，五十七斤；十五日，九十二斤；十六日，一百零八斤；十七日，七十三斤；十八日……共用桑四百九十七斤十两，为蚕十簸，为蚁三钱二分，可得茧二十三箔。每茧一箔约九百余枚，重一斤五六两。"《粤东饲八蚕法》是江苏吴县人蒋斧在光绪二十三年（1897 年）根据《蚕桑格式》和《课蚕要录》两书，删繁去复编纂而成，所记虽为广东地区饲四眠蚕用叶量，但蒋斧编纂此书的目的是供家乡养蚕人参考，故江苏地区饲四眠蚕用叶量应与之基本相当。

从蚕儿上簇和簇中保护措施，也可看出这个时期养蚕技术的进步。上簇和簇中保护，是养蚕的最后阶段，处理是否妥当，对茧产量、茧丝的色泽和解舒性等，都有很大的影响。对于上簇，《天工开物》中有这样的记述："凡蚕，食叶足候，只争时刻。……老足者，喉下两唊通明，捉时嫩一分则丝少。过老一分，又吐去丝，茧壳必薄。捉者眼法高，一只不差方妙。"古人误把蚕儿的胸部当成蚕儿的头部，把靠近胸部的腹节当喉部，因此喉下两唊正是指蚕儿的第二、三腹节。《天工开物》把喉下两唊通明作为检验蚕儿是否老熟的标志，是正确的。文中记述不要过早上簇，也不要过老（即过熟）上簇，并说明过早或过老上簇的害处，这是符合科学养蚕原理的。因为过早上簇，蚕儿还要吃叶，在簇中不肯马上作茧，往往导致簇中死蚕，即使结了茧，其茧层也薄，结果必然会造成"丝少"。而过老（即过熟）上簇，蚕儿已经事先把部分丝吐出，其结果当然会造成"茧壳（层）必薄"，同样会造成损失。熟蚕上簇后，给蚕儿提供合理的簇中保护环境非常必要，具体讲就是给蚕儿提供适当的簇中温度、湿度和通风换气等保护条件。因为熟蚕上簇时，其水分约占蚕体重的一半，吐丝过程中这些水分都要散发到簇室中，若不加以排湿，不仅会导致茧质不佳，还会降低缫丝时解舒率。明以前采取的措施，有如《齐民要术》所载："蚕老时，值雨者则坏蚕，宜于屋内簇之。"《务本新书》所载："簇蚕地，宜高平，宜通风。"《士农必用》所载："治簇之方，惟在干暖，使内无寒湿。"明以来，簇中排湿则普遍采取加温和通风排湿的方法。其中嘉、湖地区的方法是："析竹编箔，其下横架料木，约六尺高，地下摆列炭火，方圆去四五尺即列火一盆。初上山时，火分两略轻少，引他成绪，蚕恋火意，即时造茧，不复缘走。茧绪既成，即每盆加火半斤，吐出丝来，随即干燥，所以经久不坏也。其茧室不宜楼板遮盖，下欲火而上欲风凉也。……其箔上山，用麦稻藁斩齐，随手纠掭成山，顿插箔上。做山之人，最宜手健。箔竹稀疏，用短藁略铺洒，妨蚕跌坠地下与火中也。"[38]"火盆之多寡，须视屋之大小，亦当酌量炭之大小。若用江炭屑或川炭屑，火虽旺，却不生烟。盆宜垫高，令稍近棚，又宜密布。室大者二十盆，小者十八盆。火稍微即撤开面上之灰，使火长旺。如用近地之大炭，其火生焰，盆宜稀排。室大者十六，小者十四，离棚须稍远。"[39]可见嘉、湖地区采用的是高棚簇室和伞形簇，在如此温度和通风环境下，茧丝随吐随干，茧质自然较佳，以至宋应星在《天工开物》卷二"乃服·结茧"中有这样的评论："豫、蜀等**绸**，皆易朽烂。若嘉、湖产丝，成衣即入水浣濯百余度，其质尚存。"广东的方法是："上簇之夜，不论有雨无雨，均宜用小火盆略炽碎炭，用灰盖边，将盆置于箔底，微微烘之，使蚕在茧内沾着火气，则涂丝不湿。其法，每一个火盆，以箔四张围住，另以二张盖顶上，密围使暖，以暖足一个对时为度。交四更后，用刀插火三四次，务令火匀勿冷，则蚕在茧内，丝可匀吐，将来缫丝，不致断口太多。"[40]火之大小，"则以己手放于盘边之蚕茧处，试其热之手所能堪者"。[41]

三、柞蚕放养区域的扩大

　　我国古代对野蚕茧的利用至迟在汉代就已开始，《古今注》载："元帝永元四年（公元前40年），东莱郡东牟山，有野蚕为茧。茧生蛾，蛾生卵。卵着石，收得万余石。民以为蚕絮。"《后汉书·光武帝纪》载："建武二年（26年）……野蚕成茧，被于山皋，人收其利焉。"但直到宋元之时还甚少有人工放养，文献对野蚕在山林中大面积结茧的记载，大多也是将其视为祥瑞征兆而大肆渲染，如《魏略》载："文帝欲受禅，野蚕成丝。"《太平御览》卷八二五引《管窥辑要·杂虫占》载："野蚕成茧，人君有道，其国昌大。"宋元之后野蚕茧缫织之利始兴，山东的登、莱等地有了人工放养，至明末清初，野蚕放养技术逐渐成熟，山东一带放养数量日多，几乎与家蚕并重。康、雍、乾三朝期间，山东柞蚕放养技术在全国得到推广。至清末，柞蚕丝已是重要出口物资，1895 年中日《马关条约》签订前夕，康有为在北京公车集会，起草请愿书，文中主张以商兴国，就举了"山东制野蚕以成丝"，敌洋人之货，夺洋人之利的例子。

（一）放养地区

根据现有资料，山东诸城是山蚕放养技术最早成熟的地区。明末清初益都（今山东淄博）人孙廷铨《南征纪略》卷上"山蚕说"对该地柞蚕生产情况作了详细介绍，云："己酉，自县南行，入一溪中。两岸夹山，层峰远近包络，村烟堤沙，岸柳曲折，随流高下，川原翠浮。马首七十里，至石门村，宿焉。其中沙石粼粼，一溪屡渡。山半多生槲树林，是土人之野蚕场。按野蚕成茧，昔人谓之上瑞，乃今东齐山谷，在在有之，与家蚕等。"《南征纪略》是顺治八年（1651 年）孙廷铨奉旨，以礼部太常寺少卿的身份，从京城出发到南方告祭禹陵的沿途见闻日记汇集而成的书。上引是他于是年六月初四（己酉）过诸城石门村的见闻。

清代初期，毗邻山东的河南，也开始放养柞蚕。张嵩《山蚕谱》自序云："因本周栎园《书影》节记中《山蚕说》一文而加以申述，以为此书。"这段自序文中谈到的周栎园，名亮工，河南祥符人，明末崇祯进士，卒于康熙初年。由于《山蚕说》著录在明末清初，故可以推断山东柞蚕放养技术和柞蚕种，最迟也是在清代初期传入河南的。下述两则文献记载亦可作为佐证，纂修于乾隆八年的河南《鲁山县志》载："鲁邑……以多山林，近有放山蚕者。"《清高宗实录》卷二二五载：乾隆九年九月，河南巡抚硕色向清廷奏云："近有东省（即山东省）人民，携茧（柞蚕）来豫，伙同放养，俱已得种得法。"文献资料表明，清代初期河南确实有柞蚕放养，而且是山东人传来的。

辽宁是最早引进山东柞蚕放养技术的地区之一，其时间大约在 17 世纪后期，至乾隆时山东人来此放养柞蚕者益多，以至当地官府不得不将茧民登记造册，课收高额官税。《清高宗实录》卷六六五载：乾隆二十七年六月刑部侍郎阿永阿奏**绌**。"奉省所属锦、复、熊、盖等处，沿山滨海，山多柞树，可以养蚕，织造茧**绌**，现在山东流寓民人，搭盖窝棚，俱以养蚕为业。春夏二季，放蚕食叶，分界把持。蚕事毕，则捻线度日……此等民人，应交该处旗民官查明，编为保甲，设立棚长、牌头管束。"是书卷一一〇五又载：乾隆四十五年四月，盛京将军福康安等奏："牛庄、盖州、熊岳、复州、金州、岫岩六城所属界内官山，前准旗民人等放蚕，输纳税课，试收二年，再为定额。兹查四十三年份，共征山税、茧税银七千八百八十五两有奇；四十四年份，征银八千六十二两有奇，系属有增无减。现虽已届二年期满，若即照此定额，恐地方官见额税已定，不再广募放蚕之人，或将续增蚕户隐匿不报。请再试收二年，查明增减数目，核实办理。"从中不难窥知，山东流民和当地旗人对柞蚕生产的倚重。清朝后期，辽宁有榔林的山岭，很多都建有柞场，柞茧产值超越山东，成为国内最大的柞茧产地。

安徽在乾隆年间也有了柞蚕放养。据清代安徽《来安县志》和韩梦周撰《养蚕成法》的记述，乾隆三十一年（1766 年），山东淮县人韩梦周任来安知县时，见该县境内有很多柞树，便劝民间放养柞蚕。随后，又有另一地方官从山东把柞蚕种和柞蚕放养技术引进安徽寿州。另据光绪《香山县志》记载，乾隆三十五年（1770 年），广东香山人郑基任寿州知州时，曾从山东购买柞蚕种到寿州放养。乾隆《贵池县志》记载，乾隆四十一年（1776 年），池州府知府张士范出巡时，行至殷家汇时，看到那里正在放养柞蚕。依据这些地方志的记载，最迟在乾隆三十一年，山东柞蚕种和柞蚕放养技术即已传入安徽。

陕西也是在康熙年间引进山东柞蚕放养技术的。李元度《国朝先正事略·刘弢子方伯事略》载：康熙三十七年，刘棨任陕西宁羌知州，"一日出郭，见山多榔树，宜蚕，乃募里中善蚕者，载茧种数万至，教民蚕；茧成，复教之织，州人利之，名曰刘公绸。其后桂林陈文恭为陕抚，请下其法于他州县，由是陕人之蚕者益众"。另据陕西巡抚陈宏谋《广行山蚕檄》说：刘棨升迁离陕后，当地柞蚕生产很快衰微，直到乾隆下旨颁行山东巡抚喀尔吉善编纂的《山东养蚕成法》后才又得以恢复。"乾隆九年三月，奉旨敕行山东，将《山东养蚕成法》纂刊送陕，本部院初莅陕省，即已发司刊刻，分发通省，仿效学习。随有郿县知县纪虚中，募得善于养蚕之魏振东，立为蚕长，教人放养，已得春蚕四十余万，合之秋蚕，可得八九十余万，统计可织绸一千余丈，民间已有贩卖郿茧者。又有蓝田令蒋文祚，商南令李嗣洙，连年倡率教习，该二县，每年获茧成绸已不少。"雍正三年（1725 年）关中地区也开始放养柞蚕，杨屾在《豳风广义》中说：有一次他出游终南山，"见榔橡满坡，知其有用，特买沂水（今山东境内）茧种，令布其间"，取得了成功，遂开始在关中地区推广。

贵州也是柞蚕放养规模较大、较有成效的省份之一。遵义府和正安州均是在乾隆年间就已开始放养柞蚕的，道光《遵义府志》记载："乾隆七年（1742 年）春，知府陈玉璧，始以山东榔蚕蚕于遵义。玉璧，山东历城人，乾隆三年（1738年）来守遵义，日夕思所以利民……郡故多榔树，以不中屋材，薪炭而外，无所于取。玉璧循行往来见之，曰：此青（州）、莱（州）茧树也，吾得以富吾民矣。乾隆四年（1739 年）冬，遣人归历城，售山蚕种，兼以蚕师来。至沅湘间，蛹出，不克就，志益力。乾隆六年（1741 年）冬，复遣归售种，且以织师来，期岁前到，蛹不得出。明年，布子于郡治侧西小丘上，春，蚕大获。（尝闻乡老言，陈公之遣人归售山蚕种者，凡三往返。其再也，既于治侧西小丘获春蚕，分之附郭之民为秋种。秋阳烈，民不知避，成茧十无一二。次年烘种，乡人又不谙薪蒸之宜、火候之微烈，蚕未茧皆病发，竟断种。复遣人之历城，候茧成，多致之。事事亲酌之，白其利病，蚕则大熟，乃遣蚕师四人，分教四乡。收蚕既多，又于城东三里许白田坝，诛茅筑庐，命织师二人教人缫煮络导牵织之事，公余亲往视之。有不解，口讲指画，虽风雨不倦。今遗址尚存，邑之人过其地，莫不思念其德，流连不能去。）遂谕村里，教以放养缫织之法，令转相教告，授以种，给以工作之资，经纬之具，民争趋若取异宝（皆乾隆七年事）。乾隆八年秋，会报民间所获，茧至八百万（是年，蚕师织师之徒能蚕织者各数十人，皆能自教其乡里。而陈公即以冬间致政归，挽送者出贵州境不绝，莫不泣下也，惟蚕师织师仍留）。自是郡善养蚕，迄今几百年矣。纺织之声相闻，榫林之阴迷道路，邻叟村媪相遇，惟絮话春丝几何，秋丝几何，子孙养织之善否。"至道光年间，遵义地区靠发展柞蚕丝织业成为全省最富裕的地方，其柞蚕丝织业不仅规模大、产量多，而且织制的"遵绸"享誉各省，凡"土著裨贩走都会，十十五五骈毕而立跆，遵绸之名，竟与吴绫、蜀锦争价于中州，远徼界绝不邻之区"。刘汝璆《种桑议》记载："乾隆初，嘉兴徐君阶平官贵州正安州吏目，悯其地瘠民贫，无以谋生。偶见橡树中野蚕成茧，自以携来织具，织成绸匹，令民制织具，而令其妻教之，其地遂成市集，大获其利。至今所谓川绸者，皆从贵州而来，土人名曰徐婆绸。"安顺地区受遵义府、正安州的影响，在道光年间也开展了大规模的柞蚕生产活动。据咸丰《安顺府志》记载："道光四年九月，奉各宪札，饬捐买橡子，趋民领种，并禁伐橡树。道光五年，招遵义匠人数人，教民饲蚕。……道光六年春，蚕大熟，而民未知织，因招商开设机房……以教民织。道光七年，蚕复大熟，民亦踊跃……六乡之领种橡子、橡秧者，亦有数十处。从此种橡益多，放蚕益广。"贵州多雨少晴，素有"天无三日晴"之说，而蚕的生长却又喜晴厌雨。陈玉璧在贵州放养柞蚕的几次失败，就是因为气候的原因。乾隆四年冬从山东引进的蚕种，之所以在湖南境内，即破茧化蛾，便是由于南方气温过于湿热；乾隆七年春蚕收获，秋蚕成茧十无一二，则是由于山东的柞蚕是二化性的，贵州夏秋光照远不如山东，山东二化性的柞蚕到了贵州，很快就变成了一化性的。光照条件对柞蚕化性的影响，直到20世纪40年代才被桑蚕学家顾青虹教授发现[42]，因此陈玉璧能够在贵州成功放养柞蚕，在当时是非常难能可贵的。

在贵州推广柞蚕放养技术成功的同时，与贵州相邻，地理、气候条件相近的四川也取得了成功。《清高宗实录》卷二〇四载乾隆八年十一月初八日"清高宗谕旨"："据四川按察使姜顺龙奏称：'东省有蚕二种，食椿叶者名椿蚕，食柞叶者名山蚕。此蚕不须食桑叶，兼可散置树枝，自然成茧。臣在蜀见有青杠树一种，其叶类柞，堪以喂养山蚕。大邑县知县王隽，曾取东省茧数万，散给民间，教以饲养，两年以来，已有成效。仰请饬下东省抚臣，将前项椿蚕、山蚕二种，作何喂养之法，详细移咨各省。如各省现有椿树、青杠树，即可如法喂养，以收蚕利'等语。可寄信喀尔吉善，令其酌量素产椿、青等树省份，将喂养椿蚕、山蚕之法，移咨该省督抚，听其依法喂养，以收蚕利。"大邑知县王隽山东胶州人，喀尔吉善是蒙古族人，时任山东巡抚。这道针对四川放养山蚕成功而发布的谕旨，在全国掀起了一次推广柞蚕放养技术的高潮，并促成喀尔吉善在次年三月编纂完成《山东养蚕成法》一书。

（二）柞树栽培和柞蚕放养技术

最初的柞蚕放养，都是利用野生的柞树，但随着柞蚕放养区域和规模的扩大，野生柞树已不能满足柞蚕放养的需求，于是开始大面积人工栽培柞树。首先人工栽培柞树的是山东诸城和青州，随后柞树栽培技术传至山东各地。据史载，康熙三十年（1694年），山东栖霞县由"诸城人教之植柞树，饲山蚕成茧"。康熙四十四年，山东牟平县"始自青州募人来，教民蚕，并督民植柞"。关于早期的柞树人工栽培技术的详细情况，因缺乏系统的文献资料记载，已无法查考，但对清代后期一些书的研究，还是可以推测出清代早期的柞树人工栽培技术的梗概。现根据《野蚕录》等书的记述，将清代人工栽培柞树的方法概括如下：

秋季时，收拾落地橡子，用清水浸泡杀虫，然后放进窖里储藏（目的是防朽坏枯干），到播种期时再拿出来供播种之用。柞种一年可播两次，一次是十月，一次是十一月。十月播种时，顺山势按株行距67～100厘米排列挖穴，穴深6～7厘米多，每穴放一点粪，然后在穴里放橡子七八粒，埋平填平，次年春就可长出柞树苗。十一月播种时，把地整成畦，将橡子撒播在畦中，像菜畦一样，不断洒水。待次年清明前后生芽3～7厘米时，再把这些柞树芽移栽到山上去。不管是十月播种还是十一月播种，如遇春季天旱时都必须浇水。如果播种后柞树芽还没有出土时遇到天旱，必须经常浇灌水。柞树芽出土后，要及时把柞树芽周围的杂草和杂树清除掉。待两三年后，晚秋时贴地平茬，次年陡长至67～100厘米。秋季再割一次，第二年柞芽可长至133～167厘米，这时就可用来放养柞蚕。再待四五年后，选择粗壮枝条留桩，桩高4尺以内。桩上的枝条，每两年或三四年剪伐一次，"剪时不留一枝，孤桩林立"。剪后的次年，新芽枝条用来养秋蚕，再次年用来养春蚕。十余年后，柞桩渐老、发条不旺时，就用铁镢贴地伐下烧炭。墩柞剪伐年久后，"须于四周刨其根"，进行复壮。但必须注意，刨根时不要刨过度，以防柞树死亡。

这套柞树人工栽培技术，虽然是清代后期，但其中应包含有清代前期的技术，因为任何技术都有一个发明、发展和完善的过程。需要指出的是，上述人工栽培柞树技术，与今天人工栽培柞树的方法有些差异，其中对柞树苗的施肥和浇水要求，要比今天的标准高。可能正是由于古人对柞树苗的施肥和浇水的重视，加上那时山地植被好，土地肥沃，所以当时种柞，播种后四五年就可用来放养柞蚕，而今天种柞，播种后往往七八年才能饲养柞蚕。

关于柞蚕放养和缫丝技术，孙廷铨《南征纪略》卷上"山蚕说"有如是记载："蚕月抚种出蚁，蠕蠕然，即散置槲树上。槲叶初生，猗猗不异桑柔，听其眠食。食尽，即枝枝相换，树树相移。皆人力为之。弥山遍谷，一望蚕丛。其蚕壮大，亦生而习野。日日处风日中、雨中不为罴。然亦时伤水旱，畏雀啄。野人饲蚕，必架庐林下，手把长竿，逐树按行为之，察阴阳，御鸟鼠。其稔也，与家蚕相后先。然其穰者，春夏及秋，岁凡三熟也。做茧大者，三寸来许，非黄非白，色近乎土，浅则黄壤，深则赤埴，坟如果裸繁实，离离缀木叶间，又或如雉鸡壳也。练之取茧，置瓦䂂中，藉以竹叶，覆以葵席，泩之用纯灰之卤。藉之虞其近火而焦也，覆之虞其泛而不濡也，洗之用灰，柔之也。厝火焉，朝以逮朝，夕以逮夕，发覆而视之，相其水火之齐。抽其绪而引之，或断或续，加火焉。引之不断，乃已。去火而沃之，而盘之，俾勿燥。缫之不用缫车，尺五之竿，削其端为两角，冒茧其上，重以十数，抽其绪而引之……丝出指上，缀横木而疾转之，且转且抽。……其缫备五善焉：色不加染，黯而有章，一也；浣濯虽敝，不异色，二也；

日御之，上者十岁不败，三也；与韦衣处不已华，与纨縠处不已野，四也；出门不二服，吉凶可从焉，五也。"所述山蚕放养、缫丝技术可概括为：①四五月抚种出蚁后，即散置槲树上；②蚕儿将初生柞叶吃到一定程度或因叶质老硬蚕儿厌食时，把柞枝连蚕剪下，转移到新的柞枝上去；③经常用长竿驱散或捕杀为害柞蚕的鸟和鼠；④蚕茧生成后用石灰卤之或近火烤之杀蛹；⑤缫丝时不用缫车，用丝砣抽丝，即"尺五之竿，削其端为两角，冒茧其上，重以十数，抽其绪而引之"，或将丝绪直接接在丝篗上"且转且抽"。丝砣抽丝时，左手执竿，右手抽拉或捋顺茧丝。待茧丝达到一定长度，丝砣快要触地时，止砣收丝，将抽好的丝缠绕在砣轴上。《南征纪略》中的山蚕内容是有关山蚕放养、抽丝技术的最早记载，其后有关山蚕的著作，大都参考此文。

　　清康熙年间诸城文人王沛恂所著《匡山集》中《纪山蚕》一文，还记载了一种当时诸城南部山区放养蚁蚕方法，云："初春买蛾，下子出蚕。蚕形如蚁，采柞枝之嫩叶，初放不及麦大者，置蚕其上，捆枝成把，植浅水中，不溢不涸，方不为蚕患。看守不问昏晓，谓之养蛾。保护如法，蚕长指许，纳筐筥中，肩负上山，计树置蚕。场大者安放三四十千，次则二十余千或十余千不等"。这种方法与现在有些地方采用的"河滩养蚁法"相似。

　　清代中晚期，很多地区每年放养两次柞蚕，即春蚕放养和秋蚕放养。由于是人工放养柞蚕，所以需要人工制种。蚕农对制蚕种十分重视，因为"育蚕莫要于择种，种不佳，则蚕不旺，而收成亦欠"，所以无论是对春蚕还是秋蚕，蚕农都很重视制种工作。制种首先要选种，要点是选取坚实、响而重的茧留作蚕种。在具体实施过程中，春蚕制种和秋蚕制种的方法有些差异，两者的放养技术也有些差别。春蚕制种与放养，采取收茧后选择坚实的茧留作蚕种，而且在制种过程中要进行暖种（烘种），即暖茧，对茧加温，以便于蛾破茧而出。由于各地自然条件及气候条件有差别，所以各地暖茧加温的时间以及加温程度不完全相同，出蛾时间亦不完全一致。蚕蛾的交配和产卵的方法是：蚕蛾破茧而出后，把雌蛾和雄蛾放在筐内进行交配。具体交配时间，据《养蚕成法》记载，约17小时，即从当天晚上到第二天下午。拆对后，蚕卵都产在糊纸的筐内。蚕蚁生出来后，几乎全部实行河滩养蚁，二眠或三眠时移到山上放养。柞蚕饲养中，要进行剪移，即由一树移到另一树去放养，每移一树为剪移一次。一般"春蚕四眠，一眠一起，一起一挪"，"挪要勤，叶要嫩"。另据成书于清代后期的《野蚕录》记载，清代后期放养柞蚕时，"大约一树只供蚕二三日之食，盖春蚕喜移，或间日一移，或一日一移，愈移而蚕愈旺"。秋蚕制种与放养，也是采茧后选响而重的茧作种。茧种选出后，摊放在苇箔上，置于清凉室中，穿茧后搭在长竿上，敞开门窗通风。在采茧后大约20天出蛾，出蛾后先剔雄蛾，拆对后剔雌蛾，然后把已交配的雌蛾拴在树上让其产卵。秋蚕剪移次数没有明确的规定，蚕吃光一棵柞树上能吃的树叶后，方把蚕移到另一棵有树叶的柞树上。与春蚕相比，秋蚕剪移相对少一点。可能秋后天气渐凉，秋蚕不喜欢多剪移，如果剪移太多，会使蚕增加得病的机会，蚕就不能结成茧。

第二节　纺织印染工艺和机具

　　明清时期，纺织印染工艺和机具的发展，主要表现在缫丝车的改进、缫丝用水的选择、大型丝纺车的改进、织机的多样化、生物化学脱胶的使用和练液的扩展、染色色谱的扩充、染整生产的专业化等方面。

一、缫纺工艺和机具

（一）缫丝工艺和机具

　　明代至清代中期，广泛应用的缫丝工具是足踏缫丝车，这种足踏缫丝车在缫丝时须两人同时操作，其中一人踏轩理绪添头，另一人专事备茧、添茧入锅、司炉加水等辅助工作。其具体结构，卫杰《蚕桑萃编》中有详细介绍。与元代缫丝车相比，它主要有两点改进：一是用"竹针眼"替代"钱眼"导丝。元代缫丝车的"钱眼"是在煮茧锅或缫丝盆上置放的横木板中间，丝绪穿过钱眼而上丝轩。"竹针眼"则是一个有豁口的孔眼，穿丝时可以由豁口进入，免去了穿过钱眼的麻烦。二是在络绞装置中增加了偏心轮，其作用如宋应星《天工开物》所云："其丝排匀不堆积者，全在送丝杆与磨不之上。""磨不"即偏心轮。20世纪80年代，有学者曾在南浔发现一台保存完整，结构与周庆云《南浔志》卷三一"农桑"中所载"徐有珂缫车图说"文字大体相符的旧丝车，发现者称其为"南浔丝车"。徐有珂（1820—1878），字韵霄，号小豁，居东阁兜（今吴兴织里镇东阁斟村），曾辅佐知府宗源瀚修纂同治《湖州府志》，负责《舆地》、《经政》等门。光绪四年（1878年），又佐修《乌程县志》，未成书而逝。据发现者研究和所绘之图（图7-4 南浔丝车

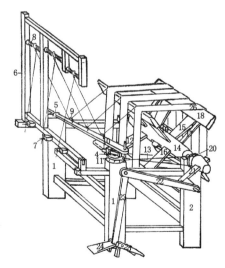

1. 太平脚　2. 钳口脚　3. 龙头　4. 仙人椿　5. 钉口足　6. 牌楼　7. 丝眼
8. 竹牵子　9. 送丝钩　10. 送丝挑　11. 母样凳　12. 捻钉头　13. 母样绳
14. 轴梗　15. 活脱辖　16. 长辖　17. 居短辖　18. 蒲桎　19. 轸　20. 轴颈
21. 鹤嘴　22. 臂　23. 股　24. 踏脚板　25. 踏脚架　26. 丝版

图7-4　南浔丝车结构图

结构图），这台旧丝车是由机架、集绪和捻鞘、卷绕和络绞三大部分组成。机架部件有太平脚、钳口脚、龙头、钉口足；集绪和捻鞘部件有牌楼、丝眼、竹牵子；卷绕和络绞部件有送丝钩、送丝挑、母样凳、捻钉头、母样绳、轴梗、活脱轴、长轴、居短轴、蒲桎、轸、轴颈、鹤嘴、臂、股、踏脚板、踏脚架、丝版。此外，该丝车还配备火盆、行灶、缫丝镀、索绪帚等。其中丝眼的制作材料是铜丝或铁丝，制作时将铜丝或铁丝一端锤扁打孔，所打之孔圆滑且不至于损伤纤维。母样凳又称牡妞凳，呈束腰形，以绳索而传动，凳上装有类似于今之偏心盘的摇钉头。送丝挑今称络绞竿，送丝钩今称络绞器，送丝挑上装有三个送丝钩，当丝轩转动时，离心盘同时转动，络绞竿即往复运动而将丝络绞于丝轩之上[43]。今将卫杰《蚕桑萃编》所载与"徐有珂缫车图说"所载内容比照，发现两书所述缫丝车整体结构非常相似，仅个别部件有些差异，由此推测，南浔丝车实则是明清广泛应用的足踏缫丝车的孑遗。

此外，明代还出现过一种一人煮茧、两人主打丝头、两人主缫的五人共同操作的连冷盆式缫丝车。徐光启《农政全书》卷三一载："釜俱改用砂锅或铜锅，比铁釜，丝必光亮。以一锅专煮汤，供丝头。釜二具，串盆二具，缫车二乘，五人共作。一锅二釜，共一灶门。火烟入于卧突，以热串盆。一人执爨，以供二釜二盆之水。为沟以泄之，为门以启闭之。二人值釜，专打丝头。二人值盆，主缫。即五人一灶可缫茧三十斤，胜于二人一车一灶缫丝十斤也。是五人当六人之功，一灶当二缫之薪矣。"这种连冷盆形式，因为是将煮过的蚕茧从煮茧锅中取出，再另放入一温水盆中浸渍后抽丝，既可使茧丝进一步软化，弥补煮茧之不足，又可避免因来不及抽丝而使茧煮得过度。比之足踏式，缫丝质量和劳动生产率都有了很大提高。不过由于小农生产形式的制约，普通农户很难经常安排五个人同时参加缫丝生产，这种缫丝车在清代已很难见其踪迹了。

缫丝工艺的进步，还表现为对制丝用水的重视。古代制丝用水包括河水、山溪水、湖水、池水、泉水、井水、雨水等。对各类水质，卫杰《蚕桑萃编》卷二"辨水类"中有如下的论述："井水所含之质有六，曰镻炭强盐，曰镻硝强盐，曰镻绿，均能化物生物；曰镭硝强盐，曰镭绿，二者最能生物；曰镭镤盐，若欲试此六质，则用银硝强盐，或以煮之，则各质均见矣。""雨因五行之热气相蒸而成，自空中下降，纯是一片生养之气，内无杂质。""泉之源有二，或由沙土渗湿，或由山谷地势空洼愈涨愈满积水遂多。其实皆雨水所蓄，清洁无滓，充盈流出，所含生物性多。"河水"日夜流动，温而不寒，内无碱气，所含镻强盐类之性少，而含浮尘草泥之性多"。池塘水"凡雨水所积，及泉水流水贯注者均佳。上生萍草，下蓄鱼虾，并鹅鸭浮游，性皆温暖肥美矣，养气多而碱气少"。从这些论述可以看出，卫杰认为雨水最纯；泉水分为地下水和地面水两种，也比较纯；池塘水无机盐含量比较少，有机物含量比较多；井水所含的无机盐比较多；河水属于比较中性的水，它含的无机盐比井水少，但悬浮杂物比较多。这些论断，与当今关于上述各水质的科学认识基本一致，反映出清代人对制丝用水之重视程度。

制丝用水在缫丝过程中的重要性，犹如《吴兴蚕书》所云："丝由水煮，治水为先"，故制丝时应首先选用清水或流水，因为"流水性动，其成丝也光润而鲜"，

"缲茧以清水为主，泉源清者为上，河流者次之，井水清者亦可"[44]。湖丝之所以畅销各地，皆仗其地优质水源。在嘉靖《湖州府志》里便有这样的记载：德清的丝质优名佳与当地的水质有关，如其境内的西菁，漾水清澈，蚕时村民多取以缲丝；新市镇有个蔡家漾水，当地蚕农取其水缲丝，所缲得的丝比其用其他水源缲得丝质好；在塘栖镇有个龙泉，其泉水甚莹洁，当地蚕农经常取其泉水缲丝，获利甚丰；肖山的雷山南麓的驼牙缝流出的水，是一种山溪水，其水颇美，被蚕农用来制丝。闻名全国的七里丝之所以色白丝坚，亦与当地的水质清澈不无关系。朱国祯《涌幢小品》载："湖丝惟七里尤佳，较常价每两必多一分。""七里"是距南浔七里远的一个小村，清道光二十年（1840 年）《南浔镇志》载："雪荡、穿珠湾，俱在镇南近辑里村，水甚清，取以缲丝，光泽可爱"。"辑里"即"七里"，七里村因产丝而闻名，南浔镇丝商为推销该丝，将"七里"雅化为"辑里"，大概是因"七"与"辑"发音相近，而"辑"又有缲织之意的缘故。例如，道光《南浔志》卷三引《研仙居琐录》记述："穿珠湾俱在（南浔）镇南，近辑里村，水甚清，取以缲丝，光泽可爱。所谓辑里湖丝，擅名江浙也"。如果"用水不清，丝即不亮"[45]，为保证缲丝质量，蚕乡的人往往不辞辛苦去很远的地方寻找优质水源，光绪《乌程县志》卷四载：乌程县金盖山白云泉的泉水好，"十里内蚕丝俱汲此煮之，辄光白"。同治《长兴县志》卷八载：长兴县有三若水，上若水是流动的溪水，"其水较他处之水清而重，取以缲丝，则色白而光润，又增分两（分量）也。每缲丝时，乡人盈舟装载，往来不绝"。

在无自然清水的情况下，须将所用之水提前进行处理。清代普遍采用的水处理方法，各地略有不同。如成都采用沙缸滤水，方法是："置上下二缸，上缸盛沙，缸底隔之以布，穿小孔安竹管，水由上缸流入下缸，清洁无滓。或投螺升许于内，无用白矾，使茧滞难缲。"[46]这种方法，与现代处理水的沙滤法原理是一样的。江浙、广东采用螺诞滤水，方法是："于半月前用旧缸贮蓄以待其清，如或不及于贮，临时欲其澄清，当于螺升许投之，螺诞最能清水。尤忌用矾，丝遇矾水，色即红滞。"[47]无论采用何种形式的水处理方法，务求水至清为止，如光绪《蚕桑简明辑说补遗》所言："伏久愈佳，暴则丝色绿滞。近江之处多系潮水，伏过半月，抽丝白亮，无须远求。"

这一时期，除对制丝用水总结出一套较为科学的方法外，对缲丝过程中影响缲丝产量和质量的一些诸如煮茧水温、丝锅换水、用柴和观火、集绪、添绪等技术环节，也极为重视，并总结出很多行之有效的经验方法。下面将明清两代文献中有关这些技术环节要点的描述作一简单归纳。

（1）缲丝要诀。缲丝之诀："惟在细、圆、匀、紧，使无褊、慢、节、核，瓬恶不匀。"[48]为避免锅中缲出的丝彼此黏结，应做到"出水干"，即"制丝登车时，用炭火四五两，盆盛，去车关五寸许。运转如风时，转转火意照干"[49]。

（2）煮茧水温。"茧利缲水丝，次茧缲火丝。"水丝者"精明光彩，坚韧有色，丝中上品，锦、绣、缎、罗所由出"[50]。所谓"水丝"，即"冷盆"所缲之丝，冷盆中的水温约 50 度，据现代测试表明，缲丝汤温度提高，可降低茧丝间胶着程度，减少解舒张力和缲丝张力，但温度过高则丝胶溶解量过多，不仅减少产丝量，而且影响生丝净度、抱合力及强伸性，所以现代立缫水温一般在 40~46 度之间，故水温在 50 度左右时有利于出好丝[51]。

（3）丝锅换水。"丝贵亮亦贵白，总要换汤得法"[52]，换汤"以勤为佳，然不勤换不可，过勤换亦不宜。丝要亮又要白。换水太勤，则白而不亮。换水不勤，则亮而不白。务留心斟酌，以清而半温者妥"[53]。要"时时察看汤色，微变即取出三分之一，以清热水添满，频频添换，谓之走马换。汤色之始终如下，丝之色亦始终如一"[54]。换汤不勤，丝光而不白的原因是丝上残留丝胶较多，丝表面因胶多而发亮。

（4）用柴和观火。要求选用干柴或木炭以求无烟，否则"因丝被烟熏，色不明亮"[55]，而用柴"以栗柴为最好，桑柴次之，杂柴又次之，切不可用香樟，香樟会损坏丝质"[56]；煮茧火候要适中，不可过大或过小，如果"过大则水太热，丝多疵累；过小则水未温，茧必飏开"，看火之法是："汤如蚧眼，所谓炉火纯青。"[57]

（5）集绪。缫车上一般有 1~3 个绪眼，善缫者以三丝眼缫之，次缫者以二丝眼缫之，又次者以单丝眼缫之。五六个或七八个茧合成一缕的为七茧丝，其丝细且品质高。十一二个合成一缕的为中匀丝，其丝肥而品略次。若以十八九个合成一缕的则为下品粗丝[58]。所谓："丝欲细不可惜工夫。"[59]

（6）添绪。为保证接头无痕迹，添绪的手法非常关键。《农政全书》卷三一载："添丝，搭在丝窝上，使有接头，将清丝用指面喂在丝窝内，自然带上去，便无接头也。此名全缴丝，圆紧无疙瘩，上等也。"卫杰《蚕桑萃编》卷四载："先以右手二中指执清丝，以左手二中指分开丝窠，再以清丝头搭入窠内，自然丝头夹带上去，天然无痕迹。若从窠外缠绕带上便有接头痕迹，是在缫丝者熟与不熟耳。"

这些见于文献中的缫丝要点，即使在今天缫丝生产中，仍有很大的指导作用。

清代后期，广东、上海等地先后建立了机器缫丝厂，生丝产量和质量有了很大提高。城镇和农村众多仍采用土法缫丝的个体蚕丝户，为了应对厂丝的冲击，将传统的缫丝方法做了一些改良，如浙江南浔以及江苏震泽一带为提高土丝质量，增加了一道"做经"工序。所谓"做经"，就是把缫出的丝按丝的粗细、色泽、糙额、均匀等情况分成各种等级后，再加以复摇，并在复摇过程中整理和摘糙接头，粗细分片，尽可能地避免丝片的忽粗忽细。经复摇的丝经称为"干经"，据《时务通考》卷一九载，1895 年上海出口的"金麒麟"土丝每包价银 310 两，摇成干经后每包价银 500 两，由此可见干经的市场价格比之未做经的土丝高出许多。"做经"对土丝的改良起了一定作用，使其面对厂丝的市场强势，没有被彻底挤垮，在国内外市场仍得以保留一席之地[60]。

（二）纺纱工艺和机具

明清时期的纺纱工艺和机具基本是承袭前代已有的，如手摇纺车和脚踏纺车，不过在形制和制作材料上还是有了一些变化，制作工艺也更加成熟。此期间最值得注意的是纺丝大纺车的出现。

图 7-5　《天工开物》中并丝络纬图

图 7-6　《蚕桑萃编》中纬车图

1．纺车

图 7-5、图 7-6 分别是明清两代用于丝的并捻或治纬的手摇纺车，对比这两种纺车，除外观尺寸不同外，结构上基本相同。仅就治纬而言，它们的作用是将1~3个籰子纺成1个纡子。既然要纺成纡子，纺车上必然设置绩丝的纡管。纡管用竹制成，中间透空，络纬时将它惯于锭子上，绩满一只，取下另绩。一籰治一纡，纱的导程可以短一些；二或三籰治一纡，纱的导程要尽可能地长一些。导程长，纱易从籰上退绕。为防止纱支紊乱，并使纱支保持一定的张力，此时还要在纺车上方置一导纱悬钩。从明代始，治纬前要过湿纱线，《天工开物》载："凡供纬籰，以水沃湿丝。摇车转锭而纺于竹管之上。"以水浸丝，可提高丝条张力，防止治纬时丢转，同时对稳定纬纱捻度和涤净纱线有利。

图 7-7 是《农政全书》木棉纺车的附图，其脚踏装置是由踏杆、曲柄、凸块组成，对这种结构的脚踏装置，杨屾《豳风广义》有详细介绍，云："桄中间安一铁橛，大如小指，长六七分，以承脚踏板。形如鞋底，厚一寸，中间刻一小窠，如指顶大，深三分，活安在铁橛上，令其活动。板一头中间安一铁搅杖，状如细笔管，长六寸，揎于轮板近轴处内。孔系轮上预先钻下，去轴寸半，其制如此。"

木棉纺车的锭子数一般为 2~3 枚，间有 4 枚者，善纺者三或四枚为常，不善纺者只能一或二枚。宋应星《天工开物》卷二"乃服·布衣"载："凡纺工，能者一手握三

图 7-7　《农政全书》中木棉纺车图

管，纺于铤上。"徐光启《农政全书》卷三五"蚕桑广类·木棉"载："木棉纺车，其制比麻苎纺车颇小。夫轮动弦转，荸缠随之。纺人左手握其棉筒不过二三，续于荸缠，牵引渐长，右手均捻。俱成紧缕，就绕缠上。""纺车用三缠，今吴下犹用之。间有用四缠者，江西乐安至容五缠……不知五缠向一手间，何处安置也。"不知五缠何处安置，说明徐光启对棉花在纺车上的成纱过程知之甚详，认为不可能有五缠棉纺车。

纺车上的锭子，古籍写作"梃"或"筳"，早期多用木或竹制成，但也有用铁或铜制成的，云南李家山战国遗址出土过铜锭，长沙市郊东汉墓出土过铁锭。因铁锭或铜锭的制作需要专门的技术，不是普通农户所能制作，故明代之前用者甚少。入明后出现了专业生产铁锭的作坊，铁锭才被广为应用。清代铁锭多产于金泽地区，《青浦县志》载："锭子，出金泽，以铁为之，其形似针，长八寸，首尾皆尖，而锐凹其中，使钩之牢牢于车焉。"铁锭杆外面还需上套"一木壳辘子，周围刻渠子两道，以承轻弦"。明清时由于木锭和竹锭已不多用，故当时的许多书籍都将锭子写作"梃"，并形容它"形锐而长，刻木为承，其末以皮弦襻连一轮上"[61]。

纺车的绳轮多为木制，其制作方法是："轮制用木板六块，俱长一尺四寸，以三板正中斜锯扣子，硬安成轮子。以两轮相去四寸，中安目撑桄六个，便相合成一轮。周围用皮弦襻紧，以承转弦。"[62]绳轮也有用竹制成的，而且各种纺车的绳轮大小是有差异的。但不论采用何种材料制轮，选择多大的轮径，其原理都是相同的，即只要保证稳妥地传动锭子，保持符合纺纱工艺要求范围内的轮与锭的传动比便可。

手摇纺车和脚踏纺车对棉、麻纺纱均适用，但纺丝絮则多用脚踏纺车，其原因有如《蚕桑萃编》"脚踏纺车图说"云："丝绵纺车与木棉纺车异。木棉纺芝短易扯，一手搅轮，一手扯棉，便纺成线。丝绵芝长，力劲难扯。一手执茧，一手扯丝，必须用脚踏纺车方能成线。"

2. 纺丝大纺车

明清时期，元代"中原麻苎之乡，凡临流处多置之"的纺麻大纺车，因农村家庭副业和城市小手工业为特点的棉纺织生产蓬勃兴起，麻纺织生产大幅度萎缩，已淡出了纺纱舞台，取而代之的是在其基础上发展出的结构更加精妙、锭子数更多、能满足丝织工艺要求的高效大型丝纺车。

这种纺丝大纺车的定型时间，无明确文献记载，但从明代的农学著作中仍可窥见一些端倪。王圻《三才图会》和徐光启《农政全书》均载有大纺车，但所载内容不无可议之处，如其文字明显是从王祯《农书》移录，描述的是纺麻大纺车，值得注意的是两书所附大纺车图谱，与王祯《农书》所附图谱差异较大，其图很可能就是明代使用的纺丝大纺车。如果这个推测成立的话，一方面表明明代纺麻和纺丝生产都在应用大纺车，纺丝的较纺麻的大纺车更为常见，所以王圻《三才图会》和徐光启《农政全书》中才出现图文不符的错误；另一方面表明专门用于纺丝的大纺车大概在明初即已定型，其形状不再像王祯《农书》所云："又新置丝绵纺车，一如上（大纺车），但差小耳。"（图7-8为《农政全书》中的大纺车图）。

纺丝大纺车有两种类型,一曰"水纺",即江浙式;一曰"旱纺",即四川式。卫杰《蚕桑萃编》卷五"纺政"说:江浙式"纺以水名,重淘洗也。因潮重风燥,水性带泥,浊尘易沾,故倒经必过水盆,摇经必过水鼓,所以倒洗三次,摇洗亦三次。是纺中洗经则易净,经必湿纺则愈紧。色自鲜亮"。四川式"纺而曰旱,用水少也。因天气温和,水不加泥,室不起尘。以细毡片泡水,搭于水淋竹上,令经丝擦过,所以去尽污浊,而求纯洁。愈湿愈净愈紧练也。色自鲜亮。"

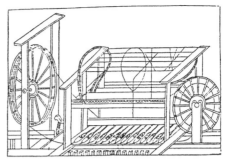

图7-8 《农政全书》中大纺车图

对这两种类型纺车的具体结构,卫杰《蚕桑萃编》也有记载,并附有图谱(图7-9、图7-10)。据其所载,"水纺"和"旱纺"的结构大体相同,都是由机架、出纱、绕纱和传动四部分组成。

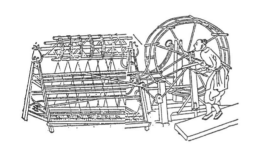
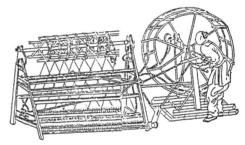

图7-9 《蚕桑萃编》中江浙水纺车   图7-10 《蚕桑萃编》中四川旱纺车

机架部分由四根立柱、数根横撑和两根木桩组成。四根立柱分立四角,前后各安横撑一条,位于立柱之中部。从下至上各安横撑三条,小木桩竖置于两侧上部的两根横撑之间,顶端竖开凹口,以承担纱框铁轴,下部横开方孔,以承担摆纱的横杆。

出纱部分由枕木、竹牌、方木、过丝竹竿、水槽和锭子50或56枚组成。枕木长与机架等,纵切面呈梯形,位于机架底部横撑的中央,其上各凿有长方形孔槽50或56个,可以倒换使用。竹牌上均开有孔洞,或位于中心,或从左上角向中心斜开,以1:1的方式竖插于枕木孔槽之内。方木长也与机架等,其上竖竹签几十枚,置于枕木与机架的立腿之间,锭子尾部插于中心开口的竹牌之内,腰部安于斜开口的竹牌之内,头部横担于方木上的竹签间隔之内,亦以1:1的方式颠倒放置,形成前后两排。锭子上的纱自方木引出后必须经过水槽或水淋竹湿润,水槽或水淋竹略长于机架,水槽内满贮清水,水淋竹上覆盖湿毯,压丝竹于水槽之内或水淋竹之上。

绕纱部分由纱框、导纱竿、摆纱竿等组成。纱框位于主机的最上部,两端轴头分担于机架上木桩上部的凹口之内,纱框有整架和拼合两种。整架的长度较机架略短。拼合的可用 4~5 个,总长等于整架长。摆纱竿略长于机架,位于机架之下,两端分插于机架上的两小木桩下部之方孔内,它的安装形式也有两种:一种是可以左右摆动,防止成纱在相同部位重叠;一根短竹竿为连接杆,短竿之一端连于机架上的一个滑轮之上,一端缀一竹片,以竹片与横竿连接。一种是在纱框一端的轴头上安一伞齿轮,控制横杆。导纱竿长同纱框,位于摆纱竿之下,过丝竹竿或水淋竹略长于机架,位于机架前后部与方木高度相近的地方,均起纱线的导向定位作用。

传动部分由主动轮、被动轮、传动皮带等组成。主动轮直径约 2 米,位于机架之一侧。被动轮形如簸子,位于机架之另一侧。传动皮带环套于主动轮和被动轮之上,并以一上一下交叉的方式通过各个锭子。主动轮和被动轮按逆时针方向旋转,纱框按顺时针方向旋转。主动轮和纱框基本同步运动,既可使纱经过缠纱部分的各个部件缠于纱框上,同时由于锭子与纱框的转速差使纱成捻。

水纺车和旱纺车结构的差别,主要是引纱过程中的附加装置,即《蚕桑萃编》所说水纺车的水鼓辘和压水柱,旱纺车的水淋竹和搅丝竿。水鼓辘和压水柱实为两个水槽及两根竹竿,均略长于机架。水槽中满贮清水,压水柱横置于水槽之内,分位于机架前后两面的地附上。水淋竹和搅丝竿实为两竹片和两根竹竿,亦均略长于机架。水淋竹上覆盖用水浸过的湿毯,搅丝竿压于水淋竹之上,分位于水鼓辘相同的部位。这两种装置哪一种先出现,已不可考证,它们的用途显然完全相同,都是为了去除丝线表面的灰尘和增加丝线的湿润度。

《蚕桑萃编》还记载了纺丝大纺车的使用情况,该书卷一一一云:"纺丝之法,惟江、浙、四川为最精。东、豫用打丝之法,山、陕、云、贵亦习打丝法,以一人牵,一人用小转车摇丝而走。"可见当时纺丝大纺车只是在江苏、浙江、四川等少数几个丝织业发达的省份使用,其他地方都是用桁架来合线。究其原因,亦应与全国各地普遍种植棉花有关,因为当时"北至幽、燕,南抵楚、越,东游江、淮,西及秦、陇,足迹所经,无不衣棉之人,无不宜棉之土"。江苏、浙江、四川丝纺织业的规模虽然亦大不如前,但仍是全国传统的丝纺织品的主要产区,其丝织技术一直处于全国领先地位,并且涌现出不少专以蚕织生产为主的城镇,兼之这些地区还设有许多专门织作高档精美丝织产品的官营织染局。正是由于规模化生产需要高效率的丝加工机具,所以丝纺织业专用的大纺车才在这些地区广为应用。

另据调查,直至 20 世纪 70 年代,纺丝大纺车在湖北江陵仍可看到。图 7-11 即是当时一家荆缎厂遗存的丝纺车图纸,值得注意的是图纸上的文字说明:

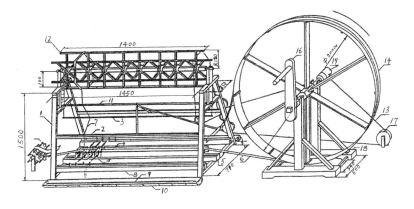

图 7-11 湖北江陵一家荆缎厂遗存的丝纺车图纸

（1）此纺车系我厂解放初期生产工具（据传明清时期由四川成都地区传来），根据需要由厂领导、老工人、技术员三结合研究复原，并保持原有的传动方式、工艺数据、外观式样等特点。

（2）我厂织荆缎以此车作蚕丝加捻用。当转动摇臂 16 时，大车 14 带动锭带 6 使锭子 15 随之转动，将蚕丝 7 加捻通过齿架 8 到水沿 10 中浸水，然后穿过绞片 11 使之摆动卷绕在幔 12 上，幔的转动由幔轮 19 带动幔带经滑轮改向带动幔转动。

（3）大车每转动一周，使锭子约转 200 转，根据需要的捻度，可确定幔带轮直径，如捻度为 5 捻/公分，则幔带轮 19 直径为 13 公分。

荆缎厂的这台丝纺车无疑是水纺式，而且据传是"明清时期由四川成都地区传来"，显然与《蚕桑萃编》所载相背，说明这两种类型的纺车，尽管都有一定的使用区域，但并非是江浙式只局限在江浙地区，四川式只局限在四川地区，这两种类型的纺车在这两地实际是通用的。《蚕桑萃编》以地区分别命名，无疑是带有总结和概括的意味，也就是说在使用比例上，江浙用水纺的多，四川用旱纺的多。

根据《蚕桑萃编》所述，并结合遗存的湖北江陵丝纺车图纸，不难发现纺丝大纺车较纺麻大纺车有了下列几点进步：

（1）车架的形状由长方形框架体变为梯形框架体。上狭下阔，纺车稳定性更好。

（2）纱锭由中空的木桶状改为实心的锭杆状，变竖直排列为横卧排列，克服了竖锭因摇摆造成丢转导致纱线加捻不匀的缺陷。

（3）锭子由单面排列变为双面交叉排列，使锭子数量又增加了许多。纺麻大纺车每台锭子数为 32 枚，纺丝大纺车锭子数增加到 50 或 56 枚。锭子数的增多使每台车的生产效率相应地提高了很多。

（4）导纱方式更加完美。纺麻大纺车是靠"小铁叉"完成导纱，纺丝大纺车是靠"交棍竹"完成导纱，小铁叉只能导，交棍竹既能导又能摆动，使丝线分层卷绕。

（5）车架一侧的导轮直径大大缩小，使操作更为省力。

（6）增加了给湿定型装置，江浙大纺车给湿是靠车架两边底部盛水的竹壳，丝线直接由水中通过；四川大纺车给湿是靠车架两边底部的湿毡，丝线上卷时由湿毡通过。给湿装置可提高丝线张力，防止加捻时丢转，同时亦可稳定捻度和涤净丝条[63]。

二、织造工艺和机具

（一）整经及经纱上机工艺和机具

明清时期，整经及经纱上机工艺和机具沿用前代已有的工艺程式和机具。这些技术在宋代以前即已出现，不过确切时间已很难考定。迄今发现的相关记载均是宋代以后的，尤其是明清文献中有关的记载最为详尽。

1. 整经工艺和机具

根据宋代以后有关文献记述，整经工艺和所用机具可分为经耙式整经和轴架式整经两种类型，其中经耙式整经又可根据经耙放置形式分为立式和卧式。

宋应星《天工开物·乃服·经具》对立式经耙式整经有这样的记述："凡丝既籰之后，牵经就织。以直竹竿穿眼二十余，透过篾圈，名曰溜眼（导丝孔）。竿横架柱上，丝从圈透过掌扇（分绞经牌），然后缠绕经耙（现名桩头）之上，度数既足，将印架捆卷。既捆，中以交竹二度（根），一上一下间丝，然后扱于筘内。扱筘之后，以的杠（经轴）与印架相望，登开五七丈。或过糊者，就此过糊；或不过糊，就此卷于的杠，穿综就织。"从《天工开物》中的记述和所

图 7 – 12　《天工开物》经耙图

附图来看（图7 – 12），立式经耙式整经工具的主要部件有溜眼、掌扇、经耙、经牙和印架等。溜眼是竹棍上穿的孔，用作导丝；掌扇是作为分绞用的经牌，也称扇面，近似现代的分绞筘；经耙是钉着竹桩或木桩的牵经架；经牙是经耙上的竹桩或木桩，按整经的长度来确定经牙数量，如果经轴上经线卷绕长度长，经牙的数量就相应多一些；印架是用作卷经的架子。使用这种类型的工具进行整经时，需要两个人配合才能进行。其操作过程如下所述：由一牵经人将丝籰排在溜眼下，把丝籰上的丝头分别穿过溜眼和掌扇后，总于他一人之手，由他理挌就绪，再交给另一个牵经人，该人交叉地把丝缕挂于经耙两边的经牙上；在达到要求的长度后，取下丝缕卷在印架上；卷好后，中间用两根竹竿把丝分成上下两层，然后穿过梳筘与经轴相系。

另据杨屾《豳风广义》"经丝图说"的记述和插图，卧式经耙式整经工具的主要部件有经牙、木桩、撑框、交墩、竹棍、铁环和纠床等。其所载尺寸及操作方法如下所述："用方木桩两根，长八尺，密锭二寸长木橛一行，相去寸余，每根可锭橛六七十。上下安撑桄二道，阔一丈。左边木桩外侧近顶五寸，锭一木橛，下去地五寸，亦锭一木橛。用时依墙斜立，经牙之下，近右桩一尺五六寸地上，置交墩一个。用木板一块，长一尺二寸，阔五寸，中安竹棍一行五根，俱高一尺，以左三根编大交，以右二根挂小交。对经牙相去五尺，用绳悬经竿。长一丈，上锭小铁环五十个，略于人肩齐。下置丝籰五十个，密摆二行，将籰上丝头提起，

贯入经竿环内，总收一处，挽成一结，挂
在交墩右边第一竹棍上。一人手牵丝缯，
又挂在右边桩下第一木橛上。复牵挂在左
边桩下第一橛上。如此往来牵挂，层层至
顶橛尽处。又将丝缯牵在左桩外侧木橛之
外边，引至桩下橛上，复牵往右行至中间，
以左手提住丝缯，以右手大指、食指向上，
将丝头在二指虎口内，一左一右拾成交，
挂在交墩竹竿上。复挂在右桩下第一橛上，
如前层层经挂，回回拾交，周而复始，以

图 7 - 13　《豳风广义》中经丝图

足数而止。经毕，在交墩外右边空处剪断，
将交用丝绳贯在两边拴紧。若绳脱交乱，则满架经缕无用矣。将一头具挽一结，
再用绳拴紧，然后用缠篗一个，用木四根，各长二尺，造成方架，阔一尺八寸，
内锭一钉。将有交一头，以壮绳子栓系钉上。一人执定缠篗，缓缓将经牙上经缕，
旋卸旋缠，缠讫，再上纼床。"（图 7 - 13《豳风广义》中经丝图）

　　轴架式整经工艺技术，在元代王祯《农书》和明代《农政全书》中均有图文
描述。两书的内容，既有相同之处，又有不同的地方。王祯《农书》是这样描述
的："先排丝篗于下，上架横竹。列环以引众绪，总于架前经牌（牌），一人往来挽
而归之纼轴，然后授之机杼。"其经架形状如图 7 - 14 所示，二人在前，一人转动
经轩（圆框）卷绕经丝，另一人左手拿木梳一把，右手作理经之状。在后面经架
处有一个妇女，将丝篗上的丝缕进行整理排列，以防乱头。待经轩上卷绕到一定长
度后，剪断打结，再将经轩上的经丝卷上持经的膝子（经轴），即可上机织造。
《农政全书》中的文字描述与王祯所言基本相同，显然是录自王祯《农书》，不
同的是两书的附图略有差异。在《农政全书》中记载的经架图上（图 7 - 15
《农政全书》中经架图），中间有一妇女以左手握分经筘一把，以理通经丝上的纽

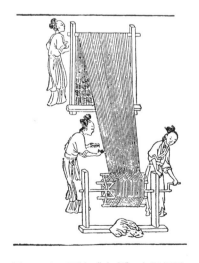

图 7 - 14　王祯《农书》中经架图

图 7 - 15　《农政全书》中经架图

结，并均匀地排丝于经轩上。两图后部轴架下的丝篗均画得不清楚，经牌也没有画

出来。不过，从文字记载中可知，先将丝篗上的丝缕纠出，贯通经牌，进行分绞，绕于经轩上是必不可少的。

各类纤维的整经工艺大体上都如上所述，不过细节上略有差异。嘉庆《松江府志》卷六所记棉整经工艺为：棉纱纺成后，接下去即"以棉纱成纤。古用拨车，持一缕周匝蟠竹方架上，日得无几。继用纤床，制如交椅，其上竖列八缕，以掉枝牵引，分布成纤，便于前制"。松江地区"今则取所谓如交椅者，令人负之而趋，一人随理其绪，往来数过，顷刻可就，名其负车者"。张春华《沪城岁事衢歌》中说上海纤纱"取石苇作管，长六寸许，搬纱使满，名筒子"。用"有所谓经车者，形如算盘，表里透满，取筒子分左右匀列其中。于广场植竹为架，以纱绕竹上，经数十丈，负经车往复数次，理其经纶，以交竹分之，平如匹练"。孙琳《纺织图说》记述淮安地区的整经工艺时说："将纺成纱线，拣选匀细，摇成筒子，或三两或四两，如织一机，或三匹或五匹，长短听从其便。先用经车（经车木框竹档贯纱筒肩负以牵布经也）排插纱筒二十五个于其上，左右横穿，量一布机之长短，自头至尾，依长牵经，折回到头，是为一桄（桄者如一手互相交叉也）。每一桄，纱线五十根，或十六桄二十桄多寡听便。如多一桄，则布紧密宽阔。假如十六桄，纱线四百根，上下两层共八百根，此直长之布经也。通身经完之后，离三四尺用桄竹三根，上下互隔，以分清直，再用大竹筒一根，将所经纱线，盘旋其上。"以上谈的，都是上浆前的整经过程。

2. 经纱上机工艺和机具

按一定规律整理好的经纱是通过纠床牵于经轴上的。纠床之制，杨屾《豳风广义》卷之下亦有记述：用木制一框架，"于前桩平桄以上高出八寸，勒成扁榫，钻出一大孔，以套压天篗的架子。二大平桄上中间相去三寸，各安二擒齿，以承天篗（天篗者，至大之篗也。将缠篗上经缕复缠于此，然后可以纠刷）。将缠篗上收下经缕无交的一头，拴系天篗钉上，一人搬转大篗，一人两手执住缠篗，旋放旋缠，紧紧又缠在天篗上，至有交处方止。然后将压天篗架子，套在前桩扁榫上，横贯一细棍，使不上脱。又以石版压住架尾，方不浮起。交用二竹棍，从交两边贯过。将交夹在二竹棍之中，竹棍两头用绳子系住，不可令脱。一人拨交，一人执绳贯头（绳即竹篾缚成，齿眼或八百，或一千、或千五，随绌轻重，酌量多少）。贯法：用薄竹篾刻一钩搭子，从绳齿眼透过。一人将丝头二根（如丝缕有用四根、五根者，缎有用八根者，惟人所便），挂在绳钩上，扯过齿眼，收住挽一结，齿齿贯毕，用滕梯一个，将滕子（经轴）横担其上。令滕梯去纠床三丈，将底桄以绳子系住，再将贯过经缕，以数十丝挽一结，用一竹棍贯住，牵纠至滕梯，将竹棍横架滕子上。一人搬转滕子，一人手执拨簪，往来在经缕上挑拨。如有粘缕、结丝，俱用拨簪排开。绳齿一过，遂搬转滕子，容将经缕绷紧，如有松漫处，下面用纸一垫，务要平紧一样，随拨随卷，尽卷在滕子上，可以言织矣"。这段记载不但对纠床的形制有准确描述，对经纱的捉综和探扣方法也交代得十分清楚（图 7－16《豳风广义》中纠丝图）。

图 7 – 16 　《豳风广义》中纫丝图

关于捉综和探扣方法，孙琳《纺织图说》中有更为详细的记载："捉综之法，将竹扣镶填扣架之中，两头以绳系于缟缕木上（缟缕木，即机中柱上檐斜撑架木也）。两头下框，扎在撑臂，直接大腿木上（撑臂者，机床两傍架搁之木，专主推收。大腿木，系贯撑臂下，着机床后腿上，两木合之，如曲尺然）。再将综两层计四扇吊于缟缕木上，横架**㧽楯**上（**㧽楯**者，转动之木随综高下也），任其高下。又用绳系曲落棒（曲落棒系弯木棍，用以系综，中弯处缚踏脚棒，故踏脚高低，综即跟随上下也），布经照综上相隔处，下上各穿一根，不使夹杂，方可过竹扣也。"捉综后，经线即可探扣，"探扣之法，须知有紧密粗疏之别（扣即竹丝扎成之扣，穿布经之具也），有桁数之分，自十六桁起至二十二三桁不等。桁多齿密，出布紧细；桁少齿稀，出布粗松。初学者宜桁少，易于织会，手段娴熟，桁多之扣，用为利便。假如布经在综上已穿过，或三十根纱一结，或五十根纱一结。再用探扣娘（探扣娘即小竹片钩是也）在于扣上，对齿缝勾过两根，分排上下，照综上下，依位穿过，推收之际，自然上下，中路空虚，所以纳梭贯杼也。经扣穿完，收齐在肚前轴上（肚前轴，织出之布轴于上也），以便起机穿梭。……扣之推收，梭即还复，脚棒起落，综即上下，渐次而进，可冀成功。机上断经，随即接续，分清综扣，不使差讹，一根舛错，通机难织"。

（二）浆纱工艺和机具

明清时期，为便于织造（织时省接续之工）和提高成品质量，经纱上机前已普遍给经纱上浆。《天工开物》记载了一种轴经浆纱法，谓："凡糊，用面筋内小粉为质，纱罗所必用，绫或用或不用。其染纱不存素质者，用牛胶水为之，名曰清胶纱。"文中所指的面筋，是小麦粉中的胶质部分，主要成分是不溶性蛋白质；面筋内小粉是指出过面筋后剩下的小粉，主要成分是淀粉；牛胶水是指用牛骨或牛皮熬成的胶水。浆纱所用的糊（浆）料，要根据不同织物的特点来选用。纱罗等轻薄丝织物，经丝本身含有丝胶质，用小粉为糊，目的是为增加经丝强力。经丝染色后，因表面丝胶脱落或部分脱落，就宜用牛胶水浆经，这样能使精练或染色后的经丝保持硬挺、不发毛等性能，便于顺利织造。浆经的方法是先将整经后的经轩（圆框）放在印架上，用重物压住，经丝展开成片状，约五七丈距离，并和轩轴连接起来，用筘疏通，使经纱片排列均匀整齐。经丝在紧张状态下，用"糊浆承(涂)于筬上，推移染(浆)透，推移就干。天气暗(晴)明，顷刻而燥，阴天必借风力之吹也"。一般经丝过糊干燥后，卸去印架上的重物，转动的杠（经轴）卷经，印架上的经轷逐渐退出经丝五七丈长度，再在架上压重物，以保持经丝片的张力，依次反复上浆，直至上浆完毕，卷好经轴为止（图7-17《天工开物》中印架过糊图）。轴架式浆经法也可用来为麻纱或棉纱上浆，方法也是先将经纱展开成片状，经纱保持一定的张力，然后两人持帚(纼刷)刷浆。"纼刷，疏布缕器也。束草根为之，通柄长可尺许，围可尺余。其纼缕杼轴既毕，架以叉木，下用重物掣之。纼缕已均，布者以手执此，就加浆糊。顺下刷之，即增光泽，可授机织。"一般所用糊料大都是黏性较强的粳米粉。刷糊时，要左右前后刷均匀。在晴天阳光充足时，要边刷边晒，待干后卷在经轴上。

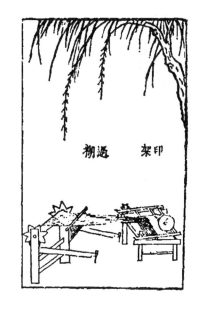

糊遍　架印

图7-17　《天工开物》中印架过糊图

《农政全书》卷三十五记载了棉纱上浆的两种方法，谓："南中用糊有二法：其一，先将绵维作绞，糊盆度过，复于拨车转轮作维；次用经车縈回成纴，吴语谓之浆纱。其二，先将绵维入轷车成纴，次入糊盆度过，竹木作架，两端用綷急维，竹帚痛刷，候干上机，吴语谓之刷纱。南布之佳者，皆刷纱也。"

关于浆纱，嘉庆《松江府志》有这样的记载：松江"以棉纱作绞，入浆水不复帚刷而成纴，名曰浆纱"。孙琳《纺织图说》则云：淮安浆纱，将纱块"先在锅内煮透，捞放水盆内，打熟浆水冲上。每纱重一斤，用干面四两，小粉二两，食盐五分，和匀浆透，晾挂橙竿上（橙竿，即套纱竹也）。再用短木棍，套于下环，用手拧绞。干时，乘势抖散挂晾，逐块如之"。待干之后，再行分纴。可见采用浆纱方式上浆，不必先整经，只需选匀净纱线作绞即可。纱浆干后的整经方法为：将纱"摇到筒子上，每一筒或三两或四两，亦听便。筒子二十五个，插于经架上（经架，直穿纱筒之架也）。分作上下两排，又以一尺长竹片签于地上，布经长短，用竹片多寡，如经头经尾，多加竹片一块签钉，所以分梏也。然后以二十五筒纱，每筒抽出一根，总齐在左手，右手将纱分当间提一根，分半套于经头竹签上，是为一梏（间提者，即二十五筒之数，间一根提一根，共提起十二根，是一半也）。又复折回到经尾竹上调转折套，彼如五十根分二十五根为半，套上即是。一机牵经完毕，遇有断处，即行接续，再盘在滚木上（滚木，即木棍一根，用以收盘分梏也）。用行扣照一路一梏穿上（行扣者，系稀齿竹扣，分清梏数，捉直布经也），慢慢盘到花摘上，中间并不用梏竹，亦不用扛帚。盘时须上宽下窄，如照行扣排清就宽，若行扣略斜便窄，渐斜渐窄，逐层而上，即如法矣"。

关于刷纱，嘉庆《松江府志》卷六载：松江刷线"浆必须细而白好面，调法不可太熟，熟则令纱色黑；不可太生，生则令纱衣紧。在糊盆浸过一夕，值晓露未晞，或天阳不雨时，植竹架于广场，纤其两端，以竹帚痛刷候干，于分纤处间以交竹，卷如牛腰，然后上机。此种最贵，名曰刷纱"。张春华《沪城岁事衢歌》载：上海刷线"先以浆渍纱上，取竹帚长二尺余者，两人持帚左右行刷之使匀，烘以晴日，俾纱燥而不粘，则机口滑润，纱不中断，省接续之工，易于成布。如是则以滴花层卷之，便可上机。滴花形如桔槔之轴而短，长二尺有余，两端有交木如十字"。孙琳《纺织图说》载：淮安"刷线之法……每纱重一斤，用干面六两，冲出浆水，勿令过稠，用手浆透，排铺经竹上（经竹即竹片，签插地上，左右两块，中横一块，经得上排开也）。即用扛帚上下一个（扛帚即竹丝刷也），两人扛抬，周身刷透，必令纱线光匀，不使毛糙，随断随接，理清桔数，刷干纱线，接完断头，一无舛错，盘收花摘上（花摘即机床后架布经滚木也）。临盘之际，扛帚上宜以猪油涂抹少许，又在经从头至尾扛刷一遍，取其光洁之意。每一机不过用猪油四五文，若在冬月阴天，纱线不得一时就干，不可性急，总俟刷干为准（风大之际，易干即断，不可刷也）"。

就这两种上浆方法的功效而言，显然前者高于后者，但刷纱上浆易于掌控上浆程度，上浆质量优于绞纱上浆。

（三）腰机、素机和花素机

明清时期，手工织机已发展得非常完善，出现了许多大小不一的形制。因机型太多，难以笔罄，为表述方便，将它们概括为三大类，即腰机类、素机类和花素机类，并只就某类代表性机型分述之。

1. 腰机

在宋应星《天工开物》中有此类织机的代表性机型插图（图 7 - 18）。分析此图，该织机系一种单综单蹑织机，由机架、鸦儿木、综片、踏脚板、经轴、卷布轴等组成。鸦儿木前端悬挂棕片，后端与踏脚板相连，经轴置于机架上方，卷布轴缚于织工腰上，在鸦儿木和踏脚板之间还连有一个悬鱼儿，悬鱼儿中穿一压经用辊轴。织作时，踏下脚板，鸦儿木将综片提升，此时悬鱼儿上的压经辊轴就将另一组经丝下压，使张力得以补偿，并形成清晰开口；当踏脚板放开时，织机恢复到由豁丝木进行的开口。这种织机因十分巧妙地应用了张力补偿原理，所以操作简捷，以致宋应星《天工开物》中说，织杭西、罗地等绢，轻素等**绸**，银条和巾帽等纱，都不用花机，只用这种织机就行了。而且这种织机特别适宜织造麻、棉纤维

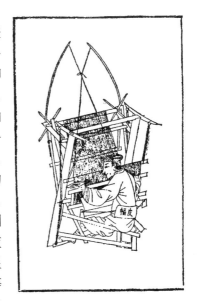

图 7 - 18　《天工开物》中腰机图

织物，有"普天织葛、苎、棉布者，用此机法，布帛更整齐坚泽"之美誉。明清之际，腰机在江西苎麻产区使用尤为普遍。

2. 素机

所谓素机，指织制织物组织结构简单的素织物织机。此类织机亦系综蹑织机，型制也非常多，有单蹑单综机、双蹑单综机、双蹑双综机、多蹑多综机几种型制。它的主要构件有：机架、马头（或鸦儿木）、蹑、复、滕、综、筘等，其基本结构及特点如下：

机架为长方形，复和滕系织机的卷布轴和经轴，分别安装在机架的前后两边，两轴端都装有轴牙，可随时控制卷布量和放经量的平衡，以保证织造时的经纱张力，并不因卷布、放经而耽误过多时间。综、蹑、马头（或鸦儿木）系织机的提综装置（马头或鸦儿木因其外观形状酷似所言而得名）。筘的作用是用来控制经密、布幅和打纬，典型的安装方式有两种：一是将竹筘连接在一个较重摆杆上，借助摆杆的重量打纬；二是将竹筘用绳子吊挂在两根弯竹竿下，借助弯杆的弹力收筘。前者多用于织厚重的织物，后者多用于织轻薄的织物。

双蹑单综机是以两块脚踏板控制一片综的提升，综只起提经作用。此机型的机架左右两边立柱分别装有一个提综用的马头。马头的前端系着综片，中后端则装有二横杆，中间的作为中轴和"压交"之用，后边的作为"分交"之用。机座下的两根踏杆，一根与一提综杆相连，提综杆又与马头相连；另一根与综片下端相连。当与提综杆相连的踏杆被踩下时，提综杆使马头前倾上翘，连系底经的综片将底经提升，同时中轴也相应地向下压迫面经，形成一个三角形梭口。当与综片相连的踏杆被踩下时，综片下降，底经也随之下降，底经和面经恢复成初始梭口状。此类型织机早在汉代即已普遍使用，山东龙阳店、宏道院、慈云寺、武梁祠、江苏洪楼、曹庄等地发现的画像石上织机型制即为双蹑单综机。

单蹑单综机则是以一块脚踏板控制一片综的提升，综只起提经作用。单蹑单综机的机架，左右两边立柱分别装有与"马头"作用相似的"鸦儿木"。鸦儿木的前端系着综片，后端与踏脚板相连。两鸦儿木的偏后端相连的横棍，实即压经棒。当踏脚板被踩下时，鸦儿木上翘提起底经，压经棒下沉将面经下压，形成梭口。当踏脚板被放开时，鸦儿木和综框靠自重恢复到原来的位置，梭口也恢复到初始状。迄今发现的此类型织机最早图像资料也是汉代的，如山东肥城、江苏沛县、四川成都等地发现的汉画像石上织机型制即为单蹑单综机。

双蹑双综机是以两块脚踏板分别控制两片综的提升，每片综均兼有提经和压经的作用，它们轮流一次提经，一次压经。踏板与综的连接有两种方式：一种是两踏板分别与机架上的两杠杆一端相连，两杠杆的另一端分别与两片综的上部相连；一种是两踏板分别与两片综的下端相连，两综片的上端则分别连在机架上方一杠杆的两端。当一踏板被踩下时，与此相连的综片下降，而另一综片因杠杆的作用被提升，形成一个较为清晰的梭口。当踏动另一踏板时，亦然。光绪《乌程县志》卷二九记载了清代乌程地区所用此类织机的部件名称，有："经绢，则横篾作以穿丝，曰撩眼。两旁植木，作锯齿形，曰把头。中镶二长木，曰经干木。盘丝，曰运床。承丝，曰狗头。机上坐身者，曰坐机板。受绢者，曰轴。绞轴者，曰紧交绳，曰紧交棒。过丝者，曰筘。装筘，曰筘腔。撑绢者，曰幅撑。挂筘者，曰捋。滚绳上，曰塞木。推筘者，曰送竿棒。提丝上下者，曰滚头。有架有线挂滚头者，曰丫儿。踏起滚头以上下者，有踏脚棒、有横沿竹。花绢机有旗脚竹、旗脚线、撷花线、有旗坑潭。攀花，有接板，架板如梯，曰花楼。"孙琳《纺织图说》则记载了淮安地区此类织机的型制："机身曰机床，前为前腿，后为后腿。后腿之上，架搁花摘，花摘两头，横板四块，曰摘头。机身中柱，上檐斜撑木曰缩缕。中架椆楷，**椆楷**头板，贯绳索而下系综扇，接拴曲落棒，转缚踏脚棒，用以为高下之枢纽也。后腿下脚，向里镶小笋，小笋斜架大腿木，大腿穿插撑臂，直系扣架，中填竹扣，穿布经而赖推收，往来隙处，便于纳梭过杼。布经自花摘上，由中柱铺匀抬高竹上，度综穿扣，方始推收，往来梭织，织成尺寸，滚于肚前轴上。"另外，从明代《便民图纂》、清代《豳风广义》、《蚕桑萃编》所载织机，均为这种机型来看（图7－19《蚕桑萃编》中的织机），此类织机是当时各地最通用的织机。

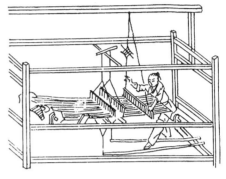

图7－19　《蚕桑萃编》中的织机图

多蹑多综机是制织简单变化组织织物的织机，结构与双蹑双综机相似，仅是综蹑数量多一些，或是一蹑控制一综，或是一蹑控制二综而已。因是用来织素织物，综片数量一般不会超过8片。宋应星《天工开物》中有这种织机的记载，谓："凡织绒褐机，大于布机。用综八扇，穿经度缕，下施四踏，轮踏起经，隔二抛纬，故织出文成斜现。其梭长一尺二寸。"既描述出此类织机构造的轮廓，又简略介绍其织造技艺和织物外观。

3. 花素机

花素机，即花楼提花机，因其既可织花又能织素，故清人如此称之。明清时期，通用的提花机有小花楼提花机和大花楼提花机两种类型。

（1）小花楼提花机

在《天工开物》中，既有小花楼提花机的文字说明，又附有插图。文中是这样描述该织机的："凡花机，通身度长一丈六尺，隆起花楼，中托衢盘，下垂衢脚（水磨竹棍为之，计一千八百根）。对花楼下掘坑二尺许，以藏衢脚（地气湿者，架棚二尺代之）。提花小厮，坐立花楼架木上。机末以的扛卷丝，中用叠**助**木两枝，直穿二木，约四尺长，其尖插于筘两头。叠助，织纱罗者，视织绫绢者减轻十余助方妙。其素罗不起花纹，与软纱绫绢踏成浪梅小花者视素罗，只加桄二扇。一人踏织自成，不用提花之人，间住花楼，亦不设衢盘与衢脚也。其机式两接，前一接平安，自花楼向身一接斜倚低下尺许，则叠助力雄。

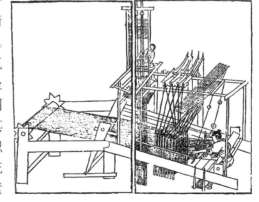

图7－20　《天工开物》中的花机图

若织包头细软，则另为均平不斜之机，坐处斗二脚，以其丝微细，防遏叠助之力也。"结合文中插图，这种小花楼提花机是由老鸦翅、涩木、花楼、铁铃、门楼、衢盘、衢脚、叠助、的杠、称庄、眼牛木等部件构成。在花楼前面，装有四根老鸦翅和四根涩木。老鸦翅的作用是织锦缎的质地，涩木的作用是提络纹纬的浮现部分。（图7-20《天工开物》中的花机图）

这种织机既可织提花织物，又可织素罗或小花纹织物。在织素罗或小花纹织物时，只须在织机上加挂绞综或增加综框即可，而不用花楼提花。在织不同厚薄、不同密度的品种时，可根据机式调整张经的方式，使其平放或倾斜，来调节打纬力的大小；还可用改变叠助木的重量，使之适应制织不同品种的织物。就如《蚕桑萃编》所云："花素机制，审度合宜。可织素，亦可织花。虽云下者谓之器，而化裁之变，神明存乎其人，即小足以见大，亦格致之理所及焉。如宁绸用六范六栈，贡缎用八范八栈。变用在人，不拘一格。"现代纺织学上的"五大"运动在《天工开物》所述文字和图中，都有所反映，说明这种织机的结构已比较完善。

比照机身平直的宋元时期小花楼提花机，《天工开物》所载小花楼提花机呈斜身式。因为将机身倾斜，可以提高打纬力度，这样就使织制功能愈加完善，《天工开物》特别提到这一点，说它"自花楼向身一接斜倚低下尺许，则叠助力雄"。叠助是打纬的主要部件，"叠助力雄"就是说打纬力大。从平至斜，看似变化不大，实则提高了织机性能，不仅能提高织物的质量，使织物内质坚牢精致，外观更加光亮平整，同时还促进了织物品种的发展和完善。另外，织机的斜身式改进，还为妆花技术的快速发展提供了前提条件，例如，明定陵出土的六则小团龙妆花纱匹料，就是用这种提花机织造的。需要指出的是受小花楼花本上机的限制，这种织机妆花纹样一般都比较小，色彩也不多，像定陵出土的小团龙妆花纹样，直径只有1.5寸，用色五种，无金包边，地为小万字纹，小花楼上机只须两耙花本即可。

小花楼提花机在织制不同的织物时，采用的操作技术是有区别的。《天工开物》是如是记载的：制织提花织物时，须两人共同操作，互相配合，"提花小厮坐立花楼架木上"提经（提花），织工坐在门楼下面织纬，"织者不知成何花色，穿综带经，随其尺寸度数，提起衢脚，梭过之后，居然花现"。织纱罗时，"视织绫绢者减轻十余觔力为妙。其素罗不起花纹与软纱绫绢踏成浪梅小花者，视素罗只加桃二扇，一人踏织自成，不用提花之人闲住，花楼亦不设衢盘与衢脚也。其机式两接，前一接平安自花楼，向身一接斜倚低下尺许，则叠助力雄。若织包头细软，则另为均平不斜之机，坐处斗二脚，以其丝微细，防遏叠助之力也"。织绫绢和织纱罗，各有提织技术。提织绫绢要"一梭一提"地使纵综浮起，"以浮经而见花"；纱罗的提织则是"来梭提，往梭不提"地使横综交结，"以纠纬而见花"。在方以智《物理小识》"花机"中也曾记述各种丝织品在花机上的织造方法，谓："筘率千二百齿，度经过糊，齿有兼缕。纱经三千二百缕，绫经五千六百缕，古八十缕为升，今之绸殆六十升也（嘉湖出口出水干丝为经，则任从提掣不忧断接）。机长丈六，起花楼，掘地藏足，中托衢盘（用千八百竹条），提花坐楼，以的杠卷丝，用两叠助木，尖插筘两头叠助者，罗空在软综，衮头两扇结综，一软一坚，纱亦在袞头制定也。织绫绸则去此两扇，而用桄综八扇。两手交织，曰纠纱；两梭轻，一梭重，曰秋罗；先染丝织者，缎屯绢也。绫绢以浮经见花，纱罗以纠经见花。绫绢一梭一提；纱罗来梭提，往梭不提。其独织者，浪梅小花视素罗，加桄二扇（潞油小云、温州方锦，皆独织者）。倭缎则斫绵夹藏经面，织过，刮成里光者也（织倭缎，先纬铁丝，而后刮之）。蜀锦刻丝，与通身盘龙盘枝，则截梭斗合，节节换法矣"。

（2）大花楼提花机

在《天工开物》龙袍篇里提到织龙袍机，说它机高一丈五尺。这可能是推测的高度，但无疑是大花楼提花机。在元代以前的文献中，没有出现过这种机型，因此，大花楼提花机应是明代发明的一种新式大型织机，这无疑是我国古代提花机具最高水平的代表。

利用大花楼提花机可以织造具有大花纹图案、多色彩、组织变化丰富的各类提花织物。而小花楼提花机由于装造结构的局限，只能织制花形较小、有多个并列单元的纹样，不能织造大花纹。以妆花技术为例，妆花最先是运用在小花楼提花机上的，但由于这种机型装造结构的制约，用它织造的妆花，都是在大面积地纹暗花上装点少量的鲜艳色彩，仅仅呈现一种锦上添花的效果，并不能充分体现妆花的特点。用大花楼提花机织造的妆花，则能充分地体现妆花富丽堂皇的特点。因此，大花楼提花机发明后，妆花技术就迅速发展起来。明清时期最精美的妆花织物，基本都是用大花楼提花机织造的。南京云锦妆花机，就是典型的大花楼提花机。

宋应星在《天工开物》中只是提到了大花楼提花机，没有对其进行详细的记述。关于这种提花机的结构及操作技术，在清代的一些文献中有比较详细的记载，并有这种织机的图形。

清代杨屾《豳风广义》、卫杰《蚕桑萃编》和陈作霖《凤麓小志》中，都有关于大花楼提花机的描述。杨屾是陕西兴平县桑家镇人，他在《豳风广义》中描述的大花楼提花机，是一种在陕西等地流行的提花机型制。而卫杰在《蚕桑萃编》中描述的花素机，则是流传在江南地区的大花楼提花机（图 7 - 21《蚕桑萃编》中的织纴图）。

《蚕桑萃编》中描述的花素机各部位名称繁多，归纳起来，其主要构件有：排檐机具、机身楼柱机具、花楼柱

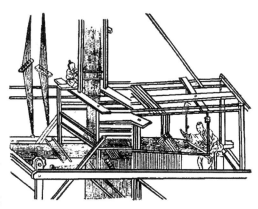

图 7 - 21　《蚕桑萃编》中的织纴图

机具、提花线各物、三架梁各物等。排檐机具包括排檐、敌花（经轴）、羊角、打角方等。排檐即送经部分；敌花（经轴）作卷经丝用，两头穿枪脚上圆孔；羊角（放经扳手）两个，每个八角，置经轴两头，放敌花则拉，不放不拉；打角方起着横栏羊角的作用。机身楼柱机具包括机身、楼柱、花门、燕翅等。机身即机床部

分；楼柱四根，置机身上，以起花楼；花门二根，置机身上；燕翅二根，管提花坐位。花楼柱机具包括花楼、花楼柱、花鸡、花绷、撇牵竹等。花楼即提花束综部分；花楼柱二根，花鸡一根，管花线上下灵动，使不损坏丝线；花绷二个；撇牵竹一根，使勿扑人腰前，提花省力。提花线各物包括提花线、脚子线、起撇竹、牵线、搭脚凳等。提花线即提花束综。提花线分二节，上节为牵，双线套一千二百根，每根或套三根，或套四根，随时计算；下节为猪（衢）脚线一千二百根双，每根绷竹签一根，共猪脚一千二百根。脚子线即花本线，长二丈，共六百根。过线长三尺，按花计算。起撇竹，十四根牵线，分左右不乱。下有搭脚凳一根，长六尺。三架梁各物包括三架梁、弓蓬篾、弓蓬绳等。三架梁一根，安弓蓬用；弓蓬篾六条，居中打眼，钉豆腐箱上，两头打眼，穿人字绳用；弓蓬绳（吊综绳）六根，人字绳上有槟榔竹六个，挂线（即吊综）用。

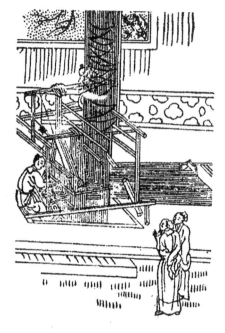

图 7-22　《蚕桑萃编》中的攀花机图

为加深人们对提花技巧的了解，《蚕桑萃编》还在"图说"篇中用简明易懂的语言介绍了"攀花"之神奇。云："巧制争看濯锦多，宵灯夜月苦抛梭。天然百种新花样，织就云裳与雪罗。攀花须上下两人，一人织锦，一人提花。花样无穷，提法不一。大抵提花宜精，纺织宜巧。吴蜀手艺最佳。如法为之，自臻神化。"

陈作霖《凤麓小志》中记载的大花楼提花机的部件名称，总计有：鼎机石、站桩、腰机脚、机头、腰机横档、机颈子、坐板、狗脑、海底楔、靠山楔、局头、衬局、局头槽、穿扎、压伏、拖机布、较尺、辫、千斤桩、伏辫绳、遭线、遭线管、三架梁、鹦哥架、鸭子嘴、鸡冠、鹦哥、仙桥、穿心竹、菱角钩、钓篾、范子、范梁、范子脚、脊刺、鸽子笼、弓蓬、障子、钓障绳、肚带绳、带障绳、拽范绳、合档竹、老鼠尾、脚竹、脚竹钉、脚竹桩、楼柱、横档、冲天柱、冲天盖、千斤筒、牵、龙骨、渠撇竹、猪脚盘、猪脚、猪脚线、猪脚坑、打丝板、筐匣、筐盖、筐闩、底条、钓筐绳、牛眼睛、燕子窝、护梭板、筘、筘齿、边齿、筘门、樟杆、虾须绳、搭马、搭马竹、锯子齿、钓鱼杆、立人、立人钉、立人销、鬼脸、撞机石、立人盘、立人椿、排雁、排雁槽、迪花、包迪布、枪脚、鼎桩、羊角、锁鼻、边爬、扣边绳、绺头爬、云棒、梭子、文刀头、边鹅眼、蜡尺、纬盆等。各主要机件在织机上的大体作用和位置如是：鼎机石埋于机头固定机身。站桩是固定机腿的石桩。腰机脚是支撑机身的立柱。机头是织工操作部位。腰机横档前后各一根。机颈子是机身竹筘至局头的部位。坐板是织工和拽工的座位。狗脑是指局头轴座。海底楔是指狗脑下部紧固件。靠山楔是指狗脑边侧紧固体。局头是指卷布轴。衬局是指局头上衬纸。局头槽是指局头上开的条槽，嵌入穿扎压伏固定丝头。穿扎由竹制成，穿径嵌入局头槽。压伏是木条，压牢穿扎压条。拖机布是覆盖在局头货面上的布，布上放绒管。较尺作绞紧局头用。辫是绳子，用作缠拴耗尺上绞。千斤桩是耗尺上绞的支点。伏辫绳用作固定拖机布，防绒管滚出。遭线是计量织造长度的丝线。遭线管是遭线坠线用小管。三架梁是顶梁、鹦哥架、干出力的三梁总称，也单指顶梁。鹦哥架是安装鹦哥的架梁。鸭子嘴是顶梁门楼上的支柱。鸡冠用作调节顶梁高低。鹦哥是范子提升的杠杆。仙桥作间隔鹦哥用。穿心竹是穿联鹦哥的轴心。菱角钩是鹦哥附件，用作吊挂范篾。钓篾是吊范用竹片条。范子是起地部组织的起综。范梁是范子上下边框。范子脚是范子两边的框柱。脊刺是范子扣编组定位竹，用作转范子。鸽子笼是固定弓蓬竹的方框，可移动。弓蓬是障子回升装置。障子是起花部组织的伏综。钓障绳是障子与弓蓬连接的绳子。肚带绳是障子两脚下拴系的绳子。带障绳是连接障子脚竹与肚带绳子的绳子。拽范绳是连接鹦哥与横沿竹的绳子。合档竹用作分隔范、障，便于接断头。老鼠尾是横沿竹左端固定部件。脚竹是控制范、障运动的踏杆组件。脚竹钉是穿在脚钉顶端的粗铁丝。脚钉桩用作固定脚竹芯之用。楼柱是花楼支柱。横档是楼柱框架连结横档。冲天柱是挂纤线的上部花楼柱。冲天盖是冲天柱的横档。千斤筒是吊挂纤线的竹筒。牵是提花综线。龙骨是纤线编组定位的竹棍，用作转纤。渠撒竹多作把吊装置分隔则花用。猪脚盘是编排柱脚的竹竿。猪脚是衢脚，相当于现代提花机下柱。猪脚线即衢线。猪脚坑是坑机之坑，容脚竹、柱脚等部件。打丝板是纤前经面上，压浮挂职经丝。筐匣是箔框下边框。筐盖是箔框上边框。筐闩是上、下箔框连接件。底条装在框匣上，托经走梭。钓筐绳用作提吊、调节箔框高低。牛眼睛是吊框绳上调节环。燕子窝是框闩后部凹槽，放撞杆尖。护梭板是箔两端空余处镶嵌的薄板。箔作打纬、固定门幅用。箔齿是竹箔里的细竹齿。边齿是竹箔上两边入边经的粗齿。箔门是细竹丝四根，分上下两组缝在箔上。樟杆是打纬装置连接立人和箔框的长杆。虾须绳是连接撞杆与箔框的绳子。搭马是横竹板，控制撞杆运动。搭马竹是用绳连接搭马的踏杆。锯子齿是锯齿状木条，用作调节撞杆制动箔框位置。钓鱼杆是竹制搭马运动弹簧。立人是撞杆支架及摆动装置的总称。立人钉是立人摆动的轴心。立人销是连接撞杆与立人上马头的插销。鬼脸是立人柱上支托撞机石的厚木板。撞机石是立人柱上增加打纬力的石块。立人盘是立人的基座。立人椿是固定立人的石桩。排雁是机后部连接机身与枪脚的构件。排雁槽是排檐连接机身的燕尾形槽口。迪花是经轴。包迪布是经轴衬布。枪脚是经轴支架底座。鼎桩是固定枪脚的木桩。羊角是经轴定位八角齿轮。锁鼻是枪脚搭角方上拴牛鼻绳的洞眼。边爬是卷绕边经的小木框。扣边绳是分开边经，避免缠绞的锁边。绺头爬小于边爬，绕经，轴余丝用。云棒是找断头分经的竹棒。梭子作投梭用。文刀头是纹刀头部包的金属丝。边鹅眼是纹刀头部穿织零散扁金的洞眼。蜡尺是作经丝、纤线上蜡用。纬盆作装纬管用。

利用大花楼提花机织造丝织物时，需要两人分工协作共同操作。一人在花楼上专门负责提花，一人在机前负责抛梭装彩织造。负责织造的人要手脚并用，还要与负责提花的人互相呼应、协调一致。负责提花的人，要配合织造的人，将织造所需要的提花经准确无误地提拽起来。提花工和织造工互相配合好，才能圆满地完成织造任务。

在我国古代传统手工织机织造工艺中，大花楼提花机的织造工艺是最复杂的。明清时期用大花楼提花机织造的织物，主要是各类妆花织物，所织的具体品种不同，其工艺技术也有一些差异。因妆花是属于多彩的纬锦织物品种，织造妆花织物时，要通过局部挖花盘织，把各种彩色花纬线按纹样织入锦缎。也正是由于以挖花作为表现纹样的主要手段，所以妆花配色十分自由，能达到逐花异色的效果。

挑花结本工艺是我国古代花楼提花织机生产上的一项关键工艺和重要环节，明清时期的大花楼提花机织造织物时，亦采用挑花结本工艺技术。花本是提花束综起沉的依据。结花本有三个工艺过程：挑花、倒花和拼花。其中挑花是结花本的最基本工艺，它对于纹样正确显示于织物上起决定性作用。挑花结本在挑花绷上进行，但在编织大块面花纹时，因挑花绷子的宽度所限，就按纹样的复杂程度，分两半挑花后进行拼花，制成完整的花本。挑花一般是先设计纹样稿，然后再按纹样设计稿挑出花本，挑出的第一本花本称为"祖本"（即母本）。"祖本"一般是作为一块新花的原始"模本"保存的（带有档案资料性质），需要上机织造时，就用"倒花"工艺方法，从祖本中倒出（即复制出）一本同样的花本来供上机使用。这种复制出来供上机织造使用的花本（即子本）称为"行本"。在清代的官营丝绸工场中，纹样设计和挑花结本，均由水平很高的专门匠师承担。在民间，也有一些专门从事纹样设计和挑花结本工作的人[64]。

三、漂练印染工艺

（一）漂练工艺

明清时期的丝绸精练，基本是沿袭已有的草木灰浸渍脱胶和生物化学脱胶技术。如《天工开物》载："凡帛织就，犹是生丝，煮练方熟。练用稻藁灰，入水煮以猪胰脂陈宿一晚，入汤浣之，宝色烨然。或用乌梅者，宝色略减。凡早丝为经，晚丝为纬者，练熟之时，每十两轻去三两，经纬皆美好早丝，轻化只二两。练后日干张急，以大蚌壳磨使乖钝，通身极力刮过，以成宝色。"值得注意的是文中提及的乌梅和对蚕丝脱胶量的描述。乌梅与前述《多能鄙事》所载"用胰法"中的瓜蒌一样，含有丰富蛋白酶，在精练丝绸时，其蛋白酶可对丝胶蛋白进行催化水解，使生丝脱胶。将它作为练剂使用，说明当时生物酶练剂的种类有所增加。早丝为一化性蚕丝，晚丝为二化性蚕丝，从所述练熟后两者丢失的重量看，前者丝胶含量低于后者，练后脱胶程度在20%～30%之间，这大致与现代练丝的练减率相符[65]，说明当时对练减率的掌握是相当准确的。

为提高棉布的印染加工质量，使其具备更好的渗透性和自然白度，至迟在清代，传统的以草木灰液槌捣丝、麻的精练技术被运用于棉布精练。据调查，江南地区棉布精练广为流行的工艺是灰水槌捣法和发酵槌捣法。前者的工艺过程较为简便，先将棉布放入草木灰水中浸煮，取出槌捣洗净后再曝晒，并如此反复多次。后者是先将棉布浸压在盛贮有发酵液的砂缸中一昼夜，取出置于木台上用木棒槌捣后，再将棉布浸压于发酵液中，如此反复多次，至手感柔软时取出洗净，精练即告完成。发酵液多采用小麦粉的洗面筋残液，也可将小麦麸皮直接发酵配成液。

发酵液中所含有的大量果胶酶、蛋白酶和纤维素酶，均有助于去除棉纤维上的天然杂质，并有退浆和练白作用。此法具有精练速度快和制品手感柔和等特点[66]。

此时对练染用水的水质非常重视，出现了许多令人称道的经验总结，如"大而江河，小而溪涧，皆流水也。其外动而性静，其质柔而气刚，与湖泽陂塘之止水不同。然江河之水浊，溪涧之水清……性色迥别，淬剑染帛，色各不同"[67]。湖州丝帛色泽甲于各省，是因"其染时乘春水方生，水清而色泽"[68]。蜀锦之所以艳丽，缘于人工之巧和水色之佳，其"沤法须用清水，水清则色艳。暴时不可过高，过高则质燥。近来成都机房，多于锦江河濯帛，而暴之于地上，故蜀锦最佳"[69]。

（二）染色技术

同时期文献资料记载的染色工艺及染料制取方法，翔实地展示出当时在植物染料的采集、加工、染色工艺及色谱扩展等方面所积累的经验和创新，表明当时的染色工艺技术比前代有了进一步的发展。

染色工艺方面。根据染料性能和染色过程，染料可分为直接染料、还原染料、媒染染料三大类，染色工艺可分为浸染、套染、媒染三大类。宋应星《天工开物》卷三"彰施"篇记载了13种常用植物染料和26种色调染法。13种染料计有：红花、苏木、乌梅、黄栌、黄檗、菘蓝、蓼蓝、苋蓝、马蓝、木蓝、槐、栗、莲等。26种色调为：大红、莲红、桃红、银红、水红、木红、紫色、赭黄、鹅黄、金黄、茶褐、大红官绿（深、浅）、豆绿、油绿、天青、葡萄青、蛋青、翠蓝、天蓝、玄色、月白、草白、象牙色、藕褐、包头青色、毛青布色。其中属直接染料的有红花、黄檗；属还原染料的有菘蓝、蓼蓝、苋蓝、马蓝、木蓝；属媒染染料的有苏木、乌梅、黄栌、槐、栗、莲。

可直接染得的色调有大红、莲红、桃红、银红、水红、赭黄、翠蓝、天蓝、月白、草白、象牙色、毛青布色。其中大红色染法如下：大红色的原料是红花饼，用乌梅水煎出后，再用碱水澄几次，或用稻草灰代替碱，效果相同。澄多次之后，色则鲜甚。我们知道，红花中含有红色素和黄色素，红色素不溶于酸，而容于碱，黄色素反之。乌梅水呈酸性，将红花饼用乌梅水煎的目的是进一步祛除黄色素，提纯红色素。莲红、桃红、银红、水红四色，原料亦是红花饼，工艺同大红色，不过颜色的深浅随红花饼的分量增减而定。另据《闽部疏》所记，染红以京口为有名，当时福建因为"红不逮京口，闽人货湖丝者，往往染翠红而归，织之"。

套染得到的色调有豆绿、鹅黄、天青、葡萄青、蛋青、玄色。其中豆绿色是先用黄檗水染，再用靛水套染。如用苋蓝套染，可得甚为鲜艳的草豆绿。鹅黄、天青、葡萄青、蛋青、玄色诸色套染工艺则见表7-1。这些色调俱用蓝靛，据记载，当时蓝草生产以福建的泉州、赣州等地最著，如万历《闽大纪》说："靛出山谷，种马蓝草为之。……利布四方，谓之福建青。"万历《泉州府志》说泉州主要产两种蓝，"叶大高者为马蓝，小者为槐蓝，七邑皆有"。天启《赣州府志》说：赣州"种蓝作靛，西北大贾岁一至，泛舟而下，州人颇食其利"。

表 7-1　《天工开物》所载鹅黄、天青、葡萄青、蛋青、玄色诸色套染工艺

色　调	染　料	一　染	再　染
鹅　黄	黄檗、蓝靛	黄檗煎水染	靛水盖上
天　青	蓝靛、苏木	入靛缸浅染	苏木水盖
葡萄青	蓝靛、苏木	入靛缸深染	苏木水深盖
蛋　青	黄檗、蓝靛	黄檗水染	入靛缸
玄　色	蓝靛、芦木、杨梅皮	靛水染深青	芦木、杨梅皮等分，煎水盖

　　媒染得到的色调有木红、紫色、金黄、茶褐、大红官绿（深、浅）、油绿、藕褐、包头青色。其中木红染法如下：用苏木煎水，加入明矾、五倍子染成。苏木是媒染染料，其内含的苏枋隐色素，能在空气中迅速氧化成苏木红素，这种色素在不同媒染剂中能染得不同色彩。五倍子系倍蚜科昆虫角倍蚜或倍蛋蚜，在其寄生的盐肤木上刺激叶细胞而形成的虫瘿，其内含单宁酸，最初主要是入药，用于染色的最早记载见于宋寇宗奭《本草衍义》，其文甚简略，只有"五倍子，今染家亦用"一句话，元明以来被推广应用于染皂。可见染木红的工艺实为套媒，即先用明矾预媒，再用五倍子套媒得红黑色。紫色、金黄、茶褐、大红官绿、油绿、包头青色诸色所用染料、媒染剂及工艺则见表 7-2。

表 7-2　《天工开物》所载紫色、金黄、茶褐、大红官绿、油绿、
包头青色、玄色诸色媒染工艺

色　调	染　料	媒染剂	工　艺
紫　色	苏木	青矾	苏木水打底，再用青矾处理
金　黄	黄栌	麻藁灰淋碱水	先用黄栌水染，再用灰水漂
茶　褐	莲壳	青矾	莲壳煎水染，再用青矾处理
大红官绿	槐花、蓝靛	明矾	槐花煎水染，明矾媒染，蓝靛盖染
油　绿	槐花	青矾	槐花薄染，再用青矾处理
包头青色	栗壳或莲子壳	铁砂、皂矾	先在栗壳或莲子壳水中煮一天捞出，再在铁砂、皂矾锅内煮一夜
玄　色	蓝芽叶	青矾、五倍子	用蓝芽叶水浸过，然后放入青矾、五倍子浸泡

　　明清时染坊以色别而分业，一个染坊只能染一个或几个近似色调，上述这些色调基本上都是分别由不同染坊所出。据《太函集》载，芜湖染业颇为发达，那里有专门染制一种颜色的红缸、蓝缸等类作坊，万历时一个叫阮弼的人开的染局，生意特别兴隆，以致"五方购者益集，其所转毂，遍于吴、越、荆、梁、燕、豫、

齐、鲁之间，则又分局而贾要津"[70]。又据褚华《木棉谱》卷一一载："染工。有蓝坊，染天青、淡青、月下白；红坊，染大红、露桃红；漂坊，染黄糙为白；杂色坊，染黄、绿、黑、紫、古铜、水墨、臼牙、驼绒、虾青、佛面金等。"由此可见染坊因所染之色而得名，且所染色调分工非常明确。当时染必用灶，染坊用灶加热染液已是非常普遍的工艺，同治《湖州府志》卷三三载："染有灶，有场，有架，名皂坊。"

染料的制取和保存方面。蓝靛和红花是中国古代应用最广的染料，其制取技术在魏晋时期就已非常成熟，至明代，有关的记载更加简明实用。关于制靛，宋应星《天工开物》卷三"彰施"篇载："凡造淀，叶与茎多者入窖，少者入桶与缸。水浸七日，其汁自来。每水浆一石，下石灰五升，搅冲数十下，淀信即结，水性定时，淀沉于底。近来出产，闽人种山皆茶蓝，其数倍于诸蓝。山中结箬篓，输入舟航。其掠出浮沫，晒干者曰'靛花'。凡靛入缸必用稻灰水先和，每日手执竹棍搅动不可计数。其最佳者曰'标缸'。"所述内容与贾思勰《齐民要术》基本相同，但有些地方更为详细，如蓝草水浸时间远较前者为多，这主要是为了增加靛蓝的制成率，当然也具备了更多的实用性。关于制红花饼，《天工开物》卷三载：红花"入染家用者，必以法成饼，然后用，则黄汁净尽，而真红乃现也"。制红花饼法是："带露摘红花，捣熟，以水淘布袋，绞去黄汁。又捣，以酸粟或米泔清又淘，又绞袋去汁。以青蒿覆一宿，捏成薄饼，阴干收贮。染家得法，我朱孔扬，所谓猩红也。"魏晋时由于制红花饼技术尚未过关，经常发生霉变，故《齐民要术》不主张在"染红"时用饼，云："蓆上摊而曝干，胜作饼。作饼者，不得干，令花浥郁也。"明代时"染红"已必用饼，表明制红花饼技术已经成熟，而防止红花饼霉变办法是在制饼过程中加入青蒿。现代科学分析亦证明，属菊科植物的青蒿确实有杀菌防腐的作用。需要指出的是，我国古代不但能够利用红花染色，而且能从已染制好的织物上，把已附着的红色素重新提取出来，反复使用。这在《天工开物》卷三"彰施"篇里也有明确记载，云："凡红花染帛之后，若欲退转，但浸湿所染帛，以碱水、稻灰水滴上数十点，其红一毫收转，仍还原质。所收之水，藏于绿豆粉内，放出染红，半滴不耗。"其原理是利用红色素易溶于碱性溶液的特点，把它从所染织物上重新浸出。至于将它储于绿豆粉内，则是利用绿豆粉充作红花素的吸附剂。这也说明当时染匠对红花染色特性的认识是相当深刻的。

此外，在染料成品的加工工艺中，槐花的保存方法也颇值得注意。由于槐花的收取季节性较强，采摘后必须经过处理方能长期贮存和大量贩运。最初采用的方法是先蒸后晒，元末明初《墨娥小录》卷六"采槐花染色法"说："收采槐花之时，择天色晴明日，早起采下，石灰汤内漉过，蒸熟，当日晒干则色黄明。或值雨，若隔夜不干，便不妙。煎汁染色时，先炒过碾细。"到了宋应星生活的年代，人们已将槐花分为花蕾及花朵，并分别进行加工处理。据《天工开物》卷三"彰施"篇载：加工花蕾的方法是"花初试未开者曰槐蕊。绿衣所需，犹红花之成红也。取者张度篾稠其下而承之。以水煮一沸，漉干捏成饼，入染家用"。加工花朵的方法是"既放之花，色渐入黄，收用者以石灰少许晒拌而藏之"。据现代对槐花中黄色槐花素的检测，新鲜花蕾中槐花素含量较丰富，染色力强，染家采集后最好趁新嫩时立即使用。而花朵含槐花素相对低一些，长时间贮存对其染色效果影响不大，所以将它采集后晒干，再加拌石灰，以供其他季节使用[71]。《天工开物》记载的花蕾及花朵处理措施，既简易又相当科学。

明清时期染料加工和保存工艺之出色，在染料出口数量中也得到反映。仅光绪初年，红花从汉口输出达 6000 担；茜草以及紫草从烟台输出达 4000 担；五倍子达 20000 多担，郁金从重庆输出到印度达 60000 担，而用红花制成的胭脂绵输出到日本的数量更为可观。

色谱方面。明清两代，随着染色技术的空前发展，不仅配色、拼色所用色彩范围有了更多可供选择的余地，还促使织物色彩的色谱衍生得更为广泛。据统计，在《天工开物》、《天水冰山录》、《蚕桑萃编》、《苏州织造局志》、《扬州画舫录》五书所载织物色泽及染色名目中，红色调有大红、莲红、桃红、水红、木红、暗红、银红、西洋红、朱红、鲜红、浅红、粉红、淮安红等；黄色调有黄、金黄、鹅黄、柳黄、明黄、赭黄、牙黄、谷黄、米色、沉香、秋色、杏黄等；绿色调有绿、官绿、油绿、豆绿、柳绿、墨绿、砂绿、大绿、鹦哥绿等；蓝色调有蓝、天蓝、翠蓝、宝蓝、石蓝、砂蓝、葱蓝、潮蓝、湖蓝等；青色调有青、天青、元青、赤青、葡萄青、蛋青、淡青、包头青、雪青、石青、真青、太师青、沔阳青等；紫色及褐色调有紫色、茄花色、酱色、藕褐、古铜、棕色、豆色、沉香色、鼠色、茶褐色等；黑白色调有黑、玄色、黑青、白、月自、象牙白、草白、葱白、银色、玉色、芦花色、西洋白等。《扬州画舫录》卷一说，这些色调有以地命名的，如淮安红、沔阳青；有以形色定名的，如嫩黄似桑初生，鹅黄似蚕欲老，杏黄为古兵服；有以其店之缸命名的，如太师青即宋染色小缸青；有依习惯命名的，如玄青，玄在缁缙之间，合青则为魋黯。实际当时染色所得的色谱应远远不止这些，故张謇在《雪宦绣谱》中说·以天地、山水、动物、植物等自然色彩，深浅浓淡结合后，可配得色调 704 色。如此多的色彩，特别是在一种色调中明确区分出多层次的几十种近似色，要靠熟练地掌握各种染料的组合、配方及工艺条件方能达到。

（三）印花缬染工艺

明清时期印花制品以物美价廉的印花布最具特点，广大城乡居民盛行用它作为被里、衣巾、罩单、包裹、窗帘、门帘等日用品。其印花之法有二，一曰"刮印花"，一曰"刷印花"，具体工艺褚华《木棉谱》记载甚详，谓："其以灰粉掺胶矾涂作花样，随意染何色，而后刮去灰粉，则白章灿然，名刮印花。或以木板刻作花卉人物禽兽，以布蒙板而研之，用五色刷其研处，华彩如绘，名刷印花。"所谓刮印花，实际就是民间蓝印花布的印制之法。此法据《古今图书集成》卷六八一说："出嘉定及安亭镇，宋嘉定中归姓者创为之"，当时称为"药斑布"或"浇花布"。明清时蓝印花布在江苏、浙江、湖北、湖南、江西及四川各地均有生产，其中江苏的苏州和南通所产甚为有名。

蓝印花布属镂空版白浆防染印花产品，印制工艺简便，印花时先把镂空花版铺在白布上，用刮浆板把防染浆剂刮入花纹空隙漏印在布面上，浆干后放入靛蓝中浸染数遍，染后晾干刮去防染浆粉，即显现出蓝白花纹。具体工艺流程如下：

镂刻花版——刮浆——染色——晾晒——刮灰——清洗——晾晒

镂空版的版体是以木板或浸过油的硬纸板为之，为便于均匀涂刷印浆和印制后无明显的接版痕迹，版体宜薄，上面刻的花纹单元须能四方衔接。刻版方法和阴刻剪纸相同，只是连线要牢，强调匀称。纸版刻好后再涂一层桐油，以增加牢度，不易因刮浆而变形。因雕版需要一定的技术，通常由专业人员或作坊雕制后卖给染坊。据《墨娥小录》载，在元末明初的杭州印花业中，雕花匠人的地位最高。清代末年，苏州著名雕版艺人李光星所雕花版，图案精美，线条流畅，畅销邻近各省[72]。

　　蓝印花布有蓝地白花和白地蓝花两种形式。蓝地白花布只用一块花版，这块花版的特点是构成纹样的斑点互不连接。白地蓝花布则需用两块花版套印，即一个主版，一个副版。副版的作用是把花版的连接点和需留白地之处遮盖起来，以割断若干不必要的线条连接，使蓝色花纹更好地被衬托出来。防染白浆一般是用黄豆粉和石灰调制而成，有时也根据花型要求采用糯米粉和石灰调制。

　　染色所用植物染料为蓼蓝制成的蓝靛，因蓼蓝本身具有除虫清毒之功效，其汁所染之布蚊虫避之，李时珍《本草纲目》曾介绍如果被毒箭所伤，一时找不到草药，可"以青布渍汁"，吸其汁解毒。

　　刮灰时用力一定要适中，以免刮坏棉布。刮灰后布经清洗，灰浆处露出本色，布面呈现出蓝地白花的面貌。而在灰浆块大的地方，灰层在染色的卷动中自然裂开，蓝靛随着裂缝渗透到坯布上，留下了人工无法描绘的自然纹理。

　　因受到刮浆、染色、晾晒等工艺因素的影响，蓝印花布的长度一般最长为10余米，晾晒时由染色师傅用长竹竿将湿布挑到7米高的晒架上。

　　蓝印花布的纹样设计，普遍运用象征、比喻、谐音等手法，所以选用的纹样素材往往含有某种吉祥的意义，如五福（蝙蝠）捧寿、吉庆有余（鱼）、狮子滚绣球、鲤鱼跳龙门、菊花瓣、牡丹瓣、梅花瓣等。这些取材于民间传说或瑞草、祥兽的纹样，都是利用点、线、面来展示物象特征的，绘法以意写实，大胆而夸张，整体风格自然古朴，尽显浓郁的乡俗民情和厚重的文化积淀。

　　谈及明清的印花缬染工艺，值得一提的还有少数民族一些具有民族特色的印花缬染制品，如维吾尔族的印花布，苗族的蜡染和白族的扎染制品[73]。

　　维吾尔族的印花布是新疆地区非常流行的纺织品，具有鲜明的民族风格，蕴含着维吾尔族人民基于历史传统和宗教信仰等多个方面的文化观念，充分反映了维吾尔族人民独特的审美情趣，长期以来维吾尔族人盛行用它作为棉袍衬里、腰巾、罩单、窗帘、门帘、尘垫套、壁挂、礼拜单、墙围布和炕围布。清代时，维吾尔族人用他们创制出的木模戳印和木滚印花技术印制花布。前者是用雕刻有图案的木模，蘸上各种天然植物、矿物染料，手工戳印到布匹上。一般的模戳面积都不大，但它代表着一个单独纹样。采用不同拓印形式，可得到不同纹样。如用一个模戳，可以拓印二方连续和四方连续纹样；用两个或两个以上方不同纹样或填色模戳组合，可得到更大纹样的整体图案。后者是在圆木上雕刻图案，采取滚印方式循环印制花纹。木模戳印特别适宜印制小幅图案花纹，木滚特别适宜印制大幅图案花纹。维吾尔族人的花布图案多取材于现实生活和大自然中的各种物象，最常见的有各种花卉和生活用品纹样，如巴旦木花、石榴花、牡丹花、芙蓉花、梅花以及壶、盆、瓶、炉、坛、罐等。此外，还有各种几何图形，如方、圆、三角、菱形、星形、新月形、直曲线条、锯齿形等。不过由于受伊斯兰教规禁约所致，纹样中见不到表现灵魂物体的形象，如人和动物的图案。

明清时期，蜡染是苗族的主要印花方法。其蜡染工艺流程有：布面制作、蜡液制作、蓝靛制作、上蜡、浸染、脱蜡、缝合等十余道工序。其中上蜡最为关键。据调查，上蜡方法有两种：一是利用印花的镂空版，即先用镂空版夹压好织物，再往镂空处灌注蜡液；二是用三至四寸的竹笔或铜片制成的蜡刀，在平整光洁的织物上绘出各种图案。待蜡冷凝后，将织物放到染液中浸染，然后用沸水煮去蜡质。祛除蜡后的织物，原先有蜡的地方，蜡防止了染液的浸入而未着色，在周围已染色彩的衬托下，呈现出白色花纹图案。由于蜡冷凝后的收缩以及周围的褶绉，蜡膜上往往会产生许多裂痕，入染后，染料渗入裂缝，成品花纹就出现了一丝丝不规则的色纹，形成蜡染制品独特的花纹效果。所用蜡液一般由蜜蜡或虫蜡混合松脂经加温溶化而成，混合比例视冷凝后需要的软硬要求而定。画蜡时，蜡温一定要合适，过高，易使织物变黄，影响织物花纹色泽；过低，蜡不易流动，描绘出的花纹粗细不匀。蜡温通常以画蜡后蜡液能迅速渗透到织物背面时为好。蜡染的制作工具主要有铜刀（蜡笔）、瓷碗、水盆、大针、骨针、谷草、染缸等。制品多为靛蓝单色染，即蓝地白花，用色两种以上的制品很少，这是因为蜡质不耐高温，染色只能在常温或低温中进行，而靛蓝便是一种可在常温下染色的染料；再者进行复色染，须考虑不同颜色的相互渗润，花纹不能设计得太小，而大花纹又不适于衣着服饰，故复色蜡染制品只是一些用量相对较少的幛子、帷幔等大的装饰用布。其传统纹样色调素雅，富有民族特色，主要有蝴蝶纹、鱼鸟纹、蜈蚣纹、龙纹、马蹄纹、旋涡纹、梨花纹、铜鼓纹等。其传统产品主要为女性服装、床单、被面、包袱布、包头巾、背包、提包、背带、丧事用的葬单等。

扎染在云南大理地区有着悠久历史。据史载：唐贞元十六年（800年），南诏舞队到长安献艺，所着"鸟兽草木，文以八彩杂革"的裙襦，即为扎染而成，表明当时穿扎染服装在白族地区已成民间时尚。明清时期，洱海白族地区的染织技艺得到进一步发展，出现了染布行会，所产卫红布、喜洲布和大理布更是名噪一时的畅销产品。其扎染用面料多为纯棉布、丝绵绸或麻纱，以蓼蓝、板蓝根、艾蒿等天然植物为主要染料，所用工具有染缸、染棒、晒架、石碾等。整个工艺过程可分为设计、上稿、扎缝、浸染、拆线、漂洗、整检等工序。其中扎花和浸染两个环节最为关键。扎花是以缝为主、缝扎结合的手工扎花方法，具有表现范围广泛、风格独特、变幻无穷的特点。结扎时，既要求牢固，不易滑脱，又要便于染后拆线。浸染采用手工反复浸染工艺，形成的花纹图案一般多呈柔和的色调，而花纹的边缘则由于受到染液的浸润，很自然地形成从深到浅的色晕，使花形看起来变幻玄妙、层次丰富。扎染图案多取材于当地的山川风物，或苍山彩云，或洱海浪花，或塔荫蝶影，或神话传说，或民族风情，或花鸟鱼虫。

第三节 繁多的织物品种

明清时期，古代纺织技术发展到了鼎盛。在此期间，随着纺织技术和机具的完善，无论是丝织品，还是棉织品、毛织品、麻织品，品种之繁多，都远胜从前。由于这些丝织品名目充斥于各类文献记载中，为便于说明，我们仍按前几章的方式，从明清时期的纺织生产规模、国内外纺织品贸易、明清统治者征收的纺织品以及出土纺织品文物等几个方面予以展示和说明。

一、丝织品

（一）明代丝织品

1. 官营丝绸工场生产的丝织品

明代在京城和地方设有众多的官营织染机构，工场的规模大大超过前代。有南北两京的内织染局和工部织染所，南京神帛堂和供应机房共 6 个单位和 23 个地方织染局。朝廷直接管辖的南京织染局专织各色绢布及文武官员诰敕，额设织机 300 余张，军民工匠 3000 余名。神帛堂专门织造祭祀用的神帛，额设织机 40 张，食粮人匠 1200 余名，后仅存 800 余名，每十年一次料造，共织帛 13690 段[74]。供应机房则是从内织染局取料加工的。此外，在北京还设有外织染局，掌染造御用及宫内应用缎匹、绢帛之类[75]。地方织染局均设在纺织业比较兴旺的地方，据《明会典》记载，设置有织染局的地区计有：浙江的杭州府、绍兴府、严州府（今建德梅城）、金华府、衢州府、台州府（今浙江临海）、温州府、宁波府、湖州府、嘉兴府；福建的福州府、泉州府；南直隶的镇江府、苏州府、松江府、徽州府（今安徽歙县）、宁国府（今安徽宁国县）、广德州（今安徽广德县）；山东的济南府；设置布政司的有：江西布政司、四川布政司、河南布政司。

官营丝绸工场的规模是相当大的，工场内的工匠人数也是相当多的。例如，明太祖洪武二十六年（1393 年）规定，各地到京师轮班役作匠户名额为 232089 名[76]。永乐年间（1403～1424 年），由南京迁到北京的民匠户共有 27000 户。正德年间（1506～1521 年），仅乾清宫一处，就有"役工匠三千余人"[77]。又如，据《明会典》卷一八九"工匠"记载，嘉靖年间（1522～1566 年），革去老弱病残等 15000 多人，还存留工匠 12255 名。这些工匠都是在内府各监局做工，其中内织染局有匠官 87 人，工匠 1343 名。

在各地设置的织染局中，苏州织造局和杭州织染局的规模比较大。

嘉靖年间，苏州织造局的"局之基址，共计房屋二百四十五间，内织作八十七间，分为前、后、中、东、西堂；又大堂两房、东西厢房等处机杼，共计一百七十三张，掉落作二十三间，染作一十四间，打线作七十二间"。有"各色工匠计六百六十七名，每名给月食粮四斗……在局工作"[78]。另据《杭州府志》记载，永乐年间，杭州织染局内有房屋 120 余间，分为织、罗二作坊。

如此规模的官营工场，每年生产的丝绸是相当多的。据《明史·食货志》记载，明初，苏、杭、松、嘉、湖五府造有常额。天顺四年（1460 年），遣中官往苏、杭、松、嘉、湖五府于常额外增造彩缎七千匹；正德元年（1506 年），令应天、苏、杭诸府造一万七千余匹；隆庆年间（1567～1572年），添织渐多，苏、松、杭、嘉、湖岁造之外，又令浙江、福建、常、镇、徽、宁、扬、广德诸府分造缯万余匹。万历年间（1573～1620年），频数派造，岁至十五万匹，相沿日久，遂以为常。据《明神宗实录》卷四〇五的记载，万历三十三年（1605年），皇帝用袍、缎一万六千余套、匹，又婚礼缎九千六百余套、匹。该年，内府新派改缎一十八万匹，后减一半。

依附于朝廷的官营工场，资金充足，并且集聚了大批高水平的纺织技术工人和大量最好的纺织机具，生产往往不计工本，因而能织造出各种极为华贵精美的高档丝织物。在明世宗时宰相严嵩籍没物品登记册《天水冰山录》中，有大量的衣服和纺织品，其中匹缎计有：织金妆花缎、绢（包括织金妆花绢）、罗、纱、绸、改机、绒褐、锦（包括宋锦、蜀锦、妆花锦）、绫（包括织金绫）、顶幅、布（包括织金妆花丝布、云布、焦布、苎布、棉布）、葛（包括织金过肩蟒葛）等；各色衣服有：织金妆花缎、绢、罗、纱、绸、改机、绒、丝布衣、蟒葛衣、洒线裙襕等；另有刻丝（缂丝）画补（包括纳绣、纳绒）及被褥、帐、幔等；还有毡条、绒线毯、丝绦鸾带、线等。其中列举产地名称的有南京、潮、潞、温、苏的云素绸；嘉兴、苏、杭、福、泉的绢；松江的绫；列举加工特点的有晒白、刮白苎葛布等。这些精美绝伦的纺织品，民间因财力和技术桎梏，绝大部分都是出自上述各地的官营工场。

2. 赋税中的丝织品

据《明会典》记载，明代初期夏秋两税每年征收绢二十八万八千五百余匹。明代初期夏税规定交麦，秋税交米，准以布帛折米代秋税。明初征收的上面提到的绢该是以绢折米代交秋税的。另外，前文提到洪武时规定有田者如不按规定种桑的，人要罚交绢，这也是明代统治者获取丝绸的手法之一。后来，税收中还规定交丝。稍后又规定准许以绢折丝代交丝税。夏、秋税粮以米、麦为"本色"，除"本色"以外，其他折纳税粮之物，都谓之"折色"。所谓"农桑丝"与麻、棉，以及不种桑、麻、木棉所罚纳之绢布，理应也属于"本色"。但后来明代统治者征收日益加重，奖励农桑也渐成空文，然而"农桑丝"与麻、棉等，却多折为绢布征收。据《明会典》记载，洪武二十六年（1393年），夏秋税的名目仅有米麦、钱钞、绢三项。可是根据《明史·食货志》的记载，到孝宗弘治十五年（1502年）时，夏税、秋税名目已达四十多项："弘治时，会计之数，夏税曰大小米麦、曰麦荍、曰丝绵并荒丝、曰税丝、曰丝绵折绢、曰本色丝、曰农桑丝折绢、曰农桑零丝、曰人丁丝折绢、曰改科绢、曰棉花折布、曰苎布、曰土苎、曰红花、曰麻布、曰纱、曰粗纱、曰税钞、曰原额小绢、曰布帛绢、曰本色绢、曰绢、曰折色丝。秋税曰米、曰租钞、曰赁钞、曰山租钞、曰租丝、曰地亩棉花绒、曰枣子易米、曰枣株课米、曰租绢、曰租粗麻布、曰课程棉布、曰租苎布、曰牛租米谷、曰课程苎麻折米、曰棉布、曰鱼课米、曰改科丝折米"。以后，到"万历时，小有所增损，大略以米麦为主，而丝绢与钞次之。夏税之米惟江西、湖广、广东、广西，麦荍惟贵州。农桑丝遍天下，惟不及川、广、云、贵，余各视其他产"。从上述许多项目都折成绢来看，绢的产量是相当大的。而上述史料中所说的绢，应是丝织品的统称，并不是仅指绢这种单一丝织品。

3. 国内贸易中的丝织品

明代的丝绸国内贸易活动，几乎遍布全国各地，尤以东南一带的丝绸贸易最为兴盛。

苏州是著名的丝绸产区，也是丝绸商业很发达的地区。据曹自守的《吴县城图说》记载："苏城……民不置田地，而聚货招商，闾阎之间，望如锦绣，丰筵华服，竞侈相高。"当时苏州"郡城之东，皆习机业"，"家杼柚而户纂组"。"列巷通衢，华区锦肆，坊市棋列，桥梁栉比……货财所居，珍异所聚"[79]。"苏民无积聚，多以丝织为生，东北半城皆居机户"[80]。自"吴阊至枫桥，列市二十里"[81]。"市货盈衢，粉华满耳"[82]。可见当时苏州的丝绸手工业和丝绸商业都很兴旺。

江苏的其他一些地方，当时的丝绸商业也比较发达。如南京"北跨中原，瓜连数省，五方辐辏，万国灌输……南北商贾争赴"[83]。万历时期，"生齿渐蕃，民居日密，稍稍侵官道为廛肆"[84]。当时各地商人争相到南京做生意，而明代时南京的丝织业相当发达，因此丝绸贸易肯定也相当红火。嘉靖时，吴江盛泽镇丝绸商业开始兴起，居民"以绫绸为业，始称为市"，"四方大贾，辇金至者无虚日。每日中为市，舟楫塞港，街道肩摩，盖其繁华喧盛，实为邑中第一"。"其巧日增，不可殚计，凡邑中所产，皆聚于盛泽镇，天下衣服多赖之"[85]。当时，"绫罗纱绸出盛泽镇，奔走衣服天下。富商大贾数千里辇万金而来，摩肩连袂，如一都会矣"[86]。

浙江的杭、湖、嘉也是著名的丝绸商业中心。据张瀚《松窗梦语》卷四记载，杭州在明代时，"桑麻遍野，茧丝绵苎之所出，四方咸取焉。虽秦、晋、燕、周大贾，不远数千里而求罗、绮、缯、布者，必走浙之东也"。在《古今图书集成》里也有类似的记载，谓"杭民半多商贾"。另据乾隆《湖州府志》记载，湖州在明代"隆（庆）万（历）以来，机杼之家，相沿此业，巧变百出"，"各省直客商云集贸贩，里人贾鬻他方，四时往来不绝"。嘉兴的王江泾镇，近镇村坊都种桑养蚕，织绸为生。四方商贾，俱至此收货，镇上做买卖的人，挨挤不开，十分热闹。全镇七千多户人家，大多经商，不务耕绩[87]。濮院镇"万家灯火，民多织作绢绸为生，为都省商贾来往之会"[88]。"机杼之利，日生万金，四方商贾，负资云集"[89]。从中不难想见这三地丝绸贸易之发达，从事丝绸商业活动的人之多。

明代除江浙外，福建、广东也因纺织商业发达，促进了纺织业的发展。当时"福之细丝、漳之纱帽、泉之蓝……无日不走分水岭及浦城小关，下吴越如流水，其航大海而去者，尤不可计，皆衣被天下"[90]。"广之线纱与牛郎绸、五丝、八丝、云缎、光缎，皆为岭外京华东西二洋所贵"[91]。以致有人评述说："东南之机，三吴、闽、粤最夥。"[92]

明代的江西不产丝，"必于浙杭等处收买。……木棉之利，亦非本地所饶，必于湖广等处贩卖。……民间所织细布，悉以苏松、芜湖商贩贸易"[93]。当时从外地流入江西的纺织品有"大生之布……浙江之湖丝、绫绸……嘉应西塘布、苏州青、松江青、南京青、瓜州青、芜湖青、连青、红绿布、松江大梭布、小中梭布、湖北孝感布、临江布、书坊生布、漆布、信阳布、定陶布、福青生布、安海生布、吉阳布、粗麻布、大刷竞、小刷竞、葛布、金溪生布、棉纱、净花、子花、棉带褐子花、布被面、黄丝、钱丝、纱罗、各色丝布、杭绢、锦绸、绵绸、彭刘缎、衢绢、福绢，此皆商船往来之重者"[94]。仅在上述这些大宗商品中，即出现了许多丝绸品种，如果再加上其他少量未统计的品种，贩卖到江西的丝绸品种当然会更多。

四川的保宁，据张瀚的《松窗梦语》卷四记载，该地有"丝绩文锦之饶"，丝绸业相当发达。因此，丝绸商业也随之发展。据《古今图书集成》记载，保宁所产"丝、绸、绫、绢，既用以自衣服，而其余且以货诸他郡"。

河北的河间府和宣化府，在明代均是商业非常繁荣的城市，嘉靖《河间府志》记载：河间府"行货之间，皆赠缯。……贩赠者，至自苏京、苏州、临清"[95]。《古今图书集成》记载，宣化府，"大市中贾店鳞比，各有名称，如云：南京罗缎铺、苏杭罗缎铺、潞潞绸铺、泽州帕铺、临清布帛铺、绒线铺……各行交易铺，沿长五里许，贾争居之"。

山东的临清，在明代时丝绸商业也相当兴盛。据《明神宗实录》卷三七六记载，在明神宗派税吏对临清的工商业收税之前，临清城内有"缎店三十二座，布店七十二座"。

山西潞州的丝织品名产潞绸，在明代时，"贡箧互市外，舟车辐辏者转输于省直，流行于外夷，号称利薮"[96]。不但在国内热销，而且畅销到国外。

4. 对外贸易中的丝织品

明代统治者在广州、泉州、宁波等地设置市舶司与外国进行"贡市"，控制和垄断海外贸易，严禁私商与外国进行贸易活动。由于丝绸外贸利润极高，不少私商冒险走私牟取暴利。例如，胡宗宪《筹海图编》记载：浙江、福建许多出海的商人，为了牟取厚利，经常冒犯朝廷海禁之令，私运丝、绸等货到广州变卖。又如王在晋《越镌》记载：万历三十七年（1609 年），在浙江被官府查获的三宗通倭案中，与丝绸通倭有关的就有两件。当时私商走私丝绸的规模很大，有的合伙雇工经营。被雇的雇工各有专长，分工很细，如舵工、水手、搬运工、银匠等。在上面论及国内丝绸贸易引用的文献中，曾谈到福建的丝绸和潞州的潞绸畅销海外，不排除这些名产有一些就是走私出境的。当时丝绸主要外销到吕宋、日本、柬埔寨、暹罗（今泰国）、欧洲、东非等国家和地区。崇祯时傅元初在《请开洋禁疏》中说：暹罗、柬埔寨、吕宋"皆好中国绫、罗、杂缯"。这些海外之夷，"其土不蚕，惟仰中国之丝到彼，能织精好缎匹，服之以为华好"。显然丝绸外贸除了外销丝织品以外，还外销大量生丝。当时中国生丝以销往日本的数量最多，在《日本蚕业史》卷一中有这方面的记载，在日本木宫泰彦著的《中日交通史》里亦有同样的记载，谓：万历四十年（1612 年）七月二十五日，明舶与日本商舶二十六艘，赍丝二十六万余斤等入长崎。在姚叔祥《见只编》卷上里也提到日本输入中国丝情况："大抵日本所须皆产自中国，如室之布席，杭之长安织也。……湖之丝帛、漳之纱绢、松之棉布，尤为彼国所重。"

5. 明定陵出土的丝织品

明定陵曾出土包括各种袍料、匹料和服饰共计 644 件的纺织品。这些纺织品绝大多数是丝织品，只有少量棉、毛织品，计有 13 类，包括妆花、缎、织金、锦、绫丝、纱、罗、绫、绸、绢、改机、绒、布等。这些织物种类繁多，图案相当丰富，有许多是加金线织锦，有织金妆花柿蒂龙襕缎龙袍料、织金妆花奔兔纱、织金妆花团八宝纹罗、细金细龙绫丝、重莲锦、缂丝十二章衮服、织金妆花缎衬褶袍、交领夹龙袍、龙火纹蔽膝、方领绣龙补女夹衣、花罗绣百子女夹衣、交领中单、素绫丝绵裤、绣"大吉"缎膝裤等。其中的花罗绣百子女夹衣，周身用金线绣八宝：松、竹、梅、石桃、李、芭蕉、灵芝及各种花草，并绣百子，织制十分精巧[97]；在缂丝十二章衮服上（图 7－23 明定陵出土缂丝十二章衮服），用孔雀羽线缂织的 12 个团龙图案，分布在龙袍的前后、两肩和

图 7－23　明定陵出土缂丝十二章衮服

下摆；日、月、星、山分布于两肩和圆领背部；华虫在两肩部下侧各有两只；宗彝、藻、火、粉米、黼、黻分两排成直行，相对重排在前后衣襟上。

（二）清代丝织品

1. 官营丝绸工场生产的丝织品

自康熙之后，社会奢侈之风渐盛，高档和花色新奇的丝织品需求日增，促进了丝织手工业不断提高工艺技术，创造新的花色品种。以生产高档新奇丝织品著称的清代官营丝绸工场，虽仅有北京的内织染局和江南的江宁局、苏州局、杭州局四个，数量远不及明代，但江南三局规模远远胜过任何一个明代官局。

北京的内织染局在清代四个丝绸官局中是最小的一个，隶属内务府。最初有织机 32 架，织绣匠、挽花匠、纺车匠、织匠、染匠、画匠、屯绢匠等 825 人。乾隆十六年（1751 年），织机增至 60 架。所织皆为御用缎品，康熙四十七年（1708 年）"岁造缎纱三十八匹，青屯绢二百匹"。雍正七年（1729 年）"改织暗花屯绢、宁绸、官绸、八丝缎袍挂各料"。道光二十三年（1843 年）裁撤。

江宁局创设于顺治初年，主要织造供宗庙祭祀、封赠之用的缣、帛、纱、縠等丝织品。最初织机数量不是很多，史载，顺治八年（1651 年）设神帛机 30 张，年织帛 400 端。康熙时，织机数量骤增，有诰机 35 张、缎机 335 张，部机 230 张，年织帛额定也变为 2000 端。雍正三年（1725 年）时，有缎机 365 张，部机 192 张。乾隆十年时，有织机 600 张，机匠及其他役匠 2547 名。乾隆四十三年时，江宁局原额定生产的 2000 端缣帛，已远远不能满足各坛庙陵寝祭祀及衣用之需，遂又改为每年由礼部核定数目，由江宁局如数织造。

皇帝封赠高级官员的凭证——诰命，也是由江宁局用专门的诰机织成。所谓诰是以上告下的意思，故诰命亦称诰书。清规定：封赠官员首先由吏部和兵部提准被封赠人的职务及姓名，皇帝核准，而后翰林院依固定的程式，用骈体文撰拟文字。届封典时，中书科缮写，经内阁诰敕房核对无误后，加盖御宝颁发。诰命根据发放的对象，有不同的叫法，五品官员本身受封称为"诰授"，封其曾祖父母、祖父母、父母及妻，生者称"诰封"，死者称"诰赠"。按照清代定制，凡太上皇，太皇太后、皇太后布告天下臣民，也用诰书。由于各官员的品级不同，诰

命封赠的范围及轴数、图案也各有不同。据（嘉庆）《大清会典事例》载："遇应用之时，由部预期行文该织造如式置办。诰命用五色或三色纻丝，父曰奉天诰命；敕命用纯白绫，父曰奉天敕命，均织升降龙，文兼清汉字。一品玉轴鹤锦，二品犀轴螭锦，三、四品贴金轴，五、六品角轴牡丹锦，七品以下角轴小团花锦。"康熙元年（1662 年）时，江宁局有诰机 35 张。

苏州局建于顺治三年（1646 年），分为南北两局。南局名总织局，亦称织造府或织造署，现藏苏州博物馆的苏州织造局碑，记录了南局规模，碑文云："姑苏岁造，旧时散处民间，率则塞责报命，本部深悉往弊，下车之后，议以周戚畹遗居堰为建局。其题得旨，今创总织局，前后二所大门三间，验缎厅三间，机房一百六十九间，处局神祠七间，绣缎房五间，染作房五间，灶厨菜房二十余间，四面围墙一百六十八丈，开沟一带长四十一丈，厘然成局，灿然可观。画图立石□□永久"。北局名织染局，以明织染局旧址改建。顺治、康熙年间，苏州局有缎机 420 张，部机 380 张。雍正三年（1725年）时，有缎机 378 张，部机 332 张。乾隆十年时，有织机 663 张，机匠及其他役匠 2175 名。织造的产品分为上用和官用两种，系龙衣、采布、锦缎、纱绸、绢布、绵甲及采买金丝织绒之属。康熙二十三年，在织造署西侧建行宫，作为皇帝"南巡驻跸之所"。（图 7 - 23 苏州织造府行宫图）

图 7 - 24　苏州织造府行宫图

杭州局是顺治四年（1647 年），由工部右侍郎陈有明在明代杭州织造局旧址上督造重建的。新织局有"东西二府，并总织局机、库房三百零二间，修理旧机房九十五间"。顺治初有"食粮官机三百张，民机一百六十张"。康熙时，有缎机 385 张，部机 385 张。雍正三年时，有缎机 379 张，部机 371 张。乾隆十年时，有织机 600 张，机匠及其他役匠 2230 名。顺治初年主要织造皇帝及皇室成员的礼服，康熙四年又织造仿丝绫、杭绸等项。

2. 民间生产的丝织品

清代江苏的南京、苏州、盛泽等地民间丝绸业规模均比较大。甘熙《白下琐言》载："金陵之业，以织为大宗。"[98] 同治《上元江宁两县志》载："秣陵之民善织，织，巨业也"，乾嘉之际，全城的织机多达三万架以上，"缎机以三万计，纱绸绒绫不在此数"。当时江宁的织机种类繁多，有花机、绒机、纱、绸机等。[99] 由此可见，当地的丝绸产量肯定相当多，品种亦不少。陈作霖《凤麓小志》卷三记载：乾隆时，苏州"织作，在东城，比户习织，专其业者不啻万家"。乾隆《吴江县志》载：吴江"凡邑中所产，皆聚于盛泽镇，天下衣被多赖之"[100]。从事丝织之人如此众多，产量如此之大，花色品种肯定也比较多，因为各家在剧烈的竞争面前，为了生存和发展，肯定不断提高自家丝织品的产量、质量和增加新的花色品种。

清代浙江杭州的丝织业不逊于南京，史载，"东城机杼之声，比户相闻"[101]。

"艮山、太平门外乃机户聚集之地"。"临平各地方,轻绸机不下二三百张,每机一张每日出绸一匹"[102]。桐乡濮院镇自明代起"万家烟火,民多织作绸绢为生"[103]。湖州自"隆、万以来,机杼之家相沿比业,巧变百出"[104]。

广东珠江三角洲地区在清代早期,蚕桑丝绸业发展比较快。南海县九江地区把果树剪伐,改种桑麻[105]。靠近瓯村锦鲤一带地区,桑地面积大增,康熙《顺德县志》说其地呈现"今且桑而海矣"之景象。乾隆二十四年(1759年),清政府封闭了福建的漳州、浙江的定海和江苏的云台山等对外贸易港口后,广州成为全国惟一对外贸易的港口,外商只能到广州采购生丝和丝织品,这在客观上促进了珠江三角洲地区丝绸业的发展。

山东在清代前期,以淄博市周村为中心的丝绸手工业作坊相当兴盛。到乾隆年间,周村一带农民每年春天家家养蚕。"农勤耕桑,习织纴,赋税乐输"。"绢、山绸、绵绸皆织自土人杼轴……织之利最大……一机可赡数人,境有千机,民无游手矣"[106]。

上述这些地区都有一些丝织品名产,且每种丝织名产均花色繁多。具体情况如下:

江宁出产的缎,相当有名,史载:"金陵之业,以织为大宗,而织之业,以缎为大宗"。"缎之类有头号、二号、三号、八丝、冒头诸名"。除本色花外,另还有花缎,"其织各色摹本者,谓之花机"。又产一种剪绒,因织此剪绒者多是孝陵卫人,故又叫"卫绒","其绒文深理者,曰天鹅绒"。又有纱机,"以织西北芝地直纱"。绸机"以织宁绸,则以郡名名之"[107]。吴江出产的绫,称为吴绫,据乾隆时《吴江县志》卷五记载:"吴绫见称往昔,在唐充贡。今郡属惟吴江有之,邑西南境多业此……名品不一,往往以其所产地为称(如溪绫、荡北、南滨之类)。其纹之擅名于古,而至今相沿者,方纹及龙凤纹,至所称天马辟邪之纹,今未之见。其创于后代者,奇巧日增,不可殚记"。而湖州的名产,据乾隆《湖州府志》卷四一记载:有绸、绫、纱、绉等,其中绸有二种,"散丝而织者,曰水绸,纺丝而织者曰纺绸。水绸、纺绸,出菱湖者佳"。绫有二等,"今散丝而织者,曰纰绫;合线而织者,名为线绫。其绫染丝,光彩异于他处,惟郡城中织之,其外俱无"。纱有数等,"无花者曰直纱,有花者曰葵纱,曰夹织纱,出郡城内。又有包头纱,惟双林一方人织之。无花而最白者曰银条纱,有花者曰软纱。又有花绉纱"。湖绉,"亦有花有素,而素绉纱大行于时。又有绉纱手巾,雅俗共赏"。桐乡的名产,据康熙《桐乡县志》卷二和嘉庆《桐乡县志》卷四记载:有绸、绢、绫、罗等几类品种。其中绸有"花纺绸出濮院,名色甚多,通行天下。绵绸出青镇"。绢有"花绢、官绢、箩筐绢、素绢、帐绢、画绢"。绫有"花绫、素绫、锦绫"。罗有"三梭、五梭、花罗、素罗"。

据邹志初的《武林新乐府》"东园机"的描述,杭州在道光年间生产的妆花缎剪绒的花色品种相当精美。据厉鹗的《东城杂记》卷下的描述,杭州织制的西湖十景图惟妙惟肖。杭州产的线春、杭绸、纺绸、绫、罗、缎等类织品,花色品种繁多。

据嘉庆《瑞安县志》卷一"货物类"记载:清代前期温州瑞安县生产的"土

绵绸"，以丝为经，纬以纺纱，洁白柔韧，体薄而坚。该县所产的纱，"质类台纱而厚过之，出三港村，俗呼三港纱"。据王又曾的《咏瓯巾》乾隆丙申（1776年）刊本的描述，温州所产的瓯巾（手帕），在清代前期很流行。这种瓯巾面窄，花纹随织工心意自织，"素丝经纬，彩线横纵，织就一方文绮，裂下鸣机，上旋细浣，十八洞天春水，棋枰巧样青红错，算湖绉杭绫难比"。古镜水在《鄞中日记》里，曾这样记述："物之出产，各有擅长，如杭纺、湖绉、潞绸、东茧、瓯绸、广葛"。当时，瓯绸已被公认为全国丝织品的名产之一。

据《梅里志》卷七"物产"的记载，嘉兴王店在清代前期所产的薛机绸，花色品种甚多，远近闻名。

据周春的《海昌胜览》记载，硖石缯房在清代前期所生产的紫微绸，为当时许多名贵绫绢所不及。

据道光《昌化县志》卷五"户赋志"记载，当时昌化县石朋庄所产的绢，相当有名。

据乾隆《鄞县志》记载，宁波所产宽幅的"生绢甚佳"。

据康熙《杭州府志》记载，杭州、绍兴等地除生产供服饰、书画裱装用的绢以外，还生产一种专供榨酒用的"榨酒绢"。"榨酒绢之粗疏者，仁和庆春、艮山二门外，俱以额丝织之。婺郡造酒者，悉以此榨滤。越郡所用则别"。当时杭州生产的"榨酒绢"还销往外地。

据乾隆《广州府志》卷四记载，广州所产的丝织名产广纱（粤纱）甲于天下。"粤纱，金陵苏杭皆不及，然亦用吴丝，方得光华，不褪色，不沾尘，皱折易直，故广纱甲于天下"。其次是缎，亦很有名。"粤缎之质密而匀，其色鲜华，光辉滑泽，然必吴蚕之丝所织，若本土之丝，则黯然无光，色亦不显"。据范瑞昂的《粤中见闻》卷一三记载，广州在清代前期生产的莂绒，"随织随剪，其法颇秘，广州织工不过十余人能之"。生产这种丝织品的技艺很高，所以它肯定相当精美。据乾隆《广州府志》卷四记载，广州以西的佛山镇在乾隆时生产的纱已相当有名。"佛山纱亦以土丝织成，花样皆用印板"。据道光《南海县志》卷八记载，南海县出产土丝绉纱，"广人无服之者，尽以贩于蕃商耳"。当地所产绉纱全部供出口，肯定相当精美。据道光《香山县志》卷二记载，香山县乌石、平岚乡出茧绸，"以大蝶茧织成，绉纹蹙起，久服不敝，远胜程乡茧绸"。又一种茧绸，"以黄金丝织之，细滑黄韧，乡人尤所贵重，一匹须茧至万，工费甚多，富人织以自服，不常得也"。这种茧绸风格独特，应属一种丝织名产。

据乾隆《江南通志》卷八六记载，安徽合肥出产的万寿绸，相当有名。因这种绸"出合肥机房，在万寿寺左右，故名"。

据吴振棫的《黔语》卷下记载，贵州所产绸，"自他省言，曰贵州绸，自黔言，曰遵义绸。自遵义言，佳者曰府绸，粗而皱者曰鸡皮茧，又其次曰毛绸，曰水绸。水绸品最下，而名独多。双经单纬者，曰双丝；单经双纬者，曰大双丝；单经单纬者，曰大单丝。又有小单丝，但疏而狭，亦曰神绸"。遵义绸甚有名，因"价视吴绫蜀锦廉，而性坚韧，一衣可十岁许"。据道光《遵义府志》卷一六记载，"贻遵绸之名，竟与吴绫、蜀锦争价于中州"。遵义绸能在市场上与吴绫、蜀锦争美，足见它相当精美。

3. 丝绸贸易中的丝织品

清代国内丝绸贸易相当发达，许多丝织品在全国各地销售。上述谈到的各地所产的丝织名产，不仅在当地市场上出售，而且还销往外地。下面引用一些文献资料来说明清代丝绸贸易的盛况。

在乾隆年间院画派画家徐扬所画的风俗画《盛世滋生图》中，可以看到当时苏州市内丝绸商业相当兴旺（图7-25《盛世滋生图》局部）。在此画的画面上，街道商家鳞次栉比，市招林立，其中丝绸业所张市招共十四家，它们分别是：绸缎庄；绵绸；富盛绸行；绸缎袍挂；山东茧绸；震泽绸行；绸庄、濮院宁绸；绵绸老行、湖绉绵绸；山东沂水茧绸发客不误；上用纱缎、绸缎、纱罗、绵绸；进京贡缎、自造八丝、金银纱缎、不误主顾；绸行、缎行、纱行、选置内造八丝贡缎发客，汉府八丝、上贡绸缎；本号拣选、汉府八丝、妆蟒大缎、宫绸茧绸、毕吱羽毛等货发客；本店自制苏杭绸缎纱罗等绵绸梭布发客。从画面上看，这些店铺门面规模宏大，说明各店的资金均雄厚，经营的丝绸商品一定相当多。从它们各店上述所标示的丝绸名称看，经营的丝绸品种也非常多。

图7-25　《盛世滋生图》局部

据乾隆《吴江县志》卷四的记载，盛泽镇在乾隆时与明初相比，"居民百倍于昔，绫绸之聚亦且十倍"。丝绸商业相当繁荣，"四方大贾，辇金至者，无虚日，每日中为市，舟楫塞港，街道肩摩，盖其繁阜渲盛，实为邑中诸镇之第一"。

据甘熙《白下琐言》记载，江宁在"乾隆之世，利涉、武定二桥之间，茶寮酒肆林立"。较大的纺织品店铺极多，府署西面有一大剪绒交易市场，"日中为市，负担而来者，踵相接也"。又有绫庄，"予家之西有绫庄巷……同一贸易之所，其为绫庄无疑"。卖黑绉包头有"绸缎廊谈见面所、奇望街汪天然两家，皆以著名。汪天然自明迄今，世守其业，门前招牌：汪天然家清水包头，八字，为升州徐表书。庭中有大石盆贮水，相传昔时来买者必令以盆水浸之，示其无欺"。

据李斗的《扬州画舫录》卷九记载，清代扬州城的丝绸贸易店铺比户相邻，城内"多子街即缎子街，两畔皆缎铺"。缎铺商货都是向行庄发来，"每货至，先归绸庄缎行，然后发铺，谓之抄号"。

据沈廷瑞《东畲杂记》记载，清代濮院永乐市，有相当多的绸行，这些绸行"其开行之名，有京行、建行、济行、湖、广、周村之别，而以京行为最。京行之货，有琉球、蒙古、关东各路之异"。可见当地的丝绸贸易相当兴隆。杭州从艮山门、东街路北段直至忠清里一带，丝绸商业市场十分热闹，从宝善桥下的"装船埠头"装载绸缎经城河运出的船只，川流不息。

清代实行海禁，外贸被官商垄断，严禁民间从事。以丝织品为例，大宗丝织品经过广州官商之手，通过广州十三行输往海外。对此，屈大均在《广东新语》卷十五有这样的描述："洋船争出是官商，十字门开向二洋。五丝八丝广缎好，银钱推满十三行"。当时，运输丝绸等出口商品的船只很多，在康熙五十年（1711年），仅苏州一地的船厂，"每年造船出海贸易者，多至千余，回来者不过十之五六，其余悉卖在海外"[108]。船的载重量都很多，"大者可载万余石，小者亦数千石"[109]。这样多的大船出海贸易，出口的丝织品肯定是相当多的。例如，乾隆二十四年（1759年），李侍尧奏请将本年洋商已买丝货准其出口折中说："惟外洋各国夷船，到粤贩运出口货物，均以丝货为重，每年贩卖湖丝并绸缎等项货，自二十万余斤至三十二三万斤不等。"丝织品除了在广州出口外，还有一部分从江浙输往日本。例如，据《清朝文献通考》卷三三记载，乾隆二十五年议定，与日本进行贸易的海船，"每船配搭绸缎三十三卷……每卷照向例计重一百二十斤，……计额船十六只，应携带五百二十八卷"，此外不得多运。对丝织品出口限定了数量，但就是从定额出口数量来计算，每年输往日本的丝织品也有六万斤以上，应该说数量是相当多的。

二、棉织品

（一）明代棉织品

由于明代植棉遍及全国，棉纺织业因此迅速发展起来，棉纺织业遍及各地，并逐渐形成一些棉纺织业中心地区，各地都生产出一种或几种棉织品，不但供给当地，而且还销往外地或海外。

江南是棉纺织业最重要的中心产区，棉织品产量大，优质的棉织品种也较多。徐光启《农政全书》卷三五引《松江志》记载，松江"俗务纺织，他技不多，……百工众技与苏杭相等。要之，松郡所出皆切于实用，如绫、布二物，衣被天下……家纺户织，远近通流"。范濂《云间居目抄》卷五记载，明代的松江"城中居民，专务纺织，中户以下，日织一小布以供食，虽大家不自亲，而督率女伴未尝不勤"。《古今图书集成》记载，松江的乡村"纺织尤尚精敏，农暇之时，所出布匹，日以万计，以织助耕，女红有力焉"。据万历《嘉定县志》卷六"物产"记载，嘉定"邑中之民，首藉棉布，纺织之勤，比户相属"。据《古今图书集成》记载，"太仓、嘉定……比闾以纺织为业，机声轧轧，子夜不休，贸易惟棉花与布"。据叶梦珠的《阅世编》卷七的记载，上海在明代时，"地产木棉……纺绩成布，衣被天下"。据嘉靖《常熟县志》卷四"食货志"记载，常熟产布，"用之邑者有限"，远贩外地，"彼氓之衣缕，往往为邑工也"。据雍正《浙江通志》记载，湖州在万历时是"商贾从旁郡贩棉花，列肆我土（湖州），小民以纺织所成，或纱或布，侵晨入市，易棉以归，仍治而织之，明旦复持以易"。据《惠安县志》卷三

七 "风俗" 记载，福建惠安 "滨海业海，亦不废农业，自青山以往，又出白细布……几遍天下"。据万历《泉州府志》卷三的记载，泉州 "府下七县，俱产棉布……多出于山崎地方"。

明代时，北方一些地区的棉纺织业之发达，可与江南媲美。例如，据《农政全书》记载，"肃宁一邑，所出布匹足当吾松（江）十分之一矣。初犹莽莽，今（明末）之细密几与吾松之中品埒矣。其价值仅当十之六七，则所云吉贝贱故也"。据吕坤的《实政录风宪约》卷六 "宪纲十要" 的记载，山东邹县最初 "民不织而资布于邻"。到明代时该地的棉纺织业发展了，不但 "邻不来鬻布"，还 "鬻布于邻"，由原来需靠外地供应棉布，变成不但自给，而且还可供布给外地。据《古今图书集成》记载，登州在明代时棉纺织业兴盛，该地 "纺绩花布，以自衣服，穷乡山陬，无问男妇为之……有余布，立兼鬻于乡市。复有市商贩之城市，庶人，在官及末作游寓者均需焉"。

各地棉纺织品的花色品种繁多，出现了许多著名的棉织品。

据《农政全书》记载，松江的 "三梭布……剪绒毯，皆为天下第一"。据叶梦珠的《阅世编》卷七记载，"松江之飞花、龙墩、眉织"，"其较标布稍狭而长者曰中机"。诸布皆有名。据《古今图书集成》记载，松江 "郊西龙墩布轻细洁白"，"其布之丽密，他方莫并"[110]。据《松江府志》卷六和叶梦珠的《阅世编》卷七记载，松江在明代时出产的著名的棉布有密而狭的小布、疏而阔的稀布、极细的飞花布（丁娘子布）、标布、浆纱布等。

据《古今图书集成》记载，苏州出产的著名棉织品有药斑布、刮白布、官机布、缣丝布、棋花布、斜纹布等。

在明代的外贸商品中，棉布也是其中重要的出口商品之一。据范濂《云间据目抄》卷中记载，当时 "中国人都从海外商贩至吕宋地方，获利不赀，松（江）人亦往往从之"。另据姚叔祥《见只编》上卷记载，中国的布席、松江的棉布，很受日本人的喜爱，并畅销日本。

（二）清代棉织品

清代的棉织业比明代更加发达，全国许多地方都出产棉布，其中的江南苏松地区、河北、山东的棉纺织业均名列前茅。

尹会《尹少宰奏议》记载，乾隆时 "江南苏松两郡，最为繁庶，而贫乏之民得以俯仰有资者，不在丝而在布"。因该地妇幼均能纺织，"女子七八岁以上，即能纺絮，十二三岁即能织布，一日之经营，尽足以供一日之用度而有余"。康熙《松江府志》卷五记载，松江城乡皆 "俗务纺织，他技不多"，"纺织不止村落，虽城中亦然。里媪晨抱纱入市，易木棉以归，明且复抱纱以出，无顷刻闲。织者率日成一匹，有通宵不寐者"。因此，松江 "绫布二物，衣被天下，虽苏杭不及也"。

康熙时上海的棉纺织特盛，李煦在《请预发采办青蓝布匹价银折》中有如是陈述，"民间于秋成之后，家家纺织，赖此营生，上完国课，下养老幼"。乾隆《上海县志》卷一也记载，上海 "所产棉布独胜他处"。

据江阴华墅镇现存乾隆八年（1743 年）所立 "永禁夜市" 碑文载，当时该镇有 "土布牙行二十余家"。

据黄印《锡金识小录》卷一记述，"棉布之利，独盛于吾邑（无锡金匮），为他邑所莫及"，东北怀仁、宅仁、胶山、上福等乡，"不分男女舍织布纺花，别无他务"。故此数乡出布"最夥亦最佳云"。

据林则徐《林文忠公政书》甲集"江苏奏稿"卷二记载，太仓、镇洋、嘉定、宝山四县的居民以"纺织为业，小民终岁勤动，生计全赖于棉"。据《南翔镇志》卷一二记载，嘉定南翔镇在清代前期"仅种木棉一色，以棉织布，以布易银"。

据《总管内务府现行则例》"广储司"卷二记载，康熙三十四年（1695年），清政府在苏州采办青蓝布三十万匹。乾隆时，采办"布匹一项，向来系苏州一处织办，每年所办不过一、二万至二、三万匹之多，近因各处领用布匹甚多，每年派织有四、五万匹不等"。在曹允源等的《吴县志》卷五一里，有这样的记述："吴邑志：木棉布，纺纱为之，细者价视绮帛。康熙《长洲志》：'地产木棉花甚少，而纺之为纱，织之为布者，家户习为恒产，不止乡落，虽城中亦然。'"

据乾隆《平湖县志》卷一记载，浙江平湖县"比户勤纺织……成纱线及布，侵晨入市，易棉花以归，积有羡余，挟纩赖此，糊口亦赖此"。

据嘉庆《桐乡县志》卷二记载，桐乡人"以纺织为业"。据康熙《桐乡县志》卷二的记述，桐乡"土产布帛菽粟而外，其并无异产"。

据康熙《乌青文献》卷三记载，乌程县多木棉布，"各处俱有"。

据康熙《仁和县志》卷六记载，仁和县产棉布，"凡乡之男妇皆为之，多出笕桥一带"。

据嘉庆《潮阳县志》卷一一记载，广东潮阳县擅棉纺织，"妇工最勤，寒暑不辍，故棉布乡间所出极多"。

据道光《琼州府志》卷三记载，此时琼州妇女"专纺吉贝，绩麻织布"。

据道光《施南府志》卷一〇记载，湖北施南府"各村市皆有机房（织布），机工织之"。

据嘉庆《汉川志》卷一五记载，四川广汉"四乡妇女，蚕桑外，半勤纺绩。谚云：喂猪纺棉，坐地端钱。布亦坚致，甲他郡"。据嘉庆《夹江县志》卷二记载，夹江县"邑产丝棉，女功亦收布帛之利，男耕女织，视他邑为较劳"。据道光《新津县志》卷二九的记载，新津县"男女多纺织，故布最多，有贩至千里外者"。

据雍正《高阳县志》卷一记载，直隶高阳县人"以耕织为主"。据乾隆《饶阳县志》卷上的记载，饶阳县"农民力田而外，专事纺绩"。据乾隆《宝坻县志》卷七的记载，宝坻县妇女"惟勤于纺织，无论老媪弱息，未尝废女红，或为邻家佐之，贫者多织粗布以易粟"。

据道光《济南府志》卷一三记载，济南府的妇女"针管之外，专务纺绩，一切乡赋及终岁经费，多取办于布棉"。

据道光《遵义府志》卷一七记载，遵义东乡在道光时"多以织布为业"，当地织家买棉花"以易纺线"，"纺家持线与之易"，"故纺织互资成业"。据邵鸣儒《示严禁熏花教》的记述，安顺习安地方"素重纺织，民间妇女，自幼讲求，风俗之美，甲于黔疆"。

在吴敏树的《柈湖文录》卷二"巴陵土产说"中，有这样的记述："巴陵之产有名者布……一都人工作布绝精匀……二、三都……男妇童稚皆纺绩，盖巴陵之布盛矣。"

在上述这些棉织业发达的地区，均有一种或多种著名的棉织品种。

据康熙《松江府志》记载，江苏松江布闻名全国，所产的"精线绫、三梭布、漆纱、方巾、剪绒毯，皆为天下第一"。该地所产的布，布名极多，木棉布"出沙冈车墩间，幅阔三尺余，紧细若绸"。飞花布："东门外双庙桥有丁氏者，弹木棉极纯熟，花皆飞起，收以织布，尤为精软，号丁娘子布，一名飞花布。"又有一种"用紫木棉织成，色赭而淡，名紫花布"。又"有以丝作经，而纬以棉纱，曰丝布，即俗所称云布也"。还有"兼丝木棉制为绒布，其颜色花纹各异"。又有染印花的"药斑布，俗呼浇花布，近所在皆有之"。另有一种"出下纱，其纹如衲，近郡中复有之，名衲布"。

据故宫博物院明清档案部编《李煦奏摺》记载，上海所产青蓝布极多。

据乾隆《长湘县志》卷一〇和乾隆重修《元和县志》卷一〇中的记载，苏州布极有名，该地所产的"苏布名称四方"。据曹元源等的《吴县志》卷五一的记载，苏州所产之布极多，"织成阔者曰大布，狭者曰小布，大抵以箱密缕匀色白者为佳。诸乡所出，以长州县北境相城沿、长泾等处为优，南北桥次之"。

据康熙《桐乡县志》卷二和嘉庆《桐乡县志》卷四的记载，浙江桐乡县产布最多，其中有名的布有"龙潭布、桐乡布、眉公布、陡门布、建庄布、乌镇布、箔布"，"石门布、黄草布、青镇布"。

据乾隆《冀州志》卷七的记载，冀州出产有名的紫花布。

据道光《新津县志》卷二九的记载，新津产布很多，"有贩至千里外者"，名产有"大布、小布、台镇等号"。

据道光《遵义府志》卷一七的记载，贵州遵义所产之布，"其所织，宽者极三百二十箔，狭者极二百五十箔，宽者名大布，狭者名土布，又名小布、犄布、扣布"。

另据严中平等《中国近代经济史统计资料选辑》提供的数字，在清代的外贸中，每年出口的棉布亦不少。仅嘉庆五年至九年（1800～1804年），中国棉布每年平均自广州出口达一百三十五万三千四百匹之多。

三、麻、毛织品

（一）麻织品

据文献记载，清代广东、江西、四川、江苏、浙江、福建、湖南、安徽等地都有一些著名的麻纺织品种。

广东所产麻布相当多，质量也很好，并有不少的花色品种。嘉庆《潮阳县志》卷一记载，潮阳县的"苎布，各乡妇女勤织，其细者价格倍纱罗"。道光《鹤山县志》卷二下记载，鹤山县"越塘、雅瑶以下，则多绩麻织布为业，布既成，又以易麻棉，而互收其利，其坚厚而阔大者，曰古劳家机"。屈大均《广东新语》卷十五和李调元《南越笔记》卷五记载，新会产细苎。络布，"新兴县最盛，估人率以棉布易之。其女红治洛麻者十之九，治苎者十之三，治蕉十之一，纺蚕作茧者千之一而已"。广东的麻织品，细软可比丝绸，"络者，言麻之可经可络者也。其细者当暑服之，凉爽无油汗气。涑之柔熟如椿椒茧绸，可以御冬"。

江西石城的麻纺织业极盛。乾隆《石城县志》卷一记载，妇女"只以缕麻为绩"。嘉庆《石城县志》卷二记载，"石城以苎麻为夏布，织成细密，远近皆称。石城固厚庄岁出数十万匹，外贸吴、越、燕、亳间，子母相权，女红之利普矣"。

四川麻织产品也很多。同治、光绪《荣昌县志》卷一六记载，荣昌县南北一带在乾嘉年间多种麻，"比户皆绩，机杼之声盈耳"。"百年以来，蜀中麻产，惟昌州称第一"。"富商大贾，购贩京华，遍逮各省"。道光《大竹县志》卷一一记载，大竹高平寨也产夏布，"寨中多造夏布，琢帐，远商尝聚集于此"。

江苏亦有不少地方产苎布。徐缙、杨廷撰《崇川咫闻录》记载，通州治苎时，先"采皮沤去青面暴干，析理小片，始绩为缕"。织就后，"练和石灰……漂之河中……其粗厚者制为里服，亦可敛汗"。通州产本苎布，"出沈巷司机房"。乾隆《通州志》卷一七记载，海门兴仁镇"善绩苎丝，或拈为汗衫，或织为蚊帐，或织为巾带，而手巾之出馀东者最驰名"。金友理《太湖备考》卷六记载，在雍正时，太湖叶山中出"苎线，女红以此为业"。道光《元和唯亭志》卷二〇记载，苏州有专业夏布庄经营夏布批发，"惟亭王愚谷业夏布庄，一日有山东客来坐庄收布，时当盛夏"。

浙江杭州出产一种非常结实的麻布。乾隆《杭州府志》载，"吴地出纻独良。今乡园所产，女工手绩，亦极精妙也"。又出一种粗麻布，"绩络麻为之，集贸于笕桥市，其布坚韧而软，濡水不腐……米袋非此不良，旁郡所用，索取给焉"。

福建各种麻织品均有出产。万历《泉州府志》卷三记载，泉州"府下七县俱产……苎布、葛布、青麻布、黄麻布、蕉布等，多出于山崎地方"。乾隆《福州府志》卷二六记载，福州府盛产"麻，诸邑有之"。"绩其布以为布，连江以北皆温之。"连江、福青、永福，"出麻布尤盛"。其中南平生产的一种类似纱罗的精美苎布远近闻名。嘉庆《南平县志》"物部"卷一记载，南平县出"苎布，各乡多有。惟细密精致，几类纱罗，曰铜板，出峡阳者佳远市四方"。

湖南湘潭所产苎麻有紫麻和白苎两种品种，嘉庆《湘潭县志》卷三九记载："贩贸面省，获利甚饶"。当地"妇女纮绩成布，名夏布"。

太仓在正德年间（1506～1521年）以前，以产苎布闻名于世。弘治《太仓州志》卷一"土产"记载，其地所产"苎布，真色者曰腰机，漂洗者曰漂白，举州名之，岁商贾货入两京，各郡邑以渔利"。

此外，据屈大均《广东新语》卷十五"货语"记载，广东出产的"蕉布与黄麻布为岭外所重，常以冬布相易"。据乾隆《广州府志》引《嘉靖府志》记载，新会的苎布"甲于天下"。

（二）毛织品

明清时期的毛纺织品，以甘肃和陕西所产绒褐最为有名。陈奕禧《皋兰载笔》卷五记载，"兰州所产，惟绒褐最佳……在明盛者，公卿贵人每当寒月风严……莫不以此雅素相向，自下贱者流，不敢僭被于体也。逮后，趋利附货，众咸窃效……作者虽伙，面值斯下矣"。《明孝宗实录》卷六〇记载，永乐年间（1403～1424年），设置陕西驼羯织造局，屡令陕、甘织造驼羯。弘治年间（1488～1505

年），"令陕西、甘肃二处……彩妆绒罽曳撒数百事"。《明史》"食货志"记载，嘉靖年间（1522～1566 年），又令"陕西织造羊绒七万四千有奇"，以后"遂沿为常例"。因这两地多产绒褐而少布，有心计的商人遂买布入陕换褐牟利，在陆粲《说听》中便记述这样一件事情："洞庭叶某，商于大梁……叶将金去，买布入陕，换褐，利倍。"

此外，西南地区所产毡衫也较为有名。《明太祖实录》卷一六二记载，洪武时，"乌撒岁输……毡衫一千五百领，乌蒙、东川、芒部岁输……毡衫八百领"。乌撒者，蛮名也，旧名巴凡兀姑，今曰巴的甸，所辖乌撒乌蒙等六部，后乌蛮之裔尽得其地，因取远祖乌撒为部名，至元十年始附，十三年立乌撒路。今云南镇雄县、贵州威宁县、赫章县境内。

第四节　明清时期与纺织技术有关的重要书籍

明清时期，由于农业和手工业迅速发展，人们对与此相关的知识愈来愈重视，不少官员、文人和学者通过搜集和整理文献资料，不辞辛苦亲身赴生产地调查，撰写出大量农业和手工业技术著作。据不完全统计，从明代初年到清代末年撰刊的农书，见于全国各地公私藏书单位以及实地调查所得约有 830 余种[111]，其中不包括棉、麻、毛纺织，仅与蚕桑丝绸有关的科技著作便有 186 部[112]，而散见于药用本草、地方史志、官员奏章书策、文人笔记书札中与纺织技术有关的内容，更是汗牛充栋不可计数。这些纺织文献中的一些论述，对现在的纺织生产仍有极大的借鉴和指导作用。现将其中最有影响的四部著作，即《本草纲目》、《天工开物》、《农政全书》、《豳风广义》分别作一简要的介绍。

一、《本草纲目》

《本草纲目》是一部集 16 世纪以前中国本草学大成的著作。作者李时珍，字东璧，号濒湖，蕲州（今湖北蕲春）人。明正德十三年（1518 年）生；万历二十一年（1593 年）卒。其父李闻言，是一位著名的医生和医药学者，著有多部医学和药物著作。李时珍受家庭环境的熏陶，幼时即对医药很有兴趣，好读医书。他 14 岁考取秀才后，曾三次参加举人考试，但均遭失败，遂下决心放弃科举，专攻医学。李时珍在 20 多岁时，其高明的医术即远近闻名。由于他医好了富顺王朱厚儿子的病，曾被聘为楚王府的奉祀；27 岁左右时，又因为治愈了楚王朱英世子的病，被举荐在明朝太医院任职。李时珍在太医院研读了一些在民间难得的珍本善本医药书籍，结合自身多年的临症实践，发现看到的本草著作中存在许多错误和混乱的内容，于是决心重新编纂一部全面的、内容丰富的本草书，为此他辞去太医院任职，返归故里，一面行医，一面从事本草学著述。

李时珍在本草学著述过程中，曾阅读大量的医药著作，并游历了湖北、河南、江西、江苏、安徽等地，进行实地调查和采取药物标本。他还广泛请教社会各层人士，收集民间药方，并将古今药方和各种药材运用于临床，逐一加以验证，以便充分掌握药物的性能和疗效。从嘉靖三十一年（1552 年）起，经过 27 年的努力，参考了 800 多种著作，结合他多方的探访、观察、实验、比较、阅读、亲尝以及自己临症的印证，三易其稿，终于在万历六年（1578 年）编成了《本草纲目》这部医学巨著。

《本草纲目》全书共计 190 万字，分为五十二卷。按内容归纳可分为三部分：其一为卷首部分，即"本草纲目凡例"，内容系书的目录以及附图 1160 幅；其二为卷一至卷四部分，即书目中的"序例"和"百病主治药"，内容系历代诸家本草介绍、引据古今医家书目、引据古今经史百家书目、采集诸家本草药品总数及一些医药基础理论等；其三为卷五至卷五十二部分，这是《本草纲目》全书的主体部分，它把所收录的 1892 种药物细分为 16 部，部下又分类，总计 60 类，在大多数药物后面，都附有历代的经验药方，计 11096 个，其中有 8160 个来自李时珍亲自收集。

《本草纲目》全书以部为纲，以类为目；每一种药则又以正名、余名为目；同属一种药物基原的以基原本体为纲，附属于基原的其他部位，则称为目。如植物药计有草、谷、菜、果、木 5 部，草部下又分山草、芳草、隰草、毒草、蔓草、水草、石草、苔类、杂草等九大类；谷部下又分麻麦稻、稷粟、菽豆、造酿等 4 大类；菜部下又分荤辛、柔滑、蓏菜、水菜、芝栭等 5 大类；果部下又分五果、山果、夷果、味果、蓏果、水果等 6 大类；木部下又分香木、乔木、灌木、寓木、苞木、杂木等 6 大类。动物药计有虫部、鳞部、介部、禽部、兽部。矿物药包括水、火、土、金、石等部。此外，还有服器部，服器虽非植物，但多以竹木棉为原料，故排在木之后。对各种药物的阐释，大多包括下述几方面的内容：①释名。叙述每一种药物古今各地的性种及异名，并确定名称。②集解。说明这种药物的古今产地、演变、形态和采集的方法。③正误。纠正古人和一般人的错误。④修治。描述怎样把它制成药剂。⑤气味。记录这种药物的性质味道。⑥主治。说明这种药物的效能及用途。⑦发明。阐述他自己观察实验的心得。⑧附方。集合古今医药家的临床方剂。

《本草纲目》全书囊括的知识范围，远远超出了医药学的范畴，其中植物学、动物学、化学等知识亦相当丰富。书中有关织染方面的内容，是其收录的一百余种我国古代染家所用的染料和助剂，如所载矿物颜料有丹砂、石黄、赭石、银朱、胡份等；植物染料有蓝草、红花、栀子、苏枋、姜黄、山矾、鼠李等；整理剂及助剂有赭魁、白垩土、楮树浆等。此外，对桑树品种的分类、从草木灰中提取碱的方法以及蚕丝副产物的医学用途也有一些叙述。李时珍在"释名"和"集解"中，对收录的染料和助剂的异名、产地、种类、性能的概括和比较，内容之翔实，远超以前的文献所述。现择一例。

《本草纲目》卷三六"山矾"条。

释名：芸香（音云）、椗花（音定）、柘花（柘音郑）、场花（音畅）、春桂（俗七里香）。李时珍曰：芸，盛多也。老子曰：夫物芸芸是也。此物山野丛生甚多，而花繁香馥，故名。按周必大云：柘音阵，出南史。荆俗讹柘为郑，呼为郑矾，而江南又讹郑为畅也。黄庭坚云：江南野中椗花极多，野人采叶烧灰，以染紫为黝，不借矾而成，子因以易其名为山矾。

集解：时珍曰：山矾生江、淮、湖、蜀野中。树之大者，株高丈许。其叶似厄子，叶生不对节，光泽坚强，略有齿，凌冬不凋。三月开花，繁白如雪，六出，黄蕊，甚芬香。结子大如椒，青黑色，熟则黄色，可食。其叶味涩，人取以染黄及收豆腐，或杂入茗中。按沈括《笔谈》云：古人藏书辟蠹用芸香，谓之芸草，即今之七里香也。叶类豌豆，作小丛生，啜嗅之极芬香。秋间叶上微白如粉污，辟蠹殊验。又按《苍颉解诂》云：芸香似邪蒿，可食，辟纸蠹。许慎《说文》云：芸，似苜蓿。成公绥《芸香赋》云：茎类秋竹，枝像青松。郭义恭《广志》有芸香胶。《杜阳编》云：芸香草也，出于阗国。其香洁白如玉，入土不朽。元载造匀晖堂，以此为屑涂壁也。据此数说，则芸香非一种。沈氏指为七里香者，不知何据？所云叶类豌豆，啜嗅芬香，秋间有粉者，亦与今之七里香不相类，状颇似乌药叶，恐沈氏亦自臆度尔。曾端伯以七里香为玉蕊花，未知的否？

文中将山矾的别名、植物性状、各种用途以及前人对山矾的描述，归纳和整理得十分详细。难能可贵的是对其他染料的记载均是如此。这种巨细靡遗的文献综述，极便于科学研究的进行，以至我们今天只要读过《本草纲目》，即可对古代植物染料染色的情况有大致的了解。

《本草纲目》堪称我国古代一本最完备的药典，同时也是我国一本规模初具的博物学辞书。自16世纪末梓刻行世以后，产生了巨大的影响，这部190万字的巨著在国内先后翻刻印刷达50多个版次，赢得"医学之渊海"、"格物之通典"之美誉。英国科学史家李约瑟甚至认为："明代最伟大的科学成就是李时珍的《本草纲目》"。

二、《农政全书》

《农政全书》是我国历史上最重要、影响最大的农学著作之一。作者徐光启，字子先，号玄扈，松江府上海县人。生于明嘉靖四十一年（1562年），卒于崇祯六年（1633年）。万历时进士，官至礼部尚书兼东阁大学士。徐光启学识渊博，虽为官多年，却始终致力于科学研究，一生有很多著述，在天文、历法、数学、物理、农学、军事等众多领域都取得了不凡成就。他曾向耶稣会传教士利玛窦等学习西方自然科学知识，并同他们合作翻译了《几何原本》、《泰西水法》等科学著作，成为介绍西方近代科学的先驱。

徐光启在他涉及的科学领域中，对农学最为重视。他自号"玄扈先生"，即是向世人明其重农之志。玄扈原指一种与农时季节有关的候鸟，古时曾将管理农业生产的官称为"九扈"。徐光启的学生陈子龙在评价老师时也说："生平所学，博究天人，而皆主于实用；至于农事，尤所用心。"据他的儿子徐骥所编《先文定公行述》、孙徐尔默所编《文定公集引》及见于其他书著录的，徐光启编写的农书有《农政全书》、《农遗杂疏》、《屯盐疏》、《种棉花法》、《北耕录》、《宜垦令》、《农辑》、《甘薯疏》、《吉贝疏》、《种竹图说》等。其中《农政全书》是最重要的一部，徐光启的农学思想在书中得到了充分体现。

《农政全书》是徐光启在天启二年（1622年）告病返乡后开始编写的。崇祯元年（1628年），徐光启官复原职时该书写作已基本完成，但由于上任后政务繁忙，无暇再进行修订，直到死于任上也未最后定稿。后由陈子龙等人整理遗稿，于崇祯十二年（1639年），亦即徐光启死后的6年，刻版付印，并定名为《农政全书》。

《农政全书》共 60 卷，约 50 余万字，分 12 目。12 目中包括：农本 3 卷；田制 2 卷；农事 6 卷；水利 9 卷；农器 4 卷；树艺 6 卷；蚕桑 4 卷；蚕桑广类 2 卷；种植 4 卷；牧养 1 卷；制造 1 卷；荒政 18 卷。各目按内容可细分为三个方面：第一，选辑历代农业文献，并做了评述和补充；第二，记载了当时各地农民的生产实践经验和技术；第三，关于农业政策、制度、实施措施的专门论述，这是前代大型农书从未有过的。

《农政全书》中有关纺织技术方面的内容占全书篇幅很少，且大多为辑录前人文献，但徐光启总结和分析历代农学文献结合自身实践心得所写部分，却甚为精辟，丰富了古农书中的纺织技术内容。如对棉纺织技术的总结，徐光启前的一些农书，虽对棉纺织技术有所记载，却均很简略，字数少者仅有寥寥数百字，多者也不过二三千字，而《农政全书》则用近万字，全面系统地介绍了长江三角洲地区棉纺织技术，内容涉及棉花的种植制度、土壤耕作、丰产措施及纺纱织造。其中有几处较为精辟的论述，现择几例。

第一，有关棉花是草本还是木本植物及棉花与攀枝花区别的论述。谓："所谓木棉，其为布曰缄、曰文缛、曰乌骥、曰斑布、曰白氎、曰白绁、曰屈眴者，皆此，故是草本。而《吴录》称木棉者，南中地暖，一种后开花结实，以数岁计，颇似木芙蓉，不若中土之岁一下种也，故曰十年不换，明非木本矣。……闽广不称木棉者，彼中称攀枝花为木棉也。攀枝花中作裀褥，虽柔滑而不韧，绝不能牵引，岂堪作布？或疑木棉是此，谓可为布而其法不传，非也。《吴录》所言木棉亦即是吉贝，或疑其云树高丈，当是攀枝，不知攀枝高十数丈。南方吉贝，树年不凋，其高丈许，亦不足怪。盖史所谓林邑吉贝，《吴录》所谓永昌木棉，借指草本之木棉，可为布，意即涉罗木，然与攀枝花绝不类。"

第二，有关棉种的总结。谓："中国所传木棉，亦有多种。江花出楚中，棉不甚重，二十而得五，性强紧。北花出畿辅山东，柔细中纺织，棉稍轻，二十而得四，或得五。浙花出余姚，中纺织，棉稍重，二十而得七。吴下种，大都类是。更有数种稍异者，一曰黄蒂，穰蒂有黄色，如粟米大，棉重。一曰青核，核色青，细于他种，棉重。一曰黑核，核亦细，纯黑色，棉重。一曰宽大衣，核白而穰浮，棉重。此四者，皆二十而得九。黄蒂稍强紧，余皆柔细中纺织，堪为种。又一种曰紫花，浮细而核大，棉轻，二十二得四。其布以制衣，颇朴雅，市中遂染色以售，不如本色者良，堪为种。"

第三，为便于推广棉花丰产经验，总结出的棉花丰产十四字诀。谓："余为《吉贝疏》，说棉颇详。恐不能遍农家，姿刻宜可遍。或不逮不知书者，今括之以四言，悦知书者口述之，妇女婴儿必可通也。曰：精拣核，早下种，深根、短干，稀科，肥壅。"

第四，有关湿度对纺纱质量影响的总结。谓："近来北方多吉贝，而不便纺绩者，以北土风气高燥，棉毳断续，不得成缕。纵能作布，亦虚疏不堪用耳。南人寓都下者，多朝夕就露下纺，日中阴雨亦纺，不则辍业矣。南方卑湿，故作缕紧细，布亦坚实。今肃宁人乃多穿地窖，深数尺，作屋其上，檐高于平地仅二尺许，作窗棂以通日光。人居其中，就湿气纺织，便得坚实，与南土不异。若阴雨时，窖中湿蒸太甚，又不妨移就平地就织。"

《农政全书》涉及的范围很广，举凡农业及与农业有关的政策、制度、措施、工具、作物特性、技术知识等等，应有尽有，是我国古代一部集大成的农业科学巨著，对当时及后来的农业生产具有重要的指导作用。后人们把它同《氾胜之书》、《齐民要术》、陈旉《农书》和王祯《农书》并列在一起，称为我国古代五大农书。

三、《天工开物》

《天工开物》是一本全面论述中国明末以前农、副业和手工业生产技术的百科全书式著作。作者宋应星，字长庚，江西奉新人。万历四十三年（1615年）考取举人，崇祯七年（1634年）任江西分宜教官，崇祯十一年为福建汀州推官，十四年为安徽亳州知州。明亡后弃官归里，终老于乡。他一生著述很多，现知的有《画音归正》、《原耗》、《杂色文》、《美利笺》、《春秋戎狄解》、《野议》、《论气》、《谈天》、《思怜诗》、《天工开物》等10部，不过《画音归正》等前5部均已散佚。

《天工开物》是宋应星在江西分宜任教官时著成，于崇祯十年（1637年）由友人涂绍煃（约1582~1645年）资助刊刻。全书按照"贵五谷而贱金玉"的原则列为十八个类目，共三卷十八章，依次是："乃粒"，讲粮食作物的栽培技术；"乃服"，讲服饰原料的生产；"彰施"，讲植物染料的染色方法；"粹精"，讲谷物的加工；"作咸"，讲食盐的生产；"甘嗜"，讲糖的制取；"陶埏"，讲砖、瓦、陶、瓷器的制造；"冶铸"，讲金属器物的铸造；"舟车"，讲各种车辆、船只的类型、结构及功用；"锤锻"，讲金属器物的锻造；"燔石"，讲各种矿石的烧炼；"膏液"，讲油料的榨取方法；"杀青"，讲造纸技术；"五金"，讲各种金属的冶炼；"佳兵"，讲兵器、火药之制造及使用；"丹青"，讲墨和颜料的制作；"曲糵"，讲造酒的方法；"珠玉"，讲珠宝玉料的开采。而当中更有附图100余幅。所述涉及农业及工业近30个生产部门的技术，内容广泛而又翔实，反映了明代在农业、手工业生产技术所达到的水平及他个人在这方面的造诣，是宋氏诸著述中传播得最广的一种。

《天工开物》中的"乃服"、"彰施"两章，就其所描述的纺织和染整工艺来说，有许多内容是以前及同时代著作中未见的，且更加接近于实际生产。下举几则：

（1）蚕的杂交育种及防治某些疾病的技术。中国是世界上最早的植桑养蚕之国，《天工开物》总结了历史的成绩，特别在蚕的杂交育种及某些疾病的防治方面作了记述。书中卷二《乃服·种类》条云："凡茧色唯黄白二种……若将白雄配黄雌，则其嗣变成褐茧。""今寒家有将早雄配晚雌者，幻出嘉种。"此所谓"早雄"指一化性雄蛾，"晚雌"指二化性雌蛾。"幻"即变化。这里谈到了两种杂交法，一是吐白丝的雄蛾与吐黄丝的雌蛾交配育成吐褐丝的新种；二是一化性雄蛾与二化性雌蛾交配育成优良的嘉兴种。这是中国，也是世界关于家蚕杂交的最早记载。《天工开物》还记述了一种叫软化病的常见蚕病。说此蚕"脑上放光"，可使"败群"，应"急择而去之"。"败群"指病的传染性。在各种蚕经中，宋应星最早把"病症"开列专目进行了讨论，在他之前从无人谈及软化病的传染性。这对防止蚕病蔓延，发展蚕业生产是具有很大意义的。

（2）缫丝和丝的精练技术。记载了杭嘉湖蚕丝生产中的"出口干、出水干"的丝美六字诀；记述了用猪胰脱胶的方法："凡帛织就，犹是生丝，煮练方熟。使用稻稿灰入水煮，以猪胰脂陈宿一晓，入汤浣之，宝色烨然。或用乌梅者，宝色略减"。

（3）棉织技术方面，记述了轧车、弹棉的弹弓及棉布后整理。

（4）毛纺织技术方面，对山羊绒织作方法阐述的相当详细。中国用山羊绒织作的历史至少可以追溯至唐宋时期，但在明以前并没有山羊绒织作技术的记载。《天工开物》中所说的孤古绒的织造，实是中国有关这方面的最早论述。其《乃服·褐毡》条说："凡织绒褐机大于布机，用综八扇，穿经度缕，下施四踏，轮踏起经，隔二抛纬，故织出纹成斜现。"绒褐即是以山羊绒为原料织成的精细毛织物。

（5）丝织技术方面，详细阐述了结花本的方法以及提花机的结构，所载"花机"，不仅文字说明极详尽，附图也非常细致，而且还注明了各部件的名称。书中对罗、秋罗、纱、绉纱、缎、罗地、绢地、绫地等组织的介绍，更是同时代的《农政全书》中所没有的。

（6）染色技术方面，对20余种颜色从配料到染法写得相当具体，并对蓝靛、红花、胭脂、槐花的制取和保存作了专门的介绍。

《天工开物》是中国古代一部非常有影响的科学著作，曾流传国外，先后被译成日文、法文和英文刊行。20世纪20年代后，我国国内翻印的尤多，现有不同版本10余种。

四、《豳风广义》

《豳风广义》是一部论述我国西北陕西一带蚕桑丝绸技术以及家禽饲养方法的书。作者杨屾（1699~1794年），字双山，陕西兴平桑家镇人，监生。一生居家讲学，未尝仕宦，矢志于经世致用之术，举凡天文、音律、医农、政治之书，多有研究。主要著作有：《知本提纲》、《论蚕桑要法》、《经国五政纲目》、《豳风广义》、《修齐直指》。他所取得的学术成就，在当世即得到很高评价。一位关中名士说他注重实际，不拘泥成法，博览群书，而"不为书所愚"，学问可与北宋著名理学家张载媲美。另一位名士说他做学问别出心裁，研究所得和创造的词义多与以前的圣贤不同，然而其论证皆有根据，结论靠实推求，并非无本之谈。

杨屾在家乡讲学期间，有感于乡人误信陕西地区不适蚕桑之说，不从事这方面的劳作，苦于衣着原料，与史籍其地"固亦宜桑"的记载相违。于雍正二年（1725年）率先放养柞蚕，然后自雍正七年（1729年）起，又亲自开展养蚕缫丝和饲养家畜的实验，并广为推行其成功经验。先后10余年，一方之人，皆蒙其惠。《豳风广义》即是他根据其对蚕桑技术、农副生产的长年研究试验而写成的。因为《诗经·豳风·七月》是涉及蚕桑生产的诗。而"豳"实为陕西地区的一部分，遂用以名其书。张元际《补印知本提纲序》说：《知本提纲》为杨屾"一生之最得力，又恐未详也，作《修齐直指》申言农，《豳风广义》专言桑"。

《豳风广义》约成书于乾隆五年（1740 年），曾进呈其时陕西的地方当局，请求于全陕推行。同年由宁一堂开雕，二年刻成。本书赢得人们的普遍重视。陕西、河南、山东等地都曾重刊，流传面亦相应增大，现有光绪八年（1882 年）宫本昂序本，《关中丛书》本，1962 年农业出版社出版的郑辟疆、郑宗元校勘本。

全书分三部分组成：第一部分，即其上呈陕西当局之文，其中还缕述了北方可以种桑养蚕的道理 4 条。第二部分，为书之主体，其间又分三卷，每卷之首均先陈述有关史实，以为征信宣传之本，然后论述。卷之上主要讲桑的种植栽培技术和对土壤的要求，计有地宜、栽桑、种桑和盘桑条法、压条、分桑法、栽地桑法、修抖树法、接桑法等，末附有柘的种植法；卷之中主要讲蚕的喂养及缫丝技术，计有养蚕器具及择种、浴种、初蚕下蚁、饲养、上簇、摘茧、蒸茧、缫丝等；卷之下主要讲络丝、整经、织造方法和器具以及同时开展多种农业生产的意义，末附饲养柞蚕和缫柞蚕丝的方法和饲养，治疗猪、羊、鸡、鸭疾病之法。第三部分，为其建置"庄田"的动机，实际建设情况和经营之种类。

《豳风广义》一书具有很高的学术价值和历史价值。从书中内容看，它至少在五个方面很有意义。一、其内容极其丰富，几乎对中国古代栽桑养蚕、饲养禽畜等方面的许多宝贵经验和创作发明，都做了比较全面的总结和介绍。例如，关于桑树的栽培。把当时陕西地区的经验概括为"腊月埋条存栽"和"九、十月盘栽"两句话，订正了元代《土农必用》一书所讲："桑条截成尺长，火烤两头，春分时埋于地下"的错误叙述。关于蚕种的选择，强调选种的作用，不仅能淘汰体弱有病的第二代，而且可使第二代生长发育的时间和速度趋于一致。关于育蚕的时间。强调必须根据南北寒暖干湿等自然条件选取。"以谷雨前之三、四天为宜，同时指出不管何地在这个问题上均应考虑桑叶的长势，即桑叶长到茶匙大时，才能开始养蚕。关于羊毛剪取。强调必须根据各地的气候条件开剪，并总结出一套能保证羊毛质量的剪毛方法和剪后处理方法。所有这些都具有极高的科学价值。二、所述"养素园"之制度和经营方式，虽其中心思想颇多消极成分，但也有很多可取之处，所记的种植技术和饲养方法，大都切实可行，特别是其中有关农业与副业、林业、畜牧业互相结合的经营主张，以及根据地理条件、土壤特点选种不同作物的要求，业已具备了开展"农业综合经济"的意义，即使今天看来，仍有一定的参考作用。三、全书不作空谈。因为是讲具体生产技术和问题的，所以"言必有物"惟经济效益是务。四、文字简明，通俗易懂，兼有大量插图，使人一目了然，易于仿效。五、可以作为"农业教科书"使用。作者说它"乃秦地蚕桑之程式也，行之无疑"，此言实不为过。其实它即使作为中国北方许多地区的蚕桑程式也是完全可行的。

参 考 文 献

［1］张瀚：《松窗梦语》卷四。

［2］《古今图书集成·职方典·兖州府部·风俗》。

［3］万历《兖州府志》卷四《风土志》。

［4］《古今图书集成·职方典·东昌府部·物产考》。

［5］邢侗：《来禽馆集》卷一八。

［6］道光《济南府志》卷一三。

［7］李令福：《明清山东省棉花种植业的发展与主要产区的变化》，《古今农业》2004 年第 1 期。

［8］王曾瑜：《中国古代的丝麻棉续编》，《文史》2006 年第 3 辑。

［9］徐献忠：《吴兴掌故集·风土类》。

［10］徐光启：《农政全书》卷三五。

［11］叶梦珠：《阅世编》卷七。

［12］张春华：《沪城岁事衢歌》。

［13］归有光：《震川先生集》卷八。

［14］崇祯《太仓州志》卷一四。

［15］顾炎武：《天下郡国利病书》引《嘉定县志》。

［16］《南翔镇志》卷一二。

［17］光绪《宝山县志》卷三。

［18］崇祯《福安县志》卷八。

［19］崇祯《清江县志·户产志》。

［20］《古今图书集成·职方典·惠州府部·物产考》。

［21］陈维稷：《中国纺织科学技术史（古代部分）》第 154 页，科学出版社，1984 年。

［22］史宏达：《论宋元明三代棉纺织生产工具发展的历史过程》，《历史研究》1957 年第 4 期。

［23］赵冈、陈钟毅：《中国棉纺织史》第 85 ～ 86 页，中国农业出版社，1997 年。

［24］［清］张春华：《沪城岁事衢歌》，引自陈祖槼主编，《中国农学遗产选集》"甲类第五种·棉"，中华书局，1957 年。

［25］张瀚：《松窗梦语》卷四。

［26］成化《杭州府志》卷一七。

［27］《武林掌故丛编》引《西溪百咏》卷上。

［28］《武林掌故丛编》引《西溪梵隐志》卷三王稚登《古荡》。

［29］冯梦祯：《快雪堂集》卷五三。

［30］《古今图书集成·职方典·湖州府部·杂录》。

［31］乾隆《湖州府志》卷二九。

［32］乾隆《湖州府志》卷四一。

［33］乾隆《湖州府志》卷四〇。

［34］徐献忠：《吴兴掌故集·物产类》。

［35］《桐乡县志》物产、嘉庆《嘉兴府志》卷三四、《石点头》卷四。

［36］光绪《嘉兴府志》卷三二。

［37］光绪《嘉兴府志》卷三二。

［38］宋应星：《天工开物》卷二，钟广言注释，广东人民出版社，1978 年。

［39］高铨：《吴兴蚕书》，引自章楷、余秀茹：《中国古代养蚕技术史料选编》，农业出版社，1985 年。

［40］卢燮宸：《粤中蚕桑刍言》，引自章楷、余秀茹：《中国古代养蚕技术史料选编》，农业出版社，1985 年。

［41］赖逸甫：《岭南蚕桑要则》，引自章楷、余秀茹：《中国古代养蚕技术史料选编》，农业出版社，1985 年。

［42］王宪明：《清代帝王与柞蚕产业》，《古代农业》2002 年第 2 期。

［43］赵丰：《南浔丝车及缫丝工艺的调研》，《丝绸史研究》1989 年第 1 期。

［44］卫杰：《蚕桑萃编》卷四，中华书局，1956 年。

［45］卫杰：《蚕桑萃编》卷四，中华书局，1956 年。

［46］卫杰：《蚕桑萃编》卷四，中华书局，1956 年。

［47］沈练：《广蚕桑说辑补》下卷，农业出版社，1960 年。

［48］邝璠：《便民图纂》卷四，农业出版社，1982 年。

［49］宋应星：《天工开物》卷二，钟广言注释，广东人民出版社，1978 年。

［50］卫杰：《蚕桑萃编》卷四，中华书局，1956 年。

［51］赵丰：《南浔丝车及缫丝工艺的调研》，《丝绸史研究》1989 年第 1 期。

［52］沈练：《广蚕桑说辑补》下卷，农业出版社，1960 年。

［53］沈练：《广蚕桑说辑补》下卷，农业出版社，1960 年。

［54］高铨：《吴兴蚕书》卷四。

［55］沈练：《广蚕桑说辑补》下卷，农业出版社，1960 年。

［56］刘清藜：《蚕桑备要》卷四六。

［57］卫杰：《蚕桑萃编》卷四，中华书局，1956 年。

［58］卫杰：《蚕桑萃编》卷四，中华书局，1956 年。

［59］周庆云：《南浔志》卷二一。

［60］朱新予：《中国丝绸史》（通论）第 341 页，纺织工业出版社，1992 年。

［61］褚华：《木棉谱》，引自陈祖槼主编：《中国农学遗产选集》“甲类第五种·棉”，中华书局，1957 年。

［62］杨屾：《豳风广义》下卷，农业出版社，1962 年。

［63］赵承泽主编：《中国科学技术史·纺织卷》第 18 页，科学出版社，2002 年。

［64］徐仲杰：《南京云锦史》，江苏科学技术出版社，1985 年。

［65］陈维稷：《中国纺织科学技术史（古代部分)》第 247 页，科学出版社，1984 年。

［66］陈维稷：《中国纺织科学技术史（古代部分)》第 249 页，科学出版社，1984 年。

［67］李时珍：《本草纲目》卷五"流水集解"，人民卫生出版社，1977 年。

［68］卫杰：《蚕桑萃编》卷六，中华书局，1956 年。

［69］卫杰：《蚕桑萃编》卷六，中华书局，1956 年。

［70］吴淑生、田自秉：《中国染织史》第 258 页，上海人民出版社，1988 年。

［71］赵匡华、周嘉华：《中国科学技术史·化学卷》第 649 页，科学出版社，1998 年。

［72］吴淑生、田自秉：《中国染织史》第 298 页，上海人民出版社，1988 年。

［73］周和平主编：《第一批国家非物质文化遗产名录图典·传统手工技艺》第 373 页、375 页、376 页，文化艺术出版社，2006 年。

［74］《明会典》卷二〇一"织造"。

［75］刘若愚：《酌中志》卷一六"内府衙门职掌"。

［76］《明史·严震直传》；《明会典》卷一八九"工匠"。

［77］《明史·食货志》。

［78］康熙《苏州织造局志》"文征明'重修织造局志'"。

［79］《明神宗实录》卷三六一。

［80］《古今图书集成》"职方典"，"苏州府部"引《苏州府志》。

［81］康熙《松江府志》卷五四"遗事"。

［82］耿定向：《先进遗风》卷二。

［83］张瀚：《松窗梦语》卷四。

［84］谢肇淛：《五杂俎》卷三。

［85］乾隆《吴江县志》卷四"镇市村"。

［86］康熙《吴江县志》卷一七"物产"。

［87］万历《秀水县志》卷一"市镇"。

［88］徐秉元：《桐乡县志》卷一"市镇"。

［89］胡琢：《濮镇纪文》。

［90］王世懋：《闽部疏》。

［91］屈大钧：《广东新语》卷十五"货语"。

［92］郭子章：《郭青螺先生遗事》卷二〇"蚕论"。

［93］《两台奏议》卷五"复议丝绢折半疏"。

［94］万历《铅书》卷一"食货"。

［95］嘉靖《河间府志》卷七"风俗"。

［96］顺治《潞安府志》卷一"物产气候"。

［97］定陵博物馆编：《定陵——地下宫殿》，人民出版社，1985 年。

［98］甘熙：《白下琐言》卷八。

［99］陈作霖：《凤麓小志》卷三"记机业"。

［100］乾隆《吴江县志》卷五。

［101］厉鹗：《东城杂记》下卷。

［102］许梦阁：《雍正重修北新关志》钞本卷一六。

［103］康熙《桐乡县志》卷一。

［104］乾隆《湖州府志》卷四一。

［105］顺治《九江乡志》卷二"生产"。

［106］光绪《临朐县志》。

［107］陈作霖：《金陵物产风土志》卷一五。

［108］《东华录》康熙朝卷九八"康熙五十五年十月壬谕"。

［109］道光《厦门志》卷五。

［110］王象晋：《群芳谱》"桑麻葛苎谱"。

［111］王达：《试论明清农书及其特点与成就》，《农史研究》第 8 辑，农业出版社，1989 年。

［112］朱新予：　《中国丝绸史》第 358 页，附录表 1，纺织工业出版社，1992 年。

第 八 章

现存传统纺织染绣技术

　　迄今为止，我国各民族都有一些传统的纺织品仍在生产，它们的生产工艺基本上都是沿用我国古代传统的纺织印染技术。这些传统的纺织品是我国古代纺织印染技术的孑遗，可视为最后传承，是研究我国古代纺织印染技术的宝贵资料。因此，理所当然要对它们进行认真的研究。

第一节　现存传统纺织印染技术

　　中国自古就是一个统一的多民族国家，长期以来各民族互惠共生、彼此交融，共同创造了高度发达的中华文明。中国古代璀璨的纺织技术当然也是各民族纺织技术的不断融合、充实和丰富的硕果。迄止到今天，我国很多少数民族都在生产一些传统纺织品，虽然这些按传统工艺方法生产的纺织品已非主流商品，其市场份额甚至可以忽略，但其工艺方法和产品中彰显出的文化内涵却是不容忽视的。下面择其比较重要的有代表性的一些品种分述之。

　　一、壮锦织造技术

　　壮锦是壮族人民发明的一种高级丝织品，不但在少数民族织锦中占有重要地位，而且在整个中国古代织锦中也占有重要地位。由于壮族主要聚居在广西壮族自治区，因此广西壮族自治区是壮锦的主要产地。

　　（一）壮锦的源流及发展

　　壮锦有悠久的历史。据古书记载，汉代的广西，棉纺织技术和丝纺织技术都已达到一定的水平，当时广西壮族织造的五彩斑布已经非常有名。据此推断，壮锦也是在这个时期出现的。到了唐代，广西壮族的种桑养蚕业有了进一步的发展，壮锦织造业也相应有了发展。关于这方面的情况，当时在广西做官的一些汉族文人曾在他们写的诗文中有过真实的描述。[1]

　　壮锦发展到宋代，织造水平有了很大的提高，因其精美并具有独特的风格而深受壮族人民和其他民族的喜爱。到了明代，一些有龙凤等花纹图案的壮锦已被当作贡品进贡给朝廷。也就是在明代，壮锦开始成为中国织锦的名产之一，使它能跟蜀锦、宋锦、云锦一起，并列为中国古代四大名锦。[2]

　　到了清代前期，壮锦又有了进一步的发展。鸦片战争以后，壮锦逐渐衰落。在民国时，传统花纹图案大部分已失传，壮锦生产陷入奄奄一息的境地。解放以后，在党和人民政府的关怀及支持下，壮锦逐步得到了恢复和生产，一些失传的花纹图案被发掘恢复出来，并且发明了一大批新的花纹图案，生产设备和技术都得到了改进和提高，使壮锦生产上了一个新台阶。[3]

壮锦产地以广西壮族自治区为主，云南、贵州和湖南的壮族地区也出产壮锦，但数量不及广西壮锦，质量也欠佳。在广西境内，虽然各地壮族都能生产壮锦，但其产量和质量是有差别的。例如，在清代，广西各个州县的壮族都能生产壮锦，但永定和忻城出产的壮锦最精致。

20世纪中期以前，壮锦生产大都属于农村的家庭副业，但也有专门手工业生产的。那时的产品种类主要是被面、背带心、头巾，等等。这些产品主要是自织自用，有少数拿到市场去卖，其中也有生产一些专门当作商品的壮锦，这些壮锦不但在本地市场上交流出售，而且市场还扩大到外地。比如，广西生产的一些壮锦，不但在广西境内的一些市场上出售，而且外销到贵州、云南、广东等地。购买壮锦的人，除了壮族以外，还有汉族和其他少数民族的一些人。

20世纪中期以后，一些壮锦艺人仍采用传统织机和传统手工技艺制作壮锦，但也有一些壮锦艺人对传统织机进行改革，在这方面广西壮族自治区取得了可喜的成绩。早在1956年，广西有关单位就成功设计并安装了榫子机，这是经过革新后产生的新型壮锦织机。到了1980年，广西有关单位还从广西境外引进安装成二、三梭电机，这是新型的壮锦电机。由于新型壮锦织机的出现，使壮锦的生产跃上了一个新台阶，不但使壮锦产量大幅度增长，而且也使壮锦品种增加了许多。目前，壮族地区生产壮锦所使用的织机，既有传统的木机，又有新型的榫子机和二、三梭电机。由于采用多种类型的织机织造壮锦，各类织机的使用又有其一定的工艺特点，故各类织机所生产出的壮锦品种规格是不一样的，其风格也往往各具特点，这就使壮锦品种呈现百花争艳的景象。一般来说，用传统织机及传统工艺制作的壮锦，幅宽较窄，但古风浓郁，壮风鲜明；而用新型织机及相应的工艺制成的壮锦，幅宽较宽，其风格既保有壮锦传统风格的基本特征，又有一些新的原素。传统壮锦因其幅宽较窄，不适合装饰大型的工艺品。而新型织机织制成的壮锦，由于幅宽较宽，可以做成宽幅的工艺品，例如，做成宽幅的被面、床毯、台布、沙发布、窗帘、壁挂等壮锦工艺品。因为壮锦的品种、数量、规格等都发生了较大的变化，所以20世纪中期以后，壮锦所适用的范围也扩大了，不但流行在壮族地区，也流行在非壮族地区；不但深受壮族人民喜爱，也深受汉族和其他民族人士的喜爱。

（二）壮锦的织造技艺

壮锦的织造技艺非常独特。无论是生产壮锦的织机，还是生产壮锦的工艺技术，都相当有特色。

织造传统壮锦的织机叫竹笼机，因其开口提花机构形似猪笼且是竹制的而得名（图8-1）。竹笼机是一种竹木结构的提花机，它的别称叫猪笼机。竹笼机的结构简单，整部织机分为机身、装纱、提纱、提花和打花五个部分。机身由机床、机架和坐板组成。装纱由卷经纱机头、纱笼、布头轴、绑腰和压纱棒组成。提纱由纱踩脚、纱吊手和小综线组成。提花由花踩脚、花吊手、花笼、编花竹、大综线、综线梁和重锤组成。打花由扣、挑花尺、筒、绒梭和纱梭组成。

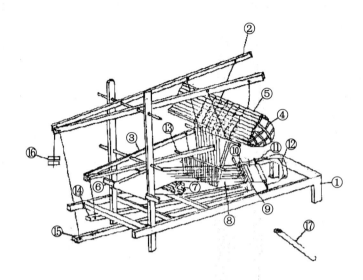

图 8-1　竹笼机示意图

　　竹笼机不但形状独特，而且其结构亦有特点，因此操作技艺也随之具有独特之处。

　　竹笼机的最大特点，是用花笼起花。竹笼机以细竹综竿按花纹编入提综线，绕在竹笼上。细竹综竿相当于纬线，提综线相当于经线。艺人按事先设计好的图案，用挑花尺将花纹挑出，然后再用一条条编花竹和大综线编排在花笼上。

　　从竹笼机的构造看，可以归入多综多蹑机这种类型的织机。但竹笼机跟一般的多综多蹑机相比，又有些区别，其主要区别是竹笼机用少蹑控制多综的机构非常巧妙，根据花纹图案的上机吊综有一套专门的技巧。吊综分为地综和花综两种。织平纹地综，比较简单。竹笼上的花综，比较复杂。

　　用传统竹笼机织造壮锦时，采用纬线显花的三梭织法，第一梭织表面花纹，第二梭织底面花纹，第三梭织平纹地。这样三梭一组，不断循环，直至织成一幅或一匹壮锦为止。

　　（三）壮锦的纹样图案

　　除了织机和织造技艺具有特点外，壮锦的另一个大特点是纹样图案具有浓郁的地方特色和鲜明的民族风格。这种浓郁的地方特色和鲜明的民族风格，主要表现在四个方面，即：题材广泛、结构严谨、造型别致和色彩艳丽。这些特点跟壮族人民居住的地理条件和审美特征有内在的联系。

　　壮锦艺人在创作壮锦花纹图案时，始终把富丽多彩的大自然作为创作源泉，因此使壮锦纹样图案的题材内容相当广泛。壮锦艺人善于把他们居住地的壮丽山河以及花卉、果实、鸟兽、虫鱼等动植物进行艺术加工提练，根据各种壮锦品种的形式和需要，创作成美丽大方的花纹图案。据不完全统计，传统纹样图案有万字纹、水纹、云纹、回纹、菊花、莲花、水仙、梅花、桂花、茶花、五彩花、四主夹星、四宝围蓝、石榴夹牡丹、卍字夹梅、穿珠莲、团龙飞凤、蝴蝶朝花、凤穿牡丹、双龙抢珠、狮子戏球、马鹿穿山、鲤鱼跳龙门、水波浪等 20 余种。近年来，壮锦艺人又创作了许多新的花纹图案，如：红棉花、朵朵葵花向太阳、凤凰花、对鹿、花鱼、水果、仙鹤、熊猫、孔雀开屏等，多达80多种。无论是传统壮锦花纹图案，还是新创作的花纹图案，题材内容都相当广泛，都反映了壮族人民居住地的风貌和他们生活的情趣及追求与愿望，都很好地突现了浓郁的地方特色和鲜明的民族风格。

壮锦的花纹图案大致可分为几何纹样、自然纹样和装饰纹样三种类型。

几何纹样大多用作地纹或骨架（图8-2）。壮锦几何纹样的特征是形象简朴、结构严谨、变化多样、有强烈的韵感。这是由于线条的粗细、疏密、曲直、长短、方向等方面和交互运用的手法所产生的艺术效果。例如，万字、回纹、水纹、云纹等纹样，都属于几何纹样。还有另外一种手法，即：用点、线、面组成适合的纹样，安置在适合的骨架内，也可用四方连续组成锦面或用于花边等装饰部位，这类纹样一般比较小，例如八星锦等纹样图案。

图8-2　壮锦纹样

在壮锦图案中，几何形骨格占有很重要的位置。骨格一般以万字、回纹、水纹、云纹及各种小花连续排列组成。这类纹样，既可以向四方连续作地纹，在上边布置各种散点纹样；也可以组成各种骨架，在骨架里安以各种适合纹样；单独运用万字等纹样，上下左右连续，亦可组成素雅大方的锦面。另外，还有以某种形象为主体，加以花边装饰，组成适合纹样图案。大面积的地纹或花纹，因为制作工艺的关系，需要压线，也可以组成各种纹路，产生别有风趣的艺术效果。

在几何地纹上布置散点纹样组成的锦面，会产生别具风格的审美情趣。它使人觉得匀称、安定、宾主分明和生动活泼。由于地纹的衬托，比如暗地衬托亮花或浅地衬托深花，其结果使花纹图案的主题更加鲜明突出。像团龙飞凤、狮子滚球、四宝围篮等花纹图案都是这种形式。

在几何骨架内安放适合纹样的组织，这会使花纹图案显得既统一又有变化，显得结构严谨，而且有相当优美的韵律感。

在几何骨架内可以安有由点、线、面组成的几何纹样，也可以安有丰富多彩的自然纹样，但大多数的情况下都是安放装饰纹样。有时候也可以用三种形式的纹样穿插在同一幅图案之中，例如万字夹梅、五彩花等图案，就是典型的例子。

壮锦中的自然纹样，是壮锦艺人根据自然形象的特征，经过艺术加工提炼而创作出来的。这类纹样既跟自然物体接近，但又不拘于自然形态。壮锦的自然纹样，大多用于地纹上的自由花或主题性锦物，由于不受地纹的限制，所以使主题显得尤为突出，从而使锦面显得生动活泼。比如，龙凤锦和狮子滚球锦中的龙凤和狮子，以及鸳鸯锦和熊猫锦中的鸳鸯和熊猫，都产生了上述艺术效果。

壮锦中的装饰纹样，是壮锦艺人把动物、植物、人物、风景等自然物象进行高度的艺术概括和大胆变形而制成的。创作者抓住某种自然物象的特征，进行艺术加工，形成装饰纹样后，它的图案形式介于几何纹样和自然纹样之间。跟几何纹样比，装饰纹样显得比较活泼。跟自然纹样比，装饰纹样显得规律性强，装饰味很浓，而且十分简练生动，十分含蓄，十分耐人寻味。由于装饰纹样有这种特征，所以成为壮锦图案中的主要图案，被大量运用于壮锦中，被称为壮锦纹样图案的主体。例如，双飞凤锦、莲花锦、五彩花锦、花鱼锦中的纹样，就是壮锦装饰纹样的典型代表。

在壮锦纹样中，不同的纹样图案主题的组织形式是有所不同的。例如，以万字、回纹、水纹、云纹等为主题的四方连续组成的图案，其特点是造型简单，结构严谨，用色单纯，素雅大方。这类纹样适合大面积的装饰，例如被面的纹样，就属于这类纹样形式。而有主题的纹样布置，一般都是把主题内容放在居中的重要位置，主题内容一般都是鸟类、走兽和风景，有时也可以用花卉人物，大都有方向性，并且留有一定的空间，在两边或上下左右用二方连续组成花边装饰，用来衬托主题，组成一幅完美的图案。例如，鸳鸯、花鱼、桂林山水、熊猫、挂包、挂屏，等等，就是这类形式的图案。

（四）壮锦的用色

壮锦纹样图案在色彩运用方面，也有它的特色，这种特色主要表现在壮锦图案的配色相当丰富多彩。在壮锦图案中，用色相当大胆，在对比中有调和，在素雅中见多彩，因此产生华而不俗、素而不减的艺术魅力。由于采用简练概括的用色方法，使图案的色调强烈响亮、斑斓多彩、古朴艳丽而厚重，产生别具一格的审美情趣。在壮锦图案的色调中，既有五彩缤纷的强烈对比色调，亦有素雅大方的调和色调；既有浅地深花，亦有暗地亮花。这些都足以说明，壮锦图案用色确实有其特色。

壮锦图案用色一般不受自然色彩的限制，这也是壮锦图案用色的一个大特点。壮锦艺人善于把大自然中丰富多彩的色相进行提炼、概括、夸张、变色，以便用来加强图案的装饰效果，使形象的特征更加鲜明突出，使整个锦面更加活跃，从而呈现五彩缤纷的景象。

壮锦图案用色的另一个大特点是善于运用对比色。在壮锦图案色彩中，对比色是比较多见的。如色相对比、深浅对比、明暗对比、冷暖对比、色块大小对比，等等，不一而足，而且往往对比强烈。在运用对比色时，用得很巧妙，即巧妙而恰当地运用中间色来起过渡作用，因此产生既对比强烈而又和谐统一的艺术效果。

（五）壮锦所用原料

20世纪中期以前，壮族中凡是织壮锦的人，大都自己（或自己家里的人）种桑养蚕，自己缫丝以及自己练丝、漂丝、染丝。棉纱也是一样，大都是织锦艺人自己（或自己家里人）去种棉、收棉花、弹棉花、纺棉纱、染棉纱、浆棉纱。总之，这一系列工种工序都是自己（或自己家里人）去做。染色所用的染料，一般是采用织锦艺人居住地所出产的植物或有色泥土，就地取材制成。从采集染料原料到制成染料，一般都是织锦艺人自己做。当然也有少数艺人是从市场上购买丝绒、棉纱和染料。传统的壮锦采用的染料及色调主要有如下这些种类：用土朱、胭脂花、苏木等作染料来染成红色；用黄泥、黄姜等作染料染成黄色；用蓝靛作染料染成蓝色；用树皮、绿草作染料染成绿色；用黑土、草灰作染料染成灰色，等等。另外，把一些染料按一定的比例进行互相搭配，配制出一些新的色彩。壮锦的传统染法虽然土里土气，但其色彩效果并不土，而是既淳朴又绚丽。

20世纪中期以后，壮锦生产所用原料，概括起来有两种来源：一种是织锦艺人自己（或自己家里人）种植桑棉，自己养蚕缫丝，自己收棉花纺纱，自己制作丝绒棉纱，自己采集染料原料和制作土染料；另一种来源就是从市场上采购，有的艺人采购土染料，有的艺人采购丝厂出产的机制丝和棉纺厂出产的机制棉纱，有时染料还购买化学染料。不但筹集原料的方式增多，而且原料的品种也大为增多。这与所使用的壮锦织机多样化和壮锦品种的增多是相适应的。

二、苗锦织造技术

苗族人民居住地域很广，贵州、湖南、云南、广西等省区，都有苗族的聚居地。各地苗族都会织苗锦，所织苗锦颇具特色，在中国的传统织锦中占有一席之地。

（一）苗锦的源流及发展

据现在掌握的有关资料进行分析研究得知，苗锦首先分别发源在贵州和湖南，然后分别传到广西和云南。

早在西汉末年的三国时期，贵州的苗族即已经开始织制苗锦。据民间传说，贵州苗锦的起源跟诸葛亮有关。这个民间传说，被贵州的地方志书收录进去，大概意思是：有一次诸葛亮攻打贵州铜仁的苗族山寨，遇到了苗族机智顽强的反抗，久攻不下，使这位号称智慧超人的诸葛亮十分烦恼。正当诸葛亮无计可施时，传来了苗寨患痘病的消息。许多苗人因病重导致皮肤溃烂，苗族首领只得派人来求见诸葛亮，说如果诸葛亮能为苗人治好病，苗人愿意归顺诸葛亮。诸葛亮同意了苗族首领的请求，给苗人提供了治此病的处方，并教苗人将纱线染成五色织成锦，用这种锦当作卧具供患病者休养。不久，患痘病的苗人全被治好了，苗人为了纪念诸葛亮，把这种锦叫做诸葛锦。这个在地方志书上记载的民间故事，可能不完全符合历史真实，但传说是历史的影子，所以苗族织锦出现在汉代，还是可能的。至于苗锦的创造发明者，当然不会是诸葛亮，而可能是苗人自己发明的。因为如果是诸葛亮传授的技术，应该是蜀锦技术，这种技术跟传统苗锦技术差异很大。

另据《汉书》和宋代朱辅著《溪蛮丛笑》记载，古代的湖南湘西地区，有统称为五溪的五条河，分别是酉、辰、巫、武、沅。居住在古代湘西的少数民族，被历代封建统治者及其代表文人统称为"五溪蛮"。湘西苗族属于"五溪蛮"中的一部分。古代湘西少数民族，即所谓"五溪蛮"生产的织锦，被称为"兰干"、"溪布"或"溪峒布"。在汉代前期，居住在湘西的苗族已能织造"兰干"，这是一种纯麻织锦。到了汉代末期，湘西的苗族又发明了麻丝交织的苗锦。据此，笔者认为，湖南也是中国苗锦的起源地之一。

由于贵州是我国苗族的主要聚居地，因此该地的苗族不但是苗锦的发明者之一，而且他们生产的苗锦，无论是数量质量，还是生产规模，都在苗锦史上居领先地位。据新修《贵州通志》的记载，贵州曹滴司的苗族妇女用五色绒织造的苗锦，比其他郡的苗族妇女织造的苗锦都精美。可见贵州各地的苗族都有苗锦织造业。凡是被地方志书记载的苗锦及其产地，应该说该地生产的苗锦不但数量多，而且质量好，所以才被当作地方土特名产载入史书。因此，从这个角度去分析，就不难看出，贵州的苗锦，确实在苗锦史上占主导地位。因为据不完全统计，被载入地方志或野史的贵州苗锦著名产区是比较多的，尤以铜仁、贵定、曹滴司、黎平、遵义等地最负盛名。其中曹滴司属黎平府，但却被单独列出记入史书，这说明曹滴司所产的苗锦历史最悠久，产量最多，质量最好，是贵州苗锦产区中最著名的产区。据历史文献记载，黎平府的曹滴司的苗族，能生产有花木禽兽纹样图案的苗锦，还说该地生产的苗锦"冻之水不败，渍之油不污……可与尧时海人争妙"。可见曹滴司生产的苗锦确实相当精美。

湖南生产的苗锦，精美不让贵州苗锦。早在宋代，湖南湘西生产的苗锦，就被当作贡品进贡给皇帝。据史书记载，大中祥符五年，湘西的肖酉田仕琼等贡溪布；元祐二年五月，上溪……贡端午溪布，十月进贡溪峒布。这些进贡的溪布，就是湘西少数民族织锦，当然其中包括湘西苗族的苗锦。[4]宋以后，湘西苗族的织锦业继续发展。据地方志和野史记载，清代前期湖南湘西地区的苗族妇女善于织锦裙被，挑制的花纹，五色绚烂，所用的原料，或者经纬都是蚕丝，或者是丝经棉纬。从这些记载来看，当时湘西苗族的苗锦，质量是相当不错的，而且品种花色也比较多，苗锦的用途也无比广泛。

广西的苗族，织制苗锦也很普遍。据文献资料记载，大约在唐代以前，有一部分苗族从湖南洞庭湖一带迁到广西境内的大苗山（今融水县）、龙胜等地定居。在唐宋时期，又分别有一部分苗族从湖南湘西迁到广西境内的隆林等地定居。也是大约在唐宋时期，有一部分苗族从贵州迁到广西境内的隆林等地定居。广西的苗族既然不是广西古老的土著民族，而是从湖南或贵州迁来的"外来户"，那么，广西的苗锦技术当然也是从湖南或贵州迁来的苗族带来的。不过，青出于蓝而胜于蓝，广西的苗锦发展迅速，大约从宋代开始，广西的苗锦业就达到兴旺期，其兴盛的景象，一直延续到鸦片战争前夕。而且跟外地苗锦相比，广西的苗锦质量堪称上乘。

由于苗族居住地大多是山区，交通不便，信息闭塞，苗锦自汉代出现以来，在一千多年的时间中，织造技术一直变化不大。苗锦的发展主要表现在其产地的扩大、产品质量有所提高、产品花色纹样有了增加。但这种发展极不明显。所以，我们说苗锦自问世后的一千多年中，其技术水平提高极少，而且提高很慢。

尽管苗锦的织机和织造技术发展缓慢，但苗锦并不因此而默默无闻，而是以它独特的风格跻身于中华民族织锦百花园中，并成为中华民族织锦百花园中的一朵奇特的山花。这应该归功于苗族人民的勤劳智慧，使苗锦走出苗村苗寨，走进中华民族的织锦百花园，并且展现出其独特的风韵。

从前无论是居住在什么地区的苗族，每户人家几乎都有织造苗锦的织机，少则一部，多则几部。苗族姑娘从小就跟母亲或艺人学习织苗锦的技术，并且坚持织造苗锦，日以继月，从不停息。一般是自织自用，即供自己和家里人使用，不拿去出售。当然也有一部分苗锦拿到市场去卖，这是自家用不完剩下的那些苗锦。姑娘往往把织得最好的苗锦积存起来，作为以后出嫁时的嫁妆，以表示自己聪明能干和心灵手巧。正是这些普通的苗族姑娘，日复一日地常年纺织，不断创新，代代相传不止，方使苗锦成为闻名中华的织锦。

（二）苗锦的织造技术

由于苗族的居住地分布在几个省区，所以各地苗锦存在一定的差异。但与共同点相比，其差异还是小的。所以，概括来说，各地的苗锦是大同小异的。这种大同小异表现在织机、织造技术、纹样图案等各个方面。在本文，不打算仔细探讨各地苗锦的差异，而只打算着重探讨各地苗锦的共同之处。这种探讨范围包括苗锦织机、苗锦织造技术、苗锦纹样图案和苗锦色彩色调等几个方面。

织造苗锦使用的织机，如今发现的，共有四种类型。其中两种织机属于传统织机，另两种织机属于改革织机。这四种织机分别是：手工挑花织锦机、类似壮锦机的手工织锦机、桦子机、脚踏钢线提花机。前两种织机属于传统织机，后两种织机属于改革织机。

手工挑花织锦机，是苗族人民使用的最古老的苗锦织机。这种古老织机相当简单，一般只能织出平纹，锦面的花纹主要靠挑花手法的帮助才能成功。

类似壮锦机的手工织锦机，比手工挑花织锦机复杂。这种织机由机身、装纱、提纱和打花几个部分组成。机身由机床、机架和坐板组成。装纱由卷经纱机头、纱笼、布头轴、绑腰和压纱棒组成。提纱由纱踩脚、纱吊手和小综线组成。打花由扣、挑花尺、筒和绒梭组成。这种苗锦织机如果再加上花踏脚、花吊手、花笼、编花竹、大综线、综线梁和重砣等提花装置，就跟织壮锦的竹笼提花机一样了。

经改革后制成的桦子机和脚踏钢线提花木机，结构更加复杂。这两种革新后制成的新型苗锦织机，是苗锦织机的一大进步。

在织锦技艺方面，不同的织机有不同的相应的织造技艺，但也有共同之处。共同之处是主要的，不同之处是次要的。不管什么地方的苗族织苗锦，也不管是采用哪一种织机织苗锦，其织造工艺原理都是基本相同的。这种苗锦织造工艺的共同特点是：以经线作地，纬线起花，一般采用二梭法或三梭法。三梭法织造时，挑和织同时进行，第一梭是花纹纬，第二梭是地纹纬，第三梭是平纹纬（平布纹），因为花纹纬和地纹纬把平纹包住，所以从锦面看不见平纹。花纹纬根据花纹色彩的要求，随地纹和平纹的织制而回旋缠绕地向上挑织，而不是一道穿过整个梭口，因此叫作断纬。这是一种通经断纬的织造方法。用这种方法织造的苗锦，其质地结实厚重，锦面正面有花，背面没有花。另一种织造方法是通经通纬织法，用这种方法织造出来的苗锦，一般都采用白纱为经，黑纱为纬，锦的正反面都有花纹，锦的正面是白地黑花的阳花，背面是黑地白花的阴花，这种苗锦跟侗锦十分相似，似乎受到侗锦织造方法的影响。用未经革新的传统织机织造苗锦，采用的是二梭法。由于传统织机没有提花装置，只能织平纹，提花靠挖花。传统织机织出的苗锦，幅宽只有一尺二寸左右。用改革后的新型织机织出的苗锦，幅宽可达四尺多。苗锦的织造方法除了用二梭法和三梭法以外，还有四梭法。

（三）苗锦的纹样

在苗锦纹样方面，各地苗锦都有各自的特点，但又有共同特征。概括起来说，是大同小异的。

苗锦不但是一种提花织物，同时也是一种工艺美术品。在苗锦一千多年的发展历史上，各地苗锦出现的纹样多达上百种，有共同特征的传统苗锦纹样多达数十种。这些有共同特征的传统纹样，都曾经流行过或还在继续流行。例如，万字形、山字形、人字形、谷穗花、蚂拐花、狗脚花、蝴蝶花、鱼花、豆花、梅花、梨花、牛牙花、鹅颈花、羊眼禾、人花、鹅翅花、鸟花、蜂窝花、勾虫花、锁花、蜂子花、金贵花、四角花，等等。近年来，苗锦艺人又创造了一些新的纹样，比如喜字形、寿字，等等。这些从外族引进的纹样图案，在运用到苗锦纹样中时，只能充当陪衬和花边装饰，从来不被当作主题。在传统苗锦中，原来是没有花边装饰的，由于吸收了外族的一些纹样作为花边装饰，从而使苗锦增加了新的品种。

  关于苗锦纹样的特征，主要表现在两点：其一是造型简洁，其二是多姿多彩。如果要进行分类，苗锦纹样可以分为几何纹样和装饰纹样两种类型。在艺术手法方面，也有其独特之处。苗锦艺人善于从生活中选择题材，用概括、夸张、变形等手法，以点、线、面组成具有形式美、装饰美的纹样图案。例如，装饰纹样鹅颈花，是那么形象生动，看了会使人想起现实生活中自由伸屈的鹅颈。又如，各种鸟花纹样的生动姿态，看了亦使人联想到低头啄食或展翅凌空以及其他姿态的鸟儿。

  关于苗锦纹样图案的色彩，各地苗锦虽有自己的特点，但也有共同特征。一般来说，苗锦纹样图案的色彩都相当华丽。苗锦纹样图案的色彩是比较丰富的，但经常用的色彩主要是黑色、白色、黄色、紫色、桃红色、粉绿色、鲜蓝色、青莲色、青紫色、鲜绿色、湖蓝色、大红色、玫瑰红色等。苗锦艺人在运用色彩方面，显示了独特的风格。他们在用色时，创作设计了多种多样的主色调，常见的主色调有黑主色调、红主色调、蓝主色调，其中黑主色调是苗锦中最常用的主色调。在传统苗锦中，常见的色彩是黑色、白色或各色相间，图案的主要骨架，由黑白纱线构成，因而使锦面的色调既对比强烈又相当和谐，产生出绚丽多彩的艺术效果。苗锦艺人还善于从现实生活中捕捉灵感，获得启迪，用它们来指导自己选择色彩和设计主色调。因此，在苗锦纹样图案的色彩中，都包含着他们所生活的环境的内涵。比如：黑色表示山沟，白色表示水，浅色表示山峰，绿色表示树林，金黄色表示谷穗，等等。因为长期以来，苗族大多居住在山区，他们的村寨总是山水绿林环抱，而且谷穗花草遍野飘香，苗锦艺人们从这充满诗情画意的生活场景中，受到启迪，捕捉灵感，然后把在现实生活中见到的事物的色彩和形态，巧妙地进行艺术加工，让它们再现在锦上。苗锦的纹样图案色彩，实际上就是苗族村寨那种诗情画意般的生活环境的缩影。因此，苗锦具有浓郁的生活情趣、鲜明的地方特色和独特的民族风格。也正因为如此，才使苗锦成为中华民族织锦百花园别具一格的一朵山花。

三、傣锦织造技术

  傣族是云南古代的土著民族。在古代，傣族曾被分别称为掸、白衣、白夷和摆夷等称谓，解放以后，才开始定名叫傣族。在很久以前，傣族就世代居住在云南的德宏、西双版纳、耿马、孟连等地，这些地区是傣族的主要聚居地。也有一部分傣族，居住在景谷、景东、云江、金河等县和金沙江流域一带。傣族自古以农业种植为主，农闲时以手工纺织等手工艺为副业。他们发明的傣锦，虽由于供研究的历史资料不足，尚不能确定是何时出现的，但傣锦是傣族人民发明的，傣锦的历史比较悠久，傣锦有自己的独特风格，这三点应该是可以确定的。

傣锦独特的民族风格，主要表现在傣锦独特的织造技术和独特的纹样图案两个方面。

传统的傣锦是用腰机织造的，由于这种织机比较原始，织造前的经纱上机过程相对简单，只需将整好的经纱，均绕在木经上，然后穿入分经辊、线综。至于纬纱，则卷在小纡管上。织造时，可以把卷有经线的木辊挂放在架上，展开经纱，在经纱上先绘好花型，织锦时只需在提综后一梭按平纹织入，另一梭在织入前先用挑花木片按花型挑起经纱，然后用双纬色纱一次织入双根有色纬纱。打纬时，用的是打纬刀。用这种传统织造方法织出的傣锦，锦幅一般都不宽，织物也不太细密，花纹亦不太复杂。然而，这正是傣锦能区别于其他民族织锦之处，是傣锦别具风格的主要因素之一。

傣锦独特的纹样图案也是其别具风格的另一个重要因素。

傣锦的传统纹样图案，多为几何纹样，最常见的是小方块组成的菱形回纹，此外，抽象自然形图案也较常见。

在小方块组成的菱形回纹图案中，往往在大菱形花转向时则又换另一种彩纬，因此在锦面上常常随菱形花纹的斜向转换而调换色调。在色调的运用方面，大多用棕色、黑色调，配色相当和谐。

傣锦的抽象自然形纹样图案，最常见的有人物、象、马、鸟、兽、孔雀以及建筑物等。

傣锦的纹样图案，无论是几何形纹样图案，还是抽象自然形纹样图案，其所追求的工艺形象，都是点、线、面构成的形式之美和装饰之美，它们都以不同色彩的块面排列组合，拱托内涵情趣。这是傣锦纹样图案最大的审美特征。傣锦纹样图案的这种造型特征，使装饰形象自身之美，融于装饰对象统一之美中。

傣锦纹样图案的构成，与傣锦的织造工艺和所使用的原料是分不开的。傣锦的织造工艺特点是平纹交织，色纬起花。传统傣锦所使用的原料，有的是麻纱，有的是棉纱。这些原料，都是傣锦艺人自己纺的，由于纺制麻纱或棉纱的工具原始简陋，纺成的麻纱或棉纱都比较粗糙。因此，平纹交织时，每个经纬交织点几乎有0.5平方毫米。起花色纬，一般要用三至四根散纱合并，以三至四根经线沉（浮）纬向二至三梭为一个起花点，这个大约二至三平方毫米的方块为组成傣锦图案的最小单元。为了使图案清晰，浮纬都不用地组织压织，所以，浮纬的跨度一般都不超过五个单元，约20根经，否则会影响织物牢度。因为受到工艺条件的制约，构成傣锦纹样图案的工艺手法十分有限，但傣锦艺人却以有限的工艺手法，巧妙地创造出丰富优美的纹样图案，这充分显示傣锦艺人的聪明才智和独特的民族审美意识。

傣锦纹样图案既是傣族人民生活环境和生活情趣的缩影，又反映了傣族各个阶级或阶层的审美意识。其中既包含着自然因素，也包含着政治因素。

傣族人民的居住地，不像苗族那样居住在山区，一般都是居住在谷地或盆地、平地，而且都有水（河）或树林，生活环境不是太恶劣，反而有一种平稳感。所以，在傣锦色彩方面，很少有强烈的对比色调，而是配色相当和谐。这是其生活环境给傣锦艺人启迪后运用到傣锦配色方面的结果。也就是说，傣锦的色彩和色调，是傣族生活环境的一个反映。我们从傣锦的纹样图案中，也会找到类似的例子，也会得出类似的结论。比如，西双版纳的傣锦中，有些傣锦的纹样图案是孔雀或大象。这是因为当地以孔雀和大象为特产，并认为这两种动物神奇，因而产生一种神奇的美感，以致把这两种动物的形象反映在傣锦的纹样图案中。这种傣锦纹样图案是傣族人民生活环境写照的一个生动例子。又如，傣锦的一些纹样图案里，出现傣族居住地区独特的建筑物，这种纹样图案也是相当奇特的。它也是傣族人民生活环境在傣锦纹样图案中的生动写照。再拿傣锦的几何形纹样图案来说，如按一般情况看，几何形纹样图案是有棱有角的，往往会产生一种生硬不和谐的感觉，但由于傣锦的几何形纹样图案中往往采用不同色彩的几个方块的组合，其结果就让人感到有一种平稳的均匀感，而把几何形纹样的那种棱角生硬感化解掉了。这样的艺术加工处理，这样的艺术效果，是相当巧妙的。从这里，不但可以看出傣锦艺人的智慧超人和技艺高超，同时也可以看出傣族独特的生活环境所导致傣族人民产生的平稳感及相应的审美意识对傣锦艺人的指导性影响。

傣锦的纹样图案，不仅是傣族艺人生活环境中的自然景象的写照，同时，有的傣锦纹样图案也是生活环境中的政治思想色彩的写照。例如，解放以前，一些织有大象、马等动物纹样图案的傣锦，是专门供土司、头人用的，它们是权力的象征，不是头人或土司的人，禁止使用这类傣锦。又如，傣锦的一些纹样图案，具有浓厚的宗教意识色彩。这些傣锦，就是带有政治思想色彩的生动例子。

傣锦是傣族的生活用品，除传统的傣族妇女筒裙大多是用傣锦作为面料外，傣族的很多装饰品也大量使用傣锦。在以前，傣族姑娘从小就要跟家里年长的妇女学习织造傣锦，出嫁时要穿上自己织造的嫁衣，以证明自己有一双巧手；另外，大家也可以从嫁衣和陪嫁的一些纺织装饰品漂不漂亮，看出她的织绣工夫。也正因为如此，傣锦织造技术才能延绵不断保存至今。不过因为织造机具是原始简陋的腰机，织造的效益比较差，长期以来傣锦的发展非常缓慢。近年来，一些工艺美术研究人员对傣锦进行了艰苦的发掘和研究工作。他们曾多次深入傣族聚居地考察，借助傣族民间织锦艺人，对传统民间傣锦实物、传统傣锦纹样图案、傣锦织机和织造技艺，进行了艰苦的收集、整理和研究工作。今天，傣锦发掘和开发工作已初见成效，不但一些具有传统风格的傣锦得到发扬光大，一些具有新纹样图案的傣锦也被试制出来，有些工厂还将傣锦的传统的纹样图案运用到印花布上，创造了别具一格的印花布新品种。这种印花布新品种投放市场后，曾经一度受到傣族和其他民族消费者的欢迎。

四、土家锦织造技术

在中国各族织锦中，土家锦也是非常有特色的。历史上比较有名的土家锦主要产地是湖南省的湘西，此外，湖北省一些地方土家族织造的土家锦也比较有名。

（一）土家锦的源流及发展

土家锦出现于何时？因目前资料不充分，还难以定论。但据目前所有的资料进行分析研究，一般认为土家锦最先是出现在湖南省的湘西地区。

在湖南省的湘西地区，曾经流传着一个关于发明土家锦的民间传说。这个民间传说的内容概况是这样的：大约距今一千八百多年前，居住在湖南湘西地区的土家族土司彭师愚，遇到一个年仅七岁十分聪明伶俐的土家族女孩，便把这个小女孩收为义女，给她赐名为明伶公主。当时，在彭师愚土司住的城南既有麻桑和养蚕场，又有操场和演武厅，宫内有许多纺织艺人和宫女，专门伺候土司和贵族及他们的亲属。土司彭师愚送给明伶公主豪华富丽的刺绣品，让她享用，但明伶公主却不喜欢这些富丽豪华的刺绣。明伶公主除了学文习武以外，还精心学习针线活和纺织技术。由于她聪明伶俐，心灵手巧，又虚心向别人学习，终于发明创造了具有土家族独特风格的土家锦。土司彭师愚见明伶公主发明了具有土家族特色的美丽的土家锦，非常高兴。为了庆贺明伶公主的成功，土司彭师愚命令军士们在跳军舞时，把土家锦披在身上当作战甲，并且还下令大力推广明伶公主发明的土家锦。

上面的民间传说不一定是真有其事，但民间传说总是反映一定的历史真实。根据史书和民族志的有关资料来进行分析，土家锦的起源时间与上述民间传说很接近。

在《后汉书·南蛮传》中，记有湘西地区少数民族交纳土布的史实，该史书记述说成年人每人交纳土布一匹，未成年人每人交纳土布二丈。土布已成为交纳税的物资，说明当地的土布生产量已颇多，而且质量颇好或颇具特色，所以才被指定为土特产而成为纳税和贡赋的物资。由此说来，这种土布应是一种精美的而且有独特的地方色彩和民族风格的提花织物，也就是一种锦。当时湘西的少数民族有好几个，土家族是其中的一个少数民族，所以当时湘西向官府交纳的土布即少数民族织锦中，应当有土家锦在内。从这个角度看，土家锦在后汉时期已相当有名了。因此，土家锦的起源应该早于后汉时代。关于这个结论，我们可以在《汉书》中找到有关记载作为依据。

在《汉书》里，可以找到关于湘西少数民族当时进贡"兰干"布的记载。而所谓"兰干"，实际上是当时湘西少数民族发明的麻质的提花织物，也就是一种以麻为原料的锦。这种锦肯定是当地特产，具有当地少数民族风格特色，所以才被当作贡品来进贡给官府和朝廷。这就说明，在汉代湘西地区的少数民族已能织出具有地方特色和民族风格的锦。而在当时的湘西各个少数民族中，土家族是其中比较重要的少数民族之一。所以，换言之，西汉时期湘西地区的土家族已能织造土家锦，土家锦大约起源于两千多年前。

上面叙述的情况表明，土家锦刚发明时，是一种以麻作原料的提花织物。土家锦发明后，才渐渐发展成四种类型的土家锦，即以麻为原料的土家锦、以棉为原料的土家锦、以丝麻交织的土家锦和以丝棉交织的土家锦。

土家锦发明以后，逐步发展。到了宋代，土家锦的发展水平已相当高。据宋代朱辅《溪蛮丛笑》一书的记述，当时湘西地区的"苗锦"绩五色线为之，文彩斑斓可观，俗用为被或衣裙，或作巾。这些具体描绘，很形象地向人们展示了"苗锦"的精巧技艺和精美质地及独特的风格，同时还谈及"苗锦"的用途面甚广。需要指出的是，该书所说"苗锦"中的"苗"，应是指上古时期所传说的"三苗"族，即南方少数民族的统称。因该书所说的"苗锦"出自湖南的湘西地区，所以该书所说的"苗"实际上是泛指当时湖南湘西地区的各个少数民族，当然包括湘西地区的土家族在内。该书所说的"苗锦"，当然也是指当时的湖南湘西地区各个少数民族所织的锦，其中必然包括土家锦。

如果从现代湘西地区所产土家锦的工艺特点和艺术效果来进行考察，也可以看出，现代湘西土家锦跟宋代朱辅《溪蛮丛笑》一书中所记述的"苗锦"有源流关系。因为现代湘西地区土家族所产土家锦，其生产技艺，基本上跟《溪蛮丛笑》中所云"渍五色线为之"的工艺相吻合。现代土家锦的艺术效果，也跟《溪蛮丛笑》里所云"文彩斑斓可观"的艺术效果相吻合。如果有区别的话，主要是现代土家锦和《溪蛮丛笑》里所说的"苗锦"所采用的原料不同。现代土家锦往往更多地采用丝和棉混合在一起作为原料。除此以外，纹样图案也有所不同，古代土家锦的纹样图案，无论是数量还是题材范围，都没有现代土家锦的图案纹样数量多，亦没有现代土家锦纹样图案的题材范围广。有这样的区别，是不足为奇的，这正好是土家锦发展的一个生动的表现，说明现代土家锦既继承了土家锦古老的风格，包括古老的土家锦织造技艺以及古老的土家锦艺术风格，同时又加以发展。

在宋、元、明时代，土家锦的生产已遍及土家族各聚居地。各家各户织机声不断，各地土家族妇女都善于并乐于织造土家锦。由于生产规模扩大，产量质量都有了提高，各地土家族妇女织出的土家锦，除了供给自己及其家里人使用以外，还有一些剩余的土家锦会拿到乡村集市上销售给其他民族同胞享用，一些外来商人也会采购大批土家锦销往外地。当时，土家锦已成为土家族各家的主要经济来源之一。

到了清代，地方志史书对土家锦的记载次数更多，同时记载也更详细。例如，嘉庆时的《龙山县志》曾有这样的记载："土苗妇善织锦裙被，或经纬皆丝，或丝经棉纬，挑制花纹，斑斓五色。"这段记述，说明当时湘西地区的土家锦品种有了增多，即跟以前比较，这时的土家锦又增加了两个新的品种，即：经纬均用丝的土家锦和丝经棉纬的土家锦，而且这时候的土家锦纹样图案和色彩更加绚丽。

进入20世纪后，由于种种原因，土家锦生产每况愈下，日渐凋敝，甚至到了有人担心织土家锦的技艺会失传的境况。为使土家锦这种历史悠久的独特实用美术工艺品重新焕发生机，从20世纪70年代开始，有关单位和专家做了大量的卓有成效的工作，从而打开了局面，取得了可喜的成果。在这方面，湘西地区尤为突出。例如，自20世纪70年代以来，湖南省有关单位曾多次派出技术人员，到湘西苗族土家族自治州进行民族工艺考察，帮助当地组织恢复和发展土家锦生产。很多土家锦艺人，都受到自治州政府的关怀。例如，土家锦老艺人叶玉翠被选为州政协委员，不但政治上得到关怀，生活方面也得到经济补贴，使这位老艺人能安心地投入发掘和振兴土家锦的工作，并积极配合有关单位培养了6名土家锦艺徒，做出了积极的贡献。

（二）土家锦的织造工艺

织造传统土家锦所用的织机，是一种简陋的木制织机。土家锦艺人称这种传统木制织机叫机头。这种织机的机身低而且小，大约长 1.67 米、宽 0.83 米、高 1米。整部织机的结构分为机架、滚板（经轴）、绊带、踩棍、竹筘、棉综、绞棍和梭子等部件组成。在嘉庆《龙山县志》里，对土家锦的织造机具有如此描述：织造土家锦的织机低而小，因此，织出的土家锦阔不盈尺。民国《永顺县志》则说：织造土家锦时，织工一手织纬，一手用细牛角挑花。实际上织造土家锦的工艺，主要有如下工序：

1. 染色。根据所织造的土家锦的花色品种所需要的色彩，染好底锭纱和花纱的颜色。

2. 倒筒。把染好色的纱线倒成筒。

3. 牵纱。把倒成筒的锭纱牵好，卷到滚板上，并穿好筘。

4. 上机。把卷好纱锭的滚板装上机架，并穿好综，安好绊带和踩棍。

5. 试机和打织。织机全部安好后，就可以进行试机。试好机后，就可以开始打织。所谓打织，就是织造，亦就是织。

在织造时，织锦艺人带好绊带，拉紧锭纱，根据织锦艺人头脑中记忆的传统纹样，或参考前人留下的花型蓝本的要求，用挑花工具（小牛角挑子）挑起已分成小组的底锭纱，纬上不同颜色的花线，然后用梭子把其打紧。织土家锦所用的梭子，既长又大，而且重。用这样的梭子织造出来的土家锦，其质地既紧密又结实。这是土家锦织造工艺的一大特点。

长期以来，土家锦的织造工艺变化不大，却又久传不衰，原因是多方面的。其中之一是土家族的聚居地交通阻塞，长期与外界隔绝。另外，历代统治者对土家族等少数民族实行民族歧视政策，使土家族也往往为了安全而不愿跟汉族进行密切的交往，这种闭关自守的封闭地理环境和社会环境，使土家族的经济长期处于停滞不前的状态。土家锦因是族内妇女自产，用途又颇广，当然很自然地成为他们日常服装不可或缺的物品。再一个原因是土家族姑娘出嫁时，必须要用大量的土家锦作嫁妆。关于嫁妆的情况，一些地方志史书曾有记载。例如，光绪《龙山县志》曾说土家族姑娘出嫁时，所需锦被多至二十余床。光被子就多达二十多条，算上其他嫁妆，加在一起，不知要多少土家锦才够。土家族姑娘一般从十一二岁开始学织，一直织到十八岁左右，才能织出足够的作嫁妆之用的土家锦。

（三）土家锦的纹样图案

传统的土家锦，常常被土家族人用来做被面。一般来说，一条土家锦制成的被面，大约长 1 米，宽 0.67～1 米。被面上的纹样图案饱满。一幅被面的纹样图案，往往由正花加边花组成。边花又称为挡头，由二至三条横向重叠的花边组成。正花的图案，十分丰富。正花的图案一般是以方形、菱形、六边形、多角形和梭形等几何图形组成图案的骨架，在骨架内置上各种花形，骨架和骨架相互交错排列或并列，组成一幅完整的画面，整幅画面，显得结构严谨，富有节奏感。这是土家锦被面的花纹图案组合构图的特点。

土家锦被面的纹样配置方面，也有它的独特之处。它的纹样配置，往往注意大、小、块、面、线的组合。同时，在构图上，还考虑黑白、轻重、疏密的关系。由于注意了以上两点，所以使纹样画面显得主次分明，具有相当强烈的韵味感。

土家锦被面的纹样题材，大多取于土家族居住地的生活环境中的动物、植物、天象、文字、生产用品和生活用品等，显得朴实而大方，具有浓郁的民族风格和地方特色。这些纹样题材，经过土家锦艺人的大胆提炼、取舍、夸张、变形等艺术手法的处理后，产生了富有土家族独特风格和地方特色的艺术美感，因此就具有相当高的艺术价值。

经过千百年来一代又一代土家织锦艺人的不断创新，至今已有约100多个传统纹样花型。其中有以动物为题材的纹样，也有以植物为题材的纹样，亦有以生活用品或生产用品为题材的纹样，还有以天象或文字为题材的纹样。以动物为题材的纹样主要有兽花、马花、蛇花、虎皮花、狮子花，等等。以植物为题材的纹样，主要有大、小白梅，九朵梅，烂苦梅，金勾莲，等等。以生活用品或生产用品为题材的纹样，主要有桌子花、椅子花、船花、棋盘花、称勾花、打杆花（即土家族在劳动时用以支撑背笼的"T"形木架），等等。以天象为题材的纹样，主要有太阳花、月亮花、满天星、雾云花、水波浪，等等。以文字为题材的纹样，主要有寿字花、福禄寿喜、米字花，等等。

土家锦的纹样，既来源于生活，又高于生活，它摆脱了自然生态的束缚，追求强烈的形式美。很多有具体名称的纹样图案，却很少见到具体的形象，甚至有的面貌全非。之所以出现这样的情形，是因为这些纹样图案只是以具体的形体为依据，经过土家锦艺人进行夸张、变形、提炼等艺术加工后，所产生的艺术形象。这些土家锦纹样图案，虽然与自然形象相距较远，但却具有一种粗犷、朴实的艺术美感，给人以美的享受。

土家锦纹样图案的另一个独特之处，就是把一些平时不被一般人注意、不易引起人们美的联想、但却和土家族人的生产、生活有密切联系的用品，作为纹样图案的题材，例如，桶的盖子、锯子的齿、箱子，等等。这些生产或生活用具被选为纹样图案的题材后，经过土家锦艺人进行巧妙的艺术加工，便成为一些土家锦的美妙的装饰纹样。

由于织造土家锦技艺的限制，土家锦的纹样图案不能刻画那些太繁复、太具象、太精细的图形。有许多土家锦的图案，只是仅取素材中的一个局部，然后进行加工提炼而成。例如，取燕子的尾巴进行艺术加工后，使它演变成两个对立的三角形，这样既简练，又形象。然后，再配以富有节奏变化的外框骨架，就成了具有粗犷朴实美感的燕子尾花型图案。又比如，土家锦中见到的猫脚迹、猴子手、牛脚迹、鱼尾巴等纹样图案，并不是刻画猫、猴子、牛、鱼的整体形态，而仅仅是它们的爪印或尾巴而已。这种独特的艺术取舍加工，使土家锦纹样图案具有浓厚的民族特色。

在土家锦的一些纹样图案中，明显地带有受汉族刺绣的一些纹样图案影响的痕迹。例如，狮子滚球、野鹿含花等纹样图案，跟汉族传统刺绣的纹样图案的样式没有什么区别。但这仅仅是形似而已，其所包含的审美内涵，是不一样的。土家锦艺人只是借汉族传统刺绣的这些纹样图案的外型，而加入具有土家族特色的审美趣味，并结合织造土家锦的工艺特色加以改造，使它们成为具有土家族的民族感的艺术形象，使它们成为土家族化的土家锦纹样图案。

上面提及的这些土家锦的纹样图案，解放后仍有相当一部分被土家锦艺人采用。同时，土家锦艺人又创造了一些新的纹样图案。目前，土家锦运用最多的传统纹样图案，有台台花、苗花、岩墙花、金勾莲、九朵梅、大白梅、小白梅、八勾花等20几个花型。台台花纹样图案，是一种由狮头、船花等花形组合构成的图案。这种纹样图案，一般出现在包小孩用的土家锦包被上。八勾花又分为单八勾、双八勾、土二勾、二十四勾、四十八勾以及和其他纹样组合而成的盘子八勾、箱子八勾，等等。土家锦八勾花纹样图案，可能是由藤勾和云勾演变来的一种抽象的几何纹样。由于这种纹样造型生动，穿插自如，织出一朵花，却可以得到一阴一阳两种花型，因此很受土家锦艺人喜爱，经常出现在很多土家锦的锦面上。

土家锦一般都是彩色锦，而且色彩绚丽。在古文献中，曾说土家锦用五色丝线织成。所谓五色，并不是一个具体的数字，而仅仅是一种泛指，即指的是"多色"。一些学者曾对土家锦的色彩进行过专门调查，并做过专门的研究，结果表明，传统土家锦的用色主要有红、黄、绿、黑、白、蓝、紫、赭等色彩。传统土家锦的原料即棉线或丝线等的染色所用的染料，过去一般都是用植物染料或矿物染料，例如土靛、紫莓、棉叶、棉梗、朱砂、土红等。现在，一般都是用化学染料。

（四）土家锦的风格

有趣的是，土家锦由于古代和现代所采用的原料和染色时所用的不同染料，竟然产生不同风格的品种。

过去织造土家锦，其所用的原料，都是织锦艺人用手工加工（靠简陋的木制机具）而成的，这些原料比较粗糙，土气味很浓，用这些原料经植物染料或矿物染料染色后，其色彩十分稳重沉着，因此，织出的土家锦具有一种古朴浑厚的风味，具有独特的民族特色和地方特点，具有独特的艺术效果和审美情趣，尽管这些土味浓厚的色彩的种类没有采用化学染料染色所得的色彩种类多。与此成为鲜明对比的是现代的土家锦的原料采用化学染色时，其染成的色彩种类比较多，它不仅有传统色彩，而且有很多中性色和灰色，并在色彩效果方面追求强烈、跳跃的效果。这是因为现代的土家锦仍被用作陪嫁的嫁妆，而出嫁场面是相当热闹的，土家锦被面纹样图案的强烈、跳跃的艺术效果，恰好跟结婚的热闹场面相协调。在用色时，还往往有主色和配色，两者互相协调，锦面主色分明，主色大多采用红、黄、绿、蓝等色彩，而配以黑色和蓝色的底。为了使各种跳跃的色彩协调统一，花纹都用白色勾边。经过这样处理后，织出来的土家锦艳而不乱，色彩既强烈又统一。其常见的用色手法是深色的底子配以浅色的花，浅色的底子配以深色的花；作为主角的花，用色强烈，使其突出；作为配角的花，用色调和，使其隐退；这样就使图案纹样主次分明。现代土家锦用的染料有其特点，用的原料也有其特点，现在许多土家锦艺人爱用毛线和膨体纱作原料。由于现代土家锦在用染料和用原料方面跟传统土家锦不同，因此，现代土家锦的风格也跟传统土家锦的风格有差异。两者相比较，传统土家锦因其土味甚浓，而且古朴粗犷，使它比现代土家锦更有独特的土家族风格和更加具有地方特色，因此也就更具独特的审美情趣和审美价值。

在一些地方，还流行着一种素色的土家锦，它往往被用作被面。这种素色土家锦被面，过去大多是三四十岁的中年土家族妇女自己织造自己用的。所谓素色，就是用色单纯，只有两种色。这种素色土家锦被面称为"数纱花"。而这种数纱花又有两种形式。其中一种形式，是在底锭纱上织出白色的有规律的花纹，这些花纹布满整个锦面。这种形式的数纱花的花纹，大多用传统的万字图案组成。例如，"七字夹花"这个纹样图案，是由四个正方形的"卍"字图形连接起来组成基本图形，中间再加上九个小白点，组合在一起而成。又如，"玉章盖"这个纹样图案，跟汉族传统纹样中的万字流水完全一样，是互相连接起来的斜"卍"字。还有一种数纱花的纹样图案，是在底锭纱上织出清秀的独幅自由花纹，如凤穿牡丹、蝴蝶牡丹，花形讲究点、线、面的结合，画面生动，形体自由，其效果与传统的十字挑花比较接近。上述这些土家锦的纹样图案，都是在黑色和蓝色的底锭纱上织出白色的花纹，花纱和底锭纱共同组成画面的色彩效果。

五、黎锦织造技术

黎族是我国海南省的土著居民，它与西汉时期的骆越，东汉时期的里、蛮，隋唐时期的俚、僚等族有族源关系，到唐代末期才出现黎这个族称，在宋代固定下来，一直沿用至今。黎锦是黎族人民发明的一种织锦，由于它具有悠久的历史和鲜明的民族特色，被列为我国少数民族名锦之一。

据有关文献记载，至战国时代，黎族人民已发明黎锦。在《尚书》"禹贡"里，曾有这样的记述："岛夷卉服，厥篚织贝"。岛是指海南岛，夷是指少数民族，海南岛上的少数民族只有黎族。岛夷即指居住在海南岛的黎族。卉的原意是草的总称，这里则可能是指衣服上的花纹图案。因此，这种衣服的布料应当是一种织锦。可见至迟在战国时期，海南岛的黎族人民已能织造相当精美的黎锦了，否则，就不会被古文献描述为贡品。到宋代时，黎锦除了用来做衣服布料外，许多床上用品和生活用品也用黎锦做成，当时用黎锦作布料的黎单和黎幕已相当闻名。明清时期，黎族人又以色丝和鹅毛交织，织成人物、花鸟、诗词等瑰丽精美的黎锦新品种。

黎锦是使用原始腰机来织造的。这种原始腰机没有机架，只能织平纹。织造时，操作者坐在地上织造，起花部分要使用挑花刀按照预先设计好的花纹图案将不同的色纬挑入。靠织和挑花技艺巧妙结合，才能织制出精美的黎锦。

黎锦的纹样图案，一般分为几何纹样图案和装饰纹样图案两种类型。几何纹样图案一般是运用简单的直线和平行线构成，常见的有方形、三角线、菱形等几种。装饰纹样图案是运用变形、抽象、概括等艺术手法，把人物或动植物变成有装饰艺术韵味的图案。黎锦的纹样图案相当多，经常用的纹样图案有人物、孔雀、蛇、青蛙、马、斑鸠、鹿、竹、稻花、白藤、水、云、星等40多种。这是综合各地黎锦纹样图案统计出来的黎锦纹样图案总数，具体到某个地方生产的黎锦，其所用的纹样图案种类和风格特征，是与其他地方生产的黎锦有一定的区别的。例如，通什一带生产的黎锦的纹样图案，大多采用动物纹；五指山一带生产的黎锦，大多采用人物纹；琼中一带生产的黎锦的纹样图案，大多是鸟纹。在风格特色方面，有些地方的黎锦古朴大方，有些地方的黎锦富丽华贵，有些地方的黎锦和谐典雅。

黎锦在色彩运用方面，有自己的特色，喜欢运用明暗间色处理法，追求色彩强烈对比的艺术效果。这种色彩运用手法所产生的艺术效果，使黎锦的纹样图案和整幅锦面的外观都十分瑰丽多彩。

黎锦从它发明那一天起，就是一种实用工艺品，最初主要是用作衣服的布料，当代的黎锦虽然使用的范围扩大到挂包、床上用具、其他生活用品和装饰品等，但主要仍是用作衣服布料，尤其是用作做妇女的裙子比较多。我们从各地的黎族女裙上，可以看到各地黎锦的纹样图案的风格特征。例如，四星孝黎女裙的纹样图案主要是人物和动物，往往反映一种狩猎生活情景。美孚黎女裙上的纹样图案，主要是笼统含混的几何纹，并且往往刻意追求表现扎染技艺的色斑效果。德透黎女裙的纹样图案，也大多是含混的几何纹样，但追求的艺术效果与美孚黎不同，有其自己独特的风格，其纹样力求织造精密、图案秀丽、配色华贵。在孝应黎妇女中，流行一种叫做"婚礼裥"的女裙。但不同地区的孝应黎的"婚礼裥"女裙的花纹图案是不同的。例如，有的"婚礼裥"女裙的裙身图案犹如一幅风俗画，整幅画面描绘从迎亲、拜天地到迎宾仪礼整个结婚场面的情景；有的"婚礼裥"女裙的纹样图案不是放在整幅裙身上，而是放置在裙尾上，同时纹样图案表现的内容不是整个结婚场面，而是织满应时事物的情景。在杞黎的女裙式样里，有一条裙子的黎锦纹样是合抱人纹，相当洗练完美。据说这是一条仪礼裙，它是杞黎部落首领死时专供继承人行盖尸仪礼时穿用的裙子，该仪礼结束后，这条裙子就由继承人收藏，待他死时，再传给新的继承人沿例举行类似的仪礼。

上面谈了一些各地黎锦纹样图案各自的风格特征以及独特的纹样图案，这并不是说各地的黎锦没有相同的纹样图案。例如，我们在不同地区的黎族女裙的黎锦纹样中，发现有一些是相同的，常见的相同的纹样图案有蛇纹、蛙纹、蟹纹、鸽纹、猿纹和人纹。这些纹样的造型，都别具一格。例如蛇纹，只表现蛇爬行时波浪式行走的遗痕，没有直接描写蛇身。又比如蛙纹，把蛙的后腿夸张地加长，而把前腿去掉，用几根斜线，恰当巧妙地表现蛙在跳跃时的特征。这些纹样图案，充分显示黎锦艺人独特的艺术技巧和审美追求。这些别具一格的纹样，一般都采用夸张、概括、变形的手法来表现，相当洗练简洁，充满装饰艺术韵味，而因其造型不太复杂，织造起来难度不大。正因为它们具有这些特点，所以各地黎锦艺人都喜欢采用它们。

黎锦的纹样图案的布局，亦有其独特风格，一般来说，在构思纹样图案时，都考虑纹样图案整体的和谐。例如，有一种女裙黎锦的纹样图案，整个布局是在裙的上下两端两条左右横向连续的条纹上，设置竖向的短直条纹，形成横中有竖、竖中有横的图案，这样不但使裙子上下两端的纹样对称协调，产生和谐的美感，而且使穿着者既不致于因横条纹而有胖肥的感觉，也不致于因竖条纹而有瘦弱的感觉。

六、瑶锦织造技术

瑶族历史悠久，关于它的族源，说法不一，目前比较一致的看法是认为瑶族与古代的"荆蛮"、"长沙武陵蛮"、"莫徭"、"蛮徭"等在族源上有渊源关系。解放前各地瑶族有不同的称谓，解放后才统称为瑶族。

瑶族主要分布在广西壮族自治区及湖南、云南、广东、贵州等省区。各地的瑶族，都能织造瑶锦，其中以广西和湖南瑶族织造的瑶锦比较有名。[5]

关于瑶锦的起源，因为缺乏可靠的资料供分析研究，已无法确定。但如果根据一些古文献记载的有关瑶族纺织技术的情况进行分析，还是可以找到瑶锦的源头的。在《后汉书》中，曾有瑶族"能织木皮，染以草实，为五色衣服"的记载。文中的木皮显然是指葛皮。另据周去非《岭外代答》记载，宋代时瑶族已能织造"瑶斑布"。斑是指布上的花纹，瑶斑布是泛指有花纹图案的布，一般认为其中有蜡染布，不排除其中亦包含有瑶锦。

瑶族的支系比较多，有些支系的瑶族居住在深山峻岭地区，有些支系的瑶族居住在丘陵近平原地区，由于各支系瑶族居住地的环境等因素的影响，各地瑶族织造瑶锦的织机和工艺技术就会有差异，织成的瑶锦的风格特征也会有差别。一般来说，居住在深山峻岭的各支系瑶族织造瑶锦时，大多采用开口穿梭织法，纬纱起花，粗犷松软，色彩丰富；居住在丘陵近平原的各支系瑶族织造瑶锦时，则采用挑针插线的方法织造，一般为续浮花，纬纱被经纱紧紧包住，纹饰图案利用经纱的规律排列构成，工艺比较精致，质地结实。除了一些瑶族的瑶锦受汉族织锦风格的影响以外，其他各支系瑶族织造的瑶锦都带有古朴的民族风格；又由于各支系织造的瑶锦又各具地区风格特征，所以瑶锦又显得异彩纷呈，绚丽多姿。

瑶锦的用色，也因各支系居住地环境的影响而有一些差异。瑶锦的纹样图案大多是几何纹，这是各地瑶锦纹样图案风格相同之处，但各地瑶锦纹样图案风格不同之处也很鲜明。

广西瑶族的瑶锦纹样图案，大多是几何纹，也有少数植物纹和动物纹，人物纹极少。几何纹大多是方形、菱形、三角形。瑶锦图案的线条绝对没有弧线，全部都是对角线、垂直线或平行线。植物纹常见的有八角花、桂花、黄花菜花、苦瓜花、谷穗花、苦菜花等花卉纹，有时也看到杉叶纹。动物纹常见的有蝴蝶纹、鱼纹、虎掌印纹、鸟纹等。人物纹仅在师公服上见过盘王图。广西瑶锦的用色，因花纹图案不同而不同。一般来说，由于各支系瑶族居住地不同，各地瑶锦用色有较大的差异。居住在深山峻岭支系瑶族的瑶锦大多用红、橙、黄、绿、蓝、白等鲜明的色调。而居住在丘陵近平原地区支系瑶族的瑶锦用色，大多是白地蓝花，间以土红、灰绿、蓝、黑等沉着色彩，较为素雅。

湖南瑶族的瑶锦纹样，大多是方形、菱形、三角形等几何形，作对称式波状二方连续排列。也见到一些文字组成的纹样，例如有中、古、王、山、喜等字组成的纹样。另外，还见到一些顺口溜或一行字、一行图的诗文图案，常见的诗文有"香莲碧水动风凉，水动风凉夏日长。长日夏凉风动水，凉风动水碧莲香"。这种纹样，在其他地方的瑶锦上没有见过，是湖南瑶锦最有地方特色的纹样。湖南瑶锦的用色，也因各支系居住地环境不同而有一些差异，但也有共同之处，那就是大多用大红、桃红、橙黄等暖色调，间以蓝、绿、白、紫等鲜明强烈的色彩。花纹图案除了上述所说的主要是几何纹饰是各地瑶锦共同之处外，各地瑶锦纹样也各有区别之处。因此，湖南瑶锦的用色和纹样图案也是多彩多姿的。

各地织造的瑶锦，大多用作做衣服和被子，无论是古代、近代或现代的瑶锦，其用途大都如此。湖南产的瑶锦"八宝被"，十分闻名。湖南江华县一带的瑶家女，把"八宝被"当作定情物和嫁妆，可见这种"八宝被"瑶锦相当珍贵，深受瑶族人民的喜爱。

七、侗锦织造技术

侗族源于古"百越"族系，由秦汉时期西瓯中的一支发展而来。自称为"甘"，宋时音译为"仡伶"，明代以后称为"峒人"、"峒僚"、"峒蛮"、"峒苗"，或误称为"苗"。中华人民共和国成立后，统称为侗族。侗族分布在贵州省的黎平、从江、榕江、天柱、锦屏、三穗、镇远、剑河、玉屏，湖南省的新晃、靖县、通道，广西壮族自治区的三江、龙胜、融水等县。各地的侗族，都能织造侗锦，因其民族风格鲜明，被列入我国少数民族名锦的行列。

关于侗锦的起源，至今没有找到明确的史料。在亢进编著的《广西少数民族实用工艺美术研究》一书里叙述侗锦起源和工艺时，曾叙述一个流传在广西侗族中的民间传说，云：在宋代前期，苗江两岸有"孟寨屯"和"坳寨屯"两个山寨。"孟寨屯"居住的人是侗族，"坳寨屯"居住的人是苗族。两个山寨隔江相望。当时的"孟寨屯"的侗族，会织黑白侗锦。那时，侗族跟苗族通婚，来往密切。嫁到苗寨的侗妹，把织造黑白侗锦的技术，带到苗寨。苗族人善于用色，就对黑白侗锦的织造技术进行改进，使黑白侗锦变成彩色侗锦。苗寨嫁到侗寨的苗姑，把彩锦的织造技术带到侗寨，"经过侗族姑娘的吸收改进，代代相传，就有了今日的侗锦"。民间传说不能完全相信，但它是有一定的史料价值的，尤其是像侗族这样没有本民族文字的民族，历史上发生的事主要靠口头传承，代代相传。因此，根据这个侗族民间传说，可以推测，至迟在宋代，侗锦已经出现，刚开始只是一种黑白两色的织锦，后来通过跟苗族交流织锦技艺，侗锦又变化成彩色的织锦。

侗锦使用的原料是棉纱，它的经线和纬线都用棉纱，不用丝作原料，一般是用二至四支纱合成的线交织而成，侗语称的"纶"，幅宽一般是40厘米，纬线起花，常以纬纱根数为称号，以单独纹饰一半的纱数为依据，称为"纶十三"、"纶十四"、"纶十五"等。由于纱数不同，每个称号的纹饰也不同，所以有大纶、小纶的区别。一般来说，小纶最受欢迎。

织造传统侗锦的织机，类似苗族织造苗锦使用的传统木制原始织机。织造传统侗锦的织机，是一种既可以制织素织物，又可以制织显花织物的织机。织素织物时一般采用2片素综，织花织物时将1片素综换成花综即可。它与壮族竹笼机基本同属一个型，但机件尺寸有很大差异。这种织机，在今天广西三江地区的侗族村寨以及贵州靠近广西的一

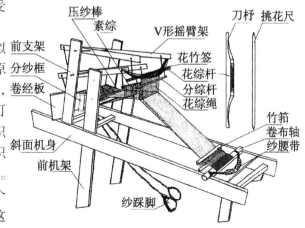

图 8-3　侗族织锦机结构示意图

些苗族村寨，仍可看到。

整部织机可大致分为机身、装纱、提纱和打纱四个部分（图8-3）。

斜面机身部分由机腿、机梁、梁上支架和木坐板组成。斜面机架通长164厘米，宽60厘米；前机腿约50厘米，后机腿约30厘米；前支架约64厘米，后支架约35厘米。木坐板搁在斜面机架的最后方。

装纱部分按从机头到机尾顺序排列，由卷经板，分经框、压纱棒、卷布轴和绑腰带组成。卷经板是由一块长木板加工成对凹形，架放在机架最前方。分经框亦是由木制成，长、宽、高分别约为70、6、10厘米。压纱棒、卷布轴材质皆为竹质，直径分别为2厘米和5厘米。

提纱部分由2个纱踩脚、2个"V"字形摇臂架（持综杆）、1个平综、1个花综、1把挑花尺、多跟花竹签以及综绳和提综杆组成。2个"V"字形摇臂架置放在机梁支架上（可同时置放在前端机架上，也可前后两个机架各置放一个），摇臂尖端用粗绳各与一个纱踩脚相连，开口端分别悬挂素综和花综。素综是长75厘米、直径2.5厘米的综杆，上面绕有吊综绳，综绳长9厘米。花综是长75厘米、直径2.5厘米的花综杆，其上悬挂分综棍，并绕有吊综绳，综绳长14厘米，分综棍将其分为前后两层，花竹签穿插综绳后环绕在花综杆上。花综整体可视为一个储存提花信息和竹编花本。

打纱由竹筘、木质刀杼组成。筘呈梳状，宽60厘米，高13厘米，筘齿高6.5厘米。木质杼，通长65厘米，长方形脊面厚3.7厘米，长27厘米，脊面凹槽长18厘米，宽3.3厘米，深2.1厘米，内装纤子，侧面有一小孔引出纱线。

下面仅以侗族妇女织造梨花图案头巾的方法为例，说明斜织贡的织造过程。

黑白梨花图案呈对称形式，采用黑白纱交替过纬的二梭织法织造，其组织展开图（其中"O"代表平纹经组织点，"X"代表花经组织点）和纹样图如（图8-4）所示。织造时用16根花竹和二把刀杼。其中一把刀杼内装白纱纤子，另一把内装黑纱纤子。

图8-4　梨花组织图（左）及纹样（右）

第一梭织花纬。在织机的初始状态下，踩下花踩脚，与花综杆相连的摇臂抬起，同时牵拉起花综杆。用手把花综杆上的1根花竹签移至纱面处前后推拉，使综环围绕在花综杆处形成前后两层，并使穿插在这根花竹签综环内的经纱与其他经纱之间产生一个梭口（图8-5）。将装有黑纱的刀杼通过梭口，用筘或刀杼打紧。

然后抽出这根花竹签，将其穿插在后层的综环中移到花综杆上。松开花踩脚，织机回复到初始状态。

　　第二梭织平纹纬。在织机的初始状态下，踩下素踩脚与素综相连的摇臂抬起，同时牵拉起素综，使底层经纱上升。手按压竹杆，形成梭口，将装有白纱的刀杼通过梭口，用箔或刀杼打紧。松开素踩脚，织机回复到初始状态（织下一梭平纹时，不必踩素踩脚，而是直接利用分经框形成的自然开口进行引纬）。

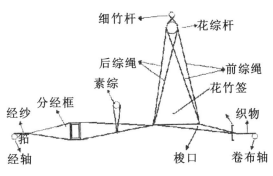

图 8-5　织花开口示意图

　　花、素两梭交替引纬，直到 16 根花竹签全部抽出并前后换完后，再不断往复循环，完成织花过程。花竹签抽取和交换方式如图 8-6 所示。

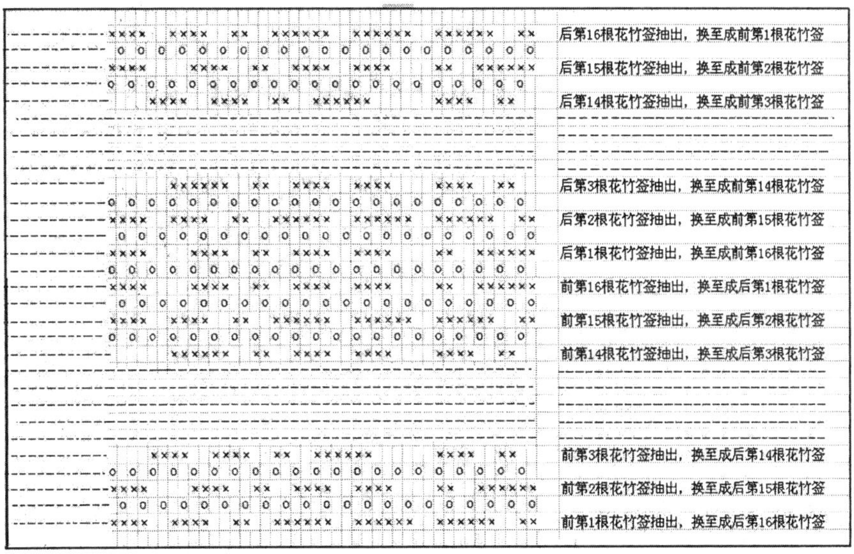

图 8-6　花竹签抽取和交换方式

　　为了美观和有特点，头巾的白地采用的是变化方平组织，织造这种组织需用 3 片综，而织机上只有 1 片素综是用来织平纹的，为此，侗族妇女在素综前面的经纱中插入两个提综杆，让它们与这片素综组成 3 片综的形式，采用四梭一个循环的织法，巧妙地解决了这个问题（图 8-7）。

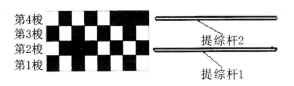

图 8-7　白地组织及提综杆过经示意图

第一梭，不必踩素踩脚，直接利用分经框形成的自然开口进行引纬和打纬。

第2梭，踩下素踩脚，底层经纱上升；同时手拉提综杆1，使提综杆拉起的经纱与上升的底层经纱共同组成梭口。投梭打纬后，松开踩脚和提综杆使经纱复位。

第3梭，仍然是直接利用分经框形成的自然开口进行引纬和打纬。

第4梭，踩下素踩脚，底层经纱上升；同时手拉起提综杆2，使提综杆拉起的经纱与上升的底层经纱共同组成梭口。投梭打纬后，松开踩脚和提综杆使经纱复位。

就整个织造过程而言，送经是分段进行的，当织完一小段布后，将卷经板翻转一个方向送出经纱。织造时，经纱张力完全靠腹之力控制，不但手、脚、腰互动，织工更要全神贯注以免出错，故劳动强度是相当大的，一般一块头巾断断续续地要织几天时间。

由于受到苗锦的影响，侗锦的纹样图案吸收了苗锦大花、小花的长处，大多以几何图案构成骨架，中间填入植物纹或动物纹。不同品种和不同用途的侗锦的花纹图案和纹饰布局构成，都是有差异的。大件的侗锦织物，一般是用来做被面、床毯等生活用品，这种侗锦大多采用四方连续纹饰，构成像蜘蛛、铜钱、桃花、梨花、八角花等纹饰，但八角花纹饰只是专用在作裹尸布的侗锦上，其他用途的侗锦不用八角花纹饰。小件侗锦大多用来做头巾、织带等生活用品，这种侗锦一般采用二方连续纹饰，构成像小花苗锦样的图案，然后填入轮花、鸡肠花、大蒜头花、谷穗花等植物纹或鸟纹、蜘蛛纹等动物纹或填入人纹。做成台布、胸饰等生活用品的侗锦，四边采用二方连续纹饰，中间大多是四方连续或单独纹饰。常见的纹饰有虎爪、向日葵、窗花、锯齿等。侗锦的纹样图案大多采用菱形结构，以花鸟纹和几何纹比较多。

侗锦的用色比较单纯，大多是用单色或两色，主要以黑色纱或蓝色纱与白色纱织作。常用的二色有黑与白、红棕与白、蓝与白、浅蓝与白等。有时也以金黄色为主，配以黑白两色。但作胸花用的侗锦，其色彩比较丰富。不过也是大多以黑色、蓝色为主。侗锦的色调，大多以浅地深花或暗地亮花为主，白地黑花的侗锦最多见。黑色、白色、蓝色是侗锦最常用的主色调。

侗锦的用途，主要是做被面、床毯、衣服、头巾、胸饰、台布、织带等生活用品以及姑娘的定情物，也用作传统祭祖仪式以及陪葬品。在侗族传统的祭祖仪式上，男女老幼必须肩披一幅侗锦，以此表示对祖宗的纪念。侗族青年男女恋爱时，男送给女手镯表示订婚，女把自身穿的一件侗锦布料做的上衣送给男，表示终身相许。到结婚的时候，女方还要送给婆家一幅侗锦，表示白头到老永不变心。侗族老人去世时，要把饰有八角花纹的侗锦作为陪葬品。解放以后，侗锦的用途范围有了扩大，除了传统用途外，还用来做坐垫、枕巾、沙发布、靠垫、提袋、挂包等生活用品。目前，有的地方建起侗锦厂，开始用机械织机织造，开发侗锦新品种。

八、蜡染技术

蜡染古称蜡缬，现代印染学中称为蜡防染色，属于一种防染技术。

宋代以来，由于蜡染与其他印花技术相比，只适于常温染色，并且它使用的色谱有一定的局限，所以在中原地区，蜡染技术逐渐走向末路，使用者日渐减少。但在少数民族地区，因信息闭塞，先进的技术不易传入，蜡染技术仍极为流行。在历史上，瑶族、苗族、布依族、仡佬族、壮族都善于从事蜡染。至今仍然流行蜡染的少数民族有苗族、布依族、瑶族、壮族等，其中尤以贵州苗族蜡染最为著名。

董季群主编的《中国传统民间工艺》一书在论及蜡染时，曾叙述这样一个民间故事：在很早以前，有一个聪明美丽的苗族姑娘，对自己衣裙的单调色彩很不满足，总是想如果能在衣裙上染出各种各样的花卉图案，那该多好啊！为了这件事，她想了很久很久，也没能想出什么好办法来，因此终日闷闷不乐。有一天，姑娘又看着一簇簇一丛丛的鲜花久久发愣，办法没有想出来，却在沉思中昏昏入睡。在睡梦中，她来到百花园里，看到无数的奇花异草，鸟语花香，蝶舞蜂飞，真是美极了。姑娘看呀看呀，简直入了迷，连蜜蜂爬满了她的衣裙也浑然不知。等她醒来一看，才知道刚才睡着了。再低头一看，花丛中的蜜蜂真的刚刚飞走，而且在她的衣裙上留下了斑斑点点的蜜汁和蜂蜡，要多难看有多难看。她把衣裙放到存放靛蓝的染桶中，只想把衣裙重新染一次，遮盖掉蜡迹。染完之后，她又拿到沸水中去漂洗。谁知，当姑娘从沸水中取出衣裙后，料想不到的情况出现了，深蓝色的衣裙上，被蜂蜡沾过的地方，竟然出现了美丽的白花。姑娘心头一动，立即找来蜂蜡，加热后用树枝在白布上随意画了些蜡花图案，重新放到靛蓝染液中去染色，随后用沸水熔掉蜂蜡，布面上就呈现出了各种各样的白花。见此情景，姑娘高兴地唱起了山歌。人们听到姑娘的歌声后，纷纷来到她家，听她讲百花园里的梦境，观看她染出的衣裙，并向她学习描花绘图的技艺。大家回去后，仿照姑娘的方法，也染出了花样繁多的花布。从此以后，蜡染技术就在苗族中流行，并逐渐传给与苗族杂居的布依族、瑶族等兄弟民族。

因受史料限制，至今为止，尚不能确定是哪个民族发明蜡染技术的。这个民间故事只能说明苗族很早以前就掌握了蜡染技术。

关于蜡染技术，《贵州通志》曾有这样的记载："用蜡绘花于布而染之，既去蜡，则花纹如绘。"周去非在《岭外代答》中论及宋代南方少数民族的蜡染时，却是这样描述的："瑶人以蓝染布为斑，其纹极细。其法以木板二片，镂成细花，用以夹布。而熔蜡灌于镂中，而后乃释板取布，投诸蓝中。布既受蓝，则煮布以去其蜡。故能受成极细斑花，炳然可观。故夫染斑之法，莫瑶人若也。"这说明古时蜡染有两种方法：前一种方法是绘画蜡花，后一种方法是往夹布的镂成细花的木片镂中灌蜡成蜡花，其余的工艺技术则基本相同，而且它们都是同属于防染技术。《岭外代答》文中所叙述的"极细斑花"，是指蜡染的"冰纹"即裂纹。"冰纹"本是其他印染技术中的瑕疵，但蜡染的"冰纹"却使人感到有一种特别艺术韵味的美感，所以，有"冰纹"的蜡染，则是难得的艺术珍品。

各个少数民族制作的蜡染，都有本民族的风格特征，在用色、纹样以及蜡染用途等方面，都各不相同。即使同一个民族，但居住地不同的话，各地所制作的蜡染也在上述几方面有差异。当然，不管是什么民族制作的蜡染，也不管什么地方制作的蜡染，所采用的基本技术都是相同的，即都是采用蜡防染技术，都是先在白布上制蜡花，然后染色，接下去就是通过加热把蜡花的蜡熔化清除掉。因此可以这样说，各地制作的蜡染、各民族制作的蜡染大同小异。正是因为这一点，才使蜡染显得多姿多彩。

据徐凌志所著的《中华传统老作坊——走近染布坊》介绍，地处西南的贵州少数民族地区，是蜡染的传统产区，而位于贵州东南地区东南部的丹寨县的苗族聚居的地区，则是著名的蜡染之乡。在丹寨县杨武乡的排倒、排莫、乌湾等几个村寨，是古代蜡染技艺保存比较完整的地方。丹寨蜡染从汉代就已开始，它是丹寨苗族文化的一个重要组成部分。丹寨蜡染最初的制作方法不是在白布上绘蜡花，而是将布蒙在铜鼓面上，然后用蜡来回摩擦，摹取铜鼓的花纹，然后染色、加热除掉蜡制作而成。这样制成的蜡染，总觉得美中不足，因为铜鼓的花纹图案种类不多，所以千方百计想改进蜡染制作方法。后来，当地的人们发明了铜蜡刀，用它蘸上熔化的蜡液，可以轻易地直接在布上随心所欲地进行绘制蜡花，这种方法就把当地蜡染从复制变成了创作，摆脱了铜鼓纹样的束缚，使蜡染形成自身的独特艺术风格，使蜡染工具充分发挥自己的性能，使蜡染体现出材质美。丹寨苗族以及贵州的其他一些少数民族，至今仍然保持制作蜡染和使用蜡染的古老传统。

丹寨制作蜡染的工具有铜蜡刀和竹蜡刀两种。铜蜡刀有些像鸭嘴笔，一般是用几块宽约1厘米左右的斧状黄铜片合成。竹蜡刀是这样制成的：用砍柴刀将竹子劈成细条，再仔细地将一头削尖成实心圆竹棍即成。选作蜡染的布料，是自家织的有凹凸纹的斗纹布（民间俗称"花椒布"）。这种布厚实，有独特的机理效果，经久耐用。在这种布上画蜡花之前，先将布用草木灰或牛粪煮二、三个小时后，进行漂白、晒干、上浆、磨布和晾晒的过程，再在布上画蜡花，这样才能制作出最充分地表现蜡染工艺魅力的蜡染珍品。选用的蜡料有蜂蜡、白蜡、木蜡几种。另外，还选用枫香树液，经过高温熬制后，作为防染的材料。枫香树是苗族先祖的象征和化身，是苗族崇拜的神树。枫香树的汁液带红色，苗族认为那是祖先的血，具有神力，于是用来描绘苗族自己的图腾和崇拜物的形象。后来发现枫香树流出的树液中，因含有胶质和糖分而具有防染作用，把它和水牛油加热搅拌后，可以用来在布上绘花纹，染后图案更加鲜艳。于是，就用大枫香树液在白布上绘花纹，再经染色、漂洗，就制成"枫香染"了。最初"枫香染"只用来做祭祀服和旗幡，后来，又逐渐扩大它的使用范围，普及到日用品。用枫香树液作防染材料制成的不叫蜡染，而称为"枫香染"。

在画蜡花之前，先把将画的图案内容描在白布上，然后再用蜡刀蘸蜡准确地把白布上的图案画成蜡花。不过，以前画蜡花一般不事先在白布上打草稿，最多用稻草秆或竹片测定距离，然后就信手画出。画蜡花时，由于蜡液会迅速冷却、凝固，因此蜡刀不宜过多停留，以便保持线条连续、流畅的效果。用不同的蜡刀画出的蜡花，有不同的韵味。使用铜蜡刀画出的花纹精工细作，有一种刀刻的韵味。而用竹蜡刀画出的蜡花，图案相当精美。

画好蜡花后，接下去就是浸缸染色。所用的染料，是用蓝草制成的蓝靛。由于丹寨气候潮湿，所产的蓝草质量好，因此当地人都用蓝草自制成蓝靛染料。蓝靛染色稳定，不易褪色，一件用蓝靛作染料的蜡染布做成的衣服，可以穿十几年。在浸染过程中，先将白布投入摄氏 20 度左右的温水里浸泡几个小时，然后再放进染缸中浸染，要不断轻轻翻动，每三十分钟左右，取出搁置几小时，晾晒风干，让其与空气中的氧进行充分反应后，再浸入染缸。在染色过程中，还要用黄豆水、红子根水、土酒和牛胶水反复上浆 1～2 次，目的是为了增加染料的附着力。浸染的次数越多，颜色越深。如此反复三至五天，确认布料染好为止。

接下去的工艺是脱蜡。蜡布染色完成后，在铁锅中加适量的清水煮沸，然后在沸水中放少许食盐，就可以将染了色的蜡布投入沸水中进行高温处理了。

经沸水高温脱蜡处理后，取出蜡布，用冷水漂洗掉浮色，晾干。然后，又在清水中反复漂洗，使残蜡和浮色与织物彻底分离后，再把它晒干。

丹寨蜡染的色彩，以蓝白两色为主，形成深蓝色的主色调，配以白色花纹，有沉着深厚的美感。但有的蜡染，比如苗族盛装的衣袖、后领等部位，需要点缀红色和黄色。染黄色的染料，一般是用黄栀子、杨梅汁。染红色的染料，用红花，也可用牛血来点染，使色彩朴拙而闪烁，素雅之中带点俏丽。

丹寨蜡染的纹样图案有自己独特的风格，主要表现在构图饱满而不繁琐，章法严谨而不呆滞，线条刚柔相间而富于韵律，点、线、面之间关系处理得恰到好处。其中最精彩的是动物纹和植物纹造型，既大胆夸张多变，又不失原物的原有特征，自由豪放中透出朴拙，大器又不失典雅飘逸，既不受时间和空间限制，又不受现实和理性思维的约束，达到了平衡变化、和谐统一、随心所欲的境界，表现出丰富的艺术想象力和创造力，很好地体现了蜡染的魅力。不过，丹寨蜡染并不是一开始就形成这样的纹样图案风格特征，它有一个演变的过程。丹寨蜡染纹样图案的早期风格古朴而神秘，当时它的纹样图案直接源于铜鼓的纹样图案。它的中期纹样图案风格纤巧而精致，这个时期受铜鼓纹样图案影响较少，原来脱胎于铜鼓的圆形图案，内部开始变异。晚期从 20 世纪 50 年代初期起至今，这个时期就逐步形成我们在前面提到的那种独特的风格特征，它基本跳出铜鼓纹样的格局，它的纹样图案表现手法和构图自由多变，体现了较强的创造性和艺术性。丹寨蜡染晚期的花纹图案中的圆形图案中所填的一些纹饰，已与铜鼓毫不相干，更多的汉字进入画面，动植物纹日趋汉化写实，传统纹样图案只剩下黜鸟、鱼、龙等不多的几种，而孔雀、金鱼、牡丹、凤凰、葡萄等外来纹样图案却大量增加。

丹寨传统蜡染常用的纹样图案有鸟纹、鱼纹、窝妥纹（也称螺旋纹）、动植物纹和铜鼓纹。苗族以鸟为图腾，鸟是苗族的氏族徽记，因此在丹寨蜡染的纹样图案中，鸟纹特别丰富。丹寨蜡染的鱼纹图案历史相当悠久，使用鱼纹的原始寓意是象征多子，后来经演变后，出现了别的寓意。常用的鱼纹有巴地鱼、鲤鱼、角鱼、斗鱼、鲫鱼和鲇鱼。在丹寨蜡染中的鲇鱼纹被当作龙的形象，其形象是一条有着超长身体的大嘴鲇鱼。而其他苗族中的龙的形象是"牛头龙"或"鸟头龙"。窝妥纹是丹寨蜡染特有的古老的传统纹样，当地妇女的衣背、衣袖上必饰这种图案。该图案是以若干个近乎于正圆的漩涡似的纹样，按照一定的秩序有机地组合连接在一起。丹寨不同妇女，在不同时间、不同地点，独自用蜡刀徒手画出的窝妥纹，达到惊人的一致，问及原因，她们说老祖先传下来的这个纹样图案，形制、大小、数目及排列位置等都不能因人因地而改变，具有严格的规定性。追溯这种纹样的起源，苗族人会给你讲出几种或浪漫、或悲壮的不同传说。有的说是为了缅怀祖先长途迁徙、爬山涉水，历经无数险滩恶浪留下的漩涡印记；有的说是印证了苗族古歌中蝴蝶妈妈与水泡沫（涡漩）"游方"后生十二个蛋的情节；有的说是杀牛祭祖时记录牛头上的毛旋，因为它是祖先的象征。当地妇女们穿"祭祖衣"，是为了表示纪念祖先。在丹寨蜡染传统纹样图案中，动植物同体的图案经常看到。这种纹饰图案，不仅反映当地人对繁衍子孙后代的期望，而且反映了苗族的原始宗教"万物有灵"的观念。铜鼓纹是丹寨蜡染主要的传统纹样之一。在早期丹寨蜡染的纹样摹取铜鼓的图案，后来，逐渐出现了铜鼓纹，这种纹样一般是在中心圆辐射光芒为太阳纹，其余均是同心圆排列，有锯齿、针状、瓜米、花瓣、圆带纹、钱纹、鸟纹、鱼纹、云纹、万字纹、寿字纹等。

丹寨蜡染一般用来做服饰、日常生活用品、儿童用品和民俗用品。服饰包括服装、包袱布、手帕、围腰、头巾、背包、披肩、鞋子等。生活用品包括床上用品、室内纺织用品、壁挂等。儿童用品包括婴儿出生前母亲预先为婴儿准备好的用蜡染制作的包片、小被盖、小衣服、口水兜、背兜等；婴儿出生后，亲友们每人送一块有虎眼花纹的蜡染背兜，缝缀在一起，做成多层蜡染背兜，以表示给孩子多多的祝福和庇佑。民俗用品专供祭祖活动时用。祭祖是当地的传统活动，迎灵时每户人家都要挂用蜡染布做成的幡，妇女们都身穿蜡染盛装。

贵州其他地方的苗族和布依族的蜡染的风格和用途，与丹寨苗族蜡染风格和用途不大一样。据董季群主编的《中国传统民间工艺》介绍，镇宁县布依族自治区的蜡染图案，多用在衣袖和裙子上，蜡染色彩只用蓝色和浅蓝色，不用其他彩色染料来调配。安顺县黑石头地区的苗族蜡染的纹样图案的应用，以围裙和背带为主，花纹面积比较大，也比较集中，经蜡染后又染上红、绿、黄三种颜色，与蓝白色相配合，显得色彩更加鲜明富丽。布依族和苗族还把蜡染制品当作定情物，布依族当作定情物的蜡染制品是蜡染花手帕，苗族当作定情物的蜡染制品是蜡染电筒套。

广西苗族蜡染的风格特征，也与丹寨苗族蜡染有差异。据六进编著的《广西少数民族实用工艺美术研究》介绍，广西苗族制作蜡染的工具是铜制三角笔，使用的布料是白棉布或白苎麻布或丝织品，使用的蜡是蜂蜡或蜂蜡中加进树胶木蜡以及石蜡。用色比较单纯，一般是蓝地白花或绿地白花，以蓝色最多，也有少量染黄色、红色或黑色的蜡染制品。染蓝色用土制蓝靛。染黄色用黄菊花、黄连、黄栀子、白蜡皮树叶。染红色用乌子草、茜草、杨梅、凤仙花、红椿的叶、皮以及猪血、牛血等。染黑色用毡毛刺等。蜡染纹样受铜鼓纹样影响很大，常见的雷纹、涡纹、重圆纹、蔓草纹、鸟纹、团花纹等纹样，都跟铜鼓纹样相同。苗族用蜡染布做成的百褶裙的纹饰有主晕、次晕，与铜鼓纹饰相同。百褶裙晕的数目，也与铜鼓纹饰相同或相近。这可能与早期苗族蜡染的纹样是从铜鼓拓取有关，广西苗族传统蜡染的花纹主要是"大花"，即大块花纹几乎占满整个蜡染制品，以块与线、点相结合为其特点。在大块深色背景上，显出一些亮块，周边又以细线、细点作过渡。常用的纹样有花卉、鱼、鸟石榴、蝙蝠、蝴蝶等纹样。蜡染主要用作头帕、衣裙、背带、被面、包袱、书包以及衣裙的花边等。

九、扎染技术

扎染古时称为绞缬，历史很悠久，是我国传统手工染色技术之一，与蜡染一样属于防染技术。蜡染用蜡作防染材料，扎染却是依据一定的花纹图案，用针和线缝成一定形状，或直接用线捆扎，然后抽紧扎牢，使织物皱拢重叠，才将它染色。染色时折叠处不易上染，而未扎结处则容易着色，因此形成别具韵味的晕色效果。至今仍然制作扎染并且比较有名的是云南大理的白族、彝族和广西靖西县的壮族。

据徐凌志所著的《中华传统老作坊——走近染布房》介绍，距云南大理约25公里的白族聚居的自然村周城村的村民，从明末清初就开始制作扎染，至今仍保持世代相传的扎染手工艺。当地有一套完整的扎染制作工艺流程：首先是敲刻花版，接着是印刷图案，接下去的工艺按顺序分别是扎制花纹、染色、出缸、漂洗、晾晒、拆线、清洗、晒干、砑布（砑光）。敲刻花版工艺是在扎染之前，将设计好的纹样敲刻在纸版上。印刷图案工艺是把敲刻在纸版上的纹样图案，印刷在坯布上。扎制花纹工艺是把已印刷有花纹的坯布进行缝绞、打结或折叠等处理，使经过处理的部位在染液中不能上染或很好地渗透，从而达到显花的目的。为了表达不同的艺术效果，通常在制作一幅扎染品时，采用多种扎结方法，使扎染品艺术效果变化丰富。染色有浸染和煮染两种染法。浸染也称冷染，要根据需要来确定浸染次数。煮染也称高温染，染时将织物投入80摄氏度至90摄氏度染液中一次性浸染45分钟取出。然后把它漂洗、晾晒、拆线、清洗、晒干、砑布（砑光），一幅扎染品就制成了。扎染工艺技术的学习和传承，主要以家庭为单位。

在周城村白族扎染的传统纹样中，花卉纹最丰富，例如茶花、杜鹃花、兰花等纹样经常被运用。蝴蝶纹也是周城村白族传统扎染的纹样主要题材之一。在当地白族的服饰上，如围腰的腰带、中老年妇女的头饰以及衣袖上的扎染图案，几乎无一例外地均选用扎染布缝制的小蝴蝶图案。当地人认为这个图案象征吉祥，所以颇得当地人的偏爱。

周城扎染以前在服饰上的运用，主要是在中老年妇女头饰、衣袖口、围腰、腰带等方面作点缀和装饰。但如今不但老年妇女用它作服饰装饰，而且在中青年妇女中，有的人直接用扎染布缝制小短围腰与白族服饰混穿。为了便于劳作，还用扎染布缝制袖套。另外，白族男子还流行在服饰上用扎染布缝制领饰。扎染布的另一个用途是用来制作床单、被套、桌布、手套、布伞等家庭生活用品。此外，周城的扎染布还用来制作民俗用品。在周城的白族有这样的风俗：小孩出生不久便要请长辈取乳名，俗称"汤饼会"，孩子的外婆家扎染顶头巾。因扎染方巾采用纯棉布料，透气性能比较好，又是植物染料染制，具有清热解毒的功效。方巾多选用蝴蝶、八卦等各种吉祥图案，寄寓着保佑孩子健康成长的厚望。周城白族建房时，往往用扎染布作为建房礼俗中的贺礼，上梁时还将青蓝色的扎染布置放在正梁上。周城白族是农耕民族，在水稻种植"开秧门"的这一天，要举行隆重而欢快的仪式，这时蓝地白花的扎染布往往是制"秧旗"的布料之一。白族有崇拜龙的传统，周城白族亦不例外，民间每年都有很多祭祀龙的活动，在农历4月23

日至 25 日的"绕三灵"活动时，领头的男性长者头戴扎染八角帽，舞耍扎染制作的长龙，龙鳞逼真，颇有动感。

云南其他地方的白族制作的扎染，跟周城白族制作的扎染有些不同之处。据董季群主编的《中国传统民间工艺》介绍，云南其他地方白族制作扎染的工艺流程包括设计、上稿、扎缝、浸染、拆线、漂洗、整理等工序。设计是指在坯布上构思花纹图案。上稿是指在坯布上画出大致图案。扎缝是指用手工将做了记号的地方结扎成各式各样的花形。设计的花形不同，选择的结扎方法也相应的不同。结扎的方法，多种多样，但大致可分为四大类。其中一类叫捆扎法，这种方法是将织物按照事先的设想，或揪起一点，或顺成长条，或做各种折叠处理后，用棉线或麻绳捆扎。这是一种简单的方法，一般可用来制作窗帘或裙料之类的扎染布。一类叫作缝绞法，这类方法是用针线穿缝织物以形成防染，针法不同所形成的效果也不同，这种方法方便自由，可以充分表现设计者的创作意图。一类叫作包扎法，这种方法是把受热不变形、且与染液不发生反应的物质如石头、沙粒、果壳、纽扣、硬币等，包扎在织物中，这是一种比较常见的方法。一类叫作夹扎法，这种方法是利用圆形、三角形木板或竹片、竹夹、竹棍将折叠后的织物夹住，然后用绳捆紧，形成防染，夹板之间的织物产生硬直的类似蜡染冰纹的效果，与折叠法相比，黑白效果更分明，且有丰富的色晕。布料按需要捆扎后，把它放到染液中冷染数次，染后漂洗晾干，剪去线结，蓝地白花的图案就显露出来了。常见的图案是各种花卉和几何图形以及动物和植物，例如蜜蜂、蝴蝶、梅花、水仙、鸟、虫，等等。由于布的洇湿作用，使蓝地白花图案产生自然晕纹，使花纹图案产生活泼流畅、青里带翠、凝重素雅、形象生动的美感。

壮族制作的扎染，与苗族制作的扎染，有一些差异。据亢进编著的《广西少数民族实用工艺美术研究》介绍，广西靖西县壮族制作扎染的扎结方法有三种，一种是用弦线、绳或树皮把织物扎起来，这种方法叫真扎结；一种是将针插入织物中，然后抽紧扎好，叫"屈的立克"（广西靖西壮话）；一种是用镂空花纹木版夹住织物，叫做夹结。将布料扎结处理后，就把它放进染液去浸染。所用的染料，是自制的蓝靛。浸染数次后，取出漂洗，晒干，拆线，扎染品就制成了。

广西靖西壮族扎染的纹饰崇尚吉祥、喜庆，大多采用植物纹和动物纹，最常见的纹饰图案有牡丹、莲花、石榴、花篮、花瓶、凤、鹤、蝴蝶、喜鹊等。也有几何纹，常见的几何纹是万字纹和回纹。

靖西壮族扎染的用色只用蓝、白两色。虽然色彩比较单调，但经蓝靛染制的扎染却有一种古朴大方之美。

广西靖西壮族扎染的布料，大多是自己织的土棉布，也有人去市场上买棉布的。靖西壮族扎染主要用来做门帘、包布等生活用品。由于扎染是一种蓝靛染品，不但大方美观，色牢度比化工染料强，不容易褪色，对小孩皮肤有防止过敏的作用，对人体还有清凉解毒的功效，因此在当地用于小孩的扎染包布被视为贵重的礼品。当地壮族当亲友中有谁新婚或生下第一个孩子时，就拿小孩扎染包布赠送，以此作为贺礼。小孩扎染包布一般是 80 厘米见方，用双层蓝色扎染布缝制。

十、蓝印花布制作技术

蓝印花布的历史相当悠久，在《古今图书集成》中，有这样的记载："药斑布出嘉定及安亭镇，宋嘉定中归姓者创为之。以布抹灰药而染青，候干去灰药，则青白相间，有人物、花鸟、诗词，各色充衾幔之用。"文中所提到的药斑布，从其制作方法来看，是一种蓝印花布，即以灰浆防染，通过花版将灰浆印到布料上，布上的花纹图案因被灰浆遮盖，印染时不上色，染色后除去灰浆即显露出花纹图案。由此也可见，宋代时制作蓝印花布的工艺技术已相当成熟。明清时期，由于蓝印花布具有不易褪色、耐洗耐晒、纹形越洗越明的特点，并兼具装饰性和形式美，因此在民间各地很受欢迎，其盛行情况就如《古今图书集成》"物产考"所述："药斑布名浇花布，今所在皆有"。

（一）葛洪发明蓝印花布的传说

关于蓝印花布发明的情况，民间流传着这样一个传说：从前，有一个叫葛洪的农夫，为了给自己妻子的白头巾增添一点色彩而费尽心思。有一天晚上，葛洪夫妇从农田干完活回家时，在田埂边发现一株碧清透蓝的小草，葛洪把它采回家，随手放在石灰缸边沿上，准备明早再多采几株一起捣成汁，用来染妻子的头巾。没想到，第二天，那株放在石灰缸沿上的小草已掉进石灰缸里，而一缸的石灰水都变成了清蓝色。他见草汁已经浸泡出，就将白头巾放入缸内染色。三天之后，将头巾晒干一看，上面还散落着一些似花的小白点。仔细一看，这些似花的小白点，其实是粘在头巾上的石灰。他试着用手把石灰搓掉，但白点却依旧存在。原来，那些粘上石灰的地方，染不上色。看到这神奇的现象，葛洪恍然大悟，心想：如果用石灰在布上画花纹，然后放到这种草汁里去染，再搓掉石灰，不就可以印出有花纹的蓝布了吗？就这样，他用这种方法给他的妻子又重新染了很多好看的蓝印花布头巾和蓝印花布围裙。这件事一传出去，四邻八乡的姑娘纷纷来学习、效仿，这种印染方法就传开了。最初只在江浙一带流行，因其蓝白分明，清新明丽，极为适合当时人们的审美情趣，所以很快就传遍了全国。

蓝印花布不一定像上述民间故事说的是由葛洪发明，但它的发明可能与这个民间故事所说情况相似，即偶然被某种现象启发后发明出来的。

（二）蓝印花布的风格

无论是蓝地白花，还是白地蓝花的蓝印花布，处理手法一般都是在蓝白两色之间，注重大的色块对比和细部刻画，使它具有极强的感染力和朴实清新的美感。蓝印花布的花纹图案，大多是世代相传的传统纹饰，按理说这会使花纹图案的品种受到一定的局限，但因蓝印花布产地很广，各地有自己的传统花纹图案，所以从全国范围看，蓝印花布的花纹图案是相当丰富多彩的，且地方特色鲜明。

据董季群主编的《中国传统民间工艺》介绍，江苏地区蓝印花布的代表性花纹图案《松鹤延年》、《吉庆有余》、《麒麟送子》等，其图案组合以圆点为主。而浙江地区双版印成，一次染色的《蝴蝶团花》，层次分明，很有特色。陕西的蓝印花布图案，常用《喜相逢》格式布局，整幅图案近看花纹生动自然，远看蓝白图像鲜明醒目。

北方蓝印花布的风格，与南方蓝印花布有些差异。据刘思智等著的《黄河三角洲民间美术研究》介绍，印花的花版是整体相连的，不断开，镂空部分都尽量缩小。由于花版有这样的特点，就使印花图案纹样用许多短线、圆点等基本图形组成，运用短线、圆点的排列和组合，星星点点、层层密密，产生一种"蓝天繁星"的斑点美感。该地区达到极致的印花蓝布制品，都是用特制的钺子在纸版上敲凿圆点，由无数圆点排成线条而勾勒出纹样图案。这样处理可以将工艺的局限转化为工艺的优势，变被动为主动，运用工艺特点造就了蓝印花布的独特风格。做被面、门帘等大件生活用品的蓝印花布的雕版工艺，都进行特殊处理。若如实按面料原大制版，困难是很大的，因此必须运用特殊的手法来制版，其方法是采用一版多印的方法，将印门帘或被面的花版做十字分割，只刻出全幅的四分之一花版，印浆时将此版反转，调头四次，一幅对称严整、疏朗有致的门帘或被面的花纹图案就印出来了。这种做法需要艺人有极高的技艺水平，因为在设计花纹时必须考虑周密，花版对接处尤其要考虑周到，保证印出后天衣无缝。为了使蓝印花布的外观有蓝白对比强烈的效果，艺人们还创造出一种双面刮浆的工艺，做法是在布料的正反两面刮印浆料，从两面防住染料的渗透，这样做可以使印出的蓝印花布蓝白分明，色泽醒目，华丽明朗。双面刮浆使用同一块花版，印背面时要把花版翻成背面向上。

（三）蓝印花布的图案

黄河三角洲地区民间传统蓝印花布的纹样图案，大多是花卉纹、动物纹、几何纹和文字纹样，又以花卉纹样居多，人物纹样比较少见。这个地区的民间蓝印花布在用途上，一般分为专用花布和通用花布两类。专用花布又称为件料，是根据用途而染成的特定形状的布料。通用花布是可以供人们任意剪裁的匹料，用于剪裁衣服、被面等用品。虽然这两类蓝印花布的花纹图案都要求适用美观和多样统一，但专用花布大多采用适合纹样，通用花布则大多采用连续纹样，在具体形态上又各有不尽相同之处。

不同用途的蓝印花布，其图案风格是有差异的。被褥面和床单是黄河三角洲地区民间蓝印花布中纹样、款式最丰富的一类。被面的形状一般是正方形，褥面和床单的形状一般是长方形。正方形被面一般由三块花版拼接，即正中一个中心图案，由左右两块完全对称的图案花版连接，为便利起见，只需刻一块花版，在漏印时正反使用便可达到效果。长方形的褥面、床单（也可做被面使用）一般由两块花版拼接，花版的宽窄正好与农家织布的幅面相等，漏印时只需一块花版正反使用即可完成。被褥面和床单一般选花型较大的图案，常见的纹样有以龙凤、蝴蝶、鹿鹤、花卉等组成的喜庆、吉祥图案，例如凤戏牡丹、富贵吉庆、荷花童子、龙凤呈祥、麒麟送子、五子登科、鹿鹤同春、蝴蝶捧寿、鸾凤和鸣、丹凤朝阳等等。其纹样的主题大多是表现爱情、祈求平安、富贵长寿等内容。专做门帘的蓝印花布的图案，由中心花纹、花边、檐子组成。中心花纹大多是祈福或以大花瓶隐喻平安的图案，例如富贵平安、喜庆升平、平安如意，等等。黄河三角洲地区民间大多取"瓶"与平安的"平"谐音，寄寓平安吉祥之意，所以用大花瓶纹饰作门帘的纹样图案就比较常见。包袱一般都呈正方形，方巾呈正方形或长方形。包袱和方巾的图案，一般是中心有一个圆形主纹饰，外围环以花边。中心图案常见的是双凤、双鱼、双鹤等含有隐喻的吉祥纹样，有的还在四角饰以蝴蝶、花卉等吉祥纹样，如鱼跃龙门、金玉满堂、平安有余、和合二仙、凤戏牡丹等。围裙图案大多是花卉、凤鸟和彩蝶之类的纹饰。肚兜的图案一般是老虎、麒麟、双龙、长命锁、珠宝等纹饰，例如三多图、艾虎克毒、长命富贵、艾虎图、连年有余、麒麟送子等，寓意儿童平安成长。围裙、肚兜的图案形式，都是依据围裙、肚兜的形状构成一个完整的纹样。

常见的蓝印花布纹样图案，也可以相对地分为小花、中花和大花。小花布一般是用来做妇女和儿童服饰用料，其花纹一般不用人物和鸟兽，这是为了做衣服时避免将这类人物和动物纹倒置或剪得支离破碎而影响衣服的美感。中花布一般用来做被面、门帘等用品的装饰材料，其花纹图案受裁剪的约束较少。大花布常被用来做门帘的上檐、帐檐等用品的材料。大、中、小花布的图案组织方法基本相同，都有散花、缠枝花、格子花等形式，这些形式都有各自的特点。散花是花纹个体互不相连、分散排列的净地图案。这种纹饰的蓝印花布，在黄河三角洲地区的民间俗称"碎花布"。散花图案纹样的形象都比较小，所以印染形式以蓝地白花比较多。散花的图案有竖、横、不规则等排列形式。常见的蓝印花布的散花图案有狮子绣球、喜鹊闹梅、蝶恋花、梅鹿图、花蝶簇等纹样。散花图案的蓝印花布之所以适合做妇女和儿童衣服的衣料，是因为散花图案具有清新、爽朗、透丽的特点。缠枝花也称"穿枝花"，把散花用枝蔓连接起来或用连续的几何形组成的一种装饰纹样称为缠枝花。因为缠枝花的图案纹样的形象都比较大，所以适合于白地蓝花的印染形式。蓝印花布中常见的缠枝花有凤穿牡丹、喜鹊登梅、喜上眉梢、锦鸡闹菊等。缠枝花比散花更活泼自然，同时洋溢着一种富有韵律的动感，所以深受黄河三角洲地区民众的喜爱，常用有缠枝花的蓝印花布来做衣服、被面、门帘等生活用品。格子花在黄河三角洲地区民间称为"金砖花"。在几何格子中填充散花的图案组织称为格子花。其主花的排列方法，与缠枝花大体相似，格子的形状有菱形、方形以及直线组成的其他框格，常见的有锦花寿字、吉祥锦花、花开万字流水、万年花香等。格子花图案规整端庄，有格子花纹样图案的蓝印花布，常被黄河三角洲地区的民众用来做被面或床单。

（四）湖南湘西苗族蓝印花布

由于受现代机器印花布的不断冲击，在20世纪六七十年代时，蓝印花布除少数偏僻地区还有少量生产外，基本已濒临消失。不过近些年来，凝聚着浓厚乡土气息的蓝印花布，以它特有的蓝白分明、清新明丽的美感，迎合了当今社会追求返璞归真的审美时尚，重新得到很多人的喜爱，因此不少地方又重新恢复了蓝印花布的生产。

据徐凌志《中华传统老作坊——走近染布坊》介绍，湘西凤凰县等地的苗族聚居区，即是少数一直没有中断生产传统蓝印花布的地区之一。

当地苗族采用如下的方法制作蓝印花布：首先，制作花版，方法是使用一种竹子纤维做的纸，制成花版。然后，用各种雕刻工具，按设计好的花纹图案，在裱好的纸上灵活转刀，将图案全部刻成点状，以便漏版刮浆。接下来是刮浆，方法是将黄豆粉和石灰粉加水搅拌成防染浆剂，用"抹子"把防染浆剂刮入铺在白布上的镂空花版的空隙，漏印于布面，然后平放阴干。最后是染色，方法是把经刮浆阴干后的布，放进染液去染色。再接下来是刮去防染浆剂，漂洗后晾干，就制成了蓝印花布了。

湘西苗族蓝印花布的纹样图案分为两类，其中一类是通用花布，采用连续纹样，可无限延伸。这种花布能随心所欲地裁剪成衣料、床单、门帘或桌布等。另一类是专用花布，它是指在专用尺寸的布料上拓印花纹图案，例如被面为宽幅长方形，门帘为长方形，桌布为正方形等。苗族蓝印花布制作艺人根据用途，巧妙地利用圆点的粗细、疏密组合成图形，或花纹图形之间互相连接，创作出繁多的花纹图案。这些花纹图案呈现出粗犷、强烈而趋向具象的造型效果，人们能从各种形态图案的造型中，品味出不同的风格和不同的趣味。苗族传统中的动植物崇拜，在湘西苗族蓝印花布纹样中，都有直接或间接的表现，给湘西苗族蓝印花布平添了一层浓郁的民族情调和神秘色彩。此外，湘西苗族蓝印花布中，还有文字类的吉祥纹样和几何纹样，这些纹样既表现出极浓郁的苗族民族风格，又表现出极其明显的苗族文化与汉族文化交融的特色。

湘西苗族蓝印花布的用途广泛，被用来做服装、包袱布、头巾、肚兜、被面、门帘、壁挂、台布、鞋子、帽子、各类包、玩具等生活用品。

第二节　刺绣技艺

刺绣是针线在织物上绣制的各种装饰图案的总称。简言之，就是用针将丝线或其他纤维、纱线以一定图案和色彩在绣料上穿刺，以缝迹构成花纹的装饰织物。可以说它是用针和线把人的设计和制作添加在任何存在的织物上的一种艺术。

一．刺绣的源流及发展

刺绣是中国民间传统手工技艺之一，在中国至少有二三千年历史。

在《尚书注疏》卷五"益稷"里，有这样的记述："帝（舜）曰：臣作朕股肱耳目。予欲左右有民，汝翼。予欲宣力四方，汝为。予欲观古人之象，日、月、星辰、山、龙、华虫，作会（即绘），宗彝、藻、火、粉米、黼、黻、絺绣，以五彩彰施于五色，作服，汝明。"这是舜对禹说的一段话。文中提到絺，是一种细葛布。这段话是说舜时代已出现在衣裳上绘、下绣的服装式样了。也就是说那时已发明刺绣技术了。古时有"上衣下裳"的说法。

在《管子》"轻重甲，第八十"有这样的记述："昔者桀之时，女乐三万人，端噪晨，乐闻于三衢，是无不服文绣衣裳者。伊尹以薄（与亳通）之游女工文绣纂组，一纯（古代布帛一端亦曰纯。倍丈谓之端。或四丈八尺谓之端）得粟百钟于桀之国。"这是记述夏代末期用刺绣品易货之事，说明当时生产的刺绣品不但满足生产者自用，还有剩余的刺绣产品拿去易货，反映出当时的刺绣品很受欢迎。

到了周代，刺绣技术水平进一步提高。在《诗经》里有多处提到刺绣，例如，在"豳风九罭"中有"衮衣绣裳"一句；在"唐风杨之水"中有"素衣朱绣"一句；在"秦风终南"中有"黻衣绣裳"一句，表明周代刺绣衣服已非常流行。春秋战国时期的刺绣技术水平在出土文物中得到翔实反映。例如，属于战国中晚期的江陵马山一号墓出土绣品 21 件，主题纹是龙凤纹，针法是锁绣，针脚相当均匀整齐，除了龙凤纹，还有虎纹、蛇纹、植物纹、云纹、火纹、几何纹等纹样图案，说明战国时期刺绣纹样图案已相当丰富多彩，这也是当时刺绣技术水平显著提高的佐证。[6]

汉代时刺绣品的用途已相当广泛。1972 年长沙马王堆一号汉墓中，出土的刺绣品有丝绵袍、夹襦、手套、镜衣、枕巾等 40 种，在内棺四壁，也有图案严谨、色彩和顺的刺绣服饰。

三国魏晋南北朝时期，刺绣技术又有了一定的提高。敦煌文物研究所收藏的 1956 年在敦煌莫高窟 125～126 窟前崖壁裂缝中发现的北魏广阳王元嘉献于太和十一年（487 年）的刺绣佛像残片，是一幅一佛二菩萨说法图。在画幅正中绣一坐佛，其右侧为一菩萨，下方正中是发愿文，其左右绣供养人，身旁各绣名款。刺绣上的横幅花边，绣出圆圈纹和龟背纹互相套叠的图案，除花边外，均满地施绣，色彩协调，富丽大方，其刺绣技艺相当精巧。

唐代是刺绣技术飞速发展的时期。在唐代以前，刺绣的主要针法是辫绣（即锁绣）。到唐代时，平针绣逐渐发展，针法有直针、缠针、齐针、套针、平针、盘金等，摄金线、金片的技术，使佛经佛像的绣品显得更加辉煌，而绣法中的贴绢、堆菱和缀珠等技术，更使佛像具有浮雕般的效果。从唐代至宋代，由于刺绣工艺技术逐渐成熟，同时对佛像等绘画性刺绣品的需求日益激增，促使刺绣分别朝着欣赏性与实用性两个方向发展。前一类促使刺绣技术精益求精，使刺绣艺人的技艺水平不断提高；后一类则加快了刺绣技术在民间普及的程度。[7]

到了宋代，刺绣技术日渐完善。宋代刺绣品受宋代绘画的影响很大，因此从唐代就开始使刺绣品分为欣赏性的画绣与实用性绣品的现象，在宋代更加明显，技艺水平也更加高超。一些画绣品用多种针法来表现不同物象的质感，如擞和针、施针、齐针、缠针、盘金、钉金、编织针、戗针等。为使画面层次丰富，还采用借色绣法，与点染涂绘浑然一体，目的是为了增强绣品的艺术效果。宋代的实用性绣品，着重于装饰效果，因受画绣技艺影响，这种装饰性实用绣技艺也有长足发展。宋代刺绣艺人创造了丰富而多变的刺绣针法，能够表现多种效果。考古发现的宋代绣品比较多。例如，苏州瑞光塔出土了北宋罗地花草纹刺绣经袱，正反两面均无线头，花纹一致，是双面同形绣的早期作品。浙江瑞安慧光塔出土了北宋前期一块双鸾小团花刺绣经袱，也是双面绣。山西曾出土南宋多种刺绣品和绣稿、绣线、针线包等实物。宋绣在表现形式方面，比前代更加广泛和多样化，除了一般彩绣以外，还有戳纱和纳纱绣法、贴罗、贴金、打子针等。宋绣的风格独特，绣品样式淳朴生动，具有写实性特征，同时具有鲜明的民间特色和高度的装饰效果。宋代的刺绣技艺，对后代影响很大。[8]

元代刺绣继承了宋代刺绣的技艺，有明显的传承关系，但元代刺绣实用性多于装饰性。关于这些情况，从出土或社会上流传的元代一些刺绣品中，可以看得相当清楚。例如，苏州南郊属于元代的张士诚母曹氏墓出土的刺绣品上的云龙纹及针法，既继承了宋代苏绣技艺，又有所发展。在内蒙集宁古城窖藏出土的元代棕色仙鹤纹刺绣夹衫，其风格与南方苏州地区民间绣风格相近。元代时，也出现了具有北方地域风格特征的绣品。例如，属于元代的山东李裕庵墓出土的人物、花鸟、楼阁刺绣，是用双股捻成的衣线绣，具有典型的北方民间绣的特征。现存元代的刺绣品中有不少精品，其技艺和制作都相当精巧。例如，北京庆寿寺双塔出土的元代丝质绣花龙袱，制作很精致。故宫博物院曾经展出的元代至正二十六年绣成的《妙法莲华经》，绣有经文 10752 字，经的首尾还绣有佛头和护法，使用针法比较多，特别是大量用盘金、汲金、钉金箔等，用色达 14 种，其制作技巧很精巧。元代的许多绣品中大量用金，使绣品显得更加富丽。宋代的一些绣品，已有用金的了，但元代绣品用金比宋代更多，这也是元代绣品的特征之一。

明清时期，传统刺绣技艺已经完善，并出现了不同风格特征的绣品，还形成不同的地方特色绣品并存的景象。

从明代开始，各地区画绣便逐渐形成了地区特色，出现了不同艺术风格的流派，如南绣、北绣、顾绣等。被称为中国四大名绣的苏绣、湘绣、蜀绣、粤绣，从明代起，也逐渐形成自己的风格特征。明代的实用性刺绣，仍大量地用于宫廷服饰，同时也有部分自绣自用的民间实用性绣品，有了宫廷绣和民间绣两种实用性绣品的区别。这时期的画绣，以名人、古人的书画名迹为蓝本加以刺绣，极力追求逼真的效果。日常实用品的刺绣，则采用图案化装饰性技法。民间绣因有地域特征，绣品的纹样图案内容各地不同，显得丰富多彩。相比之下，宫廷绣内容千篇一律，显得比较单调。但宫廷绣的技法和技巧，却是民间绣无法与其相比的。例如，明孝靖皇后墓出土的洒线绣蹙金百子戏女夹衣，采用洒线绣、蹙金、正戗、反戗、接针、铺针加网绣、绕针、平金、圈金、针线绣、松针绣、擞和针等十几种针法，分别表现不同的对象，可见其针法之多，技艺之精巧。当时，南方和北方刺绣风格各有特征。南绣写实性强，以顾绣为代表，用批绒不加捻的批草绣，色彩细润，效果平、薄、细、真。北绣用加捻线绣，即衣线绣，装饰性强，色彩用色阶法，气势苍劲有力。据陈立编著的《刺绣艺术设计教程》介绍，山东的鲁绣和北京的京绣，是北绣的最后代表。明代的画绣以南绣系列的顾绣最有名。它的绣品大多是家庭女红，以闺阁绣的精工细致为其特色，所刺绣的绣品，最初只作为家藏或馈赠亲友，后来因家道衰落，为维持生活，顾绣开始从家庭女红向商品绣过渡。顾绣以摹古为其特长，形象写实，简练生动，配色清秀，绣技精巧，绣品常根据需要灵活运用借色与补色的方法，巧妙地加以点缀彩绘，以便使绣品更逼真地体现原作的精神风貌。其题材大多是山水和人物，其次是花鸟、虫鱼。世人称顾绣为画绣，是因为顾绣不但刻画精细，巧妙传神，深得名家笔意，而且注重师法自然，吸取自然界的优美形象，融会于绣品之中，使画面层次更分明，更富于生活气息。顾绣成为商品绣之初，绣工仍很精巧，价格不菲，备受人们称赞。到清代时，顾绣的质量就不如以前了。清代的刺绣，在继承前代技艺的同时，有所发展。清代的刺绣也与明代一样，分为欣赏性画绣和实用性刺绣，亦分为宫廷用绣和民间用绣。古代传统刺绣品，除了宫廷用和民用外，还作为礼品赠送给外国宾客，或作为商品销往国外。清代时，各地区刺绣都有或多或少的地方特色，但最具特色的是苏绣、湘绣、蜀绣和粤绣，这四种刺绣各以自己独特的风格，闻名中外，在国内外市场上比其他地方的绣品的销量多几倍、甚至多十几倍到数十倍，因此它们被公认为中国四大名绣。到鸦片战争前夕，除了四大名绣闻名中外以外，北京的京绣、河南开封的卞绣、山东地区的鲁绣、湖北武汉的汉绣、浙江温州的瓯绣，也比较有名。

二、刺绣工具和针法

刺绣是一种在织物上穿针引线构成图案色彩的工艺技术，发明后其技术逐渐发展，到明清时其工艺技术已达到完善。根据林锡旦的《中国传统刺绣》介绍，刺绣的工具主要有绷架、剪刀和针三种。使用的材料是织物和绣线。绷架是将底料撑平的工具，常见的绷架有圆形绷架和长方形绷架两种，圆形绷架用竹条制成，长方形绷架用木料制成。底料就是可供刺绣的织物。传统刺绣的底料，在刺绣发明之初，是葛织物或麻织物，以后又用丝织物或棉织物作底料，使底料的品种变得丰富起来。剪刀是用来修剪线头的。绣线最初可能是葛质绣线或麻质绣线，以后常用的绣线是棉质绣线或丝质绣线。针有针孔，把绣线穿进针孔后，就用这带绣线的针在底料穿刺进行刺绣工艺操作。传统刺绣用的针称为绣花针。随着刺绣技艺的发展和绣品新品种的发明，还分别使用毛线针、十字布针或穿珠针。传统刺绣的工艺流程有设计、勾稿、上绷、勾绷、配线、刺绣、装裱等工序。设计就是创作出适合刺绣用的彩色画稿，这种画稿跟一般画稿的不同之处，就是它应适合刺绣工艺特点即必须适合用来刺绣，而不是纯艺术欣赏的画稿，并且还要根据不同类型的绣品的要求来设计相应的画稿。勾稿就是在设计定下的绣稿上复一张半透明纸，用铅笔或墨笔描下绣稿的单线轮廓，即勾出画稿的线稿。上绷就是将底料安置到绷架上。勾绷就是将勾稿用细针钉在底料反面，透明的底料从正面显出稿样，再用铅笔或墨笔在底料上将线稿勾画下来，如底料透明度差，就放在装有灯光的玻璃台上勾稿。如果底料色深，就用白色笔勾画。配线就是根据所绣物象选择绣线，一般是选用丝线，画稿上有多少色彩就配多少色线，如果要绣花，因为一朵花的花色有深有浅，所以还需配由深到浅逐步过渡的色线，这样刺绣出的花朵才逼真生动。接下来就可以用针在底料上穿针引线地刺绣了。绣品刺绣完毕后，在绣品下绷前的一道工序就是装裱。其方法基本与书画装裱的方法相同。刺绣的针法，已发展到40余种，常用的针法有齐针、抢针、套针、擞和针、施针等。齐针是苏绣的基本针法之一，它也是各种针法的基础。这种针法构成的线条排列均匀、整齐，所以称为齐针。在齐针的基础上线条分皮（也称作批）相衔接，以齐针继前针开始第二皮，称为"抢"，前后衔接而成。用齐针分皮顺序相套而成，就称为套针，因它是前皮后皮鳞次相覆，犬牙相错，所以称为"套"，使用套针技法，能达到镶色和顺，绣面平服。套针分为平套、散套、集套三种。擞和针的针法，与散套的针法大同小异。施针的针法是用稀针分层逐渐加密，便于镶色，丝理转折自然，线条组织灵活，是加于它针之上的一种针法。

三、四大名绣

在我国刺绣品中，苏绣、湘绣、蜀绣和粤绣被称为四大名绣。这个称谓形成于19世纪中叶，产生的原因除了地域性和本身的艺术特点外，另一个重要原因就是绣品商业化的结果。由于市场需求和刺绣产地的不同，刺绣工艺品作为一种商品开始形成了各自的地方特色，而其中苏、湘、蜀、粤四个地方的刺绣产品销路尤广，影响更大，故有"四大名绣"之称。

（一）苏绣技术

作为中国四大名绣之一的苏绣，历史相当悠久。在刘向的《说苑》中，有这样的记述："晋文公使叔向聘吴，吴人饰舟以送之，左百人，右百人，有绣衣而豹裘者，有锦衣而狐裘者。"晋文公在位的时间是公元前 636 年至前 628 年，距今已有两千六百余年，苏州是吴都所在地，上述史料中提到的绣衣应是由苏州刺绣工匠制作的绣服。苏绣是苏州地区制作的绣品的总称，这段记载表明，苏绣在春秋时期已达到较高的水平，且比较有名。

唐宋时期，苏州日益繁华，苏绣也随之日益兴旺，针法技艺水平有很大提高。在宋代，苏州城内出现几条专营刺绣业务的街巷，在这些街巷里，绣衣坊、绣衣店一家家连接在一起，绣工云集，其中有不少刺绣技艺高手，刺绣技艺达到相当精巧的程度。传世的宋代苏绣品《滕王阁图》和《东方朔像》，其制作技巧都相当精巧，针法精致繁复，设色考究，工艺技法十分复杂。《东方朔像》这幅苏绣品，至今仍藏在英国伦敦博物馆里。苏州瑞光塔出土的北宋罗地花草纹刺绣经袱，属于苏绣中的双面同形绣品种，其正反两面均无线头，两面花纹一致，技艺相当精巧。自宋代以后，苏绣开始由单一用于服饰等实用品的刺绣，发展出另一种绣品，即开始有了画绣。这样，苏绣开始形成实用性的绣品和欣赏性的画绣两大类品种的绣品。这两类绣品的风格是有差别的，因此其技艺也有各自的一些特点，这也是宋代苏绣技艺发展的一个表现。

到了明代，苏绣技艺又有了发展，当时苏州地区的刺绣已经名闻全国，尤其是当时上海顾氏家族制作的顾绣，继承和发展了苏绣技艺，使苏绣更加声名远扬。顾绣是明代嘉靖年间苏州进士顾名世和画家顾名儒家族的闺阁绣，顾绣的产生地是顾氏家族当时的居住地上海露香园，其创始人是顾名世的长儿媳缪氏。自缪氏起，顾氏家人女眷均善于刺绣，发展至顾名世的次孙媳韩希孟时，作品最佳。顾绣大多是家庭女红，后因家道败落逐渐向商品绣过渡。顾绣属于苏绣系统中的画绣这一刺绣品种，它在材料的选择以及针法的运用方面，基本上与苏绣相同。另外，顾绣和苏绣都以国画为绣稿。但两者也有一些不同之处，例如：苏绣以针代笔，很讲究针法效果，力求充分发挥针法的表现力，构图秀丽，工整细腻，深受工笔画的影响，纹样图案题材大多是花鸟纹，疏密安排井井有条；而顾绣却追求画绣结合和摹古。因此可以这样说，顾绣是苏绣中的一个分支流派，两者虽有些不同之处，但这只是大同小异罢了。两者的选针和针法相同，风格也相近，都同属南方刺绣流派风格，两者都是绣工精致、针法活泼多变，绣线破捻劈绒，造型秀丽，色彩和谐文雅。

顾绣是由苏绣脱胎而来，其技艺以苏绣技艺为基础并加以创新，而创作出自己的品牌。到后来，其声名不但与苏绣一样远扬，而且曾超过苏绣。究其原因，主要是因为顾绣有以下几点独到之处：其一，顾绣以画补绣，画绣结合。由于顾氏家族刺绣者几乎都通晓书法画理，特别得到著名画家的指导，因此其画稿高超，加上又善于在刺绣中完美地表达画意，使画绣两者结合得浑然一体，达到极其精巧的程度。例如，顾绣纹样图案中的山水人物气韵生动，形态活现；顾绣的书法，字顺笔势，锋芒毕露。其二，顾绣所用绣线劈丝精细，配色精妙，绣品色彩丰富而协调，使绣品有独特的韵味。其三，顾绣用针纤细，针法多变，在集前人技术经验的基础上进行了一些创新，采用长短参差的绣法，解决了历代刺绣中调和色阶消灭针纰的一大难题，这是刺绣史上工艺技术的重大突破，是刺绣工艺技术的一大进步，为刺绣向仿真写实方向发展创造了条件。正是由于具备上述这几点独到之处，使顾绣身价百倍，其声名青出于蓝而胜于蓝地超过了苏绣。由于顾绣脱胎于苏绣，因此可以把顾绣视为苏绣在明代的发展，视为苏绣在明代技巧进步的主要标志。顾绣在苏绣发展史上，起着承前启后的作用。顾绣成名后，苏州刺绣曾吸取顾绣的一些独到的技艺。因此，顾绣和苏绣两者的技艺互相渗透，取长补短，有时两者浑然一体，难分彼此。后来，顾绣变成商品绣后，质量逐渐下降，从而使它的声誉也逐渐下降。而苏绣却继续发展，继续名扬中外。

到了清代苏绣技艺又有新的发展，传统苏绣达到了鼎盛期，当时销售苏绣的绣庄最多时有一百五十多家，户户刺绣，民间刺绣工艺相当兴盛，"绣市"成为苏州的别称。当时在众多的苏绣艺人中，被公认为苏绣大师的艺人，一个是沈寿，另一个是杨守玉，而其中又以沈寿一人为最有名。

沈寿原名沈云芝，字雪君，后改为雪宧，苏州人，清朝同治十三年（1874年）生于一个古董商人家庭，七岁开始学刺绣，长大后嫁给浙江举人余觉，她的丈夫余觉能写诗又善于绘画，夫妇俩画绣相辅相成，相得益彰，由余觉绘出精致画稿后，再由沈寿将绘画技艺吸收融合于刺绣之中。画绣结合，平添神韵，妙不可言，其他刺绣无法跟它相比。沈寿的苏绣技艺，别开生面，开辟了仿真绣的天地。沈寿对苏绣乃至对整个刺绣界的最大贡献，就是刻意仿真。正如她在自己所著的《雪宧绣谱》中说的那样："既司绣以像物，物自有真，当仿真。"她一生的艺术成就，是有机地把画（包括中国画和西洋画）和刺绣结合起来，发展了苏绣的传统技法，进一步推动了苏绣艺术的发展。沈寿刺绣时的表现，与别的刺绣艺人不同，她绣花时，常把采来的鲜花插在绷架上，一边看，一边绣，结果绣出的花朵，色彩有浓淡变化，扶花的枝叶阴阳向背，娇艳欲滴，栩栩如生。她绣人物时，时而冥想，时而顾镜自揣，一针一线，都煞费苦心。正由于她刺绣时有这样的特点，才创造出一种新的刺绣技艺，即创作出仿真绣技艺。她刺绣时的这种特点，她的学生都印象很深，并受到很大的影响。1907年，清政府的农工商部下属机构女子绣工科开始设置，启用余觉担任女子绣工科经理，沈寿担任女子绣工科总教习。同年11月，沈寿夫妇赴日本考察，使沈寿有机会学到西洋画和摄影技术，并通过对西洋画和摄影艺术阴阳层次组成的研究，大胆地将色彩层次运用到刺绣上来，从而创造出富有立体感的、形象逼真的美术绣，突破了传统的画绣艺术，创造了她的苏绣艺术的新高峰。

沈寿的刺绣精品很多，其中最有名的有两个绣品，分别是1909年绣的美术绣《意大利皇后爱丽娜像》和1915年绣的美术绣《耶稣像》。她所绣的《意大利皇后爱丽娜像》美术绣品，被清政府当作国礼送给意大利王国，意大利王国回赠给清政府最高级圣利宝星一枚，并赠给沈寿镶钻石的金表和皇家的徽章。她绣的《耶稣像》美术绣品，用油画为绣稿，高约51厘米（51.34cm），宽约38厘米

（38.10cm），运用羼针按面部肌肉纹理转折丝理，采用百余种色线绣成，逼真地表现了耶稣在临难时的神情。1915年，美国为庆祝巴拿马运河通航，在旧金山举行盛大的巴拿马万国博览会，沈寿绣的那幅《耶稣像》美术绣品，在这次博览会上获得一等奖。

沈寿不但研究苏绣技艺，也研究其他地方的刺绣技艺，她用毕生的精力，研究归纳了我国传统刺绣的各种针法，并把西方的透视学、色彩学等画理引入我国刺绣艺术之中，从而把我国传统"画绣"向仿真绣推进了一大步。她所著的《雪宦绣谱》一书，对我国各地区刺绣艺术的进一步发展，起了重要的促进作用。

另一位苏绣大师杨守玉，创立了"乱针绣"技法，使苏绣在原有的基础上，又增添了新内容，使苏绣的画面效果有了更多的质感变化，色彩层次更丰富，工艺表现技法更充实多样。

苏绣在清代技艺娴熟的另一个标志，是苏绣双面绣技术的发展，例如，实用绣品中的手帕双面绣、宫扇双面绣等等。

到了近现代，苏绣得到极大的发展，技术水平十分高超，绣品纹样图案题材极为广泛，其欣赏性绣品的代表作有金鱼、小猫等宠物双面绣以及有花鸟、风景、人物等纹饰的绣品。这一时期的苏绣，画面形象均栩栩如生。在现代苏绣中，其双面绣中的双面三异（异形、异色、异针），是苏绣发展到高超水平的象征。现代苏绣主要以欣赏性艺术绣品最闻名，其产品大多是座屏和绣挂。这些绣品具有独特的风格，不但注重写实，而且表现物象的主体与光影，融合了中国画与西洋画的部分特点，并且充分发挥针向、针路改变在光线下产生的丝线的不同光感、质感，使画面不仅有丰富自然的色彩变化，而且还有柔美雅洁、变化微妙的材料和工艺的美感。

关于苏绣艺术的特点，根据苏州刺绣研究所研究人员的研究，认为可以归纳为平、光、齐、匀、和、顺、细、密、神9个字。平是指绣面平整，熨帖如画。光是指光彩炫目，色泽鲜明。齐是指针脚整齐，轮廓清晰。匀是指皮头均匀，疏密一致。和是指色彩调和，浓淡合度。顺是指丝缕合理，圆转自如。细是指用针纤巧，绣绒精细。密是指排列紧凑，不露针迹。神是指生动有神，富有生气。苏州刺绣研究所对苏绣艺术特点的概括，是比较准确的。苏绣的主要特点，确实如苏州刺绣研究所概括出来的那几点。苏绣并不是一发明出来就具备上述那些艺术特点，而是经过几千年来无数苏绣艺人不断探索创新才逐渐形成的。

（二）湘绣技艺

湘绣是湖南长沙、宁乡等地刺绣品的统称，是中国四大名绣之一。湘绣的源头，可以追溯到战国时代。在长沙，曾出土战国时期的刺绣品。1972年发掘长沙马王堆一号墓时，出土了"铺绒绣锦"、"绢地长寿绣"、"绢地乘云绣"、"罗绮地信期绣"等极精巧的刺绣精品，这些绣品在艺术造型、纹样设计和针法技巧等方面，均与现代湘绣有许多相似之处。湘绣在发展过程中，以民间刺绣为基础，吸取了苏绣和粤绣的长处，逐渐成为具有明显独特风格的刺绣品种。它的艺术特点是富于写实，极力追求纹样图案形象的生动与逼真，具有浓厚的生活气息。湘绣的主要针法多种多样，有掺针、隐针、盖针、施游针、鬅毛针、花针、刻针、钩针、排针、扎针、打子针等。其中的隐针、盖针、施游针和鬅毛针是湘绣特有的针法。掺针是在吸取苏绣的套针的基础上加以发展而成的针法，俗称"乱插针"。掺针系统又分为接掺针、拗掺针、直掺针、横掺针等多种。

传统湘绣的用线很有特点，丝线经过莢仁液处理后，再用竹纸拭擦，这样做能使丝绒光洁平整，不易起毛，便于刺绣操作。湘绣使用的绣花线，每根线染色都有深浅变化，所以绣后出现自然晕染效果。湘绣的劈丝技术十分精巧，劈出的丝细如毫发，用这种细丝绣出的绣品俗称"羊毛细绣"，其精细程度超越顾绣中的"发绣"。

湘绣分为实用绣品和艺术欣赏绣品两大类。传统湘绣实用绣品范围相当广泛，常见的实用绣品有荷包、手帕、扇带、笔插、桌布、椅垫、床单、被面、枕套、工艺服装、衣边裙饰、腰带、披肩、肚兜、鞋子、帽子，等等。这些实用湘绣品是传统绣品。现代湘绣的实用绣品如工艺服装、彩绣披肩、和服腰带、室内用品等等，是通过应用现代设计与传统工艺相结合制作的。湘绣实用绣品很受欢迎，长期畅销到国内外许多地方。湘绣艺术欣赏性绣品自然优雅、风格豪放，重视追求形象的内在神韵。湘绣艺人善于吸取绘画艺术和摄影艺术的表现手法，根据要刺绣的不同纹样物象，采用不同的针法，因此能生动逼真地刻画形象，产生丰富的质感效果。湘绣的艺术欣赏绣品的纹样题材大多是花鸟，此外，还有动物、山水、仕女、风景、古人、民间传说、神话故事、近现代人物肖像，等等。传统湘绣纹样题材内容大多以中国画为范本，现代湘绣纹样题材内容中也有以油画或摄影作品作范本的。湘绣工艺的最大特点是平、齐、光、匀，层次丰富，画面丰满平实，效果生动逼真。

湘绣十分重视画师的设计与绣工的制作工艺互相协调配合，因此，湘绣的艺术水平和技术水平能不断提高，使湘绣不断绣出许多独具特色的珍贵绣品。例如，湘绣用鬅毛针绣狮子和老虎的皮毛；利用丝线在光线作用下所产生的旋光效果，采用旋游针绣狮子和老虎的眼睛；绣出的狮子和老虎的皮毛有肌理质感，绣出的狮子和老虎的眼睛炯炯有神、咄咄逼人。这样绣出的狮子和老虎达到了形神兼备，气势磅礴，栩栩如生，呼之欲出的效果，充分体现画师的画稿设计与绣工技艺的完美结合。湘绣的用色，亦有自己的特点，一般是根据绣品题材的内容来配色，例如追求素雅大气的绣品，用色时以深浅灰及黑白为主，以淡彩为辅，以便形成淡雅清新的韵味；追求画面喜庆热烈气氛的绣品，用色时强调色彩的丰富艳丽，以便体现浓厚的民间特色。

湘绣能以它独特的风格，在各种刺绣品种中脱颖而出，成为中国四大名绣之一，跟无数画师与绣工密切合作、不断创新有密切的关系。其中贡献比较大的画师有杨世焯、陈登瀛、朱树芝、李云青和邵一萍。贡献比较大的绣工有李仪徽、胡莲仙和袁魏氏。

杨世焯生于1843年，宁乡人，善画水墨画，尤其是花草人物画技更高。他曾在杭州研究民间艺术七八年，吸取民间艺术的精华，回湖南后，积极扶持民间工艺，在宁乡开办雕刻、绘画、刺绣三个学艺班，亲自传艺，并亲自精心绘制画稿，注明用线配色的深浅疏密。1898年，他带领一批家乡绣工，先后在宁乡县城、善化县、长沙县等处开设"春红簃"等绣庄，培养出多名湘绣能手，其绣品在1909年南京举行的"南洋劝业会"上获金牌奖。杨世焯毕生致力于湘绣艺术的改进和创新，开拓了民间刺绣与中国画相结合的道路。

陈登瀛是湘阴人，擅长画人物肖像和水墨画。他画的人物，意态清晰，惟妙惟肖。所绘画稿，令绣工赞不绝口。

朱树芝是长沙人，熟悉民间工艺特点，擅长彩绘，博采众长，山水画、人物画、鸟兽画样样精通。

李云青生于1904年，是一位狮虎画稿设计专家，所绘制的狮虎画稿神形兼备，栩栩如生。

邵一萍生于1909年，擅长绘花卉画，绘制的花卉画稿生动逼真。

李仪徽是平江人，生于1854年，自幼聪明好学，喜爱诗书，爱学书法绘画，喜爱和擅长刺绣。她首创掺针新绣法，改变了传统湘绣颜色分层着色的传统长针法，使绣面体现物象的立体形态和自然渐变的色彩效果，气韵生动，真实感人。

胡莲仙是安徽人，生于1832年，出阁前家住江苏吴县，擅长顾绣。1852年，她嫁到湖南湘阴，中年丧夫，为维持生活，于1878年携儿带女迁至长沙，在天鹅塘租一间破房，门前贴上"绣花吴寓"招牌，承接刺绣业务。因为住所偏僻，所以业务不多，只好移居尚德街，改挂"彩霞吴莲仙女红"字牌，白天接受订货，晚上进行刺绣，有时还带绣品到人家的家里兜售。因为她经常和群众接近，虚心听取消费者的意见，致力改进，使绣品的欣赏性与实用性相结合，体现浓厚的生活气息，其技艺精湛的绣品成了畅销品，同时为湘绣创出新的技艺和风格。

袁魏氏生于1842年，长沙人，因为喜爱胡莲仙的绣品，就模仿着刺绣。由于她心灵手巧，又肯勤学苦钻，所以逐渐掌握刺绣技术，所绣的绣品也能卖出。她在进一步探索和追求刺绣更高技艺的过程中，与胡莲仙结下了深厚的友谊。她俩经常在一起交换绣品花样，探讨刺绣艺术技巧，在顾绣和湖南民间刺绣的基础上，参考粤绣的技艺特点，初步发展了湘绣工艺技术。在绣艺的改革和创新中，率先运用了李仪徽首创的掺针法，并发明了丝线劈丝的特殊技能，用手指将丝劈成2开、4开、8开，甚至16开，细若毫发，绣出的绣品，无论是山水花鸟，还是人物形态，都意境美妙，具有特殊的艺术效果。胡莲仙和袁魏氏还广收徒弟，向长沙城乡广大劳动妇女无私地传授自己高超的刺绣技艺，促使广大劳动妇女在从事刺绣过程中，互相观摩，互相帮助，取长补短，从而积累丰富的经验，促进湘绣工艺技术的发展。

胡莲仙和袁魏氏的儿子，还继承母业。1898年，胡莲仙的儿子吴勋臣在长沙红牌楼开设"吴彩霞湘绣馆"，自产自销湘绣品。1899年，袁魏氏的儿子袁瑾荪在长沙八角亭开设"锦云绣馆"。从此以后，湘绣这个专用名词就在市场上广泛地流传。随后十几年，长沙市内又相继出现"染玉霞"、"李协泰"、"锦华丽"、"湘绮楼"等20多家绣庄。湘绣品业务逐渐扩展到省外和国外，在上海、南京、天津等城市都设立了湘绣分庄。湘绣的绣品曾先后在我国的"南洋劝业会"、日本的"大众博览会"、法国的"里昂赛会"和巴拿马的"万国博览会"上展出，受到国内外观众的好评。1933年，在美国芝加哥举办的"百周年纪念博览会"上，由"锦华丽"绣庄的刺绣能手、杨世焯的高才生杨佩贞所绣的一幅二十四英寸的美国总统罗斯福半身肖像荣获金奖，受到罗斯福的极力赞赏，并赠给锦华丽湘绣庄六千美元奖金，得到誉满全球的评价。1936 年，英王爱德华八世登基，国民党政府将一批湘绣精品赠送给英王，引起欧洲各国商人的极大兴趣，使湘绣的国际声望日益扩大，三分之一的湘绣产品畅销到国外。但解放前夕，湘绣衰落了。

中华人民共和国成立后，得到党和政府的扶持和重视，湘绣得到恢复和逐步发展。1951 年，长沙城乡绣工已有五千多人。1953 年，长沙绣工增至一万五千人。1956 年实行公私合营，绣工又有了增加。自 1970 年开始，湘绣品出口逐渐回升。随着中日、中美外交关系的建立，湘绣开始向日本、美国出口。1976 年，传统湘绣品恢复生产，为扩大出口开拓了广阔的前景。随着湘绣生产的恢复和发展，湘绣技巧也日益提高。狮虎绣品是传统湘绣最畅销的产品，鬅毛针是绣狮虎的特殊针法，这一针法是在传统的掺针的基础上，经过几代湘绣艺人努力探索，不断创新才逐步创造完成的。著名湘绣艺人余振辉，是最终完善这种独特技艺的人，他绣出的狮虎毛丝浓密厚实，色彩斑斓，眼睛传神，几乎可以以假乱真，令人望而生畏，达到了极高的艺术效果。到了 20 世纪 80 年代初，湘绣艺人在传统湘绣的基础上，又创造出"双面全异绣"这个新品种。在极其轻细的绣料上，艺人绣出正反两面画面，色彩、针法各异的形象，技法新奇，精美绝伦。由湘绣艺人在加拿大多伦多"中国古代传统技术展览"会上现场刺绣的《老虎与白猴》双面全异绣，是在一块透明的尼龙绡上，威风凛凛、神形兼备的猛虎和顽皮活泼、玲珑可爱的小白猴奇迹般地呈现出来，神采各异，妙趣横生。

（三）蜀绣技术

蜀绣又称为川绣，是以四川成都及其附近几个县为中心的地方刺绣的总称。蜀绣在汉代时就比较有名，汉代时扬雄的《蜀都赋》和《绣补》里，曾对蜀绣进行咏颂。另据东晋时常璩的《华阳国志》的记载，当时的蜀绣已十分闻名，常璩把蜀绣与蜀锦并列，当时的蜀锦已闻名全国，这表明当时的蜀绣也已闻名全国了。

到清代，蜀绣已被列为中国四大名绣之一。在清代道光年间，蜀绣空前发展，已形成专业生产规模，当时在成都市内，有许多专营刺绣的绣花铺和丝线铺，蜀绣技艺在民间相当普及，在四川西部农村，每家每户都从事刺绣。清代中期以后，蜀绣艺人在继承蜀绣传统技艺的基础上，参考了苏绣的技艺，吸收顾绣和苏绣的长处，从而形成蜀绣的独特风格，逐渐发展成全国重要的商品绣品种之一，制作的绣品在山西、陕西、青海、甘肃等地十分畅销，在四川省内其绣品的销售更加红火。在光绪二十九年（1903 年），占地数十亩的四川通省劝工总局在成都开办，按工艺分为三十余科，而刺绣是其中的一科。刺绣科招收二十几名技工和二十几名学徒，聘国画家张绍煦担任教导，张绍煦同蜀绣著名艺人张洪兴一起，教导这些技工和学徒继承蜀绣技艺和开拓创新。首先，在画稿上改革传统画法，变传统的意象画为写生画。另外，在刺绣针法方面进行创新，创造出具有国画推晕效果的晕针，绣出了模仿国画章法的虎豹、花草、人物、博古等具有创新韵味的蜀绣精品。这些蜀绣精品构图简练，色彩调和，充分体现蜀绣鲜明的地方风格特色。张洪兴这位蜀绣男绣工，亲自刺绣了一些蜀绣精品，同时指导学徒绣出一批优秀的蜀绣品，培养出一批优秀的蜀绣绣工，由于他做出了突出的贡献，清政府决定奖励他，问他想当官还是想要赏钱，他一时拿不定主意。有的人劝他当官，说如果他当了官，就给蜀绣行业带来荣誉，使蜀绣更有名。有的人却劝他要赏钱，说拿赏钱最实在，比当官合算。他反复考虑后，决定当官，因此得了一个五品军功衔，这是蜀绣行业第一个挂名的官，虽然他没有拿到赏钱，但对于他热爱的蜀绣行业却大有好处，由于他当了一个挂名的官，使蜀绣名声大大提高，使蜀绣行业更加兴旺。

抗日战争时期，其他著名刺绣产区相继沦陷，唯独处于大后方的蜀绣却能继续发展，同时蜀绣的技艺又比以前有了提高，所以蜀绣得到空前发展，其绣品不但在四川省内畅销，还几乎占据西北和西南地区的绣品市场，这些地区的绣品市场上很少看到其他地方的刺绣品。由于销路日益扩大，促使蜀绣的产量和质量不断提高。当时，成都附近的郫县，是著名的蜀绣产区，当地蜀绣艺人除了绣被面等日用绣品外，还为川剧的剧装进行刺绣加工，当地的民间蜀绣亦十分流行。在广元境内的嘉陵江、白龙江两岸的一些村寨，当时也是著名的蜀绣产区。

蜀绣的针法以套针为主要针法，这是参照苏绣针法的结果。除采用套针以外，蜀绣还采用车针、拧针、晕针、饿针、滚针、纱针、油针、旋转针、编织针等多种独特的地方针法。因此可以说，蜀锦的针法是相当丰富的。蜀绣用针的特点是短针细腻，针脚工整，粗细丝线兼用，线片齐平光亮，分色丝缕清楚，针迹紧密柔和，花纹边缘处针脚如同刀切一般整齐。蜀绣在用色方面，也有自己的特点，其设色典雅鲜活。蜀绣在用线方面做到工整厚重，使它独具淳朴的民间特色。

与其他著名绣品一样，蜀绣也分为欣赏性绣品和实用性绣品两大类，其中实用性绣品所占的比重较大。蜀绣的欣赏性绣品大多是条屏和座屏，其纹样图案大多是花草虫鱼，此外，常见的图案还有山水、人物、走兽、飞禽等纹饰。例如"芙蓉鲤鱼"、"玉猫千秋"、"黄莺翠柳"、"平沙落雁"、"鸡冠花、大公鸡"等。蜀绣中的人物图案多为历史题材或民间传统故事。蜀绣的这些纹样图案，充满诗情画意，犹似工笔画，具有相当强的装饰趣味。蜀绣的一些纹样图案题材，还来源于民间吉庆词句，有明确的吉祥寓意和浓郁的喜庆色彩，这是民间朴素感情的体现。例如蜀绣传统绣品"鸡冠花、大公鸡"又名"官上加官"，这是借用汉字谐音隐喻画面的深层含意，是典型的中国传统文化的体现。蜀绣实用品的纹样图案，以被面绣品中的龙凤纹饰最为有名。蜀绣的日用性绣品相当广泛，常见的有被面、枕套、帐帘、花边、嫁衣、裙子、鞋帽等日用品上的装饰刺绣纹样图案。

蜀绣图案的构图结构简洁，虚实适宜，一般不强调聚散，花纹比较集中，花纹的分布适合绣件的面积，既丰富又省工省料，绣品底留空白处较多，风格自然朴素，富有民间特色。在艺术处理手法方面，蜀绣亦有自己的特点，对选取的纹样图案的题材如花鸟虫鱼、走兽、人物、水族等自然形象进行适当的加工提炼，用去繁、求全、寓意的手法处理，突出主题。

蜀绣在刺绣纹样图案时，往往根据所刺绣的纹样图案的特点，采用相应的针法和技艺，因此所绣出的图案形象，具有极高的艺术性和感染力。例如，蜀绣传统代表作绣品《芙蓉鲤鱼》，以白色绸缎作底料，用30多种不同针法来绣鲤鱼，绣出了几乎与活鲤鱼乱真的大鲤鱼。又例如，另一传统蜀绣《鸡冠花、大公鸡》绣品，在绣公鸡时，采用晕针技法，依鸡羽的纹理，顺势而绣，质感逼真，生动自然，充满工笔画的意味。再比如，绣人物时，人物的头像都用车凝法，绣线粗细兼用，片线光亮，针足齐平，绣出的人物栩栩如生。

实用性蜀绣大多以本地产的红、绿绸缎和本地自制的重彩色线作主要材料，选料、用线、制作都很讲究，做工十分认真、工整，绣出的绣品以坚实耐用闻名中外。

（四）粤绣技术

粤绣是以广州和潮州为中心的广东刺绣的总称，它分为广绣和潮绣两大体系，广绣是指广州地区的刺绣，潮绣是指潮州一带的刺绣，两大类刺绣各有自己的风格特征。广绣最大的特点是色彩富丽明快，对比强烈，图案花纹繁茂丰富，充满喜气欢愉的情趣。潮绣的最大特点是图案严谨，丰实，富于装饰性，善于采用金线，用垫绣的手法垫凸之后再施以刺绣，使绣品呈立体感，具有金碧辉煌的浮雕效果。由于粤绣具有独特的地方风格和鲜明的艺术特征，很久以前就深受国内外许多地区人们的喜爱，被公认为中国四大名绣之一。

粤绣的源头相当古老，据传说，粤绣的创始者是当地的少数民族黎族，与黎族织锦同一个源头，原先它是黎族的一种刺绣。后来，经过不断发展，逐渐具有独特的地方风格，终于被列入中国四大名绣的行列。

到唐代时，粤绣技艺已相当精巧，其绣品已相当闻名。例如，据唐代《杜阳杂编》的记述，南海有一奇女卢眉娘绣出《法华经》七卷，这是粤绣高超技艺的体现，《法华经》绣品成为粤绣的传统名品。

粤绣发展到明代，成果更加巨大，风格特点更加突出。关于粤绣的这些情况，一些文献里都有记述。例如，明代末期的屈大均在其所著的《广东新语·鸟服条》里，曾记载粤绣"有以孔雀毛绩为线缕，以绣谱子及云肩袖口，金翠夺目"。朱启钤在《存素堂丝绣录》中，也有关于粤绣的记载：尚有博古图屏八幅，"铺针细于毫芒，下笔不忘规矩，器之罍彝，纹之隐显，以马尾缠绒做勒线，从而勾勒之，轮廓花纹，自然工整"。用马尾缠线做绒线来勾勒图案花纹的轮廓，形成与众不同的特点。由于明代时期粤绣极具地方特色，不但畅销国内很多地方，还远销到国外许多地区。

到清代，粤绣又有了进一步的发展。从清代中期开始，粤绣分为绒绣、线绣、钉金绣、金绒绣等四种类型，其中以加衬浮垫的钉金绣最著名。清代的粤绣出口量比前代大大增加，并且其刺绣技艺对世界其他国家产生了一定的影响。例如，玻利维亚的刺绣中曾有龙的图案，其垫绣针法和配色等和粤绣极相似；玻利维亚和拉巴斯地区的服装上，有一种刺绣装饰，是在黑底色上以彩色鸟羽绣成龙的图案，并饰以人造珍珠和银色圆形小金属片，其艺术风格极具粤绣的风格情调。这表明，在清代，粤绣不但受到国内各地人们的喜爱，而且在国外也受到许多地区人们的喜爱，其中一些地区的刺绣艺人还吸取粤绣的刺绣技艺和风格，把它融合到当地的刺绣技艺和风格中，创作出一些具有中国情调的刺绣品。

粤绣的针法比较丰富，其中常用的主要针法有混插针（掺和针）、套针和施毛针。此外，金夹绣、平金绣等绣法也比较常见。

粤绣所用的材料十分丰富多彩，凡能代替丝绒而又美观耐用的各种线种，均可当作刺绣材料，因此，许多粤绣品都有富丽炫目的艺术效果。早在明代就出现用孔雀毛编成绒缕刺绣的金翠夺目的粤绣品。其中最精彩的是绣孔雀尾羽翎毛，用几种色彩差距很远的丝缕，在一起进行大针绣制，例如用红、蓝、黄或枣红、墨绿、橙色合成丝缕，表现出孔雀毛在不同角度看去都显现出不同彩色的艺术效果，例如，"百鸟朝凤"，"孔雀开屏"等粤绣品，就是这方面粤绣品的典型杰作。粤绣还大量制作珠绣，实用粤绣品中有拖鞋珠绣、珠绣手袋等等，畅销国内外。粤剧戏装，更是粤绣的珠绣用武之地，如今的粤剧戏装几乎都是珠绣取代了传统色绒线绣，使粤剧戏装显得珠光宝气，别有韵味。我国实行改革开放以后，粤绣的珠绣品又扩大到时装领域，粤绣的珠绣高档时装，畅销国内外。

粤绣的用色鲜丽富贵，构图大多比较繁密热闹，充满喜庆的韵味。这种配色和构图特点，与粤绣的产地的地理环境有一定的关系。广东属于亚热带气候地区，一年四季植物都是郁郁葱葱，生气盎然，这不能不对粤绣艺人的刺绣配色和构图产生影响，正是由于地理环境的影响和启示，粤绣艺人才为粤绣配色和构图采用如此独具地方特点的配色法和构图法。运用这种配色法和构图法，使粤绣品独具地方特色，风格独特。其中加衬高浮垫的金绒绣，金碧辉煌，气魄深厚，立体感极强，最能体现粤绣的地方风格特色。另外，粤绣所用的绒线极细，绣面紧密，花纹表面留出水路，纹路分明。这也是粤绣独特之处。粤绣的另一个独特之处是传统粤绣艺人多是男子，在绣制大件绣品时，刺绣艺人是站着手拈长针施绣的，其他地区的刺绣过程没有这种情况。

粤绣的艺术特点是花纹繁褥，花稿大多用剪纸作稿样，自然工整，构图饱满，装饰性比较强，色彩浓艳，对比强烈，气氛热烈明快，针步均匀，手感平滑，纹理分明。粤绣的花纹图案极其丰富，极富装饰韵味，具有浓郁的民间情调和生活气息。花纹图案的内容有植物、动物、人物等，常以民间喜闻乐见的寓意吉祥、长寿、华贵、丰盛的内容或神话传说为题材。例如"龙凤朝阳"、"孔雀开屏"、"三阳开泰"、"松鹤猿鹿"、"金狮银兔"、"二龙戏珠"、"福禄三星"、"佛手瓜果"、"八仙过海"、"麻姑献寿"等等。此外，粤绣花纹图案中，也兼有佛像、八仙加花卉等内容。粤绣花纹图案大多是用几种物象混合组成画面。虽然花纹图案的画面由几种物象混合组成，但由于艺人技艺高超，所以构图匀称，繁而不乱。

粤绣的用途广泛，尤其是实用性粤绣品用途更广泛。常见的粤绣品有屏风、扇套、挂屏、堂彩、团扇、衣料、戏袍、时装、被面、床单、枕套、婚礼服、绣花裙，等等。

参 考 文 献

［1］柳宗元：《獠俗诗·其二》。

［2］周去非：《岭外代答》卷六。

［3］李文琐修：《庆远府志》；乾隆《柳州府志》。

［4］苏轼：《内制集》；《宋史·哲宗纪》。

［5］亢进编著：《广西少数民族实用工艺美术研究》，广西教育出版社，2000年；董季群主编：《中国传统民间工艺》，天津古籍出版社，2004年。

［6］湖北荆州地区博物馆：《江陵马山一号楚墓》，文物出版社，1985年。

［7］林锡旦编著：《中国传统刺绣》，人民美术出版社，2005年。

［8］陈立编著：《刺绣艺术设计教程》，清华大学出版社，2005年。

结语：中国古代纺织印染技术的影响及其历史地位

中国古代纺织印染技术，不但在中国古代工程技术史上占据着重要的地位，而且在中国文明史上也占据着特殊的、重要的地位。

在中国古代丝、麻、棉、毛纺织印染技术中，以丝绸纺织印染技术水平最高，最值得称道，它对麻、棉、毛纺织印染技术影响很大。尤其重要的是，由于丝绸印染技术是中国独创的，精美的丝绸是高档纺织品的代表，因此古代丝绸贸易特别兴旺。而由丝绸国际贸易而开辟的"丝绸之路"，不但是一条国际通商之路，还是一条中外文化交流之路，故可以这样说：丝绸之路的开通，使中国古代丝绸印染技术的特殊影响充分表现了出来，使中国古代纺织印染技术特殊的、重要的历史地位也充分地表现出来。

从中国古代丝绸印染技术对中外文明影响的角度来看，中国古代纺织印染技术的历史地位表现在中国古代纺织印染技术对中华文明和世界文明产生着极为深远的影响。

众所周知，中国古代纺织科技是中国古代科技的重要组成部分，要谈论中国古代的纺织科技，就不能不谈论丝绸科技及其所产生的积极影响。而中国古代丝绸的这些积极影响，又映衬出中国古代纺织印染技术的历史地位。

丝绸，是中国古代众多的伟大发明之一。丝绸技术不仅是中国优秀传统文化的重要组成部分，而且对古代社会文明的创立及发展产生过巨大的积极影响，而且这种影响是多方面的。现从三个方面谈谈丝绸对中华文明和世界文明的影响。

首先谈谈中国古代丝绸技术对中国古代科技的影响。

在古代，中国的科技成就是惊人的，并且在很多科技领域处于领先地位，这已是被中外史学家公认的事实。中国古代科技取得如此辉煌的成就，原因是多方面的。而中国古代丝绸技术所起的积极影响，则是众多原因中极其重要的原因之一。

早在原始社会初期，中国的先民就已发明了麻纺织、毛纺织、丝纺织技术。现在还无法知道到底是先发明麻纺织技术还是先发明丝纺织技术，因为尚未找到充足的文献资料和出土文物以做出精准的判定。但这并不妨碍我们对要探讨的问题的论述，因为即使是麻纺织技术的发明比丝纺织技术的发明早，也不能说明麻纺织技术在对中国古代纺织技术的影响超过丝纺织技术的影响。理由很简单：根据《禹贡》记载，原始社会末期，中国的一些地方已能织造锦和类似锦绮的高级丝织品。如果这种说法因缺乏出土同时期的实物作证，尚欠说服力，那么商代出现的锦（锦的出现最保守的说法是在西周）及出土的斜纹丝织物则是最好的佐证。而在同一历史时期，麻纺织、棉纺织等纺织技术，仍处于织平纹组织的技术，显然比不上丝织技术。西周以后，丝织提花机、丝织提花技术及丝织练染印花技术和纹样图案技艺又不断得到改进，许多精美的高级丝织品种也随之发明出来。在高级丝织技术影响下，许多高级麻、棉纺织品得以织造出来。从这里，不仅可看出丝纺织技术的领先地位，还可看出丝纺织技术的发展，促进了整个纺织技术的发展。故据此可以这样说：从原始社会末期起，到封建社会末期，在漫长的几千年古代社会中，中国的丝纺织技术水平一直处于领先地位。

为什么丝纺织技术能一直处于领先地位并促进中国古代纺织技术的发展呢？要回答这个问题，必须到历史老人那里去寻找答案。早在原始社会末期，社会的上层人士和中下层人士在穿衣方面，就已经有明显的区别。当时，只有原始社会的首领及其亲属或亲信能穿用丝绸，而中下层人士即平民百姓，不能穿用丝绸，只能穿用麻布。到了奴隶社会时期，丝绸也是奴隶主的专用品，一般平民或奴隶只能穿用麻布。在封建社会初期，一些帝王也曾明文严禁平民百姓穿用丝绸，而王室及其王公贵族却可以独享专用丝绸的权利。由于统治者垄断享用丝绸的特权，为了达到此目的，统治者对丝绸生产特别重视，千方百计强迫劳动者生产丝绸。随着统治者对丝绸数量和质量要求的不断升级，被强迫生产和交纳丝绸的劳动者不得不绞尽脑汁来完成任务。客观上讲，在这个过程中，生产丝绸的劳动者的聪明才智也得到充分发挥，推动了丝绸生产技术的提高。随着社会丝绸总产量的增加，许多平民百姓也开始享用丝绸，进而又带动了生产丝绸劳动者的积极性，钻研和发明也随之一项项地多起来。而麻纺织和棉纺织技术的处境则相反，由于麻布和棉布是普通百姓的服装用料，统治者只重视产量，对如何提高质量，不甚重视。各朝各代均设有大量官营丝织手工作坊，而官营麻织和棉织手工作坊却很少，这很能说明统治者对丝、麻、棉纺织技术的态度。由于统治阶级不重视，麻纺织技术和棉纺织技术均远远比丝纺织技术落后。而在练染印花技术和纹样图案技艺中，也是丝绸练染印花技术和纹样图案技艺起主导作用。

中国古代丝绸技术不仅促进了中国古代纺织技术的发展，而且促进了中国古代造船、航海、农作物栽培等许多技术的发展。中国最先发明的丝绸，由于具有鲜亮、精美、轻柔、细密等许多优点，使其他纺织品无法与之媲美，因此，丝绸不仅得到中国统治阶级乃至平民百姓的青睐，而且许多外国统治者和上层人士也十分喜爱丝绸，他们都以能穿用丝绸为最大的荣耀。正因为这样，中国的丝绸从古代起一直是外贸的畅销品，为了适应外贸的需要（当然还有政治上的一些原因），在汉代就开拓了中外闻名的"丝绸之路"。这条丝路最初是以陆路为主，到唐代，又发展为陆路和海路多条线路。通过"丝绸之路"进出口的不仅是丝绸，还有其他货物。"丝绸之路"也不仅是一条贸易交通线，而且是一条中外经济、科技、文化交流的通道。正因为如此，中国古代丝绸技术才能促进中国古代农作物栽培、造船、航海等许多技术的发展。

在农作物栽培技术方面，外国的一些作物栽培技术通过"丝绸之路"传入中国，使中国的农作物栽培技术得到了丰富和发展，例如，原产于欧洲的大蒜、原产于地中海沿岸的芹菜和胡萝卜等蔬菜及其栽培技术，就是通过"丝绸之路"传入中国的。

海上"丝绸之路"的开拓，刺激和促进了中国古代造船技术和航海技术的发展。由于海上丝绸及其他货物贸易的发展，必然相应地要求造船和航海技术的发展。事实也是如此，中国虽然从原始社会就已发明造船技术，但在秦代之前，造船技术一直进步缓慢。秦汉时才出现中国造船技术水平迅速提高的景象，这是中国古代造船业迅速发展的第一次高潮。考古学者曾在陕西、四川、安徽、浙江、江西、广州等地发现秦汉时期的造船工场遗址，这些造船工场遗址都相当巨大，例如，在广州发现的秦汉造船工场遗址，规模大得惊人，它有三个结构平行排列采用滑台与滑道下水原理的船台，还有木料加工场地等。在这个工场内，可以同时制造几艘载重量达五六十吨重的木船。又如，陕西省西安（汉代长安）城西的汉代昆明池造船基地，规模也很大，它的周长达20公里，池中曾有近百艘高大的楼船。这些巨大的造船工场遗址以及数量相当多的高大船只，足以表明秦汉时期尤其是汉代造船技术已达到较高的水平。而在秦汉以前，从未发现过如此大的造船工场和如此多如此大的船只，可见在秦汉时代，中国的造船技术确实出现第一次飞跃发展的局面。到了唐宋时期，中国的造船技术出现了第二次大发展的局面。这个时期，已发明了先进的造船工艺。唐代时，已用铁钉制造舟船，并已能采用先进的钉接合的连接工艺，这种工艺能使船的强度大大提高。同时，唐代还具备水密隔舱的建造技术，采用这种技术，能加强船只的抗沉性。宋代时，造船和修船，都已使用船坞。当时，造船工匠还能根据船的性能和用途的不同要求，先制造出船模，然后再造船。到后来，宋代造船工匠的技术更加进步，他们能依据画出来的船图进行施工。这些情况表明，唐宋时期的造船技术水平，确实比以前有很大的提高。这时不仅造船的数量比以前增多，而且船只船体很大，结构合理。例如，宋代出使朝鲜的"神舟"，船体巨大，它的载重量达1500吨以上。宋代的一些大海船，船长达三至五丈，载重量达数万石。到了明代，中国的造船技术又达到一个新的高峰。这个时期，造船工场分布极广，规模很大，而且配套齐全。在明代许多著名的造船厂中，最有名的是南京龙江船厂、淮南清江船厂、山东北清河船厂、南京宝船厂等船厂。明代的船只船体更加巨大，例如，郑和七下西洋船队中的宝船，大的宝船长达44丈，宽18丈，小的宝船长达37丈，宽15丈。

　　从秦汉起，至明代止，中国古代造船技术进步出现了三个高峰。造船技术的飞跃发展，原因是多方面的，丝绸技术所起的促进作用，也是其中的重要原因之一。具体说，就是丝绸海外贸易的发展和海上丝绸之路的开拓及发展，对造船业的发展起了促进作用。而造船业的发展，当然包括造船技术的发展。海外丝绸贸易，必然要靠船只来运输，无论是中国商人，还是外国商人，都不例外。中国商人自然要用中国的海船。外国商人也喜欢用中国海船，唐宋时期这种情况更加明显。因为当时中国造的大海船，不仅船体大，而且质量好，既可多运货又安全可靠。中国的造船技术比当时世界上各国造船技术都先进。因此，外商喜欢用中国海船。海外贸易，除了经营丝绸外，还经营其他货物，但无论是经营丝绸，还是经营其他货物，运货时都要通过海上"丝绸之路"。海外丝绸贸易和其他货物贸易的发展，要求中国提供更多更好的海船，这就刺激了中国造船技术和造船业的发展。从汉代开始，中国就开始发展海外丝绸贸易，海上"丝绸之路"得到初步开拓。到了唐代后期，由于陆上丝绸之路的衰落，海上"丝绸之路"得到迅速发展，丝绸外贸也开始逐渐以海上贸易为主。宋代和明代，情况也是如此。从汉代到明代，造船技术和造船业得到持续发展，而这个历史时期，也正好是中国海外丝绸贸易持续发展和海上"丝绸之路"开拓及发展时期，这种巧合，正好说明海外丝绸贸易和海上"丝绸之路"开拓及发展促进了造船技术和造船业的发展。

海外丝绸贸易的发展和海上"丝绸之路"的开拓及发展，也促进了中国古代航海技术的发展。

中国的航海业，起步也很早。但是中国古代航海业和航海技术有明显提高，则是秦汉时期的事。而到了唐宋以后，中国的航海业和航海技术才出现空前未有的大发展。

秦汉以前，中国的航海业，主要限于浅海海域。到了秦汉时期，中国的航海业已从浅海海域扩大到深海海域，而且以后者为主。据传说，秦始皇曾经派方士徐福率几千名童男童女乘船入海求仙，这些人最后乘船到达日本。秦始皇还多次乘船巡行海上。汉代时中国与日本、印度和斯里兰卡等东亚和东南亚的一些国家都有了海上交通，有时一次海上航行往返需要两年多时间，如果没有比较高的航海技术，肯定是不行的。唐代以后，中国航海业的规模更大，航次更多，航程更远，同时，航行设备齐全先进。这个时期，中国已跟亚非两大洲的几十个国家有了海上通航，中国的海船已航行在西太平洋、印度洋和波斯湾上。唐代末期，中国发明了测量深水的设备。到了宋代，测量深水的技术进一步提高，测深可达230余米。北宋时，中国已将指南针用于航海实践。这一切都表明，唐宋以后，中国古代的航海技术，确实有了飞跃的发展。透视这种飞跃发展，不难看到丝绸技术的影响和它所起的促进作用。

其次谈谈中国古代丝绸技术对中国人的生活方式的影响。

生活方式是指人们对其衣食住行、婚丧嫁娶、生老病死、家庭生活和社会生活等的态度以及在这些方面所采取的形式。中国人有独特的传统生活方式，这种生活方式的形成，原因是很多的。丝绸文化对中国人的生活方式的影响，便是其中重要的原因之一。

中国古代丝绸技术对中国人的生活方式的影响是全方位的，渗透和滋润了中国文化。现择几例：

对中国服饰文化的影响。在世界服饰文化史上，丝绸服饰文化是中国人独有的。在古代社会漫长的历史时期里，中国人以其独特精美华贵的丝绸服饰而著称于世。丝绸服饰，不仅是中国服饰中最重要的组成部分，还使中国服饰有别于世界其他各国服饰，在世界服饰文化史上占有极其重要的地位。而丝绸服饰文化的诞生和发展，都受到了丝绸技术的影响。

对音乐和舞蹈的影响。中国古代的音乐和舞蹈，很有特色，这种特色可以用一句话来概括，即"轻歌曼舞"。这种特色的形成，原因是多种多样的，而丝绸影响是其中的原因之一。因为丝绸衣服比较飘逸，这种特点与轻歌曼舞十分协调。

对民歌和诗词的影响。古人对丝绸的耳熟能详，派生出许多以丝绸为内容的民歌和诗词，这就使以唱民歌或以吟诗作词为乐的文化活动增加了独特的内容和形式。

对风俗的影响。丝绸使中国人的婚丧嫁娶这类红白喜事也增添了独特的内容和形式，具体表现在以丝绸服饰作为嫁妆或作为丧服等方面。许多少数民族还以抛丝绸绣球作为谈情说爱的方式，丝绸或丝绸服饰有时还被当作青年男女在择偶时的定情物。这些内容和形式，在很多地方已演变成风俗，世代相传。

对中国饮食文化的影响。从"丝绸之路"传进中国的一些外国农作物，不仅使中国的农作物品种有了增加和农作物栽培技术有了发展，而且也对中国的饮食文化产生了影响，这就是使中国的食谱增添了新的食品和增添了新的烧饭做菜的方法。

对中外文化交流的影响。通过丝绸之路传入的外国文化使中国文化增添了新的内容和形式。例如，从外国传入的杂技艺术、音乐艺术、绘画与雕刻艺术等等，都曾对中国的杂技、音乐、绘画、雕刻产生一定的影响，从而丰富了中国文化的内容和形式。

对意识形态的影响。在奴隶社会和封建社会，统治者都曾下令禁止奴隶或一般平民百姓穿用丝绸，这种禁令，带有强烈的等级观念，是一种意识形态的表现。统治者还制定严格的衣冠服饰制度，用这种制度来区分卑尊贵贱，并以此来区分权力地位，这也带有明显的意识形态特征。从这里，可以看到丝绸技术对意识形态的影响。此外，随着"丝绸之路"的开拓和发展，佛教、基督教和伊斯兰教相继传入中国。这些外国宗教的传入，不仅使中国出现了新的宗教，而且对中国的宗教思想和意识形态也产生一定的影响。如曾对中国古代哲学产生过较大影响的佛学，经过中国人的改造，被融汇进中国传统文化的大海里，这其中当然包括佛学中的意识形态成分。

还有很多就不一一列举了，但从上面所举几例，不难看出丝绸技术对文化产生的影响是多方面的。

最后再简略谈谈中国古代丝绸技术对世界文明的影响。

"丝绸之路"开通后，中国外传的不仅仅是丝绸技术，还有中国的科技和其他文化艺术，从而对世界一些国家的科技、文化、文学艺术以及生活方式等方面都产生了影响。例如，中国古代四大发明，即造纸术、火药、指南针、印刷术，传到西方，促进了西方科技以及经济政治的发展。又如中国陶、瓷器及其技术的外传，促进了西方陶瓷器的发展。再如，日本、朝鲜等东南亚国家，受中国古代传统文化影响比较大，这种影响涉及这些国家的丝绸技术、服饰文化、饮食文化、文学艺术、意识形态乃至政治、经济等等许多领域。直到现代，亚洲一些国家，还可以看到中国传统文化影响的一些迹象。而中国对这些国家的影响，都可以看到丝绸的影子。因此，我们完全有理由说：这些影响，归根到底是中国古代丝绸技术的影响。

在上面，我们从三个方面简略地阐明了中国古代丝绸技术对中国和世界文明的一些影响。无论是谈及的范围还是深度，都极其有限。事实上，中国古代丝绸技术对中国和世界文明的影响是极其广泛的，这种影响几乎涉及整个文明史的各个领域。因为中国古代丝绸技术对中国文明和世界文明的影响，主要是通过"丝绸之路"这条连接东西方两大文明的通道实现的，也就是说，中国和西方两大文明通过"丝绸之路"互相交流，从而互相促进。难怪现代一些学者把"丝绸之路"喻为"世界历史"展开的"主轴"、世界主要文化的"母胎"和东西文明的"桥梁"。

由于中国古代丝绸技术是中国古代纺织技术的重要组成部分，所以中国古代丝绸技术的这些积极影响，也可以看作中国古代纺织技术的影响。

图书在版编目（CIP）数据

中国古代纺织印染工程技术史／黄赞雄，赵翰生著
. —太原：山西教育出版社，2019.6
ISBN 978 - 7 - 5703 - 0459 - 2

Ⅰ. ①中⋯ Ⅱ. ①黄⋯②赵⋯ Ⅲ. ①纺织工业—技
术史—中国—古代 ②染整工业—技术史—中国—古代
Ⅳ. ①TS1 - 092

中国版本图书馆 CIP 数据核字（2019）第 101328 号

中国古代纺织印染工程技术史
ZHONGGUO GUDAI FANGZHI YINRAN GONGCHENG JISHUSHI

责任编辑 潘 峰 康 健
复 审 彭琼梅
终 审 杨 文
装帧设计 王耀斌
印装监制 蔡 洁

出版发行 山西出版传媒集团·山西教育出版社
（太原市水西门街馒头巷 7 号 电话：4035711 邮编：030002）
印 装 山西新华印业有限公司
开 本 787×1092 1/16
印 张 26.25
字 数 582 千字
版 次 2019 年 10 月第 1 版 2019 年 10 月山西第 1 次印刷
书 号 ISBN 978 - 7 - 5703 - 0459 - 2
定 价 108.00 元

如发现印装质量问题，影响阅读，请与印刷厂联系调换。电话：0351 - 4120948